建设工程质量检测人员培训丛书

胡贺松　丛书主编

建筑材料及构配件检测

张宪圆　主　编

刘少龙　副主编

中国建筑工业出版社

图书在版编目（CIP）数据

建筑材料及构配件检测 / 张宪圆主编；刘少龙副主
编. -- 北京：中国建筑工业出版社, 2025.6. -- (建
设工程质量检测人员培训丛书 / 胡贺松主编). -- ISBN
978-7-112-31142-2

Ⅰ. TU502

中国国家版本馆 CIP 数据核字第 2025G91B22 号

责任编辑：杨　允　刘婷婷
责任校对：李美娜

建设工程质量检测人员培训丛书

胡贺松　丛书主编

建筑材料及构配件检测

张宪圆　主　编

刘少龙　副主编

*

中国建筑工业出版社出版、发行（北京海淀三里河路 9 号）

各地新华书店、建筑书店经销

国排高科（北京）人工智能科技有限公司制版

北京云浩印刷有限责任公司印刷

*

开本：787 毫米×1092 毫米　1/16　印张：31¾　字数：777 千字
2025 年 7 月第一版　　2025 年 7 月第一次印刷
定价：**86.00** 元
ISBN 978-7-112-31142-2
（44709）

丛书编委会

主　　编：胡贺松

副主编：刘春林　孙晓立

编　　委：刘炳凯　梅爱华　罗旭辉　杨勇华　宋雄彬
　　　　　李祥新　邢宇帆　张宪圆　余佳琳　李　昂
　　　　　张　鹏　李　淼

本书编委会

主　　编：张宪圆

副 主 编：刘少龙

编　　委：陈晋栋　　黄成波　　汤小平　　赵汝英　　黄杰坤
　　　　　陈勇发　　张　硕　　梁永松　　蔡劲泽　　吴　江
　　　　　李　莘　　匡韶宁　　陈秀娉　　李湘龙　　吴春雨
　　　　　王耀增　　程楚浩　　罗　娟　　刘碧燕　　谭梓枫
　　　　　牛林林　　梁宇航

建设工程质量检测监测，乃现代工程建设之命脉，承载着守护工程安全与品质之重任。随着建造技术革新浪潮奔涌、材料与工艺迭代日新月异，检测行业亦面临前所未有的挑战与机遇。检测工作不仅需为工程全生命周期提供精准数据支撑，更需以创新之力推动行业向绿色化、智能化、标准化纵深发展。在此背景下，培养兼具理论素养与实践能力的专业人才，实为行业高质量发展的关键基石。

"建设工程质量检测人员培训丛书"应势而生。此丛书由广州市建筑科学研究院集团有限公司倾力编纂，凝聚四十余载技术积淀，博采行业前沿成果，体系严谨、内容丰实。丛书十二分册，涵盖建筑材料、主体结构、节能幕墙、市政道路、桥梁地下工程等核心领域，更兼实验室管理与安全监测等专项内容，既立足基础，又紧扣时代脉搏。尤为可贵者，各分册编写皆以"问题导向"为纲，如《主体结构及装饰装修检测》聚焦施工质量隐患诊断，《工程安全监测》剖析风险预警技术，《建筑节能检测》则直指"双碳"目标下的绿色建筑评价体系。凡此种种，皆彰显丛书对行业痛点的精准回应与前瞻引领。

丛书之价值，尤在其"知行合一"的编撰理念。检测工作绝非纸上谈兵，须以理论为帆，以实践为舵。书中每一章节以现行标准为导向，辅以数据图表与操作流程详解，使晦涩标准化为生动指南。编写团队更汇集数位资深专家，其笔锋既透学术之严谨，又蕴实战之智慧。

"工欲善其事，必先利其器"。此丛书之意义，非止于知识传递，更在于精神传承。书中字里行间，浸润着编者"精益求精、守正创新"的行业匠心。冀望读者持此卷为舟楫，既夯实检测技术之根基，亦淬炼科学思维之锐度，以专业之力筑牢工程品质长城，以敬畏之心守护万家灯火安然。愿此书成为检测同仁案头常备之典，助力中国建造迈向更高、更远、更强之境。

是为序。

博士、教授级高工

前 言

FOREWORD

根据住房和城乡建设部颁布的《建设工程质量检测机构资质标准》(建质规〔2023〕1号)相关规定,建设工程质量检测机构资质分为两个类别,即综合资质和专项资质,其中专项资质共分为建筑材料及构配件、主体结构及装饰装修、钢结构、地基与基础、建筑节能、建筑幕墙、市政工程材料、道路工程、桥梁与地下工程等9个专项。本书针对建筑材料及构配件专项的资质要求,详细介绍了胶凝材料、骨料和轻集料、混凝土外加剂及拌合用水、混凝土及砂浆、金属材料及制品、墙体和屋面材料、防水材料、装饰装修及加固材料、预制构件及木材、管网材料及配件、减隔震装置、土等建筑材料及构配件的特性、检测方法及标准要求等。本书内容以现行国家标准、行业标准为依据,针对检测过程中的难点、要点,全面、系统地阐述了各检测项目及参数的分类与标识、检测依据、抽样与制样要求、技术要求、试验方法、评判规则以及检测报告模板等。

本书内容涵盖了建筑材料及构配件专项的23个检测项目。本书共分为12章:第1章混凝土用胶凝材料,由赵汝英、匡韶宁编写;第2章骨料和轻集料,由吴江、刘碧燕编写;第3章混凝土外加剂及拌合用水,由蔡劲泽、罗娟编写;第4章混凝土及砂浆,由陈晋栋、蔡劲泽编写;第5章金属材料及制品,由黄杰坤、梁永松编写;第6章墙体和屋面材料,由黄成波、梁宇航编写;第7章防水材料,由陈勇发、谭梓枫编写;第8章装饰装修及加固材料,由汤小平、李莘编写;第9章预制构件及木材,由张硕编写;第10章管网材料及配件,由陈秀娉、吴春雨编写;第11章减隔震装置,由李湘龙编写;第12章土,由程楚浩编写。刘少龙整理绘制了本书图稿,并协助完成全书整合与修改工作;王耀增对本书图稿进行了校对。本书部分图片来自网络。

本书可作为建筑材料与构配件试验检测员的资格考核培训教材,也可供各企事业单位技术人员、质量监督管理人员、大专院校相关专业师生学习参考。

特别感谢丛书主编胡贺松教授级高级工程师对本书的策划、组织和指导。本书的编写工作还得到了有关领导、专家的大力支持和帮助,并提出了宝贵意见。感谢所有为本书编写提供专业建议和技术支持的专家学者。

由于编者水平有限和编写时间仓促,书中难免存在不足之处,恳请广大读者批评指正,欢迎反馈宝贵意见和建议。

目　录

CONTENTS

第 1 章

混凝土用胶凝材料

1.1 概述

混凝土用胶凝材料加水后，通过物理和化学作用，能够将骨料等其他物料胶结在一起，形成具有一定强度的复合固体[1]。本章主要针对常见混凝土用胶凝材料——水泥，以及常见辅助胶凝材料——粉煤灰、矿粉进行介绍。

1.2 水泥

水泥是一种与水混合形成塑性浆体后，既能在空气中水化硬化，又能在水中继续硬化保持强度和体积稳定性的无机水硬性胶凝材料，广泛应用于建筑、交通、水利、电力、国防等工程领域[2]。

1.2.1 分类与标识

水泥根据现行国家标准《水泥的命名原则和术语》GB/T 4131 可分为如表 1.2-1、表 1.2-2 所示类别。

水泥按照用途及性能分类[3]　　　　　　　　　　　　表 1.2-1

名称	定义
通用水泥	一般土木建筑工程通常采用的水泥
特种水泥	具有特殊性能或用途的水泥

水泥按照水硬性矿物名称分类[3]　　　　　　　　　　表 1.2-2

名称	主要水硬性矿物
硅酸盐水泥	硅酸三钙、硅酸二钙、铝酸三钙和铁铝酸四钙
铝酸盐水泥	铝酸钙
硫铝酸盐水泥	无水硫铝酸钙和硅酸二钙
铁铝酸盐水泥	无水硫铝酸钙、铁铝酸钙和硅酸二钙
氟铝酸盐水泥	氟铝酸钙和硅酸二钙

依据现行国家标准《通用硅酸盐水泥》GB 175[4]，通用硅酸盐水泥按混合材料的品种和掺量分为普通硅酸盐水泥、硅酸盐水泥、矿渣硅酸盐水泥、粉煤灰硅酸盐水泥、火山灰质硅酸盐水泥和复合硅酸盐水泥。各品种的组分、代号及强度等级如表 1.2-3 所示。

各品种水泥组分、代号和强度等级[4]　　　　表 1.2-3

品种	代号	熟料＋石膏	混合材料						强度等级
			主要混合材料					替代混合材料	
			粒化高炉矿渣/矿渣粉	粉煤灰	火山灰质混合材料	石灰石/石灰岩	石英砂		
普通硅酸盐水泥	P·O	80～94	6～20a					0～＜5b	42.5、42.5R、52.5、52.5R、62.5、62.5R
硅酸盐水泥	P·Ⅰ	100	—	—	—	—	—	—	
	P·Ⅱ	95～100	0～＜5	—	—	—	—	—	
			—	—	0～＜5	—	—		
矿渣硅酸盐水泥	P·S·A	50～＜79	21～50	—	—	—	—	0～＜8c	32.5、32.5R、42.5、42.5R、52.5、52.5R
	P·S·B	30～＜49	51～70	—	—	—	—		
粉煤灰硅酸盐水泥	P·F	60～＜79	—	21～＜40	—	—	—	0～＜5d	
火山灰质硅酸盐水泥	P·P	60～＜79	—	—	21～＜40	—	—		
复合硅酸盐水泥	P·C	50～＜79	21～＜50e						42.5、42.5R、52.5、52.5R
砌筑水泥	M							—	12.5、22.5、32.5

a　主要混合材料由符合现行国家标准《通用硅酸盐水泥》GB 175 规定的粒化高炉矿渣/矿渣粉、粉煤灰、火山灰质混合材料组成。

b　替代混合材料为符合现行国家标准《通用硅酸盐水泥》GB 175 规定的石灰石。

c　替代混合材料为符合现行国家标准《通用硅酸盐水泥》GB 175 规定的粉煤灰或火山灰、石灰石。替代后 P·S·A 矿渣硅酸盐水泥中粒化高炉矿渣/矿渣粉含量（质量分数）不小于水泥质量的 21%，P·S·B 矿渣硅酸盐水泥中粒化高炉矿渣/矿渣粉含量（质量分数）不小于水泥质量的 51%。

d　替代混合材料为符合现行国家标准《通用硅酸盐水泥》GB 175 规定的石灰石。替代后粉煤灰硅酸盐水泥中粉煤灰含量（质量分数）不小于水泥质量的 21%，火山灰质硅酸盐水泥中火山灰质混合材料含量（质量分数）不小于水泥质量的 21%。

e　混合材料由符合现行国家标准《通用硅酸盐水泥》GB 175 规定的粒化高炉矿渣/矿渣粉、粉煤灰、火山灰质混合材料、石灰石和砂岩中的三种（含）以上材料组成。其中，石灰石含量（质量分数）不大于水泥质量的 15%。

1.2.2　检测参数及检评依据

本章所述水泥的检测参数及检评依据如表 1.2-4、表 1.2-5 所示。

通用硅酸盐水泥检测参数及检评依据　　　　表 1.2-4

序号	检测参数	检测依据	评定标准
1	凝结时间	GB/T 1346	GB 175
2	安定性		
3	胶砂强度	GB/T 17671	
4	氯离子含量	GB/T 176	
5	氧化镁含量		
6	碱含量		
7	三氧化硫含量		

砌筑水泥检测参数及检评依据　　　　表 1.2-5

序号	检测参数	检测依据	评定标准
1	凝结时间	GB/T 1346	GB/T 3183
2	安定性		
3	胶砂强度	GB/T 17671	
4	保水率	GB/T 3183	
5	氯离子含量	GB/T 176	
8	三氧化硫含量		

1.2.3　抽样要求

1.2.3.1　取样频率

（1）通用硅酸盐水泥

水泥出厂时（或出厂前）按同品种、同强度等级编号和取样。袋装水泥和散装水泥应分别进行编号和取样。每一编号为一取样单位。水泥出厂编号按年设计生产能力规定为：

年产能 $\geqslant 200 \times 10^4 t$ 的，不超过 4000t 为一编号；

年产能 $\geqslant 120 \times 10^4 t$ 且 $< 200 \times 10^4 t$ 的，不超过 2400t 为一编号；

年产能 $\geqslant 60 \times 10^4 t$ 且 $< 120 \times 10^4 t$ 的，不超过 1000t 为一编号；

年产能 $\geqslant 30 \times 10^4 t$ 且 $< 60 \times 10^4 t$ 的，不超过 600t 为一编号；

年产能 $< 30 \times 10^4 t$ 的，不超过 400t 为一编号。

取样方法按现行国家标准《水泥取样方法》GB/T 12573[5]进行。可连续取，也可从 20 个以上不同部位取等量样品，总量不少于 12kg。当散装水泥运输工具的容量超过该厂规定出厂编号吨数时，允许该编号的数量超过取样规定吨数。

（2）砌筑水泥

水泥出厂前按同强度等级进行组批和取样。袋装水泥和散装水泥应分别进行组批和取样。水泥批号按水泥企业年设计生产能力进行组批，每一批号为一取样单位。

年产能 $\geqslant 6 \times 10^4 t$ 的，不超过 2000t 为一批号；

年产能 $\geqslant 3 \times 10^4 t$ 且 $< 6 \times 10^4 t$ 的，不超过 1000t 为一批号；

年产能 $\geqslant 1 \times 10^4 t$ 且 $< 3 \times 10^4 t$ 的，不超过 600t 为一批号；

年产能 $< 1 \times 10^4 t$ 的，不超过 200t 为一批号。

当散装水泥运输工具的容量超过该厂规定出厂批号吨数时，允许该批号的数量超过该厂规定出厂批号吨数[4]。

1.2.3.2　取样规定

水泥取样应符合以下规定[5]：

（1）储存水泥的容器应洁净、干燥、防潮、密闭、不易破损且不影响水泥性能。

（2）散装水泥取样：当所取水泥深度不超过 2m 时，每一个编号内采用散装水泥取样器随机取样，通过转动取样器内管控制开关，在适当位置插入水泥一定深度，关闭后小心抽出，将所取样品放入储存水泥的容器中，每次抽取的单样量应尽量一致。

（3）袋装水泥取样：每一检验批内随机抽取不少于 20 袋水泥，采用袋装水泥取样器取样，将取样器沿对角线方向插入，将所取样品放入储存水泥的容器中。每次抽取的单样量应尽量一致。

（4）每一检验批所取水泥单样通过 0.9mm 方孔筛后充分混匀，一次或多次将样品缩分至不少于 24kg，并均分为试验样和封存样，封存样的容器至少在一处加盖清晰、不易擦掉的标有编号、取样时间、取样地点和取样人的密封印。

1.2.4 技术要求

1.2.4.1 物理要求

（1）强度

各水泥不同龄期的强度应分别符合表 1.2-6、表 1.2-7 的规定。

通用硅酸盐水泥不同龄期强度指标[4]　　　　　　表 1.2-6

强度等级	抗压强度/MPa		抗折强度/MPa	
	3d	28d	3d	28d
32.5	≥ 12.0	≥ 32.5	≥ 3.0	≥ 5.5
32.5R	≥ 17.0		≥ 4.0	
42.5	≥ 17.0	≥ 42.5	≥ 4.0	≥ 6.5
42.5R	≥ 22.0		≥ 4.5	
52.5	≥ 22.0	≥ 52.5	≥ 4.5	≥ 7.0
52.5R	≥ 27.0		≥ 5.0	
62.5	≥ 27.0	≥ 62.5	≥ 5.0	≥ 8.0
62.5R	≥ 32.0		≥ 5.5	

砌筑水泥不同龄期强度指标[6]　　　　　　表 1.2-7

强度等级	抗压强度/MPa			抗折强度/MPa		
	3d	7d	28d	3d	7d	28d
12.5	—	≥ 7.0	≥ 12.5	—	≥ 1.5	≥ 3.0
22.5	—	≥ 10.0	≥ 22.5	—	≥ 2.0	≥ 4.0
32.5	≥ 10.0	—	≥ 32.5	≥ 2.5	—	≥ 5.5

（2）凝结时间

常见水泥的凝结时间应符合表 1.2-8 的规定。

常见水泥凝结时间指标[4,6]　　　　　　表 1.2-8

品种	初凝时间/min	终凝时间/min	品种	初凝时间/min	终凝时间/min
硅酸盐水泥	≥ 45	≤ 390	粉煤灰硅酸盐水泥	≥ 45	≤ 600
普通硅酸盐水泥	≥ 45	≤ 600	火山灰质硅酸盐水泥	≥ 45	≤ 600
矿渣硅酸盐水泥	≥ 45	≤ 600	砌筑水泥	≥ 60	≤ 720

（3）安定性

通用硅酸盐水泥的安定性出厂检测要求沸煮安定性合格，型式检验要求压蒸安定性合格[4]。砌筑水泥的安定性要求为沸煮安定性合格[6]。

（4）保水率

砌筑水泥保水率要求不小于 80%，对其他品种水泥未作规定[6]。

1.2.4.2　化学要求

通用硅酸盐水泥、砌筑水泥的化学要求如表 1.2-9 所示。

通用硅酸盐水泥、砌筑水泥的化学要求[4]　　　　　　　　表 1.2-9

品种	代号	氯离子含量/%	氧化镁含量/%	碱含量（选择性指标）/%	三氧化硫含量/%
普通硅酸盐水泥	P·O				
硅酸盐水泥	P·Ⅰ		≤5.0b	碱含量按 $Na_2O + 0.658K_2O$ 计算值表示。若使用活性骨料，用户要求提供低碱水泥时，水泥中碱含量宜不大于 0.60%或由买卖双方协商确定	≤3.5
	P·Ⅱ	≤0.06a			
矿渣硅酸盐水泥	P·S·A		≤6.0c		≤4.0
	P·S·B		—		
火山灰质硅酸盐水泥	P·P				
粉煤灰硅酸盐水泥	P·F		≤6.0		≤3.5
复合硅酸盐水泥	P·C				
砌筑水泥	M	≤0.06	—	—	

a　通用硅酸盐水泥当买方有更低要求时，由买卖双方协商确定。
b　如果水泥压蒸安定性合格，则水泥中氧化镁含量允许放宽至 6.0%。
c　如果水泥中氧化镁含量大于 6.0%，需进行水泥压蒸安定性试验并合格。

1.2.5　试验方法

1.2.5.1　标准稠度用水量

水泥的标准稠度用水量测试按照现行国家标准《水泥标准稠度用水量、凝结时间与安定性检验方法》GB/T 1346 进行[7]。

1）试验环境条件

（1）实验室温度为 20℃±2℃，相对湿度应不低于 50%；水泥试样、拌合水、仪器和用具的温度应与实验室一致。

（2）湿气养护箱的温度为 20℃±1℃，相对湿度不低于 90%。

2）仪器设备

净浆搅拌机：搅拌叶转速应符合慢速自转 140r/min±5r/min、快速自转 285r/min±10r/min、慢速公转 62r/min±5r/min、快速公转 125r/min±10r/min 的要求。

维卡仪：滑动部分总质量为 300g±2g，试杆表面光滑，能自由滑动。

量筒：最小量程不大于 200mL，分度值不大于 0.5mL。

天平或电子秤：最大称量不小于 1000g，分度值不大于 1g；

　　　　　　　　　　最大称量不小于 500g，分度值不大于 0.5g。

3）试验准备

（1）维卡仪的滑动杆能自由滑动。试模和玻璃底板用湿布擦拭，将试模放在底板上。

（2）调整至试杆接触玻璃板时指针对准零点，搅拌机能正常运行。

4）检测步骤

（1）水泥净浆的拌制

用水泥净浆搅拌机搅拌，搅拌锅和搅拌叶片先用湿布擦拭，将拌合水倒入搅拌锅内，然后在5～10s内小心地将称好的500g水泥加入水中，防止水和水泥溅出；拌合时，先将锅放在搅拌机的锅座上，升至搅拌位置，启动搅拌机，低速搅拌120s，停15s，同时将叶片和锅壁上的水泥浆刮入锅中间，接着高速搅拌120s停机。

（2）标准稠度用水量的测定步骤

拌和结束后，立即取适量水泥净浆一次性装入已置于玻璃底板上的试模中，用宽约25mm的直边刀在净浆与试模内壁之间切移一圈后，抬起玻璃板在橡胶垫上轻轻振动不超过5次，振动时避免泌水。然后在试模上表面约2/3处，略倾斜于试模表面分别向外轻轻锯掉多余净浆，再从试模边沿垂直于锯的方向轻抹顶部一次。在锯掉多余净浆和抹平的操作过程中，不应压实净浆。抹平后迅速将试模和玻璃底板一起移到维卡仪底座上，使试杆位于试模表面中心。降低试杆直至与水泥净浆表面接触，拧紧螺丝1～2s后，突然放松，使试杆垂直自由地沉入水泥净浆中。

在试杆停止沉入或释放试杆30s时记录试杆与底板之间的距离，升起试杆后，立即擦净。整个操作应在搅拌后1min内完成。以试杆沉入净浆，距离玻璃底板6mm±1mm为标准稠度净浆。其拌和水量占水泥质量的百分数为该水泥的标准稠度用水量（P）。

5）注意事项

在锯掉多余净浆和抹平的操作过程中，注意不要压实净浆；升起试杆后，立即擦净；整个操作应在搅拌后1min内完成。

1.2.5.2 凝结时间

以试针沉入标准稠度水泥净浆至一定深度所需的时间表示，测定水泥凝结的快慢程度，为施工工艺提供依据[7]。

1）试验环境条件

（1）实验室温度为20℃±2℃，相对湿度应不低于50%；水泥试样、拌合水、仪器和用具的温度应与实验室一致。

（2）湿气养护箱的温度为20℃±1℃，相对湿度不低于90%。

2）仪器设备

净浆搅拌机：搅拌叶转速应符合慢速自转140r/min±5r/min、快速自转285r/min±10r/min、慢速公转62r/min±5r/min、快速公转125r/min±10r/min的要求。

维卡仪：滑动部分总质量为300g±2g，试杆表面光滑，能自由滑动。

量筒：最小量程不小于200mL，分度值不大于0.5mL。

天平或电子秤：最大称量不小于1000g，分度值不大于1g；

最大称量不小于500g。分度值不大于0.5g。

3）试验准备

（1）维卡仪的滑动杆能自由滑动。试模和玻璃底板用湿布擦拭，将试模放在底板上。

（2）调整凝结时间测定仪，当试针接触玻璃板时指针对准零点。

4）检测步骤

（1）成型：

以标准稠度用水量制成标准稠度净浆一次性拌合结束后，立即取适量水泥净浆一次性装入已置于玻璃底板上的试模中，用宽约 25mm 的直边刀在净浆与试模内壁之间切移一圈后，抬起玻璃板在橡胶垫上轻轻振动不超过 5 次，振动时避免泌水。然后在试模上表面约 2/3 处，略倾斜于试模表面分别向外轻轻锯掉多余净浆，再从试模边沿垂直于锯的方向轻抹顶部一次。在锯掉多余净浆和抹平的操作过程中，不应压实净浆。抹平后迅速将试模和玻璃底板一起移到湿气养护箱。

（2）初凝时间的测定：

测定时，从湿气养护箱中取出试模放到试针下，降低试针与水泥净浆表面接触，拧紧螺丝 1～2s 后，突然放松，试针垂直自由地沉入水泥净浆。观察试针停止下沉或释放试针 30s 时指针的读数。根据水泥浆体硬化程度进行第一次测定，临近初凝时间时每隔 5min（或更短时间）测定一次，当试针沉至距底板 4mm ± 1mm 时，为水泥达到初凝状态。净浆达到初凝时应立即重复测一次，当两次结果都达到初凝状态时才能确定此时净浆为初凝。

在整个测试过程中试针沉入的位置至少要距试模内壁 10mm，到达凝结状态的时间判点测定针孔不应落在距离试模中心 5mm 内的区域，两个相邻测孔相距不小于 5mm。

（3）终凝时间的测定：

在完成初凝时间测定后，立即将试模连同浆体以平移的方式从玻璃板取下，翻转 180°，直径大端向上、小端向下放在玻璃板上，再放入湿气养护箱中继续养护。使用终凝针测定。临近终凝时间时每隔 15min（或更短时间）测定一次，每次测定不应让试针落入原针孔。当终凝针沉入试体 0.5mm 时，即环形附件开始不能在试体上留下痕迹且初凝针在试体的直径小端面上沉入深度不大于 1mm 时，为水泥达到终凝状态。净浆达到终凝时应立即重复测一次，当两次结果都达到终凝状态时才能确定此时净浆为终凝。

5）注意事项

（1）在最初测定的操作时应轻扶金属柱，使其徐徐下降，以防试针撞弯，但结果以自由下落为准。

（2）在锯掉多余净浆和抹平的操作过程中，不要压实净浆。

（3）在整个测试过程中试针沉入的位置至少要距试模内壁 10mm。

（4）临近初凝时，每隔 5min（或更短时间）测定一次，临近终凝时每隔 15min（或更短时间）测定一次。

（5）每次测定不能让试针落入原针孔，每次测试完毕须将试针擦净并将试模放回湿气养护箱内，整个测试过程要防止试模受振。

（6）可以使用能得出与现行国家标准《水泥标准稠度用水量、凝结时间与安定性检验方法》GB/T 1346 中规定方法相同结果的凝结时间自动测定仪，有矛盾时以标准规定方法为准。

1.2.5.3　安定性

水泥沸煮安定性共有两种试验方法：标准试验方法（雷氏法）和代用法（试饼法）[7]。

1）标准试验方法（雷氏法）

雷氏法是观测由两个试针的相对位移所指示的水泥标准稠度净浆体积的膨胀程度。

（1）试验环境条件

①实验室温度为 20℃±2℃，相对湿度应不低于 50%；水泥试样、拌合水、仪器和用具的温度应与实验室一致。

②湿气养护箱的温度为 20℃±1℃，相对湿度不低于 90%。

（2）仪器设备

净浆搅拌机：搅拌叶转速应符合慢速自转 140r/min±5r/min、快速自转 285r/min±10r/min、慢速公转 62r/min±5r/min、快速公转 125r/min±10r/min 的要求。

维卡仪：滑动部分总质量为 300g±1g，与试杆、试针连接的滑动杆表面光滑，能靠重力自由下落，不得有紧涩和晃动现象。

量水器：精度 ±0.5mL。

天平：最大称量不小于 1000g，分度值不大于 1g。

沸煮箱：能在 30min±5min 内将箱中试验用水从 20℃±2℃加热至沸腾状态，并保持 180min±5min 后自动停止，整个试验过程中不需要补充水量。

雷氏夹膨胀测定仪：标尺最小刻度 0.5mm。

雷氏夹：由铜质材料制成。当一根指针的根部先悬挂在一根金属丝或尼龙丝上，另一根指针的根部再挂上 300g 质量的砝码时，两根指针针尖的距离增加应在 17.5mm±2.5mm 范围内，当去掉砝码后针尖的距离能恢复至挂砝码前的状态。

（3）试验准备

每个试样需成型两个试件，每个雷氏夹需配备两个边长或直径约 80mm、厚度 4~5mm 的玻璃板，凡与水泥净浆接触的玻璃板和雷氏夹内表面都要稍稍涂上一层油。

（4）检测步骤

①雷氏夹试件的成型

将预先准备好的雷氏夹放在已稍涂油的玻璃板上，并立即将已制好的标准稠度净浆一次装满雷氏夹，装浆时一只手轻扶雷氏夹，另一只手用宽约 25mm 的直边刀在浆体表面轻轻插捣 3 次，然后抹平，盖上稍涂油的玻璃板，接着立即将试件移至湿气养护箱。

②拆模

在湿气养护箱内养护 24h±2h，拆除上下玻璃板。

③沸煮

调整好沸煮箱内的水位，保证其在整个沸煮过程中都超过试件，不需要中途添补试验用水，同时又能保证在 30min±5min 内升至沸腾。脱去玻璃板，取下试件，先测量雷氏夹指针尖端间的距离（A），精确到 0.5mm，接着将试件放入沸煮箱水中的试件架上，指针朝上，然后在 30min±5min 内加热至沸腾并恒沸 180min±5min。

④结果处理与评定

取两个试件煮后指针尖增加距离（$C-A$）的平均值进行结果判定，平均值按四舍五入法精确至小数点后一位，当平均值不大于 5.0mm，且两个试件指针尖增加距离相差小于 3.0mm 时，判断该水泥安定性合格。否则同一样品应立即重做雷氏法和试饼法试验，任一方法结果不合格时，该水泥安定性判定为不合格。

2）代用法（试饼法）

试饼法是通过观测水泥标准稠度净浆试饼煮沸后的外形变化情况表征其体积安定性。

（1）试验环境条件

① 实验室温度为 20℃±2℃，相对湿度应不低于 50%；水泥试样、拌合水、仪器和用具的温度应与实验室一致。

② 湿气养护箱的温度为 20℃±1℃，相对湿度不低于 90%。

（2）仪器设备

净浆搅拌机：搅拌叶转速应符合慢速自转 140r/min±5r/min、快速自转 285r/min±10r/min、慢速公转 62r/min±5r/min、快速公转 125r/min±10r/min 的要求。

维卡仪：滑动部分总质量为 300g±1g，试杆表面光滑，能自由滑动。

量水器：精度 ±0.5mL。

天平：最大称量不小于 1000g，分度值不大于 1g。

沸煮箱：能在 30min±5min 内将箱中试验用水从 20℃±2℃加热至沸腾状态，并保持 180min±5min 后自动停止，整个试验过程中不需要补充水量。

（3）试验步骤

① 试饼的成型

将制好的标准稠度净浆取出一部分并分成两等份，使之成球形，放在预先准备好的玻璃板上，轻轻振动玻璃板并用湿布擦过的小刀由边缘向中央抹，做成直径 70~80mm、中心厚约 10mm、边缘渐薄、表面光滑的试饼，接着将试饼放入湿气养护箱内。

② 拆模

在湿气养护箱内养护 24h±2h，脱去玻璃板，取下试饼。

③ 沸煮

在试饼无缺陷的情况下将试饼放在沸煮箱水中的箅板上，然后在 30min±5min 内加热至沸腾并恒沸 180min±5min。沸煮结束后，立即放掉沸煮箱中的热水，打开箱盖，待箱体冷却至室温，取出试件进行判别。

④ 结果处理与评定

沸煮前，如目测试饼已出现裂纹，则判定水泥安定性不合格。

目测试饼未发现裂缝，用钢直尺检查也没有弯曲，为安定性合格，反之为不合格。当两个试饼判定结果有矛盾时，该水泥的安定性为不合格。其中，弯曲检查采用钢直尺和试饼底部紧靠，以两者间不透光为没有弯曲。

1.2.5.4　水泥胶砂强度

水泥胶砂强度试验方法有标准法和代用法两种。标准法成型设备是振实台，代用法成型设备是振动台，仲裁采用标准法[8]。

1）试验环境条件

（1）实验室的温度应保持在 20℃±2℃，相对湿度应不低于 50%。实验室温度和相对湿度在工作期间每天至少记录 1 次。

（2）带模养护试体养护箱的温度应保持在 20℃±1℃，相对湿度不低于 90%。养护箱的温度和湿度在工作期间至少每 4h 记录 1 次。在自动控制的情况下记录次数可以酌减至每天 2 次。

（3）试体养护池水温应保持在 20℃±1℃。试体养护池水温在工作期间至少每天记录 1 次。

2）仪器设备

胶砂搅拌机：转速应符合现行行业标准《行星式水泥胶砂搅拌机》JC/T 681[9]的要求。

振动台：全波振幅为 0.75mm+0.02mm，频率为 2800~3000 次/min。

振实台：振实台应安装在高度约 400mm 的混凝土基座上。混凝土基座体积应大于 0.25m³，质量应大于 600kg。

天平：分度值不大于 ±1g。

量水器：分度值不大于 ±1mL。

恒温恒湿标准养护箱：养护箱的温度应保持在 20℃±1℃，相对湿度应不低于 90%。

抗压强度试验机：压力机的等级为 I 级，各精度值应符合现行行业标准《水泥胶砂强度自动压力试验机》JC/T 960 的规定。

抗折强度试验机：示值相对误差不超过 ±1%，示值相对变动度不超过 1%。

3）试验准备

检查胶砂搅拌叶与搅拌锅之间的距离；振动台/振实台试验前的试安装工作以及润湿；胶砂强度成型模具准备。

4）配合比

胶砂的质量配合比为一份水泥、三份中国 ISO 标准砂和半份水（水灰比 w/c 为 0.50）。每锅材料需 450g±2g 水泥、1350g±5g 砂和 225mL±1mL 或 225g±1g 水。一锅胶砂成型三条试体。

5）检测步骤

（1）胶砂搅拌

胶砂搅拌前先将搅拌锅和搅拌叶片用湿布湿润，然后把量好的 225mL 水加入搅拌锅，倒入称量好的 450g±2g 水泥。把锅放在固定架上，标准砂倒入胶砂搅拌机的标准砂储存仓，开动搅拌机进行自动搅拌；在搅拌机停拌 90s 时，在第一个 15s 内用胶皮刮具将粘在叶片和锅壁上的胶砂刮入锅中间。

（2）成型

① 标准法（振实台成型）

胶砂制备后立即进行成型。将空试模和模套固定在振实台上，用料勺将锅壁上的胶砂清理到锅内并翻转搅拌胶砂使其更加均匀，成型时将胶砂分两层装入试模。装第一层时，每个槽里放约 300g 胶砂，先用料勺沿试模长度方向划动胶砂以布满模槽，再用大布料器垂直架在模套顶部沿每个模槽来回一次将料层布平，接着振实 60 次。再装入第二层胶砂，用料勺沿试模长度方向划动胶砂以布满模槽，但不能接触已振实胶砂，再用小布料器布平，振实 60 次。每次振实时可将一块用水湿过拧干、比模套尺寸稍大的棉纱布盖在模套上以防止振实时胶砂飞溅。移走模套，从振实台上取下试模，用一金属直边尺以近 90°的角度（向刮平方向稍斜）架在试模模顶的一端，沿试模长度方向以横向锯割动作慢慢向另一端移动，将超过试模部分的胶砂刮去。锯割动作的多少和直尺角度的大小取决于胶砂的稀稠程度，较稠的胶砂需要多次锯割，锯割动作要慢，以防止拉动已振实的胶砂。用拧干的湿毛巾将试模端板顶部的胶砂擦拭干净，再用同一直边尺以近乎水平的角度将试体表面抹平。抹平的次数要尽量少，总次数不应超过 3 次。最后将试模周边的胶砂擦除干净。

②代用法（振动台成型）

胶砂制备后立即进行成型。将空试模和模套固定在振动台上，用料勺将锅壁上的胶砂清理到锅内并翻转搅拌胶砂使其更加均匀，成型时将胶砂均匀地装入下料漏斗中，开动振动台，胶砂通过漏斗流入试模。振动 120s ± 5s 后停止振动，移走模套，从振动台上取下试模，用一金属直边尺以近 90°的角度（向刮平方向稍斜）架在试模模顶的一端，沿试模长度方向以横向锯割动作慢慢向另一端移动，将超过试模部分的胶砂刮去。锯割动作的多少和直尺角度的大小取决于胶砂的稀稠程度，较稠的胶砂需要多次锯割，锯割动作要慢，以防止拉动已振实的胶砂。用拧干的湿毛巾将试模端板顶部的胶砂擦拭干净，再用同一直边尺以近乎水平的角度将试体表面抹平。抹平的次数要尽量少，总次数不应超过 3 次。最后将试模周边的胶砂擦除干净。

（3）脱模与养护

脱模应非常小心。脱模可以用橡皮锤或脱模器。脱模后用毛笔或其他方法对试体进行编号。两个龄期以上的试体，在编号时应将同一试模中的三条试体分在两个以上龄期内。

将脱模后的试件水平（水平放置时刮平面朝上）或竖直放在 20℃ ± 1℃水中不易腐烂的篦子上进行养护。试件彼此间保持一定间距，使六个面均与水接触。试件间隔及试体上表面水深均不得小于 5mm。随时保持适当恒定水位，养护期间养护水不能全部换掉，每个养护池只能养护同类型的水泥试件。试体龄期从水泥加水搅拌开始算起，3d 龄期试件养护时间为 3d ± 45min，28d 龄期试件养护时间为 28d ± 8h。到龄期的试体，在破型前 15min 从水中取出，并用湿布覆盖至开始试验。

（4）抗折强度试验

每龄期取出三条试体先做抗折强度试验，试验前先擦去试体表面附着水分和砂粒，清除夹具上圆柱表面黏着的杂物，将试体一个侧面放在试验机支撑圆柱上，试体长轴垂直于支撑圆柱，通过加荷圆柱以 50N/s ± 10N/s 的速率均匀地将荷载垂直地加在棱柱体相对侧面上，直至折断。

（5）抗压强度试验

抗折试验后的试件应立即进行抗压强度试验。试验前应清除试体受压面与加压板间的砂粒与杂物，以试体侧面作为受压面，试体底面靠紧夹具定位销，并使夹具对准压力机压板中心，受压面积为 40mm × 40mm，加荷速度为 2400N/s ± 200N/s 直至试件破坏。

（6）结果处理

①抗折强度R_f按式(1.2-1)计算。

$$R_f = \frac{1.5 F_f L}{b^3} \tag{1.2-1}$$

式中：F_f——折断时施加于棱柱体中部的荷载（N）；

　　　L——支撑圆柱体之间的距离（mm）；

　　　b——棱柱体正方形截面的边长（mm）。

② 抗压强度R_c按式(1.2-2)计算。

$$R_c = \frac{F_c}{A} \tag{1.2-2}$$

式中：F_c——破坏时的最大荷载（N）；

A——受压部分面积（mm^2）。

6）结果判定

（1）抗折强度

以一组三个棱柱体抗折结果的平均值作为试验结果。当三个强度值中有一个超出平均值的 ±10%时，应剔除后再取平均值作为抗折强度试验结果；当三个强度值中有两个超出平均值 ±10%时，则以剩余一个作为抗折强度结果。

单个抗折强度结果精确至 0.1MPa，算术平均值精确至 0.1MPa。

（2）抗压强度

以一组三个棱柱体上得到的六个抗压强度测定值的平均值作为试验结果。当六个测定值中有一个超出平均值的 ±10%时，剔除这个结果，以剩下五个的平均值为结果。当五个测定值中再有超过其平均值的 ±10%时，则此组结果作废。当六个测定值中同时有两个或两个以上超出平均值的 ±10%时，则此组结果作废。

单个抗压强度结果精确至 0.1MPa，算术平均值精确至 0.1MPa。

（3）注意事项

① 砌筑水泥胶砂强度检验时的用水量按胶砂流动度达到 180～190mm 来确定。当水泥强度较低，试体成型后 24h 尚不易脱模时，可适当延长养护时间，但总湿气养护时间不得超过 48h，并作记录。

② 通用硅酸盐水泥中除硅酸盐水泥和普通硅酸盐水泥外，在胶砂强度检验时用水量按胶砂流动度大于 180mm 来确定。

1.2.5.5 保水率

保水率测试按照现行国家标准《砌筑水泥》GB/T 3183 进行[6]。按规定方法，用滤纸片吸取流动度在一定范围的新拌水泥砂浆中的水，以吸水处理后砂浆中保留的水量占初始水量的质量百分比衡量砂浆保水率。

1）试验环境条件

实验室温度为 20℃ ± 2℃，相对湿度应不低于 50%；水泥试样、标准砂、拌合水、仪器和用具的温度应与实验室一致。

2）仪器设备

刚性试模：圆形，内径 100mm ± 1mm，内部有效深度 25mm ± 1mm。

刚性底板：圆形，无孔，直径 110mm ± 5mm，厚度 5mm ± 1mm。

干燥滤纸：慢速定量滤纸，直径 110mm ± 1mm。

金属滤网：网格尺寸 45μm，圆形，直径 110mm ± 1mm。

电子天平：量程不小于 2kg，分度值不大于 0.1g。

铁砝：质量为 2kg。

胶砂搅拌机：转速应符合现行行业标准《行星式水泥胶砂搅拌机》JC/T 681 的要求，

搅拌叶片与锅底、锅壁的工作间隙为 3mm ± 1mm。

跳桌：转动轴与转速为 60r/min 的同步电机，其转动机构能保证胶砂流动度测定仪在 25s ± 1s 内完成 25 次跳动。跳桌宜通过膨胀螺栓安装在已硬化的水平混凝土基座上。基座由密度至少为 2240kg/m³ 的重混凝土浇筑而成，平面尺寸约为 400mm × 400mm，高约 690mm。

3）准备工作

胶砂搅拌机正常运行；跳桌空跳一次。

4）检测步骤

（1）称量空的干燥试模质量，精确至 0.1g；称量 8 张未使用的滤纸质量，精确至 0.1g。

（2）砂浆按现行国家标准《水泥胶砂强度检验方法（ISO 法）》GB/T 17671[8] 的规定进行搅拌，搅拌后的砂浆按现行国家标准《水泥胶砂流动度测定方法》GB/T 2419[10] 的规定测定流动度。当砂浆的流动度在 180～190mm 范围时，记录此时的加水量。

（3）当砂浆的流动度小于 180m 或大于 190mm 时，重新调整加水量，直至流动度达到 180～190mm。

（4）当砂浆的流动度在规定范围内时，将搅拌锅中剩余的砂浆在低速下重新搅拌 15s，然后用金属刮刀将砂浆装满试模并抹平表面。称量装满砂浆的试模质量，精确至 0.1g。

（5）用金属滤网盖住砂浆表面，并在金属滤网顶部放上 8 张已称量的滤纸，滤纸上放刚性底板。

（6）将试模翻转 180°，置于一水平面上，在试模上放置 2kg 的铁砝。300s ± 5s 后移去铁砝，将试模再翻转 180°，移去刚性底板、滤纸和金属滤网。

（7）称量吸水后的滤纸质量，精确至 0.1g。重复试验一次。

5）结果处理与评定

按式(1.2-3)计算吸水前砂浆中初始水的质量。

$$m_z = \frac{m_y \times (m_w - m_u)}{1350 + 450 + m_y} \tag{1.2-3}$$

式中：m_z——吸水前砂浆中初始水的质量（g）；

m_y——砂浆的用水量（g）；

m_w——装满砂浆的试模质量（g）；

m_u——空的干燥试模质量（g）。

按式(1.2-4)计算砂浆的保水率。计算两次试验结果的平均值，精确至 1%。如果两次试验值与平均值的偏差大于 2%，需重复试验。

$$R = \frac{m_z - (m_X - m_V)}{m_z} \times 100\% \tag{1.2-4}$$

式中：R——砂浆的保水率（%）；

m_X——吸水后 8 张滤纸的质量（g）；

m_V——吸水前 8 张滤纸的质量（g）。

1.2.5.6　氯离子含量—基准法（硫氰酸铵容量法）

试样用硝酸进行分解，同时消除硫化物的干扰。加入已知量的硝酸银标准溶液，使氯离子以氯化银的形式沉淀。煮沸、过滤后，将滤液和洗液冷却至25℃以下，以铁（Ⅲ）盐为指示剂，用硫氰酸铵标准滴定溶液滴定过量的硝酸银。

1）试剂和材料

（1）硝酸银标准溶液 $[c(AgNO_3) = 0.05mol/L]$

称取2.1235g已于150℃±5℃烘过2h的硝酸银（$AgNO_3$），精确至0.0001g，置于烧杯中，加水溶解后移入250mL容量瓶中，加水稀释至刻度，摇匀。储存于棕色瓶中，避光保存。

（2）硫氰酸铵标准滴定溶液 $[c(NH_4SCN) = 0.05mol/L]$

称取3.8g±0.1g硫氰酸铵（NH_4SCN）溶于水，稀释至1L。

（3）硫酸铁铵指示剂溶液

将10mL硝酸（1+2）加入100mL冷的硫酸铁（Ⅲ）铵 $[NH_4Fe(SO_4)_2 \cdot 12H_2O]$ 饱和水溶液中。

（4）滤纸浆

将定量滤纸撕成小块，放入烧杯中，加水浸没，在搅拌下加热煮沸10min以上，冷却后放入广口瓶中备用。

2）仪器设备

（1）天平：精确至0.0001g。

（2）玻璃砂芯漏斗：直径40～60mm，型号G4（平均孔径4～7μm）。

3）检测步骤

（1）称取约5g试样（m），精确至0.0001g，置于400mL烧杯中，加入50mL水，搅拌使试样完全分散，在搅拌下加入50mL硝酸（1+2），加热煮沸，微沸1～2min取下。

（2）加入5mL硝酸银标准溶液（0.05mol/L），搅匀，煮沸1～2min，加入少许滤纸浆，用预先用硝酸（1+100）洗涤过的快速滤纸过滤或玻璃砂芯漏斗抽气过滤，滤液收集于250mL锥形瓶中，用硝酸（1+100）洗涤烧杯、玻璃棒和滤纸，直至滤液和洗液总体积达到约200mL，溶液在弱光线或暗处冷却至25℃以下。

（3）加入5mL硫酸铁铵指示剂溶液，用硫氰酸铵标准滴定溶液（0.05mol/L）滴定至产生的红棕色在摇动下不消失为止（V_1）。如果V_1小于0.5mL，用减少一半的试样重新试验。

（4）不加入试样按上述步骤进行空白试验，记录空白滴定所用硫氰酸铵标准滴定溶液的体积（V_0）。

4）结果处理与评定

氯离子的质量分数按式(1.2-5)计算。

$$\omega_{Cl^-} = \frac{1.773 \times 5.00 \times (V_0 - V_1)}{V_0 \times m \times 1000} \times 100 = 0.8865 \times \frac{V_0 - V_1}{V_0 \times m} \qquad (1.2-5)$$

式中：ω_{Cl^-}——氯离子的质量分数（%）；

$\quad\quad V_0$——空白试验消耗的硫氰酸铵标准滴定溶液的体积（mL）；

$\quad\quad V_1$——滴定时消耗硫氰酸铵标准滴定溶液的体积（mL）；

$\quad\quad m$——试样的质量（g）；

　　1.773——硝酸银标准溶液对氯离子的滴定度（mg/mL）。

　　当两次试验结果的绝对差值在重复性限（氯离子含量≤0.10%时，重复性限为0.005%；氯离子含量>0.10%时，重复性限为0.010%）以内时，用两次试验结果的平均值表示测定结果。

1.2.5.7　氯离子含量—代用法（电位滴定法）

　　用硝酸分解试样，加入氯离子标准溶液，以提高检测灵敏度，然后加入过氧化氢以氧化共存的干扰组分，并加热溶液。冷却到室温，用氯离子电位滴定装置测量溶液的电位，用硝酸银标准滴定溶液滴定[11]。

　　1）试剂

　　（1）氯离子标准溶液 [$c(NaCl) = 0.02mol/L$]

　　称取0.5844g已于105～110℃烘过2h的氯化钠（NaCl，基准试剂或光谱纯），精确至0.0001g，置于烧杯中，加水溶解后，移入500mL容量瓶中，用水稀释至刻度，摇匀。

　　（2）硝酸银标准滴定溶液 [$c(AgNO_3) = 0.02mol/L$]

　　①配制：称取1.7g硝酸银（$AgNO_3$），精确至0.0001g，置于烧杯中，加水溶解后，移入250mL容量瓶中，用水稀释至刻度，摇匀。储存于棕色瓶中，避光保存。

　　②标定：吸取10mL氯离子标准溶液，放入250mL烧杯中，加入2mL硝酸（1+1），用水稀释至约150mL，放入一根磁力搅拌棒。把烧杯放在磁力搅拌器上，用氯离子电位滴定装置测量溶液的电位，在溶液中插入氯离子电极和甘汞电极，开始搅拌。用硝酸银标准滴定溶液逐渐滴定，化学计量点前后，每次滴加0.1mL硝酸银标准滴定溶液，记录滴定管读数和对应的毫伏计读数。计量点前，毫伏计读数变化越来越大，过计量点后，每滴加一次溶液，变化将减小。继续滴定至毫伏计读数变化不大时为止。用二次微商法或氯离子电位滴定装置计算出消耗的硝酸银标准滴定溶液的体积（V）。

　　硝酸银标准滴定溶液的浓度按式(1.2-6)计算。

$$c(AgNO_3) = \frac{0.02 \times 10}{V} = \frac{0.2}{V} \tag{1.2-6}$$

式中：$c(AgNO_3)$——硝酸银标准滴定溶液的浓度（mol/L）；

　　　　　V——滴定时消耗硝酸银标准滴定溶液的体积（mL）；

　　　　　0.02——氯离子标准溶液的浓度（mol/L）；

　　　　　10——加入氯离子标准溶液的体积（mL）。

　　硝酸银标准滴定溶液对氯离子的滴定度按式(1.2-7)计算。

$$T_{Cl^-} = c(AgNO_3) \times 35.45 \tag{1.2-7}$$

式中：T_{Cl^-}——硝酸银标准滴定溶液对氯离子的滴定度（mg/mL）；

　　35.45——氯离子的摩尔质量（g/mol）。

　　2）仪器设备

　　（1）天平：精确至0.0001g。

　　（2）磁力搅拌器：具有调速和加热功能，带有包着惰性材料的搅拌棒，例如聚四氟乙烯材料。

　　（3）氯离子电位滴定装置：精度≤2mV，可连接氯离子电极和双盐桥甘汞电极或甘汞电极。

（4）氯离子电极：使用前应将氯离子电极在低浓度氯离子的溶液中浸泡1h以上，这样可以对氯离子电极进行活化，然后用水清洗，再用滤纸吸干电极表面的水分。使用完毕后用水清洗到电极的空白电位值（如260mV左右），用滤纸吸干电极表面的水分后放回包装盒干燥保存。

（5）双盐桥饱和甘汞电极：双盐桥饱和甘汞电极内筒液体使用氯化钾饱和溶液，外筒液体使用硝酸钾饱和溶液。

3）检测步骤

（1）称取约5g试样（m），精确至0.0001g，置于250mL干烧杯中，加入20mL水，搅拌使试样完全分散，然后在搅拌下加入25mL硝酸（1+1），加水稀释至100mL。

（2）加入2mL氯离子标准溶液和2mL过氧化氢，盖上表面皿，加热煮沸，微沸1～2min。冷却至室温，用水冲洗表面皿和玻璃棒，并从烧杯中取出玻璃棒，放入一根磁力搅拌棒。把烧杯放在磁力搅拌器上，用氯离子电位滴定装置测量溶液的电位，在溶液中插入氯离子电极和甘汞电极，开始搅拌。

（3）用硝酸银标准滴定溶液逐渐滴定，化学计量点前后，每次滴加0.1mL硝酸银标准滴定溶液，记录滴定管读数和对应的毫伏计读数。计量点前，毫伏计读数变化越来越大；过计量点后，每滴加一次溶液，变化将减小。继续滴定至毫伏计读数变化不大时为止。用二次微商法或氯离子电位滴定装置计算出消耗的硝酸银标准滴定溶液的体积（V_1）。

（4）空白试验：吸取2mL氯离子标准溶液放入250mL烧杯中，加水稀释至100mL。加入2mL硝酸（1+1）和2mL过氧化氢。盖上表面皿，加热煮沸，微沸1～2min，冷却至室温。按上述检测步骤用硝酸银标准溶液滴定（V_0）。

4）结果处理与评定

氯离子的质量分数按式(1.2-8)计算。

$$\omega_{Cl^-} = \frac{T_{Cl^-} \times (V_1 - V_0)}{m \times 1000} \times 100 = \frac{T_{Cl^-} \times (V_1 - V_0) \times 0.1}{m} \tag{1.2-8}$$

式中：ω_{Cl^-}——氯离子的质量分数（%）；

T_{Cl^-}——硝酸银标准滴定溶液对氯离子的滴定度（mg/mL）；

V_1——滴定时消耗硝酸银标准滴定溶液的体积（mL）；

V_0——空白试验消耗硝酸银标准滴定溶液的体积（mL）；

m——试样的质量（g）。

当两次试验结果的绝对差值在重复性限（氯离子含量≤0.10%时，重复性限为0.005%；氯离子含量＞0.10%时，重复性限为0.010%）以内时，用两次试验结果的平均值表示测定结果。

1.2.5.8 氧化镁含量—原子吸收分光光度法（基准法）

以氢氟酸-高氯酸分解，或氢氧化钠熔融，或碳酸钠熔融试样的方法制备溶液，分取一定量的溶液，用锶盐消除硅、铝、钛等的干扰，在空气-乙炔火焰中，于波长285.2nm处测定溶液的吸光度。

1）试剂

（1）氯化锶溶液（锶 50g/L）

将 152g 氯化锶（$SrCl_2 \cdot 6H_2O$）溶解于水中，加水稀释至 1L，必要时过滤后使用。

（2）氧化镁标准溶液（1mg/mL）

称取 1g 已于 950℃±25℃灼烧过 1h 的氧化镁（MgO，基准试剂或光谱纯），精确至 0.0001g，置于 300mL 烧杯中，加入 50mL 水，再缓缓加入 20mL 盐酸（1+1），低温加热至全部溶解，冷却至室温后，移入 1000mL 容量瓶中，用水稀释至刻度，摇匀。此标准溶液每毫升含 1mg 氧化镁。

（3）氧化镁标准溶液（0.05mg/mL）

吸取 25mL 上述标准溶液放入 500mL 容量瓶中，用水稀释至刻度，摇匀。此标准溶液每毫升含 0.05mg 氧化镁。

2）仪器设备

（1）天平：精确至 0.0001g。

（2）高温炉：可控制温度 700℃±25℃、800℃±25℃、950℃±25℃或 1175℃±25℃。

（3）原子吸收分光光度计：带有镁、钾、钠、铁、锰、锌元素空心阴极灯。

（4）铂、银坩埚：带盖，容量 30mL。

3）工作曲线的绘制

吸取每毫升含 0.05mg 氧化镁的标准溶液 0mL、2mL、4mL、6mL、8mL、10mL、12mL 分别放入 500mL 容量瓶中，加入 30mL 盐酸及 10mL 氯化锶溶液（锶 50g/L），用水稀释至刻度，摇匀。将原子吸收分光光度计调节至最佳工作状态，在空气-乙炔火焰中，用镁元素空心阴极灯，于波长 285.2nm 处，以水校零测定溶液的吸光度。用测得的吸光度作为相对应的氧化镁含量的函数，绘制工作曲线。

4）试样准备（以下三种方法任选一种）

（1）氢氟酸-高氯酸分解试样

称取 0.1g 试样（m），精确至 0.0001g，置于铂坩埚（或铂皿、聚四氟乙烯器皿）中，加入 0.5～1mL 水润湿，加入 5～7mL 氢氟酸和 0.5mL 高氯酸，放入通风橱内低温电热板上加热，近干时摇动铂坩埚以防溅失，待白色浓烟完全驱尽后，取下冷却。加入 20mL 盐酸（1+1），加热至溶液澄清，冷却后，移入 250mL 容量瓶中，加入 5mL 氯化锶溶液（锶 50g/L），用水稀释至刻度，摇匀。此溶液供原子吸收分光光度法测定用。

（2）氢氧化钠熔融试样

称取 0.1g 试样（m），精确至 0.0001g，置于银坩埚中，加入 3～4g 氢氧化钠，盖上坩埚盖，并留有缝隙，放入高温炉中，在 750℃下熔融 10min，取出冷却。将坩埚放入已盛有约 100mL 沸水的 300mL 烧杯中，盖上表面皿，待熔块完全浸出后（必要时适当加热），取出坩埚，用水冲洗坩埚和盖。在搅拌下一次加入 35mL 盐酸（1+1），用热盐酸（1+9）洗净坩埚和盖。将溶液加热煮沸，冷却后移入 250mL 容量瓶中，用水稀释至刻度，摇匀。此溶液供原子吸收分光光度法测定用。

（3）碳酸钠熔融试样

称取 0.1g 试样（m），精确至 0.0001g，置于铂坩埚中，加入 0.4g 无水碳酸钠，搅拌均匀，放入高温炉中，在 950℃下熔融 10min，取出冷却。将坩埚放入已盛有 50mL 盐酸（1+1）

的 250mL 烧杯中，盖上表面皿，加热至熔块完全浸出后，取出坩埚，用水洗净坩埚和盖。将溶液加热煮沸，冷却后移入 250mL 容量瓶中，用水稀释至刻度，摇匀。此溶液供原子吸收分光光度法测定用。

5）检测步骤

（1）从上述制备的溶液（三种任一）中吸取 5mL 溶液放入 100mL 的容量瓶中（试样溶液的分取量及容量瓶的容积视氧化镁的含量而定），加入 12mL 盐酸（1＋1）及 2mL 氯化锶溶液（锶 50g/L）（测定溶液中盐酸的体积分数为 6%，锶的浓度为 1mg/mL），用水稀释至刻度，摇匀。

（2）用原子吸收分光光度计，在空气-乙炔火焰中，用镁元素空心阴极灯，于波长 285.2nm 处，在与工作曲线绘制测试相同的仪器条件下测定溶液的吸光度，在工作曲线上求出氧化镁的浓度 c_1。

6）结果处理与评定

氧化镁的质量分数按式(1.2-9)计算。

$$\omega_{\mathrm{MgO}} = \frac{c_1 \times 100 \times 50}{m \times 10^6} \times 100 = \frac{c_1 \times 0.5}{m} \tag{1.2-9}$$

式中：ω_{MgO}——氧化镁的质量分数（%）；

c_1——扣除空白试验值后测定溶液中氧化镁的浓度（μg/mL）；

m——试样的质量（g）；

100——测定溶液的体积（mL）；

50——全部试样溶液与所分取试样溶液的体积比。

当两次试验结果的绝对差值在重复性限（0.15%）以内时，用两次试验结果的平均值表示测定结果。

1.2.5.9 氧化镁含量—EDTA 滴定差减法（代用法）

在 pH10 的溶液中，以酒石酸钾钠、三乙醇胺为掩蔽剂，用酸性铬蓝 K-萘酚绿 B 混合指示剂，采用 EDTA 标准滴定溶液滴定[11]。

当试样中一氧化锰含量大于 0.5%时，在盐酸羟胺存在下，测定钙、镁、锰总量，用差减法测得氧化镁的含量。

1）试剂

（1）氟化钾溶液（150g/L）

将 150g 氟化钾（$KF \cdot 2H_2O$）置于塑料杯中，加水溶解后，加水稀释至 1L，储存于塑料瓶中。

（2）氢氧化钾溶液（200g/L）

将 200g 氢氧化钾（KOH）溶于水中，加水稀释至 1L，储存于塑料瓶中。

（3）酒石酸钾钠溶液（100g/L）

将 10g 酒石酸钾钠（$C_4H_4KNaO_6 \cdot 4H_2O$）溶于水中，加水稀释至 100mL。

（4）CMP 混合指示剂

称取 1g 钙黄绿素、1g 甲基百里香酚蓝、0.2g 酚酞与 50g 已于 105～110℃烘干过的硝酸钾（KNO_3），混合研细，保存在磨口瓶中。

（5）KB 混合指示剂

称取 1g 酸性铬蓝 K、2.5g 萘酚绿 B 与 50g 已于 105～110℃烘干过的硝酸钾（KNO_3），混合研细，保存在磨口瓶中。

（6）pH 值为 10 的缓冲溶液

将 67.5g 氯化铵（NH_4Cl）溶于水中，加入 570mL 氨水，加水稀释至 1L。配制后用精密 pH 试纸检验。

（7）碳酸钙标准溶液 ［$c(CaCO_3) = 0.024mol/L$］

称取 0.6g（m）已于 105～110℃烘过 2h 的碳酸钙（$CaCO_3$，基准试剂），精确至 0.0001g，置于 300mL 烧杯中，加入约 100mL 水，盖上表面皿，沿杯口慢慢加入 6mL 盐酸（1＋1），搅拌至碳酸钙全部溶解，加热煮沸并微沸 1～2min。冷却至室温后，移入 250mL 容量瓶中，用水稀释至刻度，摇匀。

（8）EDTA 标准滴定溶液 ［$c(EDTA) = 0.015mol/L$］

配制：称取 5.6gEDTA（乙二胺四乙酸二钠，$C_{10}H_{14}N_2O_8Na_2 \cdot 2H_2O$）置于烧杯中，加入约 200mL 水，加热溶解，加水稀释至 1L，摇匀，必要时过滤后使用。

标定：吸取 25mL 碳酸钙标准溶液（0.024mol/L）放入 300mL 烧杯中，加水稀释至 200mL，加入适量的 CMP 混合指示剂，在搅拌下加入氢氧化钾溶液（200g/L）至出现绿色荧光后再过量 2～3mL，用 EDTA 标准滴定溶液滴定至绿色荧光消失并呈红色，记录 EDTA 标准滴定溶液消耗的体积（V）。

EDTA 标准滴定溶液的浓度按式(1.2-10)计算。

$$c(EDTA) = \frac{m \times 1000}{100.09 \times 10 \times (V - V_0)} = \frac{m}{1.0009 \times (V - V_0)} \tag{1.2-10}$$

式中：$c(EDTA)$——EDTA 标准滴定溶液的浓度（mol/L）；

　　　　m——配制碳酸钙标准溶液（0.024mol/L）的碳酸钙的质量（g）；

　　　　V——滴定时消耗 EDTA 标准滴定溶液的体积（mL）；

　　　　V_0——空白试验消耗 EDTA 标准滴定溶液的体积（mL）；

　　　　100.09——$CaCO_3$ 的摩尔质量（g/mol）；

　　　　10——全部碳酸钙标准溶液与所分取溶液的体积比。

EDTA 标准滴定溶液对氧化镁的滴定度按式(1.2-11)计算。

$$T_{MgO} = c(EDTA) \times 40.31 \tag{1.2-11}$$

式中：T_{MgO}——EDTA 标准滴定溶液对氧化镁的滴定度（mg/mL）；

　　$c(EDTA)$——EDTA 标准滴定溶液的浓度（mol/L）；

　　　40.31——MgO 的摩尔质量（g/mol）。

2）仪器设备

（1）天平：精确至 0.0001g。

（2）高温炉：可控制温度 700℃±25℃、800℃±25℃、950℃±25℃或 1175℃±25℃。

（3）铂、银坩埚：带盖，容量 30mL。

（4）蒸汽水浴。

3）试样准备

（1）方法一

① 称取 0.5g 试样（m），精确至 0.0001g，置于铂坩埚中，盖上坩埚盖，并留有缝隙，在 950~1000℃下灼烧 5min，取出坩埚冷却。加入 0.30~0.32g 已磨细的无水碳酸钠，用细玻璃棒仔细压碎块状物并搅拌均匀，把黏附在玻璃棒上的试料全部刷回坩埚内，再将坩埚置于 950~1000℃下灼烧 10min，取出坩埚冷却。

② 将烧结块移入 150~200mL 瓷蒸发皿中，加入少量水润湿，盖上表面皿，从皿口慢慢加入 5mL 盐酸及 2~3 滴硝酸，待反应停止后取下表面皿，用平头玻璃棒压碎块状物使其充分分解，用热盐酸（1+1）清洗坩埚数次，洗液合并于蒸发皿中。将蒸发皿置于蒸汽水浴上，皿上放一玻璃三脚架，再盖上表面皿。蒸发至糊状后，加入 1g 氯化铵，搅匀，在蒸汽水浴上蒸发至干后继续蒸发 10~15min，其间仔细搅拌并压碎大颗粒。

③ 取下蒸发皿，加入 10~20mL 热盐酸（3+97），搅拌使可溶性盐类溶解。立即用中速定量滤纸过滤，用胶头擦棒和滤纸片擦洗玻璃棒及蒸发皿，用热的盐酸（3+97）洗涤沉淀 3 次，然后用热水洗涤沉淀 10~12 次，滤液及洗液收集于 250mL 容量瓶中（溶液A）。

④ 在沉淀上加 3 滴硫酸（1+4），然后将沉淀连同滤纸一并移入铂坩埚中，盖上坩埚盖，并留有缝隙，在电炉上灰化完全后，放入 1175℃±25℃或 950~1000℃的高温炉内灼烧 1h（有争议时，以 1175℃±25℃灼烧的结果为准），取出坩埚，置于干燥器中冷却至室温，称量，反复灼烧至恒量。

⑤ 向坩埚中慢慢加入数滴水润湿沉淀，加入 3 滴硫酸（1+4）和 10mL 氢氟酸，放入通风橱内的电炉上低温加热，蒸发至干，升高温度继续加热至三氧化硫白烟冒尽。将坩埚放入 950~1000℃的高温炉内灼烧 30min 以上，取出坩埚，置于干燥器中冷却至室温，称量，反复灼烧至恒量。

⑥ 向上述经过氢氟酸处理后得到的残渣中加入 0.5~1.0g 焦硫酸钾，加热至暗红，熔融至杂质被分解。熔块用热水和 3~5mL 盐酸（1+1）转移到 150mL 烧杯中，加热微沸使熔块全部溶解，冷却后，将溶液合并入溶液 A 中，用水稀释至刻度，摇匀。此溶液供测定滤液中残留的可溶性氧化钙、氧化镁用。

（2）方法二

① 称取 0.5g 试样（m），精确至 0.0001g，置于银坩埚中，加入 6~7g 氢氧化钠，盖上坩埚盖，并留有缝隙，放入高温炉中，从低温升起，在 650~700℃的高温下熔融 20min，其间取出充分摇动 1 次。

② 取出冷却，将坩埚放入已盛有约 100mL 沸水的 300mL 烧杯中，盖上表面皿，在电炉上适当加热，待熔块完全浸出后，取出坩埚，用水冲洗坩埚和盖。在搅拌下一次加入 25~30mL 盐酸，再加入 1mL 硝酸，用热盐酸（1+5）洗净坩埚和盖。

③ 将溶液加热微沸约 1min，冷却至室温后，移入 250mL 容量瓶中，用水稀释至刻度，摇匀。此溶液供测定氧化钙、氧化镁用。

4）检测步骤

（1）一氧化锰含量 ≤ 0.5%时

氧化钙的测定：从上述方法一或方法二制备的溶液中吸取 25mL 溶液放入 300mL 烧杯

中，加入 7mL 氟化钾溶液（150g/L）（方法一制备的溶液不需要加氟化钾溶液），搅匀并放置 2min 以上，加水稀释至约 200mL。加入 5mL 三乙醇胺溶液（1＋2）及适量的 CMP 混合指示剂，在搅拌下加入氢氧化钾溶液（200g/L）至出现绿色荧光后再过量 5～8mL，用 EDTA 标准滴定溶液（0.015mol/L，计算值按实际标定浓度）滴定至绿色荧光完全消失并呈现红色，记录滴定所消耗的 EDTA 标准滴定溶液的体积（V_1）。

氧化镁的测定：从上述方法一或方法二制备的溶液中吸取 25mL 溶液加入 300mL 烧杯中，加水稀释至约 200mL，加入 1mL 酒石酸钾钠溶液，搅拌，然后加入 5mL 三乙醇胺（1＋2），搅拌。加入 25mL pH10 缓冲溶液及适量的 KB 混合指示剂，用 EDTA 标准滴定溶液滴定，近终点时应缓慢滴定至纯蓝色，记录滴定所消耗的 EDTA 标准滴定溶液的体积（V_2）。

（2）一氧化锰含量 > 0.5% 时

除将三乙醇胺（1＋2）的加入量改为 10mL，并在滴定前加入 0.5～1g 盐酸羟胺外，其余检测步骤按一氧化锰含量 ≤ 0.5% 时的检测步骤进行。

5）结果处理与评定

（1）一氧化锰含量 ≤ 0.5% 时

氧化镁的质量分数按式(1.2-12)计算。

$$\omega_{MgO} = \frac{T_{MgO} \times [(V_2 - V_{02}) - (V_1 - V_{01})] \times 10}{m \times 1000} \times 100$$
$$= \frac{T_{MgO} \times [(V_2 - V_{02}) - (V_1 - V_{01})]}{m} \tag{1.2-12}$$

式中：ω_{MgO}——氧化镁的质量分数（%）；

　　　T_{MgO}——EDTA 标准滴定溶液对氧化镁的滴定度（mg/mL）；

　　　　V_1——测定氧化钙时消耗 EDTA 标准滴定溶液的体积（mL）；

　　　V_{01}——测定氧化钙时空白试验消耗 EDTA 标准滴定溶液的体积（mL）；

　　　　V_2——滴定钙、镁总量时消耗 EDTA 标准滴定溶液的体积（mL）；

　　　V_{02}——测定钙、镁总量时空白试验消耗 EDTA 标准滴定溶液的体积（mL）；

　　　　 m——试样的质量（g）；

　　　　10——全部试样溶液与所分取试样溶液的体积比。

（2）一氧化锰含量 > 0.5% 时

氧化镁的质量分数按式(1.2-13)计算。

$$\omega_{MgO} = \frac{T_{MgO} \times [(V_2 - V_{02}) - (V_1 - V_{01})] \times 10}{m \times 1000} \times 100 - 0.57 \times \omega_{MnO}$$
$$= \frac{T_{MgO} \times [(V_2 - V_{02}) - (V_1 - V_{01})]}{m} - 0.57 \times \omega_{MnO} \tag{1.2-13}$$

式中：ω_{MnO}——测得的一氧化锰的质量分数（%）；

　　　0.57——一氧化锰对氧化镁的换算系数。

（3）当两次试验结果的绝对差值在重复性限（氧化镁含量 ≤ 2% 时，重复性限为 0.15%；氧化镁含量 > 2% 时，重复性限为 0.20%）以内时，用两次试验结果的平均值表示测定结果。

1.2.5.10 碱含量—基准法（火焰光度法）

试样经氢氟酸、硫酸蒸发处理除去硅，用热水浸取残渣，以氨水和碳酸铵分离铁、铝、钙、镁。滤液中的钾、钠用火焰光度计进行测定。

1）试剂

（1）氧化钾、氧化钠标准溶液

称取 1.5829g 已于 105～110℃烘过 2h 的氯化钾（KCl，基准试剂或光谱纯）及 1.8859g 已于 105～110℃烘过 2h 的氯化钠（NaCl，基准试剂或光谱纯），精确至 0.0001g，置于烧杯中，加水溶解后移入 1000mL 容量瓶中，用水稀释至刻度，摇匀，储存于塑料瓶中。此标准溶液每毫升含 1mg 氧化钾和 1mg 氧化钠。

（2）甲基红指示剂溶液（2g/L）

将 0.2g 甲基红溶于 100mL 乙醇（体积分数 95%）中。

（3）碳酸铵溶液（100g/L）

将 10g 碳酸铵 $[(NH_4)_2CO_3]$ 溶于 100mL 水中。用时现配。

2）仪器设备

（1）天平：精确至 0.0001g。

（2）火焰光度计：可稳定地测定钾在波长 768nm 处和钠在波长 589nm 处的谱线强度。

（3）干燥箱：可控制温度 105℃±5℃、150℃±5℃、250℃±10℃。

3）标准曲线的绘制

吸取每毫升含 1mg 氧化钾及 1mg 氧化钠的标准溶液 0mL、2.5mL、5mL、10mL、15mL、20mL 分别放入 500mL 容量瓶中，用水稀释至刻度，摇匀，储存于塑料瓶中。将火焰光度计调节至最佳工作状态，按仪器使用规程进行测定。用测得的检流计读数作为相对应的氧化钾和氧化钠含量的函数，绘制工作曲线。

4）检测步骤

称取 0.2g 试样（m），精确至 0.0001g，置于铂皿（或聚四氟乙烯器皿）中，加入少量水润湿，加入 5～7mL 氢氟酸和 15～20 滴硫酸（1+1），放入通风橱内的电热板上低温加热，近干时摇动铂皿，以防溅失，待氢氟酸驱尽后逐渐升高温度，继续加热至三氧化硫白烟冒尽，取下冷却。加入 40～50mL 热水，用胶头擦棒压碎残渣使其分散，加入 1 滴甲基红指示剂溶液（2g/L），用氨水（1+1）中和至黄色，再加入 10mL 碳酸铵溶液（100g/L），搅拌，然后放入通风橱内电热板上加热至沸腾并继续微沸 20～30min。用快速滤纸过滤，以热水充分洗涤，用胶头擦棒擦洗铂皿，滤液及洗液收集于 100mL 容量瓶中，冷却至室温。用盐酸（1+1）中和至溶液呈微红色，用水稀释至刻度，摇匀。在火焰光度计上，按仪器使用规程，在与标准曲线绘制测试相同的仪器条件下进行测定。在工作曲线上分别求出氧化钾和氧化钠的含量（m_1和m_2）。

5）结果处理与评定

氧化钾和氧化钠的质量分数按式(1.2-14)计算。

$$\omega_{K_2O} = \frac{m_1}{m \times 1000} \times 100 = \frac{m_1 \times 0.1}{m}$$

$$\omega_{Na_2O} = \frac{m_2}{m \times 1000} \times 100 = \frac{m_2 \times 0.1}{m}$$

$$碱含量 = \omega_{Na_2O} + 0.658\omega_{K_2O}$$

(1.2-14)

式中：ω_{K_2O}——氧化钾的质量分数（%）；

　　　ω_{Na_2O}——氧化钠的质量分数（%）；

　　　m_1——扣除空白试验值后 100mL 测定溶液中氧化钾的含量（mg）；

　　　m_2——扣除空白试验值后 100mL 测定溶液中氧化钠的含量（mg）；

　　　m——试样的质量（g）。

当两次试验结果的绝对差值在重复性限（氧化钾重复性限为 0.10%，氧化钠重复性限为 0.05%）以内时，用两次试验结果的平均值表示测定结果。

1.2.5.11　三氧化硫含量—基准法（硫酸钡重量法）

用盐酸分解试样生成硫酸根离子，在煮沸下用氯化钡溶液沉淀，生成硫酸钡沉淀，经过滤灼烧后称量。测定结果以三氧化硫计。

1）试剂

（1）氯化钡溶液（100g/L）

将 100g 氯化钡（$BaCl_2 \cdot 2H_2O$）溶于水中，加水稀释至 1L，必要时过滤后使用。

（2）硝酸银溶液（5g/L）

将 0.5g 硝酸银（$AgNO_3$）溶于水中，加入 1mL 硝酸，加水稀释至 100mL，储存于棕色瓶中。

2）仪器设备

（1）天平：精确至 0.0001g。

（2）高温炉：可控制温度 700℃±25℃、800℃±25℃、950℃±25℃或 1175℃±25℃。

（3）干燥器：内装变色硅胶。

3）检测步骤

（1）称取 0.5g 试样（m），精确至 0.0001g，置于 200mL 烧杯中，加入 40mL 水，搅拌使试样完全分散，在搅拌下加入 10mL 盐酸（1+1），用平头玻璃棒压碎块状物，加热煮沸并保持微沸 5～10min。

（2）用中速滤纸过滤，用热水洗涤 10～12 次，滤液及洗液收集于 400mL 烧杯中。加水稀释至约 250mL，玻璃棒底部压一小片定量滤纸，盖上表面皿，加热煮沸，在微沸下从杯口缓慢逐滴加入 10mL 热的氯化钡溶液（100g/L），继续微沸数分钟使沉淀良好地形成，然后在常温下静置 12～24h 或温热处静置至少 4h（有争议时，以常温下静置 12～24h 的结果为准），溶液的体积应保持在约 200mL。

（3）用慢速定量滤纸过滤，用热水洗涤，用胶头擦棒和定量滤纸片擦洗烧杯及玻璃棒，洗涤至检验无氯离子为止［按规定洗涤沉淀数次后，用水冲洗一下漏斗的下端，继续用水洗涤滤纸和沉淀，将滤液收集于试管中，加几滴硝酸银溶液（5g/L），观察试管中的溶液是否浑浊。如果浑浊，继续洗涤并检验，直至用硝酸银检验不再浑浊为止]。

（4）将沉淀及滤纸一并移入已灼烧恒量的瓷坩埚中，灰化完全后，放入 800～950℃ 的高温炉内灼烧 30min 以上，取出坩埚，置于干燥器中冷却至室温，称量，反复灼烧直至恒量或者在 800～950℃ 下灼烧约 30min（有争议时，以反复灼烧直至恒量的结果为准），置于干燥器中冷却至室温后称量（m_1）。

4）结果处理与评定

硫酸盐三氧化硫的质量分数按式(1.2-15)计算。

$$\omega_{SO_3} = \frac{(m_1 - m_0) \times 0.343}{m} \times 100 \tag{1.2-15}$$

式中：ω_{SO_3}——硫酸盐三氧化硫的质量分数（%）；

   m_1——灼烧后沉淀的质量（g）；

   m_0——空白试验灼烧后沉淀的质量（g）；

   m——试样的质量（g）；

  0.343——硫酸钡对三氧化硫的换算系数。

当两次试验结果的绝对差值在重复性限（三氧化硫含量 ≤1% 时，重复性限为 0.10%；三氧化硫含量 >1% 时，重复性限为 0.15%）以内时，用两次试验结果的平均值表示测定结果。

1.2.6　评判规则

1.2.6.1　出厂检验

（1）通用硅酸盐水泥中组分、化学要求、凝结时间、沸煮安定性、细度、胶砂强度任一参数不合格，该样品为不合格品[4]。

（2）砌筑水泥中三氧化硫、氯离子、细度、凝结时间、沸煮安定性、胶砂强度、保水率任一参数不合格，该样品为不合格品[6]。

1.2.6.2　型式检验

（1）通用硅酸盐水泥中组分、化学要求、凝结时间、安定性、细度、胶砂强度、放射性核素限量、水泥中水溶性铬任一参数不合格，该样品为不合格品[4]。

（2）砌筑水泥中三氧化硫、氯离子、细度、凝结时间、沸煮安定性、胶砂强度、保水率、放射性、水泥中水溶性铬任一参数不合格，该样品为不合格品[6]。

1.3　粉煤灰

粉煤灰是从煤粉炉烟道气体中收集的粉末；是以硅、铝、钙等一种或多种氧化物为主要成分，具有规定细度，掺入混凝土中能改善混凝土性能的活性粉体材料[2]。

1.3.1　分类与标识

粉煤灰根据燃煤品种分为 F 类粉煤灰（无烟煤或烟煤煅烧收集的粉煤灰）和 C 类粉煤灰（由褐煤或次烟煤煅烧收集的粉煤灰，其氧化钙含量一般大于 10%）。

粉煤灰根据用途分为拌制砂浆和混凝土用粉煤灰、水泥活性混合材料用粉煤灰两类[12]。

1.3.2　检测参数及检评依据

本章所述粉煤灰的检测参数及检评依据如表 1.3-1 所示。

粉煤灰检测参数及检评依据

表 1.3-1

序号	检测参数	检测依据	评定标准
1	细度（45μm 筛余）	GB/T 1345	
2	需水量比		
3	含水量	GB/T 1596	GB/T 1596
4	强度活性指数		
5	三氧化硫	GB/T 176	
6	放射性	GB 6566	GB 6566
7	烧失量	GB/T 176	GB/T 1596

1.3.3　抽样要求

1.3.3.1　取样频率

粉煤灰出厂前按同种类、同等级编号和取样。散装粉煤灰和袋装粉煤灰应分别进行编号和取样。不超过 500t 为一编号，每一编号为一取样单位。当散装粉煤灰运输工具的容量超过该厂规定出厂编号吨数时，允许该编号的数量超过取样规定吨数。粉煤灰质量按干灰（含水量小于 1%）的质量计算[12]。

1.3.3.2　取样方法

按照 1.2.3 节水泥的取样方法，取样总量至少为 3kg。

1.3.4　技术要求

拌制砂浆和混凝土用粉煤灰的技术要求见表 1.3-2，水泥活性混合材料用粉煤灰的理化性能要求见表 1.3-3。

拌制砂浆和混凝土用粉煤灰的技术要求[12]

表 1.3-2

项目		技术要求		
		I 级	II 级	III 级
细度（45μm 筛余）/%	F 类粉煤灰	≤12.0	≤30.0	≤45.0
	C 类粉煤灰			
需水量比/%	F 类粉煤灰	≤95	≤105	≤115
	C 类粉煤灰			

项目		技术要求		
		Ⅰ级	Ⅱ级	Ⅲ级
烧失量/%	F类粉煤灰	≤5.0	≤8.0	≤10.0
	C类粉煤灰			
含水量/%	F类粉煤灰	≤1.0		
含水量/%	C类粉煤灰	≤1.0		
三氧化硫质量分数/%	F类粉煤灰	≤3.0		
	C类粉煤灰			
强度活性指数/%	F类粉煤灰	≥70.0		
	C类粉煤灰			
放射性	F类粉煤灰	$I_{Ra} ≤ 1.0$ 且 $I_γ ≤ 1.0$		
	C类粉煤灰			

水泥活性混合材料用粉煤灰的理化性能要求[12]　　　　　　　表 1.3-3

项目		理化性能要求
三氧化硫（SO_3）质量分数/%	F类粉煤灰	≤3.5
	C类粉煤灰	
烧失量/%	F类粉煤灰	≤8.0
	C类粉煤灰	
含水量/%	F类粉煤灰	≤1.0
	C类粉煤灰	
强度活性指数/%	F类粉煤灰	≥70.0
	C类粉煤灰	

1.3.5 检验方法

1.3.5.1 细度

采用 45μm 负压筛析法进行试验，筛析时间为 3min[12]。

1）仪器设备

（1）天平：最小分度值不大于 0.01g。

（2）筛析仪：负压可调范围为 4000～6000Pa；喷气嘴上口平面与筛网之间距离为 2～8mm。负压源和收尘器，由功率不小于 600W 的工业吸尘器和小型旋风收尘筒组成或采用其他具有相当功能的设备。

2）试验准备

（1）试验前所用试验筛应保持清洁，负压筛和手工筛应保持干燥。

（2）筛析试验前应把负压筛放在筛座上，盖上筛盖，接通电源，检查控制系统，调节负压至 4000～6000Pa 范围内。

3）检测步骤

称取试样 10g，精确至 0.01g，置于洁净的负压筛中，放在筛座上，盖上筛盖，接通电源，开动筛析仪连续筛析 3min，其间如有试样附着在筛盖上，可轻轻地敲击筛盖使试样落下。筛毕，用天平称量全部筛余物。

4）结果处理与评定

粉煤灰的细度按式(1.3-1)计算。

$$F = \frac{R_{t}}{W} \times 100 \tag{1.3-1}$$

式中：F——试样筛余百分数（%）；

R_{t}——筛余物的质量（g）；

W——水泥试样的质量（g）。

计算结果精确至 0.1%。

5）注意事项

试验前使用标准样对 45μm 的方孔筛进行校正。校正系数K在 0.8～1.2 范围内才能进行试验；若筛余物出现颗粒成球、黏筛，应用毛刷将颗粒轻轻刷去。每筛 100 个样品要进行筛网的校正，使用 10 次后要进行清洗。金属框筛、铜丝网筛清洗时用专门的清洗剂，不可用弱酸浸泡。

1.3.5.2 需水量比

按现行国家标准《水泥胶砂流动度测定方法》GB/T 2419 测定试验胶砂和对比胶砂的流动度，二者达到规定流动度范围时的加水量之比为粉煤灰的需水量比[12]。

1）仪器设备

（1）天平：量程不小于 1000g，最小分度值不大于 1g。

（2）搅拌机：转速应符合现行行业标准《行星式水泥胶砂搅拌机》JC/T 681 的要求，搅拌叶片与锅底、锅壁的工作间隙为 3mm ± 1mm[9]。

（3）跳桌：转动轴与转速为 60r/min 的同步电机，其转动机构能保证胶砂流动度测定仪在 25s ± 1s 内完成 25 次跳动。跳桌宜通过膨胀螺栓安装在已硬化的水平混凝土基座上。基座由密度至少为 2240kg/m³ 的重混凝土浇筑而成，平面尺寸约为 400mm × 400mm，高约 690mm。

2）试验准备

（1）如跳桌在 24h 内未被使用，先空跳一个周期 25 次。

（2）胶砂制备按现行国家标准《水泥胶砂强度检验方法（ISO 法）》GB/T 17671 的有关规定进行。在制备胶砂的同时，用潮湿棉布擦拭跳桌台面、试模内壁、捣棒以及与胶砂接触的用具，将试模放在跳桌台面中央并用潮湿棉布覆盖。

3）检测步骤

（1）粉煤灰胶砂配比见表1.3-4，对比胶砂与试验胶砂分别按照现行国家标准《水泥胶砂强度检验方法（ISO法）》GB/T 17671的规定进行搅拌。

粉煤灰需水量比试验胶砂配比（单位：g）　　　表 1.3-4

胶砂种类	对比水泥	试验样品		标准砂
		对比水泥	粉煤灰	
对比胶砂	250	—	—	750
试验胶砂	—	175	75	750

（2）将拌好的胶砂迅速地分两次装入模内，第一次装至截锥圆模的2/3处，用小刀在相互垂直的两个方向各划5次，并用捣棒自边缘向中心均匀捣15次；随后装第二层砂浆，装至高出截锥圆模约20mm，用小刀在相互垂直的两个方向各划5次，再用捣棒自边缘向中心均匀捣10次。在装胶砂与捣实时，用手将截锥圆模按住，不要使其产生移动。捣好后取下模套，用小刀将高出截锥圆模的砂浆刮去并抹平，随即将截锥圆模垂直向上轻轻提起。

（3）立即开动跳桌，以每秒钟一次的频率，在25s±1s内完成跳动25次。跳动完毕，用卡尺测量胶砂底部相互垂直的两个方向直径，计算平均值（取整数，单位为mm），该平均值即为该用水量时的胶砂的流动度。

（4）记录达到对比胶砂流动度（L）±2mm时的用水量。

（5）当试验胶砂流动度超出对比胶砂流动度（L）±2mm时，重新调整用水量，直至试验胶砂流动度达到对比胶砂流动度（L）±2mm为止。

4）结果计算

粉煤灰的需水量比按式(1.3-2)计算。

$$X = \frac{m}{125} \times 100 \tag{1.3-2}$$

式中：X——需水量比（%）；

　　　m——试验胶砂流动度达到对比胶砂流动度（L）±2mm的加水量（g）；

　　125——对比胶砂的加水量（g）。

注：1. 对比水泥：符合现行国家标准《通用硅酸盐水泥》GB 175规定的强度等级42.5的硅酸盐水泥或普通硅酸盐水泥标准，同时，按表1.3-4配制的对比胶砂流动度（L）在145～155mm范围内。

　　2. 试验样品：对比水泥和被检验粉煤灰按质量比7∶3混合。

　　3. 标准砂：符合现行国家标准《水泥胶砂强度检验方法（ISO法）》GB/T 17671规定的粒径0.5～1.0mm的中级砂。

　　4. 水：洁净的淡水。

1.3.5.3　含水量

粉煤灰的含水量检验按照现行国家标准《用于水泥和混凝土中的粉煤灰》GB/T 1596执行[12]。将掺合料放入规定温度的烘干箱内烘至恒重，以烘干前后的质量差与烘干前的质量之比确定粉煤灰的含水量。

（1）仪器设备

天平：量程不小于 50g，最小分度值不大于 0.01g。

烘箱：可控制温度 105～110℃，最小分度值不大于 2℃。

（2）检测步骤

取 50g 试样，精确至 0.01g，倒入蒸发皿中，置于 105℃的烘箱中烘至恒重，取出放在干燥器中冷却至室温后称量，精确至 0.01g。

（3）结果处理与评定

粉煤灰的含水量按式(1.3-3)计算，结果保留至 0.1%。

$$w = \frac{m_1 - m_2}{m_1 - m_0} \times 100 \tag{1.3-3}$$

式中：w——含水量（%）；

m_0——蒸发皿的质量（g）；

m_1——烘干前试样与蒸发皿的质量（g）；

m_2——烘干后试样与蒸发皿的质量（g）。

1.3.5.4　强度活性指数

按现行国家标准《水泥胶砂强度检验方法（ISO 法）》GB/T 17671 测定试验胶砂和对比胶砂的 28d 抗压强度，以二者之比确定粉煤灰的活性指数[12]。

1）试验环境

（1）实验室的温度应保持在 20℃±2℃，相对湿度应不低于 50%。实验室温度和相对湿度在工作期间至少每天记录 1 次。

（2）带模养护试体养护箱的温度应保持在 20℃±1℃，相对湿度不低于 90%。养护箱的温度和湿度在工作期间至少每 4h 记录 1 次。在自动控制的情况下记录次数可以酌减至每天 2 次。

（3）试体养护池水温度应保持在 20℃±1℃。试体养护池水温度在工作期间至少每天记录 1 次。

2）仪器设备

（1）胶砂搅拌机：转速应符合现行行业标准《行星式水泥胶砂搅拌机》JC/T 681[9]的要求。

（2）振动台：全波振幅为 0.75mm＋0.02mm，频率为 2800～3000 次/min。

（3）振实台：振实台应安装在高度约 400mm 的混凝土基座上。混凝土基座体积应大于 0.25m³，质量应大于 600kg。

（4）天平：分度值不大于 ±1g。

（5）量水器：分度值不大于 ±1mL。

（6）恒温恒湿标准养护箱：养护箱的温度应保持在 20℃±1℃，相对湿度应不低于 90%。

（7）抗压强度试验机：压力机的等级为 I 级，各精度值应符合现行行业标准《水泥胶砂强度自动压力试验机》JC/T 960 中表 1 的规定。

（8）抗折强度试验机：示值相对误差不超过 ±1%，示值相对变动度不超过 1%。

3）试验准备

胶砂搅拌前先将搅拌锅和搅拌叶片用湿布湿润；检查搅拌叶片与锅底、锅壁的工作间隙为 3mm ± 1mm；振动台/振实台试验前的试安装工作以及润湿；胶砂强度成型模具准备。

4）检测步骤

粉煤灰强度活性指数试验的胶砂配比见表 1.3-5，对比胶砂与试验胶砂分别按照现行国家标准《水泥胶砂强度检验方法（ISO 法）》GB/T 17671 的规定进行搅拌，搅拌结束后立即按照水泥胶砂的步骤进行成型试验。

粉煤灰强度活性指数试验胶砂配比　　　　　　　　表 1.3-5

胶砂种类	对比水泥/g	试验样品		标准砂/g	水/mL
		对比水泥/g	粉煤灰/g		
对比胶砂	450	—	—	1350	225
试验胶砂	—	315	135	1350	225

5）结果处理与评定

粉煤灰的强度活性指数按式(1.3-4)计算。

$$A_d = \frac{R_d \times 100}{R_{0d}}$$
(1.3-4)

式中：A_d——掺合料 d 天活性指数（%）；

R_d——掺合料 d 天强度（MPa）；

R_{0d}——对比胶砂 d 天强度（MPa）。

1.3.5.5 烧失量

粉煤灰的烧失量检验按照现行国家标准《水泥化学分析方法》GB/T 176 执行[12]。试样在 950℃ ± 25℃的高温炉中灼烧，所失去的质量即为粉煤灰的烧失量。

1）仪器设备

（1）天平：精确至 0.0001g。

（2）高温炉：可控制温度 700℃ ± 25℃、800℃ ± 25℃、950℃ ± 25℃或 1175℃ ± 25℃。

（3）干燥器：内装变色硅胶。

2）检测步骤

称取 1g 试样（m），精确至 0.0001g，放入已灼烧恒量的瓷坩埚中，盖上坩埚盖，并留有缝隙，放在高温炉内，从低温开始逐渐升高温度，在 950℃ ± 25℃下灼烧 15～20min，取出坩埚，置于干燥器中冷却至室温，称量，反复灼烧直至恒量或者在 950℃ ± 25℃下灼烧约 1h（有争议时，以反复灼烧直至恒量的结果为准），置于干燥器中冷却至室温后称量（m_1）。

3）结果处理与评定

粉煤灰的烧失量按式(1.3-5)计算。

$$\omega_{\mathrm{LOI}} = \frac{(m - m_1)}{m} \times 100 \tag{1.3-5}$$

式中：ω_{LOI}——烧失量的质量分数（%）；

　　　m_1——灼烧后试样的质量（g）；

　　　m——试样的质量（g）。

当两次试验结果的绝对差值在重复性限（0.15%）以内时，用两次试验结果的平均值表示测定结果。

1.3.5.6　三氧化硫含量—基准法（硫酸钡重量法）

粉煤灰三氧化硫含量—基准法（硫酸钡重量法）检验按照现行国家标准《水泥化学分析方法》GB/T 176 执行。检验方法同 1.2.5.11 节。

1.3.5.7　放射性

低本底 γ 能谱仪的原理基于放射性衰变产生的 γ 射线与探测器之间的相互作用。当 γ 射线进入探测器后，会与其中的物质发生相互作用，产生电子空穴对。这些电子空穴对会在外部电压的作用下漂移并被收集，形成一个脉冲信号。每个脉冲信号的幅度和时间可以被记录下来并被用于分析 γ 射线的能量和强度。

1）仪器设备

（1）天平：感量 0.1g。

（2）低本底多道 γ 能谱仪。

2）试验环境条件

温度 23℃±2℃，湿度 50%±10%。

3）试样准备

将粉煤灰与符合现行国家标准《通用硅酸盐水泥》GB 175 要求的硅酸盐水泥按质量比 1:1 混合均匀，将其放入与标准样品几何形态一致的样品盒中，称重（精确至 0.1g）、密封、待测。

4）检测步骤

当检验样品中天然放射性衰变链基本达到平衡后，在与标准样品测量条件相同情况下，采用低本底多道 γ 能谱仪对其进行镭-226、钍-232 和钾-40 比活度测量[13]。

5）结果处理与评定

内照射指数（I_{Ra}）按式(1.3-6)计算；外照射指数（I_{γ}）按式(1.3-7)计算。

$$I_{\mathrm{Ra}} = \frac{C_{\mathrm{Ra}}}{200} \tag{1.3-6}$$

$$I_{\gamma} = \frac{C_{\mathrm{Ra}}}{370} + \frac{C_{\mathrm{Th}}}{260} + \frac{C_{\mathrm{K}}}{4200} \tag{1.3-7}$$

式中：　C_{Ra}——建筑材料中天然放射性核素镭-226 的放射性比活度（Bq/kg）；

　　　　C_{Th}——建筑材料中天然放射性核素钍-232 的放射性比活度（Bq/kg）；

　　　　C_{K}——建筑材料中天然放射性核素钾-40 的放射性比活度（Bq/kg）；

　　　　200——仅考虑内照射情况下，现行国家标准《建筑材料放射性核素限量》

GB 6566 规定的建筑材料中放射性核素镭-226 的放射性比活度限量（Bq/kg）；

370、260、4200——分别为仅考虑外照射情况下，建筑材料中放射性核素镭-226、钍-232、钾-40 在其各自单独存在时现行国家标准《建筑材料放射性核素限量》GB 6566 规定的限量（Bq/kg）。

计算结果保留一位小数。

1.3.6 评判规则

1.3.6.1 出厂检验

拌制砂浆和混凝土用粉煤灰的检验项目符合表 1.3-2 技术要求时，判为出厂检验合格。若其中任何一项不符合要求，允许在同一编号中重新取样进行全部项目的复检，以复检结果判定[12]。

1.3.6.2 型式检验

拌制砂浆和混凝土用粉煤灰的检验项目符合表 1.3-2 技术要求时，判为型式检验合格。若其中任何一项不符合要求，允许在本批留样中取样进行复检，以复检结果判定[12]。

1.4 粒化高炉矿渣粉

粒化高炉矿渣粉是以粒化高炉矿渣为主要原材料，可掺加少量天然石膏，磨制成一定细度的粉体。

1.4.1 分类与标识

依据现行国家标准《用于水泥、砂浆和混凝土中的粒化高炉矿渣粉》GB/T 18046[14]，矿渣粉可分为 S105、S95、S75 三个等级[14]。

1.4.2 检测参数及检评依据

本章所述矿粉的检测参数及检评依据如表 1.4-1 所示。

矿粉检测参数及检评依据 表 1.4-1

序号	检测参数	检测依据	评定标准
1	比表面积	GB/T 8074	GB/T 18046
2	流动度比	GB/T 18046	
3	含水率		
4	强度活性指数		
5	三氧化硫	GB/T 176	
6	放射性	GB 6566	
7	烧失量	GB/T 176	

1.4.3　抽样要求

1.4.3.1　取样频率

矿渣粉出厂前按同级别进行组批和取样。每一批号为一个取样单位。矿渣粉出厂批号按矿渣粉单线年生产能力规定为：

年产能 $\geqslant 6 \times 10^4$t 的，不超过 2000t 为一批号；

年产能 $\geqslant 3 \times 10^4$t 且 $< 6 \times 10^4$t 的，不超过 1000t 为一批号；

年产能 $\geqslant 1 \times 10^4$t 且 $< 3 \times 10^4$t 的，不超过 600t 为一批号；

年产能 $< 1 \times 10^4$t 的，不超过 200t 为一批号。

当散装运输工具容量超过该厂规定出厂批号吨数时，允许该批号数量超过该厂规定出厂批号吨数[14]。

1.4.3.2　取样方法

取样按 1.2.3 节进行，取样应有代表性，可连续取样，也可以在 20 个以上部位取等量样品，总量至少为 20kg。试样应混合均匀，按四分法取出比试验量大一倍的试样[14]。

1.4.4　技术要求

依据现行国家标准《用于水泥、砂浆和混凝土中的粒化高炉矿渣粉》GB/T 18046，本章所述粒化高炉矿渣粉常见检测参数的技术要求见表 1.4-2。

粒化高炉矿渣粉常见检测参数技术要求[14]　　　　表 1.4-2

检测参数		级别		
		S105	S95	S75
比表面积/（m²/kg）		$\geqslant 500$	$\geqslant 400$	$\geqslant 300$
流动度比/%		$\geqslant 95$		
含水量/%		$\leqslant 1.0$		
强度活性指数/%	7d	$\geqslant 95$	$\geqslant 70$	$\geqslant 55$
	28d	$\geqslant 105$	$\geqslant 95$	$\geqslant 75$
三氧化硫/%		$\leqslant 4.0$		
氯离子/%		$\leqslant 0.06$		
烧失量/%		$\leqslant 1.0$		
放射性		$I_{Ra} \leqslant 1.0$ 且 $I_{\gamma} \leqslant 1.0$		

1.4.5　试验方法

1.4.5.1　强度活性指数

按现行国家标准《水泥胶砂强度检验方法（ISO 法）》GB/T 17671 测定试验胶砂和对比胶砂的抗压强度，以二者之比确定掺合料的活性指数[14]。

1）试验环境

（1）实验室的温度应保持在 20℃±2℃，相对湿度应不低于 50%。实验室温度和相对湿度在工作期间至少每天记录 1 次。

（2）带模养护试体养护箱的温度应保持在 20℃±1℃，相对湿度不低于 90%。养护箱的温度和湿度在工作期间至少每 4h 记录 1 次。在自动控制的情况下记录次数可以酌减至每天 2 次。

（3）试体养护池水温度应保持在 20℃±1℃。试体养护池水温度在工作期间每天至少记录 1 次。

2）仪器设备

（1）胶砂搅拌机：转速应符合现行行业标准《行星式水泥胶砂搅拌机》JC/T 681[9]的要求，搅拌叶片与锅底、锅壁的工作间隙为 3mm±1mm。

（2）振动台：全波振幅为 0.75mm＋0.02mm，频率为 2800～3000 次/min。

（3）振实台：振实台应安装在高度约 400mm 的混凝土基座上。混凝土基座体积应大于 0.25m³，质量应大于 600kg。

（4）天平：分度值不大于 ±1g。

（5）量水器：分度值不大于 ±1mL。

（6）恒温恒湿标准养护箱：养护箱的温度应保持在 20℃±1℃，相对湿度应不低于90%。

（7）抗压强度试验机：压力机的等级为 Ⅰ 级，各精度值应符合现行行业标准《水泥胶砂强度自动压力试验机》JC/T 960 中表 1 的规定。

（8）抗折强度试验机：示值相对误差不超过 ±1%，示值相对变动度不超过 1%。

3）试验准备

胶砂搅拌前先将搅拌锅和搅拌叶片用湿布湿润；检查搅拌叶片与锅底、锅壁的工作间隙为 3mm±1mm；振动台/振实台试验前的试安装工作以及润湿；胶砂强度成型模具准备。

4）结果处理与评定

矿渣粉的强度活性指数按式(1.4-1)计算。

$$A_d = \frac{R_d \times 100}{R_{0d}} \tag{1.4-1}$$

式中：A_d——掺合料d天活性指数（%）；

R_d——掺合料d天强度（MPa）；

R_{0d}——对比胶砂d天强度（MPa）。

计算结果保留至整数。

1.4.5.2 流动度比

按现行国家标准《水泥胶砂流动度测定方法》GB/T 2419 测定试验胶砂和对比胶砂的流动度，二者流动度之比为粒化高炉矿渣粉的流动度比[14]。

1）试验环境

实验室的温度应保持在 20℃±2℃，相对湿度应不低于 50%。

2）仪器设备

（1）天平：量程不小于 1000g，最小分度值不大于 1g。

（2）胶砂搅拌机：转速应符合现行行业标准《行星式水泥胶砂搅拌机》JC/T 681 的

要求。

（3）跳桌：转动轴与转速为 60r/min 的同步电机，其转动机构能保证胶砂流动度测定仪在 25s ± 1s 内完成 25 次跳动。跳桌宜通过膨胀螺栓安装在已硬化的水平混凝土基座上。基座由密度至少为 2240kg/m³ 的重混凝土浇筑而成，平面尺寸约为 400mm × 400mm，高约 690mm。

3）试验准备

（1）如跳桌在 24h 内未被使用，先空跳一个周期 25 次。

（2）胶砂制备按现行国家标准《水泥胶砂强度检验方法（ISO 法）》GB/T 17671 的有关规定进行。在制备胶砂的同时，用潮湿棉布擦拭跳桌台面、试模内壁、捣棒以及与胶砂接触的用具，将试模放在跳桌台面中央并用潮湿棉布覆盖。

4）检测步骤

（1）胶砂配比按照表 1.4-3 设定。对比胶砂与试验胶砂分别按照现行国家标准《水泥胶砂强度检验方法（ISO 法）》GB/T 17671 的规定进行搅拌。

粒化高炉矿渣粉流动度比试验胶砂配比　　　　　　　　　表 1.4-3

胶砂种类	对比水泥/g	矿渣粉/g	标准砂/g	水/mL
对比胶砂	450	—	1350	225
试验胶砂	225	225	1350	225

（2）将拌好的胶砂迅速地分两次装入模内，第一次装至截锥圆模的 2/3 处，用小刀在相互垂直的两个方向各划 5 次，并用捣棒自边缘向中心均匀捣 15 次。

（3）随后装第二层砂浆，装至高出截锥圆模约 20mm，用小刀在相互垂直的两个方向各划 5 次，再用捣棒自边缘向中心均匀捣 10 次。

（4）在装胶砂与捣实时，用手将截锥圆模按住，不要使其产生移动。捣好后取下模套，用小刀将高出截锥圆模的砂浆刮去并抹平，随即将截锥圆模垂直向上轻轻提起。

（5）立即开动跳桌，以每秒钟一次的频率，在 25s ± 1s 内完成跳动 25 次。跳动完毕，用卡尺测量胶砂底部相互垂直的两个方向直径，计算平均值（取整数，单位为 mm），该平均值即为该用水量时的胶砂的流动度。

5）结果处理与评定

矿渣粉的流动度比按式(1.4-2)计算。

$$F = \frac{L}{L_{\mathrm{m}}} \times 100 \qquad (1.4\text{-}2)$$

式中：F——矿渣粉流动度比（％）；

L_{m}——对比胶砂流动度（mm）；

L——试验胶砂流动度（mm）。

1.4.5.3　比表面积

本方法主要是根据一定量的空气通过具有一定空隙率和固定厚度的水泥层时，所受阻力不同而引起流速的变化来测定水泥的比表面积。在一定空隙率的水泥层中，空隙的大小和数量是颗粒尺寸的函数，同时也决定了通过料层的气流速度。

1）试验环境

相对湿度不大于 50%。

2）仪器设备

（1）透气仪

本方法采用的勃氏比表面积透气仪，分手动和自动两种，均应符合现行行业标准《勃氏透气仪》JC/T 956 的要求。

（2）烘干箱

控制温度灵敏度为 ±1℃。

（3）分析天平

分度值为 0.001g。

3）试验准备

样品按现行国家标准《水泥取样方法》GB/T 12573 进行取样，先通过 0.9mm 方孔筛，再在 110℃±5℃下烘干 1h，并在干燥器中冷却至室温。

4）测试步骤

（1）按现行国家标准《水泥密度测定方法》GB/T 208 测定水泥密度。

（2）对比表面积测定仪进行漏气检查，确定孔隙率 ε（孔隙率选用 0.53±0.005）。

（3）确定试验量，按式(1.4-3)计算。

$$m = \rho V(1 - \varepsilon) \tag{1.4-3}$$

式中：m——需要的试样量（g）；

      ρ——试样密度（g/cm³）；

      V——试料层体积（cm³）；

      ε——试料层孔隙率。

（4）将穿孔板放入透气圆筒上，用捣棒把一片滤纸放到穿孔板上，边缘放平并压紧。称取确定的试样量 m，倒入圆筒，使水泥层表面平坦。再放入一片滤纸，用捣器捣实试料直至捣器的支持环与圆筒顶边接触，并旋转 1～2 圈，慢慢取出捣器。把装有试料层的透气筒下锥面涂上一层活塞油脂，插入压力计顶端锥形磨口处，旋转 1～2 圈，保证不漏气，并不振动所制备的试料层。

（5）打开微型电磁泵慢慢从压力计一臂中抽出空气，直到压力计内液面上升到扩大部下端时关闭阀门。当压力计内液面的凹液面下降到第一条刻度线时开始计时，下降到第二条刻度线时停止计时，记录液面从第一条刻度线到第二条刻度线所需的时间，以秒记录，并记录试验时的温度（℃）。

（6）计算试样的比表面积。

① 当被测试样的密度、试料层中空隙率与标准样品相同，试验时的温度与校准温度之差不大于 3℃时，可按式(1.4-4)计算。

$$S = \frac{S_S \sqrt{T}}{\sqrt{T_S}} \tag{1.4-4}$$

当试验时的温度与校准温度之差大于 3℃时，则按式(1.4-5)计算。

$$S = \frac{S_S\sqrt{\eta_S}\sqrt{T}}{\sqrt{\eta}\sqrt{T_S}} \qquad (1.4\text{-}5)$$

式中：S——被测试样的比表面积（cm^2/g）；

S_S——标准样品的比表面积（cm^2/g）；

T——被测试样试验时，压力计中液面降落测得的时间（s）；

T_S——标准样品试验时，压力计中液面降落测得的时间（s）；

η——被测试样试验温度下的空气黏度（$\mu Pa \cdot s$）；

η_S——标准样品试验温度下的空气黏度（$\mu Pa \cdot s$）。

② 当被测试样的试料层中空隙率与标准样品不同，试验时的温度与校准温度之差不大于 3℃时，可按式(1.4-6)计算。

$$S = \frac{S_S\sqrt{T}(1-\varepsilon_S)\sqrt{\varepsilon^3}}{(1-\varepsilon)\sqrt{\varepsilon^3}\sqrt{T_S}} \qquad (1.4\text{-}6)$$

当试验时的温度与校准温度之差大于 3℃时，则按式(1.4-7)计算。

$$S = \frac{S_S\sqrt{\eta_S}\sqrt{T}(1-\varepsilon_S)\sqrt{\varepsilon^3}}{\sqrt{\eta}(1-\varepsilon)\sqrt{\varepsilon^3}\sqrt{T_S}} \qquad (1.4\text{-}7)$$

式中：ε_S——标准样品试料层中的空隙率；

ε——被测试样试料层中的空隙率。

③ 当被测试样的密度和空隙率均与标准样品不同，试验时的温度与校准温度之差不大于 3℃时，可按式(1.4-8)计算。

$$S = \frac{S_S\rho_S\sqrt{T}(1-\varepsilon_S)\sqrt{\varepsilon^3}}{\rho(1-\varepsilon)\sqrt{\varepsilon^3}\sqrt{T_S}} \qquad (1.4\text{-}8)$$

当试验时的温度与校准温度之差大于 3℃时，则按式(1.4-9)计算。

$$S = \frac{S_S\rho_S\sqrt{\eta_S}\sqrt{T}(1-\varepsilon_S)\sqrt{\varepsilon^3}}{\rho\sqrt{\eta}(1-\varepsilon)\sqrt{\varepsilon^3}\sqrt{T_S}} \qquad (1.4\text{-}9)$$

式中：ρ——被测试样的密度（g/cm^3）；

ρ_S——标准样品的密度（g/cm^3）。

5）结果处理

（1）比表面积应由二次透气试验结果的平均值确定。如二次试验结果相差 2%以上时，应重新试验。计算结果保留至 $10cm^2/g$。

（2）当同一样品用手动勃氏透气仪测定的结果与自动勃氏透气仪测定的结果有争议时，以手动勃氏透气仪测定结果为准。

1.4.5.4　含水量

将掺合料放入规定温度的烘干箱内烘至恒重，以烘干前后的质量差与烘干前的质量之比确定粉煤灰的含水量[14]。

（1）仪器设备

天平：量程不小于 50g，最小分度值不大于 0.01g。

烘箱：可控制温度 110℃，最小分度值不大于 2℃。

（2）检测步骤

取 50g 试样，精确至 0.01g，倒入蒸发皿中，置于 105℃的烘箱中烘至恒重，取出放在干燥器中冷却至室温后称量，精确至 0.01g。

（3）结果处理与评定

矿渣粉的含水量按式(1.4-10)计算，结果保留至 0.1%。

$$w = \frac{m_1 - m_2}{m_1 - m_0} \times 100 \tag{1.4-10}$$

式中：w——含水量（%）；

$\quad m_0$——蒸发皿的质量（g）；

$\quad m_1$——烘干前试样与蒸发皿的质量（g）；

$\quad m_2$——烘干后试样与蒸发皿的质量（g）。

1.4.5.5　三氧化硫含量—基准法（硫酸钡重量法）

矿渣粉三氧化硫含量—基准法（硫酸钡重量法）检验按照现行国家标准《水泥化学分析方法》GB/T 176 执行[11]。检验方法同 1.2.5.11 节。

1.4.5.6　氯离子含量—基准法（硫氰酸铵容量法）

矿渣粉氯离子含量—基准法（硫氰酸铵容量法）检验按照现行国家标准《水泥化学分析方法》GB/T 176 执行[11]。检验方法同 1.2.5.6 节。

1.4.5.7　烧失量

试样在 950℃±25℃的高温炉中灼烧，所失去的质量即为矿渣粉的烧失量[11]。

1）仪器设备

（1）天平：精确至 0.0001g。

（2）高温炉：可控制温度 700℃±25℃、800℃±25℃、950℃±25℃或 1175℃±25℃。

（3）干燥器：内装变色硅胶。

2）检测步骤

称取 1g 试样（m），精确至 0.0001g，放入已灼烧恒量的瓷坩埚中，盖上坩埚盖，并留有缝隙，放在高温炉内，从低温开始逐渐升高温度，在 950℃±25℃下灼烧 15～20min，取出坩埚，置于干燥器中冷却至室温，称量，反复灼烧直至恒量或者在 950℃±25℃下灼烧约 1h（有争议时，以反复灼烧直至恒量的结果为准），置于干燥器中冷却至室温后称量（m_1）。

3）结果处理与评定

烧失量按式(1.4-11)计算。

$$\omega_{LOI} = \frac{m - m_1}{m} \times 100 \tag{1.4-11}$$

式中：ω_{LOI}——烧失量的质量分数（%）；

　　　　m_1——灼烧后试样的质量（g）；

　　　　m——试样的质量（g）。

矿渣粉在灼烧过程中由于硫化物的氧化会引起误差，需要通过测一次灼烧前三氧化硫含量和一次灼烧后三氧化硫含量进行校正，校正后烧失量按式(1.4-13)计算。

$$\omega_{O_2} = 0.8 \times (\omega_{灼SO_3} - \omega_{未灼SO_3}) \tag{1.4-12}$$

$$\omega'_{LOI} = \omega_{LOI} + \omega_{O_2} \tag{1.4-13}$$

式中：ω_{O_2}——矿渣粉灼烧过程中吸收空气中氧的质量分数（%）；

　　$\omega_{灼SO_3}$——矿渣灼烧后测得的 SO_3 质量分数（%）；

　$\omega_{未灼SO_3}$——矿渣未经灼烧时的 SO_3 质量分数（%）；

　　　ω'_{LOI}——矿渣粉校正后的烧失量（质量分数）（%）；

　　　ω_{LOI}——矿渣粉试验测得的烧失量（质量分数）（%）。

当两次试验结果的绝对差值在重复性限（0.20%）以内时，用两次试验结果的平均值表示测定结果。

1.4.5.8　放射性

矿渣粉放射性检验按照现行国家标准《建筑材料放射性核素限量》GB 6566 执行[13]。检验方法同 1.3.5.7 节。试样准备同样是将矿渣粉与硅酸盐水泥按质量比 1∶1 混合均匀。计算结果保留一位小数。

1.4.6　评判规则

1.4.6.1　出厂检验

粒化高炉矿渣粉的密度、比表面积、活性指数、流动度比、初凝时间比、含水量、三氧化硫、烧失量、不溶物中任何一项技术要求检验结果不符合要求的为不合格品[14]。

1.4.6.2　型式检验

粒化高炉矿渣粉的密度、比表面积、活性指数、流动度比、初凝时间比、含水量、三氧化硫、烧失量、不溶物中任何一项技术要求检验结果不符合要求的为不合格品[14]。

第2章

骨料和轻集料

2.1 概述

2.1.1 定义和分类

骨料按粒径大小分为粗骨料和细骨料。

粗骨料主要包括卵石和碎石。卵石是指在自然条件作用下岩石产生破碎、风化、分选、运移、堆（沉）积而形成的粒径大于 4.75mm 的岩石颗粒。碎石是指由天然岩石、卵石或矿山废石经破碎、筛分等机械加工而成的，粒径大于 4.75mm 的颗粒[15]。

细骨料包括天然砂、机制砂和混合砂。天然砂是指在自然条件作用下岩石产生破碎、风化、分选、运移、堆（沉）积而形成的粒径小于 4.75mm 的岩石颗粒，按其产源不同可分为河砂、湖砂、山砂、净化处理的海砂，但不包括软质、风化的颗粒。机制砂是指以岩石、卵石、矿山废石和尾矿等为原料，经除土处理，由机械破碎、整形、筛分、粉控等工艺制成的，级配、粒形和石粉含量满足要求且粒径小于 4.75mm 的颗粒[16]。混合砂是由天然砂和机制砂按一定比例混合而成。细骨料的分类还可以根据细度模数来划分，其中细度模数是衡量砂粒粗细的指标，一般根据细度模数将砂分为粗砂（3.1～3.7）、中砂（2.3～3.0）、细砂（1.6～2.2）和特细砂（0.7～1.5）等类别。

轻集料指堆积密度不大于 1200kg/m³ 的粗、细集料的总称，根据现行国家标准《轻集料及其试验方法 第 1 部分：轻集料》GB/T 17431.1[17]，轻集料按形成方式分为人造轻集料（如陶粒、陶砂）、天然轻集料（如浮石、火山渣等）和工业废渣轻集料（自然煤矸石、煤渣等）。

2.1.2 检测参数及检评依据

本章所述骨料、轻集料的检测参数及检评依据如表 2.1-1 所示。值得注意的是，在建设工程领域检测粗、细骨料时，现行行业标准《普通混凝土用砂、石质量及检验方法标准》JGJ 52[18]也有较多应用。另外，应用于主体结构工程时还应满足现行国家标准《混凝土结构通用规范》GB 55008 中的相关要求。

骨料、轻集料检测参数及检评依据 表 2.1-1

检测项目	检测参数	检测依据	评定标准
细骨料	颗粒级配、含泥量、泥块含量、亚甲蓝值与石粉含量、压碎值指标、氯离子含量、表观密度、吸水率、坚固性、碱活性、硫化物和硫酸盐含量、轻物质含量、有机物含量、贝壳含量	GB/T 14684	GB/T 14684

检测项目	检测参数	检测依据	评定标准
粗骨料	颗粒级配、含泥量、泥块含量、压碎值指标、针/片状颗粒含量、坚固性、碱活性、表观密度、堆积密度、空隙率	GB/T 14685	GB/T 14685
轻集料	筒压强度、堆积密度、吸水率、粒型系数、筛分析	GB/T 17431.2	GB/T 17431.1

2.1.3　检验批次

细骨料按同分类、类别及日产量组批，日产量不超过 4000t 时，每 2000t 为一批，不足 2000t 的亦为一批；日产量超过 4000t 时，按每条生产线连续生产 8h 的产量为一批，不足 8h 的亦为一批。

粗骨料按同分类、类别、公称粒级及日产量组批，日产量不超过 4000t 时，每 2000t 为一批，不足 2000t 的亦为一批；日产量超过 4000t 时，按每条生产线连续生产 8h 的产量为一批，不足 8h 的亦为一批。

轻集料按类别、名称、密度等级分批检验与验收，每 400m³ 为一批，不足 400m³ 的亦以一批论。

2.1.4　取样及样品处理

2.1.4.1　取样方法及数量

在进行细骨料、粗骨料的参数检测时，各单项试验的最小取样质量应分别符合表 2.1-2 和表 2.1-3 的规定。当进行几项试验时，如能保证试验经一项试验后不影响另一项试验的结果，可用同一试样进行几项不同的试验。

细骨料单项试验取样质量　　　　　表 2.1-2

序号	试验项目	最小取样质量/kg
1	颗粒级配	4.4
2	含泥量	4.4
3	泥块含量	20.0
4	亚甲蓝值与石粉含量	6.0
5	轻物质含量	3.2
6	有机物含量	2.0
7	硫化物和硫酸盐含量	0.6
8	氯离子含量	4.4
9	贝壳含量	9.6
10	坚固性	8.0
11	压碎值指标	20.0
12	表观密度	2.6
13	碱活性	20.0
14	吸水率	4.4

粗骨料单项试验取样质量　　　　表 2.1-3

序号	试验项目	最小取样质量/kg							
		最大粒径/mm							
		9.5	16.0	19.0	26.5	31.5	37.5	63.0	≥75.0
1	颗粒级配	9.5	16.0	19.0	26.5	31.5	37.5	63.0	80.0
2	卵石含泥量、碎石泥粉含量	8.0	8.0	24.0	24.0	40.0	40.0	80.0	80.0
3	泥块含量	8.0	8.0	24.0	24.0	40.0	40.0	80.0	80.0
4	针、片状颗粒含量	1.2	4.0	8.0	12.0	20.0	40.0	40.0	40.0
5	坚固性	按试验要求的粒级和质量取样							
6	压碎值指标								
7	表观密度	8.0	8.0	8.0	8.0	12.0	16.0	24.0	24.0
8	堆积密度与空隙率	40.0	40.0	40.0	40.0	80.0	80.0	120.0	120.0
9	碱骨料反应	20.0	20.0	20.0	20.0	20.0	20.0	20.0	20.0

细骨料取样要求：从料堆上取样时，取样部位应均匀分布；取样前先将取样部位表面铲除，然后从不同部位随机抽取大致等量的砂 8 份，组成一组样品。从皮带运输机上取样时，应全断面定时随机抽取大致等量的砂 4 份，组成一组样品。从火车、汽车、货船上取样时，应从不同部位和深度随机抽取大致等量的砂 8 份，组成一组样品。

粗骨料取样要求：从料堆上取样时，取样部位应均匀分布；取样前先将取样部位表面铲除，然后从不同部位随机抽取大致等量的石子 15 份。抽取时，应在料堆的顶部、中部和底部均匀分布的 15 个不同部位取得，组成一组样品。从皮带运输机上取样时，应全断面定时随机抽取大致等量的石子 8 份，组成一组样品。从火车、汽车、货船上取样时，应从不同部位和深度随机抽取大致等量的石子 15 份，组成一组样品。

轻集料应从每批产品中随机抽取有代表性的试样。初次抽取的试样应不少于 10 份，其总料量应多于试验用料量的一倍。初次抽取试样应符合下列要求：①生产企业中进行常规检验时，应在通往料仓或料堆的运输机的整个宽度上，在一定的时间间隔内抽取。②对均匀料堆进行取样时，以 400m³ 为一批，不足一批者亦以一批论。试样可从料堆锥体从上到下的不同部位、不同方向任选 10 个点抽取。但要注意避免抽取离析的及面层的材料。③从袋装料和散装料（车、船）抽取试样时，应从 10 个不同位置和高度（或料袋）中抽取。

2.1.4.2　试样处理

（1）细骨料样品处理

样品缩分方法可分为分料器法和人工四分法两种。

分料器法：将样品在潮湿状态下拌合均匀，然后通过分料器，取接料斗中的其中一份再次通过分料器。重复上述过程，直至把样品缩分到试验所需量。

人工四分法：将所取样品置于平板上，在潮湿状态下拌合均匀，并堆成厚度约 20mm 的圆饼，然后沿互相垂直的两条直径把圆饼平均分成 4 份，取其中对角线的 2 份重新拌匀，再堆成圆饼。重复上述过程，直至把样品缩分到试验所需量。

堆积密度、机制砂坚固性试验所用试样可不经缩分，在拌匀后直接进行试验。

（2）粗骨料样品处理

将所取样品置于平板上，在自然状态下拌合均匀，并堆成堆体，然后沿互相垂直的两条直径把堆体平均分成 4 份。取其中对角线的 2 份重新拌匀，再堆成堆体。重复上述过程，直至把样品缩分到试验所需量。

堆积密度试验所用试样可不经缩分，在拌匀后直接进行试验。

（3）轻集料样品处理

抽取的试样拌合均匀后，按四分法缩减到试验所需的用料量。

2.1.5　试验环境

实验室的温度应保持在 20℃±5℃（轻集料试验方法未作要求）。

2.2　细骨料

2.2.1　颗粒级配

2.2.1.1　技术要求

除特细砂外，Ⅰ类砂的累计筛余应符合表 2.2-1 中 2 区的规定，分计筛余应符合表 2.2-2 的规定；Ⅱ类和Ⅲ类砂的累计筛余应符合表 2.2-1 的规定。砂的实际颗粒级配除 4.75mm 和 0.60mm 筛档外，可以超出，但各级累计筛余超出值总和不应大于 5%。砂的级配类别见表 2.2-3。

累计筛余　　　　　　　　　　　　　　　　　　表 2.2-1

砂的分类		天然砂			机制砂、混合砂		
级配区		1 区	2 区	3 区	1 区	2 区	3 区
—		累计筛余/%					
方孔筛尺寸/mm	4.75	10～0	10～0	10～0	5～0	5～0	5～0
	2.36	35～5	25～0	15～0	35～5	25～0	15～0
	1.18	65～35	50～10	25～0	65～35	50～10	25～0
	0.60	85～71	70～41	40～16	85～71	70～41	40～16
	0.30	95～80	92～70	85～55	95～80	92～70	85～55
	0.15	100～90	100～90	100～90	97～85	94～80	94～75

分计筛余 表 2.2-2

方孔筛尺寸/mm	4.75ᵃ	2.36	1.18	0.60	0.30	0.15ᵇ	筛底ᶜ
分计筛余/%	0～10	10～15	10～25	20～31	20～30	5～15	0～20

a 对于机制砂，4.75mm 筛的分计筛余不应大于 5%。
b 对于 MB > 1.4 的机制砂，0.15mm 筛和筛底的分计筛余之和不应大于 25%。
c 对于天然砂，筛底的分计筛余不应大于 10%。

砂级配类别 表 2.2-3

类别	I 类	II 类	III 类
级配区	2 区	1、2、3 区	

2.2.1.2 仪器设备

烘箱（温度控制在 105℃ ± 5℃）、天平（量程不小于 1000g，分度值不大于 1g）、试验筛（规格为 0.15mm、0.30mm、0.60mm、1.18mm、2.36mm、4.75mm 及 9.50mm 的筛，附有筛底和筛盖，并应符合现行国家标准《试验筛 技术要求和检验 第 1 部分：金属丝编织网试验筛》GB/T 6003.1 和《试验筛 技术要求和检验 第 2 部分：金属穿孔板试验筛》GB/T 6003.2 中方孔试验筛的规定）、摇筛机等。

2.2.1.3 检测步骤

1）按规定取样，筛除大于 9.50mm 的颗粒，算出其筛余百分率，并将试样缩分至约 1100g，放在烘箱中于 105℃ ± 5℃ 下烘干至恒重，待冷却至室温后，平均分为 2 份备用。

注：恒重系指在相邻两次称量间隔不小于 3h 的情况下，前后两次质量之差不大于该项试验所要求的称量精度（下同）。

2）称取试样 500g，精确到 1g。将试样倒入按孔径大小从上到下组合的套筛（附筛底）上，进行筛分。

3）将套筛置于摇筛机上，摇筛 10min；取下套筛，按筛孔大小顺序再逐个用手筛，筛至每分钟通过量小于试样总量的 0.1% 为止。通过的试样并入下一号筛中，并和下一号筛中的试样一起过筛，这样顺序进行，直至各号筛全部筛完为止。称出各号筛的筛余量，精确至 1g。

4）试样在各号筛上的筛余量（m_a）不应超过式(2.2-1)计算出的值。

$$m_a = \frac{A \times \sqrt{d}}{200} \tag{2.2-1}$$

式中：m_a——在一个筛上的筛余量（g）；

A——筛面面积（mm²）；

d——筛孔尺寸（mm）；

200——换算系数。

当超过按式(2.2-1)计算出的值时，应按下列方法之一处理：

（1）将该粒级试样分成少于按式(2.2-1)计算出的量，分别筛分，并以筛余量之和作为该号筛的筛余量。

（2）将该粒级及以下各粒级的筛余混合均匀，称出其质量，精确至 1g。再用四分法缩分为 2 份，取其中 1 份，称出其质量，精确至 1g，继续筛分。计算该粒级及以下各粒级的分计筛余量时应根据缩分比例进行修正。

2.2.1.4　结果处理与评定

（1）计算分计筛余百分率：各号筛的筛余量与试样总量之比，精确至 0.1%。

（2）计算累计筛余百分率：该号筛的分计筛余百分率加上该号筛以上各分计筛余百分率之和，精确至 0.1%。筛分后，当每号筛的筛余量与筛底的剩余量之和同原试样质量之差超过 1% 时，应重新试验。

（3）砂的细度模数应按式(2.2-2)计算，并精确至 0.01。

$$M_x = \frac{(A_2 + A_3 + A_4 + A_5 + A_6) - 5A_1}{100 - A_1} \tag{2.2-2}$$

式中：　　　　　　　M_x——细度模数；

A_1、A_2、A_3、A_4、A_5、A_6——分别为 4.75mm、2.36mm、1.18mm、0.60mm、0.30mm、0.15mm 筛的累积筛余百分率（%）。

（4）分计筛余、累积筛余百分率取两次试验结果的算术平均值，精确至 1%。细度模数取 2 次试验结果的算术平均值，精确至 0.1；当 2 次试验的细度模数之差超过 0.20 时，应重新试验。

2.2.1.5　实例

某实验室准确称取了 500g 烘干砂试样，并按现行国家标准《建设用砂》GB/T 14684[16] 的要求进行了筛分试验，得到了如表 2.2-4 所示的分计筛余量，请计算细度模数。

分计筛余量　　　　　　　　　　　　　　表 2.2-4

方孔筛尺寸/mm		4.75	2.36	1.18	0.60	0.30	0.15
分计筛余量/g	第一次	13	46	52	129	188	68
	第二次	12	45	48	130	193	69

第一步：各筛孔分计筛余百分率如表 2.2-5 所示。

各筛孔分计筛余百分率　　　　　　　　　表 2.2-5

方孔筛尺寸/mm		4.75	2.36	1.18	0.60	0.30	0.15
分计筛余百分率/%	第一次	2.6	9.2	10.4	25.8	37.6	13.6
	第二次	2.4	9.0	9.6	26.0	38.6	13.8

第二步：各筛孔累计筛余百分率如表 2.2-6 所示。

各筛孔累计筛余百分率　　　　　　　　　表 2.2-6

方孔筛尺寸/mm		4.75	2.36	1.18	0.60	0.30	0.15
累计筛余百分率/%	第一次	2.6	11.8	22.2	48.0	85.6	99.2
	第二次	2.4	11.4	21.0	47.0	85.6	99.4

第三步：细度模数计算。

第一次试样

$$\mu_f = \frac{11.8 + 22.2 + 48.0 + 85.6 + 99.2 - 5 \times 2.6}{100 - 2.6} = 2.61$$

第二次试样

$$\mu_f = \frac{11.4 + 21.0 + 47.0 + 85.6 + 99.4 - 5 \times 2.4}{100 - 2.4} = 2.59$$

由于 $2.61 - 2.59 = 0.02 < 0.20$，取两次试验结果平均值 $(2.61 + 2.59)/2 = 2.6$。

2.2.2 含泥量

2.2.2.1 技术要求

含泥量是指天然砂中粒径小于 75μm 的颗粒含量。天然砂的含泥量应符合表 2.2-7 的规定。

天然砂的含泥量   表 2.2-7

类别	Ⅰ类	Ⅱ类	Ⅲ类
含泥量（按质量计）/%	≤ 1.0	≤ 3.0	≤ 5.0

2.2.2.2 试验原理

砂含泥量试验原理是通过水洗法测定天然砂中粒径小于 75μm 的颗粒含量，这些细小颗粒主要为泥土、淤泥和黏土。试验步骤包括：将试样烘干至恒重后，加入水中浸泡并淘洗，利用套筛（1.18mm 和 75μm）分离出粒径小于 75μm 的颗粒，重复淘洗直至水质清澈。最后烘干剩余砂样称重，计算含泥量。

2.2.2.3 仪器设备

天平（量程不小于 1000g，分度值不大于 0.1g）、烘箱（温度控制范围为 105℃ ± 5℃）、试验筛（孔径为 75μm 及 1.18mm 的方孔筛各一个）、容器（深度大于 250mm，淘洗试样时保持试样不溅出）等。

2.2.2.4 检测步骤

（1）按规定取样，并将试样缩分至约 1100g，放在烘箱中于 105℃ ± 5℃下烘干至恒重，待冷却至室温后，平均分为 2 份备用。

（2）称取试样 500g，精确至 0.1g，记为 m_{a0}。将试样倒入淘洗容器中，注入清水，使水面高于试样面约 150mm，充分搅拌均匀后，浸泡 2h，然后用手在水中淘洗试样，使尘屑、淤泥和黏土分离。将 1.18mm 筛放在 75μm 筛上面，把浑水缓缓倒入套中，滤去小于 75μm 的颗粒。

（3）再将容器中注入清水，重复上述操作，直至容器中的水目测清澈为止。

（4）用水淋洗剩余在筛上的细粒，并将 75μm 筛放在水中，水面高出筛中砂粒的上表面，来回摇动，以充分洗掉小于 75μm 的颗粒。然后将两只筛的筛余颗粒和清洗容器中已经洗净的试样一并倒入浅盘，放在烘箱中于 105℃ ± 5℃下烘干至恒重，待冷却至室温后，称出其质量（m_{a1}），精确至 0.1g。

2.2.2.5　结果处理与评定

（1）含泥量按式(2.2-3)计算，精确至 0.1%。

$$Q_{\mathrm{a}} = \frac{m_{\mathrm{a0}} - m_{\mathrm{a1}}}{m_{\mathrm{a0}}} \times 100 \tag{2.2-3}$$

式中：Q_{a}——含泥量（%）；

　　　m_{a0}——试验前烘干试样的质量（g）；

　　　m_{a1}——试验后烘干试样的质量（g）。

以两个试样试验结果的算术平均值作为测定值。两次结果之差大于 0.2%时，应重新取样进行试验。

（2）注意事项：

试验前筛子的两面应先用水润湿；要淘洗试样，不能将试样倒到 1.16mm 和 75μm 的套筛上后就用水冲洗；在整个试验过程中应避免粒径大于 75μm 颗粒的丢失。

2.2.3　泥块含量

2.2.3.1　技术要求

泥块含量是指砂中原粒径大于 1.18mm，经水浸泡、淘洗等处理后小于 0.60mm 的颗粒含量。其技术要求如表 2.2-8 所示。

泥块含量　　　　　　　　　　　　　　　　　　　　表 2.2-8

类别	Ⅰ类	Ⅱ类	Ⅲ类
泥块含量（按质量计）/%	≤0.2	≤1.0	≤2.0

2.2.3.2　试验原理

砂泥块含量测试原理是通过物理分离和质量比对，测定砂中粒径大于 1.18mm 的颗粒经水浸泡、淘洗等处理后小于 0.60mm 的颗粒含量。

2.2.3.3　仪器设备

天平（量程不小于 1000g，分度值不大于 0.1g）、烘箱（温度控制范围为 105℃±5℃）、试验筛（孔径为 0.60mm 及 1.18mm 的筛各一个）、容器（深度应大于 250mm，淘洗试样时保持试样不溅出）等。

2.2.3.4　检测步骤

（1）将样品缩分至 5000g，置于温度为 105℃±5℃的烘箱中烘干至恒重，冷却至室温后，用 1.18mm 的筛手动筛分，取筛上物平均分为 2 份备用。

（2）将一份试样倒入淘洗容器中，注入清水进行第一次水洗，水面应高于试样面，用玻璃棒适度搅拌后，将试样过 0.60mm 的筛，将筛上试样全部取出，装入浅盘后，放在烘箱中于 105℃±5℃下烘干至恒重，称出其质量（m_1），精确至 0.1g。

（3）将处理后的试样倒入淘洗容器中，注入清水进行第二次水洗，水面应高于试样面，充分搅拌均匀后，浸泡 24h±0.5h。然后用手在水中碾碎泥块，再将试样放在 0.60mm 的筛上，用水淘洗，直至容器内的水目测清澈为止。将保留下来的试样从筛中取出，装入浅盘，放在烘箱中于 105℃ ± 5℃下烘干至恒重，待冷却到室温后，称出其质量（m_2），精确至 0.1g。

2.2.3.5 结果处理与评定

（1）泥块含量按式(2.2-4)计算，精确至 0.1%。

$$w_a = \frac{m_1 - m_2}{m_1} \times 100 \qquad (2.2-4)$$

式中：w_a——泥块含量（%）；

　　　m_1——第一次水洗后 0.60mm 筛上试样烘干后的质量（g）；

　　　m_2——第二次水洗后 0.60mm 筛上试样烘干后的质量（g）。

以两个试样试验结果的算术平均值作为测定值。

（2）注意事项：试验所用样品是粒径大于 1.18mm 的砂；试验过程中不能将试样放在 0.60mm 筛上冲洗；在整个试验过程中应避免粒径大于 0.60mm 砂粒的丢失。

2.2.4 机制砂的亚甲蓝值与石粉含量

2.2.4.1 技术要求

石粉含量是指机制砂中粒径小于 75μm 的颗粒含量。机制砂中石粉含量应符合表 2.2-9 的规定。

机制砂中石粉含量　　　　　　　　　　　　　　　表 2.2-9

类别	亚甲蓝值（MB）	石粉含量（按质量计）/%	类别	亚甲蓝值（MB）	石粉含量（按质量计）/%
Ⅰ类	MB ≤ 0.5	≤ 15.0	Ⅱ类	1.0 < MB ≤ 1.4 或快速试验合格	≤ 10.0
	0.5 < MB ≤ 1.0	≤ 10.0		MB > 1.4 或快速试验不合格	≤ 3.0ª
	1.0 < MB ≤ 1.4 或快速试验合格	≤ 5.0	Ⅲ类	MB ≤ 1.4 或快速试验合格	≤ 15.0
	MB > 1.4 或快速试验不合格	≤ 1.0ª		MB > 1.4 或快速试验不合格	≤ 5.0ª
Ⅱ类	MB ≤ 1.0	≤ 15.0			

　　a 根据使用环境和用途，经试验验证，由供需双方协商确定，Ⅰ类砂石粉含量可放宽至不大于 3.0%，Ⅱ类砂石粉含量可放宽至不大于 5.0%，Ⅲ类砂石粉含量可放宽至不大于 7.0%。
　　注：砂浆用砂的石粉含量不作限制。

2.2.4.2 试验原理

机制砂亚甲蓝值表征的是机制砂颗粒对亚甲蓝染料的吸附能力。泥粉中所含有的膨胀性黏土矿物属于层状结构，具有极易吸附亚甲蓝的特性，而作为惰性非黏土性矿物的石粉对亚甲蓝吸附量很小，因此，黏土对亚甲蓝的吸附能力远大于石粉，故可利用亚甲蓝值较好地检测机制砂中的含泥量。

在检测过程中，向含有待测机制砂的悬浮液中滴入亚甲蓝溶液，溶液中的亚甲蓝分子会被待测颗粒逐渐吸附，当待测颗粒对亚甲蓝的吸附达到饱和后，悬浮液中开始出现游离亚甲蓝，此时用玻璃棒蘸取少量悬浮液滴在滤纸上，亚甲蓝随水向外扩散并稀释，最终在滤纸上形成浅蓝色色晕。

2.2.4.3 仪器设备

天平（量程不小于 1000g 且分度值不大于 0.1g、量程不小于 100g 且分度值不大于 0.01g）、烘箱（温度控制范围为 105℃±5℃）、试验筛（孔径为 75μm、1.18mm 和 2.36mm 的筛）、容器、移液管（5mL、5mL）、三片式叶轮搅拌器、定时装置、玻璃容量瓶（1L）、温度计、玻璃棒、滤纸、毛刷、烧杯等。

2.2.4.4 检测步骤

1）石粉含量测定

参照 2.2.2 节的步骤测定。

2）亚甲蓝值测定

（1）按规定取样，并将试样缩分至约 400g，放在烘箱中于 105℃±5℃下烘干至恒重，待冷却至室温后，筛除粒径大于 2.36mm 的颗粒备用。

（2）称取试样 200g，精确至 0.1g，记为 m_0。将试样倒入盛有 500mL±5mL 蒸馏水的烧杯中，用叶轮搅拌机以 600r/min±60r/min 转速搅拌 5min，使其成悬浮液，然后持续以 400r/min±40r/min 转速搅拌，直至试验结束。

（3）悬浮液中加入 5mL 亚甲蓝溶液，以 400r/min±40r/min 转速搅拌至少 1min 后，用玻璃棒蘸取一滴悬浮液。所取悬浮液滴应使沉淀物直径在 8～12mm 内，滴于滤纸上，同时滤纸应置于空烧杯或其他支撑物上，以使滤纸表面不与任何固体或液体接触。若沉淀物周围未出现色晕，再加入 5mL 亚甲蓝溶液，继续搅拌 1min，再用玻璃棒蘸取一滴悬浮液，滴于滤纸上。若沉淀物周围仍未出现色晕，重复上述步骤，直至沉淀物周围出现约 1mm 的稳定浅蓝色色晕。此时，应继续搅拌，不加亚甲蓝溶液，每 1min 进行一次沾染试验。若色晕在 4min 内消失，再加入 5mL 亚甲蓝溶液；若色晕在第 5min 消失，再加入 2mL 亚甲蓝溶液。两种情况下，均应继续进行搅拌和沾染试验，直至色晕可持续 5min。

（4）记录色晕持续 5min 时所加入的亚甲蓝溶液总体积（V），精确至 1mL。

2.2.4.5 结果处理与评定

（1）亚甲蓝值按式(2.2-5)计算，精确至 0.1。

$$MB = \frac{V}{m_0} \times 10 \qquad (2.2\text{-}5)$$

式中：MB——亚甲蓝值（g/kg）；

m_0——试样质量（g）；

V——所加入的亚甲蓝溶液的总量（mL）。

（2）注意事项：

①亚甲蓝溶液应存放于深色储藏瓶中，并置于阴暗处保存，其保质期不应超过 28d；②试验前要筛除粒径 2.36mm 以上颗粒；③应选用快速定量滤纸，滤纸置于空烧杯或其他支撑物上，不与固体或液体接触；④所取悬浮液滴要滴到滤纸上，不能蘸到滤纸上。

2.2.5 贝壳含量

2.2.5.1 技术要求

砂中贝壳含量应符合表 2.2-10 的规定。

表 2.2-10

砂中贝壳含量

类别	Ⅰ类	Ⅱ类	Ⅲ类
贝壳（按质量计）ᵃ/%	≤ 3.0	≤ 5.0	≤ 8.0

a 该指标仅适用于净化处理的海砂，其他砂种不作要求。

2.2.5.2 仪器设备和试剂

天平（量程不小于 1000g 且分度值不大于 1g；量程不小于 5000g 且分度值不大于 5g）、烘箱（105℃±5℃）、试验筛（孔径为 4.75mm 的方孔筛）、浅盘（直径 200mm 左右）、玻璃棒、烧杯（2000mL）、盐酸溶液（由相对密度 1.18、质量分数 26%～38% 的浓盐酸和蒸馏水按 1∶5 的比例配置而成）等。

2.2.5.3 检测步骤

（1）将样品缩分至不少于 2400g，置于温度为 10℃±5℃ 的烘箱中烘干至恒重，经冷却至室温后，过 4.75mm 筛后，称取 500g（m_{g0}）试样 2 份，先测出砂的含泥量（Q_a），再将试样放入烧杯中备用。

（2）在盛有试样的烧杯中加入盐酸溶液，不断用玻璃棒搅拌，使反应完全。待溶液中不再有气体产生后，再加入少量上述盐酸溶液，若再无气体产生则表明反应已完全。否则应重复上一步骤，直至无气体产生为止。然后进行 5 次清洗，清洗过程中要避免砂粒丢失。洗净后，置于温度为 105℃±5℃ 的烘箱中，烘干取出冷却至室温，称重（m_{g1}）。

2.2.5.4 结果处理与评定

砂中贝壳含量应按式(2.2-6)计算，精确至 0.1%。

$$Q_g = \frac{m_{g0} - m_{g1}}{m_{g0}} \times 100 - Q_a \tag{2.2-6}$$

式中：Q_g——砂中贝壳含量（%）；

    m_{g0}——试样总量（g）；

    m_{g1}——试样除去贝壳后的质量（g）；

    Q_a——含泥量（%）。

以两次试验结果的算术平均值作为测定值，精确至 0.1%；当两次试验结果之差超过 0.5% 时，应重新取样进行试验。

2.2.6 硫化物和硫酸盐含量

2.2.6.1 技术要求

砂中硫化物和硫酸盐含量应符合表 2.2-11 的规定。

<table>
<tr><td colspan="4" align="center">砂中硫化物和硫酸盐含量</td><td align="right">表 2.2-11</td></tr>
</table>

类别	Ⅰ类	Ⅱ类	Ⅲ类
硫化物和硫酸盐（按 SO₃ 质量计）/%		≤ 0.5	

（表中“硫化物和硫酸盐（按 SO3 质量计）/%”，值为 ≤0.5，横跨Ⅰ类、Ⅱ类、Ⅲ类三列）

2.2.6.2　仪器设备和试剂

天平（量程不小于 100g，分度值不大于 0.0001g），高温炉（最高温度 800℃±25℃），试验筛（孔径为 75μm 的筛）、瓷坩埚、烧杯（300mL）、量筒（20mL 及 100mL，分度值不大于 1mL）等。

氯化钡溶液：将 5g 氯化钡溶于 50mL 蒸馏水中。

稀盐酸：将浓盐酸与同体积的蒸馏水混合。

硝酸银溶液：将 1g 硝酸银溶于 100mL 蒸馏水中，再加入 5～10mL 硝酸，存于棕色瓶中。

滤纸：中速定量滤纸、慢速定量滤纸。

2.2.6.3　检测步骤

（1）样品经缩分至约 150g，置于温度为 105℃±5℃下烘干至恒重，冷却至室温后，研磨至全部通过 75μm 筛，成为粉状试样。再按四分法缩分至 30～40g，放在烘箱中于 105℃±5℃下烘干至恒重，冷却至室温后备用。

（2）称取砂粉试样 1g，精确至 0.001g，记为 m。将粉状试样放入 300mL 的烧杯中，加入 20～30mL 蒸馏水及 10mL 稀盐酸，加热至微沸，并保持微沸 5min，试样充分分解后取下，以中速滤纸过滤，用温水洗涤 10～12 次。

（3）调整滤液体积至 200mL，煮沸，搅拌的同时滴加 10mL 氯化钡溶液，并将溶液煮沸 5min，然后移至温热处静置至少 4h（此时溶液体积应保持在 200mL），用慢速滤纸过滤，用温水洗到无氯离子为止（用硝酸银溶液检验）。

（4）将沉淀及滤纸一并移入已灼烧至恒重的瓷坩埚中，灰化后在 800℃±25℃的高温炉内灼烧 30min。取出坩埚，置于干燥器中冷却至室温，称量，精确至 0.001g。如此反复灼烧，直至前后两次质量之差不大于 0.001g，最后一次称量为灼烧后沉淀的质量（m_1）。

2.2.6.4　结果处理与评定

硫化物和硫酸盐含量（以 SO₃ 计）应按式(2.2-7)计算，精确至 0.1%。

$$\omega_{SO_3} = \frac{m_1 \times 0.343}{m} \times 100 \tag{2.2-7}$$

式中：ω_{SO_3}——硫化物和硫酸盐含量（%）；

　　　m——试样质量（g）；

　　　m_1——灼烧后沉淀的质量（g）；

　　　0.343——硫酸钡换算成 SO₃ 的系数。

以两次试验结果的算术平均值作为测定值，精确至 0.1%。当两次试验结果之差大于 0.2%时，须重做试验。

2.2.7　有机物含量

2.2.7.1　技术要求

砂中有机物含量应符合表 2.2-12 的规定。

砂中有机物含量			表 2.2-12
类别	Ⅰ类	Ⅱ类	Ⅲ类
有机物	合格		

2.2.7.2　仪器设备和试剂

天平（量程不小于 100g 且分度值不大于 0.01g，量程不小于 1000g 且分度值不大于 0.1g），量筒（10mL 且分度值不大于 0.1mL，100mL 且分度值不大于 1mL，250mL 且分度值不大于 5mL，1000mL 且分度值不大于 5mL），试验筛（孔径为 4.75mm 筛）、烧杯、玻璃棒、氢氧化钠溶液（将 3%氢氧化钠溶于 97mL 蒸馏水中）、鞣酸、乙醇溶液（无水乙醇 10mL 加蒸馏水 90mL）等。

2.2.7.3　检测步骤

（1）标准溶液的配制方法：称取 2g 鞣酸溶解于 98mL 的 10%酒精溶液中，然后取该溶液 25mL，注入 975mL 的氢氧化钠溶液中，加塞后剧烈摇动，静置 24h 即得标准溶液。

（2）试样制备：筛除大于 4.75mm 的颗粒，用四分法缩分至 500g，风干后备用。

（3）向 250mL 量筒中倒入干试样至 130mL 刻度处，再注入氢氧化钠溶液至 200mL 刻度处，加塞后剧烈摇动，静置 24h。

（4）比较试样上部溶液和标准溶液的颜色，盛装标准溶液与盛装试样的容量筒大小应一致。

2.2.7.4　结果处理与评定

（1）当试样上部溶液颜色浅于标准溶液的颜色时，则试样有机物含量判定合格。

（2）当两种溶液的颜色接近时，应将该试样（包括上部溶液）倒入烧杯中，放在温度为 60～70℃的水浴锅中加热 2～3h，再与标准溶液比较。当浅于标准溶液时，认为有机物含量合格。

（3）当溶液颜色深于标准溶液时，应配置成水泥砂浆做进一步试验。配制方法为：取试样一份，用氢氧化钠溶液洗除有机物，再用清水淘洗干净。与另一份未洗试样用相同的原料按现行国家标准《水泥胶砂强度检验方法（ISO 法）》GB/T 17671 的规定制成水泥胶砂，测定 28d 抗压强度。当用未洗试样制成的水泥胶砂强度不低于洗除有机物后试样制成的水泥胶砂强度的 95%时，认为有机物含量合格。

2.2.8　轻物质含量

2.2.8.1　技术要求

砂中轻物质含量应符合表 2.2-13 规定。

砂中轻物质含量			表 2.2-13
类别	Ⅰ类	Ⅱ类	Ⅲ类
轻物质（按质量计）[a]/%	≤1.0		

　　a　天然砂中如含有浮石、火山渣等天然轻骨料时，经试验验证后，该指标可不作要求。

2.2.8.2　仪器设备和试剂

烘箱（105℃±5℃），天平（量程不小于 1000g 且分度值不大于 0.1g），量具（量程为 1000mL 且分度值不大于 5mL 的量杯、量程为 250mL 且分度值不大于 5mL 的量筒、量程为 150mL 且分度值不大于 1mL 的烧杯），比重计（测定范围为 1800～2200kg/m³），网篮（内径和高度均为 70mm，网孔孔径不大于 0.30mm），试验筛（孔径为 4.75mm 与 0.30mm 的筛），氯化锌。

2.2.8.3　检测步骤

（1）将试样缩分至约 800g，在温度 105℃±5℃的烘箱中烘干至恒重，冷却后将粒径大于 4.75mm 和小于 0.30mm 的颗粒筛去，平均分为 2 份备用。

（2）配制重液：向 1000mL 的量杯中加水至 600mL 刻度处，再加入 1500g 氯化锌，用玻璃棒搅拌使氯化锌全部溶解，待冷却至室温后，将部分溶液倒入 250mL 量筒中测其相对密度。

（3）如溶液密度小于 2000kg/m³，则将其倒回 1000mL 量杯中，再加入氯化锌，溶解并冷却后测其密度，直至溶液密度达到 2000kg/m³ 为止。

（4）称取试样 200g，精确至 0.1g，记为 m_0。将试样倒入盛有重液的量杯中，用玻璃棒充分搅拌，使试样中的轻物质与砂分离，静置 5min 后，将浮起的轻物质连同部分重液倒入网篮中，轻物质留在网篮中，而重液通过网篮流入另一容器。倾倒重液时应避免带出砂粒。一般当重液表面与砂表面相距 20～30mm 时即停止倾倒，流出的重液倒回盛试样的量杯中，重复上述过程，直至无轻物质浮起为止。

（5）用清水洗净留存于网篮中的物质，然后将其移入已恒重的烧杯（m_1），放在 105℃±5℃的烘箱中烘干至恒重，待冷却至室温后，称取轻物质与烧杯的总质量（m_2）。

2.2.8.4　结果处理与评定

砂中轻物质的含量 ω_1 应按式(2.2-8)计算，精确至 0.1%。

$$\omega_1 = \frac{m_2 - m_1}{m_0} \times 100 \tag{2.2-8}$$

式中：ω_1——砂中轻物质含量（%）；

$\quad\quad m_2$——烘干的轻物质与烧杯的总质量（g）；

$\quad\quad m_1$——烧杯的质量（g）；

$\quad\quad m_0$——试验前烘干的试样质量（g）。

以两次试验结果的算术平均值作为测定值，精确至 0.1%。

2.2.9　氯离子含量

2.2.9.1　技术要求

不同标准对砂中氯离子含量的规定不一致，如表 2.2-14 所示，如无特殊规定，砂中氯离子含量应符合现行国家标准《建筑用砂》GB/T 14684 的规定。

砂中氯离子含量 表 2.2-14

评定标准	GB/T 14684		
类别	Ⅰ类	Ⅱ类	Ⅲ类
氯化物（以氯离子质量计）/%	≤ 0.01	≤ 0.02	≤ 0.06[a]
评定标准	JGJ 52		
类别	钢筋混凝土用砂		预应力混凝土用砂
氯化物（以氯离子质量计）/%	0.06		0.02
评定标准	GB 55008		
类别	钢筋混凝土用砂		预应力混凝土用砂
氯化物（以氯离子质量计）/%	0.03		0.01

a 对于钢筋混凝土用净化处理的海砂，其氯化物含量应小于或等于 0.02%。

2.2.9.2 仪器设备和试剂

天平（量程不小于 1000g 且分度值不大于 0.1g）、烘箱（105℃ ± 5℃）、三角瓶（300mL）、滴定管（10mL 和 25mL，分度值 0.1mL）、容量瓶（500mL）、移液管（50mL）、5%（WN）铬酸钾指示剂溶液、0.01mol/L 的氯化钠溶液和 0.01mol/L 硝酸银溶液等。

2.2.9.3 检测步骤

（1）将试样缩分至约 1100g，在温度 105℃ ± 5℃的烘箱中烘干至恒重，经冷却至室温后，平均分为 2 份备用。

（2）称取试样 500g，精确至 0.1g，记为 m。将试样倒入烧杯中，用容量瓶量取 500mL 蒸馏水，注入烧杯，用玻璃棒搅拌砂水混合物后，用表面皿覆盖烧杯并将其置于水浴锅中加热，待其从室温加热至 80℃并持续 1h 后停止加热。然后每隔 5min 搅拌一次，共搅拌 3 次，使氯盐充分溶解。从水浴锅中将烧杯取出，静置溶液待其冷却至室温。将烧杯上部已澄清的溶液过滤，然后用移液管吸取 50mL 滤液，注入三角瓶中，再加入铬酸钾指示剂 1mL。

（3）用 0.01mol/L 硝酸银标准溶液滴定至出现砖红色为止。记录消耗的硝酸银标准溶液的毫升数（V_1），精确至 0.1mL。

（4）空白试验：用移液管准确吸取 50mL 蒸馏水到三角瓶内，加入铬酸钾指示剂 1mL，并用 0.01mol/L 硝酸银标准溶液滴定至溶液呈砖红色为止。记录消耗的硝酸银标准溶液的毫升数（V_2），精确至 0.1mL。

2.2.9.4 结果处理与评定

砂中氯离子含量应按式(2.2-9)计算，精确至 0.001%。

$$\omega_d = \frac{C_{AgNO_3}(V_1 - V_2) \times 0.0355 \times 10}{m} \times 100 \tag{2.2-9}$$

式中：ω_d——砂中氯离子含量（%）；

C_{AgNO_3}——硝酸银标准溶液的浓度（mol/L），取值 0.01；

V_1——样品滴定时消耗的硝酸银标准溶液的体积（mL）；

V_2——空白试验时消耗的硝酸银标准溶液的体积（mL）；

0.0355——换算系数；

m——试样质量（g）。

以两次试验结果的算术平均值作为测定值，精确至 0.01%。

2.2.10　坚固性

2.2.10.1　技术要求

砂的坚固性是指砂在自然风化和其他外界物理化学因素作用下，抵抗破裂的能力。砂的坚固性采用硫酸钠溶液检验，以试样经 5 次干湿循环后的质量损失表征其坚固性，应符合表 2.2-15 的要求。

砂的坚固性指标　　　　　　　　　　　　　　　　　　表 2.2-15

砂的类别	Ⅰ 类	Ⅱ 类	Ⅲ 类
质量损失/%	≤ 8		≤ 10

2.2.10.2　仪器设备和试剂

烘箱（温度控制范围为 105℃±5℃）、天平（量程不小于 1000g 且分度值不大于 0.1g）、试验筛（孔径为 0.30mm、0.60mm、1.18mm、2.36mm、4.75mm 的筛）、容器（非铁质，容积不小于 10L）、三脚网篮（网篮的直径及高均为 70mm，由高强、耐高温、耐腐蚀的材料制成，网孔的孔径不应大于所盛试样中最小粒径的一半）、比重计等。

硫酸钠溶液：在温度 30℃左右的 1L 水中，加入 350g 无水硫酸钠，边加入边用玻璃棒搅拌，使其溶解并饱和。然后冷却至 20～25℃，并在此温度下静置 48h。

氯化钡溶液：将 5g 氯化钡溶于 50mL 蒸馏水中。

2.2.10.3　检测步骤

（1）按规定取样，并将试样缩分至约 2000g。将试样倒入容器中，用水浸泡、淋洗干净后，放在烘箱中于 105℃±5℃下烘干至恒重，待冷却至室温后，筛除大于 4.75mm 及小于 0.30mm 的颗粒，然后筛分成 0.30～0.60mm、0.60～1.18mm、1.18～2.36mm、2.36～4.75mm 四个粒级备用，依次称重（$m_{h,i}$），精确至 0.1g。

（2）称取各粒级试样各 100g，精确至 0.1g。将不同粒级的试样分别装入网篮，并浸入盛有新配制的硫酸钠溶液的容器中，溶液的体积不应小于试样总体积的 5 倍。网篮浸入溶液时，应上下升降 25 次，以排除试样的气泡，然后静置于该容器中，网篮底面应距离容器底面约 30mm，网篮之间距离不应小于 30mm，液面至少高于试样表面 30mm，溶液温度应保持在 20～25℃。

（3）浸泡 20h 后，把装试样的网篮从溶液中取出，放在烘箱中于 105℃±5℃下烘 4h，至此，完成第一次试验循环。待试样冷却至 20～25℃后，再按上述方法进行第二次循环。从第二次循环开始，浸泡与烘干时间均为 4h，共循环 5 次。

（4）最后一次循环后，用清洁的温水清洗试样，直至清洗试样后的水加入少量氯化钡溶液不出现白色浑浊为止，洗过的试样放在烘箱中于 105℃±5℃下烘干至恒重。待冷却至室温后，用孔径为试样粒级下限的筛过筛，称出各粒级试样试验后的筛余量，精确至 0.1g。

2.2.10.4 结果处理与评定

（1）各粒级试样质量占筛除大于 4.75mm 及小于 0.30mm 的颗粒后试样总质量的百分比应按式(2.2-10)计算，精确至 0.1%。

$$\delta_i = \frac{m_{h,i}}{\sum\limits_{i=1}^{4} m_{h,i}} \qquad (2.2\text{-}10)$$

式中：δ_i——各粒级质量占原试样筛除大于 4.75mm 及小于 0.30mm 的颗粒后总质量的百分比（%）；其中 δ_1、δ_2、δ_3、δ_4 分别对应 0.30～0.60mm、0.60～1.18mm、1.18～2.36mm、2.36～4.75mm 粒级；

$m_{h,i}$——各粒级试样质量（g）；其中 $m_{h,1}$、$m_{h,2}$、$m_{h,3}$、$m_{h,4}$ 分别对应 0.30～0.60mm、0.60～1.18mm、1.18～2.36mm、2.36～4.75mm 粒级。

（2）各粒级颗粒的分计质量损失百分率应按式(2.2-11)计算，精确至 0.1%。

$$P_i = \frac{m_{h0,i} - m_{h1,i}}{m_{h0,i}} \times 100 \qquad (2.2\text{-}11)$$

式中：P_i——各粒级试验质量损失率（%）；其中 P_1、P_2、P_3、P_4 分别对应 0.30～0.60mm、0.60～1.18mm、1.18～2.36mm、2.36～4.75mm 粒级；

$m_{h0,i}$——各粒级试样试验前的质量（g）；其中 $m_{h0,1}$、$m_{h0,2}$、$m_{h0,3}$、$m_{h0,4}$ 分别对应 0.30～0.60mm、0.60～1.18mm、1.18～2.36mm、2.36～4.75mm 粒级；

$m_{h1,i}$——各粒级试样试验后的筛余量（g）；其中 $m_{h1,1}$、$m_{h1,2}$、$m_{h1,3}$、$m_{h1,4}$ 分别对应 0.30～0.60mm、0.60～1.18mm、1.18～2.36mm、2.36～4.75mm 粒级。

（3）试样的总质量损失率应按式(2.2-12)计算，精确至 1%。

$$P = \frac{\sum\limits_{i=1}^{4} \delta_i P_i}{\sum\limits_{i=1}^{4} \delta_i} \qquad (2.2\text{-}12)$$

式中：P——试样的总质量损失率（%）。

2.2.11 压碎值指标

2.2.11.1 技术要求

机制砂的压碎值指标应符合表 2.2-16 的规定。

机制砂压碎值指标　　　　　　　　　　　　　　　　　　表 2.2-16

类别	Ⅰ类	Ⅱ类	Ⅲ类
单级最大压碎值指标/%	≤20	≤25	≤30

2.2.11.2　仪器设备和试剂

烘箱（温度控制在 105℃±5℃）、天平（量程不小于 1000g，分度值不大于 1g）、压力试验机（量程不小于 50kN，测量精度不大于 1%）、受压钢模（由圆筒、底盘和加压块组成）、试验筛（孔径为 4.75mm、2.36mm、1.18mm、0.60mm 及 0.30mm 的筛）、浅盘、小勺、毛刷等。

2.2.11.3　检测步骤

（1）将试样放在烘箱中于 105℃±5℃下烘干至恒重，待冷却至室温后，筛除大于 4.75mm 及小于 0.30mm 的颗粒，然后筛分成 0.30~0.60mm、0.60~1.18mm、1.18~2.36mm 和 2.36~4.75mm 四个粒级，每级 1000g 备用。

（2）称取单粒级试样约 330g，精确至 1g，记为 $m_{0,i}$。将试样倒入已组装成的受压钢模内，使试样距底盘面的高度约为 50mm。整平钢模内试样的表面，将加压块放入圆筒内，并转动一周使之与试样均匀接触。

（3）将装好试样的受压钢模置于压力机的支承板上，对准压板中心后，开动机器，以 500N/s 的速度加荷。加荷至 25kN 时稳压 5s，然后以同样速度卸荷。

（4）取下受压模，移去加压块，倒出压过的试样，然后用该粒级的下限筛（当粒级为 2.36~4.75mm 时，则其下限筛指孔径为 2.36mm 的筛）进行筛分，称出试样的筛余量，记为 $m_{1,i}$，精确至 1g。

2.2.11.4　结果处理与评定

第 i 单级砂样的压碎指标应按式(2.2-13)计算，精确至 1%。

$$Y_i = \frac{m_{0,i} - m_{1,i}}{m_{0,i}} \times 100 \tag{2.2-13}$$

式中：　Y_i——第 i 单粒级压碎指标值；

　　　　$m_{0,i}$——各粒级试样试验前的质量（g）；

　　　　$m_{1,i}$——各粒级试样试验后的筛余量（g）。

第 i 单粒级压碎值指标取 3 次试验结果的算术平均值，精确至 1%。

取最大单粒级压碎值指标作为其压碎值指标，精确至 1%。

2.2.12　碱-硅酸反应（快速法）

按现行行业标准《水工混凝土试验规程》SL/T 352 中 3.36 节规定的方法鉴定岩石种类及碱活性骨料类别，骨料中含有碱活性成分时，按类别进一步检验。

该方法适用于检验硅质骨料与混凝土中的碱产生潜在反应的危害性，不适用于碳酸盐骨料检验。

2.2.12.1　仪器设备和试剂

烘箱（温度控制范围为 105℃±5℃）、天平（量程不小于 1000g，分度值不大于 0.1g）、试验筛（孔径为 4.75mm、2.36mm、1.18mm、0.60mm、0.30mm 及 0.15mm 的方孔筛）、比长仪（由百分表和支架组成，百分表的量程 10mm，分度值不大于 0.01mm）、水泥胶砂搅拌机（符合现行国家标准《水泥胶砂强度检验方法（ISO 法）》GB/T 17671 的要求）、恒温养护箱或水浴（温度保持在 80℃±2℃）、养护筒（由可耐碱长期腐蚀的材料制成，不应漏水，有密封盖，可装入 3 个试件，筒内设有试件架，可使试件直立于筒内，试件之间、试件与筒壁之间不接触）、试模（规格为 25mm×25mm×280mm，试模两端正中有可埋入膨胀测头的小孔，膨胀测头用不锈金属制成，直径 5～7mm，长度 25mm）、镘刀、捣棒、量筒、干燥器等。

浓度 1mol/L 的氢氧化钠溶液：将 40g±1g 氢氧化钠（化学纯）溶于 1L 水（蒸馏水或去离子水）中。

水泥：符合现行国家标准《通用硅酸盐水泥》GB 175 规定的 42.5 级硅酸盐水泥或符合现行国家标准《混凝土外加剂》GB 8076[19]中附录 A 规定的基准水泥。

2.2.12.2 检测步骤

（1）环境条件：材料、成型室、养护室的温度应保持在 20℃±2℃；成型室、测长室的相对湿度不应小于 50%；高温恒温养护箱或水浴应保持在 80℃±2℃。

（2）将试样缩分至约 5kg，用水淋洗干净后，放在烘箱中于 105℃±5℃下烘干至恒重，待冷却至室温后，筛除大于 4.75mm 及小于 0.15mm 的颗粒，然后按规定筛分成 0.15～0.30mm、0.30～0.60mm、0.60～1.18mm、1.18～2.36mm 和 2.36～4.75mm 五个粒级，分别存放在干燥器内备用。

（3）采用硅酸盐水泥或基准水泥，水泥中不应有结块，并在保质期内。

（4）水泥与骨料的质量比为 1:2.25，水灰比为 0.47，一组 3 个试件共需水泥 440g，砂 990g，各粒级的质量按表 2.2-17 分别称取。

碱-硅酸反应用砂各粒级的质量　　　　　　　　　　　表 2.2-17

筛孔尺寸/mm	4.75～2.36	2.36～1.18	1.18～0.60	0.60～0.30	0.30～0.15
质量/g	99.0	247.5	247.5	247.5	148.5

（5）砂浆搅拌按现行国家标准《水泥胶砂强度检验方法（ISO 法）》GB/T 17671 规定的方法进行。

（6）砂搅拌完成后，将砂浆分两层装入已装有膨胀测头的试模内，每层捣 40 次，测头周围应小心捣实。浇捣完毕后用镘刀刮除多余砂浆，抹平表面，并标明测长方向及编号。

（7）试件成型后，带模放入标准养护室，养护 24h±4h 后脱模，当试件强度较低时，可延至 48h 脱模，立即测量试件的初始长度。待测的试件应用湿布覆盖。

（8）测完初始长度后，将试件浸没于养护筒（一个养护筒内装同组试件）内的水中，并保持水温在 80℃±2℃（加盖放在高温恒温养护箱或水浴中），养护 24h±2h。

（9）将养护筒逐个取出，每次从养护筒中取出一个试件，用抹布擦干表面，立即用测长仪测试件的基长（L_0），测长应在 20℃±2℃恒温室中进行，每个试件至少重复测试两次，取差值在仪器精度范围内的两个读数的平均值作为长度测定值（精确至 0.02mm）。每次每个试件的测量方向应一致，待测的试件须用湿布覆盖，以防止水分蒸发。从取出试件擦干到读数应在 15s±5s 内完成，读完数后的试件用湿布覆盖。全部试件测完基长后，将试件放入装有浓度为 1mol/L 氢氧化钠溶液的养护筒中，确保试件被完全浸泡，且溶液温度应保持在 80℃±2℃，将养护筒放回恒温养护箱或水浴箱中。

注：用测长仪测定任一组试件的长度时，均应先调整测长仪的零点。

（10）自测定基长之日起，第 3 天、第 7 天、第 14 天再分别测长（L_t），每次测长时间安排在每天近似同一时刻内，测长方法与测基长方法一致。测量完毕后，应将试件放入原养护筒中，盖好筒盖，放回 80℃±2℃ 的恒温养护箱或水浴箱中，继续养护至下一测试龄期。14d 后如需继续测长，可安排每 7d 测长一次。操作时应防止氢氧化钠溶液溢溅烧伤皮肤。

2.2.12.3　结果处理与评定

试件的膨胀率按式(2.2-14)计算，精确至 0.001%。

$$\varepsilon_t = \frac{L_t - L_0}{L_0 - 2\Delta} \times 100 \qquad (2.2\text{-}14)$$

式中：ε_t——试件在 t 天龄期的膨胀率（%）；

　　L_0——试件的基长（mm）；

　　L_t——试件在 t 天龄期的长度（mm）；

　　Δ——测头长度（mm）。

以三个试件膨胀率的平均值作为某一龄期膨胀率的测定值，精确至 0.01%。一组试件中任一试件膨胀率与平均值相差不大于 0.01%，则结果有效；膨胀率平均值大于 0.05% 时，每个试件的测定值与平均值之差小于平均值的 20%，也认为结果有效。

经碱骨料反应试验后，14d 膨胀率小于 0.10% 时，判定为无潜在碱-硅酸反应危害；当 14d 膨胀率大于 0.20% 时，判定为有潜在碱-硅酸反应危害；当 14d 膨胀率在 0.10%～0.20% 之间时，不能判定有无潜在碱-硅酸反应危害，应按砂浆长度法再进行试验并判定。取 14d 膨胀率作为报告值。

2.2.13　碱-硅酸反应（砂浆长度法）

2.2.13.1　仪器设备和试剂

烘箱（温度控制范围为 105℃±5℃）、天平（量程不小于 1000g，分度值不大于 0.1g）、试验筛（孔径为 4.75mm、2.36mm、1.18mm、0.60mm、0.30mm 及 0.15mm 的筛）、比长仪（由百分表和支架组成。百分表的量程 10mm，分度值不大于 0.01mm）、水泥胶砂搅拌机（符合现行国家标准《水泥胶砂强度检验方法（ISO 法）》GB/T 17671 的要求）、恒温养护箱或养护室（温度保持在 40℃±2℃，相对湿度 95% 以上）、养护筒（由可耐碱长期腐蚀的材料制成，不应漏水，有密封盖，可装入 3 个试件，筒内设有试件架，可使试件直立于筒内，试件之间、试件与筒壁之间不接触）、试模（规格为 25mm×25mm×280mm，试模两端正中有可埋入膨胀测头的小孔，膨胀测头用不锈金属制成，直径 5～7mm，长度 25mm）、镘刀、捣棒、量筒、干燥器等。

氢氧化钠：化学纯。

水泥：符合现行国家标准《通用硅酸盐水泥》GB 175 规定的 42.5 级硅酸盐水泥或符合现行国家标准《混凝土外加剂》GB 8076 中附录 A 规定的基准水泥。

2.2.13.2 检测步骤

（1）环境条件：材料、成型室、养护室的温度应保持在 20℃±2℃；成型室、测长室的相对湿度不应小于 50%；恒温养护箱或养护室应保持在 40℃±2℃，相对湿度 95% 以上。

（2）将试样缩分至约 5kg，用水淋洗干净后，放在烘箱中于 105℃±5℃下烘干至恒重，待冷却至室温后，筛除大于 4.75mm 及小于 0.15mm 的颗粒，然后按规定筛分成 0.15～0.30mm、0.30～0.60mm、0.60～1.18mm、1.18～2.36mm 和 2.36～4.75mm 五个粒级，分别存放在干燥器内备用。

（3）采用硅酸盐水泥或基准水泥，用 NaOH 将碱含量 [以 Na_2O 计，即 $m(K_2O) \times 0.68 + m(Na_2O)$] 调至不低于 1.2%。

（4）水泥与骨料的质量比为 1:2.25。每组 3 个试件，共需水泥 440g，精确至 0.1g；砂 990g。砂浆用水量按现行国家标准《水泥胶砂流动度测定方法》GB/T 2419[10] 确定，流动度以 105～120mm 为准。

（5）砂浆搅拌按现行国家标准《水泥胶砂强度检验方法（ISO 法）》GB/T 17671 规定的方法进行。

（6）将砂浆分两层装入已装有膨胀测头的试模内，每层捣 40 次，注意膨胀测头四周应小心捣实。浇捣完毕后用镘刀刮除多余砂浆，抹平表面，并标明测定方向及编号。

（7）试件成型后，带模放入标准养护室，养护 24h±4h 后脱模（当试件强度较低时，可延至 48h 脱模）。脱模后立即测量试件的基长（L_0），测长应在 20℃±2℃恒温室中进行，每个试件至少重复测试两次，取差值在仪器精度范围内的两个读数的平均值作为长度测定值。待测的试件须用湿布覆盖，以防止水分蒸发。

（8）测量后将试件放入养护筒中，盖严筒盖，放入 40℃±2℃的养护室里养护（同一筒内的试件品种应相同）。

（9）自测量基长起，第 14 天、1 个月、2 个月、3 个月、6 个月再分别测长（L_t），需要时可以适当延长。在测长前一天，应把养护筒从 40℃±2℃的养护室取出，放入 20℃±2℃的恒温室。试件的测长方法与测基长方法相同，测量完毕后，应将试件放入养护筒中，盖好筒盖，放回 40℃±2℃的养护室继续养护至下一测试龄期。

（10）每次测长后，应对每个试件进行挠度测量和外观检查。

（11）挠度测量：把试件放在水平面上，测量试件与平面筒的最大间距不应大于 0.3mm。

（12）在测量时应观察试件的变形、裂缝和渗出物等，特别应观察有无胶体物质，并作详细记录。

2.2.13.3 结果处理与评定

试件的膨胀率按式(2.2-15)计算，精确至 0.001%。

$$\varepsilon_t = \frac{L_t - L_0}{L_0 - 2\Delta} \times 100 \qquad (2.2\text{-}15)$$

式中：ε_t——试件在t天龄期的膨胀率（%）；

　　L_0——试件的基长（mm）；

　　L_t——试件在t天龄期的长度（mm）；

　　Δ——测头长度（mm）。

以三个试件膨胀率的算术平均值作为试验结果，精确至 0.01%。如一组试件中任何一个试件的膨胀率与平均值相差不大于 0.01%，则结果有效；而膨胀率平均大于 0.05%时，如每一个试件的测定值与平均值之差小于平均值的 20%，也认为结果有效。

当 6 个月龄期的膨胀率小于 0.10%时，判定为无潜在碱-硅酸反应危害，否则判定为有潜在碱-硅酸反应危害。

2.2.14　碱-碳酸盐反应

该方法适用于检验碳酸盐岩石是否具有碱活性。

2.2.14.1　仪器设备和试剂

圆筒钻机（ϕ9mm）、锯石机、磨片机、养护瓶（由耐碱材料制成，能盖严以避免溶液变质）、测长仪（量程 25～50mm，分度值不大于 0.01mm）、氯氧化钠溶液（1mol/L）等。

2.2.14.2　检测步骤

（1）将一块岩石按其层理方向水平放置（如岩石层理不清，可任意放置），再按 3 个相互垂直的方向钻切 3 个岩石圆柱体（直径 9mm ± 1mm，高 35mm ± 5mm）或棱柱体（边长 9mm ± 1mm，高 35mm ± 5mm）试件；仲裁试验采用棱柱体试件，试件两端面应磨光，互相平行且垂直于圆柱体主轴，并保持干净显露岩面本色。

（2）将试件编号后，放入盛有蒸馏水的养护瓶中，置于 20℃ ± 2℃恒温室内，每隔 24h 取出擦干表面水分，进行测长，直至试件前后两次测得的长度变化不超过 0.02%为止，以最后一次测得的试件长度为基长（L_0）。

（3）将测完基长的试件浸入盛有浓度为 1mol/L 氢氧化钠溶液的养护瓶中，液面应超过试件顶面至少 10mm，每个试件的平均液量至少应为 50mL。同一瓶中不得浸泡不同品种的试件，盖严瓶盖，置于 20℃ ± 2℃恒温室中。溶液每 6 个月更换一次。

（4）在 20℃ ± 2℃的恒温室中进行测长（L_t）。每个试件测长方向应始终保持一致。测量时，试件从瓶中取出，先用蒸馏水洗剂，将表面水擦干后再测量。测长龄期从试件泡入碱液时算起，在 7d、14d、21d、28d、56d、84d 时进行测量，如有需要，以后每 4 周测长一次，一年后每 12 周测长一次。

（5）试件在浸泡期间，应观察其形态的变化，如开裂、弯曲、断裂等，并作记录。

2.2.14.3　结果处理与评定

1）试件膨胀率应按式(2.2-16)计算，精确至 0.001%。

$$\varepsilon_{st} = \frac{L_t - L_0}{L_0} \times 100 \tag{2.2-16}$$

式中：ε_{st}——试件浸泡t天后的膨胀率（%）；

L_0——试件的基长（mm）；

L_t——试件浸泡t天后的长度（mm）。

2）结果判定：

（1）同块岩石所取的试样，以其膨胀率最大的一个测值作为该岩样的长度变化率。

（2）试件浸泡 84d 的膨胀率小于 0.10%时，判定为无潜在碱-碳酸盐反应危害，否则判定为有潜在碱-碳酸盐反应危害。

（3）取 84d 龄期膨胀率作为报告值。

2.2.15 表观密度

2.2.15.1 技术要求

除特细砂外，砂表观密度应不小于 2500kg/m³。

2.2.15.2 仪器设备

烘箱（温度控制在 105℃±5℃）；天平（量程不小于 1000g，分度值不大于 0.1g）；容量瓶（500mL）；浅盘、滴管、毛刷、温度计等。

2.2.15.3 试验步骤

按规定取样，并将试样缩分至约 660g，放在烘箱中于 105℃±5℃下烘干至恒重，待冷却至室温后，平均分为 2 份备用。

称取试样 300g，精确至 0.1g，记为m_{i0}。将试样装入容量瓶，注水至接近 500mL 的刻度处，用手旋转摇动容量瓶，使砂样充分摇动，排除气泡，塞紧瓶盖，静置 24h。然后用滴管加水至容量瓶 500mL 刻度处，塞紧瓶塞，擦干瓶外水分，称出其质量（m_{i1}），精确至 0.1g。

倒出瓶内水和试样，洗净容量瓶，再向容量瓶内注水至 500mL 刻度处，塞紧瓶塞，擦干瓶外水分，称出其质量（m_{i2}），精确至 0.1g。

在砂的表观密度试验过程中应测量并控制水的温度在 15～25℃范围内，试验的各项称量可在 15～25℃的温度范围内进行。从试样加水静置的最后 2h 起直至试验结束，其温度相差不应超过 2℃。

2.2.15.4 试验步骤

砂的表观密度应按式(2.2-17)计算，精确至 10kg/m³。

$$\rho_0 = \left(\frac{m_{i0}}{m_{i0} + m_{i2} - m_{i1}} - \alpha_t \right) \times \rho_w \tag{2.2-17}$$

式中：ρ_0——表观密度（kg/m³）；

m_{i0}——烘干试样的质量（g）；

m_{i2}——水及容量瓶的总质量（g）；

m_{i1}——试样、水及容量瓶的总质量（g）；

α_t——水温对表观密度影响的修正系数；

ρ_{w}——水的密度，取 1000（kg/m³）。

表观密度取两次试验结果的算数平均值，精确至10kg/m³；如两次试验结果之差大于20kg/m³，应重新试验。

2.2.16　饱和面干吸水率

2.2.16.1　技术要求

当需方提出要求时，应出示其实测值。

2.2.16.2　仪器设备

（1）烘箱：温度控制在 105 ℃ ± 5℃。
（2）天平：量程不小于 1000g，分度值不大于 1g。
（3）手提式吹风机。
（4）饱和面干试模及重 340g 的捣棒，如图 2.2-1 所示。
（5）烧杯、吸管、毛刷、玻璃棒、浅盘、不锈钢盘等。

图 2.2-1　饱和面干试模及捣棒

2.2.16.3　检测步骤

（1）在自然状态下用分料器法或四分法缩分细骨料至约 1100g，均匀拌合后平均分为两份备用。

（2）将一份试样倒入浅盘中，注入洁净水，使水面高出试样表面 20mm 左右，用玻璃棒连续搅拌 5min，以排除气泡，静置 24h。浸泡完成后，在水澄清的状态下，倒去试样上部的清水，且不应将细粉部分倒走。在盘中摊开试样，用吹风机吹拂暖风，并不断翻动试样，使其表面水分均匀蒸发，且不应将砂样颗粒吹出。

（3）将试样分两层装入饱和面干试模中，第一层装入模高度的一半，用捣棒均匀捣 13 次，每次捣时应使捣棒离试样表面 10mm 处保持垂直并自由落下。第二层装满试模，再轻捣 13 次，刮平试模上口后，垂直将试模缓慢提起。如试样呈如图 2.2-2（a）或图 2.2-3（a）所示状态，说明试样仍含有表面水，应再进行暖风干燥，并按上述方法试验，直至试模提起后，试样呈如图 2.2-2（b）或图 2.2-3（b）所示状态为止。当试模提起后，试样呈如图 2.2-2（c）或图 2.2-3（c）所示状态时（说明试样过干），应喷洒水 50mL，再搅拌拌匀，然后静置于加盖容器中 30 min，再按上述方法进行试验，直至达到如图 2.2-2（b）或图 2.2-3（b）所示状态。

(a) 试样过湿状态   (b) 饱和面干状态   (c) 试样过干状态

图 2.2-2　天然砂状态示意图

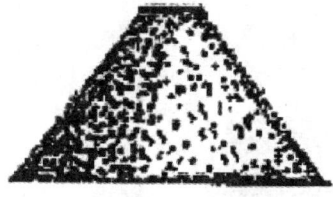

(a) 试样过湿状态   (b) 饱和面干状态   (c) 试样过干状态

图 2.2-3　机制砂状态示意图

（4）立即称取饱和面干试样 500g，精确至 0.1g，倒入浅盘中，置于 105℃±5℃的烘箱中烘干至恒重，冷却至室温后，称取干样的质量，精确至 0.1g。

2.2.16.4　结果处理与评定

（1）吸水率应按式(2.2-18)计算，并精确至 0.01%。

$$\omega_a = \frac{m_{l1} - m_{l0}}{m_{l0}} \times 100 \tag{2.2-18}$$

式中：ω_a——吸水率（%）；

$\quad m_{l1}$——饱和面干试样质量（g）；

$\quad m_{l0}$——烘干试样质量（g）。

（2）结果确定：

取两次试验结果的算术平均值作为吸水率值，精确至 0.1%，当两次试验结果之差大于平均值的 3%时，该组数据作废，应重新试验。

2.2.17　评判规则

当试验结果均符合本书第 2.2 节的性能指标要求时，可判为该批产品合格。当有一项试验结果不符合 2.2.1～2.2.15 节的规定时，应从同一批产品中加倍取样，对该项进行复验。复验后，若试验结果符合规定，可判为该批产品合格；若仍然不符合 2.2.1～2.2.15 节的规定，则判为不合格。当有两项及以上试验结果不符合时，则判该批产品不合格。

2.2.18　现行国家标准《建设用砂》GB/T 14684 与现行行业标准《普通混凝土用砂、石质量及检验方法标准》JGJ 52 的差异分析

1）颗粒级配

现行国家标准《建设用砂》GB/T 14684[16]中对天然砂和机制砂、混合砂的颗粒级配分别作了规定，而现行行业标准《普通混凝土用砂、石质量及检验方法标准》JGJ 52[18]未分类进行规定。

2）含泥量

现行国家标准《建设用砂》GB/T 14684 根据砂的类别对天然砂的含泥量提出指标要求（表 2.2-18），而现行行业标准《普通混凝土用砂、石质量及检验方法标准》JGJ 52 是根据混凝土强度等级提出天然砂含泥量的指标要求（表 2.2-19）。

天然砂含泥量（GB/T 14684）　　　　　　　　　　　　　表 2.2-18

类别	Ⅰ类	Ⅱ类	Ⅲ类
含泥量（质量分数）/%	≤ 1.0	≤ 3.0	≤ 5.0

天然砂含泥量（JGJ 52）　　　　　　　　　　　　　表 2.2-19

混凝土强度等级	≥ C60	C30～C55	≤ C25
含泥量（质量分数）/%	≤ 2.0	≤ 3.0	≤ 5.0

3）泥块含量

现行国家标准《建设用砂》GB/T 14684 根据砂的类别对砂的泥块含量提出指标要求（表 2.2-20），而现行行业标准《普通混凝土用砂、石质量及检验方法标准》JGJ 52 是根据混凝土强度等级提出砂的泥块含量的指标要求（表 2.2-21）。

天然砂泥块含量（GB/T 14684）　　　　　　　　　　　　　表 2.2-20

类别	Ⅰ类	Ⅱ类	Ⅲ类
泥块含量（质量分数）/%	≤ 0.2	≤ 1.0	≤ 2.0

天然砂泥块含量（JGJ 52）　　　　　　　　　　　　　表 2.2-21

混凝土强度等级	≥ C60	C30～C55	≤ C25
泥块含量（质量分数）/%	≤ 0.5	≤ 1.0	≤ 2.0

4）机制砂石粉含量

现行国家标准《建设用砂》GB/T 14684 根据砂的类别对机制砂石粉含量提出指标要求（表 2.2-22），而现行行业标准《普通混凝土用砂、石质量及检验方法标准》JGJ 52 是根据混凝土强度等级提出人工砂或混合砂石粉含量的指标要求（表 2.2-23）。

机制砂石粉含量（GB/T 14684）　　　　　　　　　　　　　表 2.2-22

类别	亚甲蓝值（MB）	石粉含量（按质量计）/%
Ⅰ类	MB ≤ 0.5	≤ 15.0
	0.5 < MB ≤ 1.0	≤ 10.0

续表

类别	亚甲蓝值（MB）	石粉含量（按质量计）/%
I 类	1.0 < MB ≤ 1.4 或快速试验合格	≤ 5.0
	MB > 1.4 或快速试验不合格	≤ 1.0
II 类	MB ≤ 1.0	≤ 15.0
	1.0 < MB ≤ 1.4 或快速试验合格	≤ 10.0
	MB > 1.4 或快速试验不合格	≤ 3.0
III 类	MB ≤ 1.4 或快速试验合格	≤ 15.0
	MB > 1.4 或快速试验不合格	≤ 5.0

人工砂或混合砂石粉含量（JGJ 52）　　　　表 2.2-23

混凝土强度等级		≥ C60	C30～C55	≤ C25
石粉含量/%	MB < 1.4（合格）	≤ 5.0	≤ 7.0	≤ 10.0
	MB ≥ 1.4（不合格）	≤ 5.0	≤ 5.0	≤ 5.0

5）坚固性指标

现行国家标准《建设用砂》GB/T 14684 根据砂的类别对砂坚固性指标提出要求（表 2.2-24），而现行行业标准《普通混凝土用砂、石质量及检验方法标准》JGJ 52 是根据混凝土所处的环境条件及性能要求提出指标要求（表 2.2-25）。

砂坚固性指标（GB/T 14684）　　　　表 2.2-24

类别	I 类	II 类	III 类
质量损失率/%	≤ 8		≤ 10

人工砂或混合砂坚固性指标（JGJ 52）　　　　表 2.2-25

混凝土所处的环境条件及性能要求	5 次循环后的质量损失率/%
在严寒及寒冷地区室外使用并经常处于潮湿或干湿交替状态下的混凝土；有抗疲劳、耐磨、抗冲击要求的混凝土；有腐蚀介质作用或经常处于水位变化区的地下结构混凝土	≤ 8
其他条件下使用的混凝土	≤ 10

6）压碎值指标

现行国家标准《建设用砂》GB/T 14684 根据砂的类别对机制砂单级最大压碎值指标提出要求，而现行行业标准《普通混凝土用砂、石质量及检验方法标准》JGJ 52 规定人工砂的总压碎值指标应不小于 30%。

7）片状颗粒含量

现行国家标准《建设用砂》GB/T 14684 规定 I 类机制砂的片状颗粒含量应不大于 10%，而现行行业标准《普通混凝土用砂、石质量及检验方法标准》JGJ 52 没有对此提出要求。

8）放射性

现行国家标准《建设用砂》GB/T 14684 规定砂的放射性应符合《建筑材料放射性核素限量》GB 6566 的规定，而现行行业标准《普通混凝土用砂、石质量及检验方法标准》JGJ 52 没有对此提出要求。

9）硫化物及硫酸盐含量

现行国家标准《建设用砂》GB/T 14684 规定砂中硫化物和硫酸盐（按 SO_3 质量计）含量应不大于 0.5%，现行行业标准《普通混凝土用砂、石质量及检验方法标准》JGJ 52 则要求不大于 1.0%。

10）氯离子

现行国家标准《建设用砂》GB/T 14684 根据砂的类别，规定Ⅰ类、Ⅱ类和Ⅲ类砂中氯化物含量分别不大于 0.01%、0.02% 和 0.06%；而现行行业标准《普通混凝土用砂、石质量及检验方法标准》JGJ 52 则规定，钢筋混凝土用砂氯离子含量不得大于 0.06%，预应力混凝土用砂氯离子含量不得大于 0.02%。

11）贝壳含量

现行国家标准《建设用砂》GB/T 14684 根据净化处理海砂的类别，规定Ⅰ类、Ⅱ类和Ⅲ类砂中氯化物含量分别不大于 3.0%、5.0% 和 8.0%；而现行行业标准《普通混凝土用砂、石质量及检验方法标准》JGJ 52 按混凝土强度等级对海砂中贝壳含量作了规定（表 2.2-26）。

海砂中贝壳含量　　　　　　　　　　　　表 2.2-26

混凝土强度等级	≥ C40	C30～C35	C25～C15
贝壳含量（按质量计）/%	≤ 3	≤ 5	≤ 8

12）表观密度、松散堆积密度和空隙率

现行国家标准《建设用砂》GB/T 14684 对砂的表观密度、松散堆积密度和空隙率提出了明确的指标；而现行行业标准《普通混凝土用砂、石质量及检验方法标准》JGJ 52 对砂的表观密度、松散堆积密度和空隙率没有提出要求。

2.3 粗骨料

2.3.1 颗粒级配

2.3.1.1 技术要求

卵石、碎石的颗粒级配，其原理与砂基本相同，可分为连续粒级和单粒级两种。

连续粒级，按其粒径尺寸分为 5 级。每级颗粒尺寸都是由小到大连续的，并占适当的比例。单粒级分为 8 级，其颗粒粒径不连续排列，缺少某些粒径的颗粒搭配。所以必要时也可以根据需要采用不同单粒级卵石或碎石组合成满足要求的连续粒级：也可与连续粒级混合使用，以改善其级配或配成较大粒度的连续粒级。从而尽量减少空隙，降低水泥浆的需要量。

卵石、碎石的颗粒级配应符合表 2.3-1 的规定。

颗粒级配 表 2.3-1

公称粒级/mm		累计筛余/%											
		方孔筛孔径/mm											
		2.36	4.75	9.50	16.0	19.0	26.5	31.5	37.5	53.0	63.0	75.0	90
连续粒级	5～16	95～100	85～100	30～60	0～10	0							
	5～20	95～100	90～100	40～80	—	0～10	0						
	5～25	95～100	95～100	—	30～70	—	0～5	0					
	5～31.5	95～100	95～100	70～90	—	15～45	—	0～5	0				
	5～40		95～100	70～90	—	30～65	—	—	0～5	0			
单粒粒级	5～10	95～100	80～100	0～15	0								
	10～16		95～100	80～100	0～15								
	10～20		95～100	85～100		0～15	0						
	16～25			95～100	55～70	25～40	0～10						
	16～31.5		95～100		85～100			0～10	0				
	20～40			95～100		80～100			0～10	0			
	40～80					95～100			70～100		30～60	0～10	0

注："—"表示对该孔径累计筛余不作要求；"0"表示该孔径累计筛余为 0。

2.3.1.2 仪器设备

试验筛（孔径为 90.0mm、75.0mm、63.0mm、53.0mm、37.5mm、31.5mm、26.5mm、19.0mm、16.0mm、9.50mm、4.75mm 和 2.36mm 的方孔筛以及筛的底盘和盖各一只，筛框内径为 300mm）、天平（分度值不大于最少试样质量的 0.1%）、烘箱（温度控制范围为 105℃±5℃）、浅盘等。

2.3.1.3 检测步骤

（1）碎石或卵石缩分时，应将样品置于平板上，在自然状态下拌合均匀，并堆成锥体，然后沿互相垂直的两条直径把锥体分成大致相等的 4 份，取其对角的 2 份重新拌匀，再堆成锥体。重复上述过程，直至把样品缩分至试验所需量。碎石或卵石的含水率、堆积密度、紧密密度检验所用的试样，可不经缩分，拌匀后直接进行试验。

（2）将试样按筛孔大小顺序过筛，当每只筛上的筛余层厚度大于试样的最大粒径值时，应将该筛上的筛余试样分成 2 份，再进行筛分，直至各筛每分钟的通过量不超过试样总量的 0.1%。

注：当筛余试样的颗粒粒径比孔径大 19mm 以上时，在筛分过程中，允许用手拨动颗粒。

（3）称取各筛筛余的质量，精确至试样总质量的 0.1%。各筛的分计筛余量和筛底剩余量的总和与筛分前测定的试样总量相比，其差值不得超过 1%。

2.3.1.4　结果处理与评定

（1）计算分计筛余（各筛上筛余量除以试样的百分率），精确至 0.1%。

（2）计算累计筛余（该筛的分计筛余与筛孔大于该筛的各筛的分计筛余百分率之总和），精确至 1%。筛分后，如每号筛的筛余量及筛底之和与筛分前试样质量之差超过 1% 时，应重新试验。

（3）根据各筛的累计筛余，评定该试样的颗粒级配。

2.3.2　含泥量

2.3.2.1　技术要求

卵石中粒径小于 75μm 的黏土颗粒含量，称为卵石含泥量。碎石中粒径小于 75μm 的黏土和石粉颗粒含量，称为碎石泥粉含量。卵石含泥量或碎石泥粉含量应符合表 2.3-2 的规定。

含泥量   表 2.3-2

类别	I	II	III
卵石含泥量（按质量计）/%	≤0.5	≤1.0	≤1.5
碎石泥粉含量（按质量计）/%	≤0.5	≤1.5	≤2.0

2.3.2.2　仪器设备

天平（分度值不大于最少试样质量的 0.1%）、烘箱（105℃±5℃）、试验筛（孔径为 75μm 及 1.18mm 的方孔筛）、容器、浅盘。

2.3.2.3　检测步骤

（1）将样品缩分至规定的量（注意防止细粉丢失），并置于温度为 105℃±5℃的烘箱内烘干至恒重，冷却至室温后分成两份备用。

（2）称取一份烘干试样，将试样放入淘洗容器中，注入清水，水面高于试样上表面 150mm，充分搅拌均匀后，浸泡 2h±10min，然后用手在水中淘洗试样，使尘屑、淤泥和黏土颗粒与石子颗粒分离，把浑水缓缓倒入 1.18mm 及 75μm 的套筛上（1.18mm 筛放在 75μm 筛上面），滤去粒径小于 75μm 的颗粒。试验前筛子的两面应先用水润湿。在整个试验过程中应防止粒径大于 75μm 的颗粒流失。

（3）向容器中注清水，重复上述操作，直至容器内的水目测清澈为止。

（4）用水淋洗剩余在筛上的细粒，并将 75μm 筛放在水中，同时使水面略高出筛中石子颗粒的上表面，来回摇动，以充分洗掉粒径小于 75μm 的颗粒。然后将两只筛上筛余的颗粒和清洗容器中已经洗净的试样一并倒入浅盘中，置于烘箱中于 105℃±5℃下烘干至恒重，待冷却至室温后，称出其质量。

2.3.2.4　结果处理与评定

（1）碎石泥粉含量或卵石中含泥量 ω_c 应按式(2.3-1)计算，精确至 0.1%：

$$\omega_c = \frac{m_0 - m_1}{m_0} \times 100\%$$ (2.3-1)

式中：ω_c——卵石含泥量或碎石泥粉含量（%）；

m_0——试验前的烘干试样质量（g）；

m_1——试验后的烘干试样质量（g）。

（2）结果确定

以两个试样试验结果的算术平均值作为测定值。两次结果之差大于 0.2%时，应重新取样进行试验。

2.3.3 泥块含量

2.3.3.1 技术要求

混凝土用石的泥块含量应符合表 2.3-3 的规定。

泥块含量 表 2.3-3

类别	I类	II类	III类
泥块含量（按质量计）/%	≤ 0.1	≤ 0.2	≤ 0.5

2.3.3.2 仪器设备

天平（分度值不大于最少试样质量的 0.1%）、试验筛（孔径为 2.36mm 及 4.75mm 的方孔筛）、烘箱（105℃±5℃）、容器及浅盘等。

2.3.3.3 检测步骤

（1）将样品缩分至所需的量，缩分后的试样在 105℃±5℃的烘箱内烘干至恒重，冷却至室温后，筛除小于 4.75mm 的颗粒，平均分成两份备用。

（2）称取一份试样，将试样倒入淘洗容器中，注入清水，使水面高于试样上表面，充分搅拌均匀后，浸泡 24h±0.5h，然后在水中将泥块碾碎，再把试样放在 2.36mm 筛上，用水淘洗，直至容器内的水目测清澈为止；

（3）保留下来的试样从筛中全部取出，装入浅盘后，放在烘箱中于 105℃±5℃下烘干至恒重，待冷却至室温后，称出其质量。

2.3.3.4 结果处理与评定

（1）泥块含量 $\omega_{c,L}$ 应按式(2.3-2)计算，精确至 0.01%：

$$\omega_{c,L} = \frac{m_1 - m_2}{m_1} \times 100\%$$ (2.3-2)

式中：$\omega_{c,L}$——泥块含量（%）；

m_1——淘洗前烘干试样质量（g）；

m_2——淘洗后烘干试样质量（g）。

（2）结果确定

泥块含量取两次试验结果的算术平均值，精确至 0.1%。

2.3.4　压碎值指标

2.3.4.1　技术要求

碎石、卵石的压碎指标应符合表 2.3-4 的规定。

压碎指标　　　　　　　　　　　　　　　　　　　表 2.3-4

类别	I	II	III
碎石压碎指标/%	≤ 10	≤ 20	≤ 30
卵石压碎指标/%	≤ 12	≤ 14	≤ 16

2.3.4.2　仪器设备

压力试验机（量程不小于 300kN，精度不大于 1%）、压碎指标测定仪、天平（量程不小于 5kg，分度值不大于 5g；量程不小于 1kg，分度值不大于 1g）、试验筛（孔径为 2.36mm、9.50mm 及 19.0mm 的方孔筛）。

2.3.4.3　检测步骤

1）按规定取样，风干或烘干后筛除大于 19.0mm 及小于 9.50mm 的颗粒，平均分为 3 份备用，每份约 3000g。

2）取一份试样，将试样分两层装入圆模(置于底盘上)内。每装完一层试样后，在底盘下面放置垫棒。将筒按住，左右交替颠击地面各 25 下，两层颠实后，整平模内试样表面，盖上压头。当圆模装不下 3000g 试样时，以装至距圆模上口 10mm 为准。

3）把装有试样的圆模置于压力试验机上，开动压力试验机，按 1kN/s 速度均匀加荷至 200kN 并稳荷 5s，然后卸荷。取下加压头，倒出试样，并称其质量；用孔径 2.36mm 的筛筛除被压碎的细粒，称出留在筛上的试样质量。

2.3.4.4　结果处理与评定

（1）碎石或卵石的压碎值指标ω_a应按式(2.3-3)计算，精确至 0.1%：

$$\omega_a = \frac{m_0 - m_1}{m_0} \times 100\% \tag{2.3-3}$$

式中：ω_a——压碎值指标（%）；

　　　m_1——试样的质量（g）；

　　　m_2——压碎试验后筛余的试样质量（g）。

（2）结果确定

压碎指标应取 3 次试验结果的算术平均值，并精确至 1%。

2.3.5　针片状颗粒含量

2.3.5.1　技术要求

卵石、碎石颗粒的最大一维尺寸大于该颗粒所属粒级的平均粒径 2.4 倍者为针状颗粒；

最小一维尺寸小于该颗粒所属粒级的平均粒径 0.4 倍者为片状颗粒。

卵石和碎石的针、片状颗粒含量应符合表 2.3-5 的规定。

针、片状颗粒含量　　　　　　　　　　表 2.3-5

类别	Ⅰ类	Ⅱ类	Ⅲ类
针、片状颗粒含量（按质量计）/%	≤ 5	≤ 10	≤ 15

卵石与碎石中的针、片状颗粒含量多，会影响混凝土拌合物的工作性，同时会降低混凝土强度，尤其是对抗折强度的影响较抗压强度更大。

2.3.5.2　仪器设备

针状规准仪与片状规准仪、天平（分度值不大于最少试样质量的 0.1%）、试验筛（孔径为 4.75mm、9.50mm、16.0mm、19.0mm、26.5mm、31.5mm、37.5mm、53.0mm、63.0mm、75.0mm 及 90mm 的方孔筛）、游标卡尺。

2.3.5.3　检测步骤

（1）按规定取样，并将试样缩分不小于表 2.3-6 规定的质量，烘干或风干后备用。

针状和片状颗粒的总含量试验所需的试样最少质量　　　　表 2.3-6

最大粒径/mm	9.5	16.0	19.0	26.5	31.5	≥37.5
试样最少质量/kg	0.3	1.0	2.0	3.0	5.0	10.0

（2）筛分成表 2.3-7 所规定的粒级，按表中所规定的粒级分别用规准仪逐粒检验，最大一维尺寸大于针状规准仪上相应间距者，为针状颗粒；最小一维尺寸小于片状规准仪上相应孔宽者，为片状颗粒。

针状和片状规准仪孔宽或间距（单位：mm）　　　　表 2.3-7

石子粒级	4.75～9.50	9.50～16.0	16.0～19.0	19.0～26.5	26.5～31.5	31.5～37.5
片状规准仪上相对应的孔宽	2.8	5.1	7.0	9.1	11.6	13.8
针状规准仪上相对应的间距	17.1	30.6	42.0	54.6	69.6	82.8

（3）对粒径大于 37.5mm 的石子可用游标卡尺逐粒检验，卡尺卡口的设定宽度应符合表 2.3-8 的规定，最大一维尺寸大于针状卡口相应宽度者，为针状颗粒；最小一维尺寸小于片状卡口相应宽度者，为片状颗粒。

卡尺卡口的设定宽度（单位：mm）　　　　表 2.3-8

石子粒级	37.5～53.0	53.0～63.0	63.0～75.0	75.0～90
片状颗粒的卡口宽度	18.1	23.2	27.6	33.0
针状颗粒的卡口宽度	108.6	139.2	165.6	198.0

（4）称取由各粒级挑出的针状和片状颗粒的总质量。

2.3.5.4 结果处理与评定

针状和片状颗粒的总含量w_p应按式(2.3-4)计算，精确至 1%：

$$w_p = \frac{m_1}{m_0} \times 100\% \tag{2.3-4}$$

式中：w_p——针状和片状颗粒的总含量（%）；

m_1——试样中所含针状和片状颗粒的总含量（g）；

m_0——试样总质量（g）。

2.3.6 坚固性

2.3.6.1 技术要求

采用硫酸钠溶液法进行试验，卵石和碎石的质量损失应符合表 2.3-9 的规定。

坚固性指标 表 2.3-9

类别	Ⅰ类	Ⅱ类	Ⅲ类
质量损失率/%	≤ 5	≤ 8	≤ 12

2.3.6.2 仪器设备和试剂

烘箱（温度控制范围为 105℃±5℃）、天平（量程不小于 5kg，分度值不大于 1g）、试验筛（根据试样粒级选用）、容器（非铁质，容积不小于 50L）、三脚网篮（用高强、耐高温、耐腐蚀的材料制成，网篮外径为 100mm，高为 150mm，网的孔径为 2～3mm。检验 37.5～90mm 颗粒时，应采用外径和高度均为 150mm 的网篮）、玻璃棒等。

氯化钡溶液：将 5g 氯化钡溶于 50mL 蒸馏水中；

硫酸钠溶液：在一定质量的蒸馏水中（水量取决于试样量及容器的大小），加热至 30～50℃，每 1000ml 水中加入 350g 无水硫酸钠，边加入边用玻璃棒搅拌，使其溶解并饱和。然后冷却至 20～25℃，在此温度下静置 48h，即为试验溶液。

2.3.6.3 检测步骤

（1）按规定取样，并将试样缩分至规定的质量,用水洗干净,放在烘箱中于 105℃±5℃ 下烘干至恒重，待冷却至室温后，筛除小于 4.75mm 的颗粒，然后筛分成 4.75～9.50mm、9.50～19.0mm、19.0～37.5mm、37.5～63.0mm、63.0～90.0mm 五个粒级，依次称量各粒级试样的质量。

（2）按规定称取各粒级试样试验前的质量，将不同粒级的试样分别装入网篮，并浸入盛有硫酸钠溶液的容器中。溶液的体积不应小于试样总体积的 5 倍。网篮浸入溶液时，应上下升降 25 次，以排除试样的气泡，然后静置于该容器中。网篮底面应距离容器底面约 30mm，网篮之间距离不应小于 30mm，液面至少高于试样表面 30mm，溶液温度应保持在 20～25℃。

（3）浸泡 20h 后，把装试样的网篮从溶液中取出，放在烘箱中于 105℃±5℃烘 4h。至此，完成了第一次试验循环。待试样冷却至 20～25℃后，再按上述方法进行第二次循环。从第二次循环开始浸泡与烘干时间均为 4h，共循环 5 次。

（4）最后一次循环后，用清洁的温水清洗试样。直至清洗试样后的水加入少量氯化钡溶液不出现白色浑浊为止，洗过的试样放在烘箱中于 105℃±5℃下烘干至恒重。待冷却至室温后，用孔径为试样粒级下限的筛过筛，称出各粒级试样试验后的筛余量。

2.3.6.4 结果处理与评定

试样中各粒级颗粒的分计质量损失百分率 δ_{ji}，应按式(2.3-5)计算：

$$\delta_{ji} = \frac{m_i - m'_i}{m_i} \times 100\% \tag{2.3-5}$$

式中：δ_{ji}——各粒级颗粒的分计质量损失百分率（%）；

m_i——各粒级试样试验前的烘干质量（g）；

m'_i——经硫酸钠溶液法试验后，各粒级筛余颗粒的烘干质量（g）。

试样的总质量损失百分率 δ_j，应按式(2.3-6)计算，精确至 1%：

$$\delta_j = \frac{\alpha_1\delta_{j1} + \alpha_2\delta_{j2} + \alpha_3\delta_{j3} + \alpha_4\delta_{j4} + \alpha_5\delta_{j5}}{\alpha_1 + \alpha_2 + \alpha_3 + \alpha_4 + \alpha_5} \times 100\% \tag{2.3-6}$$

式中：δ_{j1}，δ_{j2}，δ_{j3}，δ_{j4}，δ_{j5}——各粒级试样的质量损失率（%）；

α_1，α_2，α_3，α_4，α_5——各粒级试样质量占试样（原试样中筛除了小于 4.75mm 颗粒）总质量的百分比（%）；

δ_j——试样的总质量损失百分率（%）。

2.3.7 碱活性

对于长期处于潮湿环境的重要结构混凝土，其所使用的碎石或卵石应进行的碱活性检验。

进行碱活性检验时，首先应采用岩相法检验碱活性骨料的品种、类型和数量。当检验出骨料中含有活性二氧化硅时，应采用快速砂浆棒法和砂浆长度法进行碱活性检验；当检验出骨料中含有活性碳酸盐时，应采用岩石柱法进行碱活性检验。

经上述检验，当判定骨料存在潜在碱碳酸盐反应危害时，不宜用作混凝土骨料：否则，应通过专门的混凝土试验，做最后评定。

当判定骨料存在潜在碱-硅反应危害时，应控制混凝土中的碱含量不超过 3kg/m³，或采取能抑制碱骨料反应的有效措施。

石的碱活性试验方法参照细骨料碱活性试验方法。

2.3.8 卵石、碎石表观密度

2.3.8.1 技术要求

卵石、碎石表观密度不小于 2600kg/m³。

2.3.8.2 仪器设备

烘箱（温度控制范围为105℃±5℃）、天平（量程不小于10kg，分度值不大于5g，其型号及尺寸应能允许在臂上悬挂盛试样的吊篮并能将吊篮放在水中称量）、吊篮（直径和高度均为150mm，由孔径为1~2mm的筛网或钻有2~3mm孔洞的耐锈蚀金属板制成）、试验筛（孔径为4.75mm的方孔筛）、盛水容器（有溢流孔）、温度计、浅盘、毛巾等。

2.3.8.3 试验环境

试验时各项称量可在15~25℃范围内进行，但从试样加水静止的2h起至试验结束，其温度变化不应超过2℃。

2.3.8.4 检测步骤

（1）试样制备：按规定取样，并缩分至不小于表2.3-10所规定的质量，风干后筛除小于4.75mm的颗粒，然后洗刷干净，平均分为两份备用。

表观密度试验所需最少试样质量　　　　　　表2.3-10

最大粒径/mm	< 26.5	31.5	37.5	63.0	75.0
最少试样质量/kg	2.0	3.0	4.0	6.0	6.0

（2）取试样一份装入吊篮，并浸入盛水的容器中，水面至少高出试样50mm。浸泡24h±1h后，移放到称量用的盛水容器中，并用上下升降吊篮的方法排除气泡，试样不得露出水面。吊篮每升降一次约1s，升降高度为30~50mm。

（3）测定水温后，此时吊篮应全浸在水中，称出吊篮及试样在水中的质量。称量时盛水容器中水面的高度由容器的溢流孔控制。

（4）提起吊篮，将试样倒入浅盘，放在烘箱中于105℃±5℃下烘干至恒重，待冷却至室温后，称出其质量。

（5）称出吊篮在同样温度水中的质量。称量时盛水容器的水面高度仍由溢流孔控制。

2.3.8.5 结果处理与评定

（1）表观密度ρ应按式(2.3-7)计算，精确至10kg/m³。

$$\rho = \left(\frac{m_0}{m_0 + m_1 - m_2} - \alpha_t \right) \times 1000 \qquad (2.3-7)$$

式中：ρ——碎石或卵石的表观密度（10kg/m³）；

m_0——试样的烘干质量（g）；

m_1——吊篮在水中的质量（g）；

α_t——水温对表观密度影响的修正系数，见表2.3-11。

不同水温下碎石或卵石的表观密度影响的修正系数　　　　　　表2.3-11

水温/℃	15	16	17	18	19	20	21	22	23	24	25

| α_t | 0.002 | 0.003 | 0.003 | 0.004 | 0.004 | 0.005 | 0.005 | 0.006 | 0.006 | 0.007 | 0.008 |

（2）结果确定

以两次试验结果的算术平均值作为测定值。当两次结果之差大于 20kg/m³ 时，应重新取样进行试验。对颗粒材质不均匀的试样，两次结果之差大于 20kg/m³ 时，可取 4 次测定结果的算术平均值作为测定值。

2.3.9 堆积密度、连续级配松散堆积空隙率

2.3.9.1 技术要求

卵石、碎石连续级配松散堆积空隙率，应符合表 2.3-12 的规定。

连续级配松散堆积空隙率　　　　　　　　　　　　表 2.3-12

类别	Ⅰ类	Ⅱ类	Ⅲ类
空隙率/%	≤ 43	≤ 45	≤ 47

2.3.9.2 仪器设备

天平：分度值不大于试样质量的 0.1%；容量筒：金属质，规格见表 2.3-13；垫棒：ϕ16mm，长 600mm 的圆钢；直尺、小铲等。

容量筒的规格要求　　　　　　　　　　　　表 2.3-13

最大粒径/mm	容量筒容积/L	容量筒规格		
		内径/mm	净高/mm	壁厚/mm
9.5,16.0,19.0,26.5	10	208	294	2
31.5,37.5	20	294	294	3
53.0,63.0,75.0	30	360	294	4

2.3.9.3 检测步骤

（1）按规定取样，烘干或风干后，拌匀并把试样平均分为的两份备用。

（2）测定松散堆积密度，取试样一份，用小铲将试样从容量筒口中心上方 50mm 处缓慢倒入，让试样以自由落体落下。当容量筒上部试样呈堆体，且容量筒四周溢满时，即停止加料。除去凸出筒口表面的颗粒，并以合适的颗粒填入凹陷部分，使表面稍凸起部分和凹陷部分的体积相等，试验过程应防止触动容量筒，称出试样和容量筒总质量（m_{i1}）。

（3）测定紧密堆积密度，取试样一份分三次装入容量一层后，在筒底垫放一根直径为 16mm 的圆钢。将筒按住，左右交替颠击地面各 25 次，再装入第二层。第二层装满后用同样方法颠实（但筒底所垫钢筋的方向与第一层时的方向垂直），然后装入第三层。第

三层装满后用同样方法颠实，操作时筒底所垫钢筋的方向与第一层时的方向平行。试样装填完毕，再加试样直至超过筒口，用钢尺沿筒口边缘刮去高出的试样，并用适合的颗粒填平凹陷部分，使表面稍凸起部分与凹陷部分的体积相等。称取试样和容量筒的总质量（m_{i2}）。

2.3.9.4　结果处理与评定

（1）松散堆积密度、紧密堆积密度应分别按式(2.3-8)和式(2.3-9)计算，精确至 10kg/m³。

$$\rho_{L} = \frac{m_{i1} - m_{i0}}{V_i} \tag{2.3-8}$$

$$\rho_{c} = \frac{m_{i2} - m_{i0}}{V_i} \tag{2.3-9}$$

式中：ρ_{L}——松散堆积密度（kg/m³）；

　　　m_{i1}——松散堆积时容量筒和试样的总质量（g）；

　　　m_{i0}——容量筒的总质量（g）；

　　　V_i——容量筒的容积（L）；

　　　ρ_{c}——紧密堆积密度（10kg/m³）；

　　　m_{i1}——紧密堆积时容量筒和试样的总质量（g）。

（2）松散堆积空隙率、紧密堆积空隙率应分别按式(2.3-10)和式(2.3-11)计算，精确至 1%。

$$P_{L} = \left(1 - \frac{\rho_{L}}{\rho_{0}}\right) \times 100\% \tag{2.3-10}$$

$$P_{c} = \left(1 - \frac{\rho_{c}}{\rho_{0}}\right) \times 100\% \tag{2.3-11}$$

式中：P_{L}——松散堆积空隙率；

　　　ρ_{L}——松散堆积密度（kg/m³）；

　　　ρ_{0}——表观密度（kg/m³）；

　　　P_{c}——紧密堆积空隙率；

　　　ρ_{c}——紧密堆积密度（kg/m³）。

（3）结果评定

堆积密度应取 2 次试验结果的算术平均值，并精确至 10kg/m³。空隙率应取 2 次试验结果的算术平均值，精确至 1%。

2.3.9.5　评判规则

试验结果均符合 2.3.1～2.3.8 节规定时，可判为该批产品合格。当有一项试验结果不符合 2.3.1～2.3.8 节规定时，应从同一批产品中加倍取样，对该项进行复验。复验后，若试验结果符合规定，可判为该批产品合格；若仍不符合 2.3.1～2.3.8 节规定，则判为不合格。当有两项及以上试验结果不符合时，则判该批产品不合格。

2.3.10 现行国家标准《建设用卵石、碎石》GB/T 14685 与现行行业标准《普通混凝土用砂、石质量及检验方法标准》JGJ 52 的差异分析

1）颗粒级配

《建设用卵石、碎石》GB/T 14685 对石的连续级配分为 5～16、5～20、5～25、5～31.5、5～40 共 5 个等级；而《普通混凝土用砂、石质量及检验方法标准》JGJ 52 分为 6 个等级，增加了 5～10 级配区间。

《建设用卵石、碎石》GB/T 14685 对石的单粒粒级分为 5～10、10～16、10～20、16～25、16～31.5、20～40、25～31.5、40～80 共 8 个等级；而《普通混凝土用砂、石质量及检验方法标准》JGJ 52 分为 10～20、16～31.5、20～40、31.5～63、40～80 共 5 个等级。

2）针、片状颗粒含量

《建设用卵石、碎石》GB/T 14685 根据石的类别规定了针、片状颗粒含量的指标要求（表 2.3-14），而《普通混凝土用砂、石质量及检验方法标准》JGJ 52 对不同强度等级混凝土用石提出了针、片状颗粒含量指标要求（表 2.3-15）。同时，《建设用卵石、碎石》GB/T 14685 还规定了Ⅰ类卵石、碎石的不规则颗粒含量不应大于 10%。

针、片状颗粒含量（GB/T 14685）　　　　　　表 2.3-14

类别	Ⅰ类	Ⅱ类	Ⅲ类
针、片状颗粒含量（质量分数）/%	≤5	≤8	≤15

针、片状颗粒含量（JGJ 52）　　　　　　表 2.3-15

混凝土强度等级	≥C60	C30～C55	≤C25
针、片状颗粒含量（按质量计）/%	≤8	≤15	≤25

3）卵石、碎石含泥量和泥块含量

《建设用卵石、碎石》GB/T 14685 根据石的类别分别规定了卵石含泥量、碎石泥粉含量和泥块含量（表 2.3-16）；而《普通混凝土用砂、石质量及检验方法标准》JGJ 52 按混凝土强度等级对石含泥量作了规定，没有区分卵石和碎石（表 2.3-17）。

卵石含泥量、碎石泥粉含量和泥块含量（GB/T 14685）　　　　表 2.3-16

类别	Ⅰ类	Ⅱ类	Ⅲ类
卵石含泥量（质量分数）/%	≤0.5	≤1.0	≤1.5
碎石泥粉含量（质量分数）/%	≤0.5	≤1.5	≤2.0
泥块含量（质量分数）/%	≤0.1	≤0.2	≤0.7

含泥量和泥块含量（JGJ 52）　　　　　　表 2.3-17

混凝土强度等级	≥C60	C55～C30	≤C25
含泥量（按质量计）/%	≤0.5	≤1.0	≤2.0
泥块含量（按质量计）/%	≤0.2	≤0.5	≤0.7

4）坚固性

《建设用卵石、碎石》GB/T 14685 根据类别对石的坚固性指标提出要求（表 2.3-18），而《普通混凝土用砂、石质量及检验方法标准》JGJ 52 根据混凝土所处环境条件和性能要求提出指标要求（表 2.3-19）。

坚固性指标（GB/T 14685）　　　　　　　　　　　表 2.3-18

类别	Ⅰ 类	Ⅱ 类	Ⅲ 类
质量损失率/%	≤ 5	≤ 8	≤ 12

坚固性指标（JGJ 52）　　　　　　　　　　　　表 2.3-19

混凝土所处的环境条件及性能要求	5 次循环后的质量损失/%
在严寒及寒冷地区室外使用，并经常处于潮湿及干湿交替状态下的混凝土；有腐蚀性介质作用或经常处于水位变化区的地下结构或有抗疲劳、耐磨、抗冲击等要求的混凝土	≤ 8
在其他条件下使用的混凝土	≤ 12

5）压碎指标

《建设用卵石、碎石》GB/T 14685 根据类别对碎石和卵石的压碎值指标提出要求（表 2.3-20），而《普通混凝土用砂、石质量及检验方法标准》JGJ 52 不仅从碎石和卵石的类别上对粗骨料的压碎值指标提出要求，同时对不同岩性、不同混凝土强度等级的碎石压碎值指标作了明确规定（表 2.3-21、表 2.3-22）。

压碎值指标（GB/T 14685）　　　　　　　　　　表 2.3-20

类别		Ⅰ 类	Ⅱ 类	Ⅲ 类
压碎值指标/%	碎石	≤ 10	≤ 20	≤ 30
	卵石	≤ 12	≤ 14	≤ 16

碎石压碎值指标（JGJ 52）　　　　　　　　　　表 2.3-21

岩石品种	混凝土强度等级	碎石压碎值指标/%
沉积岩	C40～C60	≤ 10
	≤ C35	≤ 16
变质岩或深成的火成岩	C40～C60	≤ 12
	≤ C35	≤ 20
喷出的火成岩	C40～C60	≤ 13
	≤ C35	≤ 30

卵石压碎值指标（JGJ 52）　　　　　　　　　　表 2.3-22

混凝土强度等级	C40～C60	≤ C35
压碎值指标/%	≤ 12	≤ 16

2.4　轻集料

2.4.1　筒压强度

本方法适用于用承压筒法测定轻粗集料颗粒的平均相对强度指标。

2.4.1.1　技术要求

不同密度等级的轻粗集料的筒压强度应不低于表 2.4-1 的规定。

轻粗集料筒压强度　　　　　　　　　　　　　　　　　　　　　表 2.4-1

轻粗集料种类	密度等级	筒压强度/MPa
人造轻集料	200	0.2
	300	0.5
	400	1.0
	500	1.5
	600	2.0
	700	3.0
	800	4.0
	900	5.0
天然轻集料 工业废渣轻集料	500	0.8
	700	1.0
	800	1.2
	900	1.5
	1000	1.5
工业废渣轻集料中的自燃煤矸石	900	3.0
	1000	3.5
	1100～1200	4.0

2.4.1.2　仪器设备

（1）承压筒：由圆柱形筒体、导向筒和冲压模三部分组成。筒体可用无缝钢管制作，有足够刚度，筒体内表面和冲压模底面需经渗碳处理，筒体可拆，并装有把手。冲压模外表面有刻度线，以控制装料高度和压入深度，导向筒用以导向和放置偏心。

（2）压力机：根据筒压强度选择合适吨位的压力机，测定值宜在所选压力机表盘最大读数的 20%～80%范围内。

（3）托盘天平：最大称量 5kg（分度值 5g）。

（4）干燥箱。

2.4.1.3　检测步骤

（1）筛取 10～20mm 公称粒级（粉煤灰陶粒允许按 10～15mm 公称粒级；超轻陶粒按 5～10mm 或 5～20mm 公称粒级）的试样 5L，其中 10～15mm 公称粒级的试样的体积含量应占 50%～70%。

（2）用带筒底的承压筒装试样至高出筒口，放在混凝土试验振动台上振动 3s，再装试样至高出筒口，放在振动台上振动 5s，齐筒口刮平试样。

（3）装上导口筒和冲压模，使冲压模的下刻度线与导向筒的上缘对齐。把承压筒放在压力机的下压板上，对准压板中心，以每秒 300～500N 的速度均匀加荷。当冲压模压入深度为 20mm 时，记下压力值。

2.4.1.4　结果处理与评定

轻粗集料的筒压强度按式(2.4-1)计算，精确至 0.1MPa。

$$f = \frac{p_1 + p_2}{F} \tag{2.4-1}$$

式中：f——轻粗集料的筒压强度（MPa）；

　　　p_1——压入深度为 20mm 时的压力值（N）；

　　　p_2——冲压模质量（N）；

　　　F——承压面积（mm²）。

轻粗集料的筒压强度以三次测定值的算术平均值作为试验结果。若三次测定值中最大值和最小值之差大于平均值的 15% 时，应重新取样进行试验。

2.4.2　吸水率

本方法适用于测定干燥状态轻粗集料 1h 或 24h 的吸水率。

2.4.2.1　技术要求

不同密度等级轻粗集料的吸水率应不大于表 2.4-2 的规定。

轻粗集料的吸水率 表 2.4-2

轻粗集料种类	密度等级	1h 吸水率/%
人造轻集料 工业废渣轻集料	200	30
	300	25
	400	20
	500	15
	600～1200	10
人造轻集料中的粉煤灰陶粒	600～900	20
天然轻集料	600～1200	—

对轻细集料的吸水率不作规定，报告实测试验结果。

2.4.2.2 仪器设备

托盘天平（最大称量 1kg，分度值为 1g）、干燥箱、筛子（筛孔为 2.36mm）、容器、搪瓷盘及毛巾等。

2.4.2.3 检测步骤

（1）取试样 4L，用孔径为 2.36mm 的筛子过筛。取筛余物干燥至恒量，备用。

（2）把试样拌合均匀，分成 3 等份，分别称重，然后放入盛水的容器中，如有颗粒漂浮于水上，应将其压入水中。试样浸水 1h 或 24h 后，将试样制成饱和面干，然后称重。

2.4.2.4 结果处理与评定

轻粗集料吸水率按式(2.4-2)计算，精确至 0.1%。

$$\omega = \frac{m_0 - m_1}{m_1} \times 100 \tag{2.4-2}$$

式中：ω——轻粗集料 1h 或 24h 吸水率（%）；

m_0——浸水试样质量（g）；

m_1——烘干试样质量（g）。

以三次测定值的算术平均值作为试验结果。

2.4.3 堆积密度

本方法适用于测定轻集料在自然堆积状态下单位体积的质量。

2.4.3.1 技术要求

轻集料密度等级按堆积密度划分，应符合表 2.4-3 的要求。

密度等级   表 2.4-3

轻集料种类	密度等级		堆积密度范围/（kg/m³）
	轻粗集料	轻细集料	
人造轻集料 天然轻集料 工业废渣轻集料	200	—	>100，≤200
	300	—	>200，≤300
	400	—	>300，≤400
	500	500	>400，≤500
	600	600	>500，≤600
	700	700	>600，≤700
	800	800	>700，≤800
	900	900	>800，≤900
	1000	1000	>900，≤1000
	1100	1100	>1000，≤1100
	1200	1200	>1100，≤1200

2.4.3.2　仪器设备

（1）电子秤：最大称量 30kg（分度值为 1g），或最大称量 60kg（分度值为 2g）。

（2）容量筒：金属制，容积为 10L、5L，内部尺寸可根据容积大小取直径与高度相等。粗集料用 10L 的容量筒；细集料用 5L 的容量筒。

（3）干燥箱。

（4）直尺、取样勺或料铲等。

2.4.3.3　检测步骤

取粗集料 30～40L 或细集料 15～20L，放入干燥箱内干燥至恒量，取 2 份备用。

用取样勺或料铲将试样从离容器口上方 50mm 处均匀倒入，让试样自然落下，不得碰撞容量筒。装满后使容量筒口上部试样呈锥体，然后用直尺沿容量筒边缘从中心向两边刮平，表面凹陷处用粒径较小的集料填平后，称量。

2.4.3.4　结果处理与评定

堆积密度按式(2.4-3)计算，精确至 1kg/m³。

$$\rho = \frac{(m_1 - m_2) \times 1000}{V} \tag{2.4-3}$$

式中：ρ——堆积密度（kg/m³）；

　　　m_1——试样和容量筒的总质量（kg）；

　　　m_2——容量筒的质量（kg）。

以两次测定值的算术平均值作为试验结果。

2.4.4　颗粒级配

本方法适用于测定轻集料的颗粒级配及细度模数。

2.4.4.1　技术要求

（1）各种轻粗集料和轻细集料的颗粒级配应符合表 2.4-4 的要求，但人造轻粗集料的最大粒径不宜大于 19.0mm。

（2）轻细集料的细度模数宜在 2.3～4.0 范围内。

颗粒级配　　　　　　　　　　　　　　　表 2.4-4

轻集料	级配类别	公称粒级/mm	各号筛的累计筛余（按质量计）/%											
			方孔筛孔径											
			37.5 mm	31.5 mm	25.5 mm	19.0 mm	16.0 mm	9.50 mm	4.75 mm	2.36 mm	1.18 mm	600 μm	300 μm	150 μm
细集料	—	0～5	—	—	—	—	—	0	0～10	0～35	20～60	30～80	65～90	75～100
粗集料	连续粒级	5～40	0～10	—	—	40～60	—	50～85	90～100	95～100	—	—	—	—
		5～31.5	0～5	0～10	—	—	40～75	—	90～100	95～100	—	—	—	—

轻集料	级配类别	公称粒级/mm	各号筛的累计筛余（按质量计）/%											
			方孔筛孔径											
			37.5 mm	31.5 mm	25.5 mm	19.0 mm	16.0 mm	9.50 mm	4.75 mm	2.36 mm	1.18 mm	600 μm	300 μm	150 μm
粗集料	连续粒级	5～25	0	0～5	0～10	—	30～70	—	90～100	95～100	—	—	—	—
		5～20	0	0～5	0～5	0～10	—	40～80	90～100	95～100	—	—	—	—
		5～16	—	—	—	0～5	0～10	20～60	85～100	95～100	—	—	—	—
		5～10	—	—	—	—	0	0～15	80～100	95～100	—	—	—	—
	单粒级	10～16	—	—	—	0	0～15	85～100	90～100	—	—	—	—	—

（3）各种粗细混合轻集料，宜满足下列要求：

2.36mm 筛上累计筛余为 60%±2%；

筛除 2.36mm 以下颗粒后，2.36mm 筛上的颗粒级配满足表 2.4-4 中公称粒级 5～10mm 的颗粒级配的要求。

2.4.4.2 仪器设备

（1）干燥箱。

（2）台秤：称量粗集料用 10kg 台秤（分度值为 5g）；称量细集料用 5kg 托盘天平（分度值为 5g）。

（3）套筛：方孔筛，孔径为 37.5mm、31.5mm、26.5mm、19.0mm、16.0mm、9.50mm 和 4.75mm 共计 7 种，并附有筛底和筛盖；筛分细集料的方孔筛孔径为 9.50mm、4.75mm、2.36mm、1.18mm、600μm、300μm 和 150μm 共计 7 种，并附有筛底和筛盖，套筛直径应为 300mm。

（4）摇筛机：电动振动筛，振幅为 5mm±0.1mm，频率为 50Hz±3Hz。

（5）搪瓷盘、毛刷和量筒等。

2.4.4.3 检测步骤

（1）取粗集料 10L 或 20L，细集料 2L，置于干燥箱中干燥至恒重。分成 2 等份，分别称取试样质量。

（2）筛子按筛孔孔径从小到大顺序叠置，孔径最小者置于最下层，附上筛底，将 1 份试样倒入最上层筛里，加上筛盖，顺序过筛。

（3）筛分粗集料，当每号筛上筛余层的厚度大于该试样的最大粒径时，应分两次筛，直至各筛每分钟通过量不超过试样总量的 0.1%；超过试样总量的 0.1% 时，应重新试验。

（4）细集料的筛分可先将套筛用振动摇筛机过筛 10min 后，取下，再逐个用手筛，也可直接用手筛，直至每分钟通过量不超过试样总量的 0.1%。试样在各号筛上的筛余量均不超过 0.4L；否则，应将该筛余试样分成 2 份，两次进行筛分，并以其筛余量之和作为该号筛的筛余量。

（5）称取每号筛的筛余量。所有各筛的分计筛余量和筛底中剩余量的总和，与筛分前的试样总量相比，相差应不超过 1%；超过 1%时，应重新试验。

2.4.4.4　结果处理与评定

轻细集料的细度模数按式(2.4-4)计算，精确至 0.1。

$$M = \frac{(A_2 + A_3 + A_4 + A_5 + A_6) - 5A_1}{100 - A_1} \tag{2.4-4}$$

式中：　　　　　　　　　　M——细度模数；

A_1、A_2、A_3、A_4、A_5、A_6——分别为 4.75mm、2.36mm、1.18mm、600μm、300μm、150μm 孔径筛上的累计筛余百分率。

以两次测定值的算术平均值作为试验结果。两次测定值所得的细度模数之差大于 0.2 时，应重新取样进行试验。

2.4.5　粒型系数

本方法适用于测定轻粗集料颗粒的长向最大尺寸与中间界面最小尺寸，以计算其粒型系数。

2.4.5.1　技术要求

不同粒型轻粗集料的粒型系数应符合表 2.4-5 的规定。

轻粗集料的粒型系数　　　　　　　　表 2.4-5

轻粗集料种类	平均粒型系数
人造轻集料	≤2.0
天然轻集料 工业废渣轻集料	不作规定

2.4.5.2　仪器设备

（1）游标卡尺
（2）容器：容积为 1L。

2.4.5.3　检测步骤

（1）取试样 1～2L，用四分法缩分，随机拣出 50 粒。
（2）用游标卡尺量取每个颗粒的长向最大值和中间截面处的最小尺寸，精确至 1mm。

2.4.5.4　结果处理与评定

（1）每颗集料的粒型系数按式(2.4-5)计算，精确至 0.1。

$$K = \frac{D_{\max}}{D_{\min}} \tag{2.4-5}$$

式中：K——每颗集料的粒型系数；
$D_{\max}$——粗集料颗粒长向最大尺寸（mm）；
$D_{\min}$——粗集料颗粒中间截面的最小尺寸（mm）。

（2）粗集料的平均粒型系数按式(2.4-6)计算。

$$K_e = \frac{\sum\limits_{i=1}^{n} K'_{e,i}}{n}$$

(2.4-6)

式中：K_e——粗集料的平均粒型系数；

$K'_{e,i}$——每一颗粒的粒型系数；

n——被测试样的颗粒数，$n = 50$。

以两次测定值的算术平均值作为试验结果。

2.4.6 评判规则

2.4.6.1 判定

各项试验结果均符合 2.4.1～2.4.5 节的规定时，判该产品合格。

2.4.6.2 复验

若试验结果中有一项性能不符合 2.4.1～2.4.5 节的规定，允许从同一批轻集料中加倍取样，对不合格项进行复验。复验后，若该项试验结果符合相应的规定，则判该批产品合格；否则，判该批产品为不合格。

第3章

混凝土外加剂及拌合用水

3.1 概述

混凝土外加剂已成为混凝土中不可缺少的第五组分，其特点是品种多、掺量少，在改善新拌及硬化混凝土性能中起着重要的作用。混凝土外加剂主要包括减水剂、泵送剂、早强剂、缓凝剂、引气剂和膨胀剂等。

混凝土拌合用水水质的好坏对混凝土性能具有显著影响。不良水质可能导致混凝土凝结时间延长、强度下降和耐久性降低。例如，含有有机物和硫酸盐的水可能引起缓凝和强度损失，而氯离子则可能诱发钢筋腐蚀。因此，选用合适的拌合水对确保混凝土质量和延长结构寿命至关重要。

3.2 减水剂

3.2.1 分类

本节对混凝土减水剂进行介绍，混凝土减水剂可分为高性能减水剂、高效减水剂、普通减水剂、引起减水剂四类[19]，具体细分种类与对应的代号如下。

早强型高性能减水剂：HPWR-A；

标准型高性能减水剂：HPWR-S；

缓凝型高性能减水剂：HPWR-R；

标准型高效减水剂：HWR-S；

缓凝型高效减水剂：HWR-R；

早强型普通减水剂：WR-A；

标准型普通减水剂：WR-S；

缓凝型普通减水剂：WR-R；

引气减水剂：AEWR。

3.2.2 检测参数及检评依据

本章所述混凝土外加剂检测参数及检评依据如表 3.2-1 所示。

混凝土外加剂检测参数及检评依据

表 3.2-1

序号	检测参数	检测依据	评定标准
1	减水率	GB 8076	GB 8076
2	泌水率比		

序号	检测参数	检测依据	评定标准
3	含气量	GB 8076	GB 8076
4	含气量 1h 经时变化量		
5	坍落度 1h 经时变化量		
6	凝结时间差		
7	抗压强度比		
8	收缩率比		
9	相对耐久性		
10	含固量	GB/T 8077	
11	含水率		
12	pH 值		
13	氯离子含量		
14	硫酸钠含量		
15	总碱量		
16	密度		
17	细度		

3.2.3 取样与制样

3.2.3.1 取样

生产厂应根据产量和设备条件，将产品分批编号。掺量大于 1%（含 1%）同品种的外加剂每一批号为 100t，掺量小于 1% 的外加剂每一批号为 50t。不足 100t 或 50t 的也应按一个批量计，同一批号的产品必须混合均匀。每一批号取样量为不少于 0.2t 水泥所需用的外加剂量。每一批号取样应充分混匀，分为两等份，其中一份按规定进行试验，另一份密封保存半年，以备有疑问时，提交国家指定的检验机关进行复验或仲裁。各试验项目及所需数量如表 3.2-2 所示。

试验项目及所需数量 表 3.2-2

试验项目		减水剂类别	试验类别	试验所需数量			
				混凝土拌合批数	每批取样数目	基准混凝土总取样数目	受检混凝土总取样数目
减水率		所有减水剂	混凝土拌合物	3	1 次	3 次	3 次
泌水率比				3	1 个	3 个	3 个
含气量				3	1 个	3 个	3 个
凝结时间差				3	1 个	3 个	3 个
1h 经时变化量	坍落度	高性能减水剂	硬化混凝土	3	1 个	3 个	3 个
	含气量	引气减水剂		3	1 个	3 个	3 个

试验项目	减水剂类别	试验类别	试验所需数量			
			混凝土拌合批数	每批取样数目	基准混凝土总取样数目	受检混凝土总取样数目
抗压强度比	所有减水剂	硬化混凝土	3	6 块、9 块或 12 块	18 块、27 块或 36 块	18 块、27 块或 36 块
收缩率比			3	1 条	3 条	3 条
相对耐久性	引气减水剂	硬化混凝土	3	1 条	3 条	3 条

注：1. 试验时，检验同一种外加剂的三批混凝土的制作宜在开始试验一周内的不同日期完成。对比的基准混凝土和受检混凝土应同时成型。
　　2. 试验龄期参考表 3.2-4 试验项目栏。
　　3. 试验前后应仔细观察试样，对有明显缺陷的试样和试验结果都应舍弃。

3.2.3.2　受检混凝土原材料

（1）基准水泥：检验混凝土外加剂性能的专用水泥，是由符合下列品质指标的硅酸盐水泥熟料与二水石膏共同粉磨而成的 42.5 强度等级的 P.I 型硅酸盐水泥。基准水泥必须由经中国建材联合会混凝土外加剂分会与有关单位共同确认具备生产条件的工厂供给。品质指标：①熟料铝酸三钙（C_3A）含量 6%～8%；②熟料中硅酸三钙（C_3S）含量 55%～60%；③熟料中游离氧化钙（fCaO）含量不得超过 1.2%；④熟料中碱（$Na_2O + 0.658K_2O$）含量不得超过 1.0%；⑤水泥比表面积为 350m^2/kg ± 10m^2/kg。

（2）砂：符合现行国家标准《建设用砂》GB/T 14684 中 Ⅱ 区要求的中砂，但细度模数为 2.6～2.9，含泥量小于 1%。

（3）石子：符合现行国家标准《建设用卵石、碎石》GB/T 14685 要求的公称粒径为 5～20mm 的碎石或卵石，采用二级配，其中 5～10mm 占 40%，10～20mm 占 60%，满足连续级配要求；针片状物质含量小于 10%，空隙率小于 47%，含泥量小于 0.5%。如有争议，以碎石结果为准。

（4）水：符合现行行业标准《混凝土用水标准》JGJ 63 中混凝土拌和用水的技术要求。

3.2.3.3　受检混凝土配合比

基准混凝土配合比按现行行业标准《普通混凝土配合比设计规程》JGJ 55 进行设计。掺非引气型外加剂的受检混凝土和其对应的基准混凝土的水泥、砂、石的比例相同。配合比设计应符合以下规定。

（1）水泥用量：掺高性能减水剂或泵送剂的基准混凝土和受检混凝土的单位水泥用量为 360kg/m^3；掺其他外加剂的基准混凝土和受检混凝土单位水泥用量为 330kg/m^3。

（2）砂率：掺高性能减水剂或泵送剂的基准混凝土和受检混凝土的砂率均为 43%～47%；掺其他外加剂的基准混凝土和受检混凝土的砂率为 36%～40%；但掺引气减水剂或引气剂的受检混凝土的砂率应比基准混凝土的砂率低 1%～3%。

（3）外加剂掺量：按生产厂家指定掺量。

3.2.3.4　受检混凝土搅拌

采用符合现行行业标准《混凝土试验用搅拌机》JG/T 244 要求的公称容量为 60L 的单

卧轴式强制搅拌机进行混凝土搅拌。搅拌机的拌合量应不小于 20L，不宜大于 45L。

外加剂为粉状时，将水泥、砂、石、外加剂一次投入搅拌机，干拌均匀，再加入拌合水，一起搅拌 2min。外加剂为液体时，将水泥、砂、石一次投入搅拌机，干拌均匀，再加入掺有外加剂的拌合水，一起搅拌 2min[20]。

出料后，在铁板上用人工翻拌至均匀，再行试验。各种混凝土试验材料及环境温度均应保持在 20℃ ± 3℃。

混凝土试件制作及养护按现行国家标准《普通混凝土拌合物性能试验方法标准》GB/T 50080[21]进行，但混凝土预养温度为 20℃ ± 3℃。

3.2.4 技术要求

混凝土减水剂的匀质性指标要求如表 3.2-3 所示，受检混凝土性能指标要求如表 3.2-4 所示。

混凝土减水剂匀质性指标　　　　　　　　表 3.2-3

检测参数	指标
氯离子含量/%	不超过生产厂控制值
总碱量/%	不超过生产厂控制值
含固量/%	$S > 25\%$ 时，应控制在 $0.95S \sim 1.05S$；$S \leqslant 25\%$ 时，应控制在 $0.90S \sim 1.10S$
含水率/%	$W > 5\%$ 时，应控制在 $0.90W \sim 1.10W$；$W \leqslant 5\%$ 时，应控制在 $0.80W \sim 1.20W$
密度/（g/cm³）	$D > 1.1$ 时，应控制在 $D \pm 0.03$；$D \leqslant 1.1$ 时，应控制在 $D \pm 0.02$
细度	应在生产厂控制范围内
pH 值	应在生产厂控制范围内
硫酸钠含量/%	不超过生产厂控制值

注：1. 生产厂应在相关的技术资料中明示产品匀质性指标的控制值。
　　2. 对相同和不同批次之间的匀质性和等效性的其他要求，可由供需双方商定。
　　3. 表中的 S、W 和 D 分别为含固量、含水率和密度的生产厂控制值。

混凝土减水剂受检混凝土性能指标　　　　　　　　表 3.2-4

检测参数		减水剂品种								
		高性能减水剂 HPWR			高效减水剂 HWR		普通减水剂 WR			引气减水剂 AEWR
		早强型 HPWR-A	标准型 HPWR-S	缓凝型 HPWR-R	标准型 HWR-S	缓凝型 HWR-R	早强型 WR-A	标准型 WR-S	缓凝型 WR-R	
减水率/%，不小于		25	25	25	14	14	8	8	8	10
泌水率/%，不大于		50	60	70	90	100	95	100	100	70
含气量/%		≤6.0	≤6.0	≤6.0	≤3.0	≤4.5	≤4.0	≤4.0	≤5.5	≥3.0
凝结时间差/min	初凝	−90～+90	−90～+120	> +90	−90～+120	> +90	−90～+90	−90～+120	> +90	−90～+120
	终凝			—		—			—	
1h 经时变化量	坍落度/mm	—	≤80	≤60						—
	含气量/%	—	—	—		—				−1.5～+1.5

检测参数		减水剂品种								
		高性能减水剂 HPWR			高效减水剂 HWR		普通减水剂 WR			引气减水剂 AEWR
		早强型 HPWR-A	标准型 HPWR-S	缓凝型 HPWR-R	标准型 HWR-S	缓凝型 HWR-R	早强型 WR-A	标准型 WR-S	缓凝型 WR-R	
抗压强度比/%，不小于	1d	180	170	—	140	—	135	—	—	—
	3d	170	160	—	130	—	130	115	—	115
	7d	145	150	140	125	125	110	115	110	110
	28d	130	140	130	120	120	100	110	110	100
收缩率比/%，不大于	28d	110	110	110	135	135	135	135	135	135
相对耐久性（200次）/%，不小于		—	—	—	—	—	—	—	—	80

注：1. 表中抗压强度比、收缩率比、相对耐久性为强制性指标，其余为推荐性指标。
2. 除含气量和相对耐久性外，表中所列数据为掺外加剂混凝土与基准混凝土的差值或比值。
3. 凝结时间差性能指标中的"−"号表示提前，"+"号表示延缓。
4. 相对耐久性（200次）性能指标中的"≥80"表示将28d龄期的受检混凝土试件快速冻融循环200次后，动弹性模量保留值≥80%。
5. 1h含气量经时变化量指标中的"−"号表示含气量增加，"+"号表示含气量减少。
6. 其他品种的外加剂是否需要测定相对耐久性指标，由供需双方协商确定。
7. 当用户对泵送剂等产品有特殊要求时，需要进行的补充试验项目、试验方法及指标，由供需双方协商确定。

3.2.5　含气量和含气量 1h 经时变化量

采用气水混合式含气量测定仪测定混凝土外加剂的含气量。

3.2.5.1　仪器设备

含气量测定仪。

3.2.5.2　检测步骤

（1）在进行混凝土拌合物含气量测定之前，应先按下列步骤确定所用骨料的含气量。
①应按下列公式计算试样中粗、细骨料的质量：

$$m_g = \frac{V}{1000} \times m'_g \tag{3.2-1}$$

$$m_s = \frac{V}{1000} \times m'_s \tag{3.2-2}$$

式中：m_g——拌合物试样中粗骨料质量（kg）；

m_s——拌合物试样中细骨料质量（kg）；

m'_g——混凝土配合比中每立方米混凝土的粗骨料质量（kg）；

m'_s——混凝土配合比中每立方米混凝土的细骨料质量（kg）；

V——含气量测定仪容器容积（L）。

②应先向含气量测定仪的容器中注入 1/3 高度的水，然后把质量为 m_g、m_s 的粗、细骨料称好，搅拌均匀，倒入容器，加料同时应进行搅拌；水面每升高 25mm 左右，应轻捣 10次，加料过程中应始终保持水面高出骨料的顶面；骨料全部加入后，浸泡约 5min，再用橡

皮锤轻敲容器外壁，排净气泡，除去水面泡沫，加水至满，擦净容器口及边缘，加盖并拧紧螺栓，保持密封不透气。

③关闭操作阀和排气阀，打开排水阀和加水阀，应通过加水阀向容器内注入水；当排水阀流出的水流中不出现气泡时，应在注水的状态下，关闭加水阀和排水阀。

④关闭排气阀，向气室内打气，加压至大于 0.1MPa，且压力表显示值稳定；打开排气阀调压至 0.1MPa，同时关闭排气阀。

⑤开启操作阀，使气室里的压缩空气进入容器，待压力表显示值稳定后记录压力值，然后开启排气阀，压力表显示值应回零；应根据含气量与压力值之间的关系曲线确定压力值对应的骨料的含气量，精确至 0.1%。

⑥混凝土所用骨料的含气量 A_g 应以两次测量结果的平均值作为试验结果；两次测量结果的含气量相差大于 0.5%时，应重新试验。

（2）用湿布擦净容器和盖的内表面，装入混凝土拌合物试样。

（3）混凝土拌合物应一次装满并稍高于容器，用振动台振实 15～20s。

（4）将试样表面用抹刀刮平，表面有凹陷时应填平抹光。

（5）关闭操作阀和排气阀，打开排水阀和加水阀，通过加水阀向容器内注水。当排水阀流出的水流不含气泡时，在注水的状态下，同时关闭加水阀和排水阀。

（6）开启进气阀，用气泵注入空气至气室内压力略大于 0.1MPa，待压力示值仪示值稳定后，微开启排气阀，调整压力至 0.1MPa，关闭排气阀。

（7）开启操作阀，待压力示值仪稳定后，测得压力值 P_{01}（MPa）。

（8）开启排气阀，压力仪示值回零，重复上述（5）和（6）的步骤，对容器内试样再测一次压力值 P_{02}（MPa）。

（9）若 P_{01} 和 P_{02} 的相对误差小于 0.2%，则取 P_{01}、P_{02} 的算术平均值，按压力与含气量关系曲线查得含气量 A_0（精确至 0.1%）；若二者相对误差大于 0.2%，应进行第三次试验，测得压力值 P_{03}（MPa）。当 P_{03} 与 P_{01}、P_{02} 中较接近一个值的相对误差不大于 0.2%时，则取此二值的算术平均值查得 A_0；如仍大于 0.2%，则此次试验无效。

（10）含气量 1h 经时变化量：混凝土拌合物出机后分为两份，一份按上述要求进行含气量试验，测得含气量值 A_0；另一份装入用湿布擦过的试样筒内，盖好盖子。静置 1h（从加水搅拌开始计算），然后倒出，在铁板上用铁锹翻拌至均匀，按含气量测定方法测定含气量 A_{1h}；A_0 与 A_{1h} 之差即为含气量 1h 经时变化量。

3.2.5.3 结果处理与评定

含气量按式(3.2-3)计算，精确至 0.1%。

$$A = A_0 - A_g \tag{3.2-3}$$

式中：A——混凝土拌合物含气量（%）；

A_0——两次含气量测定的平均值（%）；

A_g——骨料含气量（%）。

试验时，从每批混凝土拌合物取一个试样，含气量以三个试样测值的算术平均值来表示。若三个试样中的最大值或最小值中有一个与中间值之差超过 0.5%，将最大值与最小值一并舍去，取中间值作为该批的试验结果；如果最大值与最小值均超过 0.5%，则应重做试验。测定值精确至 0.1%。

3.2.6　密度

密度的测试方法有两种：比重瓶法和精密密度计法。由于精密密度计法操作简单方便，目前较为常用，本节主要对该方法进行介绍。

3.2.6.1　仪器设备

波美比重计、精密密度计、超级恒温器或同等条件的恒温设备。

3.2.6.2　检测步骤

（1）将被测溶液的温度恒温至 20℃±1℃，如有沉淀应滤去。

（2）将已恒温的外加剂倒入 250mL 玻璃量筒内，以波美比重计插入溶液，测出该溶液的密度。

（3）参考波美比重计所测的数据，选择这一刻度范围的精密密度计插入溶液中，精确读出溶液凹液面与精密密度计相齐的刻度，即为 20℃±1℃时外加剂溶液的密度。

3.2.6.3　结果处理与评定

结果取两次试验的平均值，重复性限为 0.001g/mL，再现性限为 0.002g/mL。

3.2.7　pH 值

根据奈斯特方程，利用一对电极在不同 pH 值溶液中产生不同电位差，这一对电极由测试电极（玻璃电极）和参比电极（饱和甘汞电极）组成，在 25℃时每相差 1 个单位 pH 值将产生 59.15mV 的电位差，pH 值可在仪器的刻度表上直接读出。

3.2.7.1　仪器设备

酸度计、甘汞电极、玻璃电极、复合电极、天平（分度值为 0.0001g）、恒温器。

3.2.7.2　检测步骤

（1）液体样品直接测试，固体样品溶液的浓度为 10g/L。被测溶液温度为 20℃±3℃。

（2）按仪器的出厂说明书校正仪器。

（3）仪器校正好后，先用蒸馏水，再用测试溶液冲洗电极，然后将电极浸入被测溶液中轻轻摇动试杯，使溶液均匀。待到酸度计的读数稳定 1min，记录读数。

（4）测量结束后，用水冲洗电极，以待下次测量。

3.2.7.3　结果处理与评定

酸度计测出的结果即为溶液的 pH 值，重复性限为 0.2，再现性限为 0.5。

3.2.8　氯离子含量

氯离子含量的测定方法有电位滴定法和离子色谱法。由于电位滴定法操作简单便捷，本节仅介绍电位滴定法。

电位滴定法：以银电极或氯电极为指示电极，其电势随 Ag^+ 浓度而变化。以甘汞电极为参比电极，用电位计或酸度计测定两电极在溶液中组成电池的电势，银离子与氯离子反应生成溶解度很小的氯化银白色沉淀，在等当点前滴入硝酸银生成氯化银沉淀，两电极间电势变化缓慢，等当点时氯离子全部生成氯化银沉淀，这时滴入少量硝酸银即能引起电势急剧变化，指示出滴定终点。

3.2.8.1 仪器设备和试剂

1）仪器设备

电位测定仪、酸度计或全自动氯离子测定仪、银电极或氯电极、甘汞电极、电磁搅拌器、25mL 棕色滴定管、10mL 移液管、天平（分度值为 0.0001g）、量筒、表面皿。

2）试剂：

（1）硝酸（1+1）：储存于棕色试剂瓶中，避光保存。

（2）硝酸银溶液（1.7g/L）：准确称取约 1.7g 硝酸银（$AgNO_3$），用水溶解，放入 1L 棕色容量瓶中稀释至刻度，摇匀，用 0.0100mol/L 氯化钠标准溶液对硝酸银溶液进行标定。储存于棕色试剂瓶中，避光保存。

（3）硝酸银溶液（17g/L）：准确称取约 17g 硝酸银（$AgNO_3$），用水溶解，放入 1L 棕色容量瓶中稀释至刻度，摇匀，用 0.1000mol/L 氯化钠标准溶液对硝酸银溶液进行标定。储存于棕色试剂瓶中，避光保存。

（4）氯化钠标准溶液（0.0100mol/L）：称取约 5g 氯化钠（基准试剂），盛在称量瓶中，于 130～150℃烘干 2h，在干燥器内冷却后精确称取 0.5844g，置于容量瓶中，用水溶解并稀释至 1L，摇匀。

（5）氯化钠标准溶液（0.1000mol/L）：称取约 10g 氯化钠（基准试剂），盛在称量瓶中，于 130～150℃烘干 2h，在干燥器内冷却后精确称取 5.8443g，置于容量瓶中，用水溶解并稀释至 1L，摇匀。

（6）30%过氧化氢。

3.2.8.2 检测步骤

（1）对可溶性试样，准确称取试样 0.5～5g（记为 m_{11}），放入烧杯中，加入 200mL 水和 4mL 硝酸（1+1），搅拌至完全溶解。

（2）对不溶性试样，准确称取试样 0.5～5g（记为 m_{11}），放入烧杯中，加入 20mL 水搅拌使其分散，加入 20mL 硝酸（1+1），加水稀释至 200mL，再加入 2mL 过氧化氢，盖上表面皿加热煮沸 1～2min，冷却至室温。

（3）用移液管移入 10mL 的 0.0100mol/L 或 0.1000mol/L 氯化钠标准溶液。氯化钠标准溶液的移入应使用 10mL 单标或刻度移液管一次移入。

（4）溶液中加入搅拌子，开启电磁搅拌并插入电极。

（5）在电磁搅拌下，用硝酸银溶液缓慢滴定，记录电势和对应的滴定管读数。

（6）电势变化增快时，应放慢滴定速度，每次定量加入 0.1mL，当电势发生突变时，表示等当点已过，此时继续滴入硝酸银溶液至电势变化平缓。得到第一个终点时硝酸银溶液消耗的体积V_1（用二次微商法计算）。

（7）在同一溶液中再次加入 10mL 的 0.0100mol/L 或 0.1000mol/L 氯化钠标准溶液，待电势下降稳定后，继续用硝酸银溶液滴定至第二个等当点出现。记录电势和对应的滴定管读数。用二次微商法计算第二个终点时硝酸银溶液消耗的体积V_2。

（8）进行空白试验。用二次微商法计算硝酸银标准溶液消耗的体积V_{01}、V_{02}。

3.2.8.3　结果处理与评定

（1）外加剂中氯离子所消耗的硝酸银体积按式(3.2-4)计算。

$$V = \frac{(V_1 - V_{01}) + (V_2 - V_{02})}{2} \tag{3.2-4}$$

式中：V_1——试样溶液加 10mL 的 0.0100mol/L 或 0.1000mol/L 氯化钠标准溶液所消耗的硝酸银溶液体积（mL）；

$\qquad V_2$——试样溶液加 20mL 的 0.0100mol/L 或 0.1000mol/L 氯化钠标准溶液所消耗的硝酸银溶液体积（mL）；

$\qquad V_{01}$——空白试验中加 10mL 的 0.0100mol/L 或 0.1000mol/L 氯化钠标准溶液所消耗的硝酸银溶液体积（mL）；

$\qquad V_{02}$——空白试验中加 20mL 的 0.0100mol/L 或 0.1000mol/L 氯化钠标准溶液所消耗的硝酸银溶液体积（mL）。

（2）外加剂中氯离子含量按式(3.2-5)计算。

$$w_{Cl^-} = \frac{c \times V \times 35.45}{m_{11} \times 1000} \times 100 \tag{3.2-5}$$

式中：w_{Cl^-}——氯离子含量（%）；

$\qquad c$——硝酸银溶液浓度（mol/L）；

$\qquad V$——外加剂中氯离子所消耗硝酸银标准溶液体积（mL）；

$\qquad m_{11}$——外加剂样品质量（g）。

当氯离子含量不大于 0.500%时，使用浓度为 0.0100mol/L 的氯化钠标准溶液和 1.7g/L 的硝酸银溶液检测。当氯离子含量大于 0.500%时，使用浓度为 0.1000mol/L 的氯化钠标准溶液和 17g/L 的硝酸银溶液检测。

（3）氯离子含量不大于 0.500%，重复性限为 0.010%，再现性限为 0.020%。氯离子含量大于 0.500%，重复性限为 0.025%，再现性限为 0.030%。

3.2.9　硫酸钠含量

硫酸钠含量的测定方法有重量法和离子交换重量法。由于重量法操作简单高效，目前常采用重量法进行硫酸钠含量的检测，本节主要对该方法进行介绍。

氯化钡溶液与外加剂试样中的硫酸盐生成溶解度极小的硫酸钡沉淀，称量经高温灼烧后的沉淀来计算硫酸钠的含量。

3.2.9.1　仪器设备和试剂

（1）设备：高温炉（使用温度不低于 900℃）、天平（分度值 0.0001g）、烧杯（400mL）、电磁电热式搅拌器、长颈漏斗、瓷坩埚（18~30mL）、慢速定量滤纸、快速定性滤纸等。

（2）试剂：盐酸（1+1）、氯化铵溶液（50g/L）、氯化钡溶液（100g/L）、硝酸银溶液（5g/L）。

3.2.9.2　检测步骤

（1）准确称取试样约 0.5g，放入 400mL 烧杯中，加入 200mL 水搅拌溶解，再加入 50mL 氯化铵溶液，加热煮沸后用快速定性滤纸过滤，用水洗涤数次，将滤液浓缩至 200mL 左右，滴加盐酸（1+1）至溶液显酸性，再多加 5~10 滴盐酸（1+1），煮沸后在不断搅拌下滴加 10mL 氯化钡溶液，继续煮沸 15min，取下烧杯置于加热板上，保持 50~60℃静置 2~4h，或常温静置 8h。

（2）用两张慢速定量滤纸过滤，用 70℃水洗净烧杯中的沉淀，使沉淀全部转移到滤纸上，用温热水洗涤沉淀至无氯根为止（用硝酸银溶液检定）。

（3）将沉淀与滤纸移入预先灼烧恒重的坩埚中，小火烘干，灰化。

（4）在 800~950℃高温炉中灼烧 30min，然后在干燥器里冷却至室温，取出称量，反复灼烧直至恒量。

3.2.9.3　结果处理与评定

（1）外加剂中硫酸钠含量按式(3.2-6)计算。

$$w_{\mathrm{Na_2SO_4}} = \frac{(m_{15} - m_{14}) \times 0.6086}{m_{13}} \times 100 \tag{3.2-6}$$

式中：$w_{\mathrm{Na_2SO_4}}$——硫酸钠含量（%）；

$\qquad m_{15}$——灼烧后滤渣加坩埚质量（g）；

$\qquad m_{14}$——空坩埚质量（g）；

$\qquad m_{13}$——试样质量（g）。

$\qquad$ 0.6086——硫酸钡换算成硫酸钠的系数。

（2）重复性限为 0.50%，再现性限为 0.80%。

3.2.10　碱含量

碱含量的测定方法有火焰光度法和原子吸收分光光度法，这里只介绍火焰光度法。

对于易溶于水的试样用约 80℃的热水溶解；对于不溶于水的样品使用氢氟酸溶样，以氨水分离铁、铝，以碳酸铵分离钙、镁。滤液中的碱（钾和钠），采用相应的滤光片，用火焰光度计进行测定。

3.2.10.1　仪器设备和试剂

1）设备

火焰光度计、天平（精度 0.0001g）、容量瓶等。

2）试剂

（1）盐酸（1+1）、氨水（1+1）、碳酸铵溶液（100g/L）、甲基红指示剂（2g/L 乙醇溶液）、氢氟酸。

（2）氧化钾、氧化钠标准溶液：准确称取已在 130~150℃烘过 2h 的氯化钾（光谱纯）

0.7920g 和氯化钠（光谱纯）0.9430g，置于烧杯中，加水溶解后移入 1L 容量瓶中，用水稀释至标线，摇匀，储存于塑料瓶中。此时标准溶液每毫升相当于氯化钾及氯化钠 0.5mg。

3.2.10.2　检测步骤

（1）标准曲线的绘制。分别向 100mL 容量瓶中注入 0mL、1mL、2mL、4ml、8mL、12mL 的氧化钾、氧化钠标准溶液（相当于氧化钾、氧化钠各为 0mg、0.5mg、1mg、2mg、4mg、6mg），用水稀释至标线，摇匀，然后分别于火焰光度计上按仪器使用规程进行测定，根据测得的检流计读数与溶液的浓度关系，分别绘制氧化钾及氧化钠的标准曲线。

（2）对于溶于水的试样，按照表 3.2-5 于 150mL 的瓷蒸发皿中准确称取一定量的试样（m_{16}），精确至 0.0001g，加入 30mL 80℃左右的热水进行稀释，置于电热板上加热并保持微沸 5min 后取下，冷却。

（3）对于不溶于水的试样，按照表 3.2-5 于铂金皿（或聚四氟乙烯器皿）中准确称取一定量的试样（m_{16}），精确至 0.0001g，加少量水润湿。加入 10mL 氢氟酸和 15～20 滴硫酸（1+1），放入通风橱内的电热板上低温加热，近干时摇动铂皿，以防溅失，待氢氟酸驱尽后升高温度，继续加热至三氧化硫白烟冒尽，取下冷却。加入 50mL 热水，用胶头扫棒压碎残渣使其分散。

（4）加 1 滴甲基红指示剂，滴加氨水（1+1），使溶液呈黄色；加入 10mL 碳酸铵溶液，搅拌，置于电热板上加热并保持微沸 10min，用中速滤纸过滤，以热水充分洗涤，滤液及洗液盛于容量瓶中，冷却至室温，以盐酸（1+1）中和至溶液呈红色，然后用水稀释至标线，摇匀，以火焰光度计按仪器使用规程进行测定。称样量及稀释倍数见表 3.2-5。在标准曲线上查得氧化钾质量 c_2，氧化钠质量 c_3。

（5）同时进行空白试验。

称样量及稀释倍数　　　　　　　　　　　　　　　　表 3.2-5

碱含量 w_a/%	称样量/g	稀释体积/mL	稀释倍数 n
$w_a \leqslant 1.00$	0.20	100	1.0
$1.00 < w_a \leqslant 5.00$	0.10	250	2.5
$5.00 < w_a \leqslant 10.00$	0.05	250 或 500	2.5 或 5
> 10.00	0.05	500 或 1000	5 或 10

3.2.10.3　结果处理与评定

（1）氧化钾含量 w_{K_2O} 按式(3.2-7)计算。

$$w_{K_2O} = \frac{c_2 \times n}{m_{16} \times 1000} \times 100 \tag{3.2-7}$$

式中：w_{K_2O}——氧化钾含量（%）；

　　　　c_2——在标准曲线上查得每 100mL 被测定液中氧化钾的含量（mg）；

　　　　n——被测溶液的稀释倍数；

　　　　m_{16}——试样质量（g）。

（2）氧化钠含量 w_{Na_2O} 按式(3.2-8)计算。

$$w_{\text{Na}_2\text{O}} = \frac{c_3 \times n}{m_{16} \times 1000} \times 100 \tag{3.2-8}$$

式中：$w_{\text{Na}_2\text{O}}$——氧化钾含量（%）；

$\quad\quad c_3$——在标准曲线上查得每 100mL 被测定液中氧化钠的含量（mg）；

$\quad\quad n$——被测溶液的稀释倍数；

$\quad\quad m_{16}$——试样质量（g）。

（3）碱含量 w_a 按式(3.2-9)计算。

$$w_a = 0.658 \times w_{\text{K}_2\text{O}} + w_{\text{Na}_2\text{O}} \tag{3.2-9}$$

（4）碱含量≤1.00%，重复性限为 0.10%，再现性限为 0.15%。

1.00% < 碱含量 ≤ 5.00%，重复性限为 0.20%，再现性限为 0.30%；

5.00% < 碱含量 ≤ 10.00%，重复性限为 0.30%，再现性限为 0.50%；

碱含量 > 10.00%，重复性限为 0.50%，再现性限为 0.80%。

3.2.11　坍落度和坍落度 1h 经时损失变化量

3.2.11.1　仪器设备

坍落度筒、捣棒、直尺等。

3.2.11.2　检测步骤

（1）湿润坍落度筒及底板，底板应放置在坚硬水平面上，筒放在底板中心。然后用脚踩住两边的脚踏板，并始终保持此位置。

（2）混凝土试样分三层均匀地装入筒内，每层用标准捣棒插捣 25 次。插捣时，捣棒沿螺旋方向由外向中心均匀地插捣。插捣筒边混凝土时，捣棒可以稍稍倾斜。插捣底层时，捣棒应贯穿整个深度，插捣第二层和顶层时，捣棒应插透本层至下一层的表面；浇灌顶层时，混凝土应灌到高出筒口。顶层插捣完后，刮去多余的混凝土，用抹刀抹平。

（3）清除筒边混凝土，垂直平稳地提起坍落度筒。坍落度筒的提离过程应在 5～10s 内完成；从装料到提起坍落度筒的整个过程应在 150s 内连续完成。

（4）测量筒高与坍落后混凝土试体最高点之间的高度差，即为该混凝土拌合物的坍落度值。坍落度筒提离后，如混凝土发生崩坍或一边剪坏现象，应重新取样测定。

（5）观察坍落后混凝土试体的黏聚性及保水性。

（6）坍落度 1h 经时变化量：混凝土拌合物出机后按上述要求进行坍落度试验，测得坍落度值 S_0；立即将全部拌合物装入用湿布擦过的试样筒内，盖好筒盖。静置 1h（从加水搅拌开始计算），然后倒出，在铁板上用铁锹翻拌至均匀，按坍落度测定方法测定坍落度 S_{1h}；S_0 与 S_{1h} 之差即为坍落度 1h 经时变化量。

3.2.11.3　结果处理与评定

坍落度值以 mm 为单位，测量精确至 1mm，结果表达修约至 5mm。

每批混凝土取一个试样，坍落度和坍落度 1h 经时变化量均以三次试验结果的平均值表示。若三次试验的最大值或最小值中有一个与中间值之差超过 10mm，则将最大值与最小值一并舍去，取中间值作为该批的试验结果，如果最大值与最小值与中间值之差均超过 10mm，应重做试验。测定值修约至 5mm。

3.2.12　减水率

混凝土外加剂减水率，是指基准混凝土和掺外加剂混凝土的坍落度基本相同时，二者单位用水量之差与基准混凝土单位用水量之比。

3.2.12.1　仪器设备

坍落度筒、捣棒、直尺等。

3.2.12.2　检测步骤

具体操作方法与坍落度检测方法一致。

3.2.12.3　结果处理与评定

减水率按式(3.2-10)计算，精确至 0.1%。

$$W_R = \frac{W_0 - W_1}{W_0} \times 100 \tag{3.2-10}$$

式中：W_R——减水率（%）；

$\quad\quad W_0$——基准混凝土单位用水量（kg/m^3）；

$\quad\quad W_1$——掺外加剂混凝土单位用水量（kg/m^3）。

减水率以三批试验的算术平均值计，精确到 1%。若三批试验的最大值或最小值中有一个测值与中间值之差超过中间值的 15%，则把最大值与最小值一并舍去，取中间值作为该组试验的减水率。若有两个测值与中间值之差均超过中间值的 15%，则该批试验结果无效，应予重做。

3.2.13　凝结时间差

采用贯入阻力仪测定掺外加剂混凝土与基准混凝土的凝结时间，计算求得凝结时间差。

3.2.13.1　仪器设备

贯入阻力仪（精度为 10N）、圆孔筛（5mm）、试样筒（上口内径为 160mm，下口内径为 150mm，净高 150mm，刚性不渗水的金属圆筒）。

3.2.13.2　检测步骤

（1）将混凝土拌合物用 5mm 圆孔振动筛筛出砂浆，拌匀后装入试样筒，试样表面应低于筒口约 10mm，用振动台振实（约 3～5s），置于 20℃±2℃的环境中，容器加盖。

（2）一般基准混凝土在成型后 3～4h，掺早强剂的在成型后 1～2h，掺缓凝剂的在成型后 4～6h 开始测定，以后每 0.5h 或 1h 测定一次，但在临近初、终凝时，可以缩短测定间隔时间。每次测点应避开前一次测孔，其净距为试针直径的 2 倍，但至少不小于 15mm，试针与容器边缘的距离不小于 25mm。测定初凝时间用截面积为 100mm² 的试针，测定终凝时间用截面积为 20mm² 的试针。

（3）测试时，测针端部与砂浆表面接触，在 10s±2s 内均匀地使测针贯入砂浆 25mm±2mm 的深度。记录贯入阻力，精确到 10N，记录测量时间，精确到 1min。

3.2.13.3　结果处理与评定

贯入阻力按式(3.2-11)计算，精确至 0.1MPa。

$$R = \frac{P}{A}$$ (3.2-11)

式中：R——贯入阻力（MPa）；

P——贯入深度达 25mm 时所需的净压力（N）；

A——贯入阻力仪试针的截面积（mm²）。

根据计算结果，以贯入阻力值为纵坐标，测试时间为横坐标，绘制贯入阻力值与时间关系曲线，求出贯入阻力值达 3.5MPa 时对应的时间作为初凝时间，贯入阻力值达 28MPa 时对应的时间作为终凝时间。凝结时间从水泥与水接触时开始计算。

试验时，每批混凝土拌合物取一个试样，凝结时间取三个试样的平均值。若三批试验的最大值或最小值之中有一个与中间值之差超过 30min，则把最大值与最小值一并舍去，取中间值作为该组试验的凝结时间。若最大值和最小值与中间值之差均超过 30min，该组试验结果无效，应重做试验。凝结时间以 min 表示，并修约至 5min。

3.2.14　泌水率比

3.2.14.1　检测步骤

（1）先用湿布润湿容积为 5L 的带盖筒（内径为 185mm，高 200mm），将混凝土拌合物一次装入，在振动台上振动 20s，然后用抹刀轻轻抹平，加盖以防水分蒸发。试样表面应比筒口边低约 20mm。

（2）自抹面开始计算时间，在前 60min，每隔 10min 用吸液管吸出泌水一次，以后每隔 20min 吸水一次，直至连续三次无泌水为止。每次吸水前 5min 应将筒底一侧垫高约 20mm，使筒倾斜，以便于吸水。吸水后，将筒轻轻放平盖好。

（3）将每次吸出的水注入带塞的量筒，最后计算出总的泌水量，准确至 1g。

3.2.14.2　结果处理与评定

（1）泌水率按式(3.2-12)计算，精确至 0.1%。

$$B = \frac{V_{\mathrm{w}}}{(W/G)G_{\mathrm{w}}} \times 100$$ (3.2-12)

$$G_{\mathrm{w}} = G_1 - G_2$$

式中：B——泌水率（%）；

V_{w}——泌水总质量（g）；

W——混凝土拌合物的用水量（g）；

G——混凝土拌合物的总质量（g）；

G_{w}——试样质量（g）；

G_1——筒及试样质量（g）。

（2）泌水率比按式(3.2-13)计算，精确至 1%。

$$R_{\mathrm{B}} = (B_{\mathrm{t}}/B_{\mathrm{c}}) \times 100$$ (3.2-13)

式中：R_{B}——泌水率之比（%）；

B_t——掺外加剂混凝土泌水率（%）；

B_c——基准混凝土泌水率（%）。

试验时，每批混凝土拌合物取一个试样，泌水率取三个试样的算术平均值，精确到0.1%。若三个试样的最大值或最小值中有一个与中间值之差大于中间值的15%，则把最大值与最小值一并舍去，取中间值作为该组试验的泌水率。如果最大值和最小值与中间值之差均大于中间值的15%，应重做试验。

3.2.15　抗压强度比

3.2.15.1　检测步骤

（1）基准混凝土试件和受检混凝土试件应同时制作。试件用振动台振动 15～20s。试件预养温度为 20℃±3℃。

（2）掺高性能减水剂或泵送剂的基准混凝土和受检混凝土的坍落度控制在210mm±10mm；掺其他外加剂的基准混凝土和受检混凝土的坍落度控制在 80mm±10mm。

3.2.15.2　结果处理与评定

抗压强度比按式(3.2-14)计算。

$$R = \frac{f_1}{f_c} \times 100 \tag{3.2-14}$$

式中：R——抗压强度比（%）；

f_1——受检混凝土的抗压强度（MPa）；

f_c——基准混凝土的抗压强度（MPa）。

抗压强度比以三批试验测值的平均值表示，结果精确到 1%。若三批试验中有一批的最大值或最小值与中间值之差超过中间值的15%，则把最大值及最小值一并舍去，取中间值作为该批的试验结果。如有两批测值与中间值之差均超过中间值的15%，则试验结果无效，应予重做。

3.2.16　细度

3.2.16.1　仪器设备

（1）天平：分度值为 0.001g。

（2）试验筛：孔径 0.315mm、1.180mm，直径 150mm，高 50mm，带筛盖。

3.2.16.2　检测步骤

称取已于 100～105℃下烘干的试样约 10g（m_9），精确至 0.001g，倒入相应孔径的筛内，用人工筛样，将近筛完时，应一手执筛往复摇动，一手拍打，摇动速度约为每分钟 120次。其间，筛子应向一定方向旋转数次，使试样分散在筛布上，直至每分钟通过质量不超过 0.005g 为止。称量筛余物 m_{10}，精确到 0.001g。

3.2.16.3　结果处理与评定

细度按式(3.2-15)计算。

$$w_f = \frac{m_{10}}{m_9} \times 100 \tag{3.2-15}$$

式中：w_f——细度（%）；

m_{10}——筛余物质量（g）；

m_9——试样质量（g）。

重复性限为 0.40%，再现性限为 0.60%。

3.2.17 收缩率比

3.2.17.1 仪器设备

胶砂搅拌机、振动台、试模、测量仪（千分表的分辨率 0.001mm）、纵向限制器、恒温恒湿箱（温度为 20℃±2℃，湿度为 60%±5%）等。

3.2.17.2 检测步骤

（1）防冻剂的收缩率比：基准混凝土试件应在 3d（从搅拌混凝土加水时算起）后从标养室取出移入恒温恒湿室内 3～4h 测定初始长度，再经 28d 后测量其长度。受检负温混凝土试件，在规定温度下养护 7d，拆模后先标养 3d，从标养室取出后移入恒温恒湿室内 3～4h 测定初始长度，再经 28d 后测量其长度。

（2）其他外加剂的收缩率比：试件用振动台振动 15～20s 成型。收缩率比以龄期 28d 受检混凝土与基准混凝土干缩率比值表示。

3.2.17.3 结果处理与评定

（1）混凝土防冻剂的收缩率比按式(3.2-16)计算，精确至 1%。

$$S_r = \frac{\varepsilon_{AT}}{\varepsilon_c} \times 100 \tag{3.2-16}$$

式中：S_r——收缩率比（%）；

ε_{AT}——受检负温混凝土的收缩率（%）；

ε_c——基准混凝土的收缩率（%）。

（2）其他混凝土外加剂的收缩率比按式(3.2-17)计算，精确至 1%。

$$R_\varepsilon = \frac{\varepsilon_t}{\varepsilon_c} \times 100 \tag{3.2-17}$$

式中：R_ε——收缩率比（%）；

ε_t——掺加外加剂的混凝土的收缩率（%）；

ε_c——基准混凝土的收缩率（%）。

以三个试件测值的算术平均值作为该混凝土的收缩率，精确至 1%。

3.2.18 相对耐久性

3.2.18.1 检测步骤

按现行国家标准《混凝土长期性能和耐久性能试验方法标准》GB/T 50082[22]进行，试件采用振动台成型，振动 15～20s，标准养护 28d 后进行冻融循环试验（快冻法）。

3.2.18.2 结果处理与评定

每批混凝土拌合物取一个试样，冻融循环次数以三个试件动弹性模量的算术平均值表示。

相对耐久性指标是以掺外加剂混凝土冻融 200 次后的动弹性模量是否不小于 80% 来评定外加剂质量。

3.2.19 含固量

含固量的测试方法有三种：干燥法、稀释干燥法和真空干燥法。由于干燥法操作简单方便，本节仅介绍干燥法。

3.2.19.1 仪器设备

天平（分度值为 0.0001g）、干燥箱（温度范围为室温至 200℃）、带盖称量瓶、干燥器（内盛变色硅胶）。

3.2.19.2 检测步骤

（1）将洁净的带盖称量瓶放入烘箱内，于 100～105℃ 下烘至恒量，其质量为 m_0。

（2）取液体试样 5g 装入已经恒量的称量瓶内，盖上盖，称出液体试样及称量瓶的总质量 m_1。

（3）将盛有液体试样的称量瓶放入烘箱内，开启瓶盖，升温至 100～105℃（特殊品种除外）烘至少 2h，盖上盖，置于干燥器内冷却 30min 后称量。重复上述步骤直至恒量，其质量为 m_2。

3.2.19.3 结果处理与评定

（1）含固量按式(3.2-18)计算。

$$w_S = \frac{m_2 - m_0}{m_1 - m_0} \times 100 \tag{3.2-18}$$

式中：w_S——含固量（%）；

m_0——称量瓶的质量（g）；

m_1——称量瓶加试样的质量（g）；

m_2——称量瓶加烘干后试样的质量（g）。

（2）重复性限为 0.30%，再现性限为 0.50%。

3.2.20 含水率

含水率的测试方法有两种：干燥法和真空干燥法。目前常用干燥法，本节仅介绍干燥法。

3.2.20.1 仪器设备

天平（分度值为 0.0001g）、干燥箱（温度范围为室温至 200℃）、带盖称量瓶、干燥器（内盛变色硅胶）。

3.2.20.2 检测步骤

（1）将洁净的带盖称量瓶放入烘箱内，于 $100\sim105℃$ 下烘至恒量，其质量为 m_3。

（2）取粉状试样 10g 装入已经恒量的称量瓶内，盖上盖，称出粉状试样及称量瓶的总质量 m_4。

（3）将盛有粉状试样的称量瓶放入烘箱内，开启瓶盖，升温至 $100\sim105℃$（特殊品种除外）烘至少 2h，盖上盖，置于干燥器内冷却 30min 后称量。重复上述步骤直至恒量，其质量为 m_5。

3.2.20.3 结果处理与评定

（1）含水率按式(3.2-19)计算。

$$w_{\mathrm{w}} = \frac{m_4 - m_5}{m_4 - m_3} \times 100 \tag{3.2-19}$$

式中：w_{w}——含水率（%）；

$\quad\quad m_3$——称量瓶的质量（g）；

$\quad\quad m_4$——称量瓶加试样的质量（g）；

$\quad\quad m_5$——称量瓶加烘干后试样的质量（g）。

（2）重复性限为 0.30%，再现性限为 0.50%。

3.2.21 评判规则

混凝土减水剂的检验结果符合表 3.2-3 和表 3.2-4 的技术要求时，可判定该产品检验合格；否则，判定该产品检验不合格。

3.3 膨胀剂

3.3.1 检测参数及检评依据

混凝土膨胀剂的检测参数及检评依据如表 3.3-1 所示。

混凝土膨胀剂的检测参数及检评依据　　　　　表 3.3-1

序号	检测参数	检测依据	评定标准
1	细度		
2	凝结时间	GB/T 23439	GB/T 23439
3	限制膨胀率		
4	抗压强度		

3.3.2 编号及取样

膨胀剂按同类型编号和取样。袋装和散装膨胀剂应分别进行编号和取样。膨胀剂出厂编号按生产能力确定：日产量超过 200t 时，以不超过 200t 为一编号；不足 200t 时，以日产量为一编号。

每一编号为一取样单位，取样方法按照现行国家标准《水泥取样方法》GB/T 12573 进行。取样应具有代表性，可连续取，也可从 20 个以上不同部位取等量样品，总量不少于 10kg。

每一编号取得的试样应充分混匀，分为两等份，其中一份为检验样，另一份为封存样，密封保存 180d。

3.3.3　技术要求

混凝土膨胀剂的性能指标要求如表 3.3-2 所示。

混凝土膨胀剂性能指标　　　　　　　　　　表 3.3-2

检测参数		指标	
		Ⅰ型	Ⅱ型
细度	比表面积/（m²/kg）	≥200	
	1.18mm 筛筛余/%	≤0.5	
凝结时间	初凝/min	≥45	
	终凝/min	≤600	
限制膨胀率	水中 7d/%	≥0.035	≥0.050
	空气 21d/%	≥−0.015	≥−0.010
抗压强度	7d/MPa	≥22.5	
	28d/MPa	≥42.5	

3.3.4　限制膨胀率

混凝土膨胀剂限制膨胀率的试验方法，分为试验方法 A 和试验方法 B。当 A、B 两种方法的测试结果有分歧时，以 B 方法为准。

3.3.4.1　试验方法 A

1）仪器

搅拌机、振动台、试模及下料漏斗、测量仪（由千分表、支架和标准杆组成，千分表的分辨率为 0.001mm）、纵向限制器（由纵向钢丝和钢板焊接制成；钢丝采用现行国家标准《冷拉碳素弹簧钢丝》GB/T 4357 规定的 D 级弹簧钢丝，铜焊处拉脱强度不低于 785MPa；纵向限制器不应变形，出厂检验使用次数不应超过 5 次，第三方检验机构检验时不得超过 1 次）。

2）实验室环境条件

（1）试验箱、养护箱、养护水的温度、湿度应符合现行国家标准《水泥胶砂强度检验方法（ISO 法）》GB/T 17671 的规定。

（2）恒温恒湿（箱）室温度为 20℃±2℃，湿度为 60%±5%。

（3）每日应检查、记录温度和湿度的变化情况。

3）检测步骤

（1）按水泥胶砂配合比并按现行国家标准《水泥胶砂强度检验方法（ISO 法）》GB/T 17671 的规定进行搅拌、成型（试体全长 158mm，其中胶砂部分尺寸为 40mm×40mm×140mm），同一条件有 3 条试体供测长用。

（2）试体胶砂抗压强度达 10MPa±2MPa 时脱模。测量前 3h，将测量仪、标准杆放在标准实验室内，用标准杆校正测量仪并调整千分表零点。测量前，将试体及测量仪测头擦净。每次测量时，试体记有标志的一面与测量仪的相对位置应一致，纵向限制器测头与测量仪应正确接触，读数应精确至 0.001mm。不同龄期的试体应在规定时间 ±1h 内测量。

（3）试体脱模后在 1h 内测量试体的初始长度。

（4）测量完初始长度的试体应立即放入水中养护，测量放入水中第 7d 的长度。然后放入恒温恒湿（箱）室养护，测量放入空气中第 21d 的长度。也可以根据需要测量不同龄期的长度，观察膨胀收缩变化趋势。养护时，应注意不损伤试体测头。试体之间应保持 15mm以上间隔，试体支点距限制钢板两端约 30mm。

4）结果处理与评定

各龄期限制膨胀率按式(3.3-1)计算。

$$\varepsilon = \frac{L_{1-} - L}{L_0} \times 100 \tag{3.3-1}$$

式中：ε——限制膨胀率（%）；

　L_1——所测龄期的限制试体长度（mm）；

　L——限制试体初始长度（mm）；

　L_0——试体的基准长度（mm），取 140mm。

取相近的两个试件测量值的平均值作为限制膨胀率测量结果，精确至 0.001%。

3.3.4.2　试验方法 B

1）仪器

搅拌机、振动台、试模及下料漏斗、测量仪（由千分表、支架和养护水槽组成，千分表的分辨率为 0.001mm）、纵向限制器（由纵向钢丝和钢板焊接制成；钢丝采用现行国家标准《冷拉碳素弹簧钢丝》GB/T 4357 规定的 D 级弹簧钢丝，铜焊处拉脱强度不低于 785MPa；纵向限制器不应变形，出厂检验使用次数不应超过 5 次，第三方检验机构检验时不得超过 1 次）。

2）实验室环境条件

（1）试验箱、养护箱、养护水的温度、湿度应符合现行国家标准《水泥胶砂强度检验方法（ISO 法）》GB/T 17671 的规定。

（2）恒温恒湿（箱）室温度为 20℃±2℃，湿度为 60%±5%。

（3）每日应检查、记录温度和湿度的变化情况。

3）试体测长

（1）测量前 3h，将测量仪、恒温水槽、自来水放在标准实验室内恒温，并将实体机测量仪测头擦净。

（2）试体脱模后 1h 内应固定在测量支架上，将测量支架和试体一起放入未加水的恒温水槽，测量试体的初始长度。之后向恒温水槽中注入温度为 20℃±2℃的自来水，水面应高于试体的水泥砂浆部分，在水中养护期间不得移动试体和恒温水槽。测量试体放入水中第 7d 的长度，然后在 1h 内放掉恒温水槽中的水，将测量支架和试体一起取出放入恒温恒湿（箱）室养护，调整千分表读数至出水前的长度值，再测量试体放入空气中第 21d 的长度。也可以记录试体放入恒温恒湿（箱）室时千分表的读数，再测量试体放入空气中第 21d 的长度，计算时进行校正。

（3）根据需要也可以测量不同龄期的长度，观察膨胀收缩变化趋势。

（4）测量读数应精确至 0.001mm。不同龄期的试体应在规定时间 ±1h 内测量。

4）结果处理与评定

同试验方法 A。

3.3.5　凝结时间

凝结时间检测同 1.2.5.2 节所述，膨胀剂内掺 10%。

3.3.6　细度

本方法主要是根据一定量的空气通过具有一定空隙率和固定厚度的膨胀剂层时，所受阻力不同而引起流速的变化来测定膨胀剂的比表面积。在一定空隙率的膨胀剂层中，空隙的大小和数量是颗粒尺寸的函数，同时也决定了通过料层的气流速度。

1）试验环境

相对湿度不大于 50%。

2）仪器设备

（1）透气仪

本方法采用勃氏比表面积透气仪，分手动和自动两种，均应符合现行行业标准《勃氏透气仪》JC/T 956 的要求。

（2）烘干箱

控制温度灵敏度 ±1℃。

（3）分析天平

分度值为 0.001g。

3）试验准备

样品按现行国家标准《水泥取样方法》GB/T 12573 进行取样，先通过 0.9mm 方孔筛，再在 110℃±5℃下烘干 1h，并在干燥器中冷却至室温。

4）测试步骤

（1）首先按现行国家标准《水泥密度测定方法》GB/T 208 测定膨胀剂密度。

（2）再跟着对比表面积测定仪进行漏气检查，确定孔隙率 ε（选用 0.530±0.005）。

（3）确定试验量，按式(3.3-2)计算。

$$m = \rho V(1 - \varepsilon) \tag{3.3-2}$$

式中：m——需要的试样量（g）；

ρ——试样密度（g/cm³）；

V——试料层体积（cm³）；

ε——试料层孔隙率。

（4）将穿孔板放于透气圆筒上，用捣棒把一片滤纸放到穿孔板上，边缘放平并压紧。称取确定的试样量m，倒入圆筒，使膨胀剂层表面平坦。再放入一片滤纸，用捣器捣实试料直至捣器的支持环与圆筒顶边接触，并旋转$1\sim2$圈，慢慢取出捣器。把装有试料层的透气筒下锥面涂上一层活塞油脂，插入压力计顶端锥形磨口处，旋转$1\sim2$圈，保证不漏气，并不振动所制备的试料层。

（5）打开微型电磁泵慢慢从压力计一臂中抽出空气，直到压力计内液面上升到扩大部下端时关闭阀门。当压力计内液面的凹液面下降到第一条刻度线时开始计时，当凹液面下降到第二条刻线时停止计时，记录液面从第一条刻线到第二条刻线所需的时间（s），并记录下试验时的温度（℃）。

（6）计算试样的比表面积。当被测试样的密度、试料层中空隙率与标准样品相同，试验时的温度与校准温度之差不大于3℃时，可按式(3.3-3)计算。

$$S = \frac{S_S\sqrt{T}}{\sqrt{T_S}} \tag{3.3-3}$$

如试验时的温度与校准温度之差大于3℃，则按式(3.3-4)计算。

$$S = \frac{S_S\sqrt{\eta_S}\sqrt{T}}{\sqrt{\eta}\sqrt{T_S}} \tag{3.3-4}$$

式中：S——被测试样的比表面积（cm²/g）；

S_S——标准样品的比表面积（cm²/g）；

T——被测试样试验时，压力计中液面降落测得的时间（s）；

T_S——标准样品试验时，压力计中液面降落测得的时间（s）；

η——被测试样试验温度下的空气黏度（μPa·s）；

η_S——标准样品试验温度下的空气黏度（μPa·s）。

当被测试样的试料层中空隙率与标准样品试料层中空隙率不同，试验时的温度与校准温度之差不大于3℃时，可按式(3.3-5)计算。

$$S = \frac{S_S\rho_s\sqrt{T}(1-\varepsilon_S)\sqrt{\varepsilon^3}}{\rho(1-\varepsilon)\sqrt{\varepsilon^3}\sqrt{T_S}} \tag{3.3-5}$$

如试验时的温度与校准温度之差大于3℃，则按式(3.3-6)计算。

$$S = \frac{S_S\sqrt{\eta_S}\sqrt{T}(1-\varepsilon_S)\sqrt{\varepsilon^3}}{\sqrt{\eta}(1-\varepsilon)\sqrt{\varepsilon^3}\sqrt{T_S}} \tag{3.3-6}$$

式中：ε_S——标准样品试料层中的空隙率；

ε——被测试样试料层中的空隙率。

当被测试样的密度和空隙率均与标准样品不同，试验时的温度与校准温度之差不大于3℃时，可按式(3.3-7)计算。

$$S = \frac{S_S\rho_s\sqrt{T}(1-\varepsilon_S)\sqrt{\varepsilon^3}}{\rho(1-\varepsilon)\sqrt{\varepsilon^3}\sqrt{T_S}} \tag{3.3-7}$$

如试验时的温度与校准温度之差大于3℃，则按式(3.3-8)计算。

$$S = \frac{S_S \rho_s \sqrt{\eta_S} \sqrt{T}(1 - \varepsilon_S)\sqrt{\varepsilon^3}}{\rho \sqrt{\eta}(1 - \varepsilon)\sqrt{\varepsilon^3}\sqrt{T_S}} \qquad (3.3\text{-}8)$$

式中：ρ——被测试样的密度（g/cm³）；

ρ_s——标准样品的密度（g/cm³）。

5）结果处理

（1）比表面积应由二次透气试验结果的平均值确定。如二次试验结果相差 2%以上时，应重新试验。计算结果保留至 10cm²/g。

（2）当同一样品用手动勃氏透气仪测定的结果与自动勃氏透气仪测定的结果有争议时，以手动勃氏透气仪测定结果为准。

（3）1.18mm 筛筛余测定采用现行国家标准《试验筛 技术要求和检验 第 1 部分：金属丝编织网试验筛》GB/T 6003.1 规定的金属筛，参照《水泥细度检验方法筛析法》GB/T 1345 中手工干筛法进行。

3.3.7　筛余百分数

1）仪器

试验筛由圆形筛框和筛网组成，其中筛框高度为 50mm，筛子直径为 150mm。

2）试验准备

试验前所用试验筛应保持清洁和干燥。试验时，80μm 筛析试验称取试样 25g，45μm 筛析试验称取试样 10g。

3）测试步骤

称取膨胀剂试样，精确至 0.01g，倒入手工筛内。

用一只手持筛往复摇动，另一只手轻轻拍打，往复摇动和拍打过程应保持近于水平。拍打速度每分钟约 120 次，每 40 次向同一方向转动 60°，使试样均匀分布在筛网上，直至每分钟通过的试样量不超过 0.03g。称量全部筛余物。

4）结果计算及处理

试样筛余百分数按式(3.3-9)计算，精确至 0.1%。

$$F = \frac{R_t}{W} \times 100 \qquad (3.3\text{-}9)$$

式中：F——试样的筛余百分数（%）；

R_t——筛余物的质量（g）；

W——试样的质量（g）。

3.3.8　抗压强度

抗压强度检测方法和过程同 1.2.5.4 节所述。不同之处在于材料比例不一样，每成型 3 条试体需称量的材料及用量如表 3.3-3 所示。

抗压强度检测材料及用量（单位：g）　　　　表 3.3-3

材料	代号	材料质量
水泥	C	427.5±2.0

续表

材料	代号	材料质量
膨胀剂	E	22.5 ± 0.1
标准砂	S	1350.0 ± 5.0
拌合水	W	225.0 ± 1.0

注：E/(C + E) = 0.05；S/(C + E) = 3.00；W/(C + E) = 0.50。

3.3.9 评判规则

混凝土膨胀剂的检验结果符合表 3.3-2 的技术要求时，可判定该产品检验合格，如不符合，则判定该产品检验不合格。

3.4 混凝土拌合用水

3.4.1 分类

混凝土拌合用水可分为饮用水、地表水、地下水、再生水、工业循环水以及经过处理的海水等。

3.4.2 检测参数及检评依据

本章所述混凝土拌合用水的检测参数及检评依据如表 3.4-1 所示。

混凝土拌合用水的检测参数及检评依据 表 3.4-1

序号	检测参数	检测依据	评定标准
1	氯离子含量	GB/T 11896	
2	pH 值	GB/T 6920	
3	硫酸根离子含量	GB/T 11899	JGJ 63
4	不溶物含量	GB/T 11901	
5	可溶物含量	GB/T 5750.4	

3.4.3 检验规则

3.4.3.1 取样

（1）水质检验水样不应少于 5L；用于测定水泥凝结时间和胶砂强度的水样不应少于 3L。

（2）采集水样的容器应无污染；容器应用待采集水样冲洗三次再灌装，并应密封待用。

（3）地表水宜在水域中心部位、距水面 100mm 以下采集，并应记载季节、气候、雨量和周边环境的情况。

（4）地下水应在放水冲洗管道后接取，或直接用容器采集；不得将地下水积存于地表后再从中采集。

（5）再生水应在取水管道终端接取。

（6）混凝土企业设备洗刷水应沉淀后，在池中距水面 100mm 以下采集。

3.4.3.2　检验期限和频率

1）水质全部项目检测宜在取样后 7d 内完成。

2）地表水、地下水、再生水和混凝土企业设备洗刷水在使用前应进行检验。在使用期间，检验频率宜符合下列要求：

（1）地表水每 6 个月检验一次；

（2）地下水每年检验一次；

（3）再生水每 3 个月检验一次，在质量稳定 1 年后，可每 6 个月检验一次；

（4）混凝土企业设备洗刷水每 3 个月检验一次，在质量稳定 1 年后，可每年检验一次；

（5）当发现水受到污染和对混凝土性能有影响时，应立即检验。

3.4.4　技术要求

混凝土拌合用水检测参数的指标要求如表 3.4-2 所示。对于设计使用年限为 100 年的结构混凝土，氯离子含量不得超过 500mg/L；对使用钢丝或经热处理钢筋的预应力混凝土，氯离子含量不得超过 350mg/L。

混凝土拌合用水检测参数指标要求　　　　　　　　　　　　　表 3.4-2

序号	检测参数	预应力混凝土	钢筋混凝土	素混凝土
1	pH 值	≥5.0	≥4.5	≥4.5
2	不溶物含量/（mg/L）	≤2000	≤2000	≤5000
3	可溶物含量/（mg/L）	≤2000	≤5000	≤10000
4	Cl^-含量/（mg/L）	≤500	≤1000	≤3500
5	SO_4^{2-}含量/（mg/L）	≤600	≤2000	≤2700
6	碱含量/（mg/L）	≤1500	≤1500	≤1500

注：碱含量按 $Na_2O + 0.658K_2O$ 计算值来表示。采用非碱活性骨料时，可不检验碱含量。

3.4.5　pH 值

pH 值由测量电池的电动势得到。该电池通常由饱和甘汞电极（参比电极）和玻璃电极（指示电极）组成。在 25℃时，溶液中每变化 1 个 pH 单位，电位差改变为 59.16mV，据此在仪器上直接以 pH 的读数表示。温度差异在仪器上有补偿装置。

3.4.5.1　仪器设备和试剂

酸度计或离子浓度计（精度 0.1pH 单位，量程范围为 0～14）pH 缓冲剂。

3.4.5.2　检测步骤

1）标准缓冲溶液的配置

（1）配制标准溶液所用的蒸馏水应为煮沸并冷却、电导率小于 2×10^{-6}s/cm 的蒸馏水，其 pH 值宜为 6.7～7.3。

（2）测定 pH 值时，根据水样呈酸性、中性和碱性三种可能，按产品配置说明书配制标准溶液甲（pH 值为 4.008，25℃）、标准溶液乙（pH 值为 6.865，25℃）、标准溶液丙（pH 值为 9.180，25℃）三种溶液。

（3）标准溶液要在聚乙烯瓶中密闭保存。在室温条件下保存期限以 1～2 个月为宜，当发现有浑浊、发霉或沉淀现象时，不能继续使用。在 4℃冷藏箱内存放，且用过的标准溶液不允许再倒回去，这样可延长使用期限。

2）样品保存

最好现场测定。否则，应在采样后把样品保持在 0～4℃，并在采样后 6h 内进行检测。

3）pH 值检测步骤

（1）先将水样与标准溶液调到同一温度，记录测定温度，并将仪器温度补偿旋钮调至该温度上。

（2）按仪器的出厂说明书校正仪器。

（3）测定样品时，先用蒸馏水冲洗电极，再用水样冲洗，然后将电极浸入样品中，小心摇动或进行搅拌使其均匀，静置，待读数稳定时记下 pH 值。

3.4.5.3 结果处理与评定

1）结果表示

酸度计测出的结果即为溶液的 pH 值。

2）注意事项

（1）玻璃电极在使用前先在蒸馏水中浸泡 24h 以上。

（2）测定 pH 值时，玻璃电极的球泡应全部浸入溶液中，并使其稍高于甘汞电极的陶瓷芯端，以免搅拌时碰坏。

（3）必须注意玻璃电极的内电极与球泡之间，甘汞电极的内电极与陶瓷芯之间不得有气泡，以防断路。

（4）甘汞电极中的饱和氯化钾溶液液面必须高出汞体，在室温下应有少许氯化钾晶体存在，以确保氯化钾溶液饱和，但须注意氯化钾晶体不可过多，以防堵塞与被测溶液的通路。

（5）测定 pH 值时，为减少空气和水样中二氧化碳溶入或挥发，在测水样之前，不应提前打开水样瓶。

（6）玻璃电极表面受到污染时，需进行处理。如果附着无机盐结垢，可用温稀盐酸溶解；对钙镁等难溶性结垢，可用 EDTA 二钠溶液溶解；沾有油污时，可用丙酮清洗。电极按上述方法处理后，应在蒸馏水中浸泡一昼夜再使用。注意，忌用无水乙醇、脱水性洗涤剂处理电极。

3.4.6 氯离子含量

在中性至弱碱性范围内（pH 值为 6.5～10.5），以铬酸钾为指示剂，用硝酸银滴定氯化物时，由于氯化银的溶解度小于铬酸银的溶解度，氯离子首先被完全沉淀出来，然后铬酸盐以铬酸银的形式被沉淀，产生砖红色，指示到达滴定终点。

3.4.6.1　仪器设备和试剂

1）设备

滴定管（25mL 棕色）、锥形瓶（250mL）、吸管（50mL、25mL）。

2）试剂

（1）氢氧化铝悬浮液、高锰酸钾溶液 0.01mol/L、乙醇 95%、过氧化氢 30%、硫酸溶液 0.05mol/L、氢氧化钠溶液 0.05mol/L。

（2）氯化钠标准溶液 0.0141mol/L：将氯化钠（基准试剂）置于瓷坩埚内，在 500～600℃下灼烧 40～50min，在干燥器中冷却后称取 8.240g，溶于蒸馏水中，在容量瓶中稀释至 1000mL。用吸管吸取 10mL，在容量瓶中准确稀释至 100mL。

（3）硝酸银溶液 0.0141mol/L：称取 2.3950g 于 105℃烘 30min 的硝酸银，溶于蒸馏水中，在容量瓶中稀释至 1000mL，贮于棕色瓶中。

（4）铬酸钾溶液 50g/L：称取 5g 铬酸钾（K_2CrO_4）溶于少量蒸馏水中，滴加硝酸银溶液至有红色沉淀生成。摇匀，静置 12h，过滤并用蒸馏水将滤液稀释至 100mL。

（5）酚酞指示剂溶液：称取 0.5g 酚酞溶于 50mL 的 95%乙醇。加入 50mL 蒸馏水，再滴加 0.05mol/L 氢氧化钠溶液使呈微红色。

3.4.6.2　检测步骤

1）试样保存

取代表性水样，放在干净的玻璃瓶或聚乙烯瓶中，保存时不必加入防腐剂。

2）干扰的排除（注：若无以下各种干扰，此环节可省去）

（1）如水样浑浊且带有颜色，加氢氧化铝悬浮液处理。

（2）如有机物含量高或色度高，用马弗炉挥发法预先处理水样。

（3）如因有机质而产生较轻色度，加高锰酸钾和乙醇处理。

（4）如水样中含有硫化物、亚硫酸盐或硫代硫酸盐，加氢氧化钠溶液和过氧化氢溶液处理。

3）滴定

用吸管吸取 50mL 水样或经过预处理的水样（若氯化物含量高，可取适量水样用蒸馏水稀释至 50mL），置于锥形瓶中。另取一锥形瓶加入 50mL 蒸馏水做空白试验。如水样 pH 值在 6.5～10.5 范围时，可直接摘定，超出此范围的水样应以酚酞作为指示剂，用稀硫酸或氢氧化钠溶液调节至红色刚刚退去。加入 1mL 铬酸钾溶液，用硝酸银标准溶液滴定至砖红色沉淀刚刚出现即为滴定终点。

3.4.6.3　结果处理与评定

氯化物含量按式(3.4-1)计算。

$$C = \frac{(V_2 - V_1) \times M \times 35.45 \times 1000}{V} \tag{3.4-1}$$

式中：C——水中氯化物含量（mg/L）；

　　　V——试样体积（mL）；

V_1——蒸馏水消耗硝酸银标准溶液量（mL）；

V_2——试样消耗硝酸银标准溶液量（mL）；

M——硝酸银标准溶液浓度（mol/L）。

3.4.7 不溶物

水质中的不溶物，又称悬浮物，是指水样通过孔径为 0.45μm 的滤膜，截留在滤膜上并于 103～105℃烘干至恒重的固体物质。

3.4.7.1 仪器设备

全玻璃微孔滤膜过滤器、CN-CA 滤膜（孔径 0.45μm，直径 60mm）、吸滤瓶、真空泵、无齿扁咀镊子、称量瓶、天平（分度值为 0.0001g）烘箱。

3.4.7.2 采样和样品储存

（1）所用聚乙烯瓶或硬质玻璃瓶用洗涤剂洗净，并依次用自来水和蒸馏水冲洗干净。在采样之前，再用所采集的水样清洗三次。然后，采集具有代表性的水样 500～1000mL，盖严瓶塞。

（2）采集的水样应尽快分析测定。如需放置，应储存在 4℃冷藏箱中，但最长不得超过 7d。

3.4.7.3 检测步骤

（1）滤膜放进称量瓶烘干至恒重，前后两次称量的质量差不大于 0.2mg。

（2）量取充分混合均匀的试样 100mL 抽吸过滤，使水分全部通过滤膜，再以每次 10mL 蒸馏水连续洗涤三次，取出载有悬浮物的滤膜放在原恒重的称量瓶里，放入烘箱中于 103～105℃下烘干至恒重，直至两次称量的质量差不大于 0.4mg。

3.4.7.4 结果处理与评定

不溶物含量按式(3.4-2)计算。

$$C = \frac{(m_A - m_B) \times 10^6}{V} \tag{3.4-2}$$

式中：C——水中悬浮物浓度（mg/L）；

m_A——悬浮物＋滤膜＋称量瓶质量（g）；

m_B——滤膜＋称量瓶质量（g）；

V——试样体积（mL）。

3.4.8 可溶物

水样经过滤后，在一定温度下烘干，所得的固体残渣称为溶解性总固体（可溶物），包括不易挥发的可溶性盐类、有机物以及能通过过滤器的不溶性微粒等。

3.4.8.1 仪器设备

天平（分度值为 0.0001g）、电热恒温干燥箱、水浴锅、瓷蒸发皿（100mL）、干燥器（用硅胶作干燥剂）、中速定量滤纸或滤膜（孔径 0.45μm）及相应滤器。

3.4.8.2 检测步骤

（1）洗净蒸发皿，在 105℃±3℃烘箱烘干至恒重（前后两次称量差不超过 0.0004g），称量。

（2）将水样上清液用过滤器过滤，用无分度吸管吸取 100mL 滤液于蒸发皿中。如水样的溶解性总固体过少时可增加水样体积。

（3）将蒸发皿置于水浴上蒸干，再放入 105℃±3℃烘箱内烘干至恒重，称量。

3.4.8.3 结果处理与评定

可溶物含量按式(3.4-3)计算。

$$\rho = \frac{(m_1 - m_0) \times 1000}{V} \tag{3.4-3}$$

式中：ρ——水样中溶解性总固体的质量浓度（mg/L）；

m_0——蒸发皿的质量（g）；

m_1——蒸发皿和溶解性总固体的质量（g）；

V——水样体积（mL）。

3.4.9 硫酸盐含量

在盐酸溶液中，硫酸盐与加入的氯化钡反应形成硫酸钡沉淀。沉淀反应在接近沸腾的温度下进行，并在陈化一段时间之后过滤，水洗至无氯离子，烘干或灼烧沉淀，称量硫酸钡的质量。

3.4.9.1 仪器设备和试剂

1）设备

蒸汽浴、烘箱(带恒温控制器)、马弗炉(带加热指示剂)、干燥器、滤膜(孔径为 0.45μm)、分析天平（分度值为 0.0001g）、慢速定量滤纸及中速定量滤纸、瓷坩埚（30mL）。

2）试剂

盐酸（1+1）、二水和氯化钡溶液（100g/L）、氨水（1+1）、甲基红指示剂溶液（1g/L）、硝酸银溶液（0.1mol/L）、无水碳酸钠。

3.4.9.2 采样和样品处理

（1）样品可以用玻璃瓶或聚乙烯瓶采集，为不使水样中可能存在的硫化物或亚硫酸盐被空气氧化，容器须用水样完全充满。不必加保护剂，可以冷藏较长时间。

（2）试样的制备取决于样品的性质和分析目的。分析可过滤态的硫酸盐时，水样应在采样后立即在现场（或尽可能快地）用 0.45μm 的微孔滤膜过滤，滤液留待分析。需要测定硫酸盐总量时，应将水样摇匀后取样，适当处理后进行分析。

3.4.9.3 检测步骤

1）预处理

（1）量取适量水样置于 500mL 烧杯中，加入两滴甲基红指示剂，用适量的盐酸或者氨水调至显橙黄色，再加入 2mL 盐酸，加水使烧杯中溶液的总体积达到 200mL，加热煮沸至少 5min。

（2）如水样中二氧化硅浓度超过 25mg/L，则要加盐酸，并用蒸汽浴蒸干处理。

（3）如需要测总量而水样中又含有不溶解的硫酸盐，则需要加无水碳酸钠熔融。

2）沉淀

（1）将水样或预处理后的水样加热至沸，在不断搅拌下缓慢加入 10mL ± 5mL 热氯化钡溶液，直到不再出现沉淀，然后再加 2mL。

（2）在 80～90℃下保持不少于 2h，或在室温至少放置 6h，最好过夜以陈化沉淀。

（3）用慢速定量滤纸过滤，用热水洗净烧杯中的沉淀，使沉淀全部转移到滤纸上，用温热水洗涤沉淀至无氯化物为止。

（4）将沉淀与滤纸移入预先灼烧恒重的坩埚中，小火烘干，灰化。

（5）将坩埚移入高温炉里，在 800℃灼烧 1h，在干燥器内冷却，称重，直至灼烧至恒量。

3.4.9.4　结果处理与评定

硫酸盐含量按式(3.4-4)计算：

$$m = \frac{m_1 \times 411.6 \times 1000}{V} \qquad (3.4\text{-}4)$$

式中：　m——硫酸盐含量（%）；

　　　　m_1——从试样中沉淀出来的硫酸钡质量（g）；

　　　　V——水样体积（mL）；

　　　　411.6——$BaSO_4$ 质量换算为 SO_4 的系素。

3.4.10　碱含量

碱含量的检验方法参照 1.2.5.10 节。

3.4.11　评判规则

符合现行国家标准《生活饮用水卫生标准》GB 5749 要求的饮用水，可不经检验作为混凝土用水。

第4章

混凝土及砂浆

4.1 概述

混凝土是指以水泥、骨料和水为主要原材料，根据需要加入矿物掺合料和外加剂等材料，按照一定的比例，经过搅拌、成型、养护等系列工艺制作并硬化后，具有一定强度的工程材料。砂浆是由胶凝材料、细骨料、砂浆添加剂和水按一定比例拌制并经凝结硬化而成的混合物。与混凝土相比，砂浆缺少粗骨料，主要用于砌筑墙体、抹面找平及填充缝隙等，其成分中砂的粒径较混凝土中的更小，以提高其粘结性和可塑性。

4.2 混凝土

4.2.1 检测参数及检评依据

混凝土的检测参数及检评依据如表 4.2-1 所示。

混凝土检测参数及检评依据 表 4.2-1

序号	检测参数	检测依据	评定依据
1	坍落度		GB/T 14902
2	表观密度	GB/T 50080	—
3	含气量		GB/T 14902
4	凝结时间		设计要求
5	抗压强度		GB/T 50107
6	抗折强度	GB/T 50081	
7	劈裂抗拉强度		设计要求
8	静力受压弹性模量		
9	抗渗等级		JGJ/T 193
	抗冻性能	GB/T 50082	
	碱骨料反应		GB/T 50082
10	限制膨胀率	GB/T 23439	GB 50119
11	碱含量	GB/T 50784	GB/T 50010
12	配合比设计	JGJ 55	JGJ 55

4.2.2 混凝土拌合物抽样要求

4.2.2.1 现场抽样

混凝土拌合物的取样应具有代表性，宜采用多次采样的方法。宜在同一盘混凝土或同一车混凝土的 1/4 处、1/2 处和 3/4 处分别取样，并搅拌均匀，第一次取样和最后一次取样的时间间隔不宜超过 15min，取样量多于试验所需量的 1.5 倍，且不宜小于 20L[21]。

4.2.2.2 实验室抽样

（1）实验室环境相对湿度不宜小于 50%，温度应保持在 20℃±5℃，所用材料、试验设备、容器及辅助工具等的温度宜与实验室温度保持一致。

（2）混凝土拌合物应采用搅拌机搅拌，搅拌前应将搅拌机冲洗干净，并预拌少量同种混凝土拌合物或水胶比相同的砂浆，搅拌机内壁挂浆后将剩余料卸出。

（3）称好的粗骨料、胶凝材料、细骨料和水依次加入搅拌机，难溶或不溶的粉状外加剂宜与胶凝材料同时加入搅拌机，液体和可溶性外加剂宜与拌合水同时加入搅拌机。

（4）混凝土拌合物宜搅拌 2min 以上，直至搅拌均匀后倒出。

（5）注意事项：混凝土拌合物一次性搅拌量不宜小于搅拌机公称容量的 1/4，不应大于搅拌机公称容量，且不应小于 20L。实验室搅拌混凝土时，材料用量应以质量计。骨料的称量精度应为 ±0.5%，水泥、掺合料、水、外加剂的称量精度均应为 ±0.2%[23]。

4.2.3 混凝土试件的制作

混凝土试件用试模应符合现行行业标准《混凝土试模》JG/T 237 的有关规定，并将试模擦拭干净，在其内壁上均匀地涂刷一薄层矿物油或者其他不与混凝土发生反应的隔离剂，试模内壁隔离剂应均匀分布，不应有明显沉积。当混凝土强度等级不低于 C60 时，宜采用铸铁或铸钢试模成型。

混凝土的成型方法宜根据混凝土拌合物的稠度或试验目的进行确定，混凝土应充分密实，避免分层离析。

4.2.3.1 振动台振实法制作试件

（1）将混凝土拌合物一次性装入试模，装料时应用抹刀沿着试模内壁插捣，并使混凝土拌合物高出试模上口。

（2）试模应附着或固定在振动台上，振动时防止试模在振动台上自由跳动，持续振动到表面出浆且无明显大气泡溢出为止，不得过振。

4.2.3.2 人工插捣法制作试件

（1）捣棒的直径为 16mm±0.2mm，长度为 600mm±5mm，端部为半球形。

（2）混凝土拌合物应分两层装入模内，每层的装料厚度应大致相等。

（3）插捣应按螺旋方向从边缘向中心均匀进行。在插捣底层混凝土时，捣棒应达到试模底部；插捣上层时，捣棒应贯穿上层后插入下层 20～30mm；插捣时捣棒应保持垂直，不得倾斜，插捣后应用抹刀沿试模内壁插拔数次。如图 4.2-1 所示。

（4）每层插捣次数按每 10000mm² 截面不得少于 12 次。

（5）插捣后应用橡皮锤或木槌轻轻敲击试模四周，直至插捣棒留下的空洞消失。

(a) 捣棒分层插捣　　　　　　(b) 捣棒插捣后抹刀沿试模内壁插捣

图 4.2-1　人工插捣法制作混凝土试件

4.2.3.3　插入式振捣棒振实法制作试件

（1）将混凝土拌合物一次装入试模，装料时应用抹刀沿试模内壁插捣，并使混凝土拌合物高出试模上口。

（2）宜用直径为 25mm 的插入式振捣棒；插入试模振捣时，振捣棒距试模底板宜为 10～20mm 且不得触及试模底板，振动应持续到表面出浆且无明显大气泡溢出为止，不得过振；振捣时间宜为 20s；振捣棒拔出时应缓慢，拔出后不得留有孔洞。

4.2.3.4　自密实混凝土成型

应分两次将混凝土拌合物装入试模，每层的装料厚度宜相等，中间间隔 10s，混凝土应高出试模口，不应使用振动台、人工插捣或振捣棒方法成型。

4.2.3.5　干硬性混凝土试件成型方法

（1）混凝土拌合完成后，应倒在不吸水的底板上，采用四分法取样装入铸铁或铸钢的试模。

（2）通过四分法将混合均匀的干硬性混凝土料装入试模约二分之一高度，用捣棒均匀插捣；插捣密实后，继续装料之前，试模上方应加上套模，第二次装料应略高于试模顶面，然后均匀插捣，混凝土顶面应略高于试模顶面。

（3）插捣应按螺旋方向从边缘向中心均匀进行。在插捣底层混凝土时，捣棒应达到试模底部；插捣上层时，捣棒应贯穿上层后插入下层 10～20mm；插捣时捣棒应保持垂直，不得倾斜。每层插捣完毕后，用平刀沿试模内壁插一遍。

（4）每层插捣次数按每 10000mm² 截面不得少于 12 次。

（5）装料插捣完毕后，将试模附着或固定在振动台上，放置压重钢板和压重块或其他加压装置，并根据混凝土拌合物的稠度调整压重块的质量或加压装置的施加压力；开始振动后，振动时间不宜短于混凝土的维勃稠度，且应持续至表面泛浆为止。

4.2.3.6　试件表面处理

试件成型后刮除试模上口多余的混凝土，待混凝土临近初凝时，用抹刀沿着试模口抹平。试件表面与试模边缘的高度差不得超过 0.5mm。

4.2.4 坍落度

4.2.4.1 仪器设备

（1）坍落度仪。

（2）应配备 2 把钢尺，钢尺的量程不应小于 300mm，分度值不应大于 1mm。

（3）底板应采用平面尺寸不小于 1500mm×1500mm、厚度不小于 3mm 的钢板，其最大挠度不应大于 3mm。

（4）直径为 16mm±0.2mm、长度为 600mm±5mm、端部为半球形的捣棒。

4.2.4.2 检测步骤

1）坍落度试验步骤：

（1）坍落度筒内壁和底板应润湿无明水；底板应放置在坚实水平面上，并把坍落度筒放在底板中心，然后用脚踩住两边的脚踏板，坍落度筒在装料时应保持在固定的位置。

（2）混凝土拌合物试样应分三层均匀地装入坍落度筒内，每装一层混凝土拌合物，应用捣棒由边缘到中心按螺旋形均匀插捣25次，捣实后每层混凝土拌合物试样高度约为桶高的三分之一。

（3）插捣底层时，捣棒应贯穿整个深度；插捣第二层和顶层时，捣棒应插透本层至下一层的表面。

（4）顶层混凝土拌合物装料应高出筒口，插捣过程中如混凝土拌合物低于筒口，应随时添加。

（5）顶层插捣完后，取下装料漏斗，将多余混凝土拌合物刮去，并沿筒口抹平。

（6）清除筒边底板上的混凝土后，应垂直平稳地提起坍落度筒，并轻放于试样旁边（图 4.2-2）；当试样不再继续坍落或坍落时间达 30s 时，用钢尺测量出筒高与坍落后混凝土试体最高点之间的高度差，作为该混凝土拌合物的坍落度值。

2）坍落度筒的提离过程宜控制在 3～7s；从开始装料到提坍落度筒的整个过程应连续进行，并应在 150s 内完成。

3）将坍落度筒提起后，如混凝土发生一边崩坍或剪坏现象，应重新取样测定；如第二次试验仍出现一边崩坍或剪坏现象，应予记录说明。

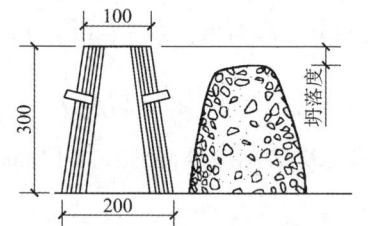

图 4.2-2　混凝土坍落度试验示意图

4.2.4.3 结果处理

混凝土拌合物坍落度值测量应精确至 1mm，结果修约至 5mm。

4.2.5 表观密度

4.2.5.1 仪器设备

（1）容量筒：应为金属制成的圆筒，筒外壁应有提手。骨料最大公称粒径不大于 40mm 的混凝土拌合物宜采用容积不小于 5L 的容量筒，筒壁厚不应小于 3mm；骨料最大公称粒径大于 40mm 的混凝土拌合物应采用内径与内高均大于骨料最大公称粒径 4 倍的容量筒。容量筒上沿及内壁应光滑平整，顶面与底面应平行并应与圆柱体的轴垂直。

（2）电子天平：最大量程 50kg，分度值不大于 10g。

（3）振动台：应符合现行行业标准《混凝土试验用振动台》JG/T 245 的规定。

（4）捣棒：直径为 16mm ± 0.2mm，长度为 600mm ± 5mm，端部为半球形。

4.2.5.2　检测步骤

1）容量筒容积标定：

（1）应将干净容量筒与玻璃板一起称重。

（2）将容量筒装满水，缓慢地将玻璃板从筒口一侧推到另一侧，容量筒内应满水并且不应存在气泡；擦干容量筒外壁，再次称重。

（3）两次称重结果之差除以该温度时水的密度即为容量筒容积（V）；常温下水的密度可取 1kg/L。

（4）容量筒内外壁应擦干净，称出容量筒质量（m_1），精确至 10g。

2）混凝土拌合物试样应按下列要求进行装料，并插捣密实[21]：

（1）坍落度不大于 90mm 时，混凝土拌合物宜用振动台振实；振动台振实时，应一次性将混凝土拌合物装填至高出容量筒筒口；装料时可用捣棒稍加插捣，振动过程中如混凝土低于筒口，应随时添加混凝土，振动直至表面出浆为止。

（2）坍落度大于 90mm 时，混凝土拌合物宜用捣棒插捣密实。插捣时，应根据容量筒的大小决定分层与插捣次数：用 5L 容量筒时，混凝土拌合物应分两层装入，每层的插捣次数应为 25 次；用大于 5L 的容量筒时，每层混凝土的高度不应大于 100mm，每层插捣次数应按每 10000mm² 截面不少于 12 次计算。应由边缘向中心均匀地插捣，插捣底层时捣棒应贯穿整个深度，插捣第二层时，捣棒应插透本层至下一层的表面；每一层捣完后用橡皮锤沿容量筒外壁敲击 5～10 次，振实，直至混凝土拌合物表面插捣孔消失且不见大气泡。

（3）自密实混凝土应一次性填满，且不进行振动和插捣。

3）将筒口多余的混凝土拌合物刮去，表面有凹陷时应填平；应将容量筒外壁擦净，称出混凝土拌合物试样与容量筒总质量（m_2），精确至 10g。

4.2.5.3　结果处理

混凝土拌合物表观密度按式(4.2-1)计算[21]。

$$\rho = \frac{m_2 - m_1}{V} \times 1000 \tag{4.2-1}$$

式中：ρ——混凝土拌合物表观密度（kg/m³），精确至 10kg/m³；

　　　m_1——容量筒质量（kg）；

　　　m_2——容量筒和试样总质量（kg）；

　　　V——容量筒容积（L）。

4.2.6　含气量

4.2.6.1　仪器设备

（1）含气量测定仪：应符合现行行业标准《混凝土含气量测定仪》JG/T 246 的规定。

（2）电子天平：最大量程 50kg，分度值不大于 10g。

（3）振动台：应符合现行行业标准《混凝土试验用振动台》JG/T 245 的规定。

（4）捣棒：直径为 16mm ± 0.2mm，长度为 600mm ± 5mm，端部为半球形。

4.2.6.2 检测步骤

测定混凝土拌合物的含气量，大致分为三个步骤：测定骨料的含气量；测定拌合物未校正的含气量；通过未校正的拌合物含气量减去骨料的含气量，得出拌合物含气量。

1）测定骨料的含气量

（1）骨料的质量按式(4.2-2)、式(4.2-3)计算[21]。

$$m_g = \frac{V}{1000} \times m'_g \tag{4.2-2}$$

$$m_s = \frac{V}{1000} \times m'_s \tag{4.2-3}$$

式中：m_g——拌合物试样中粗骨料质量（kg）；

m_s——拌合物试样中细骨料质量（kg）；

m'_g——混凝土配合比中每立方米混凝土的粗骨料质量（kg）；

m'_s——混凝土配合比中每立方米混凝土的细骨料质量（kg）；

V——含气量测定仪容器容积（L）。

（2）向含气量测定仪的容器中注入 1/3 高度的水，然后把质量为 m_g、m_s 的粗、细骨料称好，搅拌均匀后倒入容器，加料的同时应进行搅拌，频率为水面每升高 25mm 左右搅拌 10 次，注意加料过程中应始终保持水面高出骨料顶面。待骨料全部加入后，浸泡约 5min，用橡皮锤轻敲容器外壁，排净气泡，除去水面的泡沫；加水至满，擦拭容器口和边缘，加盖拧紧螺栓，保持密封性。

（3）关闭操作阀和排气阀，打开排水阀和加水阀，通过加水阀向容器内注入水；当排水阀流出的水流中不出现气泡时，保持注水的状态下关闭加水阀和排水阀。

（4）关闭排气阀，向气室内打气，加压至大于 0.1MPa，且压力表显示值稳定；打开排气阀调压至 0.1MPa，同时关闭排气阀。

（5）开启操作阀，使气室里的压缩空气进入容器，待压力表显示值稳定后记录压力值，然后开启排气阀，压力表显示值应回零；根据含气量与压力值之间的关系曲线确定压力值对应的骨料的含气量，精确至 0.1%。

（6）混凝土所用骨料的含气量 A_g 应以两次测量结果的平均值作为试验结果；两次测量结果的含气量相差大于 0.5%时，应重新试验。

2）测定拌合物未校正的含气量

（1）应用湿布擦净混凝土含气量测定仪容器内壁和盖的内表面，装入混凝土拌合物试样。

（2）混凝土拌合物的装料及密实方法根据拌合物的坍落度而定：

坍落度不大于 90mm 时，宜用振动台振实；振实时，应一次性将混凝土拌合物装填至高出含气量测定仪容器口；振实过程中如混凝土拌合物低于容器口，应随时添加；振动直至表面出浆为止，并应避免过振。

坍落度大于 90mm 时，混凝土拌合物宜用捣棒插捣密实。插捣时，混凝土拌合物应分三层装入，每层捣实后高度约为 1/3 容器高度；每层装料后由边缘向中心均匀地插捣 25 次，捣棒应插透本层至下一层的表面；每一层捣完后用橡皮锤沿容器外壁敲击 5～10 次，振实，直至拌合物表面插捣孔消失。

自密实混凝土应一次性填满，且不应进行振动和插捣。

（3）刮去表面多余的混凝土拌合物，用抹刀刮平，表面有凹陷时应填平抹光。

（4）擦净容器口及边缘，加盖并拧紧螺栓，保持密封不透气。

（5）按照本小节"1）测定骨料的含气量"第（2）～（5）项操作，测得混凝土拌合物未校正的含气量A_0，精确至 0.1%。

（6）混凝土拌合物未校正的含气量应以两次测量结果的平均值作为试验结果；两次测量结果的含气量相差大于 0.5%时，应重新试验。

4.2.6.3　结果处理

混凝土拌合物含气量按照式(4.2-4)计算[21]。

$$A = A_0 - A_g \qquad (4.2\text{-}4)$$

式中：A——混凝土拌合物含气量（%），精确至 0.1%；

$\quad\quad A_0$——混凝土拌合物未校正的含气量（%）；

$\quad\quad A_g$——骨料的含气量（%）。

4.2.7　凝结时间

4.2.7.1　仪器设备

（1）贯入阻力仪：最大测量值不小于 1000N，精度应为 ±10N；测针长 100mm，在距贯入端 25mm 处应有明显标记；测针的承压面积为 100mm^2、50mm^2 和 20mm^2 三种。

（2）砂浆试样筒：上口内径 160mm，下口内径 150mm，净高 150mm 的刚性不透水的金属圆筒，并配有盖子。

（3）试验筛：筛孔公称直径为 5.00mm 的方孔筛。

（4）振动台：符合现行行业标准《混凝土试验用振动台》JG/T 245 的规定。

（5）直径为 16mm ± 0.2mm、长度为 600mm ± 5mm、端部为半球形的捣棒。

4.2.7.2　检测步骤

（1）用试验筛从混凝土拌合物中筛出砂浆，将筛出的砂浆搅拌均匀，一次分别装入三个试样筒中。取样混凝土坍落度不大于 90mm 时，宜用振动台振实砂浆；取样混凝土坍落度大于 90mm 时，宜用捣棒人工捣实。用振动台振实砂浆时，振动应持续到表面出浆为止，不得过振；用捣棒人工捣实时，应沿螺旋方向由外向中心均匀插捣 25 次，然后用橡皮锤敲击筒壁，直至表面插捣孔消失。振实或插捣后，砂浆表面宜低于砂浆试样筒口 10mm，并应立即加盖。

（2）砂浆试样制备完毕，应置于温度为 20℃ ± 2℃的环境中待测。整个测试过程中，环境温度应始终保持 20℃ ± 2℃。整个测试过程中，除在吸取泌水或进行贯入试验外，试样筒应始终加盖。现场同条件测试时，试验环境应与现场一致。

（3）凝结时间测定从混凝土搅拌加水开始计时。根据混凝土拌合物的性能，确定测针试验时间，以后每隔 0.5h 测试一次。在临近初凝和终凝时，应缩短测试间隔时间。

（4）在每次测试前 2min，将一片 20mm±5mm 厚的垫块垫入筒底一侧使其倾斜，用吸液管吸去表面的泌水，吸水后应复原。

（5）测试时，将砂浆试样筒置于贯入阻力仪上，测针端部与砂浆表面接触，应在 10s±2s 内均匀地使测针贯入砂浆 25mm±2mm 深度，记录最大贯入阻力值，精确至 10N；记录测试时间精确至 1min。

（6）每个砂浆筒每次测 1～2 个点，各测点的间距不应小于 15mm，测点与试样筒壁的距离不应小于 25mm。

（7）每个试样的贯入阻力测试不应少于 6 次，直至单位面积贯入阻力大于 28MPa。

（8）根据凝结情况，测试过程中以测针承压面积从大到小顺序更换测针，按照表 4.2-2 选用测针。

混凝土拌合物凝结时间测针选用 表 4.2-2

单位面积贯入阻力/MPa	0.2～3.5	3.5～20	20～28
测针面积/mm²	100	50	20

4.2.7.3 结果处理与评定

（1）单位面积贯入阻力按式(4.2-5)计算[21]。

$$f_{PR} = \frac{P}{A} \tag{4.2-5}$$

式中：f_{PR}——单位面积贯入阻力（MPa），精确至 0.1MPa；

$\quad\quad P$——贯入阻力（N）；

$\quad\quad A$——测针面积（mm²）。

（2）凝结时间通过线性回归法确定，单位面积贯入阻力为 3.5MPa 时对应的时间为初凝时间，单位面积贯入阻力为 28MPa 时对应的时间为终凝时间，按式(4.2-6)计算时间。

$$\ln t = a + b \ln f_{PR} \tag{4.2-6}$$

式中：t——单位面积贯入阻力对应的测试时间（min）；

$\quad a$、b——线性回归系数。

（3）凝结时间也可用绘图拟合方法确定。以单位面积贯入阻力为纵坐标，测试时间为横坐标，绘制出单位面积贯入阻力与测试时间之间的关系曲线；分别以 3.5MPa 和 28MPa 绘制两条平行于横坐标的直线，与曲线交点的横坐标分别为初凝时间和终凝时间。凝结时间结果用 h：min 表示，精确至 5min。

（4）以三个试样的初凝时间和终凝时间的算术平均值作为试验结果。三个测值的最大值或最小值中有一个与中间值之差超过中间值的 10%时，应以中间值作为试验结果；最大值和最小值与中间值之差均超过中间值的 10%时，应重新试验。

4.2.8 抗压强度

混凝土强度主要取决于水泥石强度、骨料强度及水泥石与骨料表面的粘结强度。在混凝土的凝结硬化过程中，由于水泥水化造成的化学收缩和物理收缩而引起水泥石体积的变化，水泥石与骨料界面上变形不均匀所产生的拉应力，以及由于拌合物泌水而在粗骨料下缘形成水囊水膜等因素，都将在界面过渡区形成许多原生微裂缝。当混凝土受力时，这些界面裂纹会逐渐扩展并连通起来，形成可见的裂缝，直至导致混凝土结构丧失连续性而破坏。同时，龄期及养护条件等因素对混凝土强度也有较大影响。

4.2.8.1 立方体抗压强度

制作 150mm × 150mm × 150mm 的标准立方体试件（在特殊情况下，可采用 150mm × 300mm 的圆柱体标准试件），在标准条件［温度 20℃ ± 2℃，相对湿度 95%以上或在温度为 20℃ ± 2℃的不流动的 Ca(OH)$_2$ 饱和溶液中］养护到 28d，所测得的抗压强度值为混凝土立方体抗压强度，以f_{cu}表示。根据粗骨料的最大粒径，当选用的立方体试件为非标准试件时，测得的抗压强度应乘以换算系数以换算成相当于标准试件的试验结果。现行国家标准《混凝土结构工程施工质量验收规范》GB 50204[24]规定的换算系数见表 4.2-3。

混凝土立方体抗压强度换算系数 表 4.2-3

试件尺寸/mm	强度换算系数	最大粒径/mm
100 × 100 × 100	0.95	≤ 31.5
150 × 150 × 150	1.00	≤ 40.0
200 × 200 × 200	1.05	≤ 65.0

4.2.8.2 立方体抗压强度标准值

影响混凝土强度的因素非常复杂，大量的统计分析和试验研究表明，同一等级的混凝土，在龄期、生产工艺和配合比基本一致的条件下，其强度分布（即在等间隔的不同的强度范围内，某一强度范围的试件的数量占试件总数量的比例）呈正态分布，如图 4.2-3 所示。图中平均强度指该批混凝土的立方体抗压强度的平均值，若以此值作为混凝土的试验强度，则只有 50%的混凝土的强度大于或等于试配强度，显然满足不了要求。为提高强度的保证率（我国规定为 95%），平均强度（即试配强度）必须要提高（图 4.2-3 中σ为均方差，为正态分布曲线拐点处的相对强度范围，代表强度分布的不均匀性）。立方体抗压强度的标准值是指按标准试验方法测得的立方体抗压强度总体分布中的一个值，强度低于该值的百分率不超过 5%（即具有 95%的强度保证率）。立方体抗压强度标准值用$f_{cu,k}$表示，如图 4.2-4 所示。

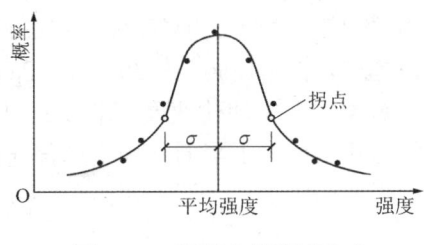

图 4.2-3 混凝土的强度分布

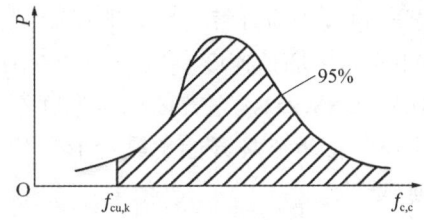

图 4.2-4 混凝土立方体抗压强度标准值

4.2.8.3 强度等级

混凝土的强度等级应按立方体抗压强度标准值划分，采用符号 C 与立方体抗压强度标准值表示。根据现行国家标准《混凝土结构设计标准》GB/T 50010，分为 13 级：C20、C25、C30、C35、C40、C45、C50、C55、C60、C65、C70、C75 及 C80。

4.2.8.4 仪器设备

1）压力试验机应符合以下规定：

（1）试件破坏荷载宜大于压力机全量程的 20%且宜小于压力机全量程的 80%。

（2）示值相对误差为 ±1%。

（3）具有加荷速度指示装置或加荷速度控制装置，并能均匀、连续地加荷。

（4）试验机上、下承压板的平面度公差不大于 0.04mm；平行度公差不大于 0.05mm；表面硬度不小于 55HRC；板面光滑、平整，表面粗糙度 R_a 不大于 0.80μm。

（5）球座转动灵活；球座宜置于试件顶面，并凸面朝上。

2）游标卡尺：量程不小于 200mm，分度值宜为 0.02mm。

3）塞尺：最小叶片厚度不大于 0.02mm，同时应配置直板尺。

4）游标量角器：分度值为 0.1°。

4.2.8.5 检测步骤

（1）试件到达试验龄期，从养护地点取出后，应检查其尺寸及形状，尺寸公差应满足表 4.2-4 的要求，试件取出后应尽快进行试验。

混凝土试件的尺寸公差要求

表 4.2-4

项目	技术要求
边长、直径、高度的尺寸公差/mm	≤1mm
试件承压面平面度公差	≤0.0005d，d为试件边长
试件相邻面之间的夹角和公差	夹角为90°，公差≤0.5°

（2）试件放置于试验机前，应将试件表面与上、下承压板面擦拭干净。

（3）以试件成型时的侧面为承压面，应将试件安放在试验机的下压板或垫板上，试件的中心应与试验机下压板中心对准。

（4）启动试验机，试件表面应与上、下承压板或钢垫板均匀接触。

（5）试验过程中应连续、均匀地加荷，加荷速度应取 0.3～1.0MPa/s。当立方体抗压强度小于 30MPa 时，加荷速度宜取 0.3～0.5MPa/s；立方体抗压强度为 30～60MPa 时，加荷速度宜取 0.5～0.8MPa/s；立方体抗压强度不小于 60MPa 时，加荷速度宜取 0.8～1.0MPa/s。

（6）当试件接近破坏开始急剧变形，荷载曲线开始掉头下降时，应立即停止试验，并记录破坏荷载[23]。

4.2.8.6 结果处理

1）抗压强度应按式(4.2-7)计算[23]。

$$f_{cc} = \frac{F}{A}$$

(4.2-7)

式中：f_{cc}——混凝土立方体试件抗压强度（MPa），精确至 0.1MPa；

　　　F——试件破坏荷载（N）；

　　　A——试件承压面积（mm²）。

2）试件抗压强度值的确定：

（1）取三个试件测值的算术平均值作为该组试件的强度值。

（2）当三个试件的最大或最小值中有一个与中间值的差超过中间值的 15%时，取中间值为该组试块的抗压强度值；当最大值和最小值与中间值的差均超过中间值的 15%时，该组试件的试验结果无效。

4.2.8.7　试验注意事项

（1）混凝土压力试验机是决定检测数据准确与否的重要因素。通常压力试验机的量程、球座、立柱、承压板等均会影响检测结果，应确保所用压力试验机量值溯源可靠。

（2）当出现选用的压力试验机出球座不灵活、试块偏心受压、受压面接触不均匀等现象时，混凝土实测强度值将低于实际强度值，从而导致结果出现负偏差。

（3）混凝土试件抗压完成后，应对试件失效开裂形态进行检查（图 4.2-5）。当出现混凝土试件开裂失效形态不符合要求时（图 4.2-6），应及时排查原因，避免造成检测结果的失真。

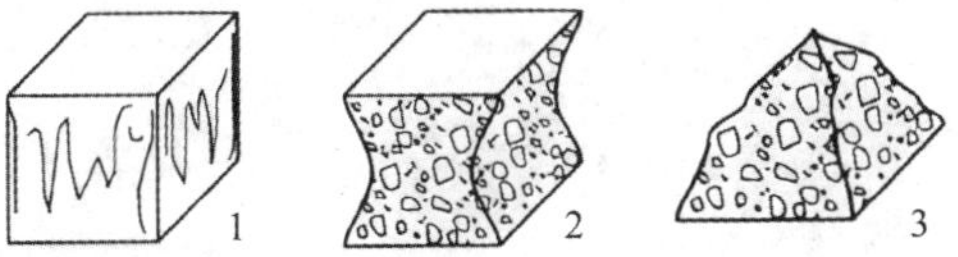

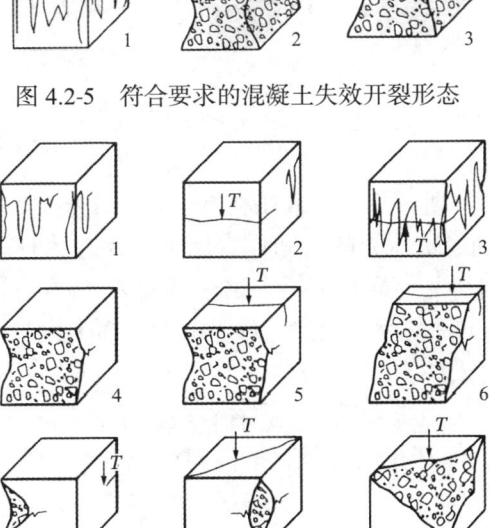

图 4.2-5　符合要求的混凝土失效开裂形态

图 4.2-6　不符合要求的混凝土失效开裂形态

4.2.9　抗渗等级

混凝土抗渗试验共有两种检测方法，一种为渗水高度法，通过测定 1.2MPa 压力条件下恒压 24h 后水在抗渗试件内部的渗水高度来表征混凝土的抗水渗透能力；另一种为逐级加压法，通过测定混凝土抗渗试件抵抗不同水压能力以表征其抗水渗透性能。

4.2.9.1 试验准备

1）试件密封

抗渗试验的龄期宜为 28d。在到达龄期的前一天，将抗渗试件从养护室取出并擦拭干净，待表面晾干后，按照下列方法进行试件密封[22]。

（1）当用石蜡密封时，应在试件侧面裹涂一层熔化的内加少量松香的石蜡；用螺旋加压器将试件压入经过烘箱或电炉预热过的试模中，使试件与试模底部平齐，并且在试模变冷后解除压力。试模的预热温度，应以石蜡接触试模缓慢熔化但不流淌为准。

（2）用水泥加黄油密封时，其质量比应为（2.5～3）：1。用三角刀将密封材料均匀地刮涂在试件侧面上，厚度应为 1～2mm，套上试模并将试件压入，使试件与试模底部齐平。

（3）也可以采用其他更可靠的密封方式。

2）仪器设备

（1）混凝土抗渗仪：应符合现行行业标准《混凝土抗渗仪》JG/T 249 的规定，并应能使水压按规定的制度稳定地作用在试件上，抗渗仪施加水压力范围应为 0.1～2.0MPa。

（2）抗渗试模：上口内部直径为 175mm、下口内部直径为 185mmm、高度为 150mm 的圆台体。

（3）梯形板：由尺寸为 200mm×200mm 的透明材料制成，并画有 10 条等间距、垂直于梯形底线的直线。

（4）钢尺：分度值为 1mm。

4.2.9.2 检测步骤

1）渗水高度法

（1）启动抗渗仪，开通阀门，使水从 6 个孔中渗出，水应充满试位坑，关闭阀门后将密封好的试件安装在抗渗仪上。

（2）安装好试件后，开通阀门，使水压在 24h 内恒定控制在 1.2MPa ± 0.05MPa，且加压过程不大于 5min，达到稳定压力的时间作为试验记录起始时间（精确至 1min）。稳压过程随时观察试件端面渗水情况，当有某一个试件端面渗水时，停止该试件的试验并记录时间，以试件的高度作为该试件的渗水高度。对于试件端面未出现渗水的情况，应在试验 24h 后停止试验，并及时取出试件。

（3）将取出来的试件放在压力机上，并在试件上下两端面中心处沿直径方向各放一根直径为 6mm 的钢垫条，确保其在同一竖直平面内；开动压力机，将试件沿纵断面劈裂成两半，并用防水笔描出水痕。

（4）将梯形板放在劈裂面上，用钢尺沿着水痕等距离测量 10 个测点的渗水高度值，精确至 1mm。

2）逐级加压法

试验时，水压应从 0.1MPa 开始，以后每隔 8h 增加 0.1MPa 水压，并随时观察试件端面渗水情况。当 6 个试件中有 3 个试件表面出现渗水时，或加压至规定压力（设计抗渗等级），在 8h 内 6 个试件中表面渗水试件少于 3 个时，停止试验，记录此时的水压力。在试验过程中，当发现水从试件周边渗出时应重新密封后再进行试验。

4.2.9.3　结果处理与评定

1）渗水高度法

（1）试件渗水高度按式(4.2-8)计算。

$$\overline{h}_i = \frac{1}{10}\sum_{j=1}^{10} h_j \tag{4.2-8}$$

式中：h_j——第i个试件第j个测点处的渗水高度（mm）；

$\overline{h}_i$——第i个试件的平均渗水高度（mm）。

（2）一组试件的平均渗水高度按式(4.2-9)计算。

$$\overline{h} = \frac{1}{6}\sum_{i=1}^{6} \overline{h}_i \tag{4.2-9}$$

式中：$\overline{h}$——一组 6 个试件的平均渗水高度（mm）。

2）逐级加压法

混凝土的抗渗等级应以每组 6 个试件中有 4 个试件未出现渗水时的最大水压力乘以 10来确定，按式(4.2-10)计算。

$$P = 10H - 1 \tag{4.2-10}$$

式中：P——混凝土抗渗等级；

H——6 个试件中有 3 个试件渗水时的水压力（MPa）。

4.2.10　硬化混凝土氯离子含量

4.2.10.1　仪器设备

具有 0.1pH 单位或 10mV 精确度的酸度计或电位计；银电极或氯电极；饱和甘汞电极；电磁搅拌器；电振荡器；50mL 滴定管；10mL、25mL 及 50mL 移液管；烧杯；300mL 磨口三角瓶；分度值为 0.0001g 和分度值为 0.1g 的天平；最高使用温度不小于 1000℃的箱式电阻炉；0.075mm的方孔筛；电热鼓风恒温干燥箱，温度控制范围为 0~250℃；磁铁；快速定量滤纸；干燥器。

4.2.10.2　试剂

三级以上试验用水；1 个体积的硝酸加 3 个体积的试验用水配制的硝酸溶液（1＋3）；浓度为 10g/L 的酚酞指示剂；浓度为 0.01mol/L 的硝酸银标准溶液；浓度为 10g/L 的淀粉溶液；氯化钠基准试剂；硝酸银。

4.2.10.3　试样的制备

对混凝土芯样进行破碎，剔除粗骨料，将试样缩分至 30g，研磨至全部通过 0.075mm的方孔筛，然后用磁铁将试样中的铁屑吸出，再将试样置于 105~110℃电热鼓风恒温干燥箱中烘至恒重，取出后放入干燥器中冷却至室温。

4.2.10.4　试剂的配制和标定

（1）硝酸银标准溶液

用分度值为 0.0001g 的天平称取 1.7g 硝酸银，放于烧杯中，在烧杯中加入少量试验用水，待硝酸银溶解后，将溶液移入 1000mL 容量瓶中，向容量瓶中加入试验用水，稀释至1000mL 刻度，摇匀，储存于棕色瓶中。

（2）氯化钠标准溶液

将氯化钠基准试剂放于温度为 500～600℃ 的箱式电阻炉中灼烧至恒重，用分度值为0.0001g 的天平称取灼烧后的氯化钠基准试剂，放于烧杯中，在烧杯中加入少量试验用水，待氯化钠溶解后，将溶液移入 1000mL 容量瓶中，向容量瓶中加入试验用水，稀释至 1000mL刻度，摇匀，储存于试剂瓶中。

（3）硝酸银标准溶液滴定

使用 25mL 移液管分别吸取 2500mL 氯化钠标准溶液和 25mL 试验用水，置于 100mL烧杯中；在烧杯中加 10mL 浓度为 10g/L 的淀粉溶液；将烧杯放置于电磁搅拌器上，以银电极或氯电极作指示电极，以饱和甘汞电极作参比电极，用配制好的硝酸银标准溶液滴定；按现行国家标准《化学试剂 电位滴定法通则》GB/T 9725 的规定，以二级微商法确定所用硝酸银溶液的体积。同时，使用试验用水代替氯化钠标准溶液进行上述步骤的空白试验，确定空白试验所用硝酸银标准溶液的体积。硝酸银标准溶液的浓度按式(4.2-11)计算。

$$C_{AgNO_3} = \frac{m_{NaCl} \times \frac{25}{1000}}{(V_1 - V_2) \times 0.05844} \tag{4.2-11}$$

式中： C_{AgNO_3}——硝酸银标准溶液的浓度（mol/L）；

$\quad\quad m_{NaCl}$——氯化钠的质量（g）；

$\quad\quad\quad V_1$——滴定氯化钠标准溶液所用硝酸银标准溶液的体积（mL）；

$\quad\quad\quad V_2$——空白试验所用硝酸银标准溶液的体积（mL）；

$\quad\quad$0.05844——氯化钠的毫摩尔质量（g/mmol）。

4.2.10.5 检测步骤

1）混凝土试样滤液的制备：

（1）用分度值 0.0001g 的天平称取 5g 试样，放入磨口三角瓶中。

（2）在磨口三角瓶中加入 250mL 试验用水，盖紧塞，剧烈摇动 3～4min。

（3）将盖紧塞的磨口三角瓶放在电振荡器上振荡 6h 或静止放置 24h。

（4）以快速定量滤纸过滤磨口三角瓶中的溶液于烧杯中，即为混凝土试样滤液。

2）混凝土试样滤液的滴定：

（1）用移液管吸取 50mL 滤液于烧杯中，滴加浓度为 10g/L 的酚酞指示剂 2 滴。

（2）用配制的硝酸溶液滴至红色刚好褪去，再加 10mL 浓度为 10g/L 的淀粉溶液。

（3）将烧杯放置于电磁搅拌器上，以银电极或氯电极作指示电极，饱和甘汞电极作参比电极，用配制好的硝酸银标准溶液滴定。

（4）按现行国家标准《化学试剂 电位滴定法通则》GB/T 9725 的规定，以二级微商法确定所用硝酸银溶液的体积。

3）使用试验用水代替混凝土试样滤液，按步骤 2）同时进行试验用水的空白试验，确定空白试验所用硝酸银标准溶液的体积。

4.2.10.6　结果处理

（1）混凝土氯离子含量按式(4.2-12)计算。

$$w_{Cl^-} = \frac{C_{AgNO_3} \times (V_1 - V_2) \times 0.03545}{m_s \times 50.00/250.0} \times 100 \tag{4.2-12}$$

式中：w_{Cl^-}——混凝土中氯离子含量（%）；

C_{AgNO_3}——硝酸银标准溶液的浓度（mol/L）；

V_1——滴定混凝土试样滤液所用硝酸银标准溶液的体积（mL）；

V_2——空白试验所用硝酸银标准溶液的体积（mL）；

0.03545——氯离子的毫摩尔质量（g/mmol）；

m_s——混凝土试样质量（g）。

（2）混凝土氯离子占胶凝材料总量的百分比按式(4.2-13)计算。

$$P_{Cl,t} = w_{Cl^-}/\lambda_c \tag{4.2-13}$$

式中：$P_{Cl,t}$——混凝土中氯离子占胶凝材料总量的百分比（%）；

w_{Cl^-}——混凝土中氯离子含量（%）；

λ_c——根据混凝土配合比确定的混凝土中胶凝材料与砂浆的质量比。

4.2.11　拌合物混凝土氯离子含量

4.2.11.1　原理

混凝土拌合物中氯离子含量的快速测试原理主要基于氯离子选择电极和甘汞电极的使用。这两种电极与拌合物溶液形成原电池，依据能斯特方程，在温度、大气压等条件不变的情况下，电池的电位（E）与电解质浓度的对数之间呈线性关系。因此，通过测量几个不同浓度的氯离子标准溶液的电位，可以建立氯离子浓度与电位之间的关系曲线。随后，通过测量待测拌合物浆体的电位，并与标准曲线进行比对，可获得混凝土拌合物的氯离子含量。

这一测试方法利用了电化学原理，其中氯离子选择电极对氯离子具有选择性响应，而甘汞电极作为参比电极，两者共同作用，通过测量得到的电位值，可以间接地反映出混凝土拌合物中的氯离子浓度。这种方法具有操作简便、测量快速的特点，对于监控混凝土中氯离子的含量、预防混凝土腐蚀等问题具有重要意义。

4.2.11.2　仪器设备

（1）测量范围为 $5 \times 10^{-5} \sim 5 \times 10^{-2}$ mol/L、pH 值范围为 2～12、响应时间不大于 2min、温度范围为 5～35℃的氯离子选择电极。

（2）饱和甘汞电极盐桥充 0.1mol/L 的 KNO_3 或 0.1mol/L 的 $NaNO_3$ 溶液。

（3）分辨值为毫伏的酸度计、恒电位仪、伏特计或电位差计，输入阻抗不小于 7MΩ 的电位测量仪器。

4.2.11.3　建立电位—氯离子浓度关系曲线的要求

（1）将氯离子选择电极放入由蒸馏水或去离子水配制的 0.001mol/L 的 NaCl 溶液中活化 2h。

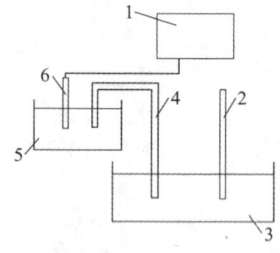

1—电位测量仪；2—氯离子选择
电极；3—被测液；4—盐桥；
5—KCl溶液；6—甘汞电极

图 4.2-7　电位测量示意图

（2）用蒸馏水或去离子水配制 $5.5 \times 10^{-3} \text{mol/L}$ 和 $5.5 \times 10^{-4} \text{mol/L}$ 两种 NaCl 标准溶液各 250mL。

（3）将氯离子选择电极和甘汞电极（通过盐桥），插入 20℃ ± 2℃ 的两种 NaCl 标准溶液中，2min 后用电位测量仪测得两电极之间电位值（图 4.2-7）；将两值标点在 $E - \lg C_{\text{NaCl}}$ 半对数坐标上，建立电位—氯离子浓度关系曲线。

（4）制备氯离子浓度允许限值标准液 250mL，并测定 20℃ 时标准溶液的电极电位值。标准溶液的 NaCl 浓度按式(4.2-14) 计算。

$$C_{\text{NaCl}} = \frac{K}{3.55\beta} \tag{4.2-14}$$

式中：C_{NaCl}——标准溶液的 NaCl 浓度（mol/L）；

　　　K——氯离子浓度允许限值（%），按胶凝材料用量计；

　　　β——混凝土的水胶比。

4.2.11.4　检测步骤

（1）将氯离子选择电极放入以蒸馏水或去离子水配制的 0.001mol/L 的 NaCl 溶液中活化 1h。

（2）从混凝土拌合物中取出 600g 左右砂浆放入烧杯中，量测温度，插入氯离子选择电极和甘汞电极测定其电位并进行温度校正。

（3）从 $E - \lg C_{\text{NaCl}}$ 曲线推算得到相应拌合水的氯离子浓度[25]。

4.2.11.5　结果处理

$$P_{\text{c}} = C_{\text{Cl}^-} \times \frac{\beta}{1000} \times 35.5 \times 100$$

式中：P_{c}——混凝土拌合物中氯离子含量（%），以胶凝材料质量计；

　　　C_{Cl^-}——相应拌合水中氯离子浓度（mol/L）；

　　　β——混凝土的水胶比。

4.2.12　抗折强度

4.2.12.1　试件检查

标准试件应为边长 150mm × 150mm × 600mm 或 150mm × 150mm × 550mm 的棱柱体试件；边长 100mm × 100mm × 400mm 的棱柱体试件为非标准试件；在试件长向中部三分之一区段内表面不得有直径超过 5mm、深度超过 2mm 的孔洞；每组试件应为 3 块。

4.2.12.2　仪器设备

1）压力试验机：应满足 4.2.8.4 节中关于压力试验机的相关规定。对于普通混凝土，采用 100kN 压力试验机即可满足检测要求。

2）抗折试验装置（图 4.2-8）应符合以下规定：

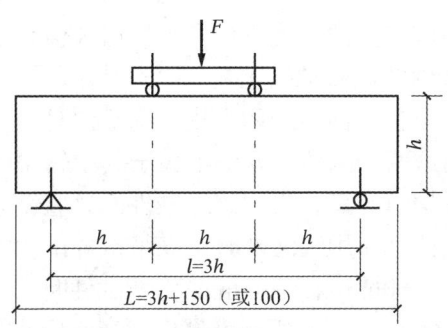

图 4.2-8　抗折试验装置

（1）双点加荷的钢制加荷头应使两个相等的荷载同时垂直作用在试件跨度的两个三分点处。

（2）与试件接触的两个支座头和两个加荷头采用直径为 20～40mm、长度不小于 $b + 10mm$ 的硬钢圆柱（b 为试件截面宽度），支座立脚点为固定铰支，其他三个点为滚动支点。

4.2.12.3　检测步骤

（1）试件放置在试验装置前，将试件表面擦拭干净，并在试件侧面画出加荷线位置。

（2）试件安装时，可调整支座和加荷头位置，安装尺寸偏差不能大于 1mm。注意，试件的承压面应为试件成型时的侧面。支座及承压面与圆柱的接触面应平稳、均匀，否则应垫平。

（3）在试验过程中应连续、均匀地加荷，当对应的立方体抗压强度小于 30MPa 时，加载速度宜取 0.02～0.05MPa/s；对应的立方体抗压强度为 30～60MPa 时，加载速度宜取 0.05～0.08MPa/s；对应的立方体抗压强度不小于 60MPa 时，加载速度宜取 0.08～0.10MPa/s。

（4）手动控制压力机加荷速度时，当试件接近破坏时，应停止调整试验机油门，直至破坏，记录破坏荷载及试件下边缘断裂位置。

4.2.12.4　结果处理与评定

（1）若试件下边缘断裂位置处于两个集中荷载作用线之间，抗折强度按式(4.2-15)计算。

$$f_f = \frac{Fl}{bh^2} \qquad (4.2\text{-}15)$$

式中：f_f——混凝土抗折强度（MPa），精确至 0.1MPa；

$\quad F$——试件破坏荷载（N）；

$\quad l$——支座间跨度（mm）；

$\quad b$——试件截面宽度（mm）；

$\quad h$——试件截面高度（mm）。

（2）以三个试件测值的算术平均值作为该组试件的抗折强度，精确至 0.1MPa。三个测值中的最大值或最小值中有一个与中间值的差值超过中间值的 15%时，应把最大值和最小值一并舍除，取中间值作为该组试件的抗折强度；当最大值和最小值与中间值的差值均超过中间值的 15%时，该组试件的试验结果无效。

（3）三个试件中当有一个折断面位于两个集中荷载之外时，混凝土抗折强度应按另两个试件的试验结果计算。当这两个测值的差值不大于其中较小值的 15%时，该组试件的抗折强度应按这两个测值的平均值计算，否则该组试件的试验结果无效。当有两个试件的下边缘断裂位置位于两个集中荷载作用线之外时，该组试件试验无效。

（4）当试件为 100mm × 100mm × 400mm 非标准试件时，应乘以尺寸换算系数 0.85；当混凝土强度等级不低于 C60 时，宜采用标准试件。当使用非标准试件时，尺寸换算系数应由试验确定。

4.2.13 劈裂抗拉强度

4.2.13.1 试件检查

标准试件为边长 150mm 的立方体试件；边长 100mm 和 200mm 的立方体试件为非标准试件；每组试件应为 3 块。

4.2.13.2 仪器设备

（1）压力试验机：应满足 2.1.9 节中关于压力试验机的相关规定。对于普通混凝土，采用 2000kN 压力试验机即可满足检测要求。

（2）垫块：采用半径 75mm 的钢制弧形垫块，垫块长度与试件长度相同，如图 4.2-9 所示。

（3）垫条：由普通胶合板或硬质纤维板制成，宽度为 20mm，厚度为 3～4mm，长度不小于试件长度。垫条不得重复使用。

（4）定位支架：应为钢支架，如图 4.2-10 所示。

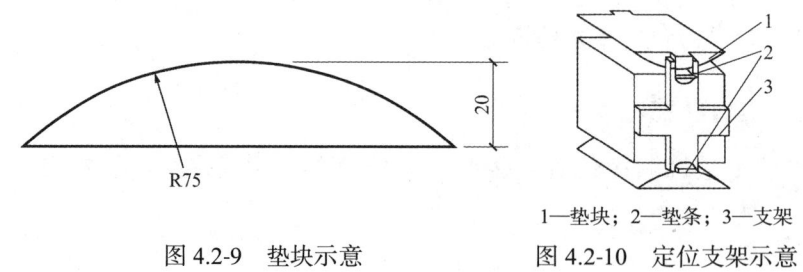

R75

1—垫块；2—垫条；3—支架

图 4.2-9　垫块示意　　　　图 4.2-10　定位支架示意

4.2.13.3 检测步骤

（1）试件到达试验龄期时，应从养护地点取出，检查其形状及尺寸公差，随后尽快进行试验。

（2）将试件放置于试验机前，仔细擦拭试件表面与上、下承压板面，确保干净。在试件成型时的顶面和底面中部画出相互平行的直线，以此确定劈裂面的位置。

（3）将试件平稳地放在试验机下承压板的中心位置，使承压面和裂面垂直于试件成型时的顶面；在上、下压板与试件之间各垫一条圆弧形垫块及垫条，确保垫块与垫条对准试件上、下面的中心线，且与成型时的顶面垂直。宜将垫条及试件安装在定位架上使用。

（4）开启试验机，使试件表面与上、下承压板或钢垫板均匀接触。

（5）在试验过程中连续均匀地加荷，当对应的立方体抗压强度小于 30MPa 时，加载速度宜取 0.02～0.05MPa/s；对应的立方体抗压强度为 30～60MPa 时，加载速度宜取 0.05～0.08MPa/s；对应的立方体抗压强度不小于 60MPa 时，加载速度宜取 0.08～0.10MPa/s。

（6）如采用手动方式控制压力机加荷速度，当试件接近破坏时，停止调整试验机油门，直至试件破坏，记录破坏荷载。

（7）试件断裂面应垂直于承压面。若试件断裂面不垂直于承压面，应做好记录。

4.2.13.4 结果处理与评定

（1）混凝土劈裂抗拉强度按式(4.2-16)计算。

$$f_{ts} = \frac{2F}{\pi A} = 0.637 \frac{F}{A} \qquad (4.2\text{-}16)$$

式中：f_{ts}——混凝土抗拉强度（MPa），精确至 0.01MPa；

    F——试件破坏荷载（N）；

    A——试件劈裂面面积（mm^2）。

（2）以三个试件测值的算术平均值作为该组试件的劈裂抗拉强度，精确至 0.01MPa。三个测值中的最大值或最小值中有一个与中间值的差值超过中间值的 15%时，则把最大及最小值一并舍除，取中间值作为该组试件的劈裂抗拉强度；当最大值和最小值与中间值的差值均超过中间值的 15%时，该组试件的试验结果无效。

（3）采用 100mm × 100mm × 100mm 非标准试件测得的劈裂抗拉强度，应乘以尺寸换算系数 0.85；当混凝土强度等级不低于 C60 时，应采用标准试件。

4.2.14 静力受压弹性模量

4.2.14.1 试件检查

边长 150mm × 150mm × 300mm 的棱柱体试件为标准试件；边长 100mm × 100mm × 300mm 和 200mm × 200mm × 400mm 的棱柱体试件为非标准试件。每组试验准备 6 个试件，其中 3 个用于测定轴心抗压强度，另外 3 个用于测定静力受压弹性模量。

4.2.14.2 仪器设备

1）压力试验机：应满足 2.2.11 节中关于压力试验机的相关规定。对于普通混凝土，采用 2000kN 压力试验机即可满足检测要求。

2）微变形测量仪：可采用千分表、电阻应变片、激光测长仪、引伸仪或位移传感器等。

（1）采用千分表或位移传感器时，应备有微变形测量固定架，试件的变形通过微变形测量固定架传递到千分表或位移传感器，其测量精度应为 ±0.001mm。

（2）采用电阻应变片或位移传感器测量试件变形时，应备有数据自动采集系统，条件许可时，可采用荷载和位移数据同步采集系统，其测量精度应为 ±0.001%。

（3）标距应为 150mm。

4.2.14.3 检测步骤

（1）取 3 个试件进行轴心抗压强度试验。

（2）剩余 3 个试件，在放入压力机前，先将表面和上、下承压板面擦干净，将试件直立放置在试验机的下压板上，并使试件轴心对准下压板中心，加荷至基准应力为 0.5MPa 的初始荷载值 F_0，保持恒载 60s 并在以后的 30s 内记录每测点的变形读数 ε_0。立即连续、均匀地加荷至应力为轴心抗压强度 f_{cp} 的 1/3 时的荷载值 F_a，保持恒载 60s 并在以后的 30s 内记录每一测点的变形读数 ε_a。

（3）左右两侧的变形值之差与平均值之比大于 20%时，应重新对中试件后重复上述第（2）项操作。当无法使其减小到小于 20%时，此次试验无效。

（4）用与加荷速度相同的速度卸荷至基准应力 0.5MPa（F_0），恒载 60s；用同样的加荷和卸荷速度以及恒载（F_0 及 F_a）60s 至少进行两次反复预压。在最后一次预压完成后，在基准应力 0.5MPa（F_0）持荷 60s 并在以后的 30s 内记录每一测点的变形读数 ε_0；再用同样的加荷速度加荷至 F_a，持荷 60s 并在以后的 30s 内记录每一测点的变形读数 ε_a。如图 4.2-11 所示。

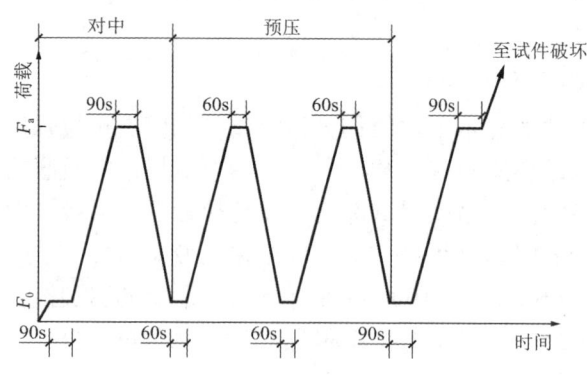

图 4.2-11　加荷过程示意图

（5）卸下变形测量仪，再以同样的速度加荷至试件破坏，记录此时的破坏荷载。当测定弹性模量之后的试件抗压强度与 f_{cp} 之差超过 f_{cp} 的 20%时，在报告中注明[22]。

4.2.14.4 结果处理与评定

混凝土静压受力弹性模量按式(4.2-17)计算。

$$E_c = \frac{F_a - F_0}{A} \times \frac{L}{\Delta n} \tag{4.2-17}$$

$$\Delta n = \varepsilon_a - \varepsilon_0$$

式中：E_c——混凝土静压受力弹性模量（MPa），精确至 100MPa；

　　　F_a——应力为 1/3 轴心抗压强度时的荷载（N）；

　　　F_0——应力为 0.5MPa 时的初始荷载（N）；

　　　A——试件承压面积（mm²）；

　　　L——测量标距（mm）；

　　　Δn——最后一次从 F_0 加荷至 F_a 时试件两侧变形的平均值（mm）；

　　　ε_a——F_a 时试件两侧变形的平均值（mm）；

ε_0——F_0 时试件两侧变形的平均值（mm）。

按三个试件测值的算术平均值作为该组试件的弹性模量，精确至 100MPa。当其中有一个试件在测定弹性模量后的轴心抗压强度与用以确定检验控制荷载的轴心抗压强度相差超过后者的 20%时，按另两个试件测值的算术平均值作为该组试件的弹性模量，当有两个试件在测定弹性模量后的轴心抗压强度与用以确定检验控制荷载的轴心抗压强度相差超过后者的 20%时，此次试验无效。

4.2.15 抗冻性能

混凝土的抗冻性能指混凝土抵抗冻融破坏的能力，是混凝土耐久性的一项重要指标。调查资料显示，在严寒地区，几乎 100%的水工混凝土建筑物局部或大面积地遭受不同程度的冻融破坏，严重影响建筑物的长期使用和安全运行，每年耗费了巨额的维修费用。目前检测混凝土抗冻性能的方法包括慢冻法、快冻法以及盐冻法，其中慢冻法由于试验周期偏长且与设计要求的评价指标不同，故较少采用。目前常采用快冻法进行混凝土抗冻性能的检测，故本节主要介绍快冻法。

4.2.15.1 试件检查

快冻法试验的试件为 100mm × 100mm × 400mm 棱柱体试件，每组试验采用 3 个试件。

4.2.15.2 仪器设备

（1）试件盒：宜采用具有弹性的橡胶材料制作，其内表面底部应有半径为 3mm 橡胶凸起部分。盒内加水后水面应至少高出试件顶面 5mm。试件盒横截面尺寸宜为 115mm × 115mm，长度宜为 500mm。

（2）快速冻融箱：应符合现行行业标准《混凝土抗冻试验设备》JG/T 243 的规定。除应在测温试件中埋设温度传感器外，尚应在冻融箱内防冻液中心、中心与任何一条对角线的两端分别设有温度传感器。运转时冻融箱内防冻液各点温度的极差不得超过 2℃。

（3）电子秤：最大量程 20kg，分度值不大于 5g。

（4）混凝土动弹性模量测定仪：输出频率可调范围为 100～20000Hz，输出功率应能使试件产生受迫振动。

（5）温度传感器：包括热电偶、电位差计等，应在-20～20℃范围内测定试件中心温度，测量精度为 ±0.5℃。

4.2.15.3 检测步骤

（1）在标准养护室内或同条件养护的试件，养护龄期为 24d 时，将试件从养护地点取出，随后将冻融试件放在 20℃ ± 2℃水中浸泡，浸泡时水面高出试件顶面 20～30mm。在水中浸泡 4d，试件在 28d 龄期时开始进行冻融试验。始终在水中养护的试件龄期达到 28d 时，可直接进行试验。

（2）用湿布擦除试件表面水分，称量试件初始质量（W_{oi}）；然后测其横向基频的初始值（f_{oi}）。

（3）将试件放入试件盒中心处，再将试件盒放入快速冻融箱，测温试件盒放置在快速冻融箱的中心处，往试件盒注水，整个试验过程中，盒内水位始终保持高出试件顶面 5mm。

（4）每次冻融循环在 2～4h 内完成，每隔 25 次冻融循环测量试件的横向基频（f_{ni}）。测量前先将试件表面浮渣清洗干净并擦干表面水分，检查其外部损伤并称量试件的质量（W_{ni}），随后测量横向基频。测完后迅速将试件调头重新装入试件盒内并加入清水，继续试验。

（5）当达到规定的冻融循环次数，或试件相对动弹性模量下降至 60%，或试件的质量损失率达到 5%时，停止试验[22]。

4.2.15.4 结果处理与评定

（1）相对动弹性模量按式(4.2-18)和式(4.2-19)计算。

$$P_i = \frac{f_{ni}^2}{f_{oi}^2} \times 100 \tag{4.2-18}$$

式中：P_i——N次冻融循环后第i个混凝土试件的相对动弹性模量（%），精确至 0.1；

f_{ni}——N次冻融循环后第i个混凝土试件的横向基频（Hz）；

f_{oi}——冻融循环试验前第i个混凝土试件横向基频初始值（Hz）。

$$P = \frac{1}{3}\sum_{i=1}^{3} P_i \tag{4.2-19}$$

式中：P——经N次冻融循环后一组混凝土试件的相对动弹性模量（%），精确至 0.1。

相对动弹性模量P以三个试件试验结果的算术平均值作为测定值。当最大值或最小值与中间值之差超过中间值的 15%时，取其余两值的算术平均值作为测定值；当最大值和最小值与中间值之差均超过中间值的 15%时，取中间值作为测定值。

（2）单个试件的质量损失率按式(4.2-20)计算。

$$\Delta W_{ni} = \frac{W_{oi} - W_{ni}}{W_{oi}} \times 100 \tag{4.2-20}$$

式中：ΔW_{ni}——N次冻融循环后第i个混凝土试件的质量损失率（%），精确至 0.01；

W_{oi}——冻融循环试验前第i个混凝土试件的质量（g）；

W_{ni}——N次冻融循环后第i个混凝土试件的质量（g）。

一组试件的平均质量损失率按式(4.2-21)计算。

$$\Delta W_n = \frac{\sum\limits_{i=1}^{3} \Delta W_{ni}}{3} \times 100 \tag{4.2-21}$$

式中：ΔW_n——N次冻融循环后一组混凝土试件的平均质量损失率（%），精确至 0.1。

每组试件的平均质量损失率以三个试件的质量损失率试验结果的算术平均值作为测定值。当某个试验结果出现负值，取 0，再取三个试件的平均值。当三个值中的最大值或最小值与中间值之差超过 1%时，剔除该值，取其余两值的算术平均值作为测定值；当最大值和最小值与中间值之差均超过 1%时，取中间值作为测定值。

4.2.16 碱-骨料反应试验

水泥中的碱（Na_2O、K_2O）与骨料中的活性二氧化硅发生反应，生成碱-硅酸凝胶，当其吸水后产生体积膨胀（体积可增加 3 倍以上），从而导致混凝土产生膨胀开裂而破坏，这种反应称为碱-骨料反应。

混凝土中的碱-骨料反应进行得比较缓慢，具有一定的潜伏期，通常要经过若干年后才会被发现，且一旦发生便难以阻止，故有混凝土"癌症"之称。对于重要工程的混凝土所使用的粗、细骨料，应进行碱活性检验。

产生碱-骨料反应的原因，一是水泥中碱（Na_2O 或 K_2O）的含量较高，二是骨料中含有活性二氧化硅成分；三是存在水分的作用，在干燥情况下，混凝土不可能发生碱-骨料膨胀反应，因此潮湿环境中的混凝土结构尤其应注意碱-骨料反应的危害。

4.2.16.1　仪器设备

（1）方孔筛：公称直径分别为 20mm、16mm、10mm、5mm。

（2）电子秤：最大量程 50kg 和 10kg 的电子秤各一台，分度值分别不超过 50g 和 5g。

（3）试模：试模的内侧尺寸为 75mm×75mm×275m，试模两个端板应预留安装测头的圆孔，孔的直径应与测头直径相匹配。

（4）测头：直径 5～7mm、长度 25mm 的不锈钢金属测头。

（5）测长仪：测量范围为 275～300mm，精度为 ±0.00lmm。

4.2.16.2　检测步骤

1）试件的测量龄期应从测定基准长度后算起，测量龄期应为 1 周、2 周、4 周、8 周、13 周、18 周、26 周、39 周和 52 周，以后可每半年测一次。每次测量的前一天，应将养护盒从 38℃±2℃ 的养护室或者养护箱中取出，放入 20℃±2℃ 的恒温室，恒温时间应为 24h±4h。试件各龄期的测量应与测量基准长度的方法相同，测量完毕后，应将试件调头放入养护盒中，盖严盒盖。然后将养护盒重新放回 38℃±2℃ 的养护室或者养护箱中，继续养护至下一测试龄期。

2）每次测量时，应观察试件有无裂缝、变形、渗出物及反应产物等，并应详细记录。必要时可在长度测试周期全部结束后，辅以岩相分析等手段，综合判断试件内部结构和可能的反应产物。

3）当碱-骨料反应试验出现以下两种情况之一时，可结束试验：

（1）在 52 周的测试龄期内的膨胀率超过 0.04%。

（2）膨胀率虽小于 0.04%，但试验周期已达 52 周（或 1 年）[22]。

4.2.16.3　结果处理与评定

试件的膨胀率应按式(4.2-22)计算。

$$\varepsilon_t = \frac{L_t - L_0}{L_0 - 2\Delta} \times 100 \tag{4.2-22}$$

式中：ε_t——试件在 t 龄期的膨胀率（%），精确至 0.001；

　　　L_t——试件在 t 龄期的长度（mm）；

　　　L_0——试件的基准长度（mm）；

　　　Δ——测头的长度（mm）。

每组应以三个试件测值的算术平均值作为某一龄期膨胀率的测定值。当每组平均膨胀率小于 0.020% 时，同一组试件中单个试件之间的膨胀率的差值（最高值与最低值之差）不应超过 0.008%；当每组平均膨胀率大于 0.020%时，同一组试件中单个试件的膨胀率的差值（最高值与最低值之差）不应超过平均值的 40%。

4.2.17 配合比设计

普通混凝土一般指以水泥为主要胶凝材料，与水、砂、石子，必要时掺入化学外加剂和矿物掺和料，按适当比例配合，经过均匀搅拌、密实成型及养护硬化而成的人造石材。混凝土主要划分为两个阶段与状态：凝结硬化前的塑性状态，即新拌混凝土或混凝土拌合物；硬化之后的坚硬状态，即硬化混凝土或混凝土。

4.2.17.1 配合比设计的基本要求

（1）满足混凝土结构设计的强度要求。
（2）满足施工和易性要求。
（3）满足工程所处环境对混凝土耐久性的要求。
（4）满足经济要求，节约水泥，降低成本。

4.2.17.2 混凝土配合比三大基本参数的确定

混凝土配合比设计中的三个基本参数是：水胶比、砂率、单位用水量。
（1）水胶比的确定
水胶比的确定，主要取决于混凝土的强度和耐久性。从强度角度看，水胶比应小些（水胶比可根据混凝土的强度公式来确定）。从耐久性角度看，水胶比小些，水泥用量多些，混凝土的密度就高，耐久性则优良，这可通过控制最大水胶比和最小水泥用量来满足。由强度和耐久性分别决定的水胶比往往是不同的，此时应取较小值。但在强度和耐久性都已满足的前提下，水胶比应取较大值，以获得较高的流动性。
（2）单位用水量的确定
用水量是影响混凝土拌合物流动性的重要因素。单位用水量在水胶比和水泥用量不变的情况下，实际反映的是水泥浆量与骨料用量之间的比例关系。水泥浆量要满足包裹粗、细骨料表面并保持足够流动性的要求，但用水量过大，会降低混凝土的耐久性。水胶比在0.40～0.80 范围内时，还需考虑粗骨料的品种和最大粒径。
（3）砂率的确定
砂率不仅影响拌合物的流动性，对黏聚性和保水性也有很大的影响。砂率主要应从满足工作性和节约水泥两个方面考虑。在水胶比和水泥用量（即水泥浆量）不变的前提下，取坍落度最大而黏聚性和保水性又好的砂率，经试拌调整而最终确定满足工作性的情况下，砂率尽可能取小值，以达到节约水泥的目的。

4.2.17.3 设计计算配合比

1）计算确定混凝土配制强度
（1）当所设计的混凝土强度等级低于 C60 时，配制强度按式(4.2-23)计算。

$$f_{cu,0} \geq f_{cu,k} + 1.645\sigma \tag{4.2-23}$$

式中：$f_{cu,0}$——混凝土配置强度（MPa）；

$f_{cu,k}$——混凝土设计强度等级值（MPa）；

σ——混凝土强度标准差（MPa）。

（2）当所设计的混凝土强度等级不低于 C60 时，配制强度按式(4.2-24)计算。

$$f_{cu,0} \geqslant 1.5 f_{cu,k} \tag{4.2-24}$$

标准差σ可参照表 4.2-5 取值。

混凝土强度标准差 表 4.2-5

混凝土强度等级	≤C20	C25～C45	C50～C55
标准差σ/MPa	4.0	5.0	6.0

2）确定水胶比

混凝土强度等级低于 C60 时，混凝土水胶比按式(4.2-25)计算。

$$\frac{W}{B} = \frac{\alpha_a f_b}{f_{cu,0} + \alpha_a \alpha_b f_b} \tag{4.2-25}$$

式中： W/B——水胶比；

α_a、α_b——回归系数；

f_b——胶凝材料 28d 胶砂抗压强度（MPa），可实测。当f_b无实测值时，可按式(4.2-26)计算。

$$f_b = \gamma_f \gamma_s f_{ce} \tag{4.2-26}$$

式中：γ_f、γ_s——粉煤灰影响系数和粒化高炉矿渣粉影响系数，按表 4.2-6 选用；

f_{ce}——水泥 28d 胶砂抗压强度。

计算出的水胶比应小于规定的最大水胶比，否则应取最大水胶比，以保证混凝土的耐久性。

粉煤灰影响系数和粒化高炉矿渣粉影响系数[26] 表 4.2-6

掺量/%	粉煤灰影响系数γ_f	粒化高炉矿渣粉影响系数γ_s	掺量/%	粉煤灰影响系数γ_f	粒化高炉矿渣粉影响系数γ_s
0	1.00	1.00	30	0.65～0.75	0.90～1.00
10	0.85～0.95	1.00	40	0.55～0.65	0.80～0.90
20	0.75～0.85	0.95～1.00	50	—	0.70～0.85

3）确定用水量和外加剂用量

（1）干硬性和塑性混凝土用水量的确定。混凝土水胶比在 0.40～0.80 范围内时，可按表 4.2-7 和表 4.2-8 选取；混凝土水胶比小于 0.40 时，通过试验确定。

干硬性混凝土用水量（单位：kg/m³）[26] 表 4.2-7

拌合物稠度		卵石最大公称粒径/mm			碎石最大公称粒径/mm		
项目	指标	10.0	20.0	40.0	16.0	20.0	40.0
维勃稠度/s	16～20	175	160	145	180	170	155
	11～15	180	165	150	185	175	160
	5～10	185	170	155	190	180	165

塑性混凝土用水量（单位：kg/m³）[26]　　　　　　　　表 4.2-8

拌合物稠度		卵石最大公称粒径/mm				碎石最大公称粒径/mm			
项目	指标	10.0	20.0	31.5	40.0	16.0	20.0	31.5	40.0
坍落度 /mm	10～30	190	170	160	150	200	185	175	165
	35～50	200	180	170	160	210	195	185	175
	55～70	210	190	180	170	220	205	195	185
	75～90	215	195	185	175	230	215	205	195

注：表中用水量系采用中砂时的取值，采用细砂时，每立方米混凝土用水量可增加 5～10kg；采用粗砂时，可减少 5～10kg。掺用矿物掺和料和外加剂时，用水量需作相应调整。

（2）流动性和大流动性混凝土用水量的确定。掺外加剂时，每立方米流动性或大流动性混凝土的用水量按式(4.2-27)计算。

$$m_{wo} = m'_{w0}(1 - \beta) \tag{4.2-27}$$

式中：m_{wo}——配合比每立方米混凝土的用水量（kg/m³）；

　　　m'_{w0}——未掺外加剂时推定的满足实际坍落度要求的每立方米混凝土用水量（kg/m）。以表中 90mm 坍落度的用水量为基础，按每增大 20mm 坍落度相应增加 5kg/m 用水量来计算，当坍落度增大到 180mm 以上时，随坍落度相应增加的用水量可减少；

　　　β——外加剂减水率（%）。

（3）每立方米混凝土中外加剂用量按式(4.2-28)计算。

$$m_{a0} = m_{b0}\beta_a \tag{4.2-28}$$

式中：m_{a0}——配合比每立方米混凝土中外加剂用量（kg/m³）；

　　　m_{b0}——配合比每立方米混凝土中胶凝材料用量（kg/m³）；

　　　β_a——外加剂掺量（%）。

4）计算胶凝材料用量、矿物掺和料用量和水泥用量

（1）每立方米混凝土的胶凝材料用量按式(4.2-29)计算，并进行试拌调整，在拌合物性能满足的情况下，取经济、合理的胶凝材料用量。

$$m_{b0} = \frac{m_{w0}}{W/B} \tag{4.2-29}$$

式中：m_{b0}——配合比每立方米混凝土中胶凝材料用量（kg/m³）；

　　　m_{w0}——配合比每立方米混凝土的用水量（kg/m³）；

　　　W/B——混凝土水胶比。

（2）每立方米混凝土的矿物掺和料用量按式(4.2-30)计算。

$$m_{f0} = m_{b0}\beta_f \tag{4.2-30}$$

式中：m_{f0}——配合比每立方米混凝土中矿物掺合料用量（kg/m³）；

　　　β_f——矿物掺合料掺量（%）。

（3）每立方米混凝土的水泥用量按式(4.2-31)计算。

$$m_{co} = m_{b0} - m_{f0} \tag{4.2-31}$$

式中：m_{co}——配合比每立方米混凝土中水泥用量（kg/m³）。

5）选取合理的砂率值β_s

（1）坍落度小于 10mm 的混凝土，其砂率经试验确定。

（2）坍落度为 10～60mm 的混凝土，其砂率可根据粗骨料品种、最大公称粒径及水胶比按表 4.2-9 选取。

（3）坍落度大于 60mm 的混凝土，其砂率可经试验确定，也可在表 4.2-9 的基础上，按坍落度每增大 20mm 砂率增大 1%的幅度予以调整。

混凝土砂率[26]　　　　　　　　　　表 4.2-9

水胶比	卵石最大公称粒径/mm			碎石最大公称粒径/mm		
	10.0	20.0	40.0	16.0	20.0	40.0
0.40	26～32	25～31	24～30	30～35	29～34	27～32
0.50	30～35	29～34	28～33	33～38	32～37	30～35
0.60	33～38	32～37	31～36	36～41	35～40	33～38
0.70	36～41	35～40	34～39	39～44	38～43	36～41

注：本表砂率系选用中砂时的取值，对细砂或粗砂可相应减小或增大砂率；采用人工砂配制时，可适当增大砂率；只用单粒级粗骨料配制时，可适当增大砂率。

6）计算粗、细骨料用量

在已知砂率的情况下，粗、细骨料的用量可用质量法或体积法求得。

（1）质量法：假定各组成材料的质量之和（即拌合物的体积密度）接近一个固定值。当采用质量法计算混凝土配合比时，粗、细骨料用量和砂率按式(4.2-32)和式(4.2-33)计算。

$$m_{f0} + m_{c0} + m_{g0} + m_{s0} + m_{w0} = m_{cp} \tag{4.2-32}$$

$$\beta_s = \frac{m_{s0}}{m_{g0} + m_{s0}} \times 100\% \tag{4.2-33}$$

式中：m_{g0}——配合比每立方米混凝土的粗骨料用量（kg/m³）；

　　　m_{s0}——配合比每立方米混凝土的细骨料用量（kg/m³）；

　　　β_s——砂率（%）；

　　　m_{cp}——每立方米混凝土拌合物的假定质量（kg/m³），可取 2350～2450kg/m³。

（2）体积法：假定混凝土拌合物的体积等于各组成材料的体积与拌合物中所含空气的体积之和。当采用体积法计算混凝土配合比时，砂率和粗、细骨料用量按式(4.2-34)和式(4.2-35)计算。

$$\beta_s = \frac{m_{s0}}{m_{g0} + m_{s0}} \times 100\% \tag{4.2-34}$$

$$\frac{m_{c0}}{\rho_c} + \frac{m_{f0}}{\rho_f} + \frac{m_{g0}}{\rho_g} + \frac{m_{s0}}{\rho_s} + \frac{m_{w0}}{\rho_w} + 0.01\alpha = 1 \tag{4.2-35}$$

式中：ρ_c——水泥密度（kg/m³），可按现行国家标准《水泥密度测定方法》GB/T 208 测定，也可取 2900～3100kg/m³；

　　　ρ_f——矿物掺合料密度（kg/m³），可按现行国家标准《水泥密度测定方法》GB/T 208 测定；

　　　ρ_g——粗骨料的表观密度（kg/m³），应按现行行业标准《普通混凝土用砂、石质量及检验方法标准》JGJ 52 测定；

ρ_s——细骨料的表观密度（kg/m³），应按现行行业标准《普通混凝土用砂、石质量及检验方法标准》JGJ 52 测定；

ρ_w——水的密度（kg/m³），可取 1000kg/m³；

α——混凝土的含气量百分数，在不使用引气剂或引气型外加剂时，可取 1。

经过上述计算，即可求出计算配合比。

4.2.17.4 确定试拌配合比

在计算配合比的基础上进行试拌，试拌后立即测定混凝土的工作性。当试拌得出的拌合物坍落度比要求值小时，应在水胶比不变的前提下，增加用水量（同时增加水泥用量）；当比要求值大时，应在砂率不变的前提下，增加砂、石用量，当黏聚性、保水性差时，可适当加大砂率。调整时，应及时记录调整后的各材料用量（m_{cb}，m_{wb}，m_{sb}，m_{gb}），并实测调整后混凝土拌合物的体积密度ρ_{oh}（kg/m³），令工作性调整后的混凝土试样总质量m_{Qb}为：

$$m_{Qb} = m_{cb} + m_{wb} + m_{sb} + m_{gb} \quad （体积 \geqslant 1m^3）$$

由此得出试拌配合比（调整后每立方米混凝土中各材料用量）如下：

$$m_{cj} = \frac{m_{cb}}{m_{Qb}}\rho_{oh} \quad （kg/m^3）$$

$$m_{wj} = \frac{m_{wb}}{m_{Qb}}\rho_{oh} \quad （kg/m^3）$$

$$m_{sj} = \frac{m_{sb}}{m_{Qb}}\rho_{oh} \quad （kg/m^3）$$

$$m_{gj} = \frac{m_{gb}}{m_{Qb}}\rho_{oh} \quad （kg/m^3）$$

4.2.17.5 检验强度并确认设计配合比

经过和易性调整得出的试拌配合比，不一定满足强度要求，应进行强度检验。既满足设计强度又比较经济、合理的配合比，就称为设计配合比（实验室配合比）。在试拌配合比的基础上做强度试验时，应采用三个不同的配合比，其中一个为试拌配合比中的水胶比，另外两个较试拌配合比的水胶比分别增加和减少 0.05。其用水量应与试拌配合比的用水量相同，砂率可分别增加和减少 1%。当不同水胶比的混凝土拌合物坍落度与要求值的差超过允许偏差时，可通过增、减用水量进行调整。

制作混凝土强度试验试件时，应试验混凝土拌合物的和易性及表观密度，并以此结果作为代表相应配合比的混凝土拌合物性能。每种配合比至少应制作一组（3 块）试件，标准养护到 28d 时试压。

根据试验得出的混凝土强度与其相对应的胶水比（B/W）关系，用作图法或计算法求出与混凝土配制强度（$f_{cu,o}$）相对应的灰水比，并应按下列原则确定每立方米混凝土的材料用量。

（1）用水量（m_w）应在基准配合比用水量的基础上，根据制作强度试件时测得的坍落度或维勃稠度进行调整后确定。

（2）水泥用量（m_c）应以用水量乘以选定的胶水比计算确定。

（3）粗骨料和细骨料用量（m_g和m_s）应在基准配合比的粗骨料和细骨料用量的基础上，按选定的胶水比进行调整后确定。

4.2.17.6　根据原材实际含水率换算施工配合比

实验室得出的设计配合比中，骨料均为干燥状态，而施工现场骨料含有一定的水分，因此，要根据骨料的含水率对配合比进行修正，修正后的配合比即为施工配合比。

经过实际测定，砂的含水率为W_s，石的含水率为W_g，则施工配合比如下。

水泥用量保持不变：$m'_c = m_c$

砂用量：$m'_s = m_s(1 + W_s)$

石用量：$m'_g = m_g(1 + W_g)$

用水量：$m'_w = mW - m'_s W_s - m'_g W_g$

4.3　砂浆

4.3.1　分类和标识

砂浆根据胶凝材料的种类分为水泥砂浆、石灰砂浆、石膏砂浆、混合砂浆和聚合物水泥砂浆等。

砂浆根据用途分为普通砂浆和特种砂浆。其中，普通砂浆包括普通砌筑砂浆、普通抹灰砂浆等，特种砂浆包括专用砌筑砂浆、粘结砂浆、地面砂浆、防水砂浆、保温砂浆、透水砂浆等。

砂浆按生产方式分为现场拌制砂浆和预拌砂浆。其中，现场拌制砂浆由于质量不可控且对环境污染较大，已逐步淘汰，目前建设工程主要使用预拌砂浆。预拌砂浆分为湿拌砂浆和干混砂浆，其中湿拌砂浆在专业生产厂进行拌制后运送至施工地点使用，与商品混凝土类似；干混砂浆由专业生产厂混拌成干态混合物，在使用地点按比例加水拌合使用，二者的品种和代号如表 4.3-1、表 4.3-2 所示[27]。

湿拌砂浆的品种和代号[27]　　　　　　　　　　　　　表 4.3-1

品种	湿拌砌筑砂浆	湿拌抹灰砂浆	湿拌地面砂浆	湿拌防水砂浆
代号	WM	WP	WS	WW

干混砂浆的品种和代号[27]　　　　　　　　　　　　　表 4.3-2

品种	干混砌筑砂浆	干混抹灰砂浆	干混地面砂浆	干混普通防水砂浆	干混陶瓷砖粘结砂浆	干混界面砂浆
代号	DM	DP	DS	DW	DTA	DIT
品种	干混聚合物水泥防水砂浆	干混自流平砂浆	干混耐磨地坪砂浆	干混填缝砂浆	干混饰面砂浆	干混修补砂浆
代号	DWS	DSL	DFH	DTG	DDR	DRM

砌筑砂浆是指将砖、石、砌块等块材砌筑成为砌体的砂浆[27]，根据灰缝厚度划分为普通砌筑砂浆和薄层砌筑砂浆，灰缝厚度大于 5mm 为普通砌筑砂浆，灰缝厚度不大于 5mm 为薄层砌筑砂浆。

抹灰砂浆是指涂抹在建（构）筑物表面的砂浆[27]，根据砂浆层厚度划分为普通抹灰砂浆和薄层抹灰砂浆，砂浆层厚度大于 5mm 为普通抹灰砂浆，砂浆层厚度不大于 5mm 为薄层抹灰砂浆。随着技术的发展进步，目前工程中常采用机械泵送喷涂的工艺进行抹灰，采用该工艺的抹灰砂浆也称作机喷抹灰砂浆。

地面砂浆是指用于建筑地面及屋面找平层的砂浆。

防水砂浆是指用于有抗渗要求部位的砂浆[27]。

4.3.2 检测参数及检评依据

砂浆的检测参数及检评依据见表 4.3-3。

砂浆的检测参数及检评依据　　　　　　　　　　　　　　表 4.3-3

序号	检测参数	检测依据	评定标准
1	稠度		
2	保水率		
3	分层度		
4	凝结时间	JGJ/T 70	GB/T 25181
5	抗压强度		
6	拉伸粘结强度		
7	抗渗性能		
8	配合比设计	JGJ/T 98 JGJ/T 220	

4.3.3 抽样要求

4.3.3.1 湿拌砂浆

湿拌砂浆出厂检验应在搅拌地点随机取样，取样频率和组批应符合下列规定[27]：

（1）稠度、保水率、保塑时间压力泌水率、抗压强度和拉伸粘结强度检验的试样，每 50m³ 相同配合比的湿拌砂浆取样不少于一次；每一工作班相同配合比的湿拌砂浆不足 50m³ 时取样不应少于一次。

（2）抗渗压力、抗冻性、收缩率检验的试样，每 100m³ 相同配合比的湿砂浆取样不应少于一次；每一工作班相同配合比的湿拌砂浆不足 100m³ 时取样不应少于一次。

交货检验的湿拌砂浆试样应在交货地点随机取样。当从运输车中取样时，湿拌砂浆试样应在卸料过程中按卸料量的 1/4～3/4 采取，且应从同一运输车中采取。

试验取样的总量不宜少于试验用量的 3 倍。

4.3.3.2 干混砂浆

干混砂浆按同品种、同规格型号的分批应符合下列要求[27]：

年产量 10×10⁴t 以上，不超过 800t 或 1d 产量为一批；

年产量 4×10⁴t～10×10⁴t，不超过 600t 或 1d 产量为一批；

年产量 1×10⁴t～4×10⁴t，不超过 400t 或 1d 产量为一批；

年产量 1×10^4t 以下，不超过 200t 或 1d 产量为一批。

出厂检验试样应在出料口随机取样，试样应混合均匀，试样质量不宜少于试验用量的 3 倍。

交货检验时，每批取样应随机进行，试样总量不宜少于试验用量的 6 倍。将试样分为两等份，一份由供方封存 50d，另一份由需方进行检验。

4.3.4　技术要求

湿拌砂浆性能指标如表 4.3-4 所示。

表 4.3-4

湿拌砂浆性能指标[27]

项目		湿拌砌筑砂浆	湿拌抹灰砂浆		湿拌地面砂浆	湿拌防水砂浆
			普通抹灰砂浆	机喷抹灰砂浆		
保水率/%		≥88.0	≥88.0	≥92.0	≥88.0	≥88.0
压力泌水率/%		—	—	<40	—	—
14d 拉伸粘结强度/MPa		—	M5：≥0.15 >M5：≥0.20	≥0.20	—	≥0.20
28d 抗压强度/MPa		M5：≥5.0；M7.5：≥7.5；M10：≥10.0；M15：≥15.0；M20：≥20.0；M25：≥25.0；M30：≥30.0				
28d 收缩率/%		—	≤0.20		—	≤0.15
28d 抗渗压力/MPa		—				P6：≥0.6 P8：≥0.8 P10：≥1.0
稠度允许偏差/%	<100mm	±10				
	≥100mm	−10～+5				
抗冻性 [a]	强度损失率/%	≤25				
	质量损失率/%	≤5				

a　有抗冻性要求时，应进行抗冻性试验。

干混砂浆性能指标如表 4.3-5 所示。

表 4.3-5

干混砂浆性能指标[27]

项目	干混砌筑砂浆		干混抹灰砂浆			干混地面砂浆	干混普通防水砂浆
	普通砌筑砂浆	薄层砌筑砂浆	普通抹灰砂浆	薄层抹灰砂浆	机喷抹灰砂浆		
保水率/%	≥88.0	≥99.0	≥88.0	≥99.0	≥92.0	≥88.0	≥88.0
凝结时间/h	3～12	—	3～12	—	—	3～9	3～12
稠度/mm	75±5	75±5	95±5	75±5	95±5	50±5	75±5
2h 稠度损失率/%	≤30	—	≤30	—	≤30	≤30	≤30
压力泌水率/%	—	—	—	—	<40	—	—

项目		干混砌筑砂浆		干混抹灰砂浆			干混地面砂浆	干混普通防水砂浆
		普通砌筑砂浆	薄层砌筑砂浆	普通抹灰砂浆	薄层抹灰砂浆	机喷抹灰砂浆		
14d 拉伸粘结强度/MPa		—	—	M5：≥0.15 >M5：≥0.20	≥0.30	≥0.20	—	≥0.20
28d 抗压强度/MPa		M5：≥5.0；M7.5：≥7.5；M10：≥10.0；M15：≥15.0；M20：≥20.0；M25：≥25.0；M30：≥30.0						
28d 收缩率/%		—		≤0.20			—	≤0.15
28d 抗渗压力/MPa		—						P6：≥0.6 P8：≥0.8 P10：≥1.0
抗冻性 a	强度损失率/%	≤25						
	质量损失率/%	≤5						

a 有抗冻性要求时，应进行抗冻性试验。

4.3.5 试验方法

4.3.5.1 配合比设计

砂浆配合比是指砂浆中胶凝材料、细骨料、砂浆添加剂和水的组成比例，该比例合适与否会直接影响砂浆的工作性能、力学性能以及耐久性能，适宜的砂浆配合比对于建设工程的顺利进行具有重要意义。因此，砂浆配合比的设计尤为重要。目前砂浆配合比设计尚缺乏统一的设计标准或规程，主要依据现行行业标准《砌筑砂浆配合比设计规程》JGJ/T 98、《抹灰砂浆技术规程》JGJ/T 220 以及既有的配合比设计经验。虽然《砌筑砂浆配合比设计规程》JGJ/T 98 和《抹灰砂浆技术规程》JGJ/T 220 提供了不同强度等级砂浆的用量推荐表，但是由于其未明确水泥强度等级或低强度等级（M15 及 M15 以下）所用水泥的强度等级为 32.5，而目前常用水泥强度等级为 42.5，标准推荐表中的材料用量与实际工程差异较大，故本节主要对计算法设计砂浆配合比的步骤进行说明。

1）设计准备

（1）了解设计要求的砂浆强度等级，以便确定砂浆的试配强度。

（2）了解砂浆的用途、品种、服役环境，以便确定砂浆的稠度、保水率、表观密度、耐久性要求。

（3）掌握所用原材料的品质、技术性能指标，如水泥品种、强度等级、密度，砂的细度模数、级配与堆积密度，掺合料品种和活性，砂浆添加剂种类和减水率等。

（4）了解砂浆的生产（拌制）质量水平，以便选择砂浆生产（拌制）质量水平系数 k 值。

2）试验准备

（1）试样准备

试验前 24h 将试验用原材料（水泥、粉煤灰、石粉、砂、外加剂等）放入实验室内预养护。

（2）试验环境条件

温度：20℃±5℃。

（3）仪器设备

砂浆搅拌机[28]［公称容量 15L，筒体转速（逆向）60r/min ± 2r/min，搅拌器转速（顺向）80r/min ± 4r/min，搅拌筒内径 380mm、深 290mm，搅拌叶运转直径 230mm］、电子天平。

3）设计步骤

（1）确定计算配合比

① 砂浆试配强度按式(4.3-1)计算。

$$f_{m,0} = kf_2 \tag{4.3-1}$$

式中：$f_{m,0}$——砂浆试配强度（MPa），精确至 0.1MPa；

　　　f_2——砂浆抗压强度等级（MPa），精确至 0.1MPa；

　　　k——砂浆生产(拌制)质量水平系数，取 1.15～1.25。当施工水平优良时，$k =1.15$；施工水平一般时，$k =1.20$；施工水平较差时，$k =1.25$。在砂浆配合比设计时，通常取k值为 1.20。

② 每立方米砂浆中的水泥用量按式(4.3-2)计算。

$$Q_c = 1000(f_{m,0} - \beta)/(\alpha \cdot f_{ce}) \tag{4.3-2}$$

式中：Q_c——每立方米砂浆的水泥用量（kg），精确至 1kg；

　　　f_{ce}——水泥的实测强度（MPa），精确至 0.1MPa。当无法取得水泥的实测强度值时，可取水泥的强度等级值；

　　　α、β——砂浆的特征系数，其中α取.3.03，β取−15.09。

③ 确定每立方米砂浆中的砂用量：应取干燥状态（含水率小于 0.5%）的堆积密度值作为计算值，砂的堆积密度一般为 1400～1480kg/m³。

④ 确定每立方米砂浆中的用水量：可根据砂浆稠度等要求选用 210～310kg。

（2）确定试配砂浆基准配合比

按计算所得配合比进行试拌，按现行行业标准《建筑砂浆基本性能试验方法标准》JGJ/T 70[29]测定砂浆拌合物的稠度和保水率（或分层度），当不能满足要求时，应调整材料用量，直到符合要求为止，然后确定为试配的砂浆基准配合比。

（3）确定砂浆试配配合比

① 试配时至少应采用三个不同的配合比，其中一个配合比应为试配砂浆基准配合比，其余两个配合比的水泥用量应按基准配合比分别增加及减少 10%。在保证稠度、保水率(或分层度)满足要求的条件下，可将用水量、石灰、保水增稠材料或粉煤灰等活性掺合料用量作相应调整[30]。

② 依据现行行业标准《建筑砂浆基本性能试验方法标准》JGJ/T 70 分别测定不同配合比砂浆的表观密度、抗压强度、保水率（或分层度）、拉伸粘结强度（抹灰砂浆），选定符合试配强度及和易性要求、水泥用量最低的配合比作为砂浆的试配配合比。

（4）确定砂浆设计配合比

依据试配砂浆的理论表观密度和实测表观密度的比值对理论砂浆配合比的原材料用量进行校正。当砂浆的实测表观密度与理论表观密度之差的绝对值不超过理论值的 2%时，可将试配配合比确定为砂浆设计配合比；当超过 2%时，应将试配配合比中每项材料用量均乘以校正系数后，确定为砂浆设计配合比[30]。

4）设计实例

（1）设计要求

① 砂浆品种：砌筑水泥砂浆。

② 稠度要求：70～80mm；强度等级：M10；保水率：≥80%。

③ 生产（拌制）质量水平为一般。

④ 原材料信息：

水泥：强度等级为 42.5R 的普通硅酸盐水泥（P·O）；

砂：天然砂，细度模数为 2.6，堆积密度为 1400kg/m³；

拌合用水：自来水。

（2）确定计算配合比

① 计算砂浆试配强度

$$f_{m,0} = k_{f_2} = 1.20 \times 10.0 = 12.0MPa$$

② 计算每立方米砂浆中的水泥用量

$$Q_c = 1000(f_{m,0} - \beta)/(\alpha \cdot f_{ce}) = 1000 \times [12.0 - (-15.09)]/(3.03 \times 42.5 \times 1) = 210kg/m^3$$

③ 确定每立方米砂浆中的砂用量：Q_s =1400kg/m³。

④ 确定每立方米砂浆中的用水量：设计要求砂浆的稠度为 70～80mm，所用砂为中砂，因此选择推荐用水量的中间值，Q_w =260kg/m³。

⑤ 砂浆的计算配合比如表 4.3-6 所示。

砂浆计算配合比　　　　　　　　　　　　　表 4.3-6

项目	水泥	砂	水
用量/（kg/m³）	210	1400	260
质量比	1.00	6.67	1.24

（3）确定试配砂浆基准配合比

① 采用表 4.3-6 砂浆计算配合比进行试拌，测得其稠度、保水率和表观密度如表 4.3-7 所示。

砂浆稠度、保水率和表观密度　　　　　　　表 4.3-7

项目	稠度/mm	保水率/%	表观密度/（kg/m³）
实测值	74	85	1870
设计要求	70～80	≥80	宜≥1900
是否满足设计要求	是	是	否

② 适当调整水泥、砂以及水的用量，使其表观密度不小于 1900kg/m³，调整后配合比如表 4.3-8 所示。

调整后砂浆配合比　　　　　　　　　　　表 4.3-8

项目	水泥	砂	水
用量/（kg/m³）	220	1420	270
质量比	1.00	6.45	1.23

采用表 4.3-8 砂浆配合比进行试拌，测得其稠度、保水率和表观密度如表 4.3-9 所示。

调整后砂浆稠度、保水率和表观密度　　　　　　　　　　　　表 4.3-9

项目	稠度/mm	保水率/%	表观密度/（kg/m³）
实测值	76	84	1910
设计要求	70～80	≥80	宜≥1900
是否满足设计要求	是	是	是

由表 4.3-9 可知，调整后砂浆的稠度、保水率和表观密度均满足设计要求，故将其确定为试配时的砂浆基准配合比。

（4）确定砂浆试配配合比

在表 4.3-9 砂浆配合比基础上，分别增加和减少水泥用量的10%，同时调整砂或水的用量使其稠度、保水率满足设计要求，确定试配的三个不同配合比，同时测定砂浆的 28d 抗压强度，如表 4.3-10 所示。

砂浆试配配合比及其性能　　　　　　　　　　　　表 4.3-10

序号	调整措施	材料用量/（kg/m³）			稠度/mm	保水率/%	表观密度/（kg/m³）	抗压强度/MPa
		水泥	砂	水				
A	基准配合比水泥＋10%	242	1420	270	80	89	1930	14.7
B	—	220	1420	270	76	84	1910	13.1
C	基准配合比水泥－10%	198	1425	280	71	82	1900	11.3

依据试配配合比的确定原则：①28d 抗压强度不小于 12.0MPa；②稠度、保水率满足设计要求；③水泥用量最低，确定 B 配合比为砂浆的试配配合比。

（5）确定砂浆设计配合比

B 配合比砂浆的理论表观密度值为：

$$\rho_t = Q_c + Q_s + Q_w = 220 + 1420 + 270 = 1910 \text{kg/m}^3$$

依据表 4.3-10 可知 B 配合比砂浆的实测表观密度值 $\rho_c = 1910 \text{kg/m}^3$，砂浆的实测表观密度与理论表观密度之差的绝对值为 0，未超过理论值的 2%，故可将 B 配合比确定为砂浆的设计配合比。最终确定的砂浆设计配合比如表 4.3-11 所示。

砂浆设计配合比　　　　　　　　　　　　表 4.3-11

项目	水泥	砂	水
用量/（kg/m³）	220	1420	270
质量比	1.00	6.45	1.23

4.3.5.2　稠度

通过测定砂浆稠度可表征砂浆在自重或外力作用下可流动的性能，采用稠度测定仪的圆锥体沉入砂浆中深度的毫米数进行表示。稠度越大表明砂浆的流动度越大，反之流动度越小。砂浆稠度过大，易离析泌水；砂浆稠度过小，对施工操作不利。因此，应根据用途、施工条件等选择适宜的稠度。

1）试验环境条件

温度：20℃±5℃。

2）仪器设备

（1）砂浆稠度仪：如图 4.3-1 所示，由试锥、容器和支座三部分组成，试锥连同滑杆质量为 300g±2g，试锥高度为 145mm，锥底直径为 75mm；盛浆容器筒高为 180mm，锥底内径为 150mm。

（2）钢制捣棒：直径为 10mm，长度为 350mm，端部需磨圆。

（3）秒表。

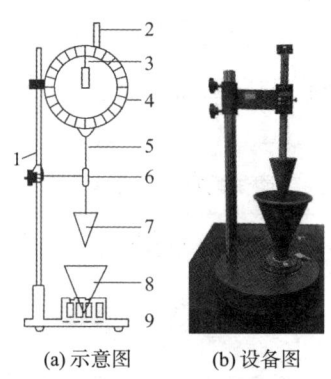

(a) 示意图　　　　(b) 设备图

1—支架；2—齿条测杆；3—指针；4—刻度盘；5—滑杆；
6—固定螺钉；7—圆锥体；8—圆锥筒；9—底座

图 4.3-1　砂浆稠度仪

3）检测步骤

（1）采用少量润滑油轻擦滑杆，再用吸油纸将滑杆上多余的油擦净，保证滑杆能够自由滑动。

（2）采用湿布擦净盛浆容器和试锥表面后，将搅拌均匀的砂浆拌合物一次性装入容器；砂浆表面宜低于容器口 10mm，用捣棒由中心向边缘均匀插捣 25 次，然后轻摇或敲击容器 5～6 下以使砂浆表面平整，之后将容器放置于稠度仪中心底座上。

（3）拧松固定螺钉，向下移动滑杆，当试锥尖端与砂浆表面刚接触时，拧紧固定螺钉，使齿条测杆下端刚好接触滑杆上端，并将指针对准零点。

（4）拧开固定螺钉，同时计时间，10s 时立即拧紧螺钉，将齿条测杆下端接触滑杆上端，从刻度盘上读出下沉深度（精确至 1mm），即为砂浆的稠度值。

（5）盛浆容器内的砂浆，只允许测定一次稠度，重复测定时，应重新取样测定。

4）结果处理与评定

（1）同盘砂浆应取两次试验结果的算术平均值作为测定值，并应精确至 1mm。

（2）当两次试验值之差大于 10mm 时，应重新取样测定[29]。

4.3.5.3　保水率

通过测定砂浆保水率以评估砂浆的水分保持能力。砂浆拌合物在存放、运输和使用过程中，均需保持其水分不会很快流失，以便于施工操作，并保证工程质量。

1）试验环境条件

温度：20℃±5℃。

2）仪器设备

（1）金属或硬塑料圆环试模：内径为 100mm，内部高度为 25mm。

（2）2kg 砝码。

（3）金属滤网：直径为 110mm±1mm，网格尺寸 45μm。

（4）超白滤纸：符合现行国家标准《化学分析滤纸》GB/T 1914 规定的中速定性滤纸，直径应为 110mm，单位面积质量应为 200g/m³。

（5）2 片金属或玻璃的方形或圆形不透水片，边长或直径应大于 110mm。

（6）天平：量程为 200g，分度值为 0.1g；量程为 2000g，分度值为 1g。

（7）烘箱：温度控制范围为 105℃±5℃。

3）检测步骤

（1）称量底部不透水片与干燥试模质量（m_1）和 15 片滤纸质量（m_2）。

（2）将砂浆拌合物一次性装入试模，并用抹刀插捣数次，当装入的砂浆略高于试模边缘时，用抹刀以 45°角一次性将试模表面多余的砂浆刮去，再用抹刀以较平的角度在试模表面反方向将砂浆刮平。

（3）抹掉试模边的砂浆，称量试模、底部不透水片与砂浆总质量（m_3）。

（4）用金属滤网覆盖在砂浆表面，再在滤网表面放 15 片滤纸，用上部不透水片盖在滤纸表面，以 2kg 砝码把上部不透水片压住。

（5）静置 2min 后移走砝码及上部不透水片，取出滤纸（不包括滤网），迅速称量滤纸质量（m_4）。

（6）按照砂浆的配比及加水量计算砂浆的含水率，当无法计算时按照以下方法测定砂浆含水率：称取 100g±10g 砂浆拌合物试样置于一干燥并已称重的盘中，在 105℃±5℃的烘箱中烘干至恒重，砂浆含水率按式(4.3-3)计算。

$$\alpha = \frac{m_6 - m_5}{m_6} \times 100 \tag{4.3-3}$$

式中：　α——砂浆含水率（%）；

m_5——烘干后砂浆样本的质量（g），精确至 1g；

m_6——砂浆样本总质量（g），精确至 1g。

4）结果处理与评定

砂浆保水率应按式(4.3-4)计算。

$$W = \left[1 - \frac{m_4 - m_2}{\alpha \times (m_3 - m_1)}\right] \times 100 \tag{4.3-4}$$

式中：W——砂浆保水率（%）；

m_1——底部不透水片与干燥试模质量（g），精确至 1g；

m_2——15 片滤纸吸水前的质量（g），精确至 0.1g；

m_3——试模、底部不透水片与砂浆总质量（g），精确至 1g；

m_4——15 片滤纸吸水后的质量（g），精确至 0.1g；

α——砂浆含水率（%）。

取两次试验结果的算术平均值作为砂浆的保水率，精确至0.1%，且第二次试验应重新取样测定。当两个测定值之差超过2%时，此组试验结果应为无效[29]。

4.3.5.4 分层度

通过测定分层度，用以评定砂浆拌合物在运输或停放时内部组分的稳定性。

1）试验环境条件

温度：20℃±5℃。

2）仪器设备

（1）砂浆分层度筒：由钢板制成，内径为150mm，上节高度为200mm，下节带底净高为100mm，两节的连接处应加宽3～5mm，并设有橡胶垫圈。

（2）振动台：振幅为0.5mm±0.05mm，频率为50Hz±3Hz。

（3）砂浆稠度仪、橡皮锤等。

3）检测步骤

（1）标准法

①测定砂浆拌合物的稠度。

②将砂浆拌合物一次装入分层度筒内，待装满后，用橡皮锤在分层度筒周围距离大致相等的四个不同部位轻敲1～2下；当砂浆沉落到低于筒口时，应随时添加，然后刮去多余的砂浆并用抹刀抹平。

③静置30min后，去掉上节200mm砂浆，将剩余的100mm砂浆倒在搅拌锅内拌2min，再按照4.3.5.2节的方法测其稠度。前后测得的稠度之差即为该砂浆的分层度值。

（2）快速法

①测定砂浆拌合物的稠度。

②将分层度筒预先固定在振动台上，砂浆一次装入分层度筒内，振动20s。

③去掉上节200mm砂浆，剩余100mm砂浆倒出放在搅拌锅内拌2min后测其稠度，前后测得的稠度之差即为该砂浆的分层度值。

4）结果处理与评定

（1）应取两次试验结果的算术平均值作为该砂浆的分层度值，精确至1mm。

（2）当两次分层度试验值之差大于10mm时，应重新取样测定[29]。

4.3.5.5 凝结时间

通过测定砂浆凝结时间可以评定砂浆的凝结快慢程度，为砂浆的施工时间控制提供参考。凝结时间不宜过短或过长，过短不利于施工操作，过长则不利于后续工序的推进。

1）试验环境条件

温度：20℃±5℃。

2）仪器设备

（1）砂浆凝结时间测定仪，由试针、容器、压力表和支座四部分组成，并应符合下列规定：

试针：应由不锈钢制成，截面积为30mm²。

盛浆容器：应由钢制成，内径为 140mm，高度为 75mm。

压力：测量精度为 0.5N。

支座：分为底座、支架及操作杆三部分，应由铸铁或钢制成。

（2）定时钟或秒表。

3）检测步骤

（1）将制备好的砂浆拌合物装入盛浆容器内，砂浆应低于容器口 10mm，轻轻敲击容器，并予以抹平，盖上盖子，放在 20℃±2℃的试验环境下保存。

（2）砂浆表面的泌水不得清除，将容器放到压力表座上。

（3）测定贯入阻力值，用截面面积为 30mm² 的贯入试针与砂浆表面接触，在 10s 内缓慢而均匀地垂直压入砂浆内部 25mm 深，每次贯入时记录仪表读数 N_p，贯入杆离开容器边缘或已贯入部位应至少为 12mm。

（4）在 20℃±2℃的试验条件下，实际贯入阻力值应在成型后 2h 开始测定，并应每隔 30min 测定一次，当贯入阻力值达到 0.3MPa 时，应改为每 15min 测定一次，直至贯入阻力值达到 0.7MPa。

（5）在施工现场测定凝结时间应符合下列规定：

① 当在施工现场测定砂浆的凝结时间时，砂浆的稠度、养护和测定的温度应与现场相同。

② 在测定湿拌砂浆的凝结时间时，时间间隔可根据实际情况定为受检砂浆预测凝结时间的 1/4、1/2、3/4 等来测定，当接近凝结时间时可每 15min 测定一次。

4）结果处理与评定

（1）砂浆贯入阻力值按式(4.3-5)计算。

$$f_p = \frac{N_p}{A_p}$$ (4.3-5)

式中：f_p——贯入阻力值（MPa），精确至 0.01MPa；

　　　N_p——贯入深度至 25mm 时静压力（N），精确至 0.5N；

　　　A_p——贯入试针的截面积，即 30mm²。

（2）砂浆凝结时间的确定[30]：

① 凝结时间的确定可采用图示法或内插法，有争议时应以图示法为准。从加水搅拌开始计时，分别记录时间和相应的贯入阻力值，根据试验所得各阶段的贯入阻力与时间的关系绘图，由图求出贯入阻力值达到 0.5MPa 时所需的时间 t（min），此时的 t 值即为砂浆的凝结时间测定值。

② 测定砂浆凝结时间时，应在同盘内取两个试样，以两个试验结果的算术平均值作为该砂浆的凝结时间值，两次试验结果的误差不应大于 30min，否则应重新测定。

5）实例

某砂浆的加水时间为 9:48，不同时间测定的贯入阻力值如表 4.3-12 所示。

砂浆的贯入阻力值　　　　　　　　　　　　　　　表 4.3-12

加水时间	9:48								
测试时间	12:50	13:20	13:50	14:05	14:20	14:35	14:50	15:05	15:20

续表

时间t/min	182	212	242	257	272	287	302	317	332
贯入静压力/N	0.4	1.6	3.5	4.6	6.0	7.5	9.2	11.1	13.2
贯入阻力值f_p/MPa	0.01	0.05	0.12	0.15	0.20	0.25	0.31	0.37	0.44
测试时间	15:35	15:50	16:05	16:20	—	—	—	—	—
时间t/min	347	362	377	392	—	—	—	—	—
贯入静压力/N	15.4	17.8	20.4	23.1	—	—	—	—	—
贯入阻力值f_p/MPa	0.51	0.59	0.68	0.77	—	—	—	—	—

根据测试值绘制时间t与贯入阻力f_p的关系曲线，如图 4.3-2 所示。

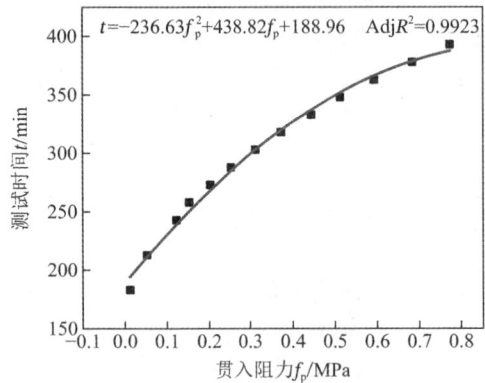

图 4.3-2　测试时间与贯入阻力的关系曲线

则砂浆的凝结时间为：当f_p =0.5MPa 时，
$t = -236.63 \times 0.5^2 + 438.82 \times 0.5 + 188.96 = 349$min，即该砂浆的凝结时间为 349min。

4.3.5.6　抗压强度

通过测试砂浆的抗压强度，检验其强度是否符合设计要求，为工程质量和安全评估提供依据。该方法适用于湿拌砂浆、干混砂浆的抗压强度检测。

1）试验环境条件

温度：20℃ ± 5℃。

2）仪器设备

（1）压力试验机：精度应为 1%，试件破坏荷载不小于压力机量程的 20%，且不应大于全量程的 80%。

（2）游标卡尺。

3）检测步骤

（1）试验前应将试件表面擦拭干净，测量尺寸，检查其外观，并应计算试件的承压面积。当实测尺寸与公称尺寸之差不超过 1mm 时，可按照公称尺寸进行计算，砂浆的公称尺寸为 70.7mm。

（2）将试件安放在试验机的下压板或下垫板上，试件的承压面应与成型时的顶面垂直，避免采用成型面作为承压面，并将试件中心与试验机下压板或下垫板中心对齐。

（3）开动试验机，当上压板与试件或上垫板接近时，调整球座，使接触面均衡受压。承压试验应连续而均匀地加荷，加荷速度应为 0.25～1.5kN/s；砂浆强度不大于 2.5MPa 时，宜取下限。当试件接近破坏而开始迅速变形时，抗压荷载开始下降，可停止压力试验机，记录破坏荷载。

4）结果处理与评定

砂浆立方体抗压强度应按式(4.3-6)计算。

$$f_{m,cu} = K \frac{N_u}{A}$$

(4.3-6)

式中：$f_{m,cu}$——砂浆立方体试件抗压强度（kg/m^3），精确至 0.1MPa；

$\qquad N_u$——试件破坏荷载（N）；

$\qquad A$——试件承压面积（mm^2）；

$\qquad K$——换算系数，取 1.35。

试验结果按以下要求确定[30]：

（1）应以三个试件测值的算术平均值作为该组试件的砂浆立方体抗压强度平均值，精确至 0.1MPa。

（2）当三个测值的最大值或最小值中有一个与中间值的差值超过中间值的 15% 时，应把最大值及最小值一并舍去，取中间值作为该组试件的抗压强度。

（3）当两个测值与中间值的差值均超过中间值的 15% 时，该组试验结果应为无效。

4.3.5.7 拉伸粘结强度

通过测定拉伸粘结强度，可用于评价受检砂浆与基体砂浆板之间的粘结性能。本方法适用于抹灰砂浆、防水砂浆的 14d 拉伸粘结强度试验。

1）试验环境条件

温度为 20℃ ± 5℃，相对湿度为 45%～75%。

2）仪器设备

（1）拉力试验机：破坏荷载应在其量程的 20%～80% 范围内，精度应为 1%，最小示值为 1N。

（2）拉伸专用夹具（图 4.3-3、图 4.3-4）：应符合现行行业标准《建筑室内用腻子》JG/T 298 的规定。

（3）成型框：外框尺寸为 70mm × 70mm，内框尺寸为 40mm × 40mm，厚度为 6mm，材料为硬聚氯乙烯或金属。成型框应选用侧边可调整的，否则在拆模时易对样品造成损坏，导致实测拉伸粘结强度偏低。

（4）钢制垫板：外框尺寸为 70mm × 70mm，内框尺寸为 43mm × 43mm，厚度为 3mm。

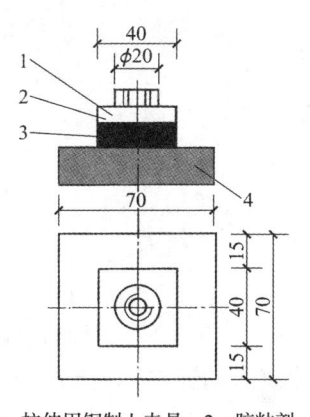

1—拉伸用钢制上夹具；2—胶粘剂；
3—受检砂浆；4—水泥砂浆块

图 4.3-3　拉伸专用上夹具和试件

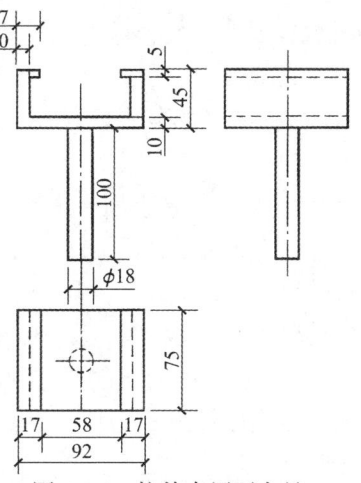

图 4.3-4　拉伸专用下夹具

3）检测步骤

（1）制备基底水泥砂浆试块

①原材料：水泥采用符合现行国家标准《通用硅酸盐水泥》GB 175 规定的 42.5 级水泥；砂应用符合现行行业标准《普通混凝土用砂、石质量及检验方法标准》JGJ 52 规定的中砂；水采用符合现行行业标准《混凝土用水标准》JGJ 63 规定的用水。

②配合比：水泥∶砂∶水 = 1∶3∶0.5（质量比）。

③成型：将制成的水泥砂浆倒入成型框中，振动成型或用抹灰刀均匀插捣 15 次，人工颠实 5 次，转 90°，再颠实 5 次，用刮刀以 45°方向抹平砂浆表面；试模内壁事先宜涂刷水性隔离剂，待干、备用。

④应在成型 24h 后脱模，并放入 20℃±2℃水中养护 6d，再在试验条件下放置 21d 以上。试验前，应用 200 号砂纸或磨石将水泥砂浆试件的成型面磨平，备用。

（2）制备受检砂浆料浆

干混砂浆料浆的制备应符合下列规定：

①待检样品应在试验条件下放置 24h 以上。

②应称取不少于 10kg 的待检样品，并按产品制造商提供比例进行水的称量；当产品制造商提供比例是一个值域范围时，应采用平均值。

③应先将待检样品放入砂浆搅拌机中，再启动机器，徐徐加入规定量的水，搅拌 3～5min。搅拌好的料应在 2h 内用完。

湿拌砂浆料浆的制备应符合下列规定：

①待检砂浆的原材料应在试验条件下放置 24h 以上。

②应按设计要求的配合比进行物料的称量，且干物料总量不得少于 10kg。

③应先将待检样品放入砂浆搅拌机中，再启动机器，徐徐加入规定量的水，搅拌 3～5min。搅拌好的料应在 2h 内用完。

（3）制备拉伸粘结强度试件

①将制备好的基底水泥砂浆块在水中浸泡 24h，并提前 5～10min 取出，用湿布擦拭表面。

②将成型框放在基底水泥砂浆块的成型面上，再将制备好的砂浆料浆或直接从现场取来的砂浆试样倒入成型框中，用抹灰刀均匀插捣 15 次，人工颠实 5 次，转 90°，再颠实 5 次，用刮刀以 45°方向抹平砂浆表面；24h 内脱模，在温度 20℃±2℃、相对湿度 60%～80%的环境中养护 13d。

③在试件表面以及上夹具表面涂上环氧树脂等高强度胶粘剂，然后将上夹具对正位置放在胶粘剂上，并确保上夹具不歪斜，除去周围溢出的胶粘剂，继续养护 24h。

（4）测定拉伸粘结强度

先将钢制垫板套入基底砂浆块上，再将拉伸粘结强度夹具安装到试验机上，然后将试件置于拉伸夹具中，夹具与试验机的连接宜采用球铰活动连接，以 5mm/min±1mm/min 速度加荷至试件破坏。当破坏形式为拉伸夹具与胶粘剂破坏时，试验结果无效。

4）结果处理与评定

（1）拉伸粘结强度应按式(4.3-7)计算。

$$f_{at} = \frac{F}{A_z}$$

(4.3-7)

式中：f_{at}——砂浆拉伸粘结强度（MPa）；

F——试件破坏时的破坏荷载（N）；

A_z——粘结面积（mm²）。

（2）拉伸粘结强度试验结果应按下列要求确定[29]：

① 应以 10 个试件测值的算术平均值作为拉伸粘结强度的试验结果。

② 当单个试件的强度值与平均值之差大于 20%时，应逐次舍弃偏差最大的试验值，直至各试验值与平均值之差不超过 20%；当 10 个试件中有效数据不少于 6 个时，取有效数据的平均值为试验结果，结果精确至 0.01MPa。

③ 当 10 个试件中有效数据不足 6 个时，此组试验结果应为无效，并应重新制备试件进行试验。

（3）对于有特殊条件要求的拉伸粘结强度，应先按照特殊条件要求处理后，再进行试验。

4.3.5.8　抗渗性能

通过比较不同配合比砂浆的抗渗性能，可为配合比的优化提供参考。本方法适用于测定防水砂浆的抗渗性能。

1）仪器设备

（1）金属试模：上口直径 70mm，下口直径 80mm，高 30mm 的截头圆锥带底金属试模。

（2）砂浆渗透仪。

2）检测步骤

（1）将拌合好的砂浆一次装入试模中，用抹刀插捣数次，当填充砂浆略高于试模边缘时，用抹刀以 45°角一次性将试模表面多余的砂浆刮去，再用抹刀以较平的角度在试模表面反方向将砂浆刮平，共成型 6 个试件。

（2）试件成型后应在室温 20℃±5℃的环境下，静置 24h±2h 后脱模。试件脱模后放入温度 20℃±2℃、湿度 90%以上的养护室养护至规定龄期，取出待表面干燥后，用密封材料密封装入砂浆渗透仪中进行透水试验。

（3）从 0.2MPa 开始加压，恒压 2h 后增至 0.3MPa，以后每隔 1h 增加 0.1MPa，当 6 个试件中有 3 个试件端面出现渗水现象时，停止试验，记录当时水压。在试验过程中，如发现水从试件周边渗出，则应停止试验，重新密封。

（4）抗渗试件的密封是砂浆抗渗试验的关键，倘若密封不当，极易出现加压过程中水从抗渗试模侧边渗出的现象，影响最终的试验结果和判断。目前常用的密封材料包括石蜡加松香、水泥加黄油、橡胶套、防水密封卷材等。需要注意的是，在密封操作时，应避免使密封材料粘附在抗渗试件的上下端面上，同时应尽量避免挤压，防止因密封操作而导致砂浆抗渗试件内部出现损伤，影响其抗渗性能。

3）结果处理与处理

砂浆抗渗压力值以每组 6 个试件中 4 个试件未出现渗水时的最大压力计算，应按式 (4.3-8)计算[30]。

$$P = H - 0.1 \tag{4.3-8}$$

式中：P——砂浆抗渗压力值（MPa），精确至 0.01MPa；

H——6 个试件中 3 个试件渗水时的水压力（MPa）。

4.3.6 评判规则

4.3.6.1 湿拌砂浆判定

检验项目符合 4.3.5.1～4.3.5.8 节的相关要求时，判定该批产品合格；当有一项指标不符合要求时，则判定该批产品不合格。

4.3.6.2 干混砂浆判定

检验项目符合 4.3.5.1～4.3.5.8 节的相关要求时，判定该批产品合格；当有一项指标不符合要求时，则判定该批产品不合格。

第5章

金属材料及制品

5.1 概述

金属材料及制品种类较多，本章主要针对常见种类的钢筋及连接、预应力钢绞线、预应力混凝土用锚固夹具及连接器和焊接材料进行介绍。

5.1.1 检测参数及标准

本章所述金属材料及制品的检测参数及检评依据如表 5.1-1 所示。

金属材料及制品的检测参数及检评依据 表 5.1-1

检测项目		检测参数	检测依据	评定标准
钢筋原材	光圆钢筋	拉伸、弯曲、重量偏差	GB/T 28900 GB 1499.1	GB 1499.1
	带肋钢筋	拉伸、弯曲、反向弯曲、重量偏差	GB/T 28900 GB 1499.2	GB 1499.2
钢筋机械连接		极限抗拉强度、单向拉伸残余变形	JGJ 107	JGJ 107
钢筋焊接		抗拉强度、弯曲性能	JGJ/T 27	JGJ 18
预应力混凝土用钢绞线		拉伸试验（整根钢绞线最大力、0.2%屈服力、最大力总伸长率、弹性模量）	GB/T 21839	GB/T 5224
预应力筋用锚具、夹具和连接器		洛氏硬度、布氏硬度、静载锚固性能	GB/T 230.1 GB/T 231.1 GB/T 14370	GB/T 14370
焊接材料	焊丝	拉伸、冲击、化学分析	GB/T 2652 GB/T 2650 GB/T 4336	GB/T 5293、GB/T 8110、GB/T 10045、GB/T 17493、GB/T 12470、GB/T 5117、GB/T 5118、GB/T 983、GB/T 3669 等
	焊条			

5.1.2 术语和定义

5.1.2.1 钢筋

钢筋混凝土用和预应力钢筋混凝土用钢材，其横截面为圆形，有时为带有圆角的方形。包括光圆钢筋、带肋钢筋和扭转钢筋。

5.1.2.2 钢筋机械连接

通过钢筋与连接件或其他介入材料的机械咬合作用或钢筋端面的承压作用，将一根钢筋中的力传递至另一根钢筋的连接方法[31]。

5.1.2.3 钢筋焊接

使用电焊设备将钢筋沿轴向接长或交叉连接。

5.1.2.4 预应力混凝土用钢绞线

采用高碳钢盘条，经过表面处理后冷拔成钢丝，然后将一定数量的钢丝绞合成股，再经过消除应力的稳定化处理过程而成。为延长耐久性，钢丝上可以有金属或非金属的镀层或涂层，如镀锌、涂环氧树脂等。为增加与混凝土的握裹力，表面可以有刻痕。

5.1.2.5 锚具

预应力混凝土中所用的永久性锚固装置，是在后张法结构或构件中，为保持预应力筋的拉力并将其传递到混凝土内部的锚固工具，也称为预应力锚具。

5.1.2.6 夹片

是夹片式锚具的核心部件，也是固定主锚体和预应力钢筋的关键组件。

5.1.2.7 焊接材料

焊接时所消耗的介质材料的通称。

5.1.2.8 强屈比

表征钢筋的抗震性能，是由钢筋的抗拉强度实测值除以屈服强度实测值得来的。强屈比越大，则钢材受力超过屈服点后可靠性越高，反映了钢材的强度储备。

5.1.2.9 超屈比

钢筋的屈服强度实测值与屈服强度标准值的比值，主要考核钢筋的材质；是衡量钢筋在受力时抗弯稳定性和强度之间的重要指标。

5.1.2.10 抗拉强度

相应于最大力时的应力，通过实测极限荷载除以公称横截面积而得出[32]。

5.1.2.11 屈服强度

当金属材料呈现屈服现象时，在试验期间金属材料产生塑性变形而力不增加时的应力点[32]。

5.1.2.12 最大力总延伸率

最大力时的总延伸（弹性延伸加塑性延伸）与引伸计标距（L_0）之比，以百分率表示[32]。

5.1.2.13 断后伸长率

断后标距的残余伸长（$L_u - L_0$）与原始标距（L_0）之比，以百分率表示[32]。

5.1.2.14　残余变形

试件按规定的加载制度加载并卸载后，在规定标距内所测得的变形[31]。

5.2　钢筋原材

5.2.1　分类与标识

5.2.1.1　分类

按照钢筋的生产工艺，可将其分为热轧钢筋和冷轧钢筋。热轧钢筋在高温下轧制形成，成本较低，适合大规模生产，是目前建筑工程中主要使用的钢筋种类；冷轧钢筋的制造一般在室温下进行，产品尺寸更精确，强度、硬度相比热轧钢筋更高。

根据外形特征，热轧钢筋可分为热轧光圆钢筋和热轧带肋钢筋。其中，热轧光圆钢筋的表面光滑（图 5.2-1），强度相对较低，伸长率大，便于弯折成型，容易焊接，一般作为非受力筋使用，如板的分布筋、负筋以及梁、柱的箍筋等。热轧带肋钢筋的表面通常带有两道纵肋和沿长度方向均匀分布的横肋（图 5.2-2），因而热轧带肋钢筋与混凝土的粘结能力更强，能更好地协同承受外力作用，在钢筋混凝土结构作为各个构件的受力钢筋被大规模使用。

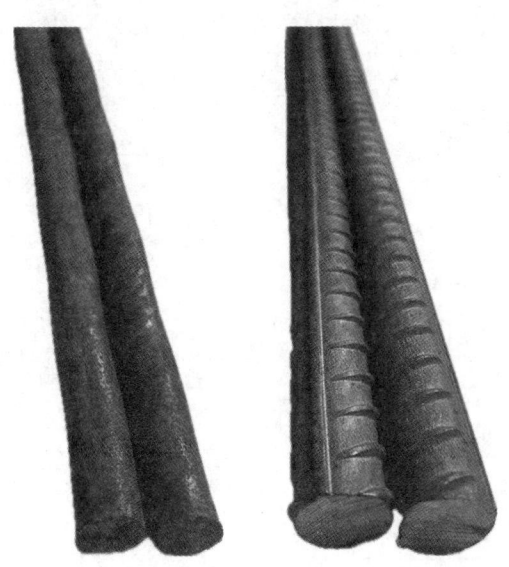

图 5.2-1　热轧光圆钢筋　图 5.2-2　热轧带肋钢筋

5.2.1.2　牌号

热轧光圆钢筋，以 HPB（Hot-rolled Plain Bars）表示，如 HPB300 表示屈服强度为不小于 300MPa 的热轧光圆钢筋。热轧带肋钢筋，以 HRB（Hot-rolled Ribbed Bars）表示，例如 HRB500 代表屈服强度为不小于 500MPa 的热轧带肋钢筋。

在钢筋的牌号表示中，还可能出现 E 与 F 的标识字样。其中，E（Earthquake）代表钢筋符合抗震性的要求；F（Fine）代表细晶粒钢筋，即钢筋在热轧过程中，通过控轧和控冷工艺形成的细晶粒钢筋。

热轧钢筋牌号按强度等级可分为 HPB300、HRB400、HRB500 和 HRB600。工程中应根据对应的设计要求选用合适强度等级的钢筋。选择适当的钢筋强度等级对于结构的稳固性和耐久性至关重要。在确定钢筋强度时，需考虑工程的荷载、结构用途和设计规范。过低的强度可能导致结构不稳定，而过高的强度则可能增加成本且难以施工。因此，综合考虑建筑需求、安全性和经济性，确保所选强度等级满足设计要求，是制订工程材料方案时的重要考虑因素。

钢筋由钢铁材料加工制造而成。钢铁是一种铁碳合金，主要由铁元素（Fe）和碳元素（C）组成。钢的含碳量在 2.06% 以下，常用钢材的含碳量通常在 1.3% 以下，而铁的含碳量在 2.06% 以上。除了铁和碳，钢筋中还含有微量的硅（Si）、锰（Mn）、硫（S）、磷（P）等元素。这些微量元素对钢筋性能产生显著影响。碳是决定钢筋性能的主要元素，其含量的增加使得钢筋的强度和硬度相应提高，而塑性和韧性则随之降低。锰和硅在钢筋中起到有益的作用，具有良好的脱氧能力，能够还原钢中的氧化铁，同时可以溶解于铁素体中，提高钢的强度。相反，硫和磷是有害的元素，其中硫可能与铁形成低熔点（985℃）的共晶体（FeS + Fe），存在于晶界处，容易导致钢材热脆性；磷会显著降低钢的塑性、韧性和焊接性，在低温时会产生冷脆性问题。为确保钢筋质量，各微量元素的含量需符合表 5.2-1 中的规定，其中硅与锰的允许含量远高于硫和磷。

钢筋中化学成分的技术要求　　　　　　　　　　表 5.2-1

钢筋种类	牌号	化学成分（质量分数）/%					碳当量 Ceq/%
		C	Si	Mn	P	S	
		不大于					
热轧光圆钢筋	HPB300		0.55	1.50			—
热轧带肋钢筋	HRB400	0.25	0.80	1.6	0.045	0.045	0.54
	HRBF400						
	HRB400E						
	HRBF400E						
	HRB500						0.55
	HRBF500						
	HRB500E						
	HRBF500E						
	HRB600	0.28					0.58

5.2.2　抽样与制样

根据现行国家标准《钢筋混凝土用钢　第 1 部分：热轧光圆钢筋》GB 1499.1[33] 和《钢筋混凝土用钢　第 2 部分：热轧带肋钢筋》GB 1499.2[34]，热轧光圆钢筋与热轧带肋钢筋在取样时应符合表 5.2-2 所示要求。试样应随机从不同根钢筋上截取。

热轧光圆钢筋、热轧带肋钢筋的取样要求　　　　表 5.2-2

钢筋种类	检测参数	检测标准	试样规格	试样数量
光圆钢筋	重量偏差	GB 1499.1	长度不小于 500mm，且钢筋两端需磨平	不少于 5 根
带肋钢筋		GB 1499.2		
光圆钢筋	拉伸试验	GB/T 28900	长度不小于 2 倍拉伸夹头长度 +5.65$\sqrt{S_0}$（S_0为钢筋公称横截面面积）	2 根
带肋钢筋				
光圆钢筋	弯曲性能	GB/T 28900	1. 支辊式弯曲设备：长度应不小于弯心直径 + 2.5 倍钢筋直径； 2. 单边滚动式弯曲设备：长度根据弯心直径的弯头大小选择（建议取不小于弯头周长的长度）	2 根
带肋钢筋				
带肋钢筋	反向弯曲性能	GB/T 28900	长度根据弯心直径大小选择（建议取 600mm）	1 根

5.2.3　重量偏差

5.2.3.1　简介

钢筋重量偏差是指实际钢筋重量与标称重量之间的差异。在钢筋检测中，准确了解钢筋的重量信息至关重要。钢的屈服强度、抗拉强度等性质与材料中的合金元素、冶炼过程等因素密切相关，这些因素的改变可能引起钢筋密度与重量的变化。因此，钢筋重量偏差过大可能影响钢筋混凝土结构的强度和安全性。重量偏差的检测意义在于确保工程符合设计要求，预防使用次标、次质或不合格钢筋，维护建筑质量与安全。通过检测重量偏差，可提前发现问题，确保建筑结构的可靠性和耐久性。需要注意的是，重量偏差是钢筋检测时唯一不允许复检的项目，稳定的重量偏差对于减少钢筋强度波动至关重要。

5.2.3.2　技术要求

热轧光圆钢筋和热轧带肋钢筋的重量偏差应分别符合表 5.2-3 和表 5.2-4 的规定。

热轧光圆钢筋的重量偏差技术要求　　　　表 5.2-3

公称直径/mm	实际重量与理论重量的偏差/%
6～12	±5.5
14～20	±4.5
22～25	±3.5

热轧带肋钢筋的重量偏差技术要求　　　　表 5.2-4

公称直径/mm	实际重量与理论重量的偏差/%
6～12	±5.5
14～20	±4.5
22～50	±3.5

5.2.3.3　试样准备

（1）试样：检测用钢筋原材试样应至少从 5 根不同的钢筋上各截取一根，试样表面应无损伤，两端面需平整，避免出现斜切面。

（2）仪器设备：钢直尺（长度需大于500mm，至少精确至1mm）、电子天平（至少精确至1g）、钢筋称重测长仪。

（3）仪器调试：检查钢直尺是否有损伤等不符合要求的情况，电子天平打开电源后需进行恢复零位操作；钢筋称重测长仪需按作业指导书打开电源，检查红外线是否正常；仪器需清理干净，最后将示值恢复零位。

5.2.3.4　检测步骤

（1）手工法：将准备好的试样逐根测量长度（精确至1mm），再将试样置于电子天平上测量试样总重量（精确到不大于总重量的1%，记录试样总长度与试样总质量。

（2）仪器法：将准备好的试样逐根置于钢筋称重测长仪上，点击启动测量；测量结束后记录试样长度与试样总质量并将数据上传。

5.2.3.5　结果处理

实际重量与理论重量的偏差应按式(5.2-1)计算。

$$\eta = \frac{M - L \cdot m}{L \cdot m} \times 100 \tag{5.2-1}$$

式中：η——实际重量与理论重量的偏差（%）；

M——试样实际总重量（g）；

L——试样总长度（mm）；

m——理论单位重量（g/mm）。

试验结果精确至0.1%。

试验结果应符合表5.2-3和表5.2-4的要求，不应进行复检。

5.2.4　拉伸性能

5.2.4.1　简介

钢筋拉伸性能的关键技术指标包括屈服强度、抗拉强度、抗震性能、伸长率、弹性模量、断面收缩率、断后伸长率以及最大力总延伸率。这些指标直接关系到结构的安全性、变形能力和稳定性。若屈服强度、抗拉强度、伸长率、断面收缩率不达标，可能导致结构在荷载作用下产生裂缝、塑性变形或局部失稳，影响结构的承载能力和安全性。弹性模量低可能导致结构变形大，影响整体稳定性。断后伸长率和最大力总延伸率不足可能使结构在受力后失去韧性和延展性，引发局部破坏。确保这些技术指标符合要求是建筑结构安全、可靠和耐久的重要保障。若钢筋性能不达标可能导致结构在极端情况下提前失效，危及人员生命安全和财产安全。因此，对钢筋拉伸性能进行全面检测和控制至关重要。

在钢筋拉伸的检测过程中，钢筋的拉伸变形曲线一般符合图5.2-3所示的应力-应变关系。钢筋自受力直至拉断过程可分为四个阶段：①弹性阶段（O—A）；②屈服阶段（A—B）；③强化阶段（B—C）；④颈缩阶段（C—D）。钢筋拉伸试验的检测参数主要包括：

（1）下屈服强度R_{eL}。表示在拉伸试验中，不计初始瞬时效应时的最小应力值。

（2）抗拉强度R_m。表示钢筋在拉伸试验中达到的最大应力值。

（3）断后伸长率A。衡量钢筋在断裂后延伸的程度，是钢筋拉伸破坏后的变形性能指标。

（4）最大力总延伸率A_{gt}。表示在拉伸试验中，钢筋达到最大力时的总延伸率。

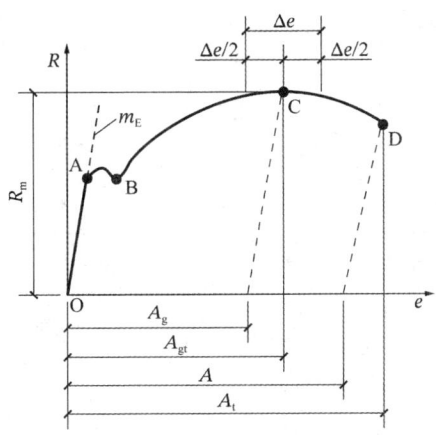

图 5.2-3　钢筋拉伸应力-应变关系

强屈比和超屈比可根据上述检测结果计算得到。钢筋强屈比的计算式可表示为：强屈比 = 抗拉强度/屈服强度，一般要求不小于 1.25。强屈比过低说明钢筋抵抗变形性能不足，在达到屈服强度之后会发生较大的塑性变形，抗拉能力逐渐减弱。

钢筋超屈比R_t的计算式可表示为：R_t = 实测屈服强度/标准屈服强度。超屈比过大表明实际使用的钢筋屈服强度较高，结构在设计荷载下可能不会发生预期的变形，影响结构整体的韧性和延展性。对于抗震等级为一、二、三级框架结构的纵向受力钢筋，其超屈比不应大于 1.30。

5.2.4.2　技术要求

热轧光圆钢筋和热轧带肋钢筋的力学性能参数应分别符合表 5.2-5 和表 5.2-6 的规定。

热轧光圆钢筋的力学性能技术要求　　　　　表 5.2-5

牌号	下屈服强度 R_{eL}/MPa	抗拉强度 R_m/MPa	断后伸长率 A/%	最大力总延伸率 A_{gt}/%	冷弯试验 180°
	不小于				
HPB300	300	420	25	10.0	$d = a$

注：d—弯芯直径；a—钢筋公称直径。

热轧带肋钢筋的力学性能技术要求　　　　　表 5.2-6

牌号	下屈服强度 R_{eL}/MPa	抗拉强度 R_m/MPa	断后伸长率 A/%	最大力总延伸率 A_{gt}/%	强屈比 $R_m^{\circ}/R_{eL}^{\circ}$	超屈比 R_{eL}°/R_{eL}
	不小于					不大于
HRB400 HRBF400	400	540	16	7.5	—	—
HRB400E HRBF400E			—	9.0	1.25	1.30

牌号	下屈服强度 R_{eL}/MPa	抗拉强度 R_m/MPa	断后伸长率 A/%	最大力总延伸率 A_{gt}/%	强屈比 R_m°/R_{eL}	超屈比 R_{eL}°/R_{eL}
			不小于			不大于
HRB500 HRBF500	500	630	15	7.5	—	—
HRB500E HRBF500E			—	9.0	1.25	1.30
HRB600	600	730	14	7.5	—	—

注：对于公称直径 28～40mm 的各牌号钢筋，断后伸长率A可降低 1%；对于公称直径大于 40mm 的各牌号钢筋，断后伸长率A可降低 2%。

5.2.4.3 试验准备

1）试样要求

（1）钢筋表面应保持清洁，无可见损伤。锈蚀程度应按以下标准进行评估：轻微锈蚀（浮锈）表现为点状黄褐色锈斑，中度锈蚀（陈锈）为红褐色且锈蚀面积较大，重度锈蚀（老锈）为深褐色或黑色块状。轻微锈蚀的钢筋在不影响其力学性能和与混凝土的粘结力的情况下，通常不需要除锈处理。中度和重度锈蚀的钢筋则需进行专业的除锈处理，以确保其性能和结构的安全性。

（2）试样不允许进行车削加工。

（3）除非供需双方另有协议或产品标准有规定，试样应从符合交货状态的钢材上制取。

（4）对于从盘卷（盘条或钢丝）上制取的试样，在试验前应进行矫直，并确保最小的塑性变形。试样的矫直方式（手工、机械）应记录在试验报告中。在室温拉伸试验、轴向疲劳试验、循环非弹性荷载试验、弯曲试验、反向弯曲试验和质量偏差测定中，试样的矫直至关重要。但过度的矫直极易造成力学及工艺性能的变化，建议采用橡胶锤、木头锤轻击或使用专用装置等方式，在确保钢筋矫直过程保持在弹性阶段内的基础上，尽量使试样的轴线与力的作用线重合或处于同一平面内。

（5）试样的平行长度应满足断后伸长率或最大力总延伸率的测定要求。试样的平行长度是指试样在拉伸试验中有效的长度（试验机上下夹头之间的距离）。为确保测定断后伸长率的准确性，平行长度需设置为试样直径的 20～50 倍范围内，以充分捕捉试样断裂后的延伸信息。例如，对于直径为 10mm 的钢筋，平行长度可设置在 200～500mm 之间。此范围内的平行长度可确保在拉伸试验中获取可靠而精准的断后伸长率或最大力总延伸率。

（6）当通过手工方法测定断后伸长率时，试样应根据现行国家标准《金属材料 拉伸试验 第 1 部分：室温试验方法》GB/T 228.1 标记原始标距。

（7）当通过手工方法测定最大力总延伸率时，应在试样的平行长度上标出等距标记。标记点之间的距离通常根据试样直径进行选择，一般取 20mm、10mm 或 5mm。具体的选择方法如表 5.2-7 所示。

等距标记点间距

表 5.2-7

公称直径/mm	断后伸长率 原始标距/mm	断后伸长率可选择 等距标记点间距/mm	最大力总延伸率 原始标距/mm	最大力总延伸率可选择等 距标记点间距/mm
6	30	5 或 10	100	5、10 或 20
8	40	5、10 或 20	100	5、10 或 20
10	50	5 或 10	100	5、10 或 20
12	60	5、10 或 20	100	5、10 或 20
14	70	5 或 10	100	5、10 或 20
16	80	5、10 或 20	100	5、10 或 20
18	90	5 或 10	100	5、10 或 20
20	100	5、10 或 20	100	5、10 或 20
22	110	5 或 10	100	5、10 或 20
25	125	5	100	5、10 或 20
28	140	5 或 10	100	5、10 或 20
32	160	5、10 或 20	100	5、10 或 20
36	180	5、10 或 20	100	5、10 或 20
40	200	5、10 或 20	100	5、10 或 20
50	250	5 或 10	100	5、10 或 20

夹持时应根据公称直径来计算最小平行长度，以留有足够的长度进行伸长率检测。

2）试验环境条件

除非另有规定，试验应在 10～35℃的室温环境下进行。对于室温不满足上述要求的实验室，应评估此类环境条件下运行的试验机对试验结果和校准数据的影响。当试验和校准过程不满足 10～35℃的要求时，应记录试验温度。如果在试验和校准过程中存在较大温度梯度，测量不确定度可能上升，且可能出现超差情况[32]。

3）试验设备校准与记录

在钢筋力学性能测试中，试验机及相关配件应符合以下要求[35]：

（1）万能试验机应根据现行国家标准《金属材料 静力单轴试验机的检验与校准 第 1 部分：拉力和（或）压力试验机 测力系统的检验与校准》GB/T 16825.1 进行校准，至少达到 1 级。

（2）当使用引伸计测定下屈服强度时，引伸计精度应达到 1 级；测定最大力总延伸率时，可使用 2 级精度的引伸计。

（3）用于测定最大力总延伸率的引伸计应至少有 100mm 的标距长度，标距长度应记录在试验报告中。

4）试验速率的计算与设置

试验速率的设置有三种方法，分别为方法 A1、方法 A2 和方法 B。其中，方法 A1 和 A2 使用的试验速率是应变速率，而方法 B 使用应力速率。

（1）方法 A1

方法 A1 属于闭环方法，在钢筋拉伸试验中，闭环方法是一种常用的加载控制方式。该方法通过引伸计实时反馈试样的应变，根据反馈信号调整加载速率，以维持设定的应变速率。相比于开环控制，闭环控制更易于即时纠正试样的变形情况，确保加载过程中达到准确的应变速率。这种方法有助于获取精确的应力-应变曲线，提供详尽的材料力学性能数据。在一些标准的材料测试中，尤其是需要应变控制的试验，闭环控制方法通常是被推荐或要求的，以确保试验的准确性和可重复性。

（2）方法 A2

图 5.2-4　钢筋夹头之间的距离与平行长度

方法 A2 是开环方法，采用应变速率的方式控制加载速率。应变速率是指材料在拉伸或压缩等受力情况下，单位时间内发生的应变的变化率。在钢筋拉伸试验中，应变速率通过控制加载系统（横梁）的位移速率（V）实现。横梁位移速率可通过 $V = L \times e\dot{L}_e$ 计算得到，其中 L 为平行长度（图 5.2-4），即上下横梁间的距离。$e\dot{L}_e$ 为根据试验需求选取的应变速率。

接下来说明试验中各阶段应变速率的选取原则[32]。

在测定上屈服强度（R_{eH}）、规定非比例延伸强度（R_p）、规定总延伸强度（R_t）和规定残余延伸强度（R_τ）时，$e\dot{L}_e$ 应尽可能保持恒定。在测定这些性能时，$e\dot{L}_e$ 应选取下列两个范围之一：

——范围 1：$e\dot{L}_e = 0.00007s^{-1}$，相对偏差 ±20%；

——范围 2：$e\dot{L}_e = 0.00025s^{-1}$，相对偏差 ±20%（如果没有其他规定，推荐选取该速率）。

当试验施加的压力超过钢筋的上屈服强度之后，在测定下屈服强度（R_{eL}）和屈服点延伸率时，$e\dot{L}_e$ 应选取下列两个范围之一，并保持到不连续屈服结束：

——范围 2：$e\dot{L}_e = 0.00025s^{-1}$，相对偏差 ±20%（测定 R_{eL} 时推荐该速率）；

——范围 3：$e\dot{L}_e = 0.002s^{-1}$，相对偏差 ±20%。

在测定屈服强度或塑性延伸强度后，$e\dot{L}_e$ 应在下述范围中选取：

——范围 2：$e\dot{L}_e = 0.00025s^{-1}$，相对偏差 ±20%；

——范围 3：$e\dot{L}_e = 0.002s^{-1}$，相对偏差 ±20%；

——范围 4：$e\dot{L}_e = 0.0067s^{-1}$，相对偏差 ±20%（0.4min^{-1}，相对偏差 ±20%）（如果没有其他规定，推荐选取该速率）。

如果拉伸试验只测定抗拉强度，可选取范围 3 或范围 4 内的 $e\dot{L}_e$，全程保持相同的 $e\dot{L}_e$ 直到试验结束。

（3）方法 B

方法 B 通过应力速率方式描述加载速率。应力速率是指单位时间内施加在试样上的应力的变化率，单位是 MPa/s。在钢筋拉伸试验的弹性范围和直至上屈服强度之前的阶段，试验机夹头施加的应力速率应处于表 5.2-8 规定的范围内，并尽可能保持恒定。任何情况下，弹性范围内的应力速率不应超过表 5.2-8 规定的最大速率。

钢筋拉伸试验中弹性范围应力速率 表 5.2-8

材料弹性模量E/MPa	应力速率$\dot{R}$/（MPa/s）	
	最小	最大
< 150000	2	20
≥ 150000	6	60

注：弹性模量小于 150000MPa 的典型材料包括锰、铝合金、铜和钛。弹性模量不小于 150000MPa 的典型材料包括铁、钢、钨和镍基合金。

如仅测定下屈服强度，在试样屈服期间应变速率应为 $0.00025s^{-1}$～$0.0025s^{-1}$，并尽可能保持恒定。如不能直接调节这一应变速率，应通过调整屈服即将开始前的应力速率来调节，在屈服完成之前不再调节试验速率。直至规定强度（规定塑性延伸强度、规定总延伸强度和规定残余延伸强度），横梁位移速率应保持任何情况下应变速率不超过 $0.0025s^{-1}$。

5.2.4.4 检测步骤

使用万能试验机（搭配相应夹具）、引伸计以及游标卡尺，按照现行国家标准《钢筋混凝土用钢材试验方法》GB/T 28900 对钢筋的屈服强度、抗拉强度和伸长率进行检验，并利用测得的屈服强度和抗拉强度计算强屈比以及超屈比。

具体的操作步骤如下。

（1）目前主要采用打点法和视频引伸计等方法对钢筋拉伸变形进行测量。打点法需要在钢筋上提前标记，主要有激光打点法和连续式钢筋打点机打点法。如果选择使用连续式钢筋打点机（图 5.2-5），可根据试样直径选定标记距离为 5mm 或 10mm，对钢筋进行打点以确定原始标距，确保整根钢筋在纵向上均匀分布标记点。

（2）选择合适量程的万能试验机。参考试验标准中的建议和要求，根据钢筋直径选用尺寸和形状相匹配的夹头，以避免在夹持过程中产生应力集中。查阅万能试验机的操作指南，按照指导顺序打开油泵和试验软件，确保夹头在空载情况下力值清零，以验证万能试验机状态是否良好。

（3）确认无误后，将试样放置于万能试验机上下夹头的中央位置（图 5.2-6），确保夹持端至少在夹具总长度的 2/3 以上，并使用精度不低于 1mm 的卷尺或钢尺测量平行长度（即两夹持端的距离）。

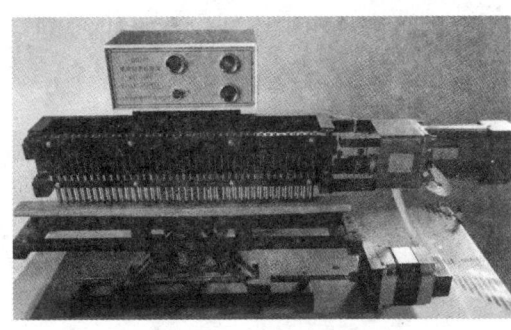

图 5.2-5 钢筋打点机

图 5.2-6 钢筋的夹持

（4）按照5.2.4.3节4）的试验速率计算方法，确定钢筋在屈服和断裂阶段的横梁位移速率。在拉伸过程中的弹性阶段，需以匀速拉伸至钢筋屈服，然后切换至断裂过程的加载速率，将试样拉伸至断裂。

（5）钢筋断裂后，停止万能试验机加载，记录试验曲线的屈服荷载和极限荷载，应用相应公式计算屈服强度和抗拉强度，最终根据现行行业标准《冶金技术标准的数值修约与检测数值的判定》YB/T 081规定修约至5MPa。对于有抗震要求的钢筋，需计算超屈比和强屈比。

（6）加载试验完成后，取下试样。对于无抗震要求的钢筋，使用游标卡尺确保断裂点位于中央，并通过游标卡尺测量断后标距。按"(断后标距－原始标距)/原始标距"计算断后伸长率（图5.2-7）。如钢筋用于抗震结构，可手动测量原始标距为100mm的断后标距，进而计算最大力总延伸率（图5.2-8）。

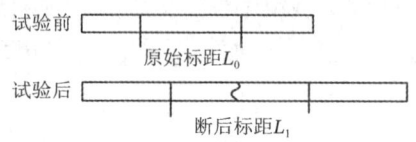 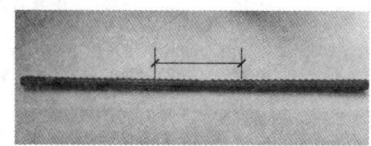

图5.2-7 钢筋断后伸长率示意图　　图5.2-8 手工法测定钢筋断后伸长率

5.2.4.5　结果处理

1）结果计算

在5.2.4.4节中测得的试验参数可按照如下方式处理计算并得到试验结果。

断后原始标距：$L_0 = k\sqrt{S_0}$，一般k取5.65，S_0为原始横截面积。

屈服强度按式(5.2-2)计算。

$$R_{el} = \frac{F_{el}}{S_0} \tag{5.2-2}$$

式中：R_{el}——屈服强度（MPa），修约至5MPa；

　　　F_{el}——屈服荷载（N）；

　　　S_0——公称横截面积（mm^2）。

抗拉强度按式(5.2-3)计算。

$$R_m = \frac{F_m}{S_0} \tag{5.2-3}$$

式中：R_m——抗拉强度（MPa），修约至5MPa；

　　　F_m——极限荷载（N）；

　　　S_0——公称横截面积（mm^2）。

断后伸长率按式(5.2-4)计算。

$$A = \frac{L - L_0}{L_0} \times 100\% \tag{5.2-4}$$

式中：A——断后伸长率（%），修约至1%；

　　　L——测断后伸长率的断后标距（mm）；

　　　L_0——测断后伸长率的原始标距（mm）。

手工法测定最大力总延伸率按式(5.2-5)计算。

$$A_{gt} = \left(A_\tau + \frac{R_m}{2000} \right) \times 100 \qquad (5.2\text{-}5)$$

式中：A_{gt}——最大力总延伸率（%），修约至 0.1%；

　　　A_τ——断后均匀伸长率（%）；

　　　R_m——抗拉强度（MPa）。

强屈比：实测抗拉强度/实测屈服强度，修约至 0.01。

超屈比：实测屈服强度/规定屈服强度理论值，修约至 0.01。

试件断裂后，若需要用手工法测定最大力总延伸率，则需测定断后均匀伸长率（A_τ），应参考现行国家标准《金属材料　拉伸试验　第 1 部分：室温试验方法》GB/T　228.1 中断后伸长率（A）的测定方式进行。除非另有规定，原始标距（L'_0）应为 100mm。当试样断裂后，选择较长的一段试样测量断后标距（L'_u），并按照式(5.2-6)计算A_τ（测量方法见图 5.2-9）。其中断口和标距之间的距离（r_2）至少为 50mm 或 2d（选择较大者）。若夹持部位和标距之间的距离（r_1）小于 20mm 或 d（选择较大者）时，该试验可视为无效[35]。

$$A_\tau = \frac{L'_u - L'_0}{L'_0} \times 100 \qquad (5.2\text{-}6)$$

式中：A_τ——断后均匀伸长率（%）；

　　　L'_u——手工法测量A_{gt}时的断后标距（mm）；

　　　L'_0——手工法测量A_{gt}时的原始标距（mm）；

　　　100——比例系数，无量纲。

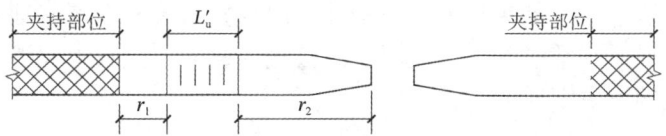

r_1—手工法测定A_{gt}时夹持部位和断后标距（L'_u）之间的距离；
r_2—手工法测定A_{gt}时断口和断后标距（L'_u）之间的距离

图 5.2-9　断后均匀伸长率测量方法示意图

2）注意事项

在进行钢筋拉伸性能检测时，需要注意以下事项：

（1）当钢筋拉断时，若断口位于夹持端内，不应采用夹持端内的标记点进行长度测量和断后伸长率的计算。

（2）如果钢筋拉伸试件在夹持端附近断裂，且与断口距离最接近的标距小于原始标距的 1/3 时，可以使用移位法确定其断后伸长率。

3）结果判定

试验结果需符合表 5.2-5 和表 5.2-6 的要求，初次结果不合格时，可进行双倍复检。

5.2.4.6　实例

某钢筋试样为牌号 HRB400E、公称直径 20mm 的带肋钢筋（钢筋横截面面积为 314.2mm²），夹持长度为 400mm。已知钢筋的弹性模量为 200000MPa。以应变速率（推荐速率）控制的方式测定钢筋的下屈服强度和抗拉强度。经试验测得下屈服荷载为 141.00kN、极限荷载为 194.43kN、最大力延伸率断后标距为 115.00mm。请参考国家标准《钢筋混凝

土用钢 第 2 部分：热轧带肋钢筋》GB 1499.2[34]，分别计算在应变速率控制下钢筋拉伸试验的下屈服强度前加载速率和拉断前加载速率，求出该试样的下屈服强度、抗拉强度、强屈比和超屈比，并评价钢筋是否符合相应的质量检测要求。

计算结果如表 5.2-9 所示。

钢筋试验实例计算结果　　　　　　　　　表 5.2-9

序号	项目	计算结果	修约后结果	检测要求	检测结论
1	下屈服强度前速率	$0.00025 \times 400 \times 60 = 6.0$mm/min	—	—	—
2	拉断前速率	$0.0067 \times 400 \times 60 = 160.8$mm/min	—	—	—
3	下屈服强度	$(141.00 \times 1000)/314.2 = 449$MPa	450MPa	大于 400MPa	合格
4	抗拉强度	$(194.43 \times 1000)/314.2 = 619$MPa	620MPa	大于 540MPa	合格
5	强屈比	$620/450 = 1.378$	1.38	大于 1.25	合格
6	超屈比	$450/400 = 1.125$	1.12	小于 1.30	合格

5.2.4.7　注意事项

（1）拉伸试验结束后，对于拉伸过程是否轴向对中，可通过钢筋断口形状进行判断。如断口位置呈圆形，说明设备上下夹口之间是轴向对中；如断后呈斜切面，则设备上下夹口之间是否轴向对中，需对设备进行检修。

（2）在选择屈服点时，如果拉伸过程中设备出现打滑现象，需仔细判断屈服阶段前后是否均存在打滑情况。正常情况下，屈服点波浪线曲线的下端较为圆滑；而当设备出现打滑时，该波浪曲线的下端则较为尖锐。

5.2.5　弯曲性能

5.2.5.1　简介

钢筋的弯曲能力是衡量其整体质量的关键属性之一，对于现代建筑工程具有特别的重要性。①质量评估标准：钢筋的弯曲能力是评价其是否符合建筑标准的重要指标，它直接影响到钢筋在施工和使用中的可靠性。②加工适应性：由于现代建筑中钢筋往往需要经过弯曲加工以适应不同的结构需求，因此，钢筋的弯曲性能直接关系到加工后的适用性。③安全风险预防：如果钢筋的弯曲性能不达标，可能会导致结构构件在受力时出现裂缝或断裂，增加安全隐患。因此，确保钢筋具有良好的弯曲性能对于预防潜在的结构风险至关重要。④施工质量的保障：通过定期对钢筋的弯曲性能进行检验，可以作为施工质量控制的一部分，确保所使用的钢筋材料在施工过程中能够达到预期的弯曲要求。⑤建筑质量与安全的基础：钢筋的弯曲性能测试是确保建筑物质量和安全的基础工作，有助于在施工前识别并解决可能的材料问题。

5.2.5.2　技术要求

（1）根据现行国家标准《钢筋混凝土用钢 第 1 部分：热轧光圆钢筋》GB 1499.1[33]的规定，热轧光圆钢筋（HPB300），在进行 180°弯曲试验时，要求按规定的弯曲压头直径弯曲 180°后，钢筋受弯曲部位表面不得产生裂纹。

（2）根据现行国家标准《钢筋混凝土用钢　第 2 部分：热轧带肋钢筋》GB 1499.2[34]的规定，热轧带肋钢筋（包括普通热轧钢筋和细晶粒热轧钢筋）在进行弯曲试验时，按规定的弯曲压头直径弯曲 180°后，钢筋受弯曲部位表面不得产生裂纹。

5.2.5.3　试验准备

（1）试样准备：参照 5.2.4 节中拉伸试验的试样准备。
（2）仪器设备：弯曲试验机。
（3）热轧钢筋按照表 5.2-10 的规定进行弯曲性能试验。

热轧钢筋的弯曲性能技术要求 　　表 5.2-10

牌号	公称直径d/mm	弯曲压头直径
HRB400 HRBF400 HRB400E HRBF400E	6～25	4d
	28～40	5d
	＞40～50	6d
HRB500 HRBF500 HRB500E HRBF500E	6～25	6d
	28～40	7d
	＞40～50	8d
HRB600	6～25	6d
	28～40	7d
	＞40～50	8d
HPB300	6～25	d

5.2.5.4　检测步骤

根据现行国家标准《钢筋混凝土用钢材试验方法》GB/T 28900[35]的方法检测钢筋的冷弯性能。先用游标卡尺测量样品直径，将样品置于冷弯试验机上，根据样品的尺寸和牌号算出弯心直径，选用合适的弯头，弯头直径参照表 5.2-10，调节好试验距离L＝弯心直径＋(2.5d～3.5d)(d为样品直径)，启动机器加压至 180°，试验后钢筋受弯曲部位产生裂纹。

5.2.5.5　结果处理

试样初检结果不符合要求时，可重新取双倍试样进行复检。

5.2.6　反向弯曲性能

5.2.6.1　简介

在工程实践中，钢筋的反向弯曲性能是一个重要的参考因素，尤其是在结构设计和施工过程中。①钢筋弯曲性能测试：为了确保钢筋在实际应用中能够满足设计要求，需要通过标准化的试验方法来检验钢筋在反向弯曲条件下的性能。②应对施工挑战：在施工过程中，钢筋可能会遇到需要反向弯曲的情况。通过测试，可以评估钢筋在这种条件下的适应性和耐久性。③实际应用的适应性：钢筋的反向弯曲性能测试有助于确定其在实际工程环境中的适用性，特别是在需要钢筋承受复杂应力路径的情况下。④结构安全性评估：通过反向弯曲性能的测试，可以评估钢筋在承受非预期弯曲或扭转时的安全性，这对于提高结构的整体稳定性和安全性至关重要。⑤施工质量控制：反向弯曲性能的检验是施工质量控制的一部分，以确保所使用的钢筋材料能够适应施工过程中可能遇到的各种工况。

5.2.6.2　技术要求

对带有牌号 E 的钢筋按照表 5.2-11 的规定进行反向弯曲试验，保证受弯曲部位表面不产生裂纹。

热轧钢筋的反向弯曲性能技术要求　　　　　　　　表 5.2-11

牌号	公称直径d/mm	弯曲压头直径
HRB400E HRBF400E	6～25	5d
	28～40	6d
	>40～50	7d
HRB500E HRBF500E	6～25	7d
	28～40	8d
	>40～50	9d

5.2.6.3　试验准备

（1）试样准备：参照 5.2.4 节中拉伸试验的试样准备。
（2）仪器设备：反向弯曲试验机。

5.2.6.4　检测步骤

根据现行国家标准《钢筋混凝土用钢材试验方法》GB/T 28900[35]和《钢筋混凝土用钢 第 2 部分：热轧带肋钢筋》GB 1499.2[34]中的规定检测钢筋的反向弯曲性能。先用游标卡尺测量样品直径，将样品置于弯曲试验机上，根据钢筋的牌号和直径选用合适的弯头（见表 5.2-11），装入弯头，调整好位置后先正向弯曲 90°，把经正向弯曲后的试样在 100℃±10℃温度下保温不少于 30min，经自然冷却后再反向弯曲 20°。试验后观察样品是否发生断裂。两个弯曲角度均应在保持载荷时测量。出厂检验准许在室温下直接进行反向弯曲，仲裁检验应在时效后进行反向弯曲。

5.2.6.5　结果处理

试样发生断裂时，可重新取样进行复检。

5.3　钢筋机械连接

5.3.1　分类和标识

常用的钢筋机械连接接头有：套筒挤压接头、锥螺纹接头、镦粗直螺纹接头、滚轧直螺纹接头（图 5.3-1）、套筒灌浆接头、熔融金属充填接头。

图 5.3-1　滚轧直螺纹接头

5.3.2　抽样与制样

极限抗拉强度与单向拉伸残余变形试件不应少于 3 个。同钢筋生产厂、同强度等级、同规格、同类型和同形式接头应以 500 个为一个验收批进行检验与验收，不足 500 个也应作为一个验收批[31]。

5.3.3　极限抗拉强度与单向拉伸残余变形

5.3.3.1　简介

极限抗拉强度和残余变形是材料力学性能评估中的两个关键概念。①材料的极限承载力：极限抗拉强度描述了材料在受到持续拉伸作用时，所能承受的最大应力水平。这个指标是评价材料在拉伸状态下达到其最大承载力并最终发生断裂前的性能。②结构材料的安全性评价：极限抗拉强度是评估结构材料在设计和使用过程中安全性的重要参数，帮助确定材料是否能够承受预期的最大荷载。③材料的塑性响应：残余变形指的是材料在经历一定量级的应力后，即使应力被移除，材料仍保持的永久性变形。这种变形通常表明材料已经超越了其弹性极限，进入了塑性变形阶段。④材料的恢复特性：残余变形的大小可以反映材料在经历塑性变形后的恢复能力，是评估材料在实际应用中能否恢复到原始形状和尺寸的重要指标。⑤结构的耐久性：在结构设计中，残余变形的评估对于确保结构在经历重复荷载或极端事件后的耐久性和功能性至关重要。

5.3.3.2　技术要求

（1）Ⅰ、Ⅱ、Ⅲ级接头的极限抗拉强度必须符合表 5.3-1 的规定。

接头极限抗拉强度技术要求　　　　　　　　　　　　　　表 5.3-1

接头等级	Ⅰ级	Ⅱ级	Ⅲ级
极限抗拉强度	钢筋拉断[a] 时，实测抗拉强度 ≥ 钢筋母材断裂标准值 连接件破坏[b] 时，实测抗拉强度 ≥ 1.1 倍钢筋母材断裂标准值	实测抗拉强度 ≥ 钢筋母材断裂标准值	实测抗拉强度 ≥ 1.25 倍钢筋母材屈服标准值

a　钢筋拉断指断于钢筋母材、套筒外钢筋丝头和钢筋镦粗过渡段。
b　连接件破坏指断于套筒、套筒纵向开裂或钢筋从套筒中拔出以及其他连接组件破坏。

（2）Ⅰ、Ⅱ、Ⅲ级接头的变形性能应符合表 5.3-2 的规定。

接头变形性能技术要求　　　　　　　　　　　　　　表 5.3-2

接头等级		Ⅰ级	Ⅱ级	Ⅲ级
单向拉伸	残余变形/mm	≤ 0.10（$d ≤ 32$ 时） ≤ 0.14（$d > 32$ 时）	≤ 0.14（$d ≤ 32$ 时） ≤ 0.16（$d > 32$ 时）	≤ 0.14（$d ≤ 32$ 时） ≤ 0.16（$d > 32$ 时）
	最大力总延伸率/%	6.0	≥ 6.0	≥ 3.0

注：d 为钢筋公称直径。

5.3.3.3　试验准备

（1）加载应力速率：根据行业标准《钢筋机械连接技术规程》JGJ 107 的规定，测量接头试件残余变形时的加载应力速率宜采用 2MPa/s，不应超过 10MPa/s。测量接头试件的极限抗拉强度时，试验机夹头的分离速率宜采用每分钟 $0.05L_c$，L_c 为试验机夹头间的平行距长度。速率的相对误差不宜超过 ±20%[31]。

（2）仪器设备：万能试验机、残余变形用引伸计。

5.3.3.4　检测步骤

（1）单向拉伸时的变形测量仪表应在钢筋两侧对称布置，两侧测点的相对偏差不宜大于 5mm，且两侧仪表应能独立读取各自变形值；应取钢筋两侧仪表读数的平均值计算残余变形值。如图 5.3-2 所示。

（2）接头极限抗拉强度试验的加载步骤：试验机夹持试样，夹持前将试验软件力值清零，力值加载至 0.6 倍钢筋屈服标准值，然后卸载力值至零，测量残余变形。测量完毕后，力值加载至最大拉力直至试样破坏，记录下极限抗拉强度及试样破坏状态。如图 5.3-3 所示。

图 5.3-2　残余变形夹持　　图 5.3-3　接头极限抗拉
强度试验夹持

5.3.3.5　结果处理

1）结果计算

（1）单向拉伸残余变形测量应按式(5.3-1)计算。

$$L_1 = L + \rho d \tag{5.3-1}$$

式中：L_1——变形测量标距（mm）；

　　　L——机械连接接头长度（mm）；

　　　ρ——系数，取 1～6；

　　　d——钢筋公称直径（mm）。

（2）单向拉伸极限抗拉强度应按式(5.3-2)计算。

$$R_m = \frac{F_m}{S_0} \tag{5.3-2}$$

式中：R_m——抗拉强度（MPa）；

　　　F_m——最大力（N）；

　　　S_0——原始横截面面积（mm^2）。

2）结果判定

（1）试验结果的数值修约与判定应符合现行国家标准《数值修约规则与极限数值的表示和判定》GB/T 8170 的规定。

（2）现场检验：对接头的每一验收批，应在工程结构中随机截取 3 个接头试件进行极限抗拉强度试验，按设计要求的接头等级进行评定。当 3 个接头试件的极限抗拉强度均符合表 5.3-1 中相应等级的强度要求时，该验收批应评为合格。当仅有 1 个试件的极限抗拉强度不符合要求时，应再取 6 个试件进行复检；复检中仍有 1 个试件的极限抗拉强度不符合要求时，该验收批应评为不合格。

（3）工艺检验：对于工艺检验不合格的，应进行工艺参数调整，合格后方能按最终确认的工艺参数进行生产。

5.4　钢筋焊接

5.4.1　分类和标识

根据焊接方法可分为：闪光对焊、电弧焊、电渣压力焊、电阻点焊、气压焊和预埋件埋弧焊。其中，电弧焊可分为双面帮条焊、单面帮条焊、双面搭接焊、单面搭接焊（图 5.4-1）、熔槽帮条焊、坡口焊和窄间隙焊；预埋件埋弧焊可分为埋弧压力焊和埋弧螺柱焊。

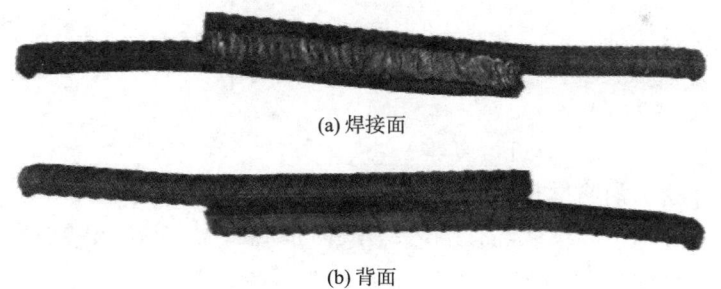

(a) 焊接面

(b) 背面

图 5.4-1　单面搭接焊

5.4.2　抽样与制样

钢筋焊接抽样与制样要求应符合表 5.4-1 的要求。

钢筋焊接抽样与制样要求

表 5.4-1

检测参数	检测标准	试样规格	试样数量
接头拉伸试验	JGJ/T 27	长度不小于 2 倍拉伸夹头长度 + 接头受试长度	3 根
接头弯曲试验	JGJ/T 27	1. 支辊式弯曲设备：长度应不小于弯心直径 + 2.5 倍钢筋直径； 2. 单边滚动式弯曲设备：长度根据弯心直径的弯头大小选择（建议取不小于弯头周长的长度）	3 根

5.4.3 接头拉伸试验

5.4.3.1 简介

焊接接头的拉伸试验是一项重要的力学性能测试。①质量评估：通过拉伸试验，可以量化焊缝的力学性能，确保其达到预期的强度和延展性标准。②工艺验证：试验结果可以用来确认所采用的焊接工艺是否能够生产出符合设计要求的焊接接头。③缺陷检测：拉伸试验过程中，可以观察到焊接接头在受力时的表现，从而识别可能存在的微观或宏观缺陷，例如裂纹的萌生、气孔的形成或焊缝的不完全熔合。④设计支持：试验数据为焊接结构的设计提供了实证基础，帮助工程师优化设计，以提高结构的整体性能和耐久性。⑤安全保障：确保焊接接头在实际应用中能够承受预期的负载，避免因焊接质量问题导致的结构失效，从而保障人员和资产的安全。

5.4.3.2 技术要求

钢筋闪光对焊接头、电弧焊接头、电渣压力焊接头、气压焊接头、箍筋闪光对焊接头、预埋件钢筋 T 形接头的拉伸试验，应从每一检验批接头中随机切取 3 个接头进行试验，并应按下列规定对试验结果进行评定[36]。

1）符合下列条件之一，应评定该检验批接头拉伸试验合格：

（1）3 个试件均断于钢筋母材，呈延性断裂，其抗拉强度大于或等于钢筋母材抗拉强度标准值。

（2）2 个试件断于钢筋母材，呈延性断裂，其抗拉强度大于或等于钢筋母材抗拉强度标准值；另 1 个试件断于焊缝，呈脆性断裂，其抗拉强度大于或等于钢筋母材抗拉强度标准值的 1.0 倍。

注：试件断于热影响区，呈延性断裂，应视作与断于钢筋母材等同；试件断于热影响区，呈脆性断裂，应视作与断于焊缝等同。

2）符合下列条件之一，应进行复验：

（1）2 个试件断于钢筋母材，呈延性断裂，其抗拉强度大于或等于钢筋母材抗拉强度标准值；另 1 个试件断于焊缝或热影响区，呈脆性断裂，其抗拉强度小于钢筋母材抗拉强度标准值的 1.0 倍。

（2）1 个试件断于钢筋母材，呈延性断裂，其抗拉强度大于或等于钢筋母材抗拉强度标准值；另 2 个试件断于焊缝或热影响区，呈脆性断裂。

（3）3 个试件均断于焊缝，呈脆性断裂，其抗拉强度均大于或等于钢筋母材抗拉强度标准值的 1.0 倍，应进行复验。当 3 个试件中有 1 个试件抗拉强度小于钢筋母材抗拉强度标准值的 1.0 倍时，应评定该检验批接头拉伸试验不合格。

3）复验时，应切取 6 个试件进行试验。试验结果，若有 4 个或 4 个以上试件断于钢筋母材，呈延性断裂，其抗拉强度大于或等于钢筋母材抗拉强度标准值，另 2 个或 2 个以下试件断于焊缝，呈脆性断裂，其抗拉强度大于或等于钢筋母材抗拉强度标准值的 1.0 倍，应评定该检验批接头拉伸试验复验合格。

4）可焊接余热处理钢筋 RRB400W 焊接接头拉伸试验结果，其抗拉强度应符合同级别热轧带肋钢筋抗拉强度标准值 540MPa 的规定。

5）预埋件钢筋 T 形接头拉伸试验结果，当 3 个试件的抗拉强度均大于或等于表 5.4-2 的规定值时，应评定该检验批接头拉伸试验合格。若有 1 个试件抗拉强度小于表 5.4-2 的规定值时，应进行复验。复验时，应切取 6 个试件进行试验。复验结果，其抗拉强度均大于或等于表 5.4-2 的规定值时，应评定该检验批接头拉伸试验复验合格。

预埋件钢筋 T 形接头抗拉强度标准值　　　　　　　　表 5.4-2

钢筋牌号	抗拉强度标准值/MPa
HPB300	400
HRB400、HRBF400	520
HRB500、HRBF500	610
RRB400W	520

5.4.3.3　试验准备

（1）加载应力速率：根据现行国家标准《金属材料 拉伸试验 第 1 部分：室温试验方法》GB/T 228.1 的试验速率进行计算与设置。

（2）仪器设备：万能试验机（相应夹具）、游标卡尺。

5.4.3.4　检测步骤

（1）应根据钢筋的牌号和直径，选用适配的拉力试验机或万能试验机。试验机应符合现行国家标准《金属材料 拉伸试验 第 1 部分：室温试验方法》GB/T 228.1 的有关规定。

（2）夹紧装置应根据试样规格选用，在拉伸试验过程中不得与钢筋产生相对滑移，夹持长度可按试样直径确定。钢筋直径不大于 20mm 时，夹持长度宜为 70～90mm；钢筋直径大于 20mm 时，夹持长度宜为 90～120mm。如图 5.4-2 所示。

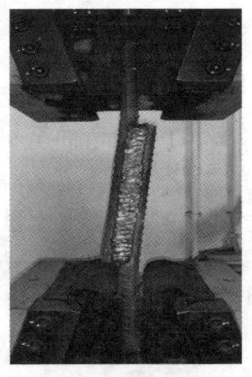

（3）预埋件钢筋 T 形接头拉伸试验夹具有两种，可采用现行行业标准《钢筋焊接接头试验方法标准》JGJ/T 27[37]附录 A 的式样。使用时，夹具拉杆（板）应夹紧于试验机的上钳口，试样的钢筋应穿过垫块（板）中心孔夹紧于试验机的下钳口内。

图 5.4-2　焊接接头拉伸

（4）对试样进行轴向拉伸试验时，加载应连续平稳，试验速率应符合现行国家标准《金属材料 拉伸试验 第 1 部分：室温试验方法》GB/T 228.1 的有关规定，将试样拉至断裂（或出现颈缩），自动采集最大力或从测力盘上读取最大力，也可从拉伸曲线图上确定试验过程中的最大力。

（5）当试样断口上出现气孔、夹渣、未焊透等焊接缺陷时，应在试样记录中注明。

5.4.3.5　结果处理

接头抗拉强度应按式(5.4-1)计算。

$$R_m = \frac{F_m}{S_0}$$ (5.4-1)

式中：R_m——抗拉强度（MPa）；

F_m——最大力（N）；

S_0——原始试样的钢筋公称横截面面积（mm²）。

试验结果数值修约到 5MPa，并应按现行国家标准《数值修约规则与极限数值的表示和判定》GB/T 8170 执行。

对于试验结果，应按 5.4.3.2 节的技术要求进行判定。

5.4.4 接头弯曲试验

5.4.4.1 简介

在焊接工程中，确保焊接接头的完整性和性能对于整个结构的耐久性和承载力至关重要。为了验证焊接接头是否达到预定的质量标准，必须进行一系列的质量检验和性能测试。弯曲试验是其中一项重要的评估手段。①性能评估：弯曲试验旨在测定焊接接头在受到弯曲应力时的响应，从而评估其整体的韧性和抗裂性。②质量控制：通过弯曲试验，可以检测焊接过程中可能产生的缺陷，如材料的不连续性或微观裂纹，确保焊接接头的质量得到有效控制。③工艺优化：试验结果有助于识别焊接工艺中的不足之处，为改进焊接技术提供数据支持，从而提高焊接接头的性能。④结构安全：弯曲试验有助于确保焊接接头在实际使用中能够承受预期的弯曲应力，为结构的安全性和稳定性提供保障。⑤设计验证：通过弯曲试验，可以验证焊接接头是否满足设计要求，为焊接结构的设计和应用提供科学依据。

5.4.4.2 技术要求

弯曲试验结果应按下列规定进行评定[37]：

（1）当弯曲至90°,有2个或3个试件外侧(含焊缝和热影响区)未发生宽度达到 0.5mm 的裂纹，应评定该检验批接头弯曲试验合格。

（2）当有 2 个试件发生宽度达到 0.5mm 的裂纹，应进行复验。

（3）当有 3 个试件发生宽度达到 0.5mm 的裂纹,应评定该检验批接头弯曲试验不合格。

（4）复验时，应切取 6 个试件进行试验。复验结果中，当不超过 2 个试件发生宽度达到 0.5mm 的裂纹时，应评定该检验批接头弯曲试验复验合格。

5.4.4.3 试验准备

（1）试样：受压面的金属毛刺和镦粗变形部分宜去除至与母材外表面齐平。

（2）仪器设备：钢筋焊接接头弯曲试验时，宜采用支辊式弯曲装置，并应符合现行国家标准《金属材料 弯曲试验方法》GB/T 232 的有关规定。钢筋焊接接头弯曲试验可在压力机或万能试验机上进行，不得使用钢筋弯曲机对钢筋焊接接头进行弯曲试验。

（3）调试设备：打开电源，根据设备产品指导书将试验机调试至正常状态。

5.4.4.4 检测步骤

（1）用游标卡尺测量样品直径。

（2）将样品置于冷弯试验机上，试样应放在两支点上并应使焊缝中心与弯曲压头中心线一致。

（3）根据样品的尺寸和牌号算出弯曲压头直径，选用合适的弯头，弯头直径参照表 5.4-3，调节好试验距离 $L = (D + 3a) \pm a/2$（a 为试样直径）。

（4）启动机器，缓慢地对试样施加荷载，以使材料能够自由地进行塑性变形；当出现争议时，试验速率应为 1 mm/s$\pm$ 0.2mm/s，直至达到 $180°$ 或出现裂纹、破断。

弯曲压头直径及角度　　　　　　　　　　　表 5.4-3

序号	钢筋牌号	弯曲压头直径D		弯曲角度$\alpha/°$
		$a \leqslant 25$mm	$a > 25$mm	
1	HPB300	$2a$	$3a$	90
2	HRB400、HRBF400	$5a$	$6a$	90
3	HRB500、HRBF500	$7a$	$8a$	90

注：a 为弯曲试样直径。

5.4.4.5　结果处理

应按 5.4.4.2 节的技术要求进行判定。

5.5　预应力混凝土用钢绞线

5.5.1　分类和标识

（1）按用途分类有：预应力钢绞线、（电力用）镀锌钢绞线及不锈钢绞线。其中，预应力钢绞线涂防腐油脂或石蜡后包 HDPE，称为无粘结预应力钢绞线。预应力钢绞线也有用镀锌或镀锌铝合金钢丝制成的。

（2）按材料特性分类有：钢绞线、铝包钢绞线及不锈钢绞线。

（3）按结构分类有：预应力钢绞线根据钢丝根数可分为 2 丝、3 丝、7 丝和 19 丝，最常用的是 7 丝结构（图 5.5-1）；电力用镀锌钢绞线及铝包钢绞线根据钢丝数量可分为 2 丝、3 丝、7 丝、19 丝、37 丝等结构，最常用的是 7 丝结构。

（4）按表面涂覆层分类有：（光面）钢绞线、镀锌钢绞线、涂环氧钢绞线、铝包钢绞线、镀铜钢绞线、包塑钢绞线等。

图 5.5-1　7 丝结构钢绞线

5.5.2　抽样和制样

钢绞线应成批检查和验收，每批钢绞线由同一牌号、同一直径、同一生产工艺的钢绞线组成，每批质量不大于 100t 为一组试样，每组为 3 根试样，试样长度至少为平行长度不小于 500mm 加两端夹具夹持长度；不足 100t 按一批计算。

5.5.3 力学性能

5.5.3.1 简介

力学性能是钢绞线最重要的性能指标，决定了钢绞线的承载能力。

5.5.3.2 技术要求

（1）弹性模量：195GPa ± 10GPa（可不作为交货条件）。

（2）整根钢绞线最大力、0.2%屈服力、最大力总延伸率：根据试样结构和公称直径，按表 5.5-1～表 5.5-4 的技术要求进行评定。

1×2 结构钢绞线力学性能　　　　　　　　　　表 5.5-1

钢绞线结构	钢绞线公称直径 D_n/mm	公称抗拉强度 R_m/MPa	整根钢绞线最大力 F_m/kN ≥	整根钢绞线最大力的最大值 F_m/kN ≥	0.2%屈服力 $F_{p0.2}$/kN ≥	最大力总延伸率（$L_0 \geqslant 400$mm）A_{gt}/% ≥
1×2	5.00	1720	16.9	18.9	14.9	对所有直径产品标准要求为 3.5；GB 55008 要求为 4.5
	5.80		22.7	25.3	20.0	
	8.00		43.2	48.2	38.0	
	10.00		67.6	75.5	59.5	
	12.00		97.2	108	85.5	
	5.00	1860	18.3	20.2	16.1	
	5.80		24.6	27.2	21.6	
	8.00		46.7	51.7	41.1	
	10.00		73.1	81.0	64.3	
	12.00		105	116	92.5	
	5.00	1960	19.2	21.2	16.9	
	5.80		25.9	28.5	22.8	
	8.00		49.2	54.2	43.3	
	10.00		77.0	84.9	67.8	

注：0.2%屈服力 $F_{p0.2}$ 值为整根钢绞线实际最大力 F_m 的 88%～95%。

1×3 结构钢绞线力学性能　　　　　　　　　　表 5.5-2

钢绞线结构	钢绞线公称直径 D_n/mm	公称抗拉强度 R_m/MPa	整根钢绞线最大力 F_m/kN ≥	整根钢绞线最大力的最大值 F_m/kN ≥	0.2%屈服力 $F_{p0.2}$/kN ≥	最大力总延伸率（$L_0 \geqslant 400$mm）A_{gt}/% ≥
1×3	6.20	1720	34.1	38.0	30.0	对所有直径产品标准要求为 3.5；GB 55008 要求为 4.5
	6.50		36.5	40.7	32.1	

续表

钢绞线结构	钢绞线公称直径 D_n/mm	公称抗拉强度 R_m/MPa	整根钢绞线最大力 F_m/kN ≥	整根钢绞线最大力的最大值 F_m/kN ≥	0.2%屈服力 $F_{p0.2}$/kN ≥	最大力总延伸率（$L_0 \geqslant 400mm$）A_{gt}/% ≥
1×3	8.60	1720	64.8	72.4	57.0	对所有直径产品标准要求为3.5；GB 55008 要求为4.5
	10.80		101	113	88.9	
	12.90		146	163	128	
	6.20	1860	36.8	40.8	32.4	
	6.50		39.4	43.7	34.7	
	8.60		70.1	77.7	61.7	
	10.80		110	121	96.8	
	12.90		158	175	139	
	6.20	1960	38.8	42.8	34.1	
	6.50		41.6	45.8	36.6	
	8.60		73.9	81.4	65.0	
	10.80		115	127	101	
	12.90		166	183	146	
	8.7	1720	66.2	73.9	58.3	
	8.7	1860	71.6	79.3	63.0	

注：0.2%屈服力 $F_{p0.2}$ 值为整根钢绞线实际最大力 F_m 的88%～95%。

1×7 结构钢绞线力学性能
表 5.5-3

钢绞线结构	钢绞线公称直径 D_n/mm	公称抗拉强度 R_m/MPa	整根钢绞线最大力 F_m/kN ≥	整根钢绞线最大力的最大值 F_m/kN ≥	0.2%屈服力 $F_{p0.2}$/kN ≥	最大力总延伸率（$L_0 \geqslant 400mm$）A_{gt}/% ≥
1×7 1×7I 1×7H	21.6	1770	504	561	444	对所有直径产品标准要求为3.5；GB 55008 要求为4.5
	9.50	1860	102	113	89.8	
	11.10		138	153	121	
	12.70		184	203	162	
	15.20		260	288	229	
	15.70		279	309	246	
	17.80		355	391	311	
	18.90		409	453	360	
	21.60		530	587	466	
1×7	9.50	1960	107	118	94.2	对所有直径产品标准要求为3.5；GB 55008 要求为4.5
	11.10		145	160	128	

钢绞线结构	钢绞线公称直径 D_n/mm	公称抗拉强度 R_m/MPa	整根钢绞线最大力 F_m/kN ≥	整根钢绞线最大力的最大值 F_m/kN ≥	0.2%屈服力 $F_{p0.2}$/kN ≥	最大力总延伸率（$L_0 \geq 400mm$）A_{gt}/% ≥
1×7	12.70	1960	193	213	170	对所有直径产品标准要求为3.5；GB 55008要求为4.5
	15.20		274	302	241	
	15.70		294	324	259	
	17.80		374	413	329	
	18.90		431	475	379	
	21.60		559	616	492	
	9.50	2160	118	129	104	
	11.10		160	175	141	
	12.70		213	233	187	
	15.20		302	330	266	
	15.70		324	354	285	
	9.50	2230	122	133	107	
	11.10		165	180	145	
	12.70		220	240	194	
	15.20		312	340	275	
	15.70		335	365	295	
	9.50	2360	129	140	114	
	11.10		175	190	154	
	12.70		233	253	205	
	15.20		330	358	290	
（1×7）C	12.70	1860	208	231	183	
	15.20	1820	300	333	264	
	18.00	1720	384	428	338	

注：0.2%屈服力 $F_{p0.2}$ 值为整根钢绞线实际最大力 F_m 的88%~95%。

1×19结构钢绞线力学性能　　　　　　　　　　　　表 5.5-4

钢绞线结构	钢绞线公称直径 D_n/mm	公称抗拉强度 R_m/MPa	整根钢绞线最大力 F_m/kN ≥	整根钢绞线最大力的最大值 F_m/kN ≥	0.2%屈服力 $F_{p0.2}$/kN ≥	最大力总延伸率（$L_0 \geq 400mm$）A_{gt}/% ≥
1×19S（1+9+9）	21.8	1770	554	617	488	对所有直径产品标准要求为3.5；GB 55008要求为4.5
	28.6		942	1048	829	
	17.8	1860	387	428	341	

续表

钢绞线结构	钢绞线公称直径 D_n/mm	公称抗拉强度 R_m/MPa	整根钢绞线最大力 F_m/kN ≥	整根钢绞线最大力的最大值 F_m/kN ≥	0.2%屈服力 $F_{p0.2}$/kN ≥	最大力总延伸率（ $L_0 \geqslant 400mm$ ）A_{gt}/% ≥
1×19S（1+9+9）	19.3	1860	454	503	400	对所有直径产品标准要求为 3.5；GB 55008 要求为 4.5
	20.3		504	558	444	
	21.8		583	645	513	
	28.6		990	1096	571	
	17.8	1960	408	449	359	
	19.3		478	527	421	
	20.3		51	585	467	
	21.8	1960	613	676	539	
	28.6		1043	1149	918	
1×19W（1+6+6/6）	28.6	1770	942	1049	829	
		1860	990	1096	871	
		1960	1043	1149	918	

注：0.2%屈服力 $F_{p0.2}$ 值为整根钢绞线实际最大力 F_m 的 88%～95%。

5.5.3.3　试验准备

（1）检测仪器：万能试验机（搭配相应夹具）、引伸计、游标卡尺。

（2）调试仪器：选择合适量程的万能试验机。参考试验标准中的建议和要求，根据钢筋直径选用尺寸和形状相匹配的夹头，以避免在夹持过程中产生应力集中。查阅万能试验机的操作指南，按照指导顺序打开油泵和试验软件，确保夹头在空载情况下力值清零，以验证万能试验机状态是否良好。

（3）试验速率：按照现行国家标准《金属材料 拉伸试验 第 1 部分：室温试验方法》GB/T 228.1 的试验速率进行计算与设置。

5.5.3.4　检测步骤

（1）根据现行国家标准《预应力混凝土用钢材试验方法》GB/T 21839 的规定，取足够长度的钢绞线试样，两端套上防滑铝片。将试样放置于万能试验机上下夹头的中央位置，确保夹持端至少在夹具总长度的 2/3 以上，将试样加载至整根钢绞线最大力的 10%的荷载。并使用精度不低于 1mm 的卷尺或钢尺测量平行长度（即两夹持端的距离）。装上精度等级不低于 1 级、标距至少为 500mm 的引伸计并调整引伸计读数的 1‰。

（2）根据平行长度设置好试验速率，启动油泵开始试验，当引伸计数值略大于引伸计标距的 0.2%时（可设定为引伸计变形 7～8mm 时取下引伸计），记录试验机上下工作台距离。拆下引伸计，继续加载至试样断裂，记录最终试验机上下工作台距离。

（3）当钢绞线发生断裂后，停止万能试验机加载。记录试验曲线的 0.2%的荷载、0.2%的引伸计读数和极限荷载。同时，在试验曲线（力-伸长率）中，找出 0.2 倍极限荷载和 0.7

倍极限荷载的点，并将曲线图打印出来。

5.5.3.5 结果处理

1）结果计算

（1）抗拉强度：实测最大力除以样品公称横截面面积，修约至 10MPa。

（2）最大力总延伸率：计算出两次试验机上下工作台距离之差，将差值与试验机上下工作台的初始距离之比和引伸计测得的百分数相加，修约至 0.1%。

（3）弹性模量：计算出 0.2 倍极限荷载和 0.7 倍极限荷载范围内的直线段斜率，除以试样的公称横截面面积即为弹性模量。

2）结果判定

（1）当检验结果不符合第 5.5.3.2 节中对应等级的技术要求时，应从同一批未经检验的钢绞线卷中取双倍数量的试样进行该不合格项目的复验，复验结果均合格，则整批钢绞线予以交货；如有 1 个试样不合格，则整批钢绞线不应交货，允许进行逐卷检验合格者交货。

（2）对于复验结果均合格的整批钢绞线，允许对首次检验出现的不合格卷取双倍试样进行该不合格项的复验，如果复验结果均合格，则可随该批钢绞线交货；如果有 1 个试样不合格，则该批钢绞线不应交货。

（3）当试样在距夹具 3mm 之内发生断裂时，试验应判为无效，允许重新试验。然而，如果所有试验数据大于等于相应的规定值，其试验结果有效。

5.6 预应力混凝土用锚夹具及连接器

5.6.1 分类和标识

根据对预应力筋的锚固方式，锚具、夹具和连接器可分为夹片式、支承式、握裹式和组合式这四种基本类型（图 5.6-1、图 5.6-2）。

图 5.6-1　4 孔锚具　　图 5.6-2　夹片

5.6.2 抽样与制样

5.6.2.1 硬度

各部件抽样数量不少于每炉装炉量的 3% 且不少于 6 件[38]。

5.6.2.2 静载锚固性能

锚具：6 个；夹片数量：锚具孔数 ×6；钢绞线：长度至少为受力长度 3m 加两端千斤

顶操作长度（建议取不小于 4.5m），数量为锚具孔数 × 3。

5.6.3　洛氏硬度

5.6.3.1　简介

洛氏硬度即洛氏威尔硬度，是一种测量物体硬度的方法和量值。洛氏硬度因 1919 年由 S. P. 洛克威尔首先提出而得名。

洛氏硬度主要用于金属材料，测量方法是用一定的载荷将规定的压头压入被测材料，以材料表面局部塑性变形的大小比较被测材料的软硬。

5.6.3.2　技术要求

由委托方提供设计值。

5.6.3.3　试验准备

（1）检测仪器：洛氏硬度计（图 5.6-3）。

图 5.6-3　洛氏硬度计

（2）环境温度：试验一般在 10～35℃的室温下进行。当环境温度不满足该要求时，实验室需要评估该环境下对于试验数据产生的影响，并应记录后在报告中注明[39]。

（3）设备调试：根据仪器产品指导书对仪器用标准硬度块进行试压，若试压出的示值符合标准硬度块允许误差范围，即可进行试验。

5.6.3.4　检测步骤

（1）将试样平稳地放在洛氏硬度计的刚性支撑台上，试样表面不应存在污物，并应确保试验中试样不发生位移。

（2）选用与标尺相对应的压头及加载力，使压头与试样表面接触，垂直于试验面施试验力，直至达到规定试验力值。确保加载过程中无冲击、振动、摆动和过载。

（3）施加主试验力 F_1，使试验力从初试验力 F_0 增加至总试验力 F。洛氏硬度主试验力的加载时间为 1~8s。总试验力 F 的保持时间为 2~6s。

（4）卸除主试验力 F_1，初试验力 F_0 保持 1~5s 后，读取最终读数，记录试验硬度值。

（5）每个试样进行 3 次试验，相邻 2 个点的距离不应小于 3 倍压头直径，同时距离边缘不小于 2.5 倍压头直径。

5.6.3.5　结果处理

试验结果不符合设计要求时，应判定为不合格。

5.6.4　布氏硬度

5.6.4.1　简介

布氏硬度是表示材料硬度的一种标准，由布氏硬度计测定。布氏硬度因由瑞典人 J.A. 布瑞纳（J.A.Brinell）首先提出而得名。测量方法为用一定大小的载荷 P 把直径为 D 的淬火钢球压入被测金属材料表面，保持一段时间后卸除载荷。载荷 P 与压痕表面积 F 的比值即为布氏硬度值，记作 HB。

5.6.4.2　技术要求

由委托方提供设计值。

5.6.4.3　试验准备

（1）检测仪器：布氏硬度计。

（2）环境温度：试验应在 10~35℃的温度下进行。对于温度要求严格的试样，试验温度应为 23℃±5℃[40]。

（3）设备调试：根据仪器产品指导书对仪器用标准硬度块进行试压，若试压出的示值符合标准硬度块允许误差范围，即可进行试验。

5.6.4.4　检测步骤

（1）将试样平稳地放在洛氏硬度计的刚性支撑台上，试样表面不应存在污物，并应确保试验中试样不发生位移。

（2）选用与标尺相对应的压头及加载力，使压头与试样表面接触，垂直于试验面施加试验力，直至达到规定试验力值。确保加载过程中无冲击、振动和过载。

（3）从加力开始至全部试验力施加完毕的时间应在 2~8s 之间。试验力保持时间为 11~15s。

（4）在整个试验期间，硬度计不应受到影响试验结果的冲击和振动。

（5）卸载试验力，指针稳定后读数，记录数据。

（6）每个试样进行 3 次试验，相邻 2 个点的距离不应小于 3 倍压头直径，同时距离边缘不小于 2.5 倍压头直径。

5.6.4.5　结果处理

（1）对于手动测量系统，应测量每个压痕相互垂直方向的两个直径，用两个读数的平均值计算布氏硬度。对于表面研磨的试样，建议在与磨痕方向夹角大约 45°方向测量压痕直径。

（2）对于自动测量系统，允许按照其他经过验证的算法计算平均直径。这些算法包括多次测量的平均值、测量压痕投影面积等。

5.6.5 静载锚固性能

5.6.5.1 简介

在预应力混凝土结构的施工中，确保预应力的有效施加是至关重要的，这涉及预应力钢筋的固定和锚固。①预应力施加的关键组件：在预应力混凝土结构的施工中，无论是采用先张法还是后张法，锚夹具都是实现预应力钢筋有效固定和锚固的关键组件。②安全可靠性：锚夹具必须具备高可靠性，以确保在施加预应力过程中的安全性和稳定性，减少预应力损失。③操作便捷性：锚夹具的设计应便于快速张拉和锚固，提高施工效率，同时确保预应力钢筋的精确定位。④性能要求：锚夹具应具备优异的锚固性能和足够的承载力，以适应预应力钢筋的高强度需求，并保证在各种工况下的适用性。⑤预应力筋的强度发挥：通过锚夹具的合理应用，可以充分发挥预应力钢筋的强度潜力，为结构提供额外的承载能力。⑥张拉作业的安全性：锚夹具的质量和性能直接影响预应力张拉作业的安全性，因此，其设计和制造必须满足严格的安全标准。⑦质量检测的重要性：锚具的静载锚固性能试验是评估其质量的关键，通过这种试验可以综合评估锚板的硬度、强度和锚固能力，确保锚夹具在实际应用中的性能。

5.6.5.2 技术要求

静载锚固性能试验的相关技术要求如表 5.6-1 所示。

静载锚固性能试验技术要求 表 5.6-1

锚具类型	锚具效率系数	总伸长率
体内、体外束中预应力钢材用锚具	实测极限荷载/(锚具孔数×实测平均极限抗拉荷载)≥0.95	≥2.0%
拉索中预应力钢材用锚具	实测极限荷载/公称极限荷载≥0.95	≥2.0%
纤维增强复合材料筋用锚具	实测极限荷载/公称极限荷载≥0.90	—

5.6.5.3 试验准备

（1）仪器设备：微机伺服万能试验机、静力单轴试验机、千斤顶。

（2）试验前准备：试验前应确保组合件所用的原材料全部检测合格，且需要取预应力筋有代表性的部位至少 6 根试件进行母材力学性能试验，试验结果应符合国家现行标准的规定。

（3）调试设备：选择合适量程的静力单轴试验机。参考试验标准中的建议和要求，根据锚具大小选用尺寸和形状相匹配的试样套头。查阅万能试验机的操作指南，按照指导顺序打开油泵和试验软件，确保夹头在空载情况下力值和位移清零，以验证万能试验机状态

图 5.6-4　组装试样

组装试样如图 5.6-4 所示。

（4）组装试样：将孔数对应的钢绞线数量放置于静力单轴试验机的试验通道内，在两端试验套头之外各放置一个试验锚具，将钢绞线按锚孔对应关系一一对应上穿插至锚孔内，每个锚孔的钢绞线套上一件夹片，然后使用千斤顶加压将每个夹片顶至各自的锚孔内。加载前应先将各种测量仪表安装调试正确，将各根预应力筋的初应力调试均匀，初应力可取预应力筋公称抗拉强度的 5%～10%；总伸长率测量装置的标距不宜小于 1m[38]。

（5）速率设定：对预应力筋分级等速加载，加载过程应符合表 5.6-2 的规定，加载速度不宜超过 100MPa/min[38]。

预应力筋加载过程　　　　　　　　　　　　　　　　表 5.6-2

预应力筋类型	每级应施加的荷载
预应力钢材	$0.20F_{ptk} \rightarrow 0.40F_{ptk} \rightarrow 0.60F_{ptk} \rightarrow 0.80F_{ptk} \rightarrow$ 拉断
纤维增强复合材料筋	$0.20F_{ptk} \rightarrow 0.40F_{ptk} \rightarrow 0.50F_{ptk} \rightarrow$ 拉断

注：F_{ptk} 为预应力筋公称极限抗拉力。

5.6.5.4　检测步骤

确认无误后，点击启动试验，按表 5.6-2 对应类型的加载等级进行加载，加载到最高一级荷载后，持荷 1h；然后缓慢加载至破坏；

试验过程中应对下列内容进行测量、观察和记录[38]：

（1）荷载为 0.1F 时总伸长率测量装置的标距和预应力筋的受力长度。

（2）选取有代表性的若干根预应力筋，测量试验荷载从 0.1 倍公称抗拉强度荷载增长到极限抗拉力时，预应力筋与锚具、夹具或连接器之间的相对位移。

（3）组装件的实测极限抗拉力。

（4）试验荷载从 0.1 倍公称抗拉强度荷载增长到极限抗拉力时总伸长率测量装置标距的增量。

组装件的破坏部位与形式应符合下列规定：夹片式锚具、夹具或连接器的夹片在加载到最高一级荷载时不允许出现裂纹或断裂；在满足锚具效率系数和总伸长率规定后允许出现微裂和纵向断裂，不应出现横向、斜向断裂及碎断。预应力筋激烈破断冲击引起的夹片破坏或断裂属正常情况。

5.6.5.5　结果处理

1）结果计算

（1）采用总伸长率测量装置标距的增量计算预应力筋受力长度的总伸长率，应按式 (5.6-1) 计算[38]。

$$\varepsilon_{Tu} = (\Delta L_1 + \Delta L_2)/(L_1 - \Delta L_2) \times 100 \tag{5.6-1}$$

式中：ε_{Tu}——预应力筋受力长度的总伸长率（%）；

ΔL_1——试验荷载从 0.1 倍公称抗拉强度荷载增长到极限抗拉力时总伸长率测量装置标距的增量（mm）；

ΔL_2——试验荷载从 0 增长到 0.1 倍公称抗拉强度荷载时，总伸长率测量装置标距增量的理论计算值（mm）；

L_1——总伸长率测量装置在试验荷载为 0.1 倍公称抗拉强度荷载时的标距（mm）。

（2）采用测量加载用千斤顶活塞位移量计算预应力筋受力长度的总伸长率，应按式 (5.6-2) 计算。

$$\varepsilon_{Tu} = (\Delta L_1 + \Delta L_2 - \sum \Delta a)/(L_2 - \Delta L_2) \times 100 \qquad (5.6\text{-}2)$$

式中：$\sum \Delta a$——试验荷载从 0.1 倍公称抗拉强度荷载增长到极限抗拉力时，预应力筋端部与锚具、夹具或连接器之间的相对位移之和（mm）；

L_2——试验荷载为 0.1 倍公称抗拉强度荷载时，预应力筋的受力长度（mm）。

2）结果判定

（1）3 个组装件中如有 2 个组装件不符合要求，应判定该批产品不合格；3 个组装件中如有 1 个组装件不符合要求，应另取双倍数量的样品重做试验，如仍有不符合要求者，应判定该批产品不合格。

（2）应进行 3 个组装件的静载锚固性能试验，全部试验结果均应记录。3 个组装件的试验结果均应符合满足锚具效率系数和总伸长率的规定，不应以平均值作为试验结果。

（3）预应力筋为钢绞线时，如果钢绞线在锚具、夹具或连接器以外非夹持部位破断，且不符合满足锚具效率系数和总伸长率的规定时，应更换钢绞线重新取样试验。

（4）检验报告除数据记录外，还应包括破坏部位及形式的图像记录，并有准确的文字述评。

5.7　焊接材料

5.7.1　分类和标识

焊接材料主要包括焊条、焊丝、焊剂等，可根据使用场景选择使用。见证检验主要围绕焊条、焊丝及焊丝-焊剂组合进行。焊条、焊丝、焊剂种类众多，但试验方法基本相同，本节着重讲解常见的几种焊条、焊丝、焊剂的试验要求。

（1）焊条

焊条由药皮和焊芯组成。气焊和电焊时，电流通过焊芯传导电流，将电能转化成热能并使电芯熔化填充至焊接部位。药皮在焊接过程中分解熔化后形成气体和熔渣，起到改善工艺性能的作用。

（2）焊丝

焊丝是同时作为填充金属和导电用的金属丝焊接材料（图 5.7-1）。

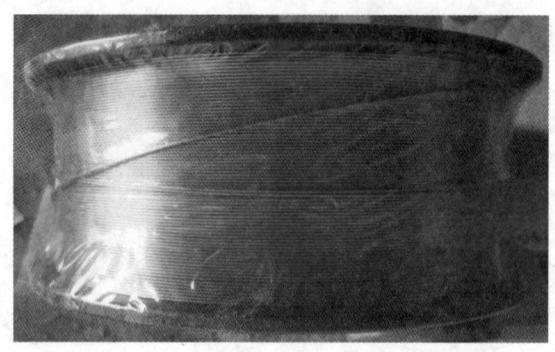

图 5.7-1　焊丝

（3）焊剂

焊剂是主要用于电渣焊和埋弧焊的焊接材料，在焊接过程中起到与焊条的药皮类似的作用。

5.7.2　抽样与制样

5.7.2.1　取样规格和数量

熔敷金属拉伸试件取 1 个哑铃状试件（具体尺寸见表 5.7-1）。熔敷金属冲击试件取 5 个 10mm×10mm×55mm 的夏比缺口 V 形冲击试件（具体尺寸见表 5.7-2），具体取样位置见图 5.7-2。熔敷金属化学成分分析试件取 1 个试件（具体尺寸见表 5.7-3），表面氧化物应用机械或打磨方法去除。

试验制备应采用铣床、刨床及钻床，不能采用气割方法，取样位置应符合相关焊接材料产品标准规定，如产品标准未规定则取堆焊金属的第五层或五层以上，不允许在起弧或收弧处取样。试件如图 5.7-3、图 5.7-4 所示。

熔敷金属拉伸试件尺寸　　　　　　　　　　　　　　　　　　　　表 5.7-1

试板厚度/mm	试验区直径/mm	试验区与夹持区半径/mm	平行长度/mm	试验区长度/mm	夹持区直径/mm	夹持区长度/mm
20	10±0.2，如无法满足，尽可能取大，且不能小于 4	≥3	5 倍试验区直径	6 倍试验区直径	12.5	根据试验机夹具而定

熔敷金属冲击试件尺寸　　　　　　　　　　　　　　　　　　　　表 5.7-2

试样长度/mm	宽度/mm	厚度/mm	V 形夹角/°	开口深度/mm
55±0.60	10±0.05	10±0.05	45±1	2±0.05

熔敷金属化学成分分析试件尺寸　　　　　　　　　　　　　　　　表 5.7-3

焊接材料	焊条（焊丝）直径ϕ/mm	熔敷金属尺寸		最少焊接层数
		宽度/mm	长度/mm	
焊条、钨极气体保护电弧焊用药芯焊丝	$1.6 \leqslant \phi \leqslant 2.6$	12	30	5
	$2.6 < \phi \leqslant 5$	12	40	5

续表

焊接材料	焊条（焊丝）直径φ/mm	熔敷金属尺寸		最少焊接层数
		宽度/mm	长度/mm	
焊条、钨极气体保护电弧焊用药芯焊丝	5＜φ≤8	12	55	5
气体保护电弧焊用焊丝	0.6≤φ≤2.5	12	80	5
气体保护或自然保护药芯焊丝	0.6≤φ≤4	12	80	5
埋弧焊用焊丝	1.2≤φ≤6.4	12	150	5

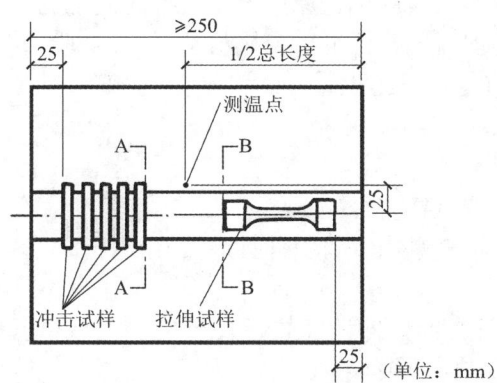

图 5.7-2　试件取样位置

图 5.7-3　熔敷金属拉伸试件　　　　图 5.7-4　熔敷金属冲击试件

5.7.2.2　批量

每批焊丝应由同一炉号（优质焊丝按同一炉号或同一热处理炉号）、同一形状、同一尺寸、同一交货状态的焊丝组成。每批焊剂应由同一批原材料，以同一配方及制造工艺制成。每批焊剂最高量不应超过 45000kg。

5.7.3　熔敷金属拉伸试验

5.7.3.1　简介

焊丝拉伸试验是一种常用的材料力学试验方法，用于评估焊丝的力学性能和可靠性。通过对焊丝进行拉伸试验，可以获得焊丝的抗拉强度、屈服强度、延伸率等重要力学参数，为焊接工艺的设计和材料选择提供依据。

5.7.3.2　技术要求

根据焊丝和焊条种类，相应地应分别对应符合现行国家标准《硫化橡胶或热塑性橡胶 拉伸应力应变性能的测定》标准号 GB/T 528、《非合金钢及细晶粒钢药芯焊丝》GB/T 10045、《热强钢药芯焊丝》GB/T 17493、《非合金钢及细晶粒钢焊条》GB/T 5117、《热强钢焊条》GB/T 5118、《不锈钢焊条》GB/T 983、《铝及铝合金焊条》GB/T 3669 等对拉伸性能的技术要求。

5.7.3.3 试验准备

（1）试验温度：试验应在 10～35℃的温度下进行。对于温度要求严格的试样，试验温度应为 23℃±5℃。

（2）试验仪器：万能试验机、引伸计、游标卡尺。

（3）调试设备：选择合适量程的万能试验机。

（4）试样处理：对试样试验区标记原始标距，标距间隔为 10mm。

（5）试验速率：按照现行国家标准《金属材料 拉伸试验 第1部分：室温试验方法》GB/T 228.1 的试验速率进行计算与设置。

5.7.3.4 检测步骤

（1）使用游标卡尺测量试样直径。

（2）将试样置于试验机夹具内，将引伸计装置在试样试验区，拔出引伸计固定指针后示值清零。

（3）启动仪器开始试验，当引伸计读数略大于 0.2%时或试验曲线已过屈服阶段后可摘除引伸计，继续试验直至试样断裂。

（4）记录极限荷载和屈服荷载。屈服平台不明显时，通过引伸计选取屈服荷载，屈服平台明显时，通过屈服平台选取屈服荷载。

5.7.3.5 结果处理

（1）结果计算

试样屈服强度按式(5.7-1)计算。

$$R_{el} = \frac{F_{el}}{S_0} \tag{5.7-1}$$

式中：R_{el}——屈服强度（MPa），修约至 1MPa；

F_{el}——屈服荷载（MPa）；

S_0——实测横截面面积（mm）。

试样抗拉强度按式(5.7-2)计算。

$$R_{m} = \frac{F_{m}}{S_0} \tag{5.7-2}$$

式中：R_{m}——抗拉强度（MPa），修约至 1MPa；

F_{m}——极限荷载（MPa）；

S_0——实测横截面面积（mm）。

试样断后伸长率按式(5.7-3)计算。

$$A = \frac{L - L_0}{L_0} \times 100 \tag{5.7-3}$$

式中：A——断后伸长率（%），修约至 0.5%；

L——测断后伸长率的断后标距（mm）；

L_0——测断后伸长率的原始标距（mm）。

断后原始标距：$L_0 = k\sqrt{S_0}$，一般k取 5.65，S_0为实测横截面面积。

（2）结果判定

当任何一项检验不合格时，该项应加倍取样复检。对于化学成分分析试验，可仅复检不满足要求的元素。当复检拉伸试验时，抗拉强度、屈服强度及断后伸长率同时作为复检项目，其试件可在原件上截取，也可在新焊制的试件上截取。加倍复检结果均应符合该项目检验的规定。

5.7.4　熔敷金属冲击试验

5.7.4.1　简介

焊丝低温冲击测试可以检测材料在低温下的强度、韧性和断裂韧度等力学性能，为工程实践提供参考和指导。焊丝低温冲击测试还可以评估焊接材料在低温环境下的安全性能。通过检测材料的脆性和抗冲击性能，可以评估材料在低温环境下的承载能力和抗冲击能力。

5.7.4.2　技术要求

根据焊丝和焊条种类，相应地应符合现行国家标准《硫化橡胶或热塑性橡胶 拉伸应力应变性能的测定》标准号 GB/T 528、《非合金钢及细晶粒钢药芯焊丝》GB/T 10045、《热强钢药芯焊丝》GB/T 17493、《热强钢焊条》GB/T 5118、《非合金钢及细晶粒钢焊条》GB/T 5117、《不锈钢焊条》GB/T 983、《铝及铝合金焊条》GB/T 3669 等对冲击性能的技术要求。

5.7.4.3　试验准备

（1）试验仪器：游标卡尺、夏比摆锤冲击试验机（图 5.7-5）、冲击试验低温槽、冲击试样缺口投影仪。

图 5.7-5　夏比摆锤冲击试验机

（2）调试设备：根据试样冲击功选择合适量程的夏比摆锤冲击试验机，并按现行国家标准《金属材料 夏比摆锤冲击试验方法》GB/T 229 的要求，试验前检查砧座跨距，砧座跨距应不大于 400mm；检查砧座圆角和摆锤锤刃部位是否有损伤或外来金属粘连，如发现问题，应及时调整、修磨或更换相应的部件，以保证试验结果的准确可靠[41]。

（3）试样处理溶剂：选择合适的降温材料（无水乙醇）倒入冲击试验低温槽。根据不同牌号将试样调整到对应的试验温度。

5.7.4.4　检测步骤

（1）用游标卡尺测量试样的厚度、宽度和长度。

（2）将试样放置于冲击试样缺口投影仪，观察缺口尺寸。

（3）当尺寸符合试验要求时，将试样放置于冲击试验低温槽进行调温。

（4）试验机摆锤取锤。

（5）将经低温槽处理后的试样取出放置在摆锤试验机上。

注：当试验不在室温进行时，试样从高温或低温介质中移出至打断的时间应不大于 5s。例外情况是当室温或仪器温度与试样温度之差小于 25℃时，试样转移时间应小于 10s。[41]

（6）启动冲击，记录冲击功，精确至 0.5J 或 0.5 个分度单位。[41]

5.7.4.5　结果处理

结果判定为不合格时需双倍取样复检。

5.7.5　熔敷金属化学成分分析试验

5.7.5.1　简介

金属化学成分分析是一项关键的检测，有助于了解材料中存在的各种金属元素的含量。无论是工业生产中使用的原材料还是成品，了解其金属元素成分都是非常重要的。通过分析金属元素的含量，可以帮助评估产品的质量、确定材料的可用性，并确保产品符合相关的法规和标准。

5.7.5.2　技术要求

根据焊丝和焊条种类，相应地应符合现行国家标准《硫化橡胶或热塑性橡胶 拉伸应力应变性能的测定》标准号 GB/T 528、《非合金钢及细晶粒钢药芯焊丝》GB/T 10045、《热强钢药芯焊丝》GB/T 17493、《热强钢焊条》GB/T 5118、《非合金钢及细晶粒钢焊条》GB/T 5117、《不锈钢焊条》GB/T 983、《铝及铝合金焊条》GB/T 3669 等对化学成分分析的技术要求。

5.7.5.3　试验准备

（1）试验仪器：火花直读光谱仪（图 5.7-6）、砂纸磨盘。

（2）环境条件：建议温度条件为 18～28℃，空气湿度条件为 20%～80%。

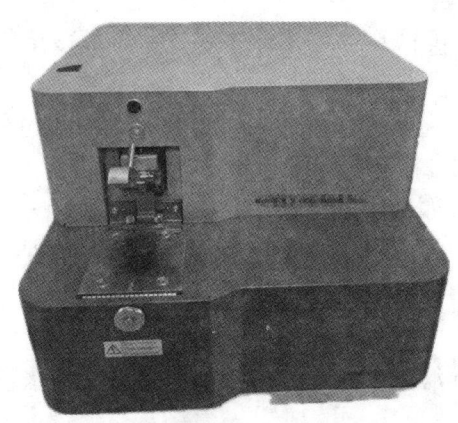

图 5.7-6　火花直读光谱仪（原子发射光谱仪）

（3）火花直读光谱仪工作原理：样品材料通过设备内的火花放电生成蒸气，在这个过程中，释放的原子和离子受到激发并发射光谱。这种光谱被传导到光学系统中，采用 CCD（光敏电子检测器，将光转换为电荷）技术作为接收元件进行测量。测量得到的值与存储在设备中的校准数据进行比较后，测量值被转换为浓度值显示在屏幕上。

（4）试样表面要求：使用砂纸磨盘或机床加工样品，使其表面平整、洁净；标准样品和分析样品应在同一条件下打磨，不得过热。

5.7.5.4　检测步骤

1）开机预热。首先打开稳压器，打开电源开关，然后打开仪器外盖上的红色灯（光源），打开氩气瓶上的旋钮（氩气总表压力不能低于 2MPa，分压表压力为 0.5MPa，压力表不超过 0.7MPa）；打开电脑中的分析软件，预热，检查仪器状态，点击红色小点（如果仪器状态正常则为绿色）；在软件界面右下角的"Back"点 F2 激发废样（任一处理好的试样），观察激发斑点，激发斑点正常则开机预热完成。

2）ICAL 标准化。在分析界面点击 ICAL 图标开始 ICAL 分析，放上 ICAL 标样，激发标样，直至数据不出现红色超出限量值且偏差不大（最少 4 个点，允许激发更多的点，但一般推荐 4～6 个点）。

3）若偏差较大或显示红色超出限量值，可点中偏差大的点删除；待数据正常后，点击"接受"，保存结果。

4）类型标准化。首先，确认当前基体是否为需要使用的基体，若不是，点击右下角"Back"后点击应用任务，选择合适基体及相应的方法，点击"分析"；若是，点击"加载方法（F10）"选择方法，点击"类型标准化（Shift + F8）"进入分析界面选择类型标准，放上该标样，激发该标样（F2），激发最少 3 个稳定点。该过程只看稳定性，不和标样的标准值去对比。如果标样不均匀，点始终不稳定，则多激发几个点直至稳定，删除不稳定的点，点击"完成（F9）"，此时得到各元素的校准系数。

5）样品分析。进入分析界面点击"类型校正"选择合适的校正标样方法并分析样品；分析完成后点击"编辑样品（F5）"输入样品名称、编号等。若需要打印就点击"打印"，需要保存，则点击"完成（F9）"，如果要删除全部分析结果，就点击"舍弃"。

6）仪器的维护清洁。每次试验结束后都需要对火花台进行清洁，因为在产生火花过程中，火花台上会出现黑色沉积物（金属冷凝物），这些金属冷凝物会在电极和火花台壁之间产生传导连接。

（1）卸下极距规，卸下火花台台板，并用干燥、无油脂的布清洁两侧。

（2）卸下并清洁 O 形密封圈。

（3）卸下并清洁电极，如果电极已耗尽，应及时更换。

（4）清洁电极固定器中的电极接收器孔及残留污迹，确保不吸出孔内的弹簧。

（5）用布清洁火花台本体的表面。

（6）重新安装元件。

（7）定期更换水和清理滤芯，过滤盒中必须保持半盒的水量（加注量为最小 50%，最大75%）。

第6章

墙体和屋面材料

6.1 概述

墙体和屋面材料种类较多，本章主要针对常见种类的砖、砌块、墙板和瓦进行介绍。

6.1.1 检测参数及检评依据

常见砖、砌块、瓦、墙板的检测参数及检评依据如表6.1-1所示。

常见砖、砌块、瓦、墙板检测参数及检评依据　　　　　　表6.1-1

序号	项目名称	检测参数	检测依据	评定标准
1	混凝土实心砖	抗压强度	GB/T 4111	GB/T 21144
		密度		
		吸水率		
		抗冻性能		
2	烧结多孔砖	抗压强度	GB/T 2542	GB/T 13544
		密度		
		吸水率		
		抗冻性能		
3	蒸压加气混凝土砌块	抗压强度	GB/T 11969	GB/T 11968
		干密度		
		抗冻性能		
4	蒸压加气混凝土板	抗压强度	GB/T 11969	GB/T 15762
		干密度		
		抗冻性能		
		结构性能	GB/T 15762	
5	建筑用轻质隔墙条板	抗压强度	GB/T 30100	GB/T 23451
		抗冲击性能		
		抗弯荷载	GB/T 23451	
		吊挂力		
6	烧结瓦	吸水率	GB/T 36584	GB/T 21149
		抗弯性能		
		耐急冷急热性能		
		抗冻性能		

6.1.2　术语与定义

墙体和屋面材料的术语与定义参照现行国家标准《墙体材料术语》GB/T 18968[42]。

6.1.2.1　墙体材料

构成建筑物墙体的制品单元。根据尺寸不同，可分为砖、砌块、板材。

6.1.2.2　砖

建筑用的人造小型块材，外形多为直角六面体，也有各种异形的。其长度不超过365mm，宽度不超过240mm，高度不超过115mm。根据孔洞率不同，可分为实心砖、多孔砖和空心砖；根据生产工艺类型，可分为烧结砖、蒸养砖、蒸压砖等。

6.1.2.3　砌块

建筑用的人造块材，外形多为直角六面体，也有各种异形的。主规格的长度、宽度或高度有一项或一项以上分别大于365mm、240mm 或 115mm。但高度不大于长度或宽度的6倍，长度不超过高度的3倍。根据尺寸不同，分为小型砌块、中型砌块、大型砌块。

6.1.2.4　混凝土实心砖

以水泥、骨料，以及根据需要加入的掺合料、外加剂等，经加水搅拌、成型、养护制成的实心砖。

6.1.2.5　烧结多孔砖

经焙烧而制成的砖，如烧结黏土砖、烧结粉煤灰砖、烧结页岩砖、烧结煤矸石砖。

6.1.2.6　蒸压加气混凝土

以硅质材料和钙质材料为主要原材料，掺加发气剂及其他调节材料，通过配料浇注、发气静停、切割、蒸压养护等工艺制成的多孔轻质硅酸盐建筑制品，分为砌块和墙板。

6.1.2.7　建筑用轻质隔墙条板

建筑用轻质隔墙条板是指长度不小于2.2m，长宽比不小于2，采用轻质材料制作或通过轻型构造形式制成的，面密度不大于相关数值并采用机械化生产的预制条板。

6.1.2.8　烧结瓦

由黏土或其他无机非金属原料，经成型、烧结等工艺处理，用于建筑物屋面覆盖及装饰用的板状或块状烧结制品。通常根据形状、表面状态及吸水率不同来进行分类和具体产品命名。

6.2　混凝土实心砖

以水泥、骨料，以及根据需要加入的掺合料、外加剂等，经加水搅拌、成型、养护制成的实心砖。常见的混凝土实心砖如图 6.2-1 所示。

图 6.2-1　常见的混凝土实心砖

6.2.1　分类与标识

6.2.1.1　分类

混凝土实心砖按密度可分为 A、B、C 三个等级；按抗压强度可分为 MU40、MU35、MU30、MU25、MU20、MU15、MU10、MU7.5 八个等级。

6.2.1.2　标识

混凝土实心砖产品按下列顺序标记：代号、规格尺寸、强度等级、密度等级和标准编号。

示例：规格为 240mm × 115mm × 53mm，强度等级 MU15、密度等级 B 级的混凝土实心砖，标记为"SCB 240 × 115 × 53 MU15 B GB/T 21144"。

6.2.2　抽样与制样

6.2.2.1　抽样数量

检验批：同一种原材料、同一生产工艺、相同质量等级的 10 万块为一批，不足 10 万块按一批计。

样品用随机抽样法从尺寸允许偏差和外观质量检验合格的样品中抽取，如样品数量不足，继续在该批砖中补抽样品（尺寸允许偏差和外观质量检验合格）进行项目检验。具体抽样方法如表 6.2-1 所示。

混凝土实心砖抽样方法　　　　　　　　　　　　　　　表 6.2-1

序号	检验项目	抽样数量/块	
		（高宽比）$H/B \geqslant 0.6$ 或 $H/B < 0.6$（$L \geqslant 190$mm）	（高宽比）$H/B < 0.6$（$L < 190$mm）
1	密度等级	3	
2	强度等级	10	20

序号	检验项目	抽样数量/块	
		（高宽比）$H/B \geqslant 0.6$ 或 $H/B < 0.6$（$L \geqslant 190\text{mm}$）	（高宽比）$H/B < 0.6$（$L < 190\text{mm}$）
3	吸水率	3	
4	抗冻性	10	20

6.2.2.2 抗压强度试件制样

进行抗压强度试验时，宜采用高强石膏粉或快硬水泥进行找平处理，有争议时应采用42.5 级普通硅酸盐水泥砂浆进行找平处理。成型后的试样如图 6.2-2 所示。

图 6.2-2 成型后的试样

1）找平材料

（1）水泥砂浆

采用强度等级不低于 42.5 的普通硅酸盐水泥和细砂制备的砂浆，用水量以砂浆稠度控制在 65～75mm 为宜，3d 抗压强度不低于 24.0MPa。

①普通硅酸盐水泥应符合现行国家标准《通用硅酸盐水泥》GB 175 规定的技术要求。

②细砂应采用天然河砂，最大粒径不大于 0.6mm，含泥量小于 1.0%，泥块含量为 0。

（2）高强石膏

①按现行国家标准《建筑石膏 力学性能的测定》GB/T 17669.3[43]的规定进行高强石膏抗压强度检验，2h 龄期的湿强度不应低于 24.0MPa。

②实验室购入的高强石膏，应在 3 个月内使用；若超出 3 个月储存期，应重新进行抗压强度检验，合格后方可继续使用。

③除缓凝剂外，高强石膏中不应掺加其他任何填料和外加剂。高强石膏的供应商需提供缓凝剂掺量及配合比要求。

（3）快硬水泥

应符合现行国家标准《硫铝酸盐水泥》GB 20472 规定的技术要求。

2）计算高宽比（H/B）

计算试样在实际使用状态下的承压高度（H）与最小水平尺寸（B）之比，即试样的高宽比（H/B）。样品的制备将分$H/B < 0.6$及$H/B \geqslant 0.6$两种情况进行。

（1）当$H/B < 0.6$时的试件制备

① 试样采用两个切断或锯开的半截砖叠加，断开的半截砖长度应不小于 90mm，其中规格长度小于 190mm 的混凝土实心砖，可在两块砖上各截取长度不小于 90mm 的试样叠加进行试验。

② 将同批次、同规格、尺寸相同的两块半截砖试样，先用不滴水的湿抹布擦拭表面，再用找平材料将它们以断口相反方向重叠粘结在一起，粘结厚度不超过 3mm。粘结时，需用水平仪和直角靠尺进行调控，以保持试件的四个侧面中至少有两个相邻侧面是平整的。

③ 当粘结两块试样的找平材料终凝 2h 后，进行试件两个承压面的找平。在试件制备平台上先薄薄地涂一层机油或铺一层湿纸，将搅拌好的找平材料均匀摊铺在试件制备平台上，找平材料层的长度和宽度应略大于试件的长度和宽度，试样的承压面压入找平材料层，用直角靠尺来调控试样的垂直度。坐浆后的承压面至少与两个相邻侧面成 90°垂直关系。找平材料层厚度应不大于 3mm。

④ 当承压面的水泥砂浆找平材料终凝 2h 后，或高强石膏找平材料终凝 20min 后，按上述方法进行另一面的坐浆，试样压入找平材料层后，制成的试件上下两面须相互平行，并垂直于侧面。

（2）当$H/B \geqslant 0.6$时的试件制备

① 试样制作采用坐浆法操作，按上述$H/B < 0.6$时的制样步骤④进行试件两个承压面的找平。

② 为节省试件制作时间，可在试样承压面处理后立即在向上的一面铺设找平材料，压上事先涂油的玻璃平板，边压边观察试样的上承压面的找平材料层，将气泡全部排除，并用直角靠尺使坐浆后的承压面至少与两个相邻侧面成 90°垂直关系，用水平尺将上承压面调至水平，上、下两层找平材料层的厚度均应不大于 3mm。

3）环境条件

试样应在温度 20℃±5℃、相对湿度 50%±15%的环境下调至恒重后，方可进行抗压强度试件制作。试样散放在实验室时，可叠层码放，试样之间的间隔应不小于 15mm。如需提前进行抗压强度试验，可使用电风扇以加快实验室内空气流动速度。当试样 2h 后的质量损失不超过前次质量的 0.2%，且在试样表面用肉眼观察不到有水分或潮湿现象时，可认为试样已恒重。不允许采用烘干箱来干燥试样。

4）试件养护

将制备好的试件放置在 20℃±5℃、相对湿度 50%±15%的实验室内进行养护。找平和粘结材料采用快硬硫铝酸盐水泥砂浆制备的试件，1d 后可进行抗压强度试验；找平和粘结材料采用高强石膏粉制备的试件，2h 后可进行抗压强度试验；找平和粘结材料采用普通水泥砂浆制备的试件，3d 后可进行抗压强度试验。

6.2.3 抗压强度

混凝土实心砖的抗压强度以其单位面积上的最大承载力来表示，抗压强度越高，表明其具有更好的抵抗变形和破坏的能力。

6.2.3.1 技术要求

混凝土实心砖的强度等级及技术要求如表 6.2-2 所示。

混凝土实心砖的强度等级及技术要求 表 6.2-2

强度等级	抗压强度/MPa	
	平均值	最小值
MU40	≥40.0	≥35.0
MU35	≥35.0	≥30.0
MU30	≥30.0	≥26.0
MU25	≥25.0	≥21.0
MU20	≥20.0	≥16.0
MU15	≥15.0	≥12.0
MU10	≥10.0	≥8.0
MU7.5	≥7.5	≥6.0

6.2.3.2 仪器设备

（1）材料试验机：示值相对误差不应超过 ±1%，其量程选择应能使试件的预期破坏荷载落在满量程的 20%～80% 之间。试验机的上、下压板应有一端为球铰支座，可随意转动。

（2）玻璃平板：厚度不小于 6mm，面积应比试件承压面大。

（3）水平仪：规格为 250～500mm。

（4）直角靠尺：应有一端长度不小于 120mm，分度值为 1mm。

（5）钢直尺：分度值为 1mm。

6.2.3.3 试验步骤

（1）测量每个试件承压面的长度（L）和宽度（B），长度在条面的中间测量，宽度在顶面的中间测量，每项在对应两面各测一次，取平均值，精确至 1mm。

（2）将试件放在试验机下压板上，使试件的重心与试验机压板中心重合。

（3）试验机加荷应均匀平稳，不应发生冲击或振动。加荷速度以 4～6kN/s 为宜，均匀加荷至试件破坏，记录最大破坏荷载（P）。

（4）试件的抗压强度按式(6.2-1)计算，精确至 0.01MPa。

$$f = \frac{P}{LB} \tag{6.2-1}$$

式中：f——试件的抗压强度（MPa）；

P——最大破坏荷载（N）；

L——承压面长度（mm）；

B——承压面宽度（mm）。

6.2.3.4 结果评定

试验结果以 10 个试件抗压强度的平均值和单个试件的最小值来表示，精确至 0.1MPa。

试件的抗压强度试验值应视为试样的抗压强度值。

6.2.4　密度

混凝土实心砖的密度是指在无孔隙水状态下，混凝土实心砖的质量与体积之比。

6.2.4.1　技术要求

混凝土实心砖的密度等级应符合表 6.2-3 的规定。

混凝土实心砖密度等级 表 6.2-3

密度等级	密度平均值/（kg/m³）
A 级	≥2000
B 级	1680～<2000
C 级	<1680

6.2.4.2　试验准备

检查试样表面是否尺寸完整，外观应无缺陷。

6.2.4.3　检测步骤

（1）长度在条面的中间测量，宽度在顶面的中间测量，高度在顶面的中间测量。每项在对应两面各测一次，计算各个方向的平均值，分别用 l、b、h 表示，精确至 1mm。将试件放入电热鼓风干燥箱内，在 105℃±5℃ 温度下至少干燥 24h，然后每间隔 2h 称量一次，直至两次称量之差不超过后一次称量的 0.2%。

（2）待试件在电热鼓风干燥箱内冷却至与室温之差不超过 20℃ 后取出，立即称其绝干质量（m），精确至 5g。

（3）每个试件的体积按式(6.2-2)计算。

$$V = l \times b \times h \times 10^{-9} \tag{6.2-2}$$

式中：V——试件的体积（m³）；

　　　l——试件的长度（mm）；

　　　b——试件的宽度（mm）；

　　　h——试件的高度（mm）。

每个试件的密度按式(6.2-3)计算。

$$\gamma = \frac{m}{V} \tag{6.2-3}$$

式中：γ——试件的密度（kg/m³）；

　　　m——试件的绝干质量（kg）；

　　　V——试件的体积（m³）。

（4）结果评定

每个试件的密度计算，精确至 10kg/m³。块体密度以三个试件块体密度的算术平均值表示，精确至 10kg/m³。

6.2.5 吸水率

6.2.5.1 技术要求

根据混凝土实心砖密度等级，吸水率应符合表 6.2-4 的规定。

混凝土实心砖吸水率 表 6.2-4

密度等级	吸水率/%
A 级	≤11
B 级	≤13
C 级	≤17

6.2.5.2 试验准备

1）仪器设备

（1）电子秤：分度值为 5g。

（2）水池或水箱：最小容积应能放置一组试件。

2）试验步骤

（1）试件取样后立即用毛刷清理试件表面及孔洞内粉尘，将试件浸入 15～25℃的水中，水面应保持高出试件 20mm 以上。24h 后将试件从水中取出，放在铁丝网架上滴水 1min，再用拧干的湿布拭去内、外表面的水，立即称其饱和面干状态的质量（m_1），精确至 5g。

（2）将试件放入电热鼓风干燥箱内，在 105℃±5℃温度下至少干燥 24h，然后每间隔 2h 称量一次，直至两次称量之差不超过后一次称量的 0.2%。

（3）待试件在电热鼓风干燥箱内冷却至与室温之差不超过 20℃后取出，立即称其绝干质量（m），精确至 5g。

6.2.5.3 结果评定

每个试件的吸水率按式(6.2-4)计算，精确至 0.1%。

$$w = \frac{m_1 - m}{m} \times 100 \tag{6.2-4}$$

式中：w——试件的吸水率（%）；

m_1——试件饱和面干状态的质量（kg）；

m——试件的绝干质量（kg）。

块体吸水率以三个试件吸水率的算术平均值表示，精确至 1%。

6.2.6 抗冻性

混凝土实心砖的抗冻性表征其在冻融循环作用下能够保持稳定性和耐久性的能力，通过测量混凝土实心砖经历一定次数冻融循环后的性能损失来评估。

6.2.6.1 技术要求

混凝土实心砖的抗冻性应符合表 6.2-5 的规定。

混凝土实心砖抗冻性指标　　　　　　　　　　　　　　　表 6.2-5

使用地区	抗冻指标	质量损失率	强度损失率
夏热冬暖地区	F15	平均值≤5% 单块最大值≤10%	平均值≤20% 单块最大值≤30%
夏热冬冷地区	F25		
寒冷地区	F35	平均值≤5% 单块最大值≤10%	平均值≤20% 单块最大值≤30%
严寒地区	F50		

注：使用地区按现行国家标准《民用建筑热工设计规范》GB 50176 的规定划分。

6.2.6.2　试验准备

（1）用于制作强度对比试件的试样应尺寸完整、外观无缺陷。

（2）分别检查两组 10 个试件所需试样，用毛刷清除表面及孔洞内的粉尘，在缺棱掉角处涂上油漆，注明编号。将块材逐块放置在实验室内静置 48h，块与块的间距不得小于 20mm。

6.2.6.3　试验步骤

（1）将一组 5 个冻融试件所需试样浸入 15～25℃的水池或水箱中，水面应高出试样 20mm 以上，间距不得小于 20mm。另一组 5 个强度对比试件所需试样，放置在实验室，室温控制在 20℃±5℃。

（2）浸泡 4d 后从水中取出试样，在支架上滴水 1min，用拧干的湿布拭去内、外表面的水，在 2min 内立即称量每个试样饱和面干状态的质量（m_3），精确至 5g。

（3）将冻融试样放入预先降至 −15℃的冷冻室或低温冰箱中，试样应放置在断面为 20mm×20mm 的格栅上，间距不小于 20mm，当温度再次降至 −15℃时开始计时。冷冻 4h 后将试样取出，再将试样置于水温为 15～25℃的水池或水箱中融化 2h。这样一个冷冻和融化的过程即为一个冻融循环。

（4）每经 5 次冻融循环，检查一次试样的破坏情况，如开裂、缺棱、掉角、剥落等，并进行记录。

（5）在完成规定次数的冻融循环后，将试样从水中取出，立即用毛刷清除表面及孔洞内已剥落的碎片，再按以上相同的方法称量每个试样冻融后饱和面干状态的质量（m_4）。24h 后与在实验室内放置的对比试样一起，按 6.2.2.2 节进行抗压强度试件的制备，在温度 20℃±5℃、相对湿度 50%±15% 的实验室内养护 24h 后，再按以上相同的方法进行饱水及试件的抗压强度试验。试件找平和粘结材料应采用水泥砂浆。

（6）报告 5 个冻融试件所需试样的外观检查结果。

（7）试件的单块抗压强度损失率按式(6.2-5)计算。

$$K_i = \frac{f_f - f_i}{f_f} \times 100 \tag{6.2-5}$$

式中：K_i——试件的单块抗压强度损失率（%）；

　　　f_f——5 个未冻融抗压强度试件的抗压强度平均值（MPa）；

　　　f_i——单块冻融试件的抗压强度值（MPa）。

（8）试件的平均抗压强度损失率按式(6.2-6)计算。

$$K_R = \frac{f_f - f_R}{f_f} \times 100$$（6.2-6）

式中：K_R——试件的平均抗压强度损失率（%）；

f_R——5 个冻融试件的抗压强度平均值（MPa）。

（9）试样的单块质量损失率按式(6.2-7)计算。

$$K_m = \frac{m_3 - m_4}{m_3} \times 100$$（6.2-7）

式中：K_m——试样的质量损失率（%）；

m_3——试样冻融前的质量（kg）；

m_4——试样冻融后的质量（kg）。

6.2.6.4 结果评定

（1）试件的单块抗压强度损失率计算结果精确至 1%。

（2）试件的平均抗压强度损失率计算结果精确至 1%。

（3）质量损失率以 5 个冻融试件所需试样质量损失率的平均值表示，精确至 0.1%。

6.3 烧结多孔砖

烧结多孔砖是指经焙烧而制成的砖，如烧结黏土砖、烧结粉煤灰砖、烧结页岩砖、烧结煤矸石砖等。如图 6.3-1 所示。

图 6.3-1 烧结多孔砖

6.3.1 分类与标识

6.3.1.1 分类

烧结多孔砖按主要原料分为黏土砖和黏土砌块（N）、页岩砖和页岩砌块（Y）、煤矸石砖和煤矸石砌块（M）、粉煤灰砖和粉煤灰砌块（F）、淤泥砖和淤泥砌块（U）、固体废弃物砖和固体废弃物砌块（G）。

6.3.1.2 标识

砖和砌块的产品标记按产品名称、品种、规格、强度等级、密度等级和标准编号顺序编写。

示例：规格为 290mm×140mm×90mm、强度等级 MU25、密度等级 1200 级的烧结黏土砖，标记为："烧结多孔砖 N 290×140×90 MU25 1200 GB/T 13544"。

6.3.2 抽样与制样

6.3.2.1 抽样数量

检验批的构成原则和批量大小，根据现行行业标准《砌墙砖检验规则》JC 466[44]的规定，3.5 万～15 万块为一批，不足 3.5 万块按一批计。

样品用随机抽样法从外观质量检验合格的样品中抽取，烧结多孔砖抽样数量如表 6.3-1 所示。

烧结多孔砖抽样数量

表 6.3-1

序号	检验项目	抽样数量/块	序号	检验项目	抽样数量/块
1	强度等级	10	3	吸水率	5
2	密度等级	3	4	冻融	5

6.3.2.2 抗压强度试件制样

样品制备可分为三种方式：一次成型制样、二次成型制样和非成型制样。

1）一次成型制样

一次成型制样适用于采用样品中间部位切割，交错叠加灌浆制样的方式。如图 6.3-2 所示，将试样锯成两个半截砖，半截砖用于叠合部分的长度不得小于 100mm；如果不足 100mm，应另取备用试样补足。如烧结实心砖。一次成型制样模具如图 6.3-3 所示。

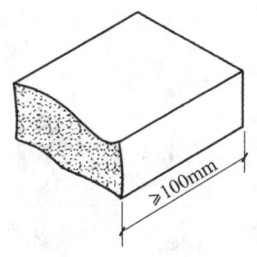
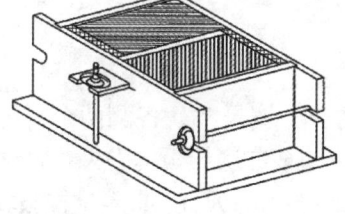
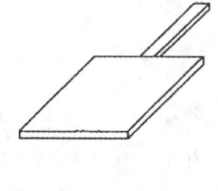

图 6.3-2 半截砖示意图　　　图 6.3-3 一次成型制样模具及插板

2）二次成型制样

二次成型制样适用于采用整块样品上下表面灌浆制样的方式。步骤为：在模具内表面涂油或脱膜剂，加入适量搅拌均匀的净浆材料，将整块试样一个承压面与净浆接触，装入制样模具中，承压面找平层厚度不应大于 3mm。接通振动台电源，振动 0.5～1min 后停止振动，静置至净浆材料初凝（约 15～19min）后拆模。按同样方法完成整块试样另一承压面的找平。二次成型制样模具如图 6.3-4 所示。烧结多孔砖抗压强度试验采用二次成型制样。

3）非成型制样

非成型制样适用于试样无须进行表面找平处理制样的方式，如蒸压灰砂砖。

（1）将试样锯成两个半截砖，半截砖用于叠合部分的长度不得小于 100mm；如果不足 100mm，应另取备用试样补足。

（2）两个半截砖切断口相反叠放，叠合部分不得小于 100mm，如图 6.3-5 所示。

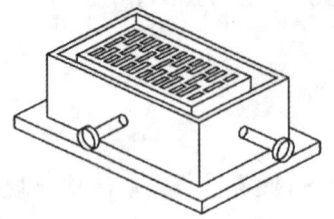 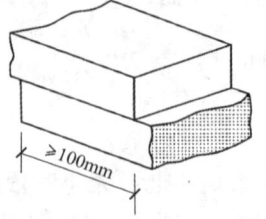

图 6.3-4　二次成型制样模具　图 6.3-5　半砖叠合示意图

6.3.3　强度等级

6.3.3.1　技术要求

烧结多孔砖的强度等级及技术要求如表 6.3-2 所示。

烧结多孔砖强度等级及技术要求　表 6.3-2

强度等级	抗压强度平均值$\overline{P}$/MPa	强度标准值P_k/MPa	强度等级	抗压强度平均值$\overline{P}$/MPa	强度标准值P_k/MPa
MU30	30	22.0	MU15	15	10.0
MU25	25	18.0	MU10	10	6.5
MU20	20	14.0			

6.3.3.2　试验准备

（1）检查制作试件的试样尺寸是否完整，外观应无缺陷。
（2）确保受检样品受压面平整。

6.3.3.3　试验步骤

（1）测量每个试样受压面的长、宽尺寸，各测两个，分别取其平均值，精确至 1mm。
（2）将试样（大面或有孔面）平放在底压板的中央，加载垂直于受压面，应均匀平稳，不得发生冲击或振动。加荷速度以 2～6kN/s 为宜，直至试样破坏为止，记录最大破坏荷载（P）。
（3）每块试样的抗压强度按式(6.3-1)计算。

$$R_{\mathrm{P}} = \frac{P}{L \times B} \tag{6.3-1}$$

式中：R_{P}——抗压强度（MPa）；

　　　P——最大破坏荷载（N）；

　　　L——受压面（连接面）的长度（mm）；

　　　B——受压面（连接面）的宽度（mm）。

（4）分别按式(6.3-2)和式(6.3-3)计算出试样强度变异系数 δ 和标准差 s。

$$\delta = \frac{S}{\overline{P}} \tag{6.3-2}$$

$$S = \sqrt{\frac{1}{9}\sum_{i=1}^{10}\left(P_i - \overline{P}\right)^2} \tag{6.3-3}$$

式中：δ——强度变异系数，精确至 0.01；

S——10 块试样的抗压强度标准差（MPa），精确至 0.01MPa；

$\overline{P}$——10 块试样的抗压强度平均值（MPa），精确至 0.01MPa；

P_i——单块试样抗压强度测定值（MPa），精确至 0.01MPa。

6.3.3.4　结果评定

（1）按表 6.3-2 中抗压强度平均值、强度标准值评定砖的强度等级。

（2）样本量 $n = 10$ 时的强度标准值按式(6.3-4)计算[45]。

$$P_k = \overline{P} - 1.8S \tag{6.3-4}$$

式中：P_k——强度标准值（MPa），精确至 0.1MPa。

6.3.4　密度等级

6.3.4.1　技术要求

烧结多孔砖的密度等级见表 6.3-3。

烧结多孔砖密度等级　　　　　　　　表 6.3-3

密度等级		3 块砖或砌块干燥表观密度平均值/（kg/m³）
砖	砌块	
—	900	≤900
1000	1000	900～1000
1100	1100	1000～1100
1200	1200	1100～1200
1300	—	1200～1300

6.3.4.2　试验准备

清理试样表面并检查外观情况，不得有缺棱、掉角等破损。如有破损，须重新换取备用试样。

6.3.4.3　试验步骤

（1）将试样置于 105℃±5℃鼓风干燥箱中干燥至恒重（在干燥过程中，前后两次称量相差不超过 0.2%，前后两次称量时间间隔为 2h），称其质量（m），并检查外观情况，不得有缺棱、掉角等破损。如有破损，须重新换取备用试样。

（2）测量试样的长、宽、高，长度应在试样的两个大面的中间处分别测量两个尺寸；宽度应在砖的两个大面的中间处分别测量两个尺寸；高度应在两个条面的中间处分别测量两个尺寸，取其平均值，并计算其体积（v）。

6.3.4.4　结果计算与评定

每块试样的体积密度按式(6.3-5)计算。

$$\rho = \frac{m}{v} \times 10^9 \qquad\qquad (6.3\text{-}5)$$

式中：ρ——体积密度（kg/m³）；

  m——试样干质量（kg）；

  v——试样体积（mm）。

试验结果以试样体积密度的算术平均值表示。

6.3.5 吸水率试验

烧结多孔砖的吸水率是指其在一定时间内吸收水分的能力，其值为单位质量的砖吸收的水分质量与其干燥质量的比值，以百分比表示。

6.3.5.1 技术要求

烧结多孔砖吸水率应符合表 6.3-4 的规定。

烧结多孔砖吸水率   表 6.3-4

种类	5h 沸煮吸水率/%			
	严重风化区		非严重风化区	
	平均值	单块最大值	平均值	单块最大值
黏土砖和砌块	≤21	≤23	≤23	≤25
粉煤灰砖和砌块	≤23	≤25	≤30	≤32
页岩砖和砌块	≤16	≤18	≤18	≤20
煤矸石砖和砌块	≤19	≤21	≤21	≤23

6.3.5.2 试验步骤

（1）将试件置于 105℃±5℃鼓风干燥箱中干燥至恒质（在干燥过程中，前后两次称量相差不超过 0.2%，前后两次称量时间间隔为 2h），除去粉尘后，称其干质量（m_0）。

（2）将干燥试样浸入水温为 10～30℃的水中 24h。

（3）取出试样，用湿毛巾拭去表面水分，立即称量。称量时试样表面毛细孔渗出于秤盘中水的质量也应计入吸水质量中，所得质量为浸泡 24h 的湿质量（m_{24}）。

（4）将浸泡 24h 后的湿试样侧立放入蒸煮箱的箅子板上，试样间距不得小于 10mm，注入清水，箱内水面应保持高于试样表面 50mm，加热至沸腾，饱和系数试验沸煮 5h，停止加热并冷却至常温，称量沸煮 5h 的湿质量（m_5）。

（5）常温水浸泡 24h 试样吸水率按式(6.3-6)计算。

$$W_{24} = \frac{m_{24} - m_0}{m_0} \times 100 \qquad\qquad (6.3\text{-}6)$$

式中：W_{24}——常温水浸泡 24h 试样吸水率（%）；

  m_0——试样干质量（kg）；

  m_{24}——试样浸水 24h 的湿质量（kg）。

（6）试样沸煮 5h 吸水率按式(6.3-7)计算。

$$W_5 = \frac{m_5 - m_0}{m_0} \times 100 \tag{6.3-7}$$

式中：W_5——试样沸煮 5h 吸水率（％）；

　　　m_5——试样沸煮 5h 的湿质量（kg）。

6.3.5.3　结果评定

吸水率以 5 块试样的算术平均值表示。

6.3.6　冻融循环试验

6.3.6.1　技术要求

15 次冻融循环试验后，每块砖和砌块不允许出现裂纹、分层、掉皮、缺棱掉角等冻坏现象。

6.3.6.2　试验准备

（1）用毛刷清理试样表面。

（2）检查外观，对缺棱掉角和裂纹予以标记。

6.3.6.3　试验步骤

（1）将试样放入鼓风干燥箱中在 105℃±5℃下干燥至恒重（在干燥过程中，前后两次称量相差不超过 0.2％，前后两次称量时间间隔为 2h），称其质量（m_0）。

（2）将试样放入 10～20℃的水中，浸泡 24h 后取出，用湿布拭去表面水分，以大于 20mm 的间距，大面侧向立放于预先降温至−15℃以下的冷冻箱中。

（3）当箱内温度再降至 −15℃时开始计时，在 −20～−15℃下冰冻，烧结砖冻 3h，非烧结砖冻 5h。然后取出放入 10～20℃的水中融化，烧结砖为 2h，非烧结砖为 3h。如此为 1 次冻融循环。

（4）每 5 次冻融循环，检查一次冻融过程中出现的破坏情况，如冻裂、缺棱掉角、剥落等。

6.3.6.4　结果评定

（1）冻融循环结束后，检查并记录试样在冻融过程中的冻裂长度、缺棱掉角和剥落等破坏情况。

（2）若在冻融过程中，发现试样明显破坏，应停止本组样品的冻融试验，并记录冻融次数，判定本组样品冻融试验不合格。

6.4　蒸压加气混凝土砌块

蒸压加气混凝土砌块是指以硅质材料和钙质材料为主要原材料，掺加发气剂及其他调节材料，通过配料浇注、发气静停、切割、蒸压养护等工艺制成的多孔轻质硅酸盐建筑制品。

6.4.1 分类与标识

6.4.1.1 分类

（1）蒸压加气混凝土砌块按尺寸偏差分为Ⅰ型和Ⅱ型。Ⅰ型适用于薄灰缝砌筑，Ⅱ型适用于厚灰缝砌筑。

（2）蒸压加气混凝土砌块按抗压强度分为A1.5、A2.0、A2.5、A3.5、A5.0五个级别。其中，强度级别A1.5、A2.0适用于建筑保温。

（3）蒸压加气混凝土砌块按干密度分为B03、B04、B05、B06、B07五个级别。其中，干密度级别B03、B04适用于建筑保温。

6.4.1.2 标记

产品以蒸压加气混凝土砌块代号（AAC-B）、强度和干密度分级、规格尺寸和标准号进行标记。

示例：抗压强度级别A5.0、干密度级别B07、规格尺寸为600mm×200mm×200mm的蒸压加气混凝土Ⅰ型砌块，标记为"AACB A5.0 B07 600×200×200（Ⅰ）GB/T 11968"。

6.4.2 抽样与制样

6.4.2.1 抽样数量

检验批：同品种、同规格、同级别的砌块，以30000块为一批，每批不足30000块亦为一批。

检验项目应从尺寸允许偏差与外观质量检验合格的砌块中，随机抽取6块制作试件。蒸压加气混凝土砌块抽样数量如表6.4-1所示。

蒸压加气混凝土砌块抽样数量

表 6.4-1

检测项目	试样尺寸/mm	抽样数量	出厂检验
抗压强度	100×100×100	3组9块	是
干密度	100×100×100	3组9块	是
抗冻性	100×100×100	6组18块	是

6.4.2.2 抗压强度、干密度和抗冻性试件制样

（1）试件的制备采用机锯。锯切时不应将试件弄湿。

（2）试件应沿制品发气方向中心部分上、中、下顺序锯取一组，"上"块的上表面距离制品顶面30mm，"中"块在制品正中处，"下"块的下表面距离制品底面30mm。压面应进行标识。"上""中""下"试件及压面标记如图6.4-1所示。

（3）试件表面应平整，不得有裂缝或明显缺陷，尺寸允许偏差为±1mm，平整度应不大于0.5mm，垂直度应不大于0.5mm。试件应逐块编号，从同一块试样中锯切出的试件为同一组试件，以"Ⅰ、Ⅱ、Ⅲ…"注明试件锯取的位置；当同一组试件没有位置要求时，则以下标"1、2、3…"注明，以区别不同试件。平行试件以"Ⅰ、Ⅱ、Ⅲ…"加注上标"+"

以示区别。试件以"↑"标明发气方向。以长度 600mm、宽度 250mm 的制品为例，试件锯取部位及锯取示意图见图 6.4-2。

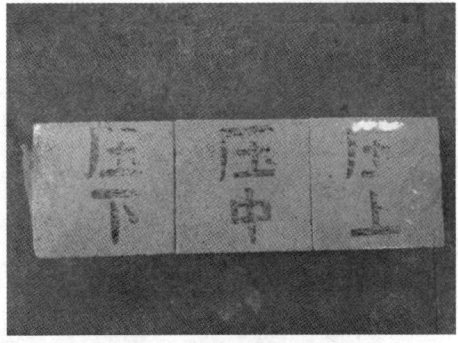

图 6.4-1 "上""中""下"试件及压面标记

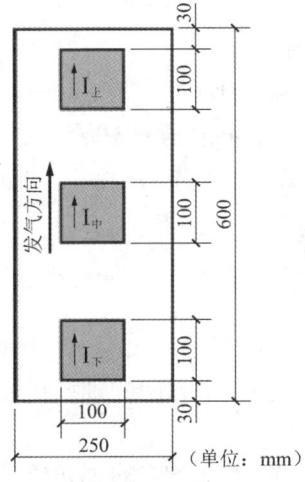

图 6.4-2 抗压强度、干密度和抗冻性试件锯取部位及锯取示意图

（4）当受检样品尺寸不能满足抗压强度试验时，允许按以下尺寸制作：100mm×100mm×50mm；50mm×50mm×50mm；ϕ100mm×100mm；ϕ100mm×50mm。试件的受压面分别为 100mm×100mm、50mm×50mm 和ϕ100mm。

6.4.3 抗压强度和干密度

6.4.3.1 技术要求

蒸压加气混凝土砌块抗压强度和干密度应符合表 6.4-2 的规定。

蒸压加气混凝土砌块抗压强度和干密度技术要求　　　　表 6.4-2

强度级别	抗压强度/MPa		干密度级别	平均干密度/（kg/m³）
	平均值	最小值		
A1.5	≥1.5	≥1.2	B03	≤350
A2.5	≥2.0	≥1.7	B04	≤450

续表

强度级别	抗压强度/MPa		干密度级别	平均干密度/（kg/m³）
	平均值	最小值		
A2.5	≥2.5	≥2.1	B04	≤450
			B05	≤550
A3.5	≥3.5	≥3.0	B04	≤450
			B05	≤550
			B06	≤650
A5.0	≥5.0	≥4.2	B05	≤550
			B06	≤650
			B07	≤750

6.4.3.2 试验准备

（1）含水率控制：试件应在含水率10%±2%条件下进行试验；宜在60℃±5℃条件下烘至所要求的含水率，并应在室内放置6h以后进行抗压强度试验。

（2）试块未烘干之前无法知道其准确的含水率，可先通过测定同批次试件的干密度，估算10%±2%含水率下试块的质量范围。

6.4.3.3 试验步骤

1）干密度

（1）取干密度试件1组，逐一量取长、宽、高三个方向的轴线尺寸，精确至0.1mm，计算试件的体积（V）。

（2）将试件放入电热鼓风干燥箱内，在60℃±5℃的温度下保持24h，然后在80℃±5℃的温度下保持24h，再在105℃±5℃的温度下烘至恒质（M_0）。恒质指在烘干过程中间隔4h，前后两次质量差不超过2g。

（3）干密度按式(6.4-1)进行计算。

$$r_0 = \frac{M_0}{V} \times 10^6 \qquad (6.4-1)$$

式中：r_0——干密度（kg/m³）；

　　　M_0——试件烘干后质量（g）；

　　　V——试件体积（mm³）。

2）抗压强度

（1）取抗压强度试件1组，通过以上计算测定该批次样品的干密度，估算10%±2%含水率下试块的质量范围。

（2）检查试件外观。

（3）测量试件的尺寸，逐一量取长、宽、高三个方向的轴线尺寸，精确至0.1mm，并计算试件的受压面积（A_1）。

（4）将试件放在材料试验机的下压板的中心位置，试件的受压方向应垂直于制品的发气方向。

（5）开动试验机，当上压板与试件接近时，调整球座，使接触均衡。

（6）以 2.0kN/s ± 0.5kN/s 的速度连续而均匀地加荷，直至试件破坏，记录破坏荷载（P_1）。如图 6.4-3 所示。

抗压强度试验示意图　　　　　　正常破坏的试样

图 6.4-3　蒸压加气混凝土砌块抗压强度试验

（7）试验后应立即称取破坏后的全部或部分试件质量，然后在 105℃ ± 5℃ 的温度下烘至恒质，计算其含水率。

（8）抗压强度按式(6.4-2)计算。

$$f_{cc} = \frac{P_1}{A_1} \tag{6.4-2}$$

式中：f_{cc}——试件的抗压强度（MPa）；

P_1——破坏荷载（N）；

A_1——试件受压面积（mm^2）。

6.4.3.4　结果评定

（1）以 3 组共 9 块干密度试件的测定结果平均值来判定砌块的干密度。

（2）抗压强度计算精确至 0.1MPa；如果实测含水率超出要求范围，则试验结果无效。当被检产品难以制作 100mm × 100mm × 100mm 立方体抗压强度试件时，允许以其他规定的试件进行试验，结果评定时以尺寸效应系数修正，如表 6.4-3 所示。

蒸压加气混凝土砌块抗压强度尺寸效应系数　　　　　表 6.4-3

试件类型	试件几何尺寸/mm	试件受压面尺寸/mm	尺寸效应系数
标准试件	$100 \times 100 \times 100$	100×100	1
立方体替代试件（1）	$100 \times 100 \times 50$	100×100	0.94
立方体替代试件（2）	$50 \times 50 \times 50$	50×50	0.90
圆柱体替代试件（1）	$\phi100 \times 100$	$\phi100$	1
圆柱体替代试件（2）	$\phi100 \times 50$	$\phi100$	0.95

（3）抗压强度尺寸效应系数应按式(6.4-3)计算。

$$k_f = \frac{f_n}{f_{cc}} \tag{6.4-3}$$

式中：k_f——试件尺寸效应系数；

f_n——对比试件抗压强度测试值（MPa）；

f_{cc}——标准试件抗压强度（MPa）。

（4）不同尺寸试件抗压强度应按式(6.4-4)换算。

$$f = \frac{f_n}{k_f} \tag{6.4-4}$$

式中：f——抗压强度评定值（MPa）。

注意事项：

（1）受压面

试件受压面应平整，不得有裂缝或明显缺陷，尺寸允许偏差为 ±1mm，平整度应不大于 0.5mm，垂直度应不大于 0.5mm，受压方向应垂直于制品的发气方向，每块试件应标注受压面和序号。

（2）控制含水率

当测定同批次试件含水率超过 12%时，应在 60℃±5℃条件下烘干，并每 2h 测一次质量，直至烘至所要求的含水率。

6.4.3.5　实例

蒸压加气混凝土砌块 A05、B07 等级，抗压强度和干密度计算实例如表 6.4-4 所示。

蒸压加气混凝土砌块 A05、B07 等级，抗压强度和干密度计算实例　　表 6.4-4

序号	部位	单个抗压强度/MPa	平均值/MPa	最小值/MPa	单个密度/（kg/m³）	平均值/（kg/m³）
I	上	6.2			688	
	中	6.5			662	
	下	6.8			674	
II	上	6.0			675	
	中	6.2	6.1	5.3	653	665
	下	6.6			669	
III	上	5.3			664	
	中	5.8			645	
	下	5.9			653	

6.4.4　抗冻性

6.4.4.1　技术要求

蒸压加气混凝土砌块抗冻性应符合表 6.4-5 的规定。

蒸压加气混凝土砌块抗冻性技术要求　　表 6.4-5

强度级别		A2.5	A3.5	A5.0
抗冻性	冻后质量损失平均值/%		≤5.0	
	冻后强度损失平均值/%		≤20	

6.4.4.2 试验准备

（1）低温箱或冷冻室：最低工作温度 −30℃以下。

（2）恒温恒湿室（箱）：温度 20℃±5℃，相对湿度 95%。

（3）恒温水槽：水温 20℃±2℃。

（4）托盘天平或磅秤：称量 2000g，分度值为 1g。

（5）电热鼓风干燥箱：最高温度 200℃。

（6）游标卡尺或数显卡尺：规格为 300mm，分度值为 0.1mm。

（7）实验室：室温 20℃±5℃。

6.4.4.3 试验步骤

（1）用游标卡尺或数显卡尺测量冻融试件和平行试件长、宽、高的轴线尺寸，精确至0.1mm，并称取试件质量（M_0），精确至 1g。

（2）将冻融试件和平行试件浸入水温为 20℃±2℃的恒温水槽保持 48h，前 24h 水面位于冻融试件和平行试件的一半高度，后 24h 水面应高出冻融试件和平行试件 30mm。然后取出放入密封的塑料袋中静置 24h。

（3）从塑料密封袋中取出冻融试件并立即称取质量（M_{10}），精确至 1g，然后放入预先降温至−15℃±2℃的低温箱或冷冻室中木制托架上，试件与试件之间以及试件与箱壁间距不应小于 50mm，当温度再次降至 −15℃时记录时间，保持不少于 8h 后取出。

（4）取出的冻融试件放入温度 20℃±2℃、相对湿度 95%的恒温恒湿室（箱）中木制托架上，试件与试件之间以及试件与箱壁间距不应小于 50mm，保持不少于 6h。

（5）以冻 8h 和融 6h 作为一次冻融循环，以此冻融循环 15 次。

（6）在冻融试件开始冷冻时，平行试件也从塑料密封袋中取出并立即称取质量（M_{20}），精确至 1g，然后放入温度 20℃±2℃、相对湿度 95%的恒温恒湿室（箱）中木制托架上，试件与试件之间以及试件与箱壁间距不应小于 50mm，直至冻融试件完成 15 次冻融循环。

（7）每隔 5 次循环检查并记录试件在冻融过程中的破坏情况。

（8）冻融试验过程中，如发现冻融试件呈破碎、剥落等明显破坏现象，应取出冻融试件，停止冻融试验，并记录冻融次数，称取冻融试件的湿质量（M_{1w}）。

（9）循环过程中如遇试验中断，应将冻融试件置于温度 20℃±2℃、相对湿度 95%的恒温恒湿室（箱）中，等待恢复试验。

（10）冻融循环试验结束，应立即称取冻融试件的湿质量（M_{1w}），同时称取平行试件的湿质量（M_{2w}），精确至 1g。

（11）将完成冻融后的冻融试件和平行试件放在电热鼓风干燥箱内，在 60℃±5℃的温度下保持 24h，然后在 80℃±5℃的温度下保持 24h，再在 105℃±5℃的温度下烘至恒质，密封冷却至室温后，立即称取质量（M_{1d}，M_{2d}），精确至 1g。

（12）测定冻融循环试验后并经烘干的冻融试件和平行试件抗压强度（f_{1d}，f_{2d}）。

（13）冻融试验前的含水率按式(6.4-5)计算。

$$W_0 = \frac{M_{20} - M_{2d}}{M_{2d}} \times 100 \tag{6.4-5}$$

式中：W_0——冻融试验前的含水率（%）；

M_{20}——冻融试件试验前（从密封袋中取出时）平行试件的湿质量（g）；

M_{2d}——冻融试验后平行试件的干质量（g）。

（14）冻融试验后的含水率按式(6.4-6)计算。

$$W_d = \frac{M_{1w} - M_{1d}}{M_{1d}} \times 100 \qquad (6.4\text{-}6)$$

式中：W_d——冻融试验后的含水率（%）；

M_{1w}——冻融试验后冻融试件的湿质量（g）；

M_{1d}——冻融试验后冻融试件的干质量（g）。

（15）冻融试验前冻融试件的等效干质量按式(6.4-7)计算。

$$m_{1d} = \frac{M_{2d}}{M_{20}} \times M_{10} \qquad (6.4\text{-}7)$$

式中：m_{1d}——冻融试验前冻融试件的等效干质量（g）；

M_{10}——冻融试件试验前的湿质量（g）。

（16）质量损失按式(6.4-8)计算。

$$M_m = \frac{m_{1d} - M_{1d}}{m_{1d}} \times 100 \qquad (6.4\text{-}8)$$

式中：M_m——质量损失（%）。

（17）抗压强度损失按式(6.4-9)计算。

$$F_m = \frac{f_{2d} - f_{1d}}{f_{2d}} \times 100 \qquad (6.4\text{-}9)$$

式中：F_m——抗压强度损失（%）；

f_{1d}——冻融试验后冻融试件的抗压强度（MPa）；

f_{2d}——冻融试验后平行试件的抗压强度（MPa）。

6.4.4.4 结果评定

抗冻性按冻融质量损失平均值和抗压强度损失平均值进行评定，精确至 0.1%。

6.5 蒸压加气混凝土板

在蒸压加气混凝土生产中配置经防锈涂层处理的钢筋网笼或钢筋网片的预制板材。

6.5.1 分类与标识

6.5.1.1 分类

（1）蒸压加气混凝土板按使用部位和功能分为屋面板（AAC-W）、楼板（AAC-L）、外墙板（AAC-Q）、隔墙板（AAC-G）等。

（2）按抗压强度分为 A2.5、A3.5、A5.0 三个强度级别。其中，屋面板、楼板的强度级别不低于 A3.5，外墙板和隔墙板的强度级别不低于 A2.5。

（3）蒸压加气混凝土板按承载力允许值分为屋面板、楼板和外墙板，其常用承载力允许值的划分见表 6.5-1。

屋面板、楼板和外墙板常用承载力允许值　　　　表 6.5-1

品种	常用承载力允许值（N/m²）
屋面板	1800、2000、2200、2600、2900、3200、3500
楼板	2000、2200、2600、2900、3200、3500
外墙板	1200、1400、1600、1800、2000、2200、2600、2900、3200、3500

注：其他承载力允许值由供需双方协商确定。

6.5.1.2 标识

屋面板、楼板、外墙板的标记应包括品种代号、强度级别、规格（长度×宽度×厚度）、承载力允许值、标准号等内容。

示例：强度级别为 A3.5，长度为 3600mm、宽度为 600mm、厚度为 200mm，承载力允许值为 2200N/m² 的屋面板，标记为 "AAC-W-A3.5-3600×600×200-2200-GB/T 15762"。

6.5.2 抽样与制样

6.5.2.1 抽样数量

采用相同原材料、相同生产工艺连续生产产品时，由同级别、同配筋的板材，组成一个检验批。不同品种板的批量数见表 6.5-2；在 3 个月内生产总数不足表 6.5-2 的规定时，也应作为一个检验批。

不同品种板的批量数　　　　表 6.5-2

品种	批量/块
屋面板、楼板	3000
外墙板	5000
隔墙板	10000

蒸压加气混凝土板抽样数量如表 6.5-3 所示。

蒸压加气混凝土板抽样数量　　　　表 6.5-3

序号	检验项目	试样尺寸/mm	抽样数量	出厂检验	型式检验
1	干密度	100×100×100	3组9块	是	是
2	抗压强度	100×100×100	3组9块	是	是
3	抗冻性	100×100×100	6组18块	否	是
4	结构性能	100×100×100	1块整板	是	是

6.5.2.2 干密度、抗压强度和抗冻性试件制样

干密度和抗压强度试件，可在与该批板相同条件下制得的砌块上，按照本书第 6.4.2.2 节规定进行取样。否则应从尺寸偏差和外观质量检验合格的板中，随机抽取 3 块整板，分别制作 3 组干密度试件和 3 组抗压强度试件。

制样步骤为：

（1）用钢筋扫描仪探测墙板钢筋位置及划线。

（2）试件应沿制品发气方向中心部分上、中、下顺序钻取一组。"上"块的上表面距离制品顶面30mm，"中"块在制品正中处，"下"块的下表面距离制品底面30mm。

（3）试件表面应平整，不得有裂缝或明显缺陷，尺寸允许偏差为±1mm，平整度应不大于0.5mm，垂直度应不大于0.5mm。试件应逐块编号，从同一整板试样中钻取的试件为同一组试件，以"Ⅰ、Ⅱ、Ⅲ…"表示组号；当同一组试件有上、中、下位置要求时，以下标"上、中、下"注明试件钻取的位置；当同一组试件没有位置要求，则以下标"1、2、3…"注明，以区别不同试件；平行试件以"Ⅰ、Ⅱ、Ⅲ…"加注上标"+"以示区别。试件以"↑"标明发气方向。以长度2300mm、宽度600mm、厚度100mm的隔墙板为例，试件钻取部位如图6.5-1所示。

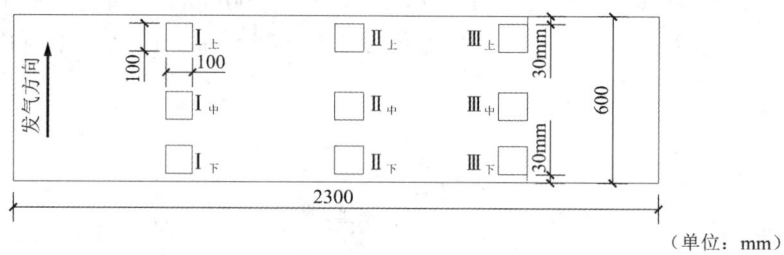

（单位：mm）

图6.5-1　试块钻取部位示意图

6.5.3　抗压强度、干密度和抗冻性

按本书第6.4.3节和6.4.4节规定的蒸压加气混凝土砌块试验方法进行。

6.5.4　结构性能

6.5.4.1　技术要求

蒸压加气混凝土板结构性能应符合表6.5-4的规定。

蒸压加气混凝土板结构性能　　　　　　　　表6.5-4

品种	检验项目	要求
屋面板、楼板、外墙板	承载力检验	符合式(6.5-1)或式(6.5-2)、式(6.5-3)或式(6.5-4)
	短期挠度检验	符合式(6.5-5)或式(6.5-6)
隔墙板	承载力检验	符合式(6.5-7)

1）屋面板、楼板、外墙板承载力检验

屋面板、楼板、外墙板的承载力检验应同时满足初裂荷载检验和破坏荷载检验要求。

（1）初裂荷载检验应符合式(6.5-1)或式(6.5-2)的要求。

屋面板、楼板：

$$Q_{cr,l} \geqslant Q_{d,l} \tag{6.5-1}$$

外墙板：

$$Q_{cr,q} \geqslant Q_{d,q} \tag{6.5-2}$$

式中：$Q_{cr,l}$——屋面板、楼板的初裂荷载实测值（N/m^2）；

$\quad\quad Q_{d,l}$——屋面板、楼板的荷载设计值（N/m^2）；

$\quad\quad Q_{cr,q}$——外墙板的初裂荷载实测值（N/m^2）；

$\quad\quad Q_{d,q}$——外墙板的荷载设计值（N/m^2）。

（2）破坏荷载检验应符合式(6.5-3)或式(6.5-4)的要求。

屋面板、楼板：

$$Q_{u,l} \geqslant \frac{\gamma_0[\gamma_u]}{\gamma_R} Q_{d,l} \tag{6.5-3}$$

外墙板：

$$Q_{u,q} \geqslant \frac{\gamma_0[\gamma_u]}{\gamma_R} Q_{d,q} \tag{6.5-4}$$

式中：$Q_{u,l}$——屋面板、楼板达到表 6.5-5 所列破坏标志之一时的破坏荷载实测值（N/m^2）；

$\quad\quad Q_{u,q}$——外墙板达到表 6.5-5 所列破坏标志之一时的破坏荷载实测值（N/m^2）；

$\quad\quad \gamma_0$——结构安全重要性系数，根据结构安全等级按表 6.5-6 选用；如检验板为单项工程定制，则按单项工程的结构安全等级取值；无专门规定时，按结构安全等级二级取值；

$\quad\quad [\gamma_u]$——承载力检验系数允许值，按表 6.5-5 选用；

$\quad\quad \gamma_R$——抗力分项系数，采用 0.75。

承载力检验系数允许值$[\gamma_u]$的取值规定 表 6.5-5

结构设计受力情况	破坏标志	$[\gamma_u]$
受弯	在受拉主筋的最大裂缝宽度达到 1.5mm，或挠度达到跨度的 1/50	1.20
	受压处加气混凝土破坏	1.30
	受拉主筋拉断	1.60
受弯构件的受剪	腹部斜裂缝达到 1.5mm，或斜裂缝末端受压区加气混凝土剪压破坏	1.40
	沿斜截面加气混凝土斜压破坏，或受拉主筋在端部滑脱，或其他锚固破坏	1.45

结构安全重要性系数 表 6.5-6

结构安全等级	一级	二级	三级
γ_0	1.1	1.0	0.9

2）屋面板、楼板、外墙板短期挠度检验

屋面板、楼板、外墙板的短期挠度检验应符合式(6.5-5)或式(6.5-6)的要求：

屋面板、楼板：

$$\alpha_s \leqslant [\alpha_l] \tag{6.5-5}$$

外墙板：

$$\alpha_s \leqslant [\alpha_q] \tag{6.5-6}$$

式中：α_s——屋面板、楼板或外墙板的短期挠度实测值（mm）；

$[\alpha_l]$——屋面板、楼板的短期挠度允许值（mm）；

$[\alpha_q]$——外墙板的短期挠度允许值（mm）。

3）隔墙板承载能力检验

隔墙板的承载能力检验应符合式(6.5-7)的要求。

$$Q_{cr,g} \geq Q_g \tag{6.5-7}$$

式中：$Q_{cr,g}$——隔墙板的初裂荷载实测值（N/m²）；

Q_g——隔墙板的荷载检验值（N/m²）。

6.5.4.2 试验准备

（1）试验仪器设备：

板材加载试验机：精度（示值的相对误差）不应低于1.0%，其量程的选择应能使试件的预期最大破坏荷载在全量程的20%～80%范围内。

电子位移计：精度0.01mm。

直尺：精度1mm。

刻度放大镜：精度0.05mm。

支承：一端为铰支承，另一端为滚动支承。

宜采用电子位移计和自动位移记录仪记录板的变形位移。电子位移计应分别安装在板长和板宽中部点的下方，以及两端支承处、板宽的中点处，如图6.5-2所示。采用集中力四分点加载法，加载用加压钢板、滚筒和横梁及其搁置方式如图6.5-3所示。

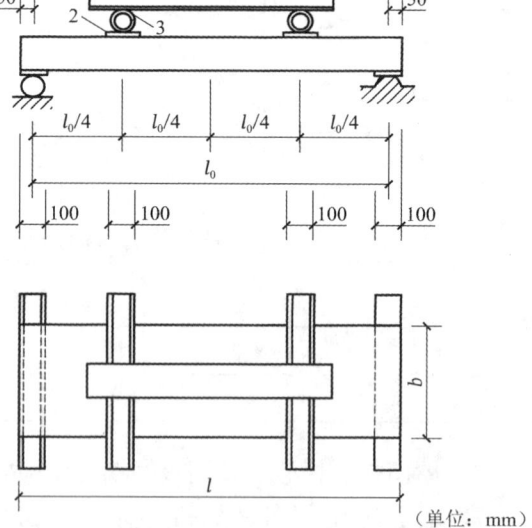

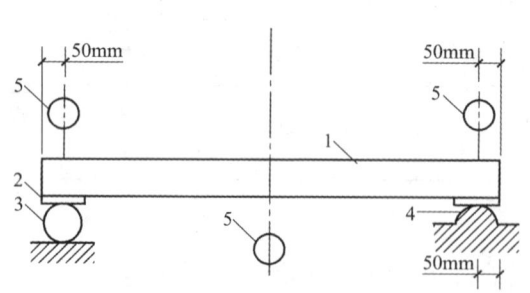

1—试验板；2—钢垫板（宽度为100mm，长度大于试验体宽度，厚度为6～15mm）；3—支点滚筒；4—铰支座；5—电子位移计或百分表

图6.5-2 板的安装示意图

1—加载用横梁；2—加压钢板（宽度为100mm，长度大于试验体宽度，厚度为6～15mm）；3—加载点滚筒（60mm×5mm钢管，长度大于试验体宽度）；b—板的宽度；l—板的长度；l_0—试验板两支点间距离

图6.5-3 集中力四分点加载法示意图

（2）待检验的板应在试验条件下存放不少于24h，当试验板与实验室环境条件基本一

致后，方能进行测量和试验。

6.5.4.3 试验步骤

（1）测量并记录板的规格，包括长度（l）、宽度（b）和厚度（d），精确到 1mm。

（2）测量并记录板自重（G），精确到 10N，若不能测量试验板的重量，可按式(6.5-8)计算其理论重量，按式(6.5-9)换算为板的单位面积自重（Q_b）。

$$G_0 = \rho_c lbd \tag{6.5-8}$$

$$Q_b = \frac{G_0}{lb} \tag{6.5-9}$$

式中：G_0——板自重（N）；

ρ_c——干密度级别计算值（按表 6.5-7 取值）（N/m²）；

l——板的长度（m）；

b——板的宽度（m）；

d——板的厚度（m）；

Q_b——板的单位面积自重（N/m²）。

干密度级别计算值　　　　　　　　　　　　　　　表 6.5-7

干密度级别	B04	B05	B06	B07
干密度级别计算值ρ_c/（N/m²）	5500	6850	8250	9600

（3）测量并记录加载用加压钢板、滚筒和横梁的总重量（W），精确到 10N。把待检测的板安装到试验机的支承上。对屋面板和楼板，受力面应与实际使用相符；对外墙板和隔墙板，应随机摆放受力面。

（4）在板搁置稳定后，安装电子位移计，启动位移自动记录仪，初始读数归零。

（5）把加压板、滚筒和横梁搁置在试验板上。

（6）启动试验机开始加载，加载速度为使跨径中央的弯曲变形达到每秒 0.05mm 左右。

（7）当加载到试验板出现第一条裂缝，应暂停加载，读取和记录初裂时集中力实测值、跨中挠度实测值和两端支座位移实测值。当试验板为隔墙板时，试验结束。

（8）屋面板、楼板、外墙板继续加载到出现破坏标志之一时，停止加载，记录破坏时集中力实测值，试验结束。

（9）试验结果计算。屋面板、楼板的初裂荷载实测值按式(6.5-10)计算，破坏荷载实测值按式(6.5-11)计算，计算结果均精确到 10N/m²。

$$Q_{cr,l} = \frac{W + F_{cr}^0}{l_0 b} + Q_b \tag{6.5-10}$$

$$Q_{u,l} = \frac{W + F_u^0}{l_0 b} + Q_b \tag{6.5-11}$$

式中：$Q_{cr,l}$——屋面板、楼板的初裂荷载实测值（N/m²）；

W——加载用加压钢板、滚筒和横梁的总重量（N）；

F_{cr}^0——板初裂时集中力实测值（N）；

l——试验板两简支点之间的长度（m）；

$Q_{u,l}$——屋面板、楼板的破坏荷载实测值（N/m²）；

F_u^0——板破坏时集中力实测值（N）。

（10）若屋面板、楼板为单项工程定制，则荷载设计值由设计单位提供；若为非定制板，则其荷载设计值可按式(6.5-12)计算，结果精确到10N/m²。

$$Q_{d,l} = Q_b + [Q_z] \tag{6.5-12}$$

式中：$Q_{d,l}$——屋面板、楼板的荷载设计值（N/m²）；

$[Q_z]$——板的承载力允许值（按表6.5-1取值）（N/m²）。

（11）外墙板的初裂荷载实测值按式(6.5-13)计算，破坏荷载实测值按式(6.5-14)计算，结果均精确到10N/m²。

$$Q_{cr,q} = \frac{W + F_{cr}^0}{l_0 b} + \frac{G_0}{lb} \tag{6.5-13}$$

$$Q_{u,q} = \frac{W + F_u^0}{l_0 b} + \frac{G_0}{lb} \tag{6.5-14}$$

式中：$Q_{cr,q}$——外墙板的初裂荷载实测值（N/m²）；

$Q_{u,q}$——外墙板的破坏荷载实测值（N/m²）。

（12）若外墙板为单项工程定制，则荷载设计值由设计单位提供；若为非定制板，则其荷载设计值可按式(6.5-15)计算，结果精确到10N/m²。

$$Q_{d,q} = [Q_z] \tag{6.5-15}$$

式中：$Q_{d,q}$——外墙板的荷载设计值（N/m²）。

（13）屋面板、楼板的短期挠度实测值按式(6.6-16)计算，短期挠度允许值按式(6.5-17)计算，结果均精确到0.1mm。

$$\alpha_s = \alpha_{k,m}^0 - \alpha_{k,r}^0 \tag{6.5-16}$$

$$[\alpha_1] = \frac{Q_{k,l} - Q_b}{Q_{k,l}} \times \frac{11}{10} \times \frac{l_0}{400} \times 1000 \tag{6.5-17}$$

式中：α_s——板的短期挠度实测值（mm）；

$\alpha_{k,m}^0$——板在荷载标准值作用下跨中位移计记录的挠度实测值（mm）；

$\alpha_{k,r}^0$——板在荷载标准值作用下两端位移计记录的两端支座位移实测值的平均值（mm）；

$[\alpha_1]$——屋面板、楼板的短期挠度允许值（mm）；

$Q_{k,l}$——屋面板、楼板的荷载标准值，单项工程定制的楼板或屋面板由设计单位提供；非定制的屋面板或楼板的荷载标准值，可按式(6.5-18)推算（N/m²）。

$$Q_{k,l} = \frac{[Q_z]}{1.5} + Q_b \tag{6.5-18}$$

（14）外墙板的短期挠度实测值按式(6.6-16)计算，短期挠度允许值按式(6.5-19)计算，结果均精确到0.1mm。

$$[\alpha_s] = \frac{Q_{k,q} - Q_b}{Q_{k,q}} \times \frac{11}{10} \times \frac{l_0}{400} \times 1000 \tag{6.5-19}$$

式中：$Q_{k,q}$——外墙板的荷载标准值，单项工程定制的外墙板由设计单位提供；非定制的外墙板的荷载标准值可按式(6.5-20)推算（N/m²）。

$$Q_{k,q} = \frac{[Q_z]}{1.5} \tag{6.5-20}$$

（15）隔墙板的初裂荷载实测值按式(6.5-21)计算，荷载检验值按式(6.5-22)计算，结果均精确到 $10N/m^2$。

$$Q_{cr,g} = \frac{F_{cr}^0}{l_0 b} \tag{6.5-21}$$

$$Q_g = \gamma_g \frac{G_0}{lb} \tag{6.5-22}$$

式中：$Q_{cr,g}$——隔墙板的初裂荷载实测值（N/m^2）；

$\quad\quad\quad Q_g$——隔墙板的荷载检验值（N/m^2）；

$\quad\quad\quad \gamma_g$——隔墙板的承载力检验系数，取 0.3。

6.5.4.4 实例

结构性能试验计算实例：强度级别为 A5.0、干密度级别为 B06，长度为 2480mm、宽度为 600mm、厚度为 100mm 的隔墙板，板初裂时集中力实测值（F_{cr}^0）为 1400N。

（1）计算隔墙板的板自重（G_0）和荷载检验值（Q_g）。

$$G_0 = \rho_c lbd = 8250 \times 2.48 \times 0.6 \times 0.1 = 1227.6N$$

$$Q_g = \gamma_g \frac{G_0}{lb} = 0.3 \times \frac{1227.6}{2.48 \times 0.6} = 247.5N/m^2$$

注：干密度级别计算值 ρ_c 和隔墙板的承载力检验系数 γ_g 查表可得。

（2）根据板初裂时集中力实测值（F_{cr}^0），计算隔墙板的初裂荷载实测值（$Q_{cr,g}$）。

$$Q_{cr,g} = \frac{F_{cr}^0}{l_0 b} = \frac{1400}{2.38 \times 0.6} = 980.39N/m^2$$

（3）结果评定：

$$Q_{cr,g} \geqslant Q_g = 247.5N/m^2$$

该检测项目符合现行国家标准《蒸压加气混凝土板》GB/T 15762[46]中对于强度级别 A5.0、干密度级别 B06 隔墙板的技术要求。

6.6 建筑用轻质隔墙条板

建筑用轻质隔墙条板指长度不小于 2.2m、长宽比不小于 2，采用轻质材料制作或通过轻型构造形式制成的，面密度不大于表 6.6-1 规定值并采用机械化生产的预制条板。

建筑用轻质隔墙条板面密度要求（单位：kg/m²）　　　　　　表 6.6-1

项目	厚度最大值						
	90mm	100mm	120mm	150mm	160mm	180mm	200mm
混凝土条板	110	120	140	160	160	180	220
水泥条板、石膏条板	90	90	130	—	—	—	180
烧结条板	110	110	130	—	—	—	200

项目	厚度最大值						
	90mm	100mm	120mm	150mm	160mm	180mm	200mm
发泡陶瓷条板	60	60	75	—	—	—	—
聚苯颗粒水泥复合条板	90	90	110	130	130	150	160
铝蜂窝条板、纸蜂窝条板	40	40	—	60	60	—	80
发泡陶瓷复合条板	—	—	120	120	145	160
密肋玻纤水泥复合条板	50	50	55	65	65	75	—

6.6.1 分类与标识

6.6.1.1 分类

轻质条板按材料类型分为混凝土轻质条板（简称"混凝土条板"）、水泥轻质条板（简称"水泥条板"）、石膏空心条板（简称"石膏条板"）、烧结空心条板（简称"烧结条板"）、发泡陶瓷轻质条板（简称"发泡陶瓷条板"）、发泡陶瓷复合条板、聚苯颗粒水泥条板、聚苯颗粒水泥复合条板、铝蜂窝复合条板（简称"铝蜂窝条板"）、纸蜂窝复合条板（简称"纸蜂窝条板"）和密肋玻纤水泥保温复合条板（简称"密肋玻纤水泥复合条板"）；按断面构造分为空心条板、实心条板和复合条板三种类别；按板的构件类型分为普通板、门窗框板和异形板。轻质条板产品分类及代号见表 6.6-2。

轻质条板产品分类及代号　　　　　　　　　　表 6.6-2

分类方法	名称	代号
按材料类型分类	混凝土条板	HNT
	水泥条板	SN
	石膏条板	SG
	烧结条板	SJ
	发泡陶瓷条板和发泡陶瓷复合条板	TC
	聚苯颗粒水泥条板和聚苯颗粒水泥复合条板	JS
	铝蜂窝条板	LW
	纸蜂窝条板	ZW
	密肋玻纤水泥复合条板	XS
按断面构造分类	空心条板	K
	实心条板	S
	复合条板	F
按构件类型分类	普通板	PB
	门窗框板	MCB
	异形板	YB

6.6.1.2　标识

轻质条板型号按材料类型代号、断面构造代号、构件类型代号、板长、板宽、板厚和标准编号顺序标记。

示例：板长为 2540mm、宽为 600mm、厚为 90mm 的空心混凝土条板门窗框板，标记为："HNT-K-M 2540 × 600 × 90 GB/T 23451"。

6.6.2　抽样与制样

6.6.2.1　抽样

同类别、同规格的条板为一检验批，不足 151 块时，按 151～280 块的批量算。

样品用随机抽样法从尺寸允许偏差和外观质量检验合格的样品中抽取，具体抽样数量如表 6.6-3 所示。

建筑用轻质隔墙条板抽样方法

表 6.6-3

序号	项目	单位	第一样本	第二样本
1	抗压强度	组	1	2
2	抗冲击性能	组	1	2
3	抗弯荷载	块	1	2
4	吊挂力	块	1	2

6.6.2.2　制样

抗压强度：取 3 块墙板，在距墙板板端不小于 25mm 的中间位置，分别沿墙板板宽方向依次截取厚度为试件厚度尺寸、长度为 100mm、宽度为 100mm 的单元体试件各 6 块（对于空心墙板，长度包括一个完整孔及两条完整孔间肋的单元体试件），任取其中 3 块试件进行抗压强度试验。

抗冲击性能：取厚度大于 25mm、长度不小于 2m 的墙板进行试验。

抗弯荷载：取一整块墙板。

吊挂力：取长度不小于 2m 的墙板进行试验。

6.6.3　抗压强度

6.6.3.1　技术要求

不同种类建筑用轻质隔墙条板抗压强度要求如表 6.6-4 所示。

建筑用轻质隔墙条板抗压强度要求

表 6.6-4

种类	抗压强度/MPa
混凝土条板、发泡陶瓷复合条板、烧结条板	≥5.0
水泥条板、石膏条板、复合条板	≥3.5

6.6.3.2 试验准备

（1）取 3 块试件进行抗压强度试验，采用现行国家标准《砌墙砖抗压强度试验用净浆材料》GB/T 25183[47]规定的净浆材料处理试件的上表面和下表面，使之成为相互平行且与试件孔洞圆柱轴线垂直的平面，并用水平尺调至水平。

（2）制成的抹面试样应置于温度不低于 10℃的不通风室内，养护不少于 4h 再进行试验。

6.6.3.3 检测步骤

（1）用钢直尺分别测量每个试件受压面的长、宽方向中间位置尺寸各两个，分别取其平均值，精确至 1mm。

（2）将试件置于试验机承压板上，使试件的轴线与试验机压板的压力中心重合，以 0.05～0.10MPa/s 的速度加荷，直至试件破坏，记录最大破坏荷载（P）。

（3）每个试件的抗压强度按式(6.6-1)计算。

$$R = \frac{P}{L \times B}$$
(6.6-1)

式中：R——试件的抗压强度（MPa）；

$\quad\quad P$——破坏荷载（N）；

$\quad\quad L$——试件受压面的长度（mm）；

$\quad\quad B$——试件受压面的宽度（mm）。

6.6.3.4 结果评定

（1）墙板抗压强度的试验结果为其自然状态下的抗压强度，以 3 块试件抗压强度的算术平均值计算和评定，结果修约至 0.1MPa。如果其中 1 个试件的抗压强度与 3 个试件抗压强度平均值之差超过平均值的 20%，则抗压强度值按另 2 个试件的抗压强度的算术平均值计算；如果有 2 个试件的抗压强度与抗压强度平均值之差超过规定，则试验结果无效，应重新取样试验[48]。

（2）单项判定规则（出厂检验）：若该试件抗压强度检验结果不合格，可再从该批产品中尺寸允许偏差和外观质量检验合格的样品中，抽取双倍样品进行复检，复检结果全部达到标准要求时判定该试件抗压强度合格，否则判定不合格[49]。

6.6.4 抗冲击性能

6.6.4.1 技术要求

经 5 次抗冲击试验后，板面应无裂纹。

6.6.4.2 试验准备

试验条板的长度尺寸不应小于 2.2m，取 3 块墙板为一组样板，按图 6.6-1 所示组装并固定，上下钢管中心间距为板长（L）减去 100mm。板缝用与板材材质相符的专用砂浆粘结，板与板之间挤紧，接缝处用玻璃纤维布搭接，并用砂浆压实、刮平。如图 6.6-1 所示。

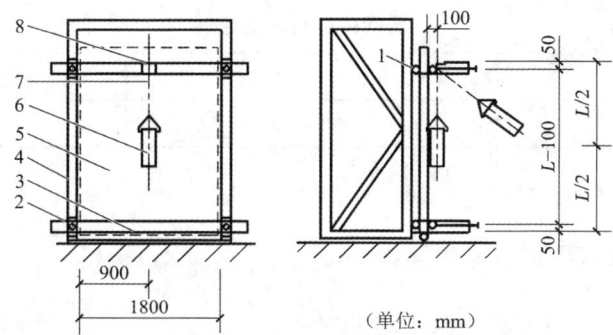

（单位：mm）

1—钢管（直径 50mm）；2—横梁紧固装置；3—固定横梁（10 热轧等边角钢）；4—固定架；
5—墙板拼装的隔墙试件；6—标准砂袋；7—吊绳（直径 10mm 左右）；8—吊环

图 6.6-1　砂袋法抗冲击试验示意图

6.6.4.3　检测步骤

（1）接缝 24h 后，将装有质量 30kg、粒径 2mm 以下细砂的标准砂袋（图 6.6-2）用直径 10mm 左右的绳子固定在其中心距板面 100mm 的钢环上，使砂袋垂悬状态时的重心位于 $L/2$ 高度处。

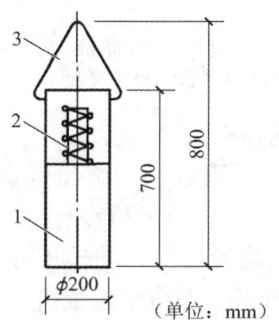

1—帆布；2—注砂口；3—砂袋吊带（厚 6mm、宽 40mm、长 70mm）

图 6.6-2　标准砂袋

（2）以绳长为半径，沿圆弧将砂袋在与板面垂直的平面内拉开，使重心提高 500mm（可用卷尺测量），然后自由摆动下落，冲击设定位置，反复 5 次。

（3）目测板面有无贯通裂缝，记录试验结果。试验结果仅适用于所测试件长度尺寸以内的墙板。

6.6.4.4　结果评定

单项判定规则（出厂检验）：若该试件抗冲击性能检验结果不合格时，可再从该批产品中尺寸允许偏差和外观质量检验合格的样品中，抽取双倍样品进行复检，复检结果全部达到标准要求时判定该试件抗冲击性能合格，否则判定不合格[49]。

6.6.5　抗弯荷载

6.6.5.1　技术要求

建筑用轻质隔墙条板抗弯荷载技术要求如表 6.6-5 所示。

抗弯荷载技术要求 表 6.6-5

板厚/mm	90、100、120、150、160、180	180、200
抗弯荷载/板自重倍数	≥ 1.5	≥ 2.0

6.6.5.2 试验准备

检查试件外观应无缺陷。

6.6.5.3 检测步骤

（1）将完成面密度试验的墙板支在支座长度大于板宽的两个平行支座上，其中一个为固定铰支座，另一个为滚动铰支座，支座中间间距调至 $L-100$mm，两端伸出长度相等。如图 6.6-3 所示。

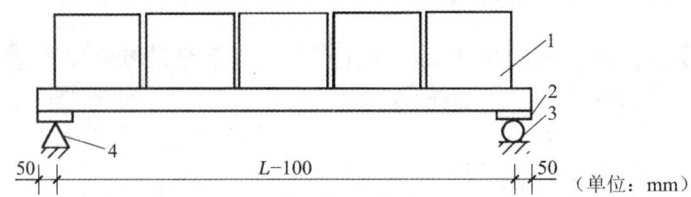

50 ┤├ $L-100$ ┤├ 50 （单位：mm）

1—均布荷载；2—承压板（宽 100mm，厚 6～15mm 钢板）；
3—滚动铰支座（ϕ60mm 钢柱）；4—固定铰支座
图 6.6-3 均布荷载法测试抗弯荷载装置

（2）空载静置 2min，按照不少于五级均匀施加荷载，每级荷载不大于表 6.6-5 中抗弯荷载指标的 20%。

（3）用堆荷方式从两端向中间均匀加荷，堆长相等，间隙均匀，堆宽与板宽相同。

（4）前四级每级加荷后静置 2min，加荷至条板抗弯荷载指标后，静置 5min。此后，如继续施加荷载，按此分级加荷方式循环，直至条板出现裂缝。

6.6.5.4 结果评定

（1）记取第一级荷载至第五级荷载（或断裂破坏前一级荷载）总和作为试验结果，并根据样品厚度与相应的技术要求进行对比判定。

（2）试验结果仅适用于所测墙板长度尺寸以内的墙板。

（3）单项判定规则（出厂检验）：若该试件抗弯荷载检验结果不合格时，可再从该批产品中尺寸允许偏差和外观质量检验合格的样品中，抽取双倍样品进行复检，复检结果全部达到标准要求时判定该试件抗弯荷载合格，否则判定不合格[49]。

6.6.6 吊挂力

建筑用轻质隔墙条板的吊挂力是指该板材能够承受的悬挂或吊挂荷载的最大力。这一参数对于评估轻质隔墙条板是否适用于悬挂物品、挂装设备或其他附加负荷具有重要意义。

6.6.6.1 技术要求

荷载 1000N 静置 24h，板面无宽度超过 0.5mm 的裂缝。

6.6.6.2　试验准备

取试验条板一块，在板中高 2000mm 处，切深 50mm、高 40mm、宽 90mm 的孔洞，清理残灰后，用水泥水玻璃浆（或其他胶粘剂）粘结。钢板吊挂件如图 6.6-4 所示。吊挂件孔与板面间距为 100mm。24h 后，检查吊挂件安装是否牢固，如不牢固应重新安装。

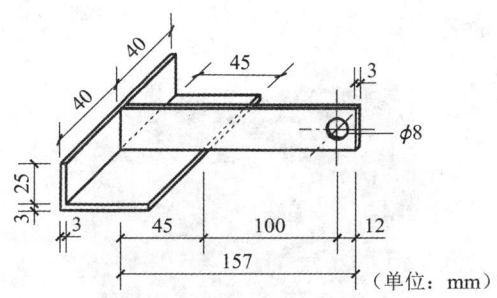

图 6.6-4　钢板吊挂件

注：吊挂件的长板（长杆）、水平板和立板的厚度均为 3m。

6.6.6.3　检测步骤

（1）将试验条板固定，如图 6.6-5 所示，上下管间距为 $L - 100$mm。

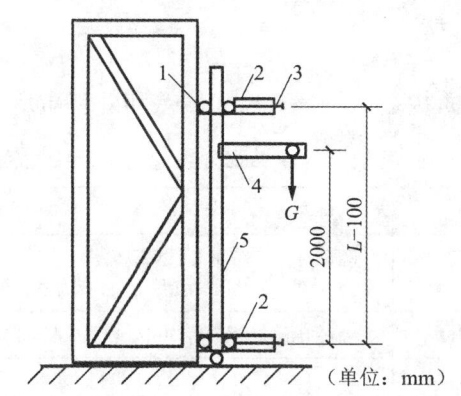

（单位：mm）

1—钢管（直径 50mm）；2—固定横梁；3—紧固螺栓；
4—钢板吊挂件；5—试验用条板

图 6.6-5　吊挂力试验装置

（2）通过钢板吊挂件的圆孔，分两级施加荷载，第一级加荷 500N，静置 2min；第二级再加荷 500N，静置 24h。观察吊挂区周围板面有无宽度超过 0.5mm 的裂缝，记录试验结果。

6.6.6.4　结果评定

（1）吊挂区周围板面无宽度超过 0.5mm 裂缝即为合格。

（2）单项判定规则（出厂检验）：若该试件吊挂力检验结果不合格时，可再从该批产品中尺寸允许偏差和外观质量检验合格的样品中，抽取双倍样品进行复检，复检结果全部达到标准要求时判定该试件吊挂力合格，否则判定不合格[49]。

6.7　烧结瓦

烧结瓦是指由黏土或其他无机非金属原料，经成型、烧结等工艺处理，用于建筑物屋面覆盖及装饰用的板状或块状烧结制品（图 6.7-1）。通常根据形状、表面状态及吸水率不同来进行分类和具体产品命名。

图 6.7-1　烧结瓦

6.7.1　分类与标识

6.7.1.1　分类

烧结瓦可根据形状、表面状态、吸水率、尺寸偏差和外观质量进行分类，如表 6.7-1 所示。

烧结瓦分类　　　　　　　　　　　　　　表 6.7-1

分类依据	分类
形状	平瓦、脊瓦、三曲瓦、双筒瓦、鱼鳞瓦、牛舌瓦、板瓦、筒瓦、滴水瓦、沟头瓦、J形瓦、S形瓦、波形瓦、平板瓦和其他异形瓦及其配件、饰件
表面状态	有釉瓦（含表面经加工处理形成装饰薄膜层的瓦）、无釉瓦（含青瓦）
吸水率	Ⅰ类瓦、Ⅱ类瓦、Ⅲ类瓦
尺寸偏差和外观质量	优等品（A）、合格品（C）

6.7.1.2　标识

烧结瓦的标记按品种、等级、规格和标准编号顺序编写。

示例：外形尺寸 2000mm×200mm、优等品、Ⅰ类无釉青板瓦，标记为"青板瓦 IA200×200 GB/T 21149"。

6.7.2　抽样与制样

同品种、同等级、同规格的烧结瓦，每 10000～35000 件为一检验批；不足该数量时，也按一批计。

所有检验项目的样品，应从尺寸允许偏差和外观质量检验合格的样品中抽取。抽样数量与制样方式如表 6.7-2 所示。

烧结瓦的抽样数量与制样方式 表 6.7-2

项目	抽样数量	制样方式
吸水率	5 片	以自然干燥状态下的整件瓦或抗弯曲性能试验后的瓦的一半作为制样样品,在中间部位分别切取最小边长 100mm×瓦厚度作为试样
抗弯曲性能	5 件	以自然干燥状态下的整件瓦作为试样
耐急冷急热性	5 件	以自然干燥状态下的整件瓦作为试样
抗冻性能	5 件	以自然干燥状态下的整件瓦作为试样

6.7.3 吸水率

6.7.3.1 技术要求

根据吸水率不同,可以将烧结瓦分为 I、II、III 类瓦,具体吸水率技术要求如表 6.7-3 所示。

I、II、III 类瓦吸水率技术要求 表 6.7-3

类别	吸水率/%
I 类瓦	≤ 6.0
II 类瓦	> 6.0,≤ 10.0
III 类瓦	> 10.0,≤ 18.0

6.7.3.2 仪器设备

(1)烘箱:工作温度为 110℃±5℃,也可使用能获得相同检测结果的其他干燥系统。

(2)干燥器。

(3)真空容器和真空系统:能容纳所要求数量试样的足够大容积的真空容器和抽真空能达到 10kPa±1kPa 并保持 30min 的真空系统。

(4)麂皮或其他合适材料

(5)天平:称量精度为所测试样质量的 0.01%。

(6)去离子水或蒸馏水。

6.7.3.3 检测步骤

(1)将试样擦拭干净后,放入干燥箱中干燥至恒重(即每隔 24h 的两次连续质量之差小于 0.1%),作为干燥时质量(m_0)。试验过程中,试样放在有硅胶或其他干燥剂的干燥器内冷却至室温,不应使用酸性干燥剂,

(2)试样的质量和测量精度如表 6.7-4 所示。

试样的质量和测量精度 表 6.7-4

砖的质量m/g	测量精度/g
$50 \leqslant m \leqslant 100$	0.02
$100 < m \leqslant 500$	0.05

砖的质量m/g	测量精度/g
$500 < m \leqslant 1000$	0.25
$1000 < m \leqslant 3000$	0.50
$m > 3000$	1.00

（3）将试样竖直放入真空容器中，使试样互不接触，抽真空至10kPa±1kPa，保持30min后停止抽真空，加入足够的水将试样覆盖并高出50mm，浸泡15min后取出。将一块浸湿过的麂皮用手拧干，将麂皮放在平台上依次轻轻擦干试样表面，称重并记录，作为吸水饱和的质量（m_1），试样的测量精度同表6.7-4。

每个试样的吸水率按式(6.7-1)计算。

$$W = \frac{m_1 - m_0}{m_0} \times 100 \tag{6.7-1}$$

式中：W——吸水率（%）

m_1——试样饱水质量（g）；

m_0——试样干燥质量（g）。

6.7.3.4 结果评定

计算5个试样的吸水率的平均值作为试验结果，修约至0.1%，以该试样试验结果与相应检验项目的要求来判定。

6.7.4 抗弯曲性能

6.7.4.1 技术要求

烧结瓦的抗弯曲性能技术要求如表6.7-5所示。

烧结瓦的抗弯曲性能技术要求 表6.7-5

类别	技术要求
平瓦、脊瓦、板瓦、筒瓦、滴水瓦、沟头瓦、平板瓦	≥1200N
J形瓦、S形瓦、波形瓦	≥1600N
三曲瓦、双筒瓦、鱼鳞瓦、牛舌瓦	≥10.0MPa

6.7.4.2 试验准备

以自然干燥状态下的整件瓦作为试样，试样数量为5件。

6.7.4.3 检测步骤

（1）将试样放在支座上，调整支座金属棒间距，使压头位于支座金属棒的正中。对于跨距要求搭接不足的瓦（J形瓦、S形瓦先保证一个支座金属棒位于瓦峰宽的中央），调整间距使支座金属棒中心以外瓦的长度为15mm±2mm。其中对于波形瓦类，要在压头和瓦之间放置与瓦上表面波浪形状相吻合的平衡物，平衡物由硬质木块或金属制成，宽度约为

20mm。

（2）试验前先校正试验机零点，启动试验机，压头接触试样时不应冲击，以 50～100N/s 的速度均匀加荷，直至断裂，记录断裂时的最大载荷（P）。

（3）平瓦、板瓦、脊瓦、滴水瓦、沟头瓦、J 形瓦、S 形瓦、波形瓦的试验结果以每件试样断裂时的最大载荷表示。

（4）三曲瓦、双筒瓦、鱼鳞瓦、牛舌瓦的弯曲强度按式(6.7-2)计算。

$$R = \frac{3PL}{2bh^2} \tag{6.7-2}$$

式中：R——试样的弯曲强度（MPa）；

P——试样断裂时的最大载荷（N）；

L——跨距（mm）；

b——试样的宽度（mm）；

h——试样断裂面上的最小厚度（mm）。

三曲瓦、双筒瓦、鱼鳞瓦、牛舌瓦的试验结果以每件试样的弯曲强度表示。

6.7.4.4 结果评定

（1）平瓦、板瓦、脊瓦、滴水瓦、沟头瓦、J 形瓦、S 形瓦、波形瓦的试验结果精确至 10N。

（2）三曲瓦、双筒瓦、鱼鳞瓦、牛舌瓦的试验结果精确至 0.1MPa。

（3）以该试样试验结果与相应检验项目的要求来判定。

6.7.5 耐急冷急热性

烧结瓦的耐急冷急热性是指在受到快速温度变化或急冷急热冲击时，砖材的抗裂能力和不受损害的能力。这一性能对于瓦的使用寿命和稳定性具有重要意义。

6.7.5.1 技术要求

有釉瓦经过 10 次急冷急热循环后，应不出现炸裂、剥落及裂纹延长现象。

6.7.5.2 试验准备

试验前先检查外观，对裂纹（含釉裂）、磕碰、釉粘和缺釉处予以标记，并记录其缺陷情况，确保试验前原本的外观缺陷不影响试验结果。试验前注意冷水温度以 15℃±5℃ 为宜。

6.7.5.3 检测步骤

（1）将试样放入预先加热到 150℃±2℃的烘箱中的试样架上，试样之间、试样与箱壁之间应有不小于 20mm 的间距，关上烘箱门。

（2）在 5min 内使烘箱重新达到预先加热的温度，开始计时，在此温度下保持 45min。打开烘箱门，取出试样并立即浸没于装有流动冷水的水槽中，急冷 5min。如此为 1 次急冷急热循环。

6.7.5.4 结果评定

试验结果以每件试样的外观破坏程度表示，即目测观察其是否出现炸裂、剥落及裂纹延长现象。

6.7.6 抗冻性能

6.7.6.1 技术要求

烧结瓦的抗冻性能技术要求如表 6.7-6 所示。

烧结瓦的抗冻性能技术要求 表 6.7-6

试验方法	要求
慢冻法（15 次冻融循环）	规定次数冻融循环后不出现剥落掉角、掉渣及裂纹增加现象
快冻法（100 次冻融循环）	

6.7.6.2 试验准备

准备 5 件自然干燥状态下的整件瓦作为试样，检查外观，对磕碰、釉粘、缺釉和裂纹（含釉裂）处予以标记，并记录其缺陷情况，确保试验前原本的外观缺陷不影响试验结果。开始试验前，将试样浸入 15～25℃的水中 24h。此外，准备冷冻箱，并将其预先降温至要求温度。

6.7.6.3 检测步骤

1）方法一

（1）放入预先降温至 −20℃±3℃的冷冻箱中的试样架上，试样之间、试样与箱壁之间的间距应不小于 20mm。

（2）当箱内温度再次降至 −20℃±3℃时，开始计时，在此温度下保持 3h。打开冷冻箱门，取出试样放入 15～25℃的水中融化 3h。如此为 1 次冻融循环。

2）方法二

以不超过 20℃/h 的速率使试样降温到 −5℃，试样在此温度下保持 15min。然后将试样浸没于水中或喷水直到温度达到 5℃，试样在此温度下保持 15min。如此为 1 次冻融循环。如果要中断循环试验，试样应该浸没在 5℃以上的水中。

6.7.6.4 结果评定

以每件试样的外观破坏程度表示，如果发现试样在试验过程中已经损坏，应及时检查并作记录。

第 7 章

防水材料

7.1 概述

防水材料种类较多，本章主要针对常见的防水涂料、防水卷材及防水密封材料三大部分进行讲解。

7.1.1 检测参数及检评依据

常见防水涂料、防水卷材、防水密封材料的检测参数及检评依据分别见表 7.1-1、表 7.1-2 和表 7.1-3。

常见防水涂料检测参数及检评依据   表 7.1-1

序号	检测项目	检测参数	检测依据	评定标准
1	聚氨酯防水涂料	拉伸性能（拉伸强度、断裂伸长率）	GB/T 16777	GB/T 19250
		固体含量	GB/T 19250	
		撕裂强度	GB/T 529	
		低温弯折性		
		不透水性	GB/T 16777	
		粘结强度		
2	聚合物水泥防水涂料	拉伸强度（无处理）	GB/T 16777	GB/T 23445
		断裂伸长率（无处理）		
		拉伸强度（浸水处理）	GB/T 23445	
		断裂伸长率（浸水处理）		
		固体含量	GB/T 16777	
		低温柔性	GB/T 23445	
		抗渗性		
3	水泥基渗透结晶型防水涂料	施工性	JG/T 26、GB/T 18445	GB 18445
		抗压强度	GB/T 17671	
		抗折强度		
		砂浆抗渗性能	GB 18445	
		混凝土抗渗性能		

常见防水卷材检测参数及检评依据 表 7.1-2

序号	检测项目	检测参数	检测标准	评定依据
1	弹性体改性沥青防水卷材/塑性体改性沥青防水卷材	可溶物含量	GB/T 328.26	GB 18242、GB 18243
		耐热性	GB/T 328.11	
		低温柔性	GB/T 328.14	
		不透水性	GB/T 328.10	
		拉力	GB/T 328.8	
		延伸率（或最大拉力时延伸率）		
		热老化后低温柔性	GB 18242、GB 18243	
		接缝剥离强度	GB/T 328.20	
2	聚氯乙烯（PVC）防水卷材/氯化聚乙烯防水卷材	拉伸性能	GB/T 328.9	GB 12952、GB 12953
		接缝剥离强度	GB/T 328.21	
		直角撕裂强度	GB/T 529	
		梯形撕裂强度	GB/T 328.19	
		不透水性	GB/T 328.10	
		低温弯折	GB/T 328.15	

常见防水密封材料检测参数及检评依据 表 7.1-3

序号	检测项目	检测参数	检测标准	评定依据
1	橡胶止水带	硬度（邵尔 A）	GB/T 531.1	GB/T 18173.2
		拉伸强度	GB/T 528	
		拉断伸长率		
		压缩永久变形	GB/T 7759.1	
		撕裂强度	GB/T 529	
2	遇水膨胀橡胶	硬度（邵尔 A）	GB/T 531.1	GB/T 18173.3
		拉伸强度	GB/T 528	
		拉断伸长率		
		体积膨胀倍率	GB/T 18173.3	
		低温弯折		
		高温流淌性		
		低温试验		
3	高分子片材	拉伸强度	GB/T 528、GB/T 18173.1	GB/T 18173.1
		拉断伸长率		
		粘结剥离强度（标准试验条件）	GB/T 18173.1	
		粘结剥离强度［浸水保持率（23℃，168h）］		

续表

序号	检测项目	检测参数	检测标准	评定依据
3	高分子片材	不透水性	GB/T 18173.1	GB/T 18173.1
		低温弯折		
4	膨润土橡胶遇水膨胀止水条	规定时间吸水膨胀倍率	JG/T 141	JG/T 141
		最大吸水膨胀倍率		
		耐热性		
		耐水性		
5	聚氨酯建筑密封胶	表干时间	GB/T 13477.5	JC/T 482
		挤出性	GB/T 13477.3	
		弹性恢复率	GB/T 13477.17	
		定伸粘结性	GB/T 13477.10	
		浸水后定伸粘结性	GB/T 13477.11	
		流动性	GB/T 13477.6	
		拉伸模量	GB/T 13477.8	
6	钠基膨润土防水毯	单位面积质量	JG/T 193	JG/T 193
		膨润土膨润指数		
		渗透系数		
		滤失量	GB/T 5005	

7.1.2　术语与定义

7.1.2.1　聚合物水泥防水涂料

聚合物水泥防水涂料是以丙烯酸酯、乙烯-乙酸乙烯酯等聚合物乳液和水泥为主要原料，加入填料及其他助剂配制而成，经水分挥发和水泥水化反应固化成膜的双组分水性防水涂料[50]。

7.1.2.2　水泥基渗透结晶型防水涂料

以硅酸盐水泥、石英砂为主要成分，掺入一定量活性化学物质制成的粉状材料，经与水拌合后调配成可刷涂或喷涂在水泥混凝土表面的浆料[51]。

7.1.2.3　弹性体改性沥青防水卷材

以聚酯毡、玻纤毡、玻纤增强聚酯毡为胎基，以苯乙烯-丁二烯-苯乙烯（SBS）热塑性弹性体作石油沥青改性剂，两面覆以隔离材料所制成的防水卷材[52]。

7.1.2.4　塑性体改性沥青防水卷材

以聚酯毡、玻纤毡、玻纤增强聚酯毡为胎基，以无规聚丙烯（APP）或聚烯烃类聚合物（APAO、APO 等）作石油沥青改性剂，两面覆以隔离材料所制成的防水卷材[53]。

7.1.2.5 遇水膨胀橡胶

以水溶性聚氨酯预聚体、丙烯酸钠高分子吸水性树脂等吸水性材料与天然、氯丁等橡胶制成的遇水膨胀性防水橡胶[54]。

7.1.2.6 膨润土橡胶遇水膨胀止水条

以膨润土为主要原料，添加橡胶及其他助剂加工而成的遇水膨胀止水条[55]。

7.2 防水涂料

防水涂料是指能够形成防止雨水或地下水渗漏的涂膜的一种涂料。本节主要对常见的聚氨酯防水涂料、聚合物水泥防水涂料、水泥基渗透结晶型防水涂料进行介绍。

7.2.1 聚氨酯防水涂料

7.2.1.1 分类

聚氨酯防水涂料按组分可分为单组分（S）和多组分（M），按基本性能可分为Ⅰ型、Ⅱ型和Ⅲ型，按是否暴露使用可分为外露（E）和非外露（N），按有害物质限量可分为 A 类和 B 类。

7.2.1.2 标识

按产品名称、组分、基本性能、是否暴露、有害物质限量和标准号的顺序标记。

示例：A 类、Ⅱ型、非外露、多组分聚氨酯防水涂料，标记为"PU 防水涂料 MⅡNA GB/T 19250—2013"。

7.2.1.3 组批与抽样

（1）以同一类型 15t 为一检验批，不足 15t 亦可作为一批。

（2）在每批产品中随机抽取一组样品至少 5kg（多组分产品按配比抽取），抽样前产品应搅拌均匀。

7.2.1.4 技术要求

（1）外观：产品为均匀黏稠体，无凝胶、结块。

（2）物理力学性能：聚氨酯防水涂料基本性能应符合表 7.2-1 的规定。

聚氨酯防水涂料基本性能   表 7.2-1

序号	检测参数		技术要求		
			Ⅰ	Ⅱ	Ⅲ
1	固体含量/%	单组分	≥85.0		
		多组分	≥92.0		
2	拉伸强度/MPa		≥2.00	≥6.00	≥12.00

续表

序号	检测参数	技术要求		
		Ⅰ	Ⅱ	Ⅲ
3	断裂伸长率/%	≥ 500	≥ 450	≥ 250
4	撕裂强度/（N/mm）	≥ 15	≥ 30	≥ 40
5	低温弯折性	−35℃，无裂纹		
6	不透水性	0.3MPa，120min，不透水		
7	粘结强度/MPa	≥ 1.0		

7.2.1.5　试验方法

1）标准试验条件

温度 23℃ ± 2℃，相对湿度 50% ± 10%。

2）涂膜制备

（1）试件制备前，试样及所用试验器具应在标准试验条件下放置至少 24h。

（2）将放置后的试样混合搅拌均匀，不得加入稀释剂；多组分涂料，则按产品配比称量两组分，混合后在不混入气泡的情况下充分搅拌 5min，静置 2min。

（3）倒入模框中涂覆，为便于脱模，涂覆前可用脱模剂（或者使用聚四氟乙烯材质模框）。聚四氟乙烯材质模框及涂膜见图 7.2-1。

（4）多组分试样一次涂覆，单组分试样分 3 次涂覆（也可按生产厂家要求次数涂覆，最多 3 次，每次时间间隔在 24h 内），涂覆后间隔 5min，轻轻刮去表面气泡，最后一次将表面刮平，保证最终涂覆厚度为 1.5mm ± 0.2mm。

（5）制备的涂膜在标准试验条件下养护 96h，然后脱模，涂膜翻面后继续在标准试验条件下养护 72h。

图 7.2-1　聚四氟乙烯材质模框及涂膜

3）试件制备形状及数量

试件制备形状及数量见表 7.2-2。

试件制备形状及数量

表 7.2-2

序号	检测参数	试件形状	数量/个
1	拉伸性能	符合 GB/T 528 规定的哑铃 I 型	5
2	撕裂强度	符合 GB/T 529 规定的无割口直角形	5
3	低温弯折性	100mm × 25mm	3
4	不透水性	150mm × 150mm	3

4）拉伸性能（无处理）

（1）仪器设备

①拉伸试验机：测量值在量程的 15%～85% 之间，示值精度不低于 1%，伸长范围大于 500mm。

②冲片机及符合现行国家标准《硫化橡胶或热塑性橡胶 拉伸应力应变性能的测定》GB/T 528 要求的哑铃 I 型裁刀。

③厚度计：接触面直径 6mm，单位面积压力 0.02MPa，分度值 0.01mm。

（2）试验步骤

①裁取哑铃 I 型试件，并画好间距 25mm 的平行标线。

②用厚度计测量试件标线中间和两端三点的厚度，取其算术平均值作为试件厚度（D）。

③调整拉伸试验机夹具间距约为 70mm，将试件夹在试验机上，保持试件长度方向的中线与试验机夹具中心在一条线上，以 500mm/min ± 50mm/min 的速度拉伸试件至断裂。

④记录试件断裂时最大拉力（P）、断裂时标线间距离（L_1），精确到 0.1mm。

⑤如果试件在标线以外断裂则舍弃该试验数据，用备用件补测，试验结果取 5 个试件的平均值。

⑥若试验数据与平均值的偏差超过 15%，则剔除该数据，以剩下的至少 3 个试件的平均值作为试验结果；若有效试验数据少于 3 个，则需重新试验。

（3）结果处理

①试件的拉伸强度按式(7.2-1)计算。

$$T_L = \frac{P}{B \times D} \tag{7.2-1}$$

式中：T_L——拉伸强度（MPa）；

　　　P——最大拉力（N）；

　　　B——试件中间部位宽度（mm）；

　　　D——试件厚度（mm）。

结果精确到 0.01MPa。

②试件的断裂伸长率按式(7.2-2)计算。

$$E = \frac{L_1 - L_0}{L_0} \times 100 \tag{7.2-2}$$

式中：E——断裂伸长率（%）；

　　　L_0——试件起始标线间距离（mm），取 25mm；

　　　L_1——试件断裂时标线间距离（mm）。

结果精确到 1%。

5）固体含量

（1）仪器设备

① 电子天平：分度值 0.1mg。

② 电热鼓风干燥箱：不低于 200℃，精度 ±2℃。

③ 干燥器：内放变色硅胶。

④ 培养皿：直径 65mm ± 5mm。

（2）试验步骤

① 将试样充分搅匀后，取 10g ± 1g 的试样倒入已干燥称量的培养皿（m_0）中刮平，立即称量（m_1）。

② 在标准试验条件下放置 24h，再放入 120℃ ± 2℃的烘箱中恒温 3h，取出放入干燥器中冷却 2h，然后称量（m_2）。

（3）结果处理

固体含量按式(7.2-3)计算。

$$X = \frac{m_2 - m_0}{m_1 - m_0} \times 100 \tag{7.2-3}$$

式中：X——固体含量（%）；

    m_0——培养皿质量（g）；

    m_1——干燥前试样和培养皿的质量（g）；

    m_2——干燥后试样和培养皿的质量（g）。

试验结果取两次平行试验的平均值，精确到 0.1%。

对于多组分水固化聚氨酯防水涂料，按上述方法得到的m_1应减去采用现行国家标准《建筑用墙面涂料中有害物质限量》GB 18582 中卡尔费休法或气相色谱法得到的水分计算试验结果。

6）撕裂强度

（1）仪器设备

① 拉伸试验机：测量值在量程的 15%～85%之间，示值精度不低于 1%，伸长范围大于 500mm。

② 冲片机及符合现行国家标准《硫化橡胶或热塑性橡胶撕裂强度的测定（裤形、直角形和新月形试样）》GB/T 529 规定的直角形裁刀。

③ 厚度计：接触面直径 6mm，单位面积压力 0.02MPa，分度值 0.01mm。

（2）试验步骤

① 裁取试件，试件厚度（D）的测量应在其撕裂区域内进行，厚度测量不少于三点，取中位数；任何一个试件的厚度值不应偏离该试件厚度中位数的 2%。

② 将试件夹在试验机上，保持试件长度方向的中线与试验机夹具中心在一条线上，对称地放入夹持器内，保证在两端平行边部位将试件充分夹紧，以 500mm/min ± 50mm/min 的速度拉伸至试样断裂，记录其最大力值（F）。

③ 试验结果取 5 个试件的平均值。若试验数据与平均值的偏差超过 15%，则剔除该数据，以剩下的至少 3 个试件的平均值作为试验结果；若有效试验数据少于 3 个，则需重新试验。

（3）结果计算

试件的撕裂强度T_s按式(7.2-4)计算。

$$T_s = \frac{F}{D} \tag{7.2-4}$$

式中：T_s——撕裂强度（N/mm）；

F——试件撕裂时所需的力（N）；

D——试件厚度的中位数（mm）。

结果精确到整数位。

7）低温弯折性

（1）仪器设备

① 低温试验箱：－40～0℃，控温精度 ±2%。

② 弯折仪（图 7.2-2）：金属制成，上下平板间距离可调节。

③ 6 倍放大镜。

图 7.2-2　弯折仪

（2）试验步骤

① 裁取试件，沿试件长度方向弯曲试件，使 25mm 宽的边缘平齐，将端部固定在一起（可用胶粘带）。

② 调整弯折机的上平板与下平板间的距离为试件厚度的 3 倍。

③ 将弯曲试件放在弯折仪上，固定端对着弯折仪转轴，将翻开的弯折仪与试件一同置于 －35℃的低温箱中 1h。

④ 将弯板从超过 90°的垂直位置到水平位置，1s 内合上，保持 1s，整个操作过程在低温箱中进行。

⑤ 取出试件，恢复到 23℃±5℃，用 6 倍放大镜观察试件，记录有无裂纹或断裂现象。

（3）结果判定

3 个试件均应无裂纹。

8）不透水性

（1）仪器设备

① 不透水仪（图 7.2-3）：符合现行国家标准《建筑防水卷材试验方法 第 10 部分：沥青和高分子防水卷材 不透水性》GB/T 328.10 第 5.2 节的要求。

② 金属网：孔径为 0.5mm±0.1mm。

图 7.2-3 不透水仪

（2）标准试验条件

实验室温度：23℃±5℃。

（3）试验步骤

① 试件在标准试验条件下放置 2h，将洁净自来水注入不透水仪中直至满溢，关闭注水阀。

② 开启进水阀，加水压，使贮水流出，排出装置中空气，关闭进水阀。

③ 将试件涂层面迎水置于不透水仪圆盘上，在试件上加一块相同尺寸金属网，盖上 7 孔圆盘，将试件在盘上夹紧，用布擦干试件的非迎水面，打开进水阀。

④ 启动仪器慢慢加压到 0.3MPa，保持该压力 120min，其间观察有无渗水现象。试验结束后卸压，取下试件。

（4）结果判定

3 个试件均应无透水现象。

9）粘结强度

（1）仪器设备

① 拉伸试验机：测量值在量程的 15%～85% 之间，示值精度不低于 1%。

② 拉伸专用金属夹具：上夹具（40mm×40mm×10mm 的拉拔头）、下夹具（图 7.2-4～图 7.2-6）、垫板。

③ 电热鼓风干燥箱：不低于 200℃，控制精确温度 ±2℃。

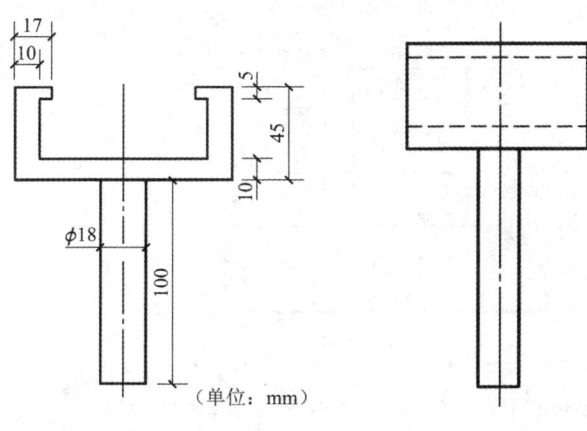

（单位：mm）

图 7.2-4 下夹具主视图　　图 7.2-5 下夹具左视图

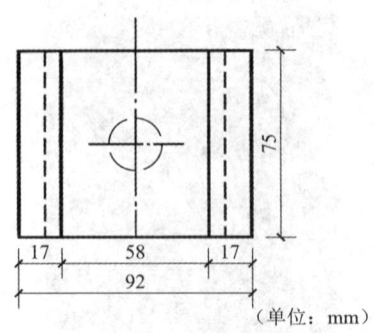

（单位：mm）

图 7.2-6　下夹具俯视图

（2）基材制备

① 粘结基材：水泥砂浆块，尺寸 70mm×70mm×20mm。

② 采用强度等级 42.5 的普通硅酸盐水泥，将水泥、中砂按照质量比 1∶1 加入砂浆搅拌机中搅拌，加水时以砂浆稠度 70～90mm 为准，倒入模框中振实抹平。

③ 移入养护室，1d 后脱模，水中养护 10d 后放入 50℃±2℃烘箱中干燥 24h±0.5h，取出在标准试验条件下放置备用，去除砂浆块表面的浮浆、灰尘等。同样制备 5 块砂浆块。

（3）标准试验条件

实验室温度：23℃±2℃。

（4）试验步骤

① 试验前制备好的砂浆块、工具、涂料应在标准试验条件下放置 24h 以上。

② 取 5 块砂浆块用 2 号砂纸清除表面浮浆，按生产厂家要求的比例将样品混合后搅拌 5min（单组分防水涂料样品直接使用），涂抹在成型面上，涂膜的厚度为 0.5～1.0mm（可分两次涂覆，间隔不超过 24h）。

③ 将制成的试件在标准试验条件下不脱模养护 168h，制备 5 个试件。

④ 养护后的试件用高强度胶粘剂将拉伸用上夹具与涂料面粘结在一起，如图 7.2-7 所示，小心地除去周围溢出的胶粘剂，在标准试验条件下水平放置养护 24h。

⑤ 沿上夹具边缘一圈用刀切割涂膜至基层，使试验面积为 40mm×40mm。

⑥ 将制备好的试件安装在试验机上，如图 7.2-8 所示，保持试件表面垂直方向的中线与试验机夹具中心在一条线上，以 5mm/min±1mm/min 的速度拉伸至试件破坏，记录试件的最大拉力（F）。

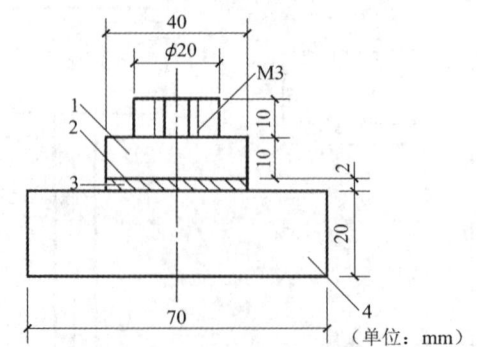

（单位：mm）

1—抗拉用钢质上夹具；2—胶粘剂；3—防水涂料；4—砂浆基底块

图 7.2-7　粘结样品示意图

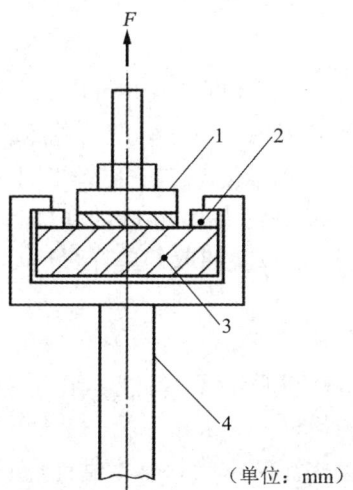

（单位：mm）

1—抗拉用钢质上夹具；2—钢质垫板；3—砂浆基底块；4—抗拉用钢质下夹具

图 7.2-8 试样与夹具装配示意图

（5）结果计算

试件的粘结强度按式(7.2-5)计算。

$$\sigma = \frac{F}{a \times b}$$ (7.2-5)

式中：σ——粘结强度（MPa）；

F——试件的最大拉力（N）；

a——试件粘结面的长度（mm）；

b——试件粘结面的宽度（mm）。

去除表面未被粘住面积超 20% 的试件，以剩下的不少于 3 个试件的算术平均值表示，不足 3 个试件应重新试验，结果精确到 0.01MPa。

7.2.1.6 判定规则

各项试验结果均符合标准规定，则判该批产品性能合格。若有一项指标不符合标准规定，应重新抽样对不合格项进行单项复验；复检符合标准规定时，则判该组产品性能合格，否则判定为不合格。

7.2.2 聚合物水泥防水涂料

7.2.2.1 分类

聚合物水泥防水涂料按物理力学性能可分为Ⅰ型、Ⅱ型和Ⅲ型（Ⅰ型适用于活动量较大的基层，Ⅱ型和Ⅲ型适用于活动量较小的基层）。

7.2.2.2 标识

聚合物水泥防水涂料按产品名称、类型、标准号顺序标记。

示例：Ⅰ型聚合物水泥防水涂料，标记为"JS 防水涂料Ⅰ GB/T 23445—2009"。

7.2.2.3 组批与抽样

（1）以同一类型 10t 为一检验批，不足 10t 亦可作为一批。

（2）每批产品的液体组分抽样按现行国家标准《色漆、清漆和色漆与清漆用原材料取样》GB/T 3186 的规定进行；配套固体组分的抽样按现行国家标准《水泥取样方法》GB/T 12573[5]中袋装水泥的规定进行，采用袋装水泥取样器取样，将取样器沿对角线方向插入并将所取样品放入储存水泥的容器中，每次抽取的单样量应尽量一致。两组分共取 5kg 样品。

7.2.2.4 技术要求

（1）外观：产品的两组分经分别搅拌后，其液体组分应为无杂质、无凝胶的均匀乳液；固体组分应为无杂质、无结块的粉末。

（2）物理力学性能：聚合物水泥防水涂料基本性能应符合表 7.2-3 的规定。

聚合物水泥防水涂料基本性能 表 7.2-3

序号	检测参数		技术要求		
			Ⅰ型	Ⅱ型	Ⅲ型
1	固体含量/%		≥70		
2	拉伸强度	无处理/MPa	≥1.2	≥1.8	≥1.8
		浸水处理后保持率/%	≥60	≥70	≥70
3	断裂伸长率	无处理/%	≥200	≥80	≥30
		浸水处理/%	≥150	≥65	≥20
4	低温柔性（ϕ10mm 棒）		−10℃无裂纹	—	—
5	不透水性（0.3MPa，30min）		不透水		
6	抗渗性（砂浆背水面）/MPa		—	≥0.6	≥0.8

7.2.2.5 试验方法

1）标准试验条件

温度 23℃±2℃，相对湿度 50%±10%。

2）涂膜制备

（1）试件制备前，试样及所用试验器具应在标准试验条件下放置至少 24h。

（2）将放置后的试样按提供的配比分别称量液料和粉料，混合后机械搅拌 5min 以上，将两组分搅拌均匀，静置 1～3min，以减少气泡。

（3）倒入涂膜框中涂覆，为方便脱模，模具表面可用脱模剂处理（或者使用聚四氟乙烯材质模框），制备时分两次或三次涂覆，后道涂覆应在前道涂层实干后进行，两道间隔时间为 12～24h，最终保证涂膜厚度达到 1.5mm±0.2mm。

（4）将最后一道涂层表面刮平后，放置在标准条件下养护 96h，然后脱模翻转试样将其反面朝上，在 40℃±2℃干燥箱中烘 48h，取出后置于干燥器中冷却至室温，待测。

3）试件制备形状及数量

试件制备形状及数量见表 7.2-4。

试件制备形状及数量　　　　　　　　　　　表 7.2-4

序号	检测参数		试件形状	数量/个
1	拉伸性能	无处理	符合 GB/T 528 规定的哑铃 I 型	5
		浸水处理		5
2	低温柔性		100mm × 25mm	3
3	不透水性		150mm × 150mm	3

4）拉伸性能（无处理、浸水处理）

（1）仪器设备

①拉伸试验机：测量值在量程的 15%～85% 之间，示值精度不低于 1%，伸长范围大于 500mm。

②冲片机及符合现行国家标准《硫化橡胶或热塑性橡胶　拉伸应力应变性能的测定》GB/T 528 要求的哑铃 I 型裁刀。

③厚度计：接触面直径 6mm，单位面积压力 0.02MPa，分度值 0.01mm。

④电热鼓风干燥箱：不低于 200℃，精度 ±2℃。

（2）实验室温湿度

同标准试验条件。

（3）试验步骤

①裁取哑铃 I 型试件，并画好间距 25mm 的平行标线。

②用厚度计测量试件标线中间和两端三点的厚度，取其算术平均值作为试件厚度（D）。

③调整拉伸试验机夹具间距约 70mm，将试件夹在试验机上，保持试件长度方向的中线与试验机夹具中心在一条线上。

④以 200mm/min 速度拉伸试件至断裂，记录试件断裂时最大拉力（P）、断裂时标线间距离（L_1），精确到 0.1mm。

⑤如果试件在标线以外断裂则舍弃该试验数据，用备用试件补测。

（4）浸水处理

①将制备的试件浸入 23℃ ± 2℃ 的水中 168h ± 1h。

②放入 60℃ ± 2℃ 的干燥箱中 18h。

③取出后放入干燥器中冷却至室温，再裁取哑铃 I 型试件，按上述步骤（3）进行拉伸试验。

（5）结果计算

①试件的拉伸强度按式(7.2-6)计算。

$$T_L = \frac{P}{B \times D} \qquad (7.2-6)$$

式中：T_L——拉伸强度（MPa）；

　　　P——最大拉力（N）；

　　　B——试件中间部位宽度（mm）；

　　　D——试件厚度（mm）。

取 5 个试件的算术平均值作为试验结果，精确到 0.1MPa。

② 试件的断裂伸长率按式(7.2-7)计算。

$$E = \frac{L_1 - L_0}{L_0} \times 100 \tag{7.2-7}$$

式中：E——断裂伸长率（%）；

L_0——试件起始标线间距离（mm），取 25mm；

L_1——试件断裂时标线间距离（mm）。

取 5 个试件的算术平均值作为试验结果，精确到 1%。

③ 拉伸强度保持率按式(7.2-8)计算。

$$R_t = \frac{T_1}{T} \times 100 \tag{7.2-8}$$

式中：R_t——样品处理后拉伸强度保持率（%）；

T——样品处理前平均拉伸强度（MPa）；

T_1——样品处理后平均拉伸强度（MPa）。

5）固体含量

（1）仪器设备

① 电子天平：分度值 0.001g。

② 电热鼓风干燥箱：不低于 200℃，精度 ±2℃。

③ 干燥器：内放变色硅胶。

④ 培养皿：直径 60～75mm。

（2）试验步骤

① 将试样按比例充分搅匀，取 6g ± 1g 的试样倒入已干燥称量的培养皿（m_0）中，立即称量（m_1）。

② 放入 105℃ ± 2℃烘箱中，恒温 3h，取出放入干燥器中，在标准试验条件下冷却 2h，然后称量（m_2）。

（3）结果处理

固体含量按式(7.2-9)计算。

$$X = \frac{m_2 - m_0}{m_1 - m_0} \times 100 \tag{7.2-9}$$

式中：X——固体含量（%）；

m_0——培养皿质量（g）；

m_1——干燥前试样和培养皿的质量（g）；

m_2——干燥后试样和培养皿的质量（g）。

取两次平行试验的平均值作为试验结果，精确到 1%。

6）低温柔性

（1）仪器设备

① 低温试验箱：控温精度 ±2℃。

② 圆棒：直径 10mm。

③ 冷冻液：乙醇/水混合物（体积比 2∶1）。

（2）试验步骤

① 将试件和圆棒置于已调节到 −10℃的低温试验箱的冷冻液中，温度计探头应与试件

在同一水平位置，在 –10℃试验温度下保持 1h。

②在冷冻液中将试件绕圆棒在 3s 内弯曲 180°，立即取出，观察试件表面有无裂纹、断裂。

（3）结果判定

3 个试件均应无裂纹。

7）抗渗性

（1）仪器设备

①砂浆渗透试验仪。

②水泥标准养护箱（室）：温度 20℃±1℃，相对湿度不小于 90%。

③金属试模：截锥带底圆模，上口直径 70mm，下口直径 80mm，高 30mm。

④捣棒：直径 10mm，长 350mm，端部磨圆。

⑤抹刀。

（2）砂浆试件制备

①按照现行国家标准《水泥胶砂流动度测定方法》GB/T 2419[10]的规定确定砂浆的配合比和用量，并以砂浆试件在 0.3～0.4MPa 压力下透水为准，确定水灰比。

②脱模后放入 20℃±2℃的水中养护 7d。

③取出待表面干燥后，用密封材料（可用 1.2mm N 类自粘防水卷材）密封装入渗透仪中。

④水压从 0.2MPa 开始，恒压 2h 后增至 0.3MPa，以后每隔 1h 增加 0.1MPa，直至试件透水；每组选取 3 个在 0.3～0.4MPa 压力下透水的试件。

（3）涂膜抗渗试件制备

①将已达到要求透水的试件擦干，并清除密封材料的污染。

②将涂料按生产厂家提供的比例混合均匀后，机械搅拌 5min，在 3 个试件的背水面（上口表面）均匀涂上试样，第一道 0.5～0.6mm 厚，待涂层表面干燥后涂抹第二道，总厚度达到 1.0～1.2mm。

③第二道涂层表干后，将抗渗试件放入水泥标准养护箱中，放置 168h。

（4）试验步骤

①将抗渗试件从养护箱中取出，在标准条件下放置 2h，然后用密封材料封装入抗渗仪中。

②按第（2）条砂浆试件制备加压程序进行涂膜抗渗试件的抗渗试验。

③当 3 个抗渗试件中有 2 个试件上表面出现透水现象时，停止该组试验，记录当时水压（MPa）；如抗渗试件加压至 1.5MPa、恒压 1h 仍未透水，应停止试验。

（5）试验结果

涂膜抗渗性试验结果应报告 3 个试件中 2 个未出现透水时的最大水压力（MPa）。

7.2.2.6　判定规则

各项试验结果均符合标准规定，则判该批产品性能合格。若有一项指标不符合标准规定，允许在同批产品中加倍抽样进行单项复验，若该项仍不符合标准，则判该组产品为不合格。

7.2.3 水泥基渗透结晶型防水涂料

7.2.3.1 分类

水泥基渗透结晶型防水材料按使用方法可分为水泥基渗透结晶型防水涂料（C）和水泥基渗透结晶型防水剂（A）。

7.2.3.2 标识

产品按名称和标准编号的顺序标记。

示例：水泥基渗透结晶型防水涂料，标识为"CCCW C GB 18445—2012"。

7.2.3.3 组批与抽样

（1）连续生产，同一配料工艺条件制得的同一类型产品 50t 为一检验批，不足 50t 亦按一批计。

（2）每批产品随机抽样，抽取 10kg 样品，充分混匀。

7.2.3.4 技术要求

水泥基渗透结晶型防水涂料基本性能应符合表 7.2-5 的规定。

水泥基渗透结晶型防水涂料基本性能 表 7.2-5

序号	检测参数		技术要求
1	施工性	加水搅拌后	刮涂无障碍
		20min	刮涂无障碍
2	抗折强度（28d）/MPa		≥2.8
3	抗压强度（28d）/MPa		≥15.0
4	砂浆抗渗性能	带涂层砂浆的抗渗压力（28d）/MPa	报告实测值
		抗渗压力比（带涂层，28d）/MPa	≥250
		去带涂层砂浆的抗渗压力（28d）/MPa	报告实测值
		抗渗压力比（去除涂层，28d）/MPa	≥175
5	混凝土抗渗性能	带涂层砂浆的抗渗压力（28d）/MPa	报告实测值
		抗渗压力比（带涂层，28d）/MPa	≥250
		去带涂层砂浆的抗渗压力（28d）/MPa	报告实测值
		抗渗压力比（去除涂层，28d）/MPa	≥175
		带涂层混凝土的第二次抗渗压力（56d）/MPa	≥0.8

7.2.3.5 试验方法

1）试验准备

（1）水泥：符合现行国家标准《通用硅酸盐水泥》GB 175 规定的 P·O42.5 水泥。

（2）拌合水：符合现行行业标准《混凝土用水标准》JGJ 63 的规定。

（3）砂浆试验用砂：符合现行国家标准《水泥胶砂强度检验方法（ISO 法）》GB/T 17671规定的 ISO 标准砂。

（4）混凝土用的细集料：符合现行国家标准《建设用砂》GB/T 14684 规定的中砂，细度模数为 2.6～2.8。

（5）混凝土用的粗集料：符合现行国家标准《建设用卵石、碎石》GB/T 14685 规定的5～20mm 连续级配的碎石。

（6）耐碱玻璃纤维网格布：符合现行行业标准《耐碱玻璃纤维网布》JC/T 841[56]的规定，2mm×2mm 孔、标称单位面积质量为 151～160g/m^2。

（7）基准砂浆配合比：水泥 320～340g，标准砂 1350g，水 260g，纤维素醚 0.5g（根据需要决定是否添加），基准砂浆 28d 抗渗压力应为0.4MPa$^{+0.0}_{-0.1}$MPa，可根据原材料情况调整配合比。

（8）混凝土配合比：水泥 250kg/m^3，标准级配集料 1750kg/m^3，水 250kg/m^3，基准混凝土 28d 抗渗压力应为0.4MPa$^{+0.0}_{-0.1}$MPa，可根据原材料情况调整配合比，但水泥用量不得低于 250kg/m^3。

（9）砂浆试件制备及养护：砂浆试件制备按现行行业标准《建筑砂浆基本性能试验方法标准》JGJ/T 70 进行，砂浆试件预养护温度为 20℃±2℃，预养护时间为 1d。

（10）混凝土试件制备及养护：混凝土试件制备按现行国家标准《混凝土长期性能和耐久性能试验方法标准》GB/T 50082 进行，混凝土试件预养护温度为 20℃±3℃，预养护时间为 1d。

（11）标准养护条件：温度 20℃±2℃，湿度大于 95%。

（12）基准试件和涂层试件养护：试件浸在深度为试件高度四分之三的水中养护（涂层面不没水），水温为 20℃±2℃；环境湿度大于 95%。

2）施工性

（1）仪器设备

① 水泥胶砂搅拌机：符合现行行业标准《行星式水泥胶砂搅拌机》JC/T 681 的要求。

② 电子天平：分度值 1g。

（2）试验步骤

① 按厂家提供的水灰比称量样品和水，把水加入锅里，再加入样品，把锅固定在固定架上，上升至工作位置。

② 立即开动机器，先低速搅拌 60s±1s，再把搅拌机调至高速搅拌 30s±1s；停拌 90s，在停拌开始的 15s±1s 内，将搅拌锅放下，用刮刀将叶片、锅壁和锅底上的试样刮入锅中，再在高速下继续搅拌 60s±1s。

③ 用刷子在标准混凝土板或石棉水泥板上涂刷，涂刷厚度约 120μm，如果涂刷顺利，则表明刮涂无障碍。

④ 将搅拌锅内余料用湿布覆盖，20min 后用搅拌机高速搅拌 30s，再次用刷子进行涂刷，如果涂刷顺利，则表明刮涂无障碍。

3）抗压强度、抗折强度

（1）仪器设备

① 水泥胶砂搅拌机：符合现行行业标准《行星式水泥胶砂搅拌机》JC/T 681 的要求。

②水泥胶砂振实台：符合现行行业标准《水泥胶砂试体成型振实台》JC/T 682 的要求。

③抗折强度试验机：符合现行行业标准《水泥胶砂电动抗折试验机》JC/T 724 的要求。

④抗压强度试验机：符合现行行业标准《水泥胶砂强度自动压力试验机》JC/T 960 的要求。

⑤电子天平：分度值 1g。

⑥试模：符合现行行业标准《水泥胶砂试模》JC/T 726 的要求。

⑦加水器：分度值 1mL。

⑧压折夹具等

（2）标准试验条件

实验室温度为 20℃±2℃，相对湿度不低于 50%。

（3）试件制备

①按生产厂家提供的水灰比称量样品和水，把水加入锅里，再加入样品，把锅固定在固定架上，上升至工作位置。

②立即开动机器，先低速搅拌 60s±1s，再把搅拌机调至高速搅拌 30s±1s；停拌 90s，在停拌开始的 15s±1s 内，将搅拌锅放下，用刮刀将叶片、锅壁和锅底上的试样刮入锅中，再在高速下继续搅拌 60s±1s。

③制备后立即进行成型，将空模和模套固定在振实台上，分两层装入试模，装第一层时每个槽里约放 300g 试样，用大布料器来回一次将料层布平，接着振实 60 次。

④装入第二层胶砂，用小布料器布平，再振实 60 次，最后用直尺将试体表面抹平。

⑤编号后放入标准养护室，养护 1d 后脱模，继续在标准养护条件下养护，但不能浸水，养护龄期为 28d。

（4）抗折强度测定

将试体一个侧面放在试验机支撑圆柱上，试体长轴垂直于支撑圆柱，通过加荷圆柱以 50N/s±10N/s 的速率均匀地将荷载垂直地加在棱柱体相对侧面上，直至折断。保持两个半截棱柱体处于潮湿状态直至抗压试验。

（5）抗压强度的测定

抗压试验在半截棱柱体的侧面上进行，半截棱柱体中心与压力机压板受压中心差应在 ±0.5mm 内，棱柱体露在压板外的部分约有 10mm，加载过程中以 2400N/s±200N/s 的速率均匀地加荷直至破坏。

（6）结果处理

①抗折强度按式(7.2-10)计算。

$$R_f = \frac{1.5 F_f L}{b^3} \tag{7.2-10}$$

式中：R_f——抗折强度（MPa）；

F_f——折断时施加于棱柱体中部的荷载（N）；

L——支撑圆柱体之间的距离（mm）；

b——棱柱体正方形截面的边长（mm）。

② 抗压强度按式(7.2-11)计算。

$$R_c = \frac{F_c}{A} \tag{7.2-11}$$

式中：R_c——抗压强度（MPa）；

F_c——破坏时的最大荷载（N）；

A——受压部分面积（mm²）。

4）砂浆抗渗性能、混凝土抗渗性能

（1）基准抗渗试件制备

选择合适的配比，将基准砂浆抗渗试件按现行行业标准《砂浆、混凝土防水剂》JC 474[57]的规定成型，基准混凝土抗渗试件按现行国家标准《混凝土长期性能和耐久性能试验方法标准》GB 50082 的规定成型。每次试验同时成型 3 组试件，每组 6 个试件，成型时分两层装料，采用人工插捣方式，表面用铁板刮平，放在标准养护室静置 1d 脱模，用钢丝刷将试件两端面刷毛，清除油污，清洗干净并除去明水。

（2）带涂层的抗渗试件制备

从制备的基准抗渗试件中随机选一组试件进行试验；防水涂料用量为 1.5kg/m²，用水量为工程实际使用推荐的用水量，采用人工搅拌，搅拌均匀后，分两层涂刷，用刷子涂刷于已处理试件的背水面。第一次涂刷后，待涂层手触干时进行第二次涂刷，然后移入标准养护室养护。

（3）去除涂层的抗渗试件制备

从制备的基准抗渗试件中另外随机选一组试件进行试验，将网格布裁剪成比试件背水面尺寸略大的覆面材料，将其覆盖在试件背水面，再分两层涂刷防水涂料，注意涂刷过程中不要移动网格布。第一次涂刷后，待涂层手触干时进行第二次涂刷，然后移入标准养护室养护。

（4）试件养护

基准、带涂层和去除涂层的抗渗试件在标准养护室养护 1d，然后按上述 1）中第（12）条浸水养护 27d。

（5）试验步骤

① 养护到龄期后取出试件，将基准和带涂层两组抗渗试件擦拭干净后晾干待测。

② 对于去除涂层的一组抗渗试件，采用角向磨光机或其他打磨设备，将网格布表面的涂层去除，并去除网格布。

③ 注意在打磨过程中不要破坏网格布覆盖下的抗渗试件，将试件清洗干净后晾干待测。

④ 将试件用密封材料（可用沥青卷材）密封装入渗透仪中进行试验，砂浆抗渗试件的水压从 0.2MPa 开始，恒压 2h，增至 0.3MPa，以后每隔 1h 增加 0.1MPa；混凝土抗渗试件的水压从 0.1MPa 开始，每隔 8h 增加 0.1MPa 水压。

⑤ 将第一次抗渗试验后的带涂层混凝土试件（该组试件第一次抗渗试验必须进行至 6 个试件全部渗水）在标准养护条件下，水中带模养护至 56d，测定其第二次抗渗压力。

（6）试验结果

6 个试件出现第 3 个渗水时停止试验，将该试件出现渗水时的压力减去 0.1MPa，记为抗渗压力。抗渗压力比为同龄期的带涂层和去除涂层试件的抗渗压力与基准试件的抗渗压力之比。

7.2.3.6 判定规则

若全部试验结果符合标准规定，则判该批产品合格；若有两项或两项以上不符合标准要求，则判该批产品不合格。若结果中仅有一项不符合标准要求，可重新抽样对该项进行复检，若该复检项目符合标准规定，则判该批产品合格，否则判该批产品不合格。

7.3 防水卷材

防水卷材主要有沥青防水卷材和高分子防水卷材，本节主要针对弹性体改性沥青防水卷材（图 7.3-1）和聚氯乙烯（PVC）防水卷材（图 7.3-2）进行介绍。

图 7.3-1　沥青防水卷材　　图 7.3-2　聚氯乙烯（PVC）防水卷材

7.3.1 弹性体改性沥青防水卷材

7.3.1.1 分类

弹性体改性沥青防水卷材按胎基分为聚酯毡（PY）、玻纤毡（G）、玻纤增强聚酯毡（PYG）；上表面隔离材料分为聚乙烯膜（PE）、细砂（S）、矿物粒料（M），下表面隔离材料为细砂（S）、聚乙烯膜（PE）；按材料性能分为Ⅰ型和Ⅱ型。

7.3.1.2 标识

产品按名称、型号、胎基、上表面材料、下表面材料、厚度、面积和标准编号顺序标记。

示例：面积 10m²、厚 3mm、上表面为矿物粒料、下表面为聚乙烯膜聚酯毡Ⅰ型弹性体改性沥青防水卷材，标记为"SBS Ⅰ PY M PE 3 10 GB 18242—2008"。

7.3.1.3 组批与抽样

（1）以同一类型、同一规格 10000m² 为一检验批，不足 10000m² 亦可作为一批。

（2）在每批产品中随机抽取五卷进行单位面积质量、面积、厚度及外观检查，再从单位面积质量、面积、厚度及外观检查合格的卷材中抽取一卷进行物理性能检测。

7.3.1.4 技术要求

弹性体改性沥青防水卷材基本性能应符合表 7.3-1 的规定。

弹性体改性沥青防水卷材基本性能 表 7.3-1

序号	检测参数		技术要求				
			I		II		
			PY	G	PY	G	PYG
1	可溶物含量/（g/m²）	3mm	≥2100				—
		4mm	≥2900				—
		5mm	≥3500				
		试验现象	—	胎基不燃	—	胎基不燃	
2	耐热性	℃	90		105		
		mm	≤2				
		试验现象	无流淌、滴落				
3	低温柔性		−20℃		−25℃		
			无裂缝				
4	不透水性（30min）/MPa		0.3	0.2	0.3		
5	拉力	最大峰拉力/（N/50mm）	≥500	≥350	≥800	≥500	≥900
		次高峰拉力/（N/50mm）	—	—	—	—	≥800
		试验现象	拉伸过程中，试件中部无沥青涂盖层开裂或与胎基分离现象				
6	延伸率	最大峰时延伸率/%	≥30		≥40		
		第二峰时延伸率/%	—		—		≥15
7	热老化	低温柔性/℃	−15		−20		
			无裂缝				
8	接缝剥离强度/（N/mm）		≥1.5				

7.3.1.5 试验方法

1）标准试验条件

试件在试验前至少在温度 23℃±2℃和相对湿度 30%～70%的条件下放置 20h。

2）试件制备

将取样卷材切除 2500mm（距外层卷头）后，取 1m 长的卷材按现行国家标准《建筑防水卷材试验方法 第 4 部分：沥青防水卷材 厚度、单位面积质量》GB/T 328.4 的取样方法均匀分布裁取试件。卷材性能试件的形状和数量见表 7.3-2。

试件形状和数量 表 7.3-2

序号	检测参数	试件形状（纵向×横向）/mm	数量/个
1	可溶物含量	100×100	3
2	耐热性	125×100	纵向 3

序号	检测参数		试件形状（纵向×横向）/mm	数量/个
3	低温柔性		150×25	纵向 10
4	不透水性		150×150	3
5	拉力及延伸率		300×50	纵、横向各 5
6	热老化	低温柔性	150×25	纵向 10
7	接缝剥离强度		400×200（搭接边处）	纵向 2

3）可溶物含量

（1）仪器设备

①分析天平：称量范围大于 100g，分度值 0.001g。

②萃取器：500mL 索氏萃取器。

③电热鼓风干燥箱：分度值 2℃。

④溶剂：三氯乙烯（化学纯）或其他合适溶剂。

⑤滤纸：直径不小于 150mm。

（2）试验步骤

①将试件用干燥好的滤纸包好，用线扎好，称量其质量（M_1）。

②将包扎好的试件放入萃取器中，溶剂量为烧瓶容量的 1/2～2/3，加热萃取，萃取至回流的溶剂第一次变成浅色为止。

③小心取出滤纸包，不要破裂，在空气中放置 30min 以上使溶剂挥发，再放入 105℃±2℃的电热鼓风干燥箱中干燥 2h。

④取出放入干燥器中冷却至室温，称量质量（M_2）。

（3）结果处理

可溶物含量按式(7.3-1)计算。

$$A = (M_1 - M_2) \times 100 \tag{7.3-1}$$

式中：A——可溶物含量（g/m²）；

M_1——萃取前试件加滤纸质量（g）；

M_2——萃取后试件加滤纸质量（g）。

记录得到的每个试件的称量值，然后按式(7.3-1)计算每个试件的可溶物含量，最终结果取 3 个试件的平均值。

4）耐热性

（1）仪器设备

①电热鼓风干燥箱（不提供新鲜空气）分度值为 2℃，当门打开 30s 后，恢复到工作温度的时间不超过 5min。

②悬挂装置（图 7.3-3）。

③光学测量装置：分度值不大于 0.1mm。

④金属圆插销的插入装置：内径约 4mm。

⑤画线装置、记号笔。

图 7.3-3　试件悬挂装置

（2）试件制备

① 裁取试件，去除任何非持久保护层，适宜的方法是常温下用胶带粘在上面，冷却到接近假设的冷弯温度，然后从试件上撕去胶带。倘若上面的方法不能除去保护膜，可用火焰烤，用最少的时间破坏膜而不损伤试件。

② 在试件纵向的横断面一边，将上表面和下表面长约 15mm 的涂盖层去除，直至胎体，若卷材有超过一层的胎体，去除涂盖料直到另外一层胎体。

③ 对试件中间区域的涂盖层，也从上表面和下表面的两个接近处去除，直至胎体。可采用热刮刀或类似装置，小心地去除涂盖层不损坏胎体，两个内径约 4mm 的插销在裸露区域穿过胎体。

④ 标记装置放在试件两边，插入插销并定位于中心位置，在试件表面整个宽度方向沿着直边用记号笔垂直画一条线（宽度约 0.5mm），操作时试件平放。

（3）试验步骤

① 制备的一组 3 个试件露出的胎体处用悬挂装置夹住，涂盖层不要夹到，必要时用硅纸的不粘层包住两面，便于在试验结束时除去夹子。

② 将试件垂直悬挂在烘箱的相同高度，间隔至少 30mm，加热时间为 120min ± 2min，然后将试件和悬挂装置一起从烘箱中取出，相互间不要接触，在 23℃ ± 2℃ 温度下自由悬挂冷却至少 2h。

③ 除去悬挂装置，按要求在试件两面画第二个标记，用光学测量装置在每个试件的两面测量两个标记底部间最大距离，精确到 0.1mm。

（4）结果处理

计算卷材每个面 3 个试件的滑动值的平均值，精确到 0.1mm。

5）低温柔性

（1）仪器设备

① 低温试验箱。

② 试验装置（图 7.3-4）：该装置由两个直径 20mm ± 0.1mm 不旋转的圆筒，一个直径 30mm ± 0.1mm 的圆筒或半圆筒弯曲轴组成，该轴在两个圆筒中间能向上移动，两个圆筒间的距离可以调节，即圆筒和弯曲轴间的距离能调节为卷材的厚度。

③ 冷冻液：丙烯乙二醇/水溶液（体积比 1∶1）低至 −25℃，或乙醇/水溶液（体积比 2∶1）低于 −20℃。

④ 半导体温度计：分度值 0.5℃。

图 7.3-4　弯曲试验装置

（2）弯曲轴选择

3mm 厚卷材弯曲直径 30mm，4mm、5mm 厚卷材弯曲直径 50mm。

（3）试验步骤

① 裁取试件，去除任何非持久保护层，将两个圆筒间的距离按试件厚度调节，即弯曲轴直径 + 2mm + 两倍试件的厚度。

② 装置放入已冷却的液体中，并且圆筒的上端在冷冻液面下约 10mm，弯曲轴在下面位置。

③ 将试件放入冷冻液，达到规定温度后保持该温度 1h ± 5min，保证冷冻液完全浸没试件。

④ 设置弯曲轴以 360mm/min ± 40mm/min 的速度顶着试件向上移动，试件同时绕轴弯曲，在完成弯曲过程 10s 内用肉眼检查试件有无裂纹。

（4）结果判定

一个试验面 5 个试件，在规定温度至少 4 个试件无裂缝为通过，上表面和下表面的试验结果要分别记录。

6）不透水性

（1）仪器设备

不透水仪（参见图 7.2-3）。

（2）试验条件

试验在温度 23℃ ± 2℃进行，产生争议时在温度 23℃ ± 2℃、相对湿度 50% ± 5%进行。

（3）试验步骤

① 将洁净自来水注入不透水仪中直至满溢，关闭注水阀。

② 开启进水阀，加水压，使贮水流出，排出装置中空气，关闭进水阀。

③ 将试件上表面朝下放置在透水盘上，若上表面为细砂、矿物粒料时，下表面朝下作为迎水面；若下表面也为细砂时，将下表面的细砂沿密封圈除去，然后涂一圈 60～100 号热沥青，涂平冷却 1h 后，盖上 7 孔盘，盖上封盖，慢慢拧紧直到试件夹紧在盘上，打开进水阀。

④ 启动仪器，慢慢加压到规定的压力，保持该压力 30min，其间观察有无渗水现象。试验结束后卸压，取下试件。

（4）结果判定

所有试件在 30min 内不透水认为不透水性试验通过。

7）拉力及延伸率

（1）仪器设备

①拉伸试验机：有足够的量程（至少 2000N）和夹具移动速度 100mm/min ± 10mm/min，夹具宽度不小于 50mm。

②直尺或游标卡尺。

（2）试验步骤

①裁取试件，除去表面非持久层，将试件紧紧地夹在拉伸试验机的夹具中。

②注意试件长度方向的中线与试验机夹具中心在一条线上，夹具间距离为 200mm ± 2mm。为防止试件从夹具中滑移，应作标记。

③以 100mm/min ± 10mm/min 的速度开始拉伸，直至卷材拉断，分别记录纵、横向各 5 个试件的最大拉力及对应的夹具间距离。

④去除任何在夹具 10mm 内断裂或在夹具中滑移超过极限值的试件的试验结果，用备用件重测，由夹具间距离与起始距离的百分率计算延伸率，分别计算最大拉力及延伸率的平均值。

⑤试验过程中，观察在试件中部是否出现沥青涂盖层与胎基分离或沥青涂盖层开裂现象。

（3）结果处理

拉力的平均值修约到 5N，延伸率的平均值修约到 1%。

8）热老化后低温柔性

（1）仪器设备

①电热鼓风干燥箱：分度值 2℃。

②低温试验箱。

（2）试验步骤

①裁取试件，将试件平放在撒有滑石粉的玻璃板上，然后将试件水平放入已调节到温度 80℃ ± 2℃的烘箱中，在此温度下放置 10d ± 1h。

②按第 5）条进行低温柔性试验。

（3）结果处理

一个试验面 5 个试件，在规定温度至少 4 个试件无裂缝为通过，上表面和下表面的试验结果要分别记录。

9）接缝剥离强度

（1）仪器设备

拉伸试验机：有足够的量程（至少 2000N）和夹具移动速度 100mm/min ± 10mm/min，夹具宽度不小于 50mm。

（2）试件制备

裁取试件，在卷材纵向搭接边处用热熔方法进行搭接，搭接宽度为 50mm ± 1mm。

（3）试验步骤

①将试件放入拉伸试验机的夹具中，使试件的纵向轴线与拉伸试验机及夹具的轴线重合，夹具间整个距离为 100mm ± 5mm，不承受预荷载（图 7.3-5）。

② 开启试验机，以 100mm/min ± 10mm/min 的速度拉伸，直至试件完全分离，记录平均剥离强度，用 N/50mm 表示。

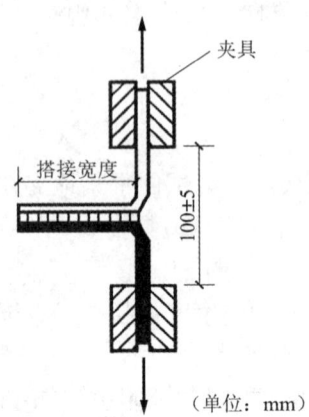

图 7.3-5　剥离强度试验拉伸示意图

（4）结果处理

取 5 个试件平均剥离强度的平均值。平均剥离强度的计算应去除第一个和最后一个 1/4 的区域，然后计算保留部分 10 个等分点处的值（图 7.3-6）。

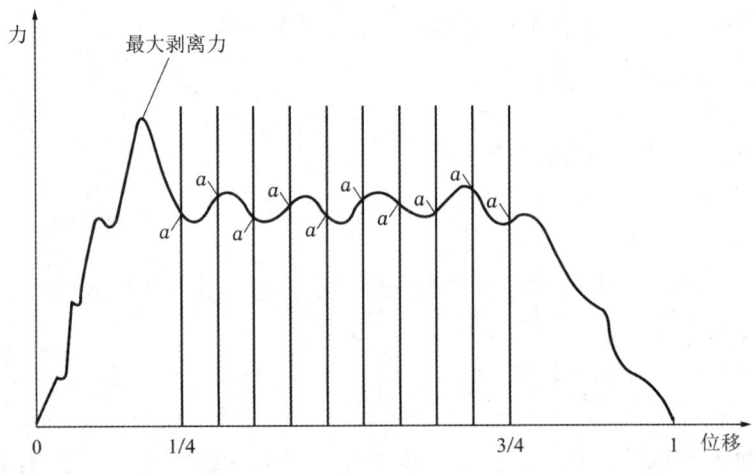

图 7.3-6　平均剥离强度计算示意图

7.3.1.6　判定规则

从单位面积质量、面积、厚度及外观合格的卷材中任取一卷进行材料性能试验。若有一项指标不符合规定，允许在该批产品中再随机抽取 5 卷，从中任取一卷对不合格项进行单项复验，达到标准规定时，则判该批产品材料性能合格。

7.3.2　聚氯乙烯（PVC）防水卷材

7.3.2.1　分类

聚氯乙烯（PVC）防水卷材按产品的组成分为均质卷材（代号 H）、带纤维背衬卷材（代号 L）、织物内增强卷材（代号 P）、玻璃纤维内增强卷材（代号 G）、玻璃纤维内增强带纤维背衬卷材（代号 GL）。

7.3.2.2　标识

按产品名称（代号 PVC 卷材）、是否外露使用、类型、厚度、长度、宽度和标准号顺序标记。

示例：长度 20m、宽度 2.00m、厚度 1.50mm、H 类外露使用聚氯乙烯防水卷材，标记为"PVC 卷材外露 H1.5mm/20m×2.00mm GB 12952—2011"。

7.3.2.3　组批与抽样

（1）以同一类型的 10000m² 为一检验批，不足 10000m² 亦可作为一批。

（2）在该批产品中随机抽取 3 卷进行尺寸偏差和外观检查，在上述检查合格的卷材中任取一卷，在距外层端部 500mm 处裁取 3m 进行材料性能检验。

7.3.2.4　技术要求

聚氯乙烯防水卷材基本性能应符合表 7.3-3 的规定。

聚氯乙烯防水卷材基本性能 表 7.3-3

序号	检测参数		技术要求				
			H	L	P	G	GL
1	拉伸性能	最大拉力/（N/cm）	—	≥120	≥250	—	≥120
		拉伸强度/MPa	≥10.0	—	—	≥10.0	—
		最大拉力时伸出率/%	—	—	≥15	—	—
		断裂伸长率/%	≥200	≥150	—	≥200	≥100
2	低温弯折性		−25℃无裂纹				
3	不透水性		0.3MPa，2h 不透水				
4	接缝剥离强度/（N/mm）		≥4.0 或卷材破坏			≥3.0	
5	直角撕裂强度/（N/mm）		≥50			≥50	—
6	梯形撕裂强度/N		—	≥150	≥250	—	≥220

7.3.2.5　试验方法

1）标准试验条件

试件在试验前至少在温度 23℃±2℃、相对湿度 60%±15% 的条件下放置 24h。

2）试件制备：按现行国家标准《建筑防水卷材试验方法 第 5 部分：高分子防水卷材厚度、单位面积质量》GB/T 328.5 中的裁样方法和表 7.3-4 裁取所需试件，试件距卷材边缘应不小于 100mm，裁切织物增强卷材时应顺着织物的走向，使工作部位有最多的纤维根数。

试件尺寸及数量　　　　　　　　　　　　　　　表 7.3-4

序号	检测参数	试件尺寸（纵向×横向）/mm	数量/个
1	拉伸性能	150×50（或符合 GB/T 528 的哑铃 I 型）	各 6
2	低温弯折性	100×25	各 2
3	不透水性	150×150	3
4	接缝剥离强度	200×300（粘合后裁取 200×50 试件）	2（5）
5	直角撕裂强度	符合 GB/T 529 的直角形	各 6
6	梯形撕裂强度	130×50	各 5

3）拉伸性能

（1）仪器设备

①拉伸试验机（图 7.3-7）：有足够的量程（至少 2000N），夹具宽度不小于 50mm。

②冲片机及符合现行国家标准《硫化橡胶或热塑性橡胶 拉伸应力应变性能的测定》GB/T 528 要求的哑铃 I 型裁刀。

③厚度计：接触面直径 10mm，单位面积压力 20kPa。

图 7.3-7　五工位拉伸试验机

（2）试验准备

①L 类、P 类、GL 类产品试件尺寸为 150mm×50mm，按现行国家标准《建筑防水卷材试验方法 第 9 部分：高分子防水卷材 拉伸性能》GB/T 328.9[58]中的方法 A 进行试验，夹具间距 90mm，伸长率用 70mm 的标线间距计算，P 类伸长率取最大拉力时伸长率，L 类、GL 类伸长率取断裂伸长率。

②H 类、G 类产品按现行国家标准《建筑防水卷材试验方法 第 9 部分：高分子防水卷材 拉伸性能》GB/T 328.9[58]中的方法 B 进行试验，试件尺寸按现行国家标准《硫化橡胶或热塑性橡胶 拉伸应力应变性能的测定》GB/T 528 的哑铃 I 型，标距间距离为 25mm±0.25mm，夹具间起始距离为 80mm±5mm。

（3）试验速度

A 法：100mm/min ± 10mm/min；B 法：250mm/min ± 50mm/min。

（4）试验步骤

① 裁取试件，对于方法 B，厚度采用按现行国家标准《建筑防水卷材试验方法 第 5 部分：高分子防水卷材 厚度、单位面积质量》GB/T 328.5 规定测量的试件有效厚度。

② 将试件紧紧地夹在拉伸试验机的夹具中，注意试件长度方向的中线与试验机夹具中心在一条线上。为防止试件产生任何松弛，推荐加载不超过 5N。

③ 选取合适的试验速度开始拉伸，直至试件断裂，记录最大峰的拉力和延伸率以及破坏形式。

（5）结果处理

① 分别记录每个方向 5 个试件的值，计算算术平均值和标准偏差，方法 A 拉力的单位为 N/50mm，方法 B 拉伸强度的单位为 MPa。

② 方法 A 的结果精确至 N/50mm，方法 B 的结果精确至 0.1MPa，延伸率精确至两位有效数字。

4）接缝剥离强度

（1）仪器设备

拉伸试验机：有足够的量程（至少 2000N），夹具移动速度 100mm/min ± 10mm/min，夹具宽度不小于 50mm。

（2）试验步骤

① 按生产厂要求搭接，采用胶粘剂搭接应在标准试验条件下按生产厂规定的时间放置，但不应超过 7d。裁取试件（200mm × 50mm）。

② 将试件放入拉伸试验机的夹具中，使试件的纵向轴线与拉伸试验机及夹具的轴线重合，夹具间整个距离为 100mm ± 5mm，不承受预荷载（参见图 7.3-5）。

③ 开启试验机，以 100mm/min ± 10mm/min 的速度拉伸，直至试件完全分离。

（3）结果处理

① 对于 H 类、L 类产品，以最大剥离力计算剥离强度。

② 对于 G 类、P 类、GL 类产品，若试件产生空鼓脱壳时，应立即用刀将空鼓处切割断，取拉伸应力-应变曲线后一半的平均剥离力计算剥离强度。

5）直角撕裂强度

按 7.2.1.5 节第 6）条进行试验，采用无削口直角撕裂方法，拉伸速度 250mm/min ± 50mm/min，分别计算纵向或横向 5 个试件的算术平均值作为试验结果。

6）梯形撕裂强度

（1）仪器设备

① 拉伸试验机：有足够的量程（至少 2000N），夹具移动速度 100mm/min ± 10mm/min，夹具宽度不小于 50mm。

② 冲片机及符合图 7.3-8、图 7.3-9 模板要求的裁刀。

（2）试件制备

① 裁取试件的模板尺寸见图 7.3-8。

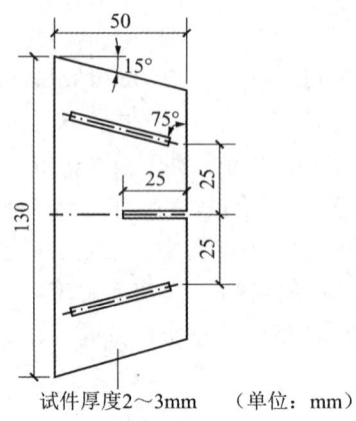

试件厚度2～3mm （单位：mm）

图 7.3-8　裁取试件模板

② 试件形状和尺寸见图 7.3-9。

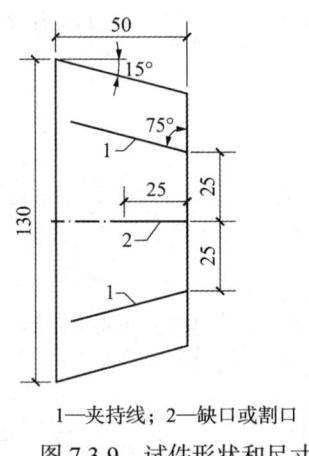

1—夹持线；2—缺口或割口

图 7.3-9　试件形状和尺寸

（3）试验步骤

① 将试件紧紧地夹在拉伸试验机的夹具中，注意使夹持线与夹具的边缘齐平。

② 以 100mm/min ± 10mm/min 的速度拉伸，直至试件断裂，记录每个试件的最大拉力。

（4）结果处理

计算每个方向的拉力算术平均值，精确到 1N。

7）不透水性

试验步骤按 7.3.1.5 节第 6）条进行，采用十字金属开缝板，压力为 0.3MPa，保持 2h，以 3 个试样均无渗漏为合格。

8）低温弯折

试验步骤按 7.2.1.5 节第 7）条进行，试验温度为 −25℃，试验时间为 1h，弯折后取出试件恢复至 23℃ ± 5℃，用 6 倍放大镜观察试样表面，以纵、横向试件均无裂纹为合格。

7.3.2.6　判定规则

从尺寸偏差和外观检查合格的卷材中任取一卷进行材料性能试验。若仅有一项指标不符合规定，允许在该批产品中再随机抽取一卷进行单项复验，达到标准规定时，则判该批产品材料性能合格，否则判为不合格。

7.4　防水密封材料

密封材料是指填充于建筑物的接缝、裂缝、门窗框、玻璃周边以及管道接头或与其他结构的连接处，能阻塞介质透过渗漏通道，起到水密性、气密性作用的材料。本节介绍常见的防水密封材料，包括橡胶止水带（图 7.4-1）、遇水膨胀橡胶（图 7.4-2）、高分子片材、膨润土橡胶遇水膨胀止水条、聚氨酯建筑密封胶、钠基膨润土防水毯等。

图 7.4-1　橡胶止水带　　　　　图 7.4-2　遇水膨胀橡胶

7.4.1　橡胶止水带

7.4.1.1　分类

橡胶止水带按用途可分为变形缝用止水带（B）、施工缝用止水带（S）、沉管隧道接头缝用止水带（J）[包括可卸式（JX）和压缩式（JY）]；按结构形式可分为普通止水带（P）和复合止水带（F），其中，复合止水带又分为与钢边复合的止水带（FG）、与遇水膨胀橡胶复合的止水带（FP）、与帘布复合的止水带（FL）。

7.4.1.2　标识

产品按用途、结构、宽度、厚度顺序标记。

示例：宽度 300mm、厚度 8mm、施工缝用、与钢边复合的止水带，标记为"S-FG 300 × 8"。

7.4.1.3　组批与抽样

（1）B 类、S 类止水带以同标记、连续生产的 5000m 为一检验批（不足 5000m 按一批计）；J 类止水带以每 100m 制品所需要的胶料为一检验批。

（2）B 类、S 类止水带从外观质量和尺寸公差检验合格的样品中随机抽取足够的试样，进行橡胶材料的物理性能检验。J 类止水带抽取足够胶料单独制样进行橡胶材料的物理性能检验。

7.4.1.4 技术要求

橡胶止水带物理性能应符合表 7.4-1 的规定。

橡胶止水带物理性能 表 7.4-1

序号	检测参数		技术要求		
			B 类、S 类	J 类	
				JX	JY
1	硬度（邵尔 A）		60±5	60±5	40~70
2	拉伸强度/MPa		≥10	≥16	≥16
3	拉断伸长率/%		≥380	≥400	≥400
4	压缩永久变形/%	70℃×24h，25%	≤35	≤30	≤30
		23℃×168h，25%	≤20	≤20	≤15
5	撕裂强度/（kN/m）		≥30	≥30	≥20

7.4.1.5 试验方法

1）标准试验条件

温度 23℃±2℃，相对湿度 50%±10%。

2）试验准备

（1）试件在试验前至少在标准试验条件下放置 24h。

（2）按现行国家标准《橡胶物理试验方法试样制备和调节通用程序》GB/T 2941[59]的规定制备试件，试件尺寸及数量应符合表 7.4-2 的要求。

橡胶止水带试件尺寸及数量 表 7.4-2

序号	检测参数	尺寸/mm	数量/个
1	硬度	100×100 或足够尺寸试样，厚度≥6（可由不多于 3 层试样叠加而成）	1
2	拉伸强度、拉断伸长率	符合 GB/T 528 规定的 2 型试件	5
3	压缩永久变形	直径为 13.0±0.5，高度为 6.3±0.3 的圆柱体	3
4	撕裂强度	符合 GB/T 529 规定直角无割口试件，厚度 2.0±0.2	5

3）硬度（邵尔 A）

（1）仪器设备

邵尔 A 型硬度计（图 7.4-3）。

（2）试验步骤

①试件应有足够面积，测量位置距任一边缘至少 12mm，放置在标准试验条件下至少 1h。

②将试件放在平整、坚硬的平面上，尽可能快速地将压足压到试件上或反之把试件压到压足上，应没有振动，保持压足和试件表面平行以使压针垂直于橡胶表面。

③对于硫化橡胶，标准弹簧试验力保持时间为 3s；热塑性橡胶为 15s；未知类型橡胶

可视为硫化橡胶处理。不同测量位置两两相距至少 6mm。

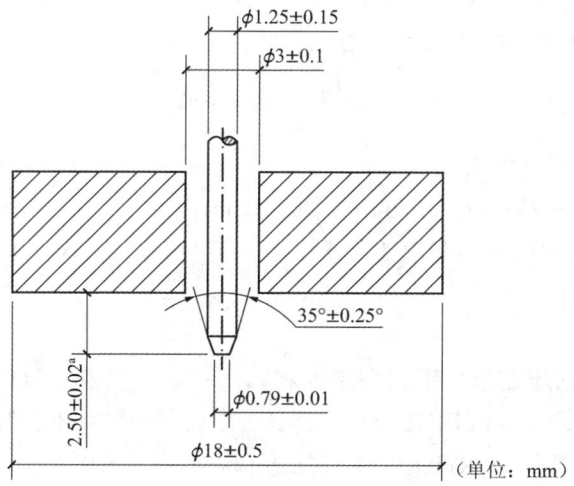

（单位：mm）

图 7.4-3 邵尔 A 型硬度计压针示意图

（3）结果处理

在试件表面不同位置进行 5 次测量，取中值。

4）拉伸强度、断裂伸长率

（1）仪器设备

① 拉伸试验机：测量值在量程的 15%～85%之间，示值精度不低于 1%，伸长范围大于 500mm。

② 冲片机及符合现行国家标准《硫化橡胶或热塑性橡胶 拉伸应力应变性能的测定》GB/T 528 要求的哑铃 2 型裁刀。

③ 厚度计：接触面直径 6mm，单位面积压力 0.02MPa，分度值 0.01mm。

（2）试验步骤

① 裁取哑铃 2 型试件，并画好间距 20mm 的平行标线，用厚度计测量试件标线中间和两端三点的厚度，取其中位数作为试件厚度，狭窄部位的三个厚度都不应大于厚度中位数的 2%。

② 取裁刀狭窄部分刀刃间的距离作为试件的宽度，精确到 0.05mm。

③ 将试件对称地夹在拉力试验机的上、下夹持器上，使拉力均匀地分布在横截面上，装上伸长装置，启动试验机，以 500mm/min 的速度拉伸直至试件断裂。

④ 记录最大力及断裂时伸长量；如果试件在狭窄部分以外断裂则舍弃该试验结果，并另取一试件进行重复试验。

（3）结果处理

① 试件的拉伸强度按式(7.4-1)计算。

$$T_S = \frac{F_m}{W \times t} \tag{7.4-1}$$

式中：T_S——拉伸强度（MPa）；

$\quad\ F_m$——最大拉力（N）；

W——裁刀狭窄部分的宽度（mm）；

t——试验长度部分的厚度（mm）。

②试件的断裂伸长率按式(7.4-2)计算。

$$E = \frac{L_1 - L_0}{L_0} \times 100 \tag{7.4-2}$$

式中：E——断裂伸长率（%）；

L_0——试件起始标线间距离（mm），取 20mm；

L_1——试件断裂时标线间距离（mm）。

5）压缩永久变形

（1）仪器设备

①压缩装置：包括压缩板、钢制限制器和紧固件。限制器高度的选用应使试件的压缩率满足以下规定：硬度小于 80IRHD 对应 25% ± 2%，硬度在 80IRHD 至 89IRHD 间对应 15% ± 2%，硬度大于等于 90IRHD 对应 10% ± 1%。

②老化箱：精度为 ±1℃。

③厚度计：精确至 0.01mm，压足直径为 4mm ± 0.5mm，对于硬度大于等于 35IRHD 的橡胶施加压力应为 22kPa ± 5kPa，硬度小于 35IRHD 的施加压力应为 10kPa ± 2kPa。

（2）试验步骤

①在标准试验条件下，清洁压缩装置操作表面，在压缩板与试件的表面涂一薄层润滑剂，所用润滑剂应对橡胶试验没有任何影响，并应在报告中注明所用的润滑剂。

②测量每个试件中心部位的高度,精确到 0.01mm（3 个试件高度相差不超过 0.05mm）。

③将试件与限制器置于两压缩板之间适当的位置，应避免试件与螺栓或限制器接触，拧紧螺栓，压缩至限制器位置。

④放入已达到规定温度的试验箱内，达到规定时间后取出装置，立即松开试件并迅速置于木板上，让试件在标准试验条件下恢复 30min ± 3min。

⑤测量试件高度，试验完成后，沿着直径方向将试件切成两部分，若有内部缺陷，如有气泡等，应重新进行试验。

（3）结果处理

压缩永久变形按式(7.4-3)计算。

$$C = \frac{h_0 - h_1}{h_0 - h_\mathrm{s}} \times 100 \tag{7.4-3}$$

式中：C——压缩永久变形（%）；

h_0——试件初始高度（mm）；

h_1——试件恢复后的高度（mm）；

h_s——限制器高度（mm）。

计算结果精确到 1%。

6）撕裂强度

（1）仪器设备

①拉伸试验机：测量值在量程的 15%～85% 之间，示值精度不低于 1%，测力精度达到 B 级。

② 冲片机及符合现行国家标准《硫化橡胶或热塑性橡胶撕裂强度的测定（裤形、直角形和新月形试样）》GB/T 529 规定的直角形裁刀。

③ 厚度计：接触面直径 6mm，单位面积压力 0.02MPa，分度值 0.01mm。

（2）试验步骤

① 裁取试件，试件厚度的测量应在其撕裂区域内进行，厚度测量不少于三点，取中位数；任何一个试件的厚度值不应偏离该试样厚度中位数的 2%。

② 将试件沿轴向拉伸方向对称地夹入夹持器内，保证在两端平行边部位将试件充分夹紧，以 500mm/min ± 50mm/min 的速度拉伸至试件断裂，记录其最大力值。

（3）结果计算

撕裂强度T_s按式(7.4-4)计算：

$$T_s = \frac{F}{D} \tag{7.4-4}$$

式中：T_s——撕裂强度（kN/m）；

F——试件撕裂时所需的力（N）；

D——试件厚度的中位数（mm）。

计算结果取 5 个试件的中位数，精确到整数位。

7.4.1.6　判定规则

尺寸公差或外观质量若有一项不合格，则为不合格品；橡胶材料物理性能若有一项指标不符合技术要求，则应在同批次产品中另取双倍试样进行该项复检，复检结果若仍不合格，则该批产品为不合格品。

7.4.2　遇水膨胀橡胶

7.4.2.1　分类

遇水膨胀橡胶按工艺可分为制品型（PZ）和腻子型（PN）；按其在静态蒸馏水中的体积膨胀倍率，制品型可分为 ≥ 150%、≥ 250%、≥ 400%、600% 等几类，腻子型可分为 ≥ 150%、≥ 220%、≥ 300% 等几类；按截面形状可分为圆形（Y）、矩形（J）、椭圆形（T）和其他形状（Q）。

7.4.2.2　标识

产品类型-体积膨胀倍率、截面形状规格、标准号顺序标记。

示例：宽度 30mm、厚度 20mm 的矩形制品型遇水膨胀橡胶，体积膨胀倍率 ≥ 400%，标记为"PZ-400 J-30mm × 20mm GB/T 18173.3—2014"。

7.4.2.3　组批与抽样

（1）以 1000m 或 5t 同标记的遇水膨胀橡胶为一检验批。

（2）每批抽取 1% 进行外观质量检验，并在任意 1m 处随机取 3 点进行规格尺寸检验（腻子型除外），在上述检验合格的样品中随机抽取足够的试样（一般 2m），进行物理性能检测。

7.4.2.4 技术要求

（1）制品型遇水膨胀橡胶胶料物理性能应符合表 7.4-3 的规定。

制品型遇水膨胀橡胶胶料物理性能 　　　　　　表 7.4-3

序号	检测参数	技术要求			
		PZ-150	PZ-250	PZ-400	PZ-600
1	硬度（邵尔 A）	42±10		45±10	48±10
2	拉伸强度/MPa	≥3.5		≥3	
3	伸长率/%	≥450		≥350	
4	体积膨胀倍率/%	≥150	≥250	≥400	≥600
5	低温弯折（−20℃×2h）	无裂纹			

（2）腻子型遇水膨胀橡胶胶料物理性能应符合表 7.4-4 的规定。

腻子型遇水膨胀橡胶胶料物理性能 　　　　　　表 7.4-4

序号	检测参数	技术要求		
		PN-150	PN-220	PN-300
1	体积膨胀倍率/%	≥150	≥220	≥300
2	高温流淌性（80℃×5h）	无流淌	无流淌	无流淌
3	低温试验（−20℃×2h）	无脆裂	无脆裂	无脆裂

7.4.2.5 试验方法

1）标准试验条件

温度 23℃±2℃，相对湿度 50%±10%。

2）试验准备

（1）制品型试样在试验前经 70℃±2℃恒温 8h 后，在标准试验条件下放置 4h；腻子型试样直接取自产品。

（2）按现行国家标准《橡胶物理试验方法试样制备和调节通用程序》GB/T 2941[59]的规定制备试件，试件尺寸及数量应符合表 7.4-5 的要求。

遇水膨胀橡胶试件尺寸及数量 　　　　　　表 7.4-5

序号	检测参数	尺寸/mm	数量/个
1	硬度	100×100 或足够尺寸试样，厚度≥6（可由不多于 3 层试样叠加而成）	1
2	拉伸强度、拉断伸长率	符合 GB/T 528 规定的 2 型试件	5
3	体积膨胀倍率	长、宽 20.0±0.2，厚 2.0±0.2	3
4	低温弯折	20×100×2	2
5	高温流淌	20×20×4	3
6	低温试验	50×100×2	3

3）硬度（邵尔 A）、拉伸强度、拉断伸长率的试验步骤

同 7.4.1.5 节橡胶止水带。

4）体积膨胀倍率

（1）仪器设备

天平：精度不低于 0.001g。

（2）标准试验条件

温度 23℃±2℃，相对湿度 50%±10%。

（3）试验步骤

① 裁取试件，先用天平称出在空气中的质量，然后称出试件悬挂在蒸馏水中的质量。

② 将试件浸泡在 23℃±5℃的 300mL 蒸馏水中，试验过程中，应避免试件重叠及水分的挥发，浸泡 72h。

③ 浸泡结束后，先用天平称出其在蒸馏水中的质量，然后用滤纸轻轻吸干试件表面的水分，称出试件在空气中的质量（如试件密度小于蒸馏水密度，试件应悬挂坠子使试件完全浸没于蒸馏水中）。

5）结果处理

体积膨胀倍率按式(7.4-5)计算。

$$\Delta V = \frac{m_3 - m_4 + m_5}{m_1 - m_2 + m_5} \times 100 \tag{7.4-5}$$

式中：ΔV——体积膨胀倍率（%）；

　　　m_1——浸泡前试件在空气中的质量（g）；

　　　m_2——浸泡前试件在蒸馏水中的质量（g）；

　　　m_3——浸泡后试件在空气中的质量（g）；

　　　m_4——浸泡后试件在蒸馏水中的质量（g）；

　　　m_5——坠子在蒸馏水中的质量（如未用可忽略不计）（g）。

结果取 3 个试件的算术平均值。

6）低温弯折性

试验步骤按 7.2.1.5 节第 7）条进行，试验温度及时间为−20℃、2h，弯折后用 8 倍放大镜观察试样表面，以两个试件均无裂纹为合格。

7）高温流淌性

（1）仪器设备

电热鼓风干燥箱：分度值 2℃。

（2）试验步骤

① 将裁好的 3 个试件分别置于水平夹角 15°的带凹槽木架上，使试件厚度方向的 2mm 在槽内，2mm 在槽外。

② 将试件与木架一并放入 80℃±2℃的干燥箱内，5h 后取出观察试件有无明显流淌，以不超过凹槽边线 1mm 为无流淌。

8）低温试验

（1）仪器设备

① 低温试验箱。

② ϕ10mm 的圆棒。

（2）试验步骤

将裁好的 3 个试件在 −20℃±2℃低温箱中停放 2h，取出后立即在 ϕ10mm 的圆棒上缠绕一圈，观察其是否脆裂。

7.4.2.6 判定规则

物理性能若有一项指标不符合技术要求，应另取双倍试样进行该项复检，复检结果如仍不合格，则该批产品为不合格品。

7.4.3 高分子片材

7.4.3.1 分类

高分子片材分类如表 7.4-6 所示。

高分子片材分类

表 7.4-6

分类		代号	主要原材料
均质片	硫化橡胶类	JL1	三元乙丙橡胶
		JL2	橡塑共混
		JL3	氯丁橡胶、氯磺化聚乙烯、氯化聚乙烯等
	非硫化橡胶类	JF1	三元乙丙橡胶
		JF2	橡塑共混
		JF3	氯化聚乙烯
	树脂类	JS1	聚氯乙烯等
		JS2	乙烯醋酸乙烯共聚物、聚乙烯等
		JS3	乙烯醋酸乙烯共聚物与改性沥青共混等
复合片	硫化橡胶类	FL	三元乙丙·丁基、氯丁橡胶、氯磺化聚乙烯等/织物
	非硫化橡胶类	FF	氯化聚乙烯、三元乙丙·丁基、氯丁橡胶、氯磺化聚乙烯等/织物
	树脂类	FS1	聚氯乙烯/织物
		FS2	聚乙烯、乙烯醋酸乙烯共聚物等/织物
自粘片	硫化橡胶类	ZJL1	三元乙丙/自粘料
		ZJL2	橡塑共混/自粘料
		ZJL3	氯丁橡胶、氯磺化聚乙烯、氯化聚乙烯等/自粘料
		ZFL	三元乙丙、丁基·氯丁橡胶、氯磺化聚乙烯等/织物/自粘料
	非硫化橡胶类	ZJF1	三元乙丙/自粘料
		ZJF2	橡塑共混/自粘料

分类		代号	主要原材料
自粘片	非硫化橡胶类	ZJF3	氯化聚乙烯/自粘料
		ZFF	氯化聚乙烯、三元乙丙、丁基·氯丁橡胶、氯磺化聚乙烯等/织物/自粘料
	树脂类	ZJS1	聚氯乙烯/自粘料
		ZJS2	乙烯醋酸乙烯共聚物、聚乙烯等/自粘料
		ZJS3	乙烯醋酸乙烯共聚物与改性沥青共混等/自粘料
		ZFS1	聚氯乙烯/织物/自粘料
		ZFS2	聚乙烯、乙烯醋酸乙烯共聚物等/织物/自粘料

7.4.3.2 标识

产品按下列顺序标记：类型代号、材质（简称或代号）、规格（长度×宽度×厚度）；异形片材加入壳体高度。

示例：均质片，长度 20.0m、宽度 1.0m、厚度 1.2mm 的硫化型三元乙丙橡胶（EPDM）片材，标记为"JL1-EPDM-20.0m×1.0m×1.2mm"。

7.4.3.3 组批与抽样

（1）以连续生产的同品种、同规格的 5000m² 片材为一检验批（不足 5000m² 时，以连续生产的同品种、同规格的片材量为一批，日产量超过 8000m² 则以 8000m² 为一批）。

（2）随机抽取 3 卷进行规格尺寸和外观质量检验，在上述检验合格的样品中再随机抽取足够的试样（2m²）进行物理性能检验。

7.4.3.4 技术要求

（1）均质片技术要求见表 7.4-7。

均质片技术要求 表 7.4-7

参数	技术要求								
	硫化橡胶类			非硫化橡胶类			树脂类		
	JL1	JL2	JL3	JF1	JF2	JF3	JS1	JS2	JS3
拉伸强度（23℃）/MPa ≥	7.5	6.0	6.0	4.0	3.0	5.0	10	16	14
拉断伸长率（23℃）/% ≥	450	400	300	400	200	200	200	550	500
不透水性（30min）	0.3MPa 无渗漏		0.2MPa 无渗漏	0.3MPa 无渗漏	0.2MPa 无渗漏		0.3MPa 无渗漏		
低温弯折	−40℃ 无裂纹	−30℃无裂纹		−30℃ 无裂纹	−20℃无裂纹		−20℃ 无裂纹	−35℃无裂纹	
粘结剥离强度（片材与片材）（标准试验条件）/（N/mm）	≥1.5								
粘结剥离强度（片材与片材）［浸水保持率（23℃×168h）］/%	≥70								

（2）复合片技术要求见表7.4-8。

复合片技术要求 表 7.4-8

参数	技术要求			
	硫化橡胶类 FL	非硫化橡胶类 FF	树脂类	
			FS1	
			FS2	
拉伸强度（23℃）/（N/cm）≥	80	60	100	60
拉断伸长率（23℃）/%≥	300	250	150	400
不透水性（30min）	0.3MPa，无渗漏			
低温弯折	−35℃无裂纹	−20℃无裂纹	−30℃无裂纹	−20℃无裂纹
粘结剥离强度（片材与片材）（标准试验条件）/（N/mm）	≥1.5			
粘结剥离强度（片材与片材）[浸水保持率（23℃×168h）]/%	≥70			

（3）自粘片的主体材料应符合表7.4-7、表7.4-8中相关类别的要求。

7.4.3.5 试验方法

1）标准试验条件

温度23℃±2℃，相对湿度50%±10%。

2）试验准备

（1）样品在裁取前展平，在标准试验条件下静置24h。

（2）试件尺寸及数量应符合表7.4-9的要求。

试件尺寸及数量 表 7.4-9

检测参数		试件形状及尺寸		试件数量/个	
				纵向	横向
不透水性		140mm×140mm		3	
拉伸性能	GB/T 528 中 I 型哑铃片	FS2 类片材	200mm×25mm	5	5
			100mm×25mm		
低温弯折		120mm×50mm		2	2
粘结剥离强度（片材与片材）	标准试验条件	200mm×150mm		2	—
	浸水 168h			2	—

3）拉伸强度、拉断伸长率

（1）试验步骤按7.4.1.5节第4）条进行，测试5个试样，取中值。

（2）均质片、自粘均质片的拉伸强度精确到0.1MPa，伸长率精确到1%，自粘均质片计算拉伸强度时取主体材料厚度。

（3）复合片、自粘复合片拉伸强度按式(7.4-6)计算，精确到 0.1N/cm；拉断伸长率按式(7.4-2)计算，精确到 1%。

$$T_{Sb} = \frac{F_b}{W} \tag{7.4-6}$$

式中：T_{Sb}——试件拉伸强度（N/cm）；

$\quad\quad F_b$——最大拉力（N）；

$\quad\quad W$——哑铃试片狭小平行部分宽度或矩形试片的宽度（cm）。

4）不透水性

试验步骤按 7.3.1.5 节第 6）条进行，采用十字形压板，升至规定压力保持 30min，以 3 个试件均无渗漏为合格。

5）低温弯折性

试验步骤按 7.2.1.5 节第 7）条进行，试验温度按表 7.4-7 及表 7.4-8 要求，试验时间为 1h，弯折后用 8 倍放大镜观察试件表面，以纵横向试件均无裂纹为合格。

6）粘结剥离强度（片材与片材）

（1）仪器设备

拉力试验机：量程不低于 500N。

（2）标准试验条件

温度 23℃±2℃，相对湿度 45%～65%。

（3）试件制备

① 使用胶粘剂粘合时，应裁取试件 4 块，在标准试验条件下，将与片材配套的胶粘剂涂在试片上，涂胶面积为 150mm×150mm。

② 将两片片材对正粘贴，粘贴时间按厂家规定进行，将试片在标准试验条件下停放 168h 后裁取 10 个 200mm×25mm 的试件。

③ 将 5 个试件在 23℃±2℃的水中放置 168h，取出后在标准试验条件下停放 4h 备用。

④ 使用自粘片粘合时，将自粘片材的胶粘面与片材的非胶表面（清洁表面）进行粘合，粘接面为 75mm×25mm，用质量为 2000g±5g、宽度为 50～60mm 的压辊反复滚压 3 次，粘合后试片在标准试验条件下停放 72h 备用。对于双面自粘片材，两面应分别进行测定。

（4）试验步骤

将试件分别夹在拉力试验机上，夹持部位不能滑移，启动试验机，以 100mm/min±10mm/min 的速度进行剥离试验。试件剥离长度至少为 125mm（自粘片材为 70mm），剥离力以拉伸过程中（不包括最初的 25mm）的最大力值表示。

（5）结果处理

试件的剥离强度按式(7.4-7)计算。

$$\sigma = \frac{F}{B} \tag{7.4-7}$$

式中：σ——剥离强度（N/mm）；

$\quad\quad F$——剥离力（N）；

$\quad\quad B$——试件宽度（mm）。

取 5 个试件的剥离强度算数平均值作为结果。

7.4.3.6 判定规则

物理性能有一项指标不符合技术要求时，应另取双倍试样进行该项复检，复检结果若仍不合格，则该批产品为不合格。

7.4.4 膨润土橡胶遇水膨胀止水条

7.4.4.1 分类

膨润土橡胶遇水膨胀止水条根据产品特性可分为普通型（C）和缓膨型（S）。

7.4.4.2 标识

产品按下列顺序标记：名称代号、特性代号、主参数代号。

示例：普通型膨润土橡胶遇水膨胀止水条，吸水膨胀倍率达 200%～250% 时所需时间为 4h，标记为"BW-C4"。

7.4.4.3 组批与抽样

（1）每同一型号产品 5000m 为一检验批，如不足 5000m 亦视为一批。

（2）每批任选 3 箱，每箱任取一盘，检测外观及规格尺寸后，在距端部 0.1m 外任一部位各截取长度约 1m 的试样一条。

7.4.4.4 技术要求

膨润土橡胶遇水膨胀止水条技术要求见表 7.4-10。

膨润土橡胶遇水膨胀止水条技术要求 表 7.4-10

检测参数		技术要求	
		普通型 C	缓膨型 S
规定时间吸水膨胀倍率/%	4h	200～250	—
	24h	—	200～250
	48h		
	72h		
	96h	—	200～250
	120h		
	144h		
最大吸水膨胀倍率/%		≥400	≥300
耐热性（80℃，2h）		无流淌	
耐水性	浸泡 24h	不呈泥浆状	—
	浸泡 240h	—	整体膨胀无碎块

7.4.4.5 试验方法

1）试验环境

按现行国家标准《橡胶物理试验方法试样制备和调节通用程序》GB/T 2941[59]执行，吸水膨胀倍率测定水温必须保持在 23℃±2℃。

2）试样尺寸及数量

试样尺寸及数量应符合表 7.4-11 的要求。

试样尺寸及数量 表 7.4-11

检测参数	试样尺寸/mm	数量/块
规定时间吸水膨胀倍率	30×10×10	3
最大吸水膨胀倍率	30×10×10	3
耐热性	长度100	3
耐水性	长度30	3

3）规定时间吸水膨胀倍率、最大吸水膨胀倍率

（1）仪器设备

天平：分度值不大于 0.001g。

（2）试验步骤

①测定试样在空气中的质量（M_1）和试样浸入水中的质量（m_1）。

②将试样浸泡在水中，C 型每间隔 2h 测定一次试样在空气中的质量（M_2）和试样在水中的质量（m_2），S 型每间隔 12h 测定一次试样在空气中的质量（M_2）和试样在水中的质量（m_2）。

③测定至吸水膨胀倍率基本不再增加为止，C 型产品按 24h 计，S 型产品按 240h 计。

（3）结果处理

膨胀倍率按式(7.4-8)计算。

$$\Delta V = \frac{M_2 - m_2}{M_1 - m_1} \times 100 \tag{7.4-8}$$

式中：ΔV——体积膨胀倍率（％）；

$\quad$ M_1——浸泡前试样在空气中的质量（g）；

$\quad$ M_2——浸泡后试样在空气中的质量（g）；

$\quad$ m_1——浸泡前试样在蒸馏水中的质量（g）；

$\quad$ m_2——浸泡后试样在蒸馏水中的质量（g）。

取 3 个试样的算术平均值为结果；按式(7.4-8)算出不同时间所对应的吸水膨胀倍率；C 型产品 24h 数据为最大吸水膨胀倍率，S 型产品 240h 数据为最大吸水膨胀倍率。

4）耐热性

（1）仪器设备

电热鼓风干燥箱：精度为 ±2℃。

（2）试验步骤

将 3 个试样用金属丝穿过，悬挂于已加热至规定温度（80℃）的烘箱，恒温 2h。

（3）结果处理

观察经加热后的 3 块试样均无流淌现象为合格。

5）耐水性

（1）试验步骤

将 3 块试样浸泡在盛满标准水温的蒸馏水中，C 型试样浸泡 24h，S 型试样浸泡 240h。

（2）结果处理

C 型试样浸泡后呈龟裂或散成碎块均为合格，如呈泥浆状为不合格；S 型试样浸泡后呈整体膨胀或整体膨胀后有裂纹均为合格，如散成碎块为不合格。

7.4.4.6 判定规则

全部项目符合标准规定的技术要求，则该批产品为合格；若有一项不合格，则该批产品为不合格。

7.4.5 聚氨酯建筑密封胶

7.4.5.1 分类

聚氨酯建筑密封胶按组分可分为单组分（Ⅰ）和多组分（Ⅱ）；按流动性可分为非下垂型（N）和自流平型（L）；按拉伸模量可分为高模量（HM）和低模量（LM）。

聚氨酯建筑密封胶产品按照满足接缝密封功能的位移能力进行分级如表 7.4-12 所示。

聚氨酯建筑密封胶级别　　　　　　　　　　　　　　表 7.4-12

级别	试验拉压幅度/%	位移能力/%
50	±50	50.0
35	±35	35.0
25	±25	25.0
20	±20	20.0

7.4.5.2 标识

产品按名称、标准号、品种、类型、级别、次级别顺序标记。

示例：单组分，非下垂型，25 级，高模量的聚氨酯建筑密封胶，标记为"聚氨酯建筑密封胶 JC/T 482—2022-Ⅰ-N-25HM"。

7.4.5.3 组批与抽样

（1）以同一分类的产品每 5t 为一检验批，不足 5t 也作为一批。

（2）单组分产品由该批产品中随机抽取 3 件包装箱，从每件包装箱中随机抽取 4 支样品，共取 12 支；多组分产品按配比随机抽样，共抽取 6kg，取样后应立即密封包装。

7.4.5.4 技术要求

聚氨酯建筑密封胶技术要求见表 7.4-13。

聚氨酯建筑密封胶技术要求　　　　　　　　　　表 7.4-13

项目		技术要求							
		50LM	50HM	35LM	35HM	25LM	25HM	20LM	20HM
流动性	下垂度（N）/mm	≤3							
	流平性/L	光滑平整							
表干时间/h		≤24							
挤出性a/（mL/min）		≥150							
拉伸模量/MPa	23℃	≤0.4	>0.4	≤0.4	>0.4	≤0.4	>0.4	≤0.4	>0.4
	−20℃	≤0.6	>0.6	≤0.6	>0.6	≤0.6	>0.6	≤0.6	>0.6
弹性恢复率/%		≥70							
定伸粘结性		无破坏							
浸水后定伸粘结性		无破坏							

注：a仅适用于单组分产品。

7.4.5.5　试验方法

1）标准试验条件

温度 23℃±2℃，相对湿度 50%±5%。

2）试验基材

试验基材选用符合现行国家标准《建筑密封材料试验方法 第 1 部分：试验基材的规定》GB/T 13477.1[60]规定的水泥砂浆和/或铝基材，水泥砂浆基材的粘结表面不应有气孔；也可根据各方商定，选用其他材质和尺寸的基材。

3）试件制备

（1）制备前，样品应在标准试验条件下放置 24h 以上。

（2）制备时，单组分试样应用挤枪从包装筒（膜）中直接挤出注模，使试样充满模具内腔，不应带入气泡；挤注后应及时修整，防止试样在成型完毕前结膜。

（3）多组分试样应按生产商标明的比例混合均匀，避免混入气泡。若事先无特殊要求，混合后应在 30min 内完成注模和修整。

（4）粘结试件的数量见表 7.4-14。

粘结试件的数量　　　　　　　　　　表 7.4-14

序号	检测参数		试件数量/个	
			试验组	备用组
1	拉伸模量	23℃	3	—
		−20℃	3	—
2	弹性恢复率		3	3
3	定伸粘结性		3	3
4	浸水后定伸粘结性		3	3

（5）粘结试件制备：

①制备试件前，用于试验的聚氨酯密封胶应在标准试验条件下放置 24h 以上。

②粘结试件应按图 7.4-4 组装，多组分结构胶各组分应均匀无层，如有分层应搅拌均匀后再按生产商规定的配比充分混合真空搅拌（真空度大于等于 0.09MPa），混合时间约为 5min。

③若无特殊要求，混合后样品应在 10min 内完成注模和修整。

④按产品标识适用的基材类别选用基材，基材应具有足够的强度防止弯曲变形破损；基材尺寸可以不同于图 7.4-4，但应保持聚氨酯建筑密封胶粘结体的尺寸为（12±1）mm×（12±1）mm×（50±1）mm。

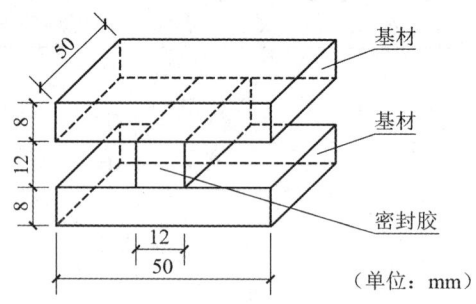

图 7.4-4　粘结试件示意图

⑤玻璃：采用符合现行国家标准《建筑密封材料试验方法 第 1 部分：试验基材的规定》GB/T 13477.1 要求，清洁、无镀膜的浮法玻璃，厚度不小于 5mm。

⑥铝材：采用符合现行国家标准《建筑密封材料试验方法 第 1 部分：试验基材的规定》GB/T 13477.1 要求的铝材，阳极氧化铝板厚度不小于 3mm。

⑦水泥砂浆基材应符合现行国家标准《建筑密封材料试验方法 第 1 部分：试验基材的规定》GB/T 13477.1 的要求。

⑧供方要求的其他金属基材或石板基材。

（6）试件养护：单组分试件在标准试验条件下放置 28d；多组分试件在标准试验条件下放置 14d；在不损坏试件的前提下，养护期间隔离垫应尽快分离。

4）下垂度、流平性

（1）试验原理

在规定条件下，将非下垂型密封材料填充到规定尺寸的模具中，在不同温度以垂直或水平位置保持规定时间，报告试样流出模具端部的长度。

（2）仪器设备

①下垂度模具：两端开口的槽形模具，用阳极化或非阳极化铝合金制成（图 7.4-5），长度为 150mm±0.2mm，其中一端底面延伸 50mm±0.5mm，槽的内部尺寸为：宽 20mm±0.2mm，深 10mm±0.2mm。

②流平性模具：两端封闭的槽形模具，用 1mm 厚耐蚀金属制成（图 7.4-6），槽的内部尺寸为 150mm×20mm×10mm。

③电热鼓风干燥箱：温度控制在 50℃±2℃、70℃±2℃。

④低温恒温箱：温度控制在 5℃±2℃。

⑤ 钢板尺：精度为 0.5mm。

⑥ 聚乙烯薄膜条：厚度不大于 0.5mm；在试验条件下，长度变化不大于 1mm。

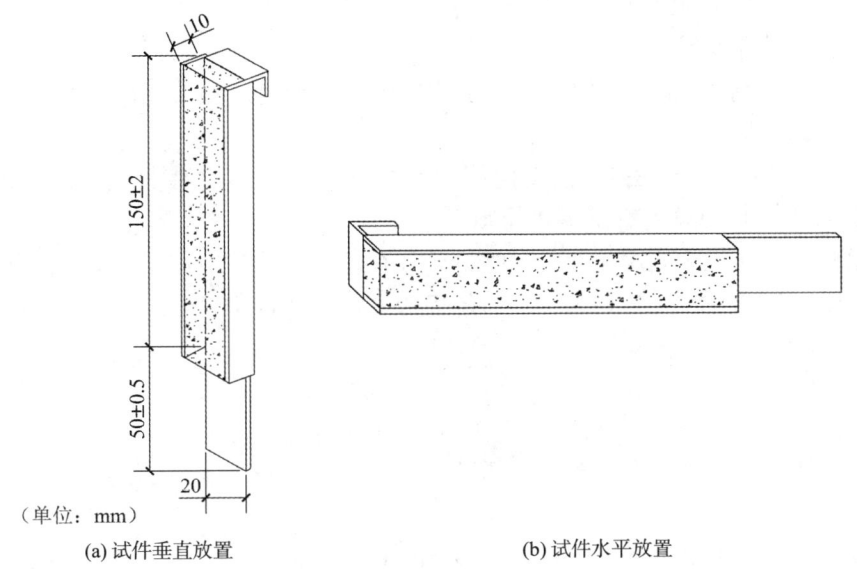

（单位：mm）

(a) 试件垂直放置　　　　　　　　(b) 试件水平放置

图 7.4-5　下垂度模具

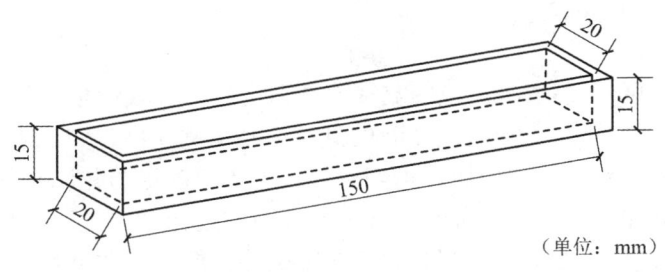

（单位：mm）

图 7.4-6　流平性模具

（3）下垂度试验步骤

① 将模具用丙酮或 50%异丙醇-蒸馏水溶液擦净并干燥，把聚乙烯薄膜衬在底部，使其盖住模具上部边缘，并固定在外侧，然后把已在标准试验条件下放置 24h 的密封材料用刮刀填入模具内，使之与模具上表面和端部齐平，注意勿留气孔。

② 多组分结构胶各组分应均匀无层，如有分层应搅拌均匀后再按生产商规定的配比充分混合真空搅拌（真空度大于等于 0.09MPa），混合时间约为 5min，无特殊要求，混合后样品应在 10min 内完成注模和修整。每种试验条件制备 1 个试件。

③ 根据各方协商，试件可按试验步骤 A 或试验步骤 B 测试，试验温度按评判标准规定的温度进行。

④ 试验步骤 A：将制备好的试件立即垂直放置在已调节至 50℃±2℃的干燥箱内，模具的延伸端向下，放置 24h。然后从干燥箱中取出试件，用钢板尺在垂直方向上测量每个试件中试样从底面往延伸端向下移动的距离。

⑤ 试验步骤 B：将制备好的试件立即水平放置在已调节至 50℃±2℃的干燥箱内，模具的延伸端向下，放置 24h；然后从干燥箱中取出试件，用钢板尺在水平方向上测量每个

试件中试样超出槽形模具前端的最大距离。

⑥ 如果试验失败，允许重复一次试验，但只能重复一次。当试样从槽形模具中滑脱时，模具内表面可按生产方的建议进行处理，然后重复进行试验。

（4）流平性试验步骤

① 将模具用丙酮或 50%异丙醇-蒸馏水溶液擦净并干燥，然后把模具和密封胶放在标准试验条件下 24h 以上。

② 将试样和模具在 5℃±2℃的低温箱中处理 16～24h，然后沿水平放置的模具的一端到另一端注入约 100g 试样，在此温度下放置 4h。

③ 观察试样表面是否光滑平整。多组分试样在低温处理后取出，按规定配比将各组分混合 5min，然后放入低温箱内静置 30min，再按上述方法试验。

5）表干时间

（1）仪器设备

① 黄铜板：尺寸 19mm×38mm，厚度约 6.4mm。

② 模框：矩形，用钢或铜制成，内部尺寸 25mm×95mm，外形尺寸 50mm×120mm，厚度 3mm；

③ 玻璃板：尺寸 80mm×130mm，厚度 5mm。

④ 聚乙烯薄膜：2 张，尺寸 25mm×130mm，厚度约 0.1mm。

⑤ 刮刀、无水乙醇等。

（2）试验步骤

① 用 50%异丙醇-蒸馏水溶液或丙酮等溶剂清洗模框和玻璃板；将模框居中放置在玻璃板上，用在标准条件下至少放置过 24h 的试样小心填满模框，勿混入空气，多组分结构胶各组分应均匀无层，如有分层应搅拌均匀后再按生产商规定的配比充分混合真空搅拌（真空度大于等于 0.09MPa），混合时间约为 5min。无特殊要求，混合后样品应即刻注入模框。用刮刀刮平试样，使之厚度均匀。同时制备 2 个试件。根据各方协商，试件可按 A 法或 B 法测试。

② A 法：将制备好的试件在标准条件下静置一定时间，然后在试样表面纵向 1/2 处放置聚乙烯薄膜，薄膜上中心位置加放黄铜板，30s 后移去黄铜板，将薄膜以 90º 角从试样表面在 15s 内匀速揭下；相隔适当时间在另外部位重复上述操作，直至无试样粘附在聚乙烯条上为止。记录试件成型后至试样不再粘附在聚乙烯条上所经历的时间。

③ B 法：将制备好的试件在标准条件下静置一定时间，然后用无水乙醇擦净手指端部，轻轻接触试件上三个不同部位的试样；相隔适当时间重复上述操作，直至无试样粘附在手指上为止。记录试件成型后至试样不粘附在手指上所经历的时间。

④ 表干时间的数值修约方法：表干时间少于 30min 时精确至 5min；表干时间为 30min（含）至 1h 时精确至 10min；表干时间为 1h（含）至 3h 时精确至 30min；表干时间在 3h（含）以上时精确至 1h。

6）挤出性

（1）试验原理

在规定条件下采用压缩空气从原包装中挤出密封材料，称量挤出密封材料的质量，以单位时间内密封材料的挤出质量（质量挤出率）或挤出体积（体积挤出率）报告挤出性。

（2）仪器设备

① 恒温试验箱：温度可调至 5℃±2℃、23℃±2℃、35℃±2℃。

② 气动挤枪：压力可达到 700kPa。

③ 稳压气源：带有调节阀和压力表，压力可保持在 340kPa±10kPa，与气动挤枪适当连接。

④ 塑料喷嘴：喷嘴应连同原包装一起使用，其尺寸和种类由各方商定，塑料喷嘴应被切割成内径 3～6mm，内径允许公差为±5%。

⑤ 秒表。

（3）试验步骤

① 挤出试验在室温下进行，以下所有操作应在 5min 内完成。

② 从恒温箱中取出原包装样品，除去在试验期间所有可能妨碍试样挤出的组件（如螺栓、固定件，喷嘴与筒之间的内膜等），在包装的顶端装上喷嘴（挤出孔直径按评判标准或者各方商定）。

③ 将原包装样品插入气动挤枪，将稳压气源的气压调至 300kPa±10kPa 或各方商定的压力，先从喷嘴挤出适量的试样（以便排出空气），然后从原包装中挤出试样，挤出时间为 30s（用秒表测量该时间）。

④ 用天平称量挤出试样的质量（计时结束后从挤出孔内出来的试样数量不计，试验后原包装不应是空的）。如果是低黏度密封材料，挤出时间可以短些，高黏度密封材料挤出时间可以长些。

（4）结果处理

① 质量挤出率的每次测试结果按式(7.4-9)计算，以每分钟挤出的密封材料质量表示，质量修约至整数，取 3 次测试的算术平均值。

$$E_m = \frac{m \times 60}{t} \qquad (7.4\text{-}9)$$

式中：E_m——密封材料的质量挤出率（g/min）；

　　　m——挤出的试样质量（g）；

　　　t——挤出时间（s）。

② 体积挤出率的每次测试结果按式(7.4-10)计算，以每分钟挤出的密封材料体积表示，体积修约至整数，取 3 次测试的算术平均值。

$$E_v = \frac{E_m}{D} \qquad (7.4\text{-}10)$$

式中：E_v——密封材料的体积挤出率（mL/min）；

　　　D——密封材料在试验温度下的密度（g/cm³）。

7）拉伸模量

（1）仪器设备

① 电子万能试验机：应符合现行国家标准《电子式万能试验机》GB/T 16491[61]中 1 级拉力试验机的要求，配有应力-应变曲线记录装置。

② 与电子万能试验机配套使用的高低温环境试验箱：低温最低可调至 −40℃，高温可调至 90℃，控温范围 ±2℃。

③ 低温试验箱：温度可调至 −20℃ ± 2℃。

④ 游标卡尺：精度不低于 0.02mm。

（2）试验步骤

① 23℃拉伸模量：

取一组（3 个试件为一组，下同）试件，置于 23℃ ± 2℃标准试验条件下进行试验。将试件安装于试验机的夹具上进行拉伸试验，试验速度为 5.5mm/min ± 0.5mm/min，记录应力-应变曲线。

② −20℃拉伸模量：

取一组试件，置于−20℃ ± 2℃条件下放置 24h ± 4h 后并在该温度下进行试验。将试件安装于试验机的夹具上进行拉伸试验，试验速度为 5.5mm/min ± 0.5mm/min，记录应力-应变曲线。

（3）结果处理

测定每个试件并计算试件拉伸至表 7.4-15 规定的相应伸长率时的正割拉伸模量，按式 (7.4-11)进行计算，取 3 次测试的算术平均值，精确到 0.01MPa。

$$\sigma = \frac{F}{S} \tag{7.4-11}$$

式中：σ——正割拉伸模量（MPa）；

F——选定伸长时的力值（N）；

S——试件初始截面面积（mm²）。

试验伸长率及拉压幅度 　　　　　　　　　　　　　　　　表 7.4-15

序号	项目		级别								
			50LM	50HM	35LM	35HM	25LM	25HM	20LM	20HM	20LM-R
1	伸长率	弹性恢复率	100%	100%	100%	100%	100%	100%	60%	60%	—
2		拉伸模量	100%	100%	100%	100%	100%	100%	60%	60%	60%
3		定伸粘结性	100%	100%	100%	100%	100%	100%	60%	60%	60%
4		浸水后定伸粘结性	100%	100%	100%	100%	100%	100%	60%	60%	60%
5		紫外线辐照后粘结性	100%	100%	100%	100%	100%	100%	60%	60%	—
6		浸水光照后粘结性	100%	100%	100%	100%	100%	100%	60%	60%	—
7		定伸永久变形	—	—	—	—	—	—	—	—	30%
8	拉压幅度	冷拉-热压后粘结性	±50%	±50%	±35%	±35%	±25%	±25%	±20%	±20%	±20%

8）弹性恢复率

（1）仪器设备

① 电子万能试验机：应符合现行国家标准《电子式万能试验机》GB/T 16491[61]中 1 级拉力试验机的要求，配有应力-应变曲线记录装置。

② 游标卡尺：精度不低于 0.02mm。

③定位垫块：用于控制被拉伸的试件宽度，能使试件保持伸长率为初始宽度的 25%（15mm）、60%（19.2mm）、100%（24mm）。

（2）试验步骤

①取 3 个制备的试件，测量初始宽度，以 W_i 表示。

②置于 23℃±2℃标准试验条件下进行试验，将试件安装于试验机的夹具上，以 5.5mm/min±0.5mm/min 的速度进行拉伸，拉伸伸长率应符合表 7.4-15 的规定，以 W_e 表示伸长后的宽度。

③用定位垫块使试件保持 24h。

④在试验过程中观察试件有无粘结损坏或内聚损坏情况，采用可读至 0.5mm 的合适量具测量在任一部位观察到的粘结损坏或内聚损坏的深度，报告两者中的最大观测值。

⑤若无破坏，去掉垫块。将试件以长轴向垂直放置在平滑的低摩擦表面上，如撒有滑石粉的玻璃板上，静置 1h，在每一试件两端同一位置测量恢复后的宽度（W_r）。

⑥若有试件破坏，则取备用试件重复试验；若 3 个重复试验试件中仍有试件破坏，则报告本部分的试验结果为试件破坏。

（3）结果处理

分别计算在每个试件两端测得的 W_i、W_e 和 W_r 的算术平均值。

试件的弹性恢复率按式(7.4-12)计算。

$$R = \frac{(W_e - W_r)}{(W_e - W_i)} \times 100 \tag{7.4-12}$$

式中：R——弹性恢复率（%）；

　　W_i——试件初始宽度（mm）；

　　W_e——试件拉伸后宽度（mm）；

　　W_r——试件恢复后宽度（mm）。

计算 3 个试件弹性恢复率的算术平均值，精确到 1%。

9）定伸粘结性

（1）仪器设备

①电子万能试验机：应符合现行国家标准《电子式万能试验机》GB/T 16491[61]中 1 级拉力试验机的要求，配有应力-应变曲线记录装置。

②游标卡尺：精度不低于 0.02mm。

③定位垫块：用于控制被拉伸的试件宽度，能使试件保持伸长率为初始宽度的 25%（15mm）、60%（19.2mm）、100%（24mm）。

（2）试验步骤

①取 3 个制备的试件，测量初始宽度，以 W_i 表示。然后置于 23℃±2℃标准试验条件下进行试验。

②将试件安装于试验机的夹具上，以 5.5mm/min±0.5mm/min 的速度进行拉伸，拉伸伸长率应符合表 7.4-15 的规定。用定位垫块使试件保持 24h。

③除去定位垫块，检查试件粘结破坏或内聚破坏情况，并用分度值为 0.5mm 的量具测量粘结破坏或内聚破坏的深度和区域。

（3）结果处理

粘结破坏面积测量和计算：采用印制有 1mm×1mm 网格线的透明薄片，测量每个拉伸试件两粘结面上粘结破坏面积较大面占有的网格数，精确到1格（不足1格不计），粘结破坏面积以粘结破坏格数占总格数的百分比表示，试验结果取试件数量的算术平均值，精确至1%。记录试件破坏形式（粘结破坏和/或内聚破坏），如图7.4-7所示。

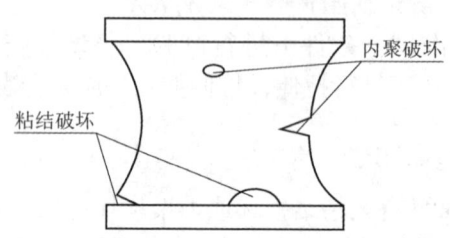

图7.4-7　试件破坏形式示意图

10）浸水后定伸粘结性

（1）仪器设备

①电子万能试验机：应符合现行国家标准《电子式万能试验机》GB/T 16491[61]中1级拉力试验机的要求，配有应力-应变曲线记录装置。

②游标卡尺：精度不低于0.02mm。

③定位垫块：用于控制被拉伸的试件宽度，能使试件保持伸长率为初始宽度的25%（15mm）、60%（19.2mm）、100%（24mm）。

（2）试验步骤

①取3个制备的试件，然后置于23℃±2℃恒定水温试验箱中浸泡4d。

②将试件于标准试验条件下放置24h；于23℃±2℃标准试验条件下将试件安装于试验机的夹具上，以7.5mm/min±0.5mm/min的速度进行拉伸，拉伸伸长率应符合表7.4-15的规定。用定位垫块使试件保持24h。

③除去定位垫块，检查试件粘结破坏或内聚破坏情况，并用分度值为0.5mm的量具测量粘结破坏或内聚破坏的深度和区域。

7.4.5.6　判定规则

有两项或两项以上性能不符合规定时，则判该批产品为不合格。若有一项不符合规定时，用备用样品进行单项复检，如该项仍不合格，则判该批产品为不合格。

7.4.6　钠基膨润土防水毯

钠基膨润土防水毯是一种新型的土工合成材料，主要由钠基膨润土颗粒和无纺布组成。膨润土是火山岩分解的产物，其主要矿物成分为蒙脱石。

7.4.6.1　分类

钠基膨润土防水毯主要分为针刺法钠基膨润土防水毯、针刺覆膜法钠基膨润土防水毯和胶粘法钠基膨润土防水毯。针刺法钠基膨润土防水毯，是由两层土工布包裹钠基膨润土颗粒针刺而成的毯状材料，如图7.4-8（a）所示，用GCL-NP表示。针刺覆膜法钠基膨润土防水毯，是在针刺法钠基膨润土防水毯的非织造土工布外表面上复合一层高密度聚乙烯薄膜，如图 7.4-8（b）所示，用 GCL-OF 表示。胶粘法钠基膨润土防水毯，是用胶粘剂把膨润土颗粒粘结到高密度聚乙烯板上，压缩生产的一种钠基膨润土防水毯，如图 7.4-8（c）所示，用 GCL-AH 表示[62]。

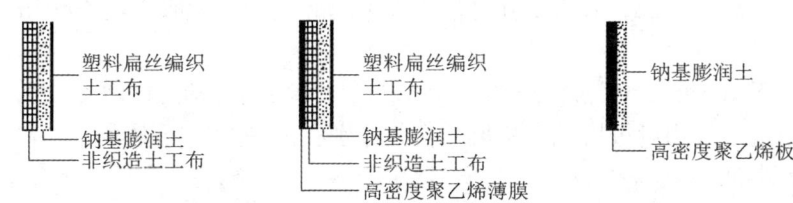

(a) 针刺法钠基膨润土防水毯　(b) 针刺覆膜法钠基膨润土防水毯　(c) 胶粘法钠基膨润土防水毯

图 7.4-8　钠基膨润土防水毯

7.4.6.2　组批及抽样数量

根据现行行业标准《钠基膨润土防水毯》JG/T 193 的规定，以批为单位进行验收，同一类型、同一规格的产品每 12000m² 为一批，不足 12000m² 作一批计，在每批产品中随机抽取 6 卷进行取样检查。

7.4.6.3　技术要求

根据相应的设计标准及现行行业标准《钠基膨润土防水毯》JG/T 193[62]，钠基膨润土防水毯的相关技术要求见表 7.4-16。

钠基膨润土防水毯技术要求　　　　　　　　表 7.4-16

序号	项目	技术要求		
		GCL-NP	GCL-OF	GCL-AH
1	膨润土防水毯单位面积质量/（g/m²）	≥4000 且不小于规定值	≥4000 且不小于规定值	≥4000 且不小于规定值
2	膨润土膨胀指数/（mL/2g）	≥24	≥24	≥24
3	渗透系数/（m/s）	$\leq 5.0 \times 10^{-11}$	$\leq 5.0 \times 10^{-12}$	$\leq 1.0 \times 10^{-12}$
4	滤失量/mL	≤18	≤18	≤18

7.4.6.4　试验方法

1）单位面积质量

（1）定义与影响因素

单位面积质量，是指材料在单位面积上的质量。在建筑材料中，单位面积质量是一个非常重要的参数，其数值大小体现出膨润土防水毯中膨润土的含量，直接影响到材料的使用效果和寿命。

（2）仪器设备

① 天平：分度值不大于 1g。

② 电热干燥箱：调温范围 0～300℃，控温器灵敏度 ±2℃。

③ 钢直尺：最大量程 1000mm，分度值 1mm。

④ 其他：干燥器、裁刀或剪刀。

（3）试验步骤

① 制样：将膨润土防水毯裁剪处喷洒少量水，防止防水毯裁剪处的膨润土散落。沿长度方向距外层端部 200mm、沿宽度方向距边缘 10mm 处均匀裁取 5 块 500mm×500mm 的试样。

② 干燥：于 105℃±5℃温度下烘干 48h；在干燥器内冷却至 23℃±2℃。

③ 称量：用量具测量每块试样的尺寸，并分别在天平上进行称重。

（4）结果处理

单位面积质量按式(7.4-13)计算，结果精确至 1g；取 5 块试样的算术平均数。

$$M = \frac{m}{S} \tag{7.4-13}$$

式中：M——单位面积质量（g/m²）；

$\quad\quad m$——试样烘干至恒重后的质量（g）；

$\quad\quad S$——试样初始面积（m²）。

2）膨润土膨胀指数

（1）定义与影响因素

膨润土的膨胀指数，是指在一定宏观状态下，膨润土含水量由初始状态增加到一定值时，膨胀量与初始干体积的比值。这个指标可用于衡量膨胀土膨胀量的大小，是反映膨润土中蒙脱石吸水膨胀性能和分散、悬浮及造浆性能的重要指标。

不同类型的膨润土具有不同的膨胀指数，膨润土的结构也影响其膨胀指数，层状膨润土和柱状膨润土的膨胀指数一般比粉状膨润土高。此外，电荷性质越强、粒径越小的膨润土，其膨胀指数越高。

按现行行业标准《钠基膨润土防水毯》JG/T 193[62]中规定的试验方法，膨润土膨胀指数用测定 2g 干燥膨润土完全吸水后的体积表示，单位为 mL/2g。

（2）仪器设备

① 天平：分度值不大于 0.001g。

② 电热干燥箱：调温范围 0～300℃，控温器灵敏度 ±2℃。

③ 其他：200 目（149μm）标准筛、干燥器、100mL 量筒、研钵。

（3）试验步骤

① 将膨润土试样轻微研磨粉碎，过 200 目（149μm）标准筛，于 105℃±5℃温度下烘干至恒重，然后放在干燥器内冷却至室温（23℃±2℃）。

② 称取 2g±0.001g 膨润土试样，将膨润土分多次放入已加有 90mL 去离子水的 100mL 的量筒内，每次在大约 30s 内缓慢加入不大于 0.1g 的膨润土，待膨润土沉至量筒底部后再次添加膨润土，相邻两次时间间隔不少于 10min，直至 2g 膨润土完全加入量筒中。

③ 用玻璃棒使附着在量筒内壁上的土也沉淀至量筒底部，然后将量筒内的水加至 100mL（2h 后，如果发现量筒底部沉淀物中存在夹杂的空气，允许以 45°角缓慢旋转量筒，直到沉淀物均匀）。

④ 静置 24h 后，读取沉淀物界面的刻度值（沉淀物不包括低密度的膨润土絮凝物），精确至 0.5mL。取同一试样进行 2 次平行测量，2 次测量绝对误差不得大于 2mL。

（4）结果处理

试验结果取 2 次测量的算术平均值，精确至 0.5mL。

3）渗透系数

（1）定义与影响因素

渗透系数又称水力传导系数。在各向同性介质中，渗透系数被定义为单位水力梯度下的单位流量，表示流体通过孔隙骨架的难易程度，它只与固体骨架的性质有关。在各向异性介质中，渗透系数以渗流量形式表示。渗透系数愈大，材料透水性愈强。

影响渗透系数的因素很多，主要有膨润土防水毯内颗粒的形状、大小、不均匀系数和水的黏滞性等。在一定压差作用下钠基膨润土防水毯会产生微小渗流，因此，测定在规定水力压差下，一定时间内通过试样的渗流量及试样厚度，即可计算出渗透系数。

（2）仪器设备

① 渗透系数测定装置：包括加压系统、流动测量系统和渗透室等。渗透室内放置试样和透水石，试样夹持部分应保证无侧漏。渗透系数测定装置如图 7.4-9 所示。

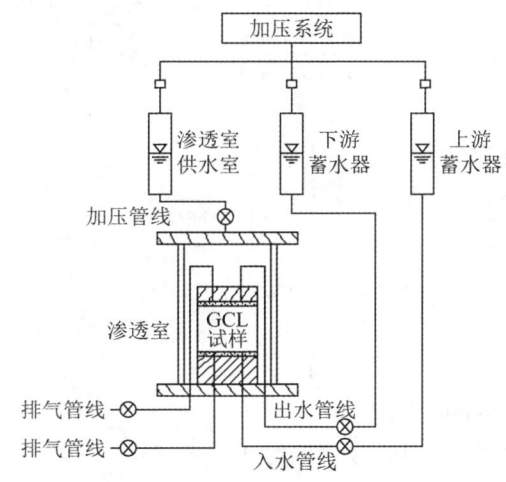

图 7.4-9　钠基膨润土防水毯渗透系数测定装置

② 电热干燥箱：调温范围 0～300℃，控温器灵敏度 ±2℃；

③ 其他：滤纸、千分尺、计时器、压力表、透水石、高真空硅胶等。

（3）试验步骤

① 装样。裁剪两张直径 70mm ± 2mm 的滤纸，在一个装有去离子水或除气水的容器内浸渍两块透水石和滤纸。在底盖一侧涂上一层薄薄的高真空硅脂。在渗透室基座上安装一块透水石，在透水石上依次铺滤纸、试样和滤纸，再放一块透水石后安装上顶盖。围绕试样放置柔性薄膜（薄膜应能承受足够的液压），然后用 O 形圈扩张器在试样两端安装 O 形圈。

② 通水。将渗透室充满水，连接供水室和渗透室的管路，同时接通整个水力系统。在渗透室上作用一个较小的指定压力（7～35kPa），在试样上部和下部施加更小的压力，使整个水力系统的水都流动起来，然后打开排气管线上的阀门，排出入水管线、出水管线和排气管线中的可见气泡以及柔性薄膜内试样上部和下部的可见气泡（注意，在渗透室内可以

注入除气水或其他适合的液体，而在流动测量系统内则只能使用除气水作为渗透液）。

③ 初始调压。调节渗透室初始压力为35kPa，调节试样上部和下部的初始反压为15kPa。给渗透室及试样上部和下部缓慢增压，保持此状态48h，使试样达到饱和状态。

④ 测试。增加试样下部的压力至30kPa，待压力稳定后开始测试渗透系数。每隔1h测试一次通过试样的流量及横跨试样的水压差。

⑤ 结束试验。当符合下列规定时，可结束试验：8h内测试的次数不少于3次；最后连续3次测试中，进口流量与出口流量的比率应该在0.75～1.25之间；最后连续3次测得的流量值不应有明显的上升或下降的趋势；最后连续3次测得的流量值在平均流量值的0.75～1.25倍之间。

⑥ 卸样。测试完毕后，缓慢降低作用于进水管线和出水管线的压力，仔细地拆开渗透仪，取出试样，测量并记录试验结束时试样的高度和直径（注意，在试样饱和及测量试样渗透系数的过程中，施加的最大有效压力不得超过使试样固化的压力）。

（4）结果处理

① 渗透系数按式(7.4-14)计算，结果保留两位有效数字。

$$k = \frac{a_{in} \cdot a_{out} \cdot L}{A \cdot t \cdot (a_{in} + a_{out})} \times \ln\left(\frac{h_1}{h_2}\right) \tag{7.4-14}$$

式中：k——渗透系数（m/s）；

   a_{in}——流入管线的横截面面积（m²）；

   a_{out}——流出管线的横截面面积（m²）；

   L——试样厚度（m）；

   A——试样的横截面面积（m²）；

   h_1——t_1时刻横跨试样的水压差（m）；

   h_2——t_2时刻横跨试样的水压差（m）；

   t——t_1时刻至t_2时刻的时间差（s）。

当$a_{in} = a_{out} = a$时，式(7.4-14)可简化为式(7.4-15)。

$$k = \frac{aL}{2At} \times \ln\left(\frac{h_1}{h_2}\right) \tag{7.4-15}$$

② 应在20℃下测试试样的渗透系数。当试验温度不符合要求时，应按式(7.4-16)进行修正。

$$k_{20} = R_T \cdot K \tag{7.4-16}$$

式中：k_{20}——20℃下试样的渗透系数（m/s）；

   R_T——不同温度下试样渗透系数的修正因子，见表7.4-17；

   k——试验温度下试样的渗透系数（m/s）。

不同温度下试样渗透系数的修正因子 R_T　　　　　　　　表 7.4-17

温度/℃	R_T	温度/℃	R_T
0	1.783	3	0.560
1	1.723	4	0.511
2	1.664	5	1.511

续表

温度/℃	R_T	温度/℃	R_T
6	1.465	28	0.832
7	1.421	29	0.814
8	1.379	30	0.797
9	1.339	31	0.797
10	1.301	32	0.764
11	1.265	33	0.749
12	1.230	34	0.733
13	1.197	35	0.719
14	1.165	36	0.705
15	1.135	37	0.692
16	1.106	38	0.678
17	1.077	39	0.665
18	1.051	40	0.653
19	1.025	41	0.641
20	1.000	42	0.629
21	0.976	43	0.618
22	0.953	44	0.607
23	0.931	45	0.598
24	0.910	46	0.585
25	0.889	47	0.575
26	0.869	48	0.565
27	0.850	49	0.556

4）滤失量

（1）定义与影响因素

滤失量是指过滤介质在一定压力作用下，允许液体中某一物质通过的量。它是衡量过滤介质性能的重要指标，通常用百分比表示。

滤失量的大小与过滤介质的材质、结构、厚度等因素有关，也受到压力、温度等因素的影响，其中，过滤介质的材质和结构是最主要的因素。不同材质的过滤介质具有不同的孔径分布和比表面积，因此对液体的截留率也不同。此外，在一定压力作用下，较厚的过滤介质能够提供更好的过滤效果。

（2）仪器设备

①温度计：精度为 0.5℃。

②搅拌器：装有 9B29X 叶轮的 9B 型多轴搅拌器（负载转速 11000r/min ± 300r/min），

或等效物；转轴应装有单正弦波形的叶片，叶片直径约 25mm，冲压面向上安装。

③搅拌杯：深约 180mm，上口直径 97mm，下底直径 70mm（如 M110-D 型 Hamilton Beach 搅拌杯或等效物）。

④滤失仪：低温低压式，应符合现行国家标准《石油天然气工业 钻井液现场测试 第 1 部分：水基钻井液》GB/T 16783.1 的要求。

⑤滤纸：Whatman 50 型或等效物。

⑥其他：刮刀、量筒（容量 500mL ± 5mL 和 10mL ± 0.1mL）、去离子水或蒸馏水、容器（带盖，容量约为 500mL）、计时器（两个，机械式或电子式）。

（3）试验步骤

①制备悬浮液：在搅拌机上边搅拌边向 350mL ± 5mL 去离子水中加入 22.5g ± 0.01g（水分含量小于 10%）膨润土样品，制备成悬浮体。搅拌 5min ± 0.5min 后，取下搅拌杯，用刮刀把粘在壁上所有的膨润土刮下，混到悬浊液中，将搅拌杯继续放到搅拌器上搅拌，必要时，再过 5min 和 10min 后从搅拌器上取下搅拌杯，刮下粘在杯壁上的所有膨润土。总搅拌时间应为 20min ± 1min。

②悬浮液养护：室温下或在恒温设备（25℃ ± 1℃）中，将膨润土悬浮液在密闭或带盖容器中养护 16h，记录养护温度。

③悬浮液制备完成：将膨润土悬浮液养护完成后，摇匀并倒入搅拌杯中，在搅拌器上搅拌 5min ± 0.5min，即完成膨润土悬浮液的制备。装样前，将制备好的悬浮液装在搅拌杯中，在搅拌器上搅拌 1min ± 0.5min。调整悬浮液温度至 25℃ ± 1℃。

④装样：将制备好的悬浮液倒入滤失仪样品杯中。在倒入悬浮液之前，要保证滤失仪样品杯的所有部件都是干燥的，并且密封圈没有变形或磨损。将悬浮液倒至距样品杯顶端 13mm 以内。组装滤失仪样品杯并将其安装在支架上，关闭减压阀，在排液管下放置容器承接滤液。

⑤计时与调压：将一只计时器定在 7.5min，另一只定在 30min，同时启动两只计时器，并将样品杯压力调至 690kPa ± 35kPa。这两步操作应在 15s 内完成。压力应由压缩的空气、氮气或氦气提供。

⑥收集滤液：在第一只计时器计时结束时，移开容器并除去粘附在排液管上的所有液体，弃掉。在排液管下放一只干燥的 10mL 量筒，继续收集滤液至第二只计时器计时结束、移开量筒并记录收集的滤液体积（V_c）。

（4）结果处理

膨润土悬浮液的滤失量按式(7.4-17)计算，结果保留整数。

$$V = 2V_c \tag{7.4-17}$$

式中：V——滤失量（mL）；

V_c——在 7.5～30min 之间收集到的滤液体积（mL）。

第8章

装饰装修及加固材料

8.1 概述

装饰装修材料及加固材料种类繁多，本章主要针对陶瓷砖、天然花岗石建筑板材、人造石、铝塑复合板、加固材料、装饰装修材料中有害物质等内容进行介绍。

8.1.1 检测参数及检评依据

常见装饰装修及加固材料的检测参数及检评依据如表8.1-1所示。

常见装饰装修及加固材料检测参数及检评依据　　　　　表 8.1-1

序号	项目名称	检测参数		检测依据	评定标准
1	陶瓷砖	吸水率		GB/T 3810.3	GB/T 4100
		断裂荷载和破坏强度		GB/T 3810.4	
		抗冻性		GB/T 3810.12	
2	天然花岗石建筑板材/ 天然大理石建筑板材	压缩强度	干燥	GB/T 9966.1	GB/T 18601 GB/T 19766
			水饱和		
		弯曲强度	干燥	GB/T 9966.2	
			水饱和		
		体积密度		GB/T 9966.3	
		吸水率		GB/T 9966.3	
		放射性		GB 6566	
3	人造石	吸水率		GB/T 3810.4	JC/T 908
		弯曲性能		GB/T 2567 GB/T 3810.4	
4	铝塑复合板	剥离强度		GB/T 1457	GB/T 17748
5	结构胶粘剂	拉伸强度		GB/T 2567	GB 50550
6		断裂伸长率			
7		拉伸弹性模量			
8		剪切强度		GB/T 7124	
9		正拉粘结强度		GB 50550 GB 50728	
10		耐湿热老化性能		GB 50367	
11		不挥发物含量		GB 50550 GB 50728	

序号	项目名称	检测参数	检测依据	评定标准
12	纤维增强复合材料	抗拉强度标准值	GB/T 3354	—
13		极限伸长率		
14		弹性模量		
15		单位面积质量	GB/T 9914.3	
16	装饰装修材料中有害物质	放射性	GB 6566	GB 50325 GB 6566 GB 18580 GB 18581 GB 18582 GB 18583 GB 18585 GB 30982 GB 31040 GB 38468 GB/T 33372
17		游离甲醛	GB/T 17657 GB/T 23993 GB 18583 GB 31040 GB 18585	
18		挥发性有机化合物	GB/T 23986 GB/T 23985 GB/T 33372	
19		苯、甲苯、乙苯和二甲苯	GB/T 23990 GB 18583	
20		游离甲苯二异氰酸酯	GB/T 18446	
21		氨	GB 18588 JG/T 415	

8.1.2 术语与定义

8.1.2.1 陶瓷砖

由黏土、长石和石英为主要原料制造的用于覆盖墙面和地面的板状或块状建筑陶瓷制品[63]。

8.1.2.2 天然花岗石建筑板材

是指经选择和加工而成的特殊尺寸或形状的天然岩石，按照材质主要分为大理石、花岗石、石灰石、砂岩、板石等，按照用途主要分为天然建筑石材和天然装饰石材等[64]。

8.1.2.3 人造石

以高分子聚合物或水泥或两者混合物为粘合材料，以天然石材碎（粉）料和/或天然石英石（砂、粉）或氢氧化铝粉等为主要原材料，加入颜料及其他辅助剂，经搅拌混合、凝结固化等工序复合而成的材料，统称人造石，主要包括人造石实体面材、人造石石英石和人造石岗石等产品[65]。

1）人造石实体面材

是指以甲基丙烯酸甲酯或不饱和聚酯树脂为基体，主要以氢氧化铝为填料，加入颜料及其他辅助剂，经浇铸成型或真空模塑或模压成型的人造石，学名为矿物填充型高分子复合材料。

2）人造石石英石

是指以天然石英石（砂、粉）、硅砂、尾矿渣等无机材料（其主要成分为二氧化硅）为主要原材料，以高分子聚合物或水泥或两者混合物为粘合材料制成的人造石，简称石英石或人造石英石，俗称石英微晶合成装饰板或人造硅晶石。

3）人造石岗石

是指以大理石、石灰石等的碎料、粉料为主要原材料，以高分子聚合物或水泥或两者混合物为粘合材料制成的人造石，简称岗石或人造大理石。

8.1.2.4　加固材料

是指用于提升既有建筑物或其他结构承载能力、耐久性及功能性的一类材料。在老旧建筑改造及增强现有建筑结构的安全性、耐久性和适用性方面，此类材料发挥着重要作用。加固材料主要包括结构胶粘剂、纤维增强复合材料、钢板、高性能混凝土、聚合物砂浆以及裂缝修补胶等。

8.1.2.5　装饰装修材料中有害物质

装饰装修材料中常见的有害物质包括放射性核素、甲醛（HCHO）、挥发性有机化合物（VOCs）、苯系物、游离甲苯二异氰酸酯（TDI）和氨（NH_3）等。这些物质主要来源于建筑材料、家具、油漆、胶粘剂等，它们可能对人体健康造成潜在风险。

8.2　陶瓷砖

8.2.1　分类与标识

8.2.1.1　分类

陶瓷砖分类及代号见表 8.2-1。

陶瓷砖分类及代号　　　　　　　　表 8.2-1

按吸水率（E）分类		低吸水率（Ⅰ类）				中吸水率（Ⅱ类）				高吸水率（Ⅲ类）	
		$E \leqslant 0.5\%$（瓷质砖）		$0.5\% < E \leqslant 3\%$（炻瓷砖）		$3\% < E \leqslant 6\%$（细炻砖）		$6\% < E \leqslant 10\%$（炻质砖）		$E > 10\%$（陶质砖）	
按成型方法分类	挤压砖（A）	AⅠa 类		AⅠb 类		AⅡa 类		AⅡb 类		AⅢ 类	
		精细	普通	精细	普通	精细	普通	精细	普通	精细	普通
	干压砖（B）	BⅠa 类		BⅠb 类		BⅡa 类		BⅡb 类		BⅢ 类	
按表面特征分类		有釉（GL）、无釉（UGL）									

注：BⅢ类仅包括有釉砖。

8.2.1.2　标识

产品按下列顺序标记：制作商及产地、规格尺寸、强度等级、密度等级和标准编号。

8.2.2　吸水率

8.2.2.1　技术要求

陶瓷砖吸水率应符合表 8.2-1 的规定。

8.2.2.2 试验准备

仪器设备：

（1）干燥箱：工作温度为 110℃ ± 5℃。

（2）沸煮箱。

（3）天平：称量精度为所测试样质量的 0.01%。

（4）干燥器。

（5）麂皮。

（6）真空饱水箱：能容纳所要求数量试样的真空容器，抽真空能达到 10kPa ± 1kPa 并保持 30min。

8.2.2.3 试验步骤

1）陶瓷砖吸水率试验取样

（1）每种类型取 10 块整砖进行测试。

（2）如每块砖的表面积不小于 0.04m²，只需用 5 块整砖进行测试。

（3）如每块砖的质量小于 50g，则需足够数量的砖使每个试样质量达到 50～100g。

（4）砖的边长大于 200mm 且小于 400mm 时，可切割成小块，但切割下的每一块应计入测量值，多边形和其他非矩形砖，其长和宽均按外接矩形计算。若砖的边长不小于 400mm，则至少在 3 块整砖的中间部位切取最小边长为 100mm 的 5 块试样。

（5）将砖放在 110℃ ± 5℃的干燥箱中干燥至恒重，即每隔 24h 连续两次质量之差小于 0.1%，再将砖放在有硅胶或其他干燥剂的干燥器内冷却至室温，不能使用酸性干燥剂，每块砖按表 8.2-2 的测量精度称量和记录。

砖的质量和测量精度 表 8.2-2

砖的质量 m/g	测量精度/g
$50 \leqslant m \leqslant 100$	0.02
$100 < m \leqslant 500$	0.05
$500 < m \leqslant 1000$	0.25
$1000 < m \leqslant 3000$	0.50
$m > 3000$	1.00

2）水的饱和

（1）煮沸法

① 将砖竖直地放入盛有去离子水的加热装置中，试件之间互不接触，在整个饱水过程中，砖的上部和下部应保持有 5cm 深度的水。

② 将水加热至沸腾并保持 2h，然后停止加热，使砖完全浸泡在水中并冷却至室温，保持 4h ± 0.25h；也可用常温下的水或制冷器将样品冷却至室温。

③ 用拧干的麂皮依次擦干每个试件的表面，对于凹凸或有浮雕的表面应轻快地擦拭，称量并记录（m_{2b}）。

（2）真空法

①将试件竖直地放入真空容器中，使试件互不接触，抽真空至 10kPa ± 1kPa，并保持 30min 后停止抽真空。

②加入足够的水将试件覆盖并高出 5cm，让试件浸泡 15min 后取出，并将浸湿过的麂皮用手拧干。

③用麂皮轻轻擦干每块试件的表面，对于凹凸或有浮雕的表面应用麂皮轻快地擦去表面水分，然后立即称量并记录（m_{2v}）。

8.2.2.4　结果计算

吸水率按式(8.2-1)计算。

$$E_{(b、v)} = \frac{m_{2(b、v)} - m_1}{m_1} \times 100 \tag{8.2-1}$$

式中：E_b——用m_{2b}测定的吸水率（水仅注入容易进入的气孔）（%）；

E_v——用m_{2v}测定的吸水率，（水最大可能地注入所有气孔）（%）；

m_1——干砖的质量（g）；

m_{2b}——砖在沸水中吸水饱和的质量（g）；

m_{2v}——砖在真空下吸水饱和的质量（g）。

8.2.3　断裂荷载和破坏强度

8.2.3.1　技术要求

陶瓷砖断裂荷载和破坏强度技术要求见表 8.2-3。

陶瓷砖断裂荷载和破坏强度技术要求　　表 8.2-3

分类		技术要求		
		破坏强度/N		断裂模数/MPa
挤压砖（A）	A I a 类	厚度（工作尺寸）≥7.5mm	≥1300	平均值≥28
		厚度（工作尺寸）<7.5mm	≥600	最小值≥21
	A I b 类	厚度（工作尺寸）≥7.5mm	≥1100	平均值≥23
		厚度（工作尺寸）<7.5mm	≥600	最小值≥18
	A II a 类	厚度（工作尺寸）≥7.5mm	≥950	平均值≥20
		厚度（工作尺寸）<7.5mm	≥600	最小值≥18
	A II b 类	≥900		平均值≥17.5
				最小值≥15
	A III 类	≥900		平均值≥8
				最小值≥7
干压砖（B）	B I a 类	厚度（工作尺寸）≥7.5mm	≥1300	平均值≥35
		厚度（工作尺寸）<7.5mm	≥700	最小值≥32

分类		技术要求		
			破坏强度/N	断裂模数/MPa
干压砖（B）	BⅠb类	厚度（工作尺寸）≥7.5mm	≥1100	平均值≥30
		厚度（工作尺寸）<7.5mm	≥700	最小值≥27
	BⅡa类	厚度（工作尺寸）≥7.5mm	≥1000	平均值≥22
		厚度（工作尺寸）<7.5mm	≥600	最小值≥20
	BⅡb类	厚度（工作尺寸）≥7.5mm	≥800	平均值≥18
		厚度（工作尺寸）<7.5mm	≥600	最小值≥16
	BⅢ类	厚度（工作尺寸）≥7.5mm	≥600	平均值≥15
		厚度（工作尺寸）<7.5mm	≥350	最小值≥12

8.2.3.2 试验准备

1）仪器设备

（1）干燥箱：工作温度为 110℃±5℃。

（2）压力机：1 级精度，配置两根金属圆柱形支撑棒和一根圆柱形中心棒，支撑棒与中心棒直径相同，与试样接触部分用硬度为 50IRHD±5IRHD 的橡胶包裹，其中，中心棒与一根支撑棒能稍微摆动，另一根支撑棒能绕其轴稍作旋转，如图 8.2-1 所示。棒的直径、橡胶厚度及砖伸出的长度见表 8.2-4。

（3）卡尺：精度 0.02mm。

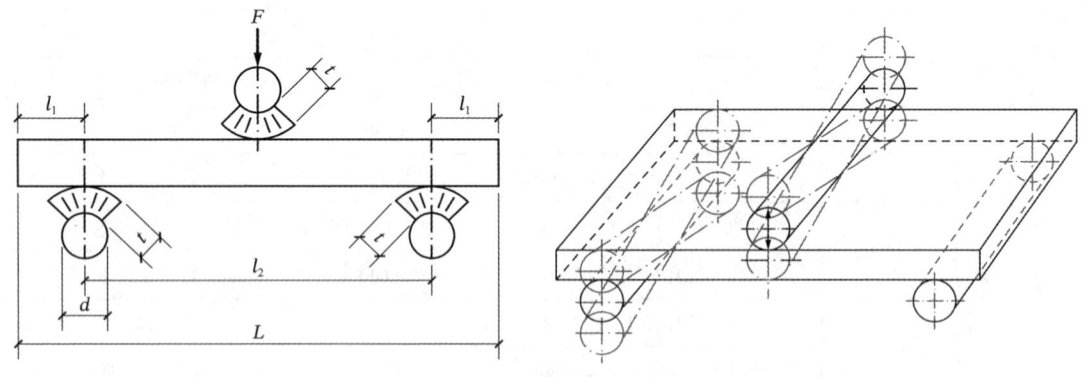

图 8.2-1　支撑棒示意图

棒的直径、橡胶厚度及砖伸出的长度　　　　　　　　　　　表 8.2-4

砖的尺寸L/mm	棒的直径d/mm	橡胶厚度T/mm	砖伸出支撑棒外的长度l_1/mm
18≤L<48	5±1	1±0.2	2
48≤L<95	10±1	2.5±0.5	5
≥95	20±1	5±1	10

2）试样

（1）应用整砖检验，但是对超大的试样（边长大于 600mm）和一些非矩形的砖，有必要时可切割成最大可能尺寸的矩形试件，其中心应与切割前砖的中心一致。试样经切割时，应在报告中予以说明。

注：边长大于 600mm 的试样需要切割时，应按比例进行切割。

（2）每种样品的最小试件数量见表 8.2-5。

最小试件数量 表 8.2-5

砖的尺寸L/mm	最小试件数量
$18 \leqslant L < 48$	10
$48 \leqslant L < 1000$	7
$L \geqslant 1000$	5

8.2.3.3 检测步骤

（1）用硬刷刷去试件背面松散的粘结颗粒。将试件放入干燥箱中，温度高于 105℃，至少放 24h，然后冷却至室温。应在试件达到室温后 3h 内进行试验。

（2）将试件置于支撑棒上，使釉面或正面朝上，试件伸出每根支撑棒的长度为l_1。如图 8.2-2 所示。

图 8.2-2 陶瓷砖断裂荷载试验

（3）对于两面相同的砖，例如无釉马赛克，以正面或背面向上都可以；对于挤压成型的砖，应将其背肋垂直于支撑棒放置；对于所有其他矩形砖，应以其长边L垂直于支撑棒放置。

（4）对凸纹浮雕的砖，在与浮雕面接触的中心棒上再垫一层厚度与表 8.2-4 相对应的橡胶层。

（5）中心棒应与两支撑棒等距，以 $1N/（mm^2 \cdot s）\pm 0.2N/（mm^2 \cdot s）$ 的速率均匀地增加荷载，记录断裂荷载（F）。

（6）只有在宽度与中心棒直径相等的中间部位断裂试件，其结果才能用来计算平均破坏强度和平均断裂模数，计算平均值至少需要 5 个有效的结果。

如果有效结果少于 5 个，应取加倍数量的砖再做第二组试验，此时至少需要 10 个有效结果来计算平均值。

8.2.3.4 结果计算

破坏强度按式(8.2-2)计算。

$$S = \frac{Fl_2}{b} \tag{8.2-2}$$

式中：S——破坏强度（N）；

　　F——破坏荷载（N）；

　　l_2——两根支撑棒之间的跨距（mm）；

　　b——试件的宽度（mm）。

断裂模数按式(8.2-3)计算。

$$R = \frac{3Fl_2}{2bh^2} = \frac{3S}{2h^2} \tag{8.2-3}$$

式中：R——断裂模数；

　　h——试验后沿断裂边测得的试样断裂面的最小厚度（mm）。

注：断裂模数的计算取决于矩形的横断面，如断面厚度有变化，只能得到近似的结果，浮雕凸起越浅，近似值越准确。

8.2.3.5 结果评定

记录所有结果，以有效结果计算试样的平均破坏强度和平均断裂模数。

8.2.4 抗冻性

8.2.4.1 技术要求

经试验应无裂纹或剥落。

8.2.4.2 试验准备

1）仪器设备

（1）干燥箱：能在 110℃±5℃的温度下工作。

（2）天平：精确到试样质量的 0.01%。

（3）抽真空装置，抽真空后注入水使砖吸水饱和的装置；通过真空泵抽真空能使该装置内压力达到 60kPa±4kPa。

（4）冷冻机：能冷冻至少 10 块试件，其最小面积为 0.25m²，并使试件互相不接触。

（5）麂皮。

（6）水：温度保持在 20℃±5℃。

（7）热电偶或其他合适的测温装置。

2）试样

使用不少于 10 块整砖试件，其最小面积为 0.25m²，对于大规格的试件，为能装入冷冻机，可进行切割，切割试样应尽可能大。试件应无裂纹、釉裂、针孔、磕碰等缺陷。如果必须用有缺陷的砖进行检验，在试验前应用永久性的染色剂对缺陷做记号，试验后检查这些缺陷。

8.2.4.3　试验步骤

1）检查试件外观。

2）将试件放入 110℃±5℃的干燥箱内烘干至恒重，即每隔 24h 连续两次称量之差小于 0.1%。记录每块干试件的质量（m_1）。

3）浸水饱和：

（1）试件冷却至环境温度后，将试件垂直地放入抽真空装置内，使试件之间以及与该装置内壁互不接触。抽真空装置抽真空至 40kPa±2.6kPa，在该压力下将水引入抽真空装置中，并浸没至少高出 50mm。至少保持 15min 后，恢复到大气压力。将浸湿过的麂皮拧干，轻轻擦干每块试件的各个面，称量并记录每块湿试件的质量（m_2）。

（2）初始吸水率用质量分数表示，由式(8.2-4)计算。

$$E_1 = \frac{m_2 - m_1}{m_1} \times 100 \tag{8.2-4}$$

式中：E_1——初始吸水率（%）；

$\quad\quad m_2$——每块湿砖的质量（g）；

$\quad\quad m_1$——每块干砖的质量（g）。

（3）在试验时选择一块最厚的试件，该试件应视为对试样具有代表性。在试件一边的中心钻一个直径为 3mm 的孔，该孔距边最大距离为 40mm，在孔中插一支热电偶，并用一小片隔热材料将该孔密封。每次测量温度应精确到 0.5℃。以不超过 20℃/h 的速率使砖降温到 −5℃，试件在该温度下保持 15min。将试件浸没于水中或喷水直到温度达到 5℃，试件在该温度下保持 15min。

（4）重复上述循环至少 100 次。如果将试件保持浸没在 5℃以上的水中，则此循环可中断。称量试验后的试件质量（m_3），再将其烘干至恒重，称量试验后试件的干质量（m_4）。

（5）最终吸水率用质量分数表示，由式(8.2-5)计算。

$$E_2 = \frac{m_3 - m_4}{m_4} \times 100 \tag{8.2-5}$$

式中：E_2——最终吸水率（%）；

$\quad\quad m_3$——试验后每块湿砖的质量（g）；

$\quad\quad m_4$——试验后每块干砖的质量（g）。

8.2.4.4　结果评定

100 次循环后，在距离 25~30cm 处、大约 300 lx 的光照条件下，用肉眼检查试件的釉面、正面和边缘。在试验早期，如果有理由确信试件已遭到损坏，可在试验中间阶段检查并及时记录所有观察到的砖的釉面、正面和边缘损坏的情况。

8.3　天然花岗石建筑板材

8.3.1　分类与标识

1）分类

（1）按形状分为：毛光板（MG）、普型板（PX）、圆弧板（HM）和异型板（YX）。

（2）按表面加工程度分为：镜面板（JM）、细面板（YG）和粗面板（CM）。

（3）按用途分为：一般用途（用于一般性装饰用途）和功能用途（用于结构性承载用途或特殊功能要求）。

2）标识

（1）名称：采用现行国家标准《天然石材统一编号》GB/T 17670 规定的名称或编号。

（2）标记顺序为：名称、类别、规格尺寸、等级、标准编号。

示例：用山东济南青花岗石荒料加工的 600mm×600mm×20mm、普型、镜面、优等品板材，标记为"济南青花岗石（G3701）PX JM 600×600×20 AGB/T 18601—2024"。

8.3.2 取样要求

天然花岗石建筑板材检测项目具体取样要求见表 8.3-1。

天然花岗石建筑板材检测项目取样要求　　　　　　　　　　　表 8.3-1

检测项目		样品规格	数量/块
压缩强度	干燥	50mm×50mm×50mm	5
	水饱和	50mm×50mm×50mm	5
弯曲强度	干燥	方法 A：350mm×100mm×30mm，也可采用实际厚度（H）的样品，试样长度为 $10H+50$mm，宽度为 100mm 方法 B：250mm×50mm×50mm	5
	水饱和		5
吸水率、体积密度		50mm×50mm×板材厚度	5
放射性		随机抽取样品两份，每份不少于 2kg，一份封存，另一份作为检验样品	制样：将检验样品破碎，磨细至粒径不大于 0.16mm。将其放入与标准样品几何形态一致的样品盒中，称重（精确至 0.1g）、密封、待测

8.3.3 干燥压缩强度、水饱和压缩强度

干燥压缩强度、水饱和压缩强度分别指在经过干燥状态或水饱和状态处理后，石材试样压缩直至破裂时所承受的最大压缩应力。

8.3.3.1 技术要求

天然花岗石建筑板材压缩强度技术要求见表 8.3-2。

天然花岗石建筑板材压缩强度技术要求　　　　　　　　　　　表 8.3-2

技术指标		一般用途	功能用途
压缩强度/MPa	干燥	≥100	≥131
	水饱和	≥100	≥131

8.3.3.2 试验准备

1）仪器设备

（1）试验机：示值相对误差不超过 ±1%。试样破坏载荷应在示值的 20%～90% 范围内。

（2）游标卡尺：精确到 0.1mm。

（3）万能角度尺：精度为 2′。

（4）鼓风干燥箱：温度可控制在 65℃±5℃ 范围内。

（5）冷冻箱：温度可控制在 −20℃±2℃ 范围内。

（6）恒温水箱：可保持水温在 20℃±2℃，最大水深 105mm 且至少容纳 2 组试验样品，底部垫不污染石材的圈柱状支撑物。

（7）干燥器。

2）试样

（1）在同批料中制备具有典型特征的试样，每种试验条件下的试样为一组，每组 5 块。

（2）试样规格通常为边长 50mm 的正方体或 50mm×50mm 的圆柱体，尺寸偏差 ±1.0mm；若试样中最大颗粒粒径超过 5mm，试样规格应为边长 70mm 的正方体或 70mm×70mm 的圆柱体，尺寸偏差 ±1.0mm；若试样中最大颗粒粒径超过 7mm，每组试样的数量应增加一倍。若同时进行干燥、水饱和、冻融循环后压缩强度试验，需制备三组试样。

（3）有层理的试样应标明层理方向。通常沿着垂直层理的方向进行试验，当石材应用方向是平行层理或使用在承重、承受水压等场合时，压缩强度选择最弱的方向进行试验，并应进行平行层理方向的试验，见图 8.3-1 和图 8.3-2。

（4）试样两个受力面应平行、平整、光滑，必要时应进行机械研磨，其他四个侧面为金刚石锯片切割面。试样相邻面夹角应为 90°±0.5°。

（5）试样上不应有裂纹、缺棱和缺角等影响试验的缺陷。

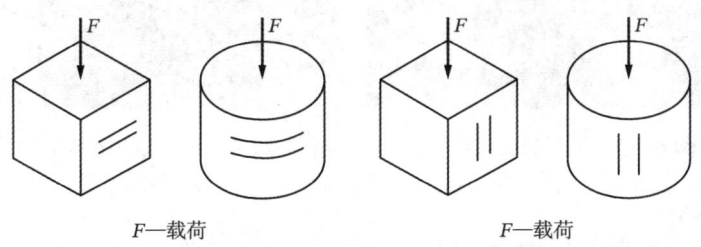

F—载荷   F—载荷

图 8.3-1 垂直层理试验示意图   图 8.3-2 平行层理试验示意图

8.3.3.3 试验步骤

1）干燥压缩强度

（1）将试样在 65℃±5℃ 的鼓风干燥箱内干燥 48h，然后放入干燥器中冷却至室温。

（2）用游标卡尺分别测量试样两受力面中线上的边长或相互垂直的直径，并计算每个受力面的面积，以两个受力面面积的平均值作为试样受力面面积。边长或直径测量值精度应不低于 0.1mm。

（3）擦干净试验机上下压板表面，清除试样两个受力面上的尘粒。将试样放置于试验机下压板的中心部位，调整球形基座角度，使上压板均匀接触到试样上受力面。以 1MPa/s±0.5MPa/s 的恒定加载速率施加载荷至试样破坏，记录试样破坏时的最大载荷值和破坏状态。

2）水饱和压缩强度

（1）将试样放入恒温水箱中，试样间距不小于 15mm，试样底部垫圆柱状支撑。加入

20℃±10℃的自来水到试样高度的一半，静置1h；然后继续加水到试样高度的四分之三，静置1h；继续加满水，水面应超过试样高度25mm±5mm。试样在清水中浸泡48h±2h后取出，用拧干的湿毛巾擦去试样表面水分后，立即进行试验。

（2）用游标卡尺分别测量试样两受力面中线上的边长或相互垂直的直径，并计算每个受力面的面积，以两个受力面面积的平均值作为试样受力面面积。边长或直径测量值精度应不低于0.1mm。

（3）擦干净试验机上下压板表面，清除试样两个受力面上的尘粒。将试样放置于试验机下压板的中心部位，调整球形基座角度，使上压板均匀接触到试样上受力面。以1MPa/s±0.5MPa/s的恒定加载速率施加载荷至试样破坏，记录试样破坏时的最大载荷值和破坏状态。如图8.3-3和图8.3-4所示。

图8.3-3　压缩强度试验图片　　　　图8.3-4　正常破坏形态图片

8.3.3.4　压缩强度

$$P = \frac{F}{S} \tag{8.3-1}$$

式中：P——压缩强度（MPa）；

$\quad\quad F$——试样最大载荷（N）；

$\quad\quad S$——试样受力面面积（mm²）。

8.3.3.5　结果评定

以每组试样压缩强度的算术平均值作为该条件下的压缩强度，数值修约到1MPa。

8.3.4　干燥弯曲强度、水饱和弯曲强度

石材弯曲强度是反映石材抗拉强度的指标之一，也是石材质量的重要指标。

8.3.4.1　技术要求

天然花岗石建筑板材弯曲强度技术要求见表8.3-3。

天然花岗石建筑板材弯曲强度技术要求　　　　表 8.3-3

技术指标		一般用途	功能用途
弯曲强度/MPa	干燥	≥ 8.0	≥ 8.3
	水饱和	≥ 8.0	≥ 8.3

8.3.4.2　试验准备

1）仪器设备

（1）试验机：配有相应的试样支架，示值相对误差不超过 ±1%，试样破坏的载荷在设备示值的 20%～90% 范围内。

（2）游标卡尺：精确到 0.1mm。

（3）万能角度尺：精度为 2′。

（4）鼓风干燥箱：温度可控制在 65℃ ± 5℃ 范围内。

（5）冷冻箱：温度可控制在 −20℃ ± 2℃ 范围内。

（6）恒温水箱：可保持水温在 20℃ ± 2℃，最大水深不低于 130mm 且至少容纳 2 组最大试验样品，底部垫不污染石材的圆柱状支撑物。

（7）干燥器。

2）样品规格

（1）方法 A：350mm × 100mm × 30mm，也可采用实际厚度（H）的样品，试样长度为 $10H + 50$mm，宽度为 100mm。

（2）方法 B：250mm × 50mm × 50mm。

（3）偏差：试样长度允许偏差为 ±1mm，宽度、厚度允许偏差为 ±0.3mm。

3）表面处理

试样上下受力面应经锯切、研磨或抛光，达到平整且平行的要求。侧面可采用锯切面，正面与侧面夹角应为 90° ± 0.5°。

4）表面质量

试样不应有裂纹、缺棱和缺角等影响试验的缺陷。

5）支点标记

在试样上下两面及前后侧面分别标记出支点的位置。方法 A 的下支座跨距（L）为 $10H$，上支座间的距离为 $5H$，呈中心对称分布；方法 B 的下支座跨距（L）为 200mm，上支座在中心位置。

6）试样数量

每种试验条件下每个层理方向的试样为一组，每组试样数量为 5 块。通常试样的受力方向应与实际应用一致，若石材应用方向未知，则应同时进行三个方向的试验，每种试验条件下试样应制备 15 块，每个方向 5 块。

8.3.4.3　检测步骤

1）干燥弯曲强度

（1）将试样在 65℃ ± 5℃ 的鼓风干燥箱内干燥 48h，然后放入干燥器中冷却至室温。

（2）按试验类型选择相应的试样支架，调节支座之间的距离至符合规定的跨距要求。按照试样上标记的支点位置将其放在上下支座之间，试样和支座受力表面应保持清洁。装饰面应朝下放在支架下座上，使加载过程中试样装饰面处于弯曲拉伸状态。如图 8.3-5～图 8.3-8 所示。

（3）以 0.25MPa/s ± 0.05MPa/s 的速率对试样施加载荷至试样破坏，记录试样破坏位置和形式及最大载荷值（F），读数精度不低于 10N。

（4）用游标卡尺测量试样断裂面的宽度（K）和厚度（H），精确至 0.1mm。

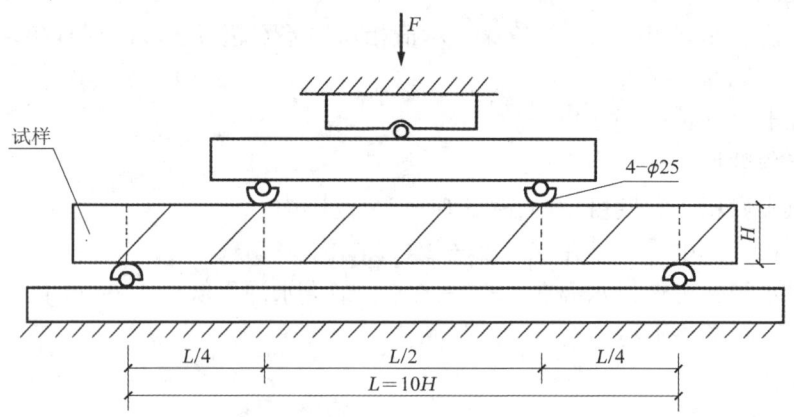

F—载荷；H—试样厚度；L—下部两个支撑轴间距离

图 8.3-5　固定力矩弯曲强度试验（方法 A）示意图

图 8.3-6　固定力矩弯曲强度试验（方法 A）

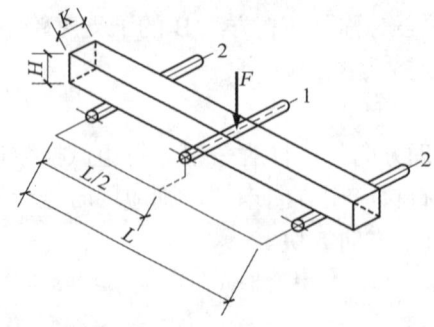

1—上支座，ϕ25mm；2—下支座，ϕ25mm；F—载荷；H—试样厚度；K—试样宽度；L—下部两个支撑轴间距离

图 8.3-7　集中荷载弯曲强度试验（方法 B）示意图

图 8.3-8 集中荷载弯曲强度试验（方法 B）

2）水饱和弯曲强度

（1）将试样侧立置于恒温水箱中，试样间距不小于 15mm，试样底部垫圆柱状支撑。加入 20℃±10℃的自来水到试样高度的一半，静置 1h；然后继续加水到试样高度的四分之三，静置 1h；继续加满水，水面应超过试样高度 25mm±5mm。

（2）试样在清水中浸泡 48h±2h 后取出，用拧干的湿毛巾擦去试样表面水分，立即按与干燥弯曲强度同样的方法进行弯曲强度试验。

3）结果计算

（1）方法 A，弯曲强度按式(8.3-2)计算。

$$P_{\mathrm{A}} = \frac{3FL}{4KH^2} \tag{8.3-2}$$

式中：P_{A}——方法 A 的弯曲强度（MPa）；

F——试样破坏载荷（N）；

L——下支座间距离（mm）；

K——试样宽度（mm）；

H——试样厚度（mm）。

（2）方法 B，弯曲强度按式(8.3-3)计算。

$$P_{\mathrm{B}} = \frac{3FL}{2KH^2} \tag{8.3-3}$$

式中：P_{B}——方法 B 的弯曲强度（MPa）。

8.3.4.4 结果评定

以一组试样弯曲强度的算术平均值作为试验结果，数值修约到 0.1MPa。

8.3.5 体积密度和吸水率

体积密度是一个物理学中的概念，通常用于描述固体材料的体积与其质量之间的关系。

8.3.5.1 技术要求

天然花岗石建筑板材体积密度和吸水率应符合表 8.3-4 的规定。

天然花岗石建筑板材体积密度和吸水率　　　　　表 8.3-4

技术指标	一般用途	功能用途
体积密度/（g/cm³），≥	2.56	2.56
吸水率/%，≤	0.60	0.40

8.3.5.2　试样准备

1）仪器设备

（1）天平：称量精度为所测试样质量 0.01%。

（2）干燥箱：工作温度为 55℃±5℃。

（3）干燥器。

（4）麂皮。

（5）水箱：底面平整，且带有玻璃棒作为试样支撑。

（6）金属网篮：可满足各种规格试样要求，具足够的刚性。

2）试样

（1）试样为边长 50mm 的正方体或直径、高度均为 50mm 的圆柱体，尺寸偏差 ±0.5mm，每组 5 块。特殊要求时可选用其他规则形状的试样，外形几何体积应不小于 60cm³，其表面积与体积之比应在 0.08～0.20mm⁻¹ 范围内。

（2）试样应从具有代表性的部位截取，不应带有裂纹等缺陷。

（3）试样表面应平滑，粗糙面应打磨平整。

8.3.5.3　检测步骤

（1）将试样置于 65℃±5℃的鼓风干燥箱内干燥 48h 至恒重，即在干燥 46h、47h、48h 时分别称量试样的质量，直至出现 3 次恒定的质量。然后放入干燥器中冷却至室温，称其质量（m_0），精确至 0.01g。

（2）将试样置于水箱中的玻璃棒支撑上，试样间距应不小于 15mm。加入去离子水或蒸馏水（20℃±2℃）到试样高度的一半，静置 1h；然后继续加水到试样高度的四分之三，再静置 1h；继续加满水，使试样在水中浸泡 48h±2h，水面应超过试样高度 25mm±5mm。取出后用拧干的湿毛巾擦去试样表面水分，立即称其质量（m_0），精确至 0.01g。

（3）立即将水饱和的试样置于金属网篮中并将网篮与试样一起浸入 20℃±2℃的去离子水或蒸馏水中，小心除去附着在网篮和试样上的气泡，称试样和网篮在水中的总质量，精确至 0.01g。单独称量网篮在相同深度的水中质量，精确至 0.01g。有条件时可直接称量出这两次称量的差值（m_2），结果精确至 0.01g。称量装置如图 8.3-9 所示。

（4）吸水率按式(8.3-4)计算。

$$w_\mathrm{a} = \frac{m_1 - m_0}{m_0} \times 100 \tag{8.3-4}$$

式中：w_a——吸水率（%）；

　　　m_1——水饱和试样在空气中的质量（g）；

　　　m_0——干燥试样在空气中的质量（g）。

（5）体积密度按式(8.3-5)计算。

$$\rho = \frac{m_0}{m_1 - m_2} \times \rho_w \tag{8.3-5}$$

式中：ρ——体积密度（g/cm）；

m_2——水饱和试样在水中的质量（g）；

ρ_w——室温下去离子水或蒸馏水的密度（g/cm^3）。

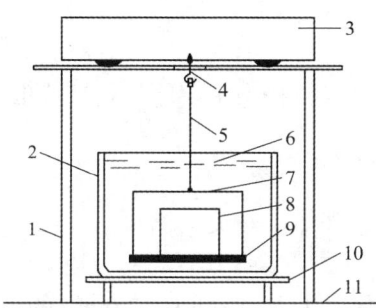

1—天平支架；2—水杯；3—电子天平；4—天平挂钩；5—悬挂线；6—水平面；7—栅栏；
8—试样；9—网篮底；10—水杯支架；11—平台

图 8.3-9　电子天平称量示意图

8.3.5.4　结果评定

计算每组试样吸水率、体积密度的算术平均值作为试验结果。体积密度取三位有效数字，吸水率取两位有效数字。

8.4　人造石

以高分子聚合物或水泥或两者混合物为粘合材料，以天然石材碎（粉）料和/或天然石英石（砂、粉）或氢氧化铝粉等为主要原材料，加入颜料及其他辅助剂，经搅拌混合、凝结固化等工序复合而成的材料，统称人造石，主要包括人造石实体面材、人造石石英石和人造石岗石等产品。如图 8.4-1 所示。

图 8.4-1　人造石

8.4.1　分类与标识

1）分类

产品按主要原材料分为以下三种类型。

（1）实体面材类

以氢氧化铝为主要填料制成的人造石，产品按基体树脂又分为两种类型：

① 丙烯酸类：以聚甲基丙烯酸甲酯为基体的实体面材。

② 不饱和聚酯（包括乙烯基酯树脂等）类：以不饱和聚酯树脂为基体的实体面材。

（2）石英石类

以天然石英石和/或粉、硅砂、尾矿渣等无机材料（主要成分为二氧化硅）为主要原材料制成的人造石。

（3）岗石类

以大理石、石灰石等的碎料、粉料为主要原材料制成的人造石。

2）标记

（1）实体面材

实体面材按产品中文名称、基体树脂英文缩写、规格尺寸代号、公称厚度、等级和标准号的顺序标记。

示例：以聚甲基丙烯酸甲酯为基体，厚度为 12.0mm 的Ⅰ型 A 级实体面材，标记为"人造石实体面材 PMMA/I 12.0 A/JC/T 908"。

（2）石英石

石英石按产品中文名称、基体树脂英文缩写、规格尺寸、等级代号和标准号的顺序标记。

示例：以不饱和聚酯树脂为基体，厚度为 16mm，边长为 3050mm × 1450mm 的 B 级石英石，标记为"人造石石英石 UPR 3050 × 1450 × 16 B/JC/T 908"。

（3）岗石

岗石按产品中文名称、基体树脂英文缩写、规格尺寸、等级代号和标准号的顺序标记。

示例：以不饱和聚酯树脂为基体，厚度为 16.5mm，边长为 800mm × 800mm 的 A 级人造岗石，标记为"人造石岗石 UPR 800 × 800 × 16.5 A/JC/T 908"。

8.4.2　抽样与制样

1）吸水率取样

至少在 3 块整砖的中间部位切取最小边长为 100mm 的 5 块试样。

2）弯曲性能取样

（1）实体面材

试样宽度 b 为 15mm，厚度 h 为 3.0～6.0mm（一组试样厚度公差 ±0.2mm），长度 L 不小于 $20h$；仲裁试验的试样厚度为 4.0mm ± 0.2mm。任一试样上在其长度的中部三分之一范围内，试样厚度与其平均值之差不大于平均厚度的 2%，该范围内试样宽度与其平均值之差不大于平均宽度的 3%，每组有效试样不少于 5 个。

（2）石英石、岗石

应用 5 整块石材检验，但是对超大的石材（边长大于 600mm）和一些非矩形的石材，有必要时可切割成最大可能尺寸的矩形试样，以便安装在仪器上检验，其中心应与切割前砖的中心一致。在有疑问时，用整块石材比用切割过的石材测得的结果准确。试样经切割时，需在报告中予以说明。

注：边长大于 600mm 的石材需要切割时，应按比例进行。

8.4.3　吸水率

人造石的吸水率是影响其品质的重要因素。

8.4.3.1　技术要求

石英石的吸水率应小于 0.2%；岗石的吸水率应小于 0.35%。

8.4.3.2　试验准备

1）仪器设备

（1）干燥箱：工作温度为 55℃ ± 5℃。

（2）沸煮箱。

（3）天平：称量精度为所测试样质量的 0.01%。

（4）去离子水或蒸馏水。

（5）干燥器。

（6）麂皮。

（7）真空容器和真空系统：能容纳所要求数量试样的足够大容积的真空容器和抽真空能达到 10kPa ± 1kPa 并保持 30min 的真空系统。

2）取样规格

至少在 3 块整砖的中间部位切取最小边长为 100mm 的 5 块试样。

8.4.3.3　试验步骤

（1）将试样置于 55℃ ± 5℃的干燥箱内干燥至恒重，即每隔 24h 的两次连续质量之差小于 0.1%，然后将试样放在有硅胶或其他干燥器剂的干燥器内冷却至室温，不能使用酸性干燥剂。每块试样按表 8.4-1 的测量精度称量并记录（ m_1 ）。

试样质量和测量精度　　　　　　　　　　　　表 8.4-1

砖的质量m/g	测量精度/g
$50 \leqslant m \leqslant 100$	0.02
$100 < m \leqslant 500$	0.05
$500 < m \leqslant 1000$	0.25
$1000 < m \leqslant 3000$	0.50
$m > 3000$	1.00

（2）将试样竖直放入真空容器中，使试样互不接触，抽真空至 10kPa ± 1kPa，保持 30min 后停止抽真空。

（3）加入足够的水将砖覆盖并高出 5cm，砖浸泡 15min 后取出。

（4）将浸湿过的麂皮用手拧干，轻轻擦干每块试样的表面，对于凹凸或有浮雕的表面应用麂皮轻快地擦去表面水分，然后立即称重并记录（ m_2 ），测量精度与干燥试样相同。

8.4.3.4 结果计算

砖的吸水率按式(8.4-1)计算。

$$E = \frac{m_2 - m_1}{m_1} \times 100 \qquad (8.4\text{-}1)$$

式中：E——吸水率（%）；

m_1——试样干燥时的质量（g）；

m_2——试样在真空下吸水饱和的质量（g）。

8.4.4 弯曲性能

弯曲强度是指在三点弯曲试验或四点弯曲试验中，材料在弯曲作用下的抗弯能力。弯曲强度是石材力学性能的重要指标之一。

8.4.4.1 技术要求

人造石弯曲性能技术要求见表8.4-2。

人造石弯曲性能技术要求   表8.4-2

种类	弯曲强度/MPa
实体面材	≥40
石英石	≥35
岗石	≥15

8.4.4.2 试验准备

1）实体面材

（1）检查样品外观有无缺陷。

（2）仪器设备：

①试验机：精度1级，试样破坏载荷应在满量程的10%～90%范围内。

②三点试验设备装置如图8.4-2所示，跨距（L）为16h±1h，加载上压头半径（R）为5.0mm±0.1mm，试样厚度（h）大于3mm时，试样支座半径（r）为2.0mm±0.2mm。

③试验的标准环境温度为23℃±2℃，相对湿度为50%±10%。

④卡尺：精度为0.02mm。

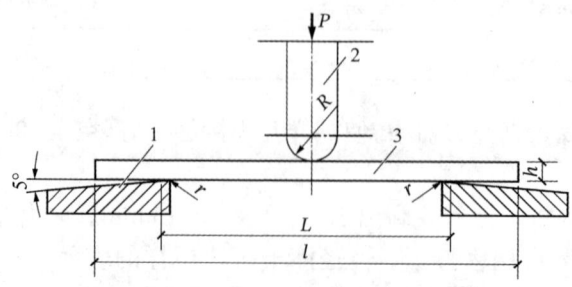

1—试样支座；2—加载上压头；3—试样；r—试样支座半径；L—跨距；h—试样厚度；R—加载上压头半径；l—试样长度

图8.4-2 三点试验设备装置示意图

（3）试样规格：试样宽度（b）为 15mm，厚度（h）为 3.0～6.0mm（一组试样厚度公差为 ±0.2mm），长度（L）不小于 20h；仲裁试验的试样厚度为 4.0mm ± 0.2mm。

2）石英石、岗石

（1）仪器设备

① 干燥箱：工作温度为 110℃ ± 5℃。

② 压力机：1 级精度，配置两根金属圆柱形支撑棒和一根圆柱形中心棒，支撑棒与中心棒直径为 20mm，与试样接触部分用硬度为 50IRHD ± 5IRHD 的橡胶包裹，其厚度为 5mm（一个压棒包含 2 个橡胶厚度），其中，中心棒与一根支撑棒能稍微摆动，另一根支撑棒能绕其轴稍作旋转，试样伸出的长度（l_1）为 10mm。如图 8.4-3 和图 8.4-4 所示。

③ 卡尺：精度为 0.02mm。

（2）样品规格

应用 5 整块石材检验，但是对超大的石材（边长大于 600mm）和一些非矩形的石材，有必要时可切割成最大可能尺寸的矩形试样，以便安装在仪器上检验，其中心应与切割前砖的中心一致。试样经切割时，需在报告中予以说明。

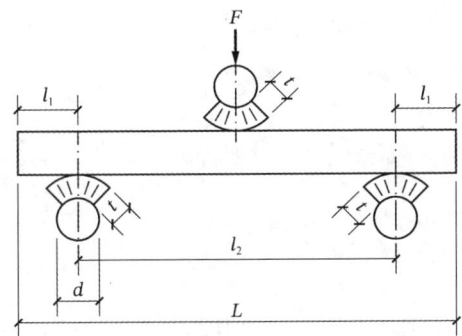

图 8.4-3　试样伸出的长度

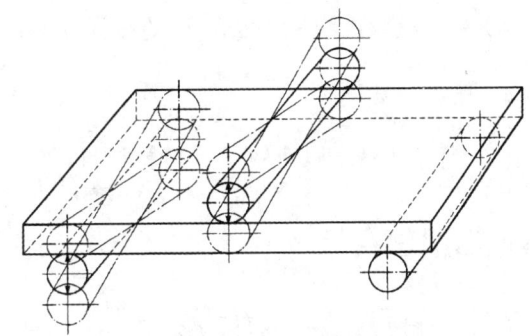

图 8.4-4　可摆动的棒

8.4.4.3　检测步骤

1）实体面材

（1）测量试样跨距中心处附近 3 点的宽度和厚度，取算术平均值。

（2）调节跨距及加载压头位置，准确到 0.5mm，加载上压头位于支座中间，且与支座平行；接缝板试样的接缝应位于弯曲试验时的中部，接缝方向应与弯曲压辊的轴向平行。

（3）将试样放于支座中间位置，试样的长度方向与上压头垂直。

（4）测定弯曲强度的试验速度为 10mm/min，均匀连续加载至试样破坏，记录破坏载荷和破坏形式。

（5）在试样中间三分之一跨距以外破坏的试样，应予作废。同批有效试样不足 5 个时，应重做试验。

弯曲强度按式(8.4-2)计算。

$$R = \frac{3FL}{2bh^2} \tag{8.4-2}$$

式中：R——弯曲强度（MPa）；

F——破坏载荷（或最大载荷）（N）；

L——跨距（mm）；

b——试样宽度（mm）；

h——试样厚度（mm）。

2）石英石、岗石

（1）用硬刷刷去试样背面松散的粘结颗粒，将试样放入温度不低于 105℃的干燥箱中至少 24h，冷却至室温，并在达到室温后 3h 内进行试验。

（2）将试样置于支撑棒上，装饰面朝上，试样伸出每根支撑棒的长度为l_1。

（3）中心棒应与两根支撑棒等距，以 1N/（mm²·s）± 0.2N/（mm²·s）的速率均匀地增加荷载，记录断裂载荷。

弯曲强度按式(8.4-3)计算。

$$R = \frac{3Fl_2}{2bh^2} \tag{8.4-3}$$

式中：l_2——两根支撑棒之间的跨距（mm）；

h——试验后沿断裂边测得的试样断裂面的最小厚度（mm）。

8.4.4.4　结果评定

记录所有结果，以有效结果计算试样的平均弯曲强度。

8.5　铝塑复合板

铝塑复合板（又称铝塑板）作为一种新型装饰材料，是以经过化学处理的涂装铝板为表层材料，用聚乙烯塑料或高温矿物为芯材，在专用铝塑板生产设备上加工而成的复合材料。它由性质截然不同的两种材料（金属和非金属）组成，既保留了原组成材料（金属铝、非金属聚乙烯塑料）的主要特性，又克服了原组成材料的不足，进而获得众多优异的材料性能。铝塑复合板以其经济性、可选色彩的多样性、便捷的施工方法、优良的加工性能及绝佳的防火性，迅速受到人们的青睐。

8.5.1　分类与标识

8.5.1.1　分类

产品按用途主要分为建筑幕墙用铝塑复合板和普通装饰用铝塑复合板两种类型。

1）建筑幕墙用铝塑复合板

按燃烧性能分为：阻燃型（FR）和高阻燃型（HFR）。

2）普通装饰用铝塑复合板

（1）按燃烧性能分为普通型（R）、阻燃型（FR）和高阻燃型（HFR）。

（2）按装饰面层材质分为氟碳树脂涂层型（FC）、聚酯树脂涂层型（PE）、丙烯酸树脂涂层型（AC）和覆膜型（F）。

8.5.1.2　标记

（1）建筑幕墙用铝塑复合板

按产品名称、类型、规格、铝材厚度及标准号的顺序标记。

示例：规格为 2440mm × 1220mm × 4mm，铝材厚 0.50mm 的高阻燃型幕墙板，标记为"建筑幕墙用铝塑复合板 HFR 2440 × 1220 × 4 0.50 GB/T 17748"。

（2）普通装饰用铝塑复合板

按产品名称、燃烧性能、装饰面层材质、规格及标准号的顺序标记。

示例：规格为 2440mm × 1220mm × 4mm，装饰面层为聚酯树脂涂层的普通型装饰板，标记为"普通装饰用铝塑复合板 G PE2440 × 1 220 × 4 GB/T 22412"。

8.5.2　抽样与制样

铝塑复合板滚筒剥离强度试验取样要求见表 8.5-1。

滚筒剥离强度试样尺寸与抽样数量　　　　　　　　表 8.5-1

试验项目	试样尺寸/mm		抽样数量/个
	纵向	横向	
滚筒剥离强度	25	350	6
	350	25	6

8.5.3　滚筒剥离强度

用带凸缘的筒体从夹层结构中剥离面板的方法来测定面板与芯子胶接的抗剥离强度。面板一头连接在筒体上，一头连接上夹具，凸缘连接加载带，拉伸加载带时，筒体向上滚动，从而把面板从夹层结构中剥离开。凸缘上的加载带与筒体上的面板相差一定距离，夹层结构滚筒剥离强度实际为面板与芯子分离的单位宽度上的抗剥离力矩。

8.5.3.1　技术要求

以建筑幕墙用铝塑复合板为例，其滚筒剥离强度技术要求见表 8.5-2。

滚筒剥离强度技术要求　　　　　　　　　表 8.5-2

试验项目		技术要求
滚筒剥离强度/[（N·mm）/mm]	平均值	≥110
	最小值	≥100

8.5.3.2　试验准备

1）试验仪器

（1）微机控制电子万能试验机（一级精度）。

（2）滚筒剥离装置：滚筒直径为 100mm ± 0.10mm，滚筒凸缘直径为 125mm ± 0.10m，采用铝合金材料制作；质量不超过 1.5kg；滚筒应沿轴平衡，用加工减轻孔或平衡块来平衡；加载带为柔韧的钢带或索。

（3）游标卡尺：精度为 0.01mm。

2）实验室标准环境条件

温度为 23℃±2℃，相对湿度为 50%±10%。若不具备实验室标准环境条件时，应选择接近标准环境条件的实验室环境条件。

3）试样状态调节

试验前，试样在实验室标准环境条件下至少放置 24h。若不具备实验室标准环境条件，试验前，试样在干燥器内应至少放置 24h。特殊状态调节条件可视需要而定。

8.5.3.3　试验步骤

1）试验前进行外观检查，有缺陷的试样应予以更换。

2）将合格试样编号，测量试样任意 3 处的宽度，取算术平均值，精确至 0.01mm；被剥离面板厚度取面板名义厚度，或测量同批试样被剥离面板 10 处的厚度，取算术平均值。

图 8.5-1　试验机

3）将试样被剥离面板两端分别与上夹具和滚筒连接，使试样轴线与滚筒轴线垂直，然后将上夹具与试验机（图 8.5-1）连接，调整试验机载荷零点，再将下夹具与试验机连接。

4）按规定的加载速度进行试验，加载速度一般为 20～30mm/min；仲裁试验时，加载速度为 25mm/min。选用下列任一方法记录剥离载荷：

（1）使用自动记录装置记录载荷-剥离距离曲线。

（2）无自动记录装置时，应在开始施加载荷约 5s 后，按一定时间间隔读取并记录载荷，不应少于 10 个读数。

当试样被剥离到 150～180mm 时，可卸载。

5）根据下列情况确定是否进行抗力试验：

（1）若剥离后面板未出现分层、断裂等损伤，则选用空白面板（或带有附着层的面板），按上述试验步骤进行抗力试验。

（2）若剥离后面板出现分层、断裂等损伤，或不考虑面板补偿，则无须进行抗力试验，结束试验。

6）用下列任意一种方法求得平均剥离载荷和最小剥离载荷：

（1）从载荷-剥离距离曲线上找出最小剥离载荷，并用求积仪或作图法求得平均剥离载荷。

（2）从所记录的载荷读数中找出最小剥离载荷，并取载荷读数的算术平均值为平均剥离载荷。

（3）如有抗力试验，按照上述平均剥离载荷的取值方法求得平均抗力载荷。

平均滚筒剥离强度按式(8.5-1)计算。

$$M = (P_b - P_0) \times (D - d - t_f + t_b)/2b \tag{8.5-1}$$

式中：M——平均滚筒剥离强度 [（N·mm）/mm]；

P_b——平均剥离载荷（N）；

P_0——抗力载荷（N）；

D——滚筒凸缘直径（mm）；

d——滚筒直径（mm）；

t_f——被剥离面板厚度（mm）；

t_b——加载带厚度（mm）；

b——试样宽度（mm）。

最小滚筒剥离强度按式(8.5-2)计算。

$$M_m = (P_m - P_0) \times (D - d - t_f + t_b)/2b \tag{8.5-2}$$

式中：M_m——最小滚筒剥离强度 $[(N \cdot mm)/mm]$；

P_m——最小剥离载荷（N）。

如未进行抗力试验，则平均名义剥离强度按式(8.5-3)计算。

$$M_n = [P_b(D - d - t_f + t_b) - W(D + t_b)]/2b \tag{8.5-3}$$

式中：M_n——平均名义剥离强度 $[(N \cdot mm)/mm]$；

W——滚筒自重（N）。

最小名义剥离强度按式(8.5-4)计算。

$$M_{nm} = [P_m(D - d - t_f + t_b) - W(D + t_b)]/2b \tag{8.5-4}$$

式中：M_{nm}——最小名义剥离强度 $[(N \cdot mm)/mm]$。

8.5.3.4　结果判定

（1）以 3 个试件为一组，分别测量正面纵向、正面横向、背面纵向、背面横向各组试件中每个试件的平均剥离强度和最小剥离强度。分别以各组 3 个试件的平均剥离强度的算术平均值和最小剥离强度中的最小值作为该组的检验结果。

（2）单项判定规则：检验结果不合格时，可再从该批产品中抽取双倍样品进行复检，复检结果全部达到标准要求时判定该项合格，否则判定该项不合格。

8.6　加固材料

8.6.1　结构胶粘剂拉伸试验

沿试样轴向匀速施加静态拉伸载荷，直到试样断裂或达到预定的伸长，在整个过程中，测量施加在试样上的载荷和试样的伸长，以测定拉伸强度、拉伸弹性模量及断裂伸长率。

8.6.1.1　试验准备

1）仪器设备

（1）1 级精度拉伸试验机：量程 10kN，配位移引伸计。

（2）游标卡尺或数显卡尺：分度值为 0.01mm。

2）环境条件

温度为 23℃±2℃、相对湿度为 50%±10%。

8.6.1.2 试验步骤

1）试样制备

用适当材料（如硅橡胶、聚四氟乙烯树脂或钢材）制作成试样模具，模腔尺寸设计应考虑胶粘剂固化后收缩率，确保浇注的试样尺寸符合表 8.6-1 的要求。试样形状如图 8.6-1 所示。

结构胶粘剂拉伸试验试样尺寸 表 8.6-1

符号	名称	尺寸/mm
L_0	标距	50
L_1	中间平行段长度	60
L_2	夹具间距离	115
l	总长	200～220
b	中间平行段宽度	10 ± 0.2
b_1	端头宽度	20 ± 0.5
h	厚度	4.0 ± 0.2

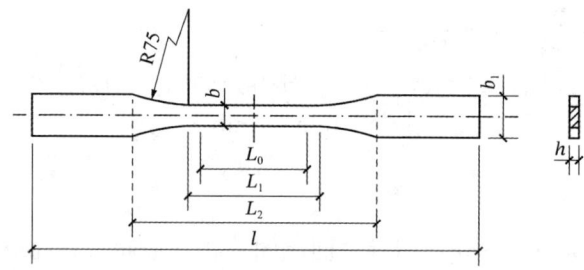

图 8.6-1 结构胶粘剂拉伸试验试样形状

按规定的固化系统比例配制各组分并搅拌均匀，倒入涂抹了特定脱模剂的模具中，排除树脂中的气泡。如气泡较多，可采用合适的措施脱泡（真空脱泡、超声脱泡或其他方式），然后抹平表面。

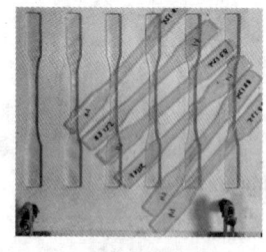

固化 24～48h 后脱模（图 8.6-2），将试样敞开在一个平面上养护 504h 以上。对于某些特定材料，其固化温度、养护时间及其他养护方式由生产厂家提供。

养护结束后，对试样进行必要的加工和整理，除去毛边，避免有密集气泡、裂纹、凹坑、表面损伤和划痕等缺陷，每组有效试件不少于 5 个。

图 8.6-2 脱模后的试样

2）拉伸试验

将试样进行编号，测量试样中间平行段任意 3 处的宽度和厚度，取算术平均值。测量精度为 0.01mm。

仅测定拉伸强度时，夹持试样，使试样的中心轴线与上下夹具对中，按 10mm/min 的速率匀速加载（仲裁试验速率为 2mm/min），直至试样破坏，读取破坏载荷值。

当还需测定拉伸弹性模量、断裂伸长率时，在中间平行段内安装位移引伸计，将加载曲线设置成应力-应变曲线坐标，施加初始载荷（约 3%的破坏载荷），检查和调整仪表，使整个测量系统处于正常工作状态，以 2mm/min 的速率匀速加载至试样破坏。

若试样断在夹具内或圆弧处，此试样作废，另取试样补充。同批有效试样不足 5 个时，应重做试验。

8.6.1.3　结果计算

（1）拉伸强度按式(8.6-1)计算。

$$\sigma_t = \frac{P}{b \cdot h} \tag{8.6-1}$$

式中：σ_t——拉伸强度（MPa）；

　　P——最大载荷（屈服载荷或破坏载荷）（N）；

　　b——试样宽度（mm）；

　　h——试样厚度（mm）。

（2）拉伸弹性模量按式(8.6-2)计算。

$$E_t = \frac{L_0 \cdot \Delta P}{b \cdot h \cdot \Delta L} \tag{8.6-2}$$

式中：E_t——拉伸弹性模量（MPa）；

　　L_0——原始标距（mm）；

　　ΔP——应力-应变曲线上初始直线段的载荷增量（N）；

　　ΔL——与载荷增量ΔP对应的标距L_0内的变形增量（mm）。

（3）断裂伸长率按式(8.6-3)计算。

$$\varepsilon_t = \frac{\Delta L_b}{L_0} \times 100 \tag{8.6-3}$$

式中：ε_t——断裂伸长率（%）；

　　ΔL_b——试样断裂时原始标距L_0内的伸长量（mm）。

8.6.2　结构胶粘剂拉伸剪切强度（刚性材料对刚性材料）

胶粘剂拉伸剪切强度是指，在平行于粘结面且在试样主轴方向上施加一拉伸力，测出的刚性材料单搭接粘结处的剪应力。

8.6.2.1　试验准备

1）仪器设备

（1）1 级精度拉伸试验机：量程 10kN，配置可自动调心的夹具。

（2）游标卡尺或数显卡尺：规格为 200mm，分度值为 0.02mm。

2）环境条件

温度为 23℃±2℃，相对湿度为 50%±5%。

8.6.2.2　试验步骤

1）试样制备

（1）金属片的准备与处理

准备厚度为 1.6mm±0.1mm、宽度为 25mm±0.25mm、长度为 100mm±0.25mm 的金属片若干，其材质可以是 LY12-CZ 铝合金、1 Cr8Ni9 Ti 不锈钢、45 号碳钢、T2 铜等，对

金属片搭接部分表面进行适当处理，处理长度大于 12.5mm。

（2）试样的粘结

如图 8.6-3 所示，将两片金属片进行搭接粘结，粘结时将胶层厚度控制在 0.2mm，胶层厚度可用插入间隔导线或小玻璃球来控制。使用间隔导线时，应使导线平行于施力方向，以使导线对粘结部位的影响最小。试样的数量不少于 5 个。

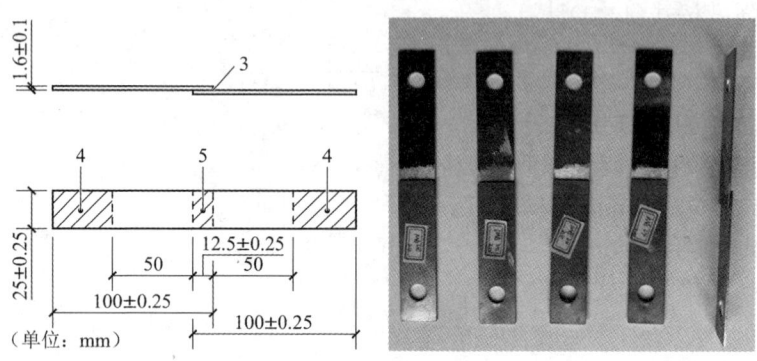

图 8.6-3　试样搭接粘结

（3）试样的养护

待胶粘剂固化后将试样转入温度 23℃±2℃、相对湿度 50%±5% 的养护室按供应商说明书的养护时间养护。

2）拉伸试验

将试样对称地夹在夹具上，夹持处至最近的粘接端的距离为 50mm±1mm。夹具中可使用垫片，以保证作用力在粘结面内。拉力试验机以恒定的测试速度进行试验，使破坏时间为 65s±20s［现行国家标准《胶粘剂　拉伸剪切强度的测定（刚性材料对刚性材料）》GB/T 7124 规定剪切力变化速率为每分钟 8.3～9.8MPa］。以试样剪切破坏的最大负荷作为破坏载荷，记录破坏类型。

8.6.2.3　结果计算

试验结果以有效试样的破坏载荷（N）或拉伸剪切强度（MPa）的算术平均值表示，拉伸剪切强度（MPa）由破坏载荷（N）除以剪切面积（m²）来计算。

8.6.3　正拉粘结强度

正拉粘结强度试验为在实验室环境条件下以结构胶粘剂、界面胶（剂）或聚合物改性水泥砂浆为粘结材料粘合（包括涂布、喷抹、浇注等）加固材料与基材，在均匀拉应力作用下发生内聚、粘附或混合破坏的正拉粘结强度。加固材料与基材的组合包含纤维复合材与基材混凝土、钢板与基材混凝土、结构用聚合物改性水泥砂浆层与基材混凝土、结构界面胶（剂）与基材混凝土等组合。

8.6.3.1　试验准备

1）仪器设备

（1）1 级精度拉伸试验机：量程 10kN，试验机夹持器的构造应能使试件垂直对中固定，不产生偏心和扭转的作用。

（2）游标卡尺或数显卡尺：规格为 200mm，分度值为 0.02mm。

（3）试件夹具：由带拉杆的钢夹具与带螺杆的钢标准块构成，且应以 45 号碳钢制作，其形状及主要尺寸如图 8.6-4 所示。

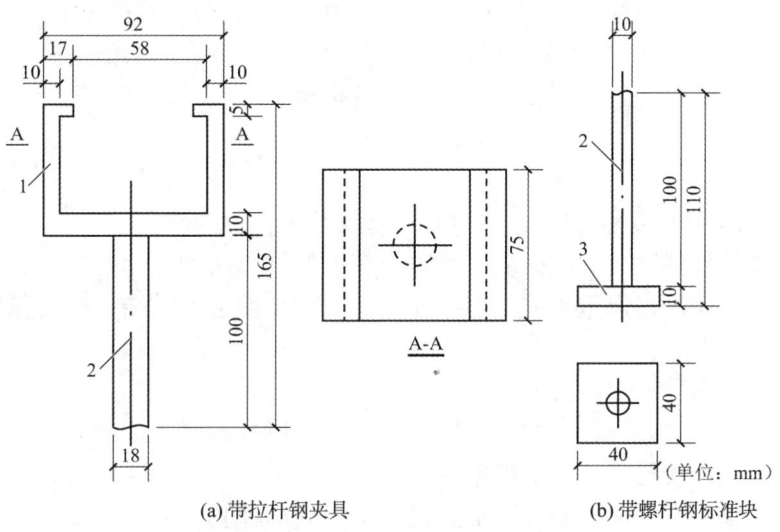

(a) 带拉杆钢夹具　　　　(b) 带螺杆钢标准块

图 8.6-4　试件夹具示意图

2）环境条件

温度为 23℃±2℃，相对湿度为 45%～70%。

8.6.3.2　试验步骤

1）试样制备

（1）基材混凝土试块的准备

基材混凝土试块的强度等级与尺寸见表 8.6-2 和图 8.6-5。

基材混凝土试块的强度等级与尺寸　　　　表 8.6-2

受检材料	强度等级	尺寸/mm	切缝长/mm	切缝深/mm	切缝宽/mm
A 级和 B 级胶粘剂	C40～C45	70×70×40	40×40	5	2
A 级界面胶（剂）、Ⅰ级聚合物砂浆	C40				
B 级界面胶（剂）、Ⅱ级聚合物砂浆	C25				

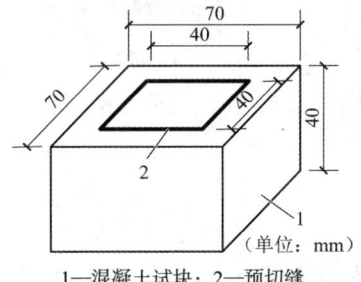

1—混凝土试块；2—预切缝

图 8.6-5　基材混凝土试块示意图

（2）受检加固材料的取样要求

纤维复合材应按规定的抽样规则取样，从纤维复合材中间部位裁剪出尺寸为 40mm×40mm 的试件；试件外观应无划痕和折痕，粘合面应洁净、无油脂、粉尘等影响胶粘的污染物。

钢板应从施工现场取样，并切割成 40mm×40mm 的试件，其板面及周边应加工平整，并应经除氧化膜、锈皮、油污和糙化处理；粘合前，应用适当的清洁剂擦洗干净。

聚合物砂浆和复合砂浆，应从一次性进场的批量中随机抽取其各组分，然后在实验室进行配制和浇注。

（3）钢标准块的准备

钢标准块宜用 45 号碳钢制作，其中心应有安装螺杆用的螺孔。

标准块与加固材料粘合的表面应经喷砂或其他机械方法的糙化处理。

标准块可重复使用，但重复使用前应完全清除粘合面上的粘结材料层和污迹，并重新进行表面处理。

2）试样的粘合、浇注与养护

在混凝土试块的中心位置，按规定的粘合工艺粘贴加固材料（如纤维复合材或薄钢板），若为多层粘贴，应在胶层指干时立即粘贴下一层。

当检验聚合物改性水泥砂浆时，应在试块上先安装模具再浇注砂浆层；若该聚合物改性水泥砂浆使用说明书规定需涂刷结构界面胶（剂）时，还应在混凝土试块上先刷上专门的界面胶（剂），再浇注砂浆层。

试样粘贴或浇注时，应采取措施防止胶液或砂浆流入预切缝。粘贴或浇注完毕后，应按受检材料使用说明书规定的工艺要求进行加压、养护，分别经 7d 固化（胶粘剂）或 28d 硬化（砂浆）后，用快固化的高强胶粘剂将钢标准块粘贴在试样表面（图 8.6-6）。每一道作业均应检查各层之间的对中情况。

图 8.6-6　粘贴好的正拉粘结强度试样

对结构胶粘剂的加压、养护，若工期紧，在征得有关各方同意后，允许在 40℃±2℃条件下烘 24h；自然冷却至 23℃后，静置 16h，即可贴上标准块。

常规试验的试样数量每组不应少于 5 个，仲裁试验的试样数量应加倍。

3）试样抗拉试验

将试样安装在夹具内，夹具的拉杆夹持于试验机上夹持器里，清零试验机力值，将连接钢标准块的拉杆夹持于试验机下夹持器里，调整至对中状态后夹紧（图 8.6-7），以 3mm/min 的均匀速率加荷直至破坏。记录试样破坏时的载荷值，并观测其破坏形式。

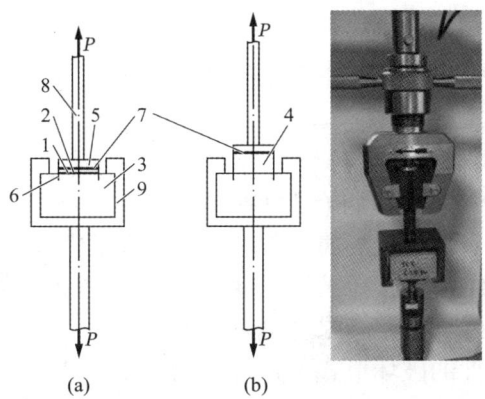

1—受检胶粘剂；2—被粘合的纤维复合材或钢板；3—混凝土试块；4—聚合物砂浆层；5—钢标准块；
6—混凝土试块预切缝；7—快固化高强胶粘剂的胶缝；8—传力螺杆；9—钢夹具

图 8.6-7　试样组装与拉伸

8.6.3.3　结果处理

1）正拉粘结强度按式(8.6-4)计算，结果精确至 0.1MPa。

$$f_t = \frac{P}{A_a} \tag{8.6-4}$$

式中：f_t——正拉粘结强度（MPa）；

P——试样破坏时的载荷值（N）；

A_a——金属标准块的粘合面面积（mm²）。

2）试样破坏形式及其正常性判别：

（1）试样破坏形式的划分

内聚破坏：分为基材混凝土内聚破坏（图 8.6-8）和粘结材料的内聚破坏，后者可见于使用低性能、低质量的胶粘剂（或聚合物砂浆和复合砂浆）的情况。

图 8.6-8　基材混凝土内聚破坏

粘附破坏（层间破坏）：分为胶层或砂浆层与基材之间的界面破坏和胶层与纤维复合材或钢板之间的界面破坏。

混合破坏：粘合面出现两种或两种以上的破坏形式。

（2）破坏形式正常性判定

当破坏形式为基材混凝土内聚破坏，或虽出现两种或两种以上的混合破坏形式，但基材混凝土内聚破坏的破坏面积占粘合面面积 85%以上，可判为正常破坏。

当破坏形式为粘附破坏、粘结材料内聚破坏或基材混凝土内聚破坏面积小于粘合面面积 85%的混合破坏，应判为不正常破坏。

钢标准块与检验用高强、快固胶粘剂之间的界面破坏，属检验技术问题，应重新粘贴，不参与破坏形式正常性判定。

（3）试验结果的合格判定

① 一组试验结果的合格评定应符合下列要求：

当一组内每一试件的破坏形式均属正常时，应舍去组内最大值和最小值，以中间三个值的平均值作为该组试验结果的正拉粘结强度推定值。若该推定值不低于规定的相应指标，则可评该组试件正拉粘结强度检验结果合格。

当一组内仅有一个试件的破坏形式不正常，允许以加倍试件重做一组试验。若试验结果全数达到上述要求，则仍可评该组为试验合格组。

② 检验批试验结果的合格评定应符合下列要求：

若一检验批的每一组均为试验合格组，则应评该批粘结材料的正拉粘结性能符合安全使用的要求。

若一检验批中有一组或一组以上为不合格组，则应评该批粘结材料的正拉粘结性能不符合安全使用要求。

若检验批由不少于 20 组试件组成，且仅有一组被评为试验不合格组，则仍可评该批粘结材料的正拉粘结性能符合使用要求。

8.6.4 耐湿热老化性能

耐湿热老化性能试验是模拟高温高湿的环境条件，评估材料的耐久性和稳定性，是一种常用的材料老化性能测试方法。本节内容主要是针对结构胶粘剂和聚合物改性水泥砂浆的耐湿热老化性能验证性试验。

8.6.4.1 试验准备

1）仪器设备

（1）可程式恒温恒湿箱：能自动控制、连续记录温度和相对湿度，并保持稳定；箱内的空气流速应能保持在 0.5～1.0m/s；箱壁和箱顶的冷凝水应能自动除去，不得滴在试件上；试验机用水应采用蒸馏水或去离子水；未经纯化的冷凝水不得重复利用。对于仲裁性试验机用水，还应要求其电阻率不得小于 500Ω·m。湿球系统也应采用相同水质的水。每次试验前应更换湿球纱布及剩水，且纱布使用期不得超过 30d。试验机电源应为双电源，并应能在工作电源断电时自动切换；任何原因引起的短时间断电，均应记录在案备查。

（2）游标卡尺或数显卡尺：规格为 200mm，分度值为 0.02mm。

2）试验条件

（1）湿热条件：温度应保持 49～52℃，相对湿度应保持 95%～100%。

（2）恒温恒湿时间：自箱内温、湿度达到规定值算起，应为 60d 或 90d。

3）升温、恒温及降温过程的控制

升温制度：应在 1.5～2h 内使老化箱内温度自 24～28℃连续、均匀地升至 49～53℃，相对湿度也应升至 95%以上。此过程中试样表面应有凝结水出现。

恒温恒湿制度：老化箱内有效工作区的温、湿度达到规定值后，应分布均匀，且无明显波动，并按传感器的示值进行实时监控降温制度；应在连续恒温达到 90d 时立即开始降温，且应在 1.5～2h 内从 50℃连续、均匀地降至 25℃±2℃，但相对湿度仍应保持在 95%以上。

8.6.4.2　试验步骤

1）试样准备

应按现行国家标准《胶粘剂　拉伸剪切强度的测定（刚性材料对刚性材料）》GB/T 7124[66]制备钢对钢拉伸剪切试样或按现行国家标准《建筑结构加固工程施工质量验收规范》GB 50550[67]附录 R 制备钢套筒式试样（针对聚合物改性水泥砂浆的老化性能试验）不少于 15 个，且应随机均分为三组，其中一组为对照组，另两组为老化试验组。粘结用的金属试片应为粘合面经过喷砂处理的 45 号钢。试件胶缝静置固化 7d 后，对金属外露表面涂以防锈油漆进行密封，但应防止油漆沾染胶缝。

2）试验步骤

试样经 7d（聚合物改性水泥砂浆为 28d）固化后，应立即先测定对照组试样的初始抗剪强度。

将老化试验组的试样放入老化箱内，试样相互之间、试样与箱壁之间不得接触。对仲裁性试验，试样与箱壁、箱底和箱顶的距离均不应小于 150mm。

按照第 8.6.4.1 节的升温制度、恒温恒湿制度、湿热条件进行老化试验。

在试验过程中，若需取出或放入试样，开启箱门的时间应短暂，防止试样表面出现凝结水珠。

在恒温恒湿达到 30d 时，应取出一组试样进行抗剪试验。若试样抗剪强度降低百分率大于 15%，试验应中止并直接判为不合格，且不得继续进行试验。若抗剪强度降低百分率小于 15%，应继续进行至规定时间。

试验 90d（B 级胶为 60d）并自然降温至 35℃时，即可将试样取出置于密闭器皿中，待与室温平衡后，逐个进行抗剪破坏试验，且每组试验均应在 30min 内完成。

3）结果计算

抗剪强度降低百分率按式(8.6-5)计算，结果取两位有效数字。

$$\rho_{R,i} = \frac{R_{0,i} - R_i}{R_{0,i}} \times 100 \tag{8.6-5}$$

式中：$\rho_{R,i}$——第 i 组老化试验后抗剪强度降低百分率（%）；

　　　$R_{0,i}$——对照组试样初始抗剪强度算术平均值；

　　　R_i——经老化试验后第 i 组试样抗剪强度算术平均值。

8.6.5　结构胶粘剂不挥发物含量

本方法适用于室温固化的改性环氧类和改性乙烯基酯类结构胶粘剂不挥发物含量的测定，以判断被检测的胶粘剂中是否掺有影响结构胶粘剂性能和质量的挥发性成分。

8.6.5.1　仪器设备

（1）电热鼓风干燥箱（烘箱），其温度波动不应超过 ±2℃。

（2）温度计应备有两种，测温范围分别为 0～150℃和 0～250℃。

（3）称量容器应采用铝制称量盒或耐温称量瓶，直径宜为 50mm，高度宜为 30mm。

（4）称量天平应为分析天平，分度值为 1mg，最大称量为 200g。

（5）干燥器应为有密封盖的玻璃干燥器，数量不少于 4 个，均盛有蓝变色硅胶。

（6）胶皿，其制皿材料与胶粘剂原材料之间应不发生化学反应。

8.6.5.2 试验准备

（1）称量容器在试验前须烘干至恒重。

（2）样品及称量容器在试验前须放入干燥器内，在实验室正常温度下静置一夜，调节其状态。

8.6.5.3 测试步骤

（1）根据胶粘剂产品使用说明书规定的配合比，按配制 30g 胶粘剂分别计算并称取每一组分的用量，倒入调胶器皿中混合均匀。

（2）从混合均匀的胶液中，用两个称量盒（瓶）各称取一份试样，每份约 1g，分别记录净质量（m_0），称量应精确至 0.001g。

（3）将两份试样同时置于 40～42℃的环境中固化 24h；再将已固化的两份试样移入已调节好温度的烘箱中，在 105℃±2℃条件下，烘烤 180min±5min。

（4）取出两份试样，放入干燥器中冷却至室温，分别称量两份试样，记录净质量（m_1），精确至 0.001g。

8.6.5.4 结果计算

不挥发物含量按式(8.6-6)计算，结果取三位有效数字。

$$x = \frac{m_1}{m_0} \times 100 \tag{8.6-6}$$

式中：x——不挥发物含量（%）；

m_1——加热后的净质量（g）；

m_0——加热前的净质量（g）。

需进行两次平行试验，在完成第一次平行试验后，尚应按同样的步骤完成第二次平行试验，测试结果以两次平行试验的平均值表示。

8.6.6 纤维增强复合材料拉伸试验

纤维增强复合材料拉伸试验是对薄板长直条试样，通过夹持端夹持，以摩擦力加载，在试样工作段形成均匀拉力场，测试材料拉伸性能。本节内容主要针对定向纤维增强聚合物基复合材料层合板拉伸性能试验方法的试验设备、试验步骤和计算等，适用于连续纤维（包括织物）增强聚合物基复合材料对称均衡层合板面内拉伸性能的测定。

8.6.6.1 仪器设备

（1）1 级精度拉伸试验机：量程 10kN，配位移引伸计。

（2）游标卡尺或数显卡尺：规格为 200mm，分度值为 0.02mm。

8.6.6.2　环境条件

温度为 23℃±2℃，相对湿度为 50%±5%。

8.6.6.3　试验步骤

（1）试样制备

按照表 8.6-3 的规定裁取试样，试样数量不少于 5 个，在每个试样的夹持端两面用胶粘剂粘贴加强片（图 8.6-9），加强片宜采用织物或无纺布增强复合材料，也可采用铝合金板，除 90°单向板试样不使用加强片外，其他试样均应使用加强片，加强片的粘贴宜在切割试样前进行。胶粘剂可采用任何满足环境要求的高伸长率（韧性）的胶粘剂，胶粘剂固化温度不能高于层合板成型温度。

纤维增强复合材料拉伸试样几何尺寸　　　　　　表 8.6-3

试样铺层	几何尺寸					
	L	w	h_a	L_0	δ	θ
0°	230~250	12.5±0.1	1~3	50	1.5~2.5	15°~90°
90°	170~200	25±0.1	2~4	—	—	—
多向层合板	230~250	25±0.1	2~4	50	1.5~2.5	15°~90°

注：1. 0°试样推荐厚度为 1mm，其他试样推荐厚度为 2mm。
　　2. L—试件长度；w—试件宽度；h_a—试件厚度；L_0—加强片长度；δ—加强片厚度；θ—加强片夹角。

（2）试样状态调节

试验前，试样在实验室环境条件下至少放置 24h。

（3）试样尺寸的测量

在状态调节后，测量并记录试样工作段 3 个不同截面的宽度和厚度，分别取算术平均值，宽度测量精确到 0.02mm，厚度测量精确到 0.01mm。

（4）试样安装

将试样对中夹持于试验机夹头中，试样的中心线应与试验机夹头的中心线保持一致。应采用合适的夹头夹持力，以保证试样在加载过程中不打滑并对试样不造成损伤。如图 8.6-10 所示。

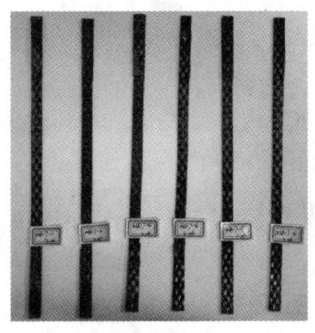 

图 8.6-9　粘贴加强片后　　图 8.6-10　待拉伸
　　的碳纤维试样　　　　　的碳纤维试样

（5）拉伸试验

按 $1\sim2$ mm/min 的加载速度对试样连续加载，采用引伸计测量变形，直至试样破坏。

8.6.6.4 结果计算

（1）拉伸强度按式(8.6-7)计算，结果保留三位有效数字。

$$\sigma_t = \frac{P_{max}}{w \cdot h}$$ (8.6-7)

式中：σ_t——拉伸强度（MPa）；

P_{max}——破坏前试样承受的最大载荷（N）；

w——试样宽度（mm）；

h——试样厚度（mm）。

（2）拉伸弹性模量按式(8.6-8)计算，结果保留三位有效数字。

$$E_t = \frac{L \cdot \Delta P}{w \cdot h \cdot \Delta L}$$ (8.6-8)

式中：E_t——拉伸弹性模量（MPa）；

L——试样工作段内的引伸计标距（mm）；

ΔP——载荷增量（N）；

ΔL——与 ΔP 对应的引伸计标距长度内的变形增量（mm）。

（3）拉伸破坏伸长率按式(8.6-9)计算，结果保留三位有效数字。

$$\varepsilon_{1t} = \frac{\Delta L_b}{L_0} \times 100$$ (8.6-9)

式中：ε_{1t}——拉伸破坏伸长率（%）；

ΔL_b——试样断裂时原始标距 L_0 内的变形量（mm）；

L_0——原始标距（mm）。

8.6.7 纤维织物单位面积质量

单位面积质量是指织物的质量与其面积之比。本试验方法原理是通过称量已知面积的试样质量，计算单位面积质量。

8.6.7.1 仪器设备

（1）裁切工具：刀、剪刀、盘式刀或冲压装置等。

（2）天平：量程为 $0\sim100$ g，精度为 0.1mg。

（3）游标卡尺或数显卡尺：规格为 200mm，分度值为 0.02mm。

（4）通风烘箱：空气置换率为每小时 $20\sim50$ 次，工作温度为 $105℃ \pm 3℃$。

（5）干燥器：内装合适的干燥剂（如硅胶、氯化钙或五氧化二磷）。

（6）试样皿：由耐热材料制成，能使试样表面空气流通良好，不会损失试样，可以是由不锈钢丝制成的网篮。

8.6.7.2 环境条件

温度为 $23℃ \pm 2℃$，相对湿度为 $50\% \pm 10\%$。

8.6.7.3　试验步骤

（1）沿织物宽度方向，每 50cm 取一个 100cm² 的试样，试样数量不少于 2 个。如果试样可能有纤维掉落，应采用试样皿。如有特殊需要可将试样折叠，以保证试样上原丝或纱线的完整性。

（2）当织物含水率超过 0.2%（或含水率未知）时，应将试样置于 105℃±3℃的通风烘箱中干燥 1h，然后放入干燥器中冷却至室温。

（3）称取每个试样的质量并记录结果。如使用试样皿时，应扣除其质量。

8.6.7.4　结果计算

单位面积质量按式(8.6-10)计算。

$$\rho = \frac{10000m}{A} \tag{8.6-10}$$

式中：ρ——单位面积质量（g/m²）；

$\quad\quad m$——试样质量（g）；

$\quad\quad A$——试样面积（cm²）。

8.7　装饰装修材料中有害物质

8.7.1　建筑材料放射性核素

本节放射性是指建筑材料放射性核素限量和天然放射性核素镭-226、钍-232、钾-40 放射性比活度，依据现行国家标准《建筑材料放射性核素限量》GB 6566，建筑材料放射性核素限量采用内照射指数（I_{Ra}）和外照射指数（I_γ）两个指标表征，主要适用于对放射性核素限量有要求的无机非金属类建筑材料。

8.7.1.1　技术要求

1）建筑主体材料

建筑主体材料中天然放射性核素镭-226、钍-232、钾-40 的放射性比活度应同时满足 $I_{Ra} \leqslant 1.0$ 和 $I_\gamma \leqslant 1.0$ 的要求。

对空心率大于 25% 的建筑主体材料，其天然放射性核素镭-226、钍-232、钾-40 的放射性比活度应同时满足 $I_{Ra} \leqslant 1.0$ 和 $I_\gamma \leqslant 1.3$ 的要求。

2）装饰装修材料

根据装饰装修材料放射性水平可划分为以下三类：

（1）A 类装饰装修材料

装饰装修材料中天然放射性核素镭-226、钍-232、钾-40 的放射性比活度同时满足 $I_{Ra} \leqslant 1.0$ 和 $I_\gamma \leqslant 1.3$ 要求的为 A 类装饰装修材料。A 类装饰装修材料产销与使用范围不受限制。

（2）B 类装饰装修材料

不满足 A 类装饰装修材料要求但同时满足 $I_{Ra} \leqslant 1.3$ 和 $I_\gamma \leqslant 1.9$ 要求的为 B 类装饰装修材料。B 类装饰装修材料不可用于 I 类民用建筑的内饰面，但可用于 II 类民用建筑物、工业建筑内饰面及其他一切建筑的外饰面。

（3）C 类装饰装修材料

不满足 A、B 类装修材料要求但满足 $I_\gamma \leqslant 2.8$ 要求的为 C 类装饰装修材料。C 类装饰装修材料只可用于建筑物的外饰面及室外其他用途。

说明：Ⅰ类民用建筑包括住宅、老年公寓、托儿所、医院和学校、办公楼、宾馆等。

Ⅱ类民用建筑包括商场、文化娱乐场所、书店、图书馆、展览馆、体育馆和公共交通等候室、餐厅、理发店等。

8.7.1.2　试验准备

1）仪器设备

（1）低本底多道γ能谱仪（图 8.7-1）。

（2）天平：分度值 0.1g。

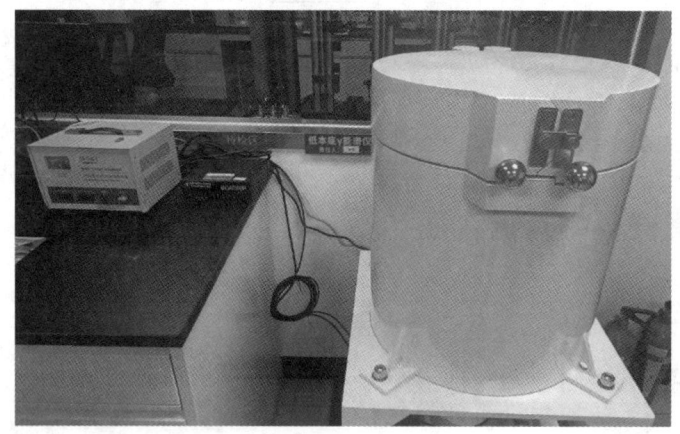

图 8.7-1　低本底多道γ能谱仪

2）取样

随机抽取样品两份，每份不少于 2kg，一份封存，另一份作为检验样品。

3）制样

将检验样品破碎，磨细至粒径不大于 0.16mm 后，放入与标准样品几何形态一致的样品盒中（图 8.7-2），称重（精确至 0.1g），密封，待测。

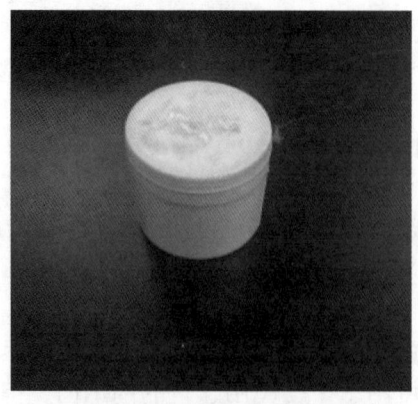

图 8.7-2　建筑材料放射性试验样品盒

8.7.1.3　试验步骤

（1）测量。当检验样品中天然放射性衰变链基本达到平衡后（一般是 4d），在与标准样品测量条件相同情况下，将样品放入低本底多道γ能谱仪的铅室里的探测器上（图 8.7-3），关闭铅室的屏蔽盖，打开测量软件，测出镭-226、钍-232、钾-40 的放射性比活度。

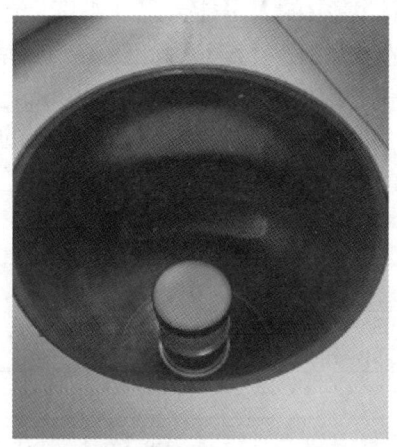

图 8.7-3　样品放至探测器上

（2）内照射指数按式(8.7-1)计算。

$$I_{Ra} = \frac{C_{Ra}}{200} \tag{8.7-1}$$

式中：I_{Ra}——内照射指数；

　　　　C_{Ra}——建筑材料中天然放射性核素镭-226 的放射性比活度（Bq/kg）；

　　　　200——仅考虑内照射情况下，现行国家标准《建筑材料放射性核素限量》GB 6566 规定的建筑材料中天然放射性核素镭-226 的放射性比活度限量（Bq/kg）。

（3）外照射指数按式(8.7-2)计算。

$$I_{\gamma} = \frac{C_{Ra}}{370} + \frac{C_{Th}}{260} + \frac{C_{k}}{4200} \tag{8.7-2}$$

式中：　　　　I_{γ}——外照射指数；

C_{Ra}、C_{Th}、C_{k}——分别为建筑材料中天然放射性核素镭-226、钍-232、钾-40 的放射性比活度（Bq/kg）；

370、260、4200——分别为仅考虑外照射情况下，现行国家标准《建筑材料放射性核素限量》GB 6566 规定的建筑材料中天然放射性核素镭-226、钍-232、钾-40 在其各自单独存在时的限量（Bq/kg）。

8.7.1.4　测量不确定度

当样品中镭-226、钍-232、钾-40 放射性比活度之和大于 37Bq/kg 时，现行国家标准《建筑材料放射性核素限量》GB 6566 规定的试验方法要求测量不确定度（扩展因子 $k = 1$）不大于 20%。

计算结果修约至保留一位小数。

8.7.2 甲醛（HCHO）

甲醛是一种无色、有刺激性气味的气体，被世界卫生组织认定为 1 类致癌物。一般建筑室内空气中，甲醛主要来自人造板胶粘剂中的脲醛树脂、酚醛树脂、三聚氰胺甲醛树脂，以及涂料生产过程中未与其他物质反应形成固定化合物的游离态甲醛的释放。

长期暴露在甲醛浓度较高环境中的人可能会出现头疼、流泪、恶心等症状，严重时可能导致白血病等疾病，甚至危及生命。在现行国家标准《建筑用墙面涂料中有害物质限量》GB 18582[68]中，建筑用水性涂料中的游离甲醛限量从 100mg/kg 下调到 50mg/kg，这表明国家越来越重视甲醛污染的预防，同时也对检测装饰装修材料中的甲醛含量提出了更高的要求。需检测甲醛含量或释放量的材料种类及其使用的检测方法和检评依据如表 8.7-1 所示。

甲醛检测方法及检评依据　　　　　　　　　　　　　　表 8.7-1

材料种类	检测方法	检测依据	评定标准
人造木板及其制品	1m³ 气候箱法（乙酰丙酮分光光度法）	GB/T 17657	GB 18580
	干燥器法	GB/T 17657	GB 50325
人造木板及其制品、帷幕、软包、地毯、地毯衬垫	环境测试舱法（AHMT 分光光度法）	GB 50325、GB/T 16129	GB 50325
水性涂料、水性腻子	乙酰丙酮分光光度法	GB/T 23993	GB 18582
水性处理剂		GB/T 23993	GB 50325
混凝土外加剂		GB 31040	GB 50325
胶粘剂		GB 18583	GB 18583、GB 31040
墙纸（布）		GB 18585	GB 50325、GB 18585

8.7.2.1　1m³ 气候箱法与环境测试舱法

图 8.7-4 所示为 1m³ 气候箱，又名环境测试舱。现行国家标准《人造板及饰面人造板理化性能试验方法》GB/T 17657[69]的 1m³ 气候箱法与《民用建筑工程室内环境污染控制标准》GB 50325[70]的环境测试舱法较相似，表 8.7-2 列出了两种方法的异同。

图 8.7-4　1m³ 气候箱

1m³ 气候箱法[69]与环境测试舱法[70]的异同　　　　　　　　表 8.7-2

试验方法	1m³ 气候箱法	环境测试舱法
样品表面积与气候箱体积之比	1:1	1:1（地毯、地毯衬垫为 0.4:1）
试样平衡条件	温度 23℃±1℃、相对湿度 50%±5%、恒温恒湿室内空气置换率至少每小时 1 次	

试验方法	1m³ 气候箱法	环境测试舱法
试样平衡背景浓度要求	不大于 0.10mg/m³	不大于 0.05mg/m³
试样平衡时长	15d ± 2d	不少于 1d
试样处理	用不含甲醛的铝胶带封边，未封边长度与试样表面积比例为 1.5m/m²，地板只测暴露面	不封边
试验条件	温度 23℃ ± 0.5℃、相对湿度 50% ± 3%、承载率 1.0 m²/m³ + 0.02m²/m³、空气置换率 1.0 次/h + 0.05 次/h、试样表面流速 0.1～0.3m/s、舱本底浓度不大于 0.006mg/m³	
甲醛采集操作	吸收液（蒸馏水）50mL、采样速度 2L/min、吸收气体体积 120L	吸收液（见 GB/T 16129）5mL、采样速度不大于进入舱内的气体流速、吸收气体体积 5～20L
取样时间	在测试的第 1d，不需要取样；从第 2d 至第 5d，每天取样 2 次。每次取样的时间间隔应超过 3h。经过前 3d 后，如果达到稳定状态可停止取样。如果在前 5d 没有达到稳定状态，自第 5d 开始每天采样 1 次，直到达到稳定状态。当最后 4 次测定的甲醛浓度的平均值与最大值或最小值之间的偏差值低于 5% 或低于 0.005mg/m²，则认为达到稳定状态。如果在 28d 未达到稳定状态，则终止测试	
甲醛浓度测定方法	乙酰丙酮分光光度法	AHMT 分光光度法

1）1m³ 气候箱法（乙酰丙酮分光光度法）

（1）试剂

乙酰丙酮溶液（$CH_3COCH_2COCH_3$，体积分数 0.4%）：用移液管吸取 4mL 乙酰丙酮（分析纯）置于 1000mL 棕色容量瓶中，再用水稀释至刻度，摇匀，避光保存。

乙酸铵溶液（CH_3COONH_4，质量分数 20%）：称取 200g（精确至 0.01g）乙酸铵（分析纯）置于 500mL 烧杯中，加水完全溶解后，转至 1000mL 棕色容量瓶中，再用水稀释至刻度，摇匀，避光保存。

甲醛标准工作溶液（质量浓度 3mg/L）：准确移取适量体积的有证甲醛标准溶液于 100mL 容量瓶中，用水稀释至刻度，摇匀。甲醛标准工作溶液的浓度为 3mg/L。

（2）仪器设备

1m³ 气候箱：气候箱参数、技术要求满足现行行业标准《甲醛检测用 1m³ 气候箱》LY/T 1612 的规定，甲醛背景浓度（含置换空气）不超过 0.006mg/m³。

空气抽样系统：包括抽样管（如硅胶管）、2 个 100mL 的吸收瓶、硅胶干燥器、大气采样器（含气泵、气体流量计、时间控制器）和温度计。

分光光度计：可在波长 412nm 处测量吸光度，配备 50mm 光程比色皿。

天平：分度值 0.01g。

（3）标准曲线

把 5mL、10mL、20mL、50mL 和 100mL 的甲醛标准工作溶液分别移加到 100mL 容量瓶中，并用蒸馏水稀释到刻度。然后分别取出 10mL 溶液移至 50mL 比色管中，加入 10mL 乙酰丙酮溶液和 10mL 乙酸铵溶液，具塞，摇匀，再放到 60℃ ± 1℃ 的水槽中加热 10min，然后在避光处室温下存放约 1h。在分光光度计上 412nm 波长处，以蒸馏水作为对比溶液，调零，用 50mm 光程比色皿测定吸光度。

根据甲醛质量浓度（0～3mg/L）和对应吸光度绘制标准曲线。标准曲线相关系数

$r^2 \geqslant 0.9995$，斜率保留四位有效数字。标准曲线至少每月检查一次。

（4）检测步骤

对试样进行平衡处理，平衡处理的条件及时长见表8.7-2。

试样完成平衡处理后在 1h 内垂直放置于气候箱的中心位置，其表面与空气流动的方向平行，间隔距离不小于 200mm。气候箱的条件与样品平衡时一致（见表8.7-2 中"试样平衡条件"）。按照表8.7-2 中的取样时间和甲醛采集操作进行取样。取样装置如图8.7-5 所示。2 个吸收瓶中各加入 25mL 蒸馏水，串联在一起，吸收瓶的进气口与气候箱的空气出口连接；吸收瓶的另一端连接采样器的进气口。开动抽气泵，采集气体，采样时记录环境温度、大气压力、气体流速、采样时长、所用仪器等。

图 8.7-5　取样装置

将 2 个吸收瓶的溶液充分混合。用移液管取 10mL 吸收液移至 50mL 比色管中，按标准曲线测定步骤测量吸收液吸光度。同时用蒸馏水代替吸收液，采用相同方法做空白试验，确定空白值。

吸收液中甲醛含量按式(8.7-3)计算。

$$G = f \cdot (A_s - A_b) \cdot V_{sol} \tag{8.7-3}$$

式中：G——甲醛含量（mg）；

$\quad f$——标准曲线的斜率（mg/L）；

$\quad A_s$——吸收液的吸光度；

$\quad A_b$——蒸馏水的吸光度；

V_{sol}——吸收液体积（L）。

某特定采样时间，试件的甲醛释放量按式(8.7-4)计算，结果精确至 0.001mg/m³。

$$c = G/V_{air} \tag{8.7-4}$$

式中：c——甲醛释放量（mg/m³）；

$\quad G$——吸收液中甲醛含量（mg）；

V_{air}——抽取的空气体积（校准到标准温度23℃、标准大气压时的体积）（m³）。

当达到稳定状态时，甲醛释放量取最后 4 次测定的浓度平均值，精确至 0.001mg/m³，并在测定值后用括号表示达到稳定状态释放量的测试时间（以小时为单位）。以最后一次测试时间为稳定状态释放量的测试时间。

如果测试在 28d 内未达到稳定状态，最后 4 次测定的浓度平均值记录为"临时甲醛释放量"，随附说明"未达到稳定状态"。

2）环境测试舱法（AHMT 分光光度法）

（1）试剂

吸收液：称取 1g 三乙醇胺、0.25g 偏重亚硫酸钠、0.25g 乙二胺四乙酸二钠溶于水中并稀释至 1000mL。

4-氨基-3-联氮-5-巯基-1,2,4-三氮杂茂（简称 AHMT）溶液（质量分数 0.5%）：称取 0.25g AHMT 溶于 0.5mol/L 盐酸中，并稀释至 50mL。此试剂置于棕色瓶中可保存半年。

氢氧化钾溶液（浓度 5mol/L）：称取 28.0g 氢氧化钾溶于 100mL 水中。

高碘酸钾溶液（质量分数 1.5%）：称取 1.5g 高碘酸钾溶于 0.2 mol/L 氢氧化钾溶液中，并稀释至 100mL。

甲醛标准工作溶液（质量浓度 2mg/L）：准确移取适量体积的有证甲醛标准溶液于 100mL 容量瓶中，用水稀释至刻度，摇匀。甲醛标准工作溶液的浓度为 2mg/L。

（2）仪器设备

气泡吸收管：有 5mL 和 10mL 刻度线。

空气采样器：流量范围 0～2L/min。

分光光度计：可在波长 550nm 处测量吸光度，配备 10mm 光程比色皿。

天平：分度值 0.01g。

（3）标准曲线

把 0.1mL、0.2mL、0.4mL、0.8mL、1.2mL 和 1.6mL 的甲醛标准工作溶液分别移加到 10mL 比色管中，再移加不同体积的吸收液，使管中溶液均为 2mL。各管加入 1.0mL 氢氧化钾溶液、1.0mL AHMT 溶液，盖上管塞轻轻颠倒混匀三次，放置 20min。再加入 0.3mL 高碘酸钾溶液，充分振摇，放置 5min。用 10 光程 mm 比色皿，在波长 550nm 下，以水作为对比溶液，测定各管吸光度。

以甲醛含量为横坐标，吸光度为纵坐标，绘制标准曲线，并计算回归线的斜率，以斜率的倒数作为样品测定计算因子 B_s（μg/吸光度）。

（4）检测步骤

对试样进行平衡处理，平衡处理的条件及时长见表 8.7-2。

将试样转移到气候箱中进行测试时，试样摆放要求、环境测试舱的条件同 1m³ 气候箱法。采集甲醛时，取样装置的连接与 1m³ 气候箱法相似。用一个内装 5mL 吸收液的气泡吸收管，以 1.0L/min 流量采气 20L，并记录采样时的温度、大气压力、气体流速、采样时长、所用仪器等。

采样后，补充吸收液到采样前的体积。准确吸取 2mL 样品溶液于 10mL 比色管中，按标准曲线测定步骤测量吸收液吸光度。在每批样品测定的同时，用 2mL 未采样的吸收液，按相同步骤进行试剂空白值测定。

空气中甲醛浓度按式(8.7-5)计算。

$$c = \frac{(A - A_0) \times B_s}{V_0} \times \frac{V_1}{V_2} \tag{8.7-5}$$

式中：c——空气中甲醛浓度（mg/m³）；

　　A——样品溶液的吸光度；

　　A_0——试剂空白溶液的吸光度；

　　B_s——计算因子（μg/吸光度）；

V_0——标准状况下的采样体积（L）；

V_1——采样时吸收液体积（mL）；

V_2——分析时取样品体积（mL）。

如果测试在 28d 内未达到稳定状态，以第 28d 的测试结果作为测定值。

8.7.2.2　干燥器法

1）试剂

同 8.7.2.1 节 $1m^3$ 气候箱法试剂。

2）仪器设备

玻璃干燥器：直径 240mm，容积 11L ± 2L。

支撑网：直径 240mm ± 15mm，由不锈钢丝制成，其平行钢丝间距不小于 15mm。

试样支架：由不锈钢丝制成，在干燥器中支撑试件垂直向上。

温度测定装置：温度测量误差 ±0.1℃，放入干燥器中，并使该干燥器紧邻其他放有试件的干燥器。

水槽：可保持温度 60℃ ± 1℃。

分光光度计：可在波长 412nm 处测量吸光度，配备 50mm 光程比色皿。

天平：分度值 0.01g。

3）标准曲线

同 8.7.2.1 节 $1m^3$ 气候箱法标准曲线。

4）检测步骤

单片试样尺寸为长 l = 150mm ± 1.0mm，宽 b = 50mm ± 1.0mm。试样不应有松散的碎片，总表面积（包括侧面、两端和表面）应接近 $1800cm^2$，据此确定试件数量。

试样在相对湿度 65% ± 5%、温度 20℃ ± 2℃条件下放置 7d 或平衡至质量恒定（即相隔 24h 两次称量结果之差不超过试样最后一次称量质量的 0.1%）。平衡处理时试样间隔至少 25mm。

试验前用水清洗干燥器和结晶皿并烘干。在直径为 240mm 的干燥器底部放置结晶皿，加入 20℃ ± 1℃的蒸馏水 300mL ± 1mL，把金属丝支撑网放置在结晶皿上方，把试样插入试样支架，如图 8.7-6 所示，把装有试样的支架放入干燥器内支撑网的中央，使其位于结晶皿的正上方。盖上干燥器顶盖并以凡士林密封，防止气体溢出。干燥器应在温度 20℃ ± 0.5℃且没有振动的平面环境下放置 24h ± 10min。

图 8.7-6　干燥器法样品（左）及干燥器（右）

充分混合结晶皿内的甲醛吸收液。用甲醛吸收液清洗一个 100mL 的单标容量瓶，然后定容至 100mL。用玻璃塞封上容量瓶。如果样品不能立即检测，应密封储存在容量瓶中，在 0～5℃下保存，但不超过 30h。

甲醛浓度测定同标准曲线测定步骤。在干燥器内不放试样，采用上述方法进行空白试验，空白值不应超过 0.05mg/L。

试样的甲醛释放浓度按式(8.7-6)计算，结果精确至 0.01mg/L。

$$c = f \times (A_s - A_b) \times \frac{1800}{A} \tag{8.7-6}$$

式中：c——甲醛释放浓度（mg/L）；

$\quad\quad f$——标准曲线的斜率（mg/L）；

$\quad\quad A_s$——甲醛吸收液的吸光度；

$\quad\quad A_b$——空白液的吸光度；

$\quad\quad A$——试件表面积（cm²）。

注意：当干燥器法与环境测试舱法检测结果存在争议时，以环境测试舱法为准。

8.7.2.3 乙酰丙酮分光光度法

1）水性涂料、水性腻子、水性处理剂、混凝土外加剂中甲醛含量检测

（1）试剂

乙酰丙酮溶液（体积分数 0.25%）：称取 25g 乙酸铵，加适量水溶解，加 3mL 冰乙酸和 0.25mL 已蒸馏过的乙酰丙酮试剂，移入 100mL 容量瓶中，用水稀释至刻度，调整 pH = 6。将该溶液置于 2～5℃温度下储存，可稳定 1 个月。

甲醛标准工作溶液（质量浓度 10mg/L）：准确移取适量体积的有证甲醛标准溶液于 100mL 容量瓶中，用水稀释至刻度，摇匀。甲醛标准工作溶液的浓度为 10mg/L。

（2）仪器设备

蒸馏装置：100mL 蒸馏瓶、蛇形冷凝管、馏分接受器。

加热设备：电加热套、水浴锅。

分光光度计：可在波长 412nm 处测量吸光度，配备 10mm 光程比色皿。

天平：分度值 0.01g。

（3）标准曲线

取数支 50mL 具塞刻度管，分别移入 0.20mL、0.50mL、1.00mL、3.00mL、5.00mL、8.00mL 甲醛标准工作溶液，加水稀释至刻度，加入 2.5mL 乙酰丙酮溶液，摇匀。在 60℃恒温水浴中加热 30min，取出后冷却至室温，用 10mm 光程比色皿（以水作为对比溶液）在紫外可见分光光度计上于 412nm 波长处测试吸光度。

以具塞刻度管中的甲醛质量为横坐标，相应的吸光度为纵坐标，绘制标准工作曲线。标准工作曲线校正系数应不小于 0.995，否则应重新制作新的标准工作曲线。

（4）检测步骤

称取搅拌均匀后的试样 2g（精确至 1mg），置于 50mL 容量瓶中，加水摇匀，稀释至刻度。再用移液管移取 10mL 容量瓶中的试样水溶液，置于已预先加入 10mL 水的蒸馏瓶中，

并在蒸馏瓶中加入少量的沸石，在馏分接受器中预先加入适量的水，浸没馏分出口，加热蒸馏，使试样蒸至近干。取下馏分接受器，用水稀释至刻度，待测。

若待测试样在水中不易分散，则直接称取搅拌均匀后的试样 0.4g（精确至 1mg），置于已预先加入 20mL 水的蒸馏瓶中，轻轻摇匀，再进行蒸馏过程操作。

在已定容的馏分接受器中加入 2.5mL 乙酰丙酮溶液（体积分数 0.25%），摇匀。在 60℃恒温水浴中加热 30min，取出后冷却至室温，用 10mm 光程比色皿（以水作为对比溶液）在紫外可见分光光度计上于 412nm 波长处测试吸光度。同时，在相同条件下用蒸馏水代替样品作为空白样，测得空白样的吸光度。

将试样的吸光度减去空白样的吸光度，在标准工作曲线上查得相应的甲醛质量。样品的甲醛含量按式(8.7-7)计算。

$$C = \frac{m}{W}f \tag{8.7-7}$$

式中：C——样品的甲醛含量（mg/kg）；

m——从标准曲线查到的甲醛质量（μg）；

f——稀释倍数；

W——称样质量（g）。

混凝土外加剂中残留甲醛的量按式(8.7-8)计算。

$$G = \frac{C}{X} \tag{8.7-8}$$

式中：G——混凝土外加剂中残留甲醛的量（mg/kg）；

C——样品的甲醛含量（mg/kg）；

X——混凝土外加剂的固体含量（%）。

2）胶粘剂中甲醛含量检测

（1）试剂

乙酰丙酮溶液（体积分数 0.25%）：称取 25g 乙酸铵，加适量水溶解，加 3mL 冰乙酸和 0.25mL 已蒸馏过的乙酰丙酮试剂，移入 100mL 容量瓶中，用水稀释至刻度，调整 pH = 6。将该溶液置于 2~5℃温度下储存，可稳定 1 个月。

甲醛标准工作溶液（质量浓度 10mg/L）：准确移取适量体积的有证甲醛标准溶液于 100mL 容量瓶中，用水稀释至刻度，摇匀。甲醛标准工作溶液的浓度为 10mg/L。

乙酸乙酯：分析纯。

（2）仪器设备

蒸馏装置：500mL 蒸馏瓶、蛇形冷凝管、馏分接受器。

加热设备：电加热套、水浴锅。

分光光度计：可在波长 415nm 处测量吸光度，配备 10mm 光程比色皿。

天平：分度值 0.01g。

（3）标准曲线

取数支 25mL 具塞刻度管，分别移入 1.25mL、2.50mL、5.00mL、7.50mL、10.00mL 甲醛标准工作溶液，加入 5mL 乙酰丙酮溶液，加水稀释至刻度，摇匀。在沸水浴中加热 3min，取出后冷却至室温，用 10mm 光程比色皿（以空白溶液作为对比）在紫外可见分光光度计上于 415nm 波长处测试吸光度。

以吸光度为纵坐标，以甲醛质量浓度为横坐标绘制标准曲线，或用最小二乘法计算其回归方程。

（4）检测步骤

水基型胶粘剂：称取 2.0～3.0g 试样（精确到 0.1mg），置于 500mL 的蒸馏烧瓶中，加 250mL 水将其溶解，摇匀。装好蒸馏装置，加热蒸馏，蒸至馏出液为 200mL，停止蒸馏。如蒸馏过程中发生沸溢现象，应减少称样量，重新试验。将馏出液转移至 250mL 的容量瓶中，用水稀释至刻度。取 10mL 馏出液于 25mL 容量瓶中，加 5mL 的乙酰丙酮溶液（体积分数 0.25%），用水稀释至刻度，摇匀。将其置于沸水浴中加热 3min，取出冷却至室温，然后测其吸光度。

溶剂型胶粘剂：称取 5.0g 试样（精确到 0.1mg），置于 500mL 的蒸馏烧瓶中，加入 20mL 乙酸乙酯溶解样品，再加 250mL 水将其溶解，摇匀。蒸馏及显色步骤同水基型胶粘剂。

在相同条件下用蒸馏水代替样品作为空白样，测得空白样的吸光度。

直接从标准曲线上读出试样溶液甲醛的质量浓度。试样中游离甲醛含量按式(8.7-9)计算。

$$\omega = \frac{(\rho_t - \rho_b) \cdot V \cdot f}{1000m}$$ (8.7-9)

式中：ω——试样中游离甲醛含量（g/kg）；

ρ_t——从标准曲线上读取的试样溶液中甲醛质量浓度（μg/mL）；

ρ_b——从标准曲线上读取的空白样溶液中甲醛质量浓度（μg/mL）；

V——馏出液定容后的体积（mL）；

m——试样质量（g）；

f——试验溶液的稀释因子。

3）墙纸（布）中甲醛含量检测

（1）试剂

乙酰丙酮溶液（$CH_3COCH_2COCH_3$，体积分数 0.4%）：用移液管吸取 4mL 乙酰丙酮（优级纯）置于 1000mL 棕色容量瓶中，再用水稀释至刻度，摇匀，避光保存。

乙酸铵溶液（CH_3COONH_4，质量分数 20%）：称取 200g（精确至 0.01g）乙酸铵（优级纯）于 500mL 烧杯中，加水完全溶解后，转至 1000mL 棕色容量瓶中，再用水稀释至刻度，摇匀，避光保存。

甲醛标准工作溶液（质量浓度 15mg/L）：准确移取适量体积的有证甲醛标准溶液于 100mL 容量瓶中，用水稀释至刻度，摇匀。甲醛标准工作溶液的浓度为 15mg/L。

（2）仪器设备

烘箱：可以保持 40℃±2℃ 的温度。

水浴锅：可以保持 40℃±2℃ 的温度。

分光光度计：可在波长 412nm 处测量吸光度，配备 10mm 光程比色皿。

天平：分度值 0.01g。

带盖的聚乙烯或玻璃广口瓶：容量为 1000mL，瓶盖下装有一个吊钩。

（3）标准曲线

取数支 100mL 具塞刻度管，分别移入 20mL、40mL、60mL、80mL、100mL 甲醛标准工作溶液，加水稀释至刻度，摇匀。用移液管吸取 10mL 不同浓度的甲醛校准溶液，分别放入 50mL 的容量瓶中。在容量瓶中加入 10mL 乙酰丙酮溶液和 10mL 乙酸铵溶液，盖紧瓶盖并摇晃。将容量瓶放在 40℃±2℃ 的水浴中加热 15min 后移至暗处，在室温下冷却 1h，用 10mm 光程比色皿（以水作为对比溶液）在紫外可见分光光度计上于 412nm 波长处测试吸光度。

以吸光度为纵坐标，以甲醛质量浓度为横坐标绘制标准曲线。

（4）检测步骤

在样品上均匀切取 30mm±1mm 宽、50mm±1mm 长的试样若干，试样的宽度方向应与卷筒壁纸的纵向一致。从所有样品上切取至少 150 个长方形试样。通过目测法选取 70 个涂层最多或者颜色最深的长方形试样，在温度 23℃±1℃、相对湿度 50%±2% 的条件下平衡至少 4h，然后选择其中 50 个试样用于测定甲醛含量。

将 50 张长方形试样悬挂在 1000mL 广口瓶盖的吊钩或绳子上，使试样的装饰涂面分别相对，保持试样不接触广口瓶壁和液面，称重，如图 8.7-7 所示。如果试样太厚，吊钩上挂不下 50 张试样，应最大限度地往上挂，并统计张数和称重。

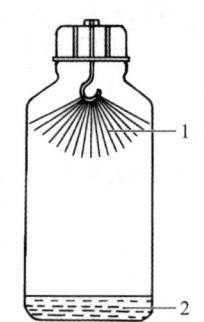

1—50 张壁纸试样；2—50mL 蒸馏水
图 8.7-7　试样布置示意图

用 50mL 的移液管将 50mL 水加入 1000mL 的广口瓶中。拧紧瓶盖密封，并将广口瓶移入 40℃±2℃ 的烘箱中保持 24h。然后将试样从广口瓶中移出，打开瓶盖，取出试样。用移液管从广口瓶中吸取 10mL 吸收水，放入 50mL 容量瓶中。样品甲醛浓度测定步骤同标准曲线测定步骤。同时，在相同条件下不放试样做平行空白试验，测得空白样的吸光度。

用曲线图上读取的样品甲醛浓度值减去平行空白试验中甲醛的浓度值即为光谱测量结果。

试样在 24h 内释放出的甲醛量按式(8.7-10)计算，结果修约至整数。

$$G = 50 \times \frac{c}{m} \tag{8.7-10}$$

式中：G——试样在 24h 内释放出的甲醛量（mg/kg）；

c——经空白试验校正的光谱测量结果（μg/mL）；

m——挂在吊钩上的试样质量（g）。

8.7.3　挥发性有机化合物（VOC）

挥发性有机化合物是一类有机化合物的总称，通常指在常温常压下易于挥发、沸点低、分子量小的有机化合物。现行国家标准《建筑用墙面涂料中有害物质限量》GB 18582[68]中对 VOC 的定义是：参与大气光化学反应的有机化合物，或者根据有关规定确定的化合物。VOC 包括非甲烷烃类（烷烃、烯烃、炔烃、芳香等）、含氧有机物（醛、酮、醇、醚等）、含氯有机物、含氮有机物、含硫有机物等，是形成臭氧（O_3）和细颗粒物（$PM_{2.5}$）污染的重要前体物，一般来自涂料、胶粘剂、墙纸、地毯、处理剂等建筑装饰装修材料。

VOC 是室内空气污染和环境问题的重要污染物之一。这些有害物质会损害人们的健康，长期处于 VOC 污染环境中可能引发哮喘类或癌症等疾病，甚至会对大脑、肝脏和神经系统等造成致命伤害。因此，对装饰装修材料中的 VOC 含量进行检测至关重要，这不仅关乎到人们的健康，也是环保和可持续性发展的重要一环。需检测 VOC 的材料种类及其使用的检测方法和检评依据如表 8.7-3 所示。

VOC 检测方法及检评依据　　　　　　　　表 8.7-3

材料种类	检测方法	检测依据	评定标准
水性涂料、水性腻子	气相色谱法	GB/T 23986	GB 18582
溶剂型涂料、酚醛防锈涂料、防水涂料、防火涂料	差值法	GB/T 23985	GB 50325
胶粘剂		GB 18583	GB 18583
地毯、地毯衬垫	环境测试舱法（气相色谱法）	GB 50325	GB 50325

8.7.3.1　气相色谱法

所有试验应进行二次平行测定。

1）密度

（1）仪器设备

金属比重瓶：容积为 50mL 或 100mL，采用精加工的防腐蚀材料制成的横截面为圆形的圆柱体，上面带有一个装配合适的中心有一个孔的盖子，盖子内侧呈凹形。

分析天平：50mL 以下的比重瓶精确到 1mg，50～100mL 的比重瓶精确到 10mg。

温度计：分度值为 0.2℃或更小。

（2）环境条件

试验温度为 23℃±0.5℃。

（3）检测步骤

进行两次测定，每次测定应重新取样。

用温度计测试试样的温度（t_T），在整个测试过程中检查环境温度是否保持在规定的范围内。

称量比重瓶并记录其质量（m_1）。将被测产品注满比重瓶，注意防止比重瓶中产生气泡。塞住或盖上比重瓶，用有吸收性的材料擦去溢出物质，擦干比重瓶的外部，然后用脱脂棉球轻轻擦拭。记录注满被测产品的比重瓶的质量（m_2）。

试样密度按式(8.7-11)计算。

$$\rho = \frac{m_2 - m_1}{V_t} \tag{8.7-11}$$

式中：ρ——试样密度（g/mL）；

m_1——空比重瓶的质量（g）；

m_2——试验温度t_T下，装满试样的比重瓶的质量（g）；

V_t——试验温度t_T下比重瓶的体积（mL）。

2）水分含量

检测涂料和胶粘剂中水分含量，可使用卡尔费休法或气相色谱法，但卡尔费休试剂毒性较大，操作较繁琐，建议使用气相色谱法。现行国家标准《建筑用墙面涂料中有害物质限量》GB 18582规定必须使用气相色谱法，故本节仅叙述气相色谱法检测水分含量。

（1）试剂

蒸馏水：符合现行国家标准《分析实验室用水规格和试验方法》GB/T 6682中三级水的要求。

稀释溶剂：用于稀释试样的并经分子筛干燥的有机剂，不含有任何干扰测试的物质；纯度至少为99%（质量分数）或已知纯度，如二甲基甲酰胺。

内标物：试样中不存在的并经分子筛干燥的化合物，且该化合物能够与色谱图上其他成分完全分离；纯度至少为99%（质量分数）或已知纯度，如异丙醇。

分子筛：孔径为0.2～0.3nm，粒径为1.7～5.0mm。分子筛应再生后使用。

（2）仪器设备

天平：感量0.0001g。

气相色谱仪：配备FID检测器（图8.7-8）。

图8.7-8　气相色谱仪

（3）气相色谱测试条件

色谱柱：苯乙烯-二乙烯基苯多孔聚合物的毛细管柱，25m×0.53mm（内径）×10μm（膜厚），建议使用特制的耐高温的毛细管柱。

进样口温度：250℃。

柱温：程序升温，100℃保持2min，然后以20℃/min的速度升至130℃保持3min，再以30℃/min的速度升至200℃保持5min。

检测器：TCD 检测器，使用氢气或氦气作为载气，不建议使用氮气，温度为 300℃。

载气流速：6.5mL/min。

分流比：分流进样，分流比可调。

（4）测试水的相对响应因子

在同一配样瓶中称取 0.2g 的蒸馏水和 0.2g 的内标物（异丙醇），精确至 0.1mg，记录水的质量（m_w）和内标物的质量（m_i），再加入 5mL 稀释溶剂（二甲基甲酰胺），密封配样瓶并摇匀。用微量注射器吸取配样瓶中的 1μL 混合液注入色谱仪中，记录色谱图。

水的相对响应因子按式(8.7-12)计算。

$$R = \frac{m_i \cdot (A_w - A_0)}{m_w \cdot A_i} \tag{8.7-12}$$

式中：R——水的相对响应因子；

　　m_w——水的质量（g）；

　　m_i——内标物的质量（g）；

　　A_i——内标物的峰面积；

　　A_0——空白样中水的峰面积；

　　A_w——水的峰面积。

（5）样品分析

称取搅拌均匀后的试样 0.6g 以及与水含量近似相等的内标物于配样瓶中，精确至 0.1mg，记录试样的质量（m）和内标物的质量（m_i），再加入 5mL 稀释溶剂（体积可根据样品状态调整），密封配样瓶并摇匀。同时准备一个不加试样的内标物和稀释溶剂混合液作为空白样。用力摇动或超声装有试样的配样瓶 15min，放置 5min，使其沉淀（为使试样尽快沉淀，可在装有试样的配样瓶内加入几粒小玻璃珠，然后用力摇动；也可使用低速离心机使其沉淀）。用微量注射器吸取配样瓶中 1μL 上层清液，注入色谱仪中，记录色谱图（图 8.7-9）。

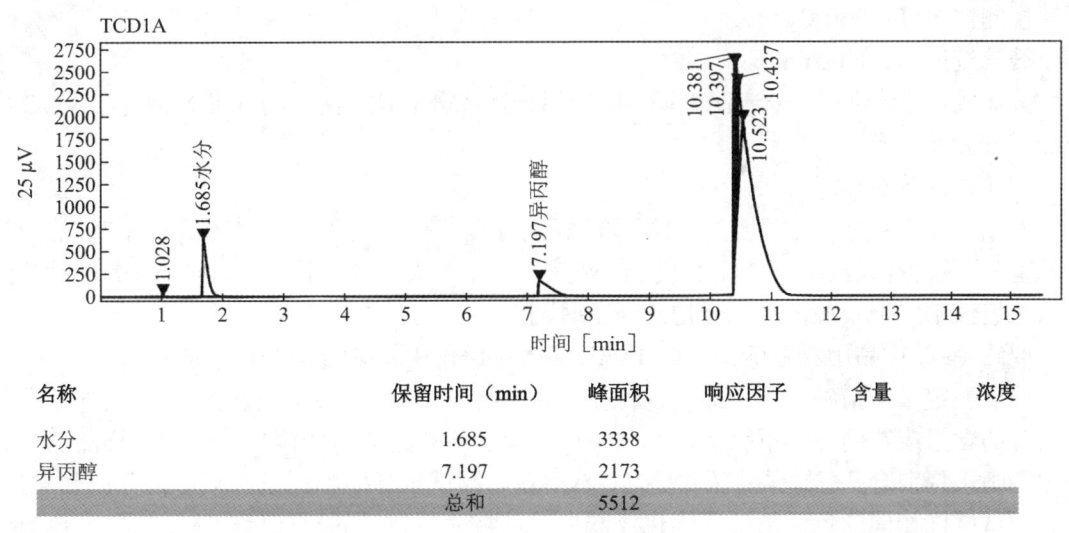

名称	保留时间（min）	峰面积	响应因子	含量	浓度
水分	1.685	3338			
异丙醇	7.197	2173			
总和		5512			

图 8.7-9　色谱图

试样中的水分含量按式(8.7-13)计算。

$$\omega_{\mathrm{w}} = \frac{m_{\mathrm{i}} \cdot (A_{\mathrm{w}} - A_0)}{m_{\mathrm{s}} \cdot A_{\mathrm{i}} \cdot R} \times 100 \tag{8.7-13}$$

式中：ω_{w}——试样中的水分含量（以质量分数计）（%）；

$\qquad m_{\mathrm{s}}$——试样的质量（g）。

平行测试两次，取两次测试结果的平均值，保留至小数点后两位。

3）挥发性有机物含量

（1）试剂

内标物：试验样品中没有，能与色谱图中的其他组分完全分离，对样品组分是惰性的，在测试的温度范围内稳定，且纯度已知，如二乙二醇二甲醚。

校准化合物：用于校准的化合物，其纯度至少为99%（质量分数）或纯度已知。现行国家标准《建筑用墙面涂料中有害物质限量》GB 18582中规定，校准化合物包括但不限于甲醇、乙醇、正丙醇、异丙醇、正丁醇、异丁醇、三乙胺、二甲基乙醇胺、2-氨基-2-甲基-1-丙醇、乙二醇、1,2-丙二醇、二乙二醇、2,2,4-三甲基-1,3-戊二醇等。

稀释溶剂：适于稀释样品的有机溶剂，其纯度至少为99%（质量分数）或纯度已知，且不含有干扰测定结果的任何物质，如乙腈。

标记物：纯度已知且其沸点为250℃±3℃，如己二酸二乙酯（沸点251℃）。

（2）仪器设备

天平：分度值0.0001g。

气相色谱仪：配备FID检测器。

（3）气相色谱测试条件

色谱柱：6%氰丙苯基/94%聚二甲基硅氧烷毛细管柱，30m×0.25mm（内径）×1.4μm（膜厚）。

进样口温度：250℃。

柱温：初始温度50℃保持5min，然后以5℃/min的速度升至250℃保持5min。

检测器温度：250℃。

载气流速：1.0mL/min。

分流比：分流进样，分流比可调。应使用合适的分流比，使检测标准中指定的VOC成分能充分分离。

（4）检测步骤

取1.0μL含甲醇、乙醇、正丙醇、异丙醇、正丁醇、异丁醇、三乙胺、二甲基乙醇胺、2-氨基-2-甲基-1-丙醇、乙二醇、1,2-丙二醇、二乙二醇、2,2,4-三甲基-1,3-戊二醇的标准溶液注入色谱仪中，记录各被测化合物的保留时间。

取约1g的样品用乙腈稀释，取1.0μL注入色谱仪中，确定是否存在被测物。

称取一定量（精确至0.1mg）各种校准化合物于样品瓶中，称取的量与待测样品中各自组分的含量应在同一数量级。再称取与待测化合物相近质量的内标物于同一样品瓶中，使用乙腈稀释混合，密封样品瓶并摇匀，然后在与测试试样的相同条件下进行分离和测定。在与测试试样相同的色谱条件下优化仪器参数。将适当数量的校准化合物注入气相色谱仪中，记录色谱图（图8.7-10）。

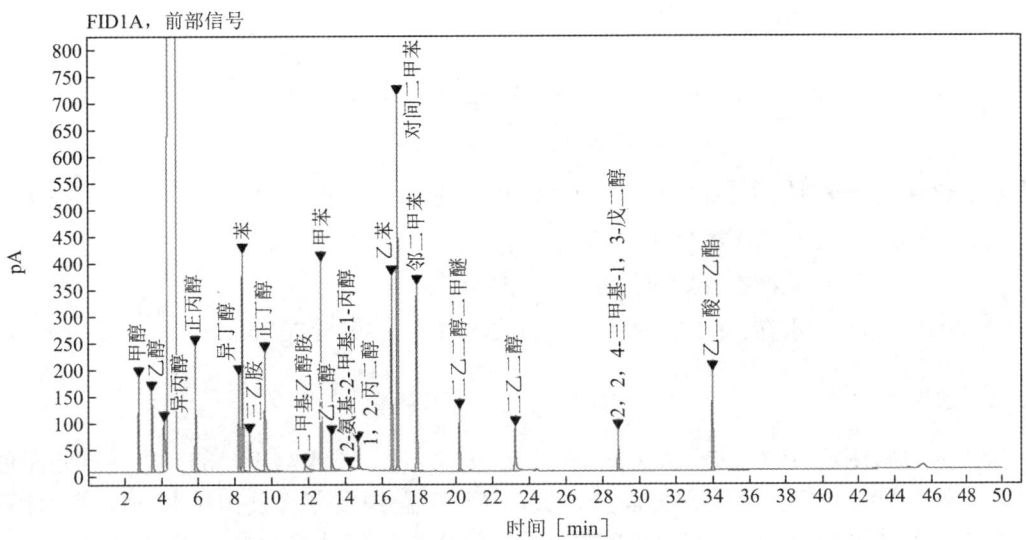

图 8.7-10 VOC 色谱图

相对校正因子按式(8.7-14)计算。

$$r_i = \frac{m_{ci} \cdot A_{is}}{m_{is} \cdot A_i} \tag{8.7-14}$$

式中：r_i——被测化合物i的相对校正因子；

$\quad\ \ m_{ci}$——校准混合物中被测化合物i的质量（g）；

$\quad\ \ m_{is}$——校准混合物中内标物的质量（g）；

$\quad\ \ A_{is}$——内标物的峰面积；

$\quad\ \ A_i$——被测化合物i的峰面积。

计算结果保留三位有效数字。如果出现未能定性的色谱峰或无法购买到校准用的化合物时，则假定其相对校正因子为 1.0。

称取 1~3g 试样（精确至 0.1mg）以及与被测物质量近似的内标物于样品瓶中，用适量乙腈稀释试样，密封试样瓶并混匀。按校准时的最优化条件设定仪器参数。

将 1.0μL 试样注入气相色谱仪中，记录被测物的峰面积，然后根据式(8.7-15)计算涂料中被测物的质量。

$$m_i = \frac{r_i \cdot A_i \cdot m_{is}}{m_s \cdot A_{is}} \tag{8.7-15}$$

式中：m_i——1g 试样中化合物i的质量（g）；

$\quad\ \ m_{is}$——试样中内标物的质量（g）；

$\quad\ \ m_s$——试样的质量（g）。

水性腻子按式(8.7-16)计算。

$$\omega(\mathrm{VOC}) = \sum_{i=1}^{i=n} m_i \times 100 \tag{8.7-16}$$

式中：$\omega(\mathrm{VOC})$——待测样品的 VOC 含量（以质量分数表示）（%）。

水性涂料按式(8.7-17)计算。

$$\rho(\text{VOC})_{\text{lw}} = \left[\frac{\sum\limits_{i=1}^{i=n} m_i}{1 - \rho_s \times \dfrac{m_w}{\rho_w}} \right] \times \rho_s \times 1000 \tag{8.7-17}$$

式中：$\rho(\text{VOC})_{\text{lw}}$——待测样品扣除水后的 VOC 含量（g/L）；

m_w——1g 试样中水的质量（g）；

ρ_s——试样在 23℃时的密度（g/mL）；

ρ_w——水在 23℃时的密度（g/mL，取为 0.997537g/mL）。

8.7.3.2 差值法

溶剂型涂料测定 VOC 的差值法（GB/T 23985）与胶粘剂（GB 18583）的试验原理及方法较相似，即由烘箱法测定总挥发分含量，然后由总挥发分含量扣除水分含量，计算可得到总挥发性有机物含量。但测定不同种类材料中不挥发物含量的试验条件有所不同。表 8.7-4 及表 8.7-5 罗列了现行国家标准《色漆、清漆和塑料 不挥发物含量的测定》GB/T 1725[71]和《胶粘剂不挥发物含量的测定》GB/T 2793[72]的试验条件要求。

测定溶剂型涂料中不挥发物含量的试验条件　　　　表 8.7-4

涂料类型	试验时间/min	试验温度/℃	取样量/g
粉末树脂	20	200	1±0.1
硝酸纤维素、硝酸纤维素喷漆、多异氰酸酯树脂	60	80	1±0.1
纤维素衍生物、纤维素漆、空气干燥型漆、多异氰酸酯树脂	60	105	1±0.1
合成树脂（包括多异氰酸酯树脂）、烘烤漆、丙烯酸树脂（首选条件）	60	125	1±0.1
烘烤型底漆、丙烯酸树脂	60	150	1±0.1
电泳漆	30	180	1±0.1
液态酚醛树脂	60	135	3±0.5

测定胶粘剂中不挥发物含量的试验条件　　　　表 8.7-5

胶粘剂类型	试验时间/min	试验温度/℃	取样量/g
氨基系树脂胶粘剂	180±5	105±2	1.5
酚醛树脂胶粘剂	60±2	135±2	1.5
其他胶粘剂	180±5	105±2	1.0

1）总挥发分含量

按表 8.7-5 的要求，根据不同胶粘剂样品的类型称取试样，精确到 0.001g，置于已在试验温度恒重并称量过的容器中，放入已按试验温度调好的鼓风恒温烘箱内加热。

加热结束后，取出试样放入干燥器中冷却至室温，称其质量。

不挥发物含量按式(8.7-18)计算。

$$X = \frac{m_1}{m} \tag{8.7-18}$$

式中：X——不挥发物含量质量分数；

$\qquad m_1$——加热后试样的质量（g）；

$\qquad m$——加热前试样的质量（g）。

试验结果取两次平行试验的平均值，结果保留三位有效数字。

总挥发分含量按式(8.7-19)计算。

$$\omega_{总} = 1 - X \tag{8.7-19}$$

式中：$\omega_{总}$——总挥发分含量质量分数；

$\qquad X$——不挥发物含量质量分数。

2）水分含量

同水性涂料气相色谱法水分含量测定。

3）密度

同水性涂料气相色谱法密度测定。

4）总有机挥发物含量

总有机挥发物含量按式(8.7-20)计算。

$$\omega = [(\omega_{总} - \omega_{水})/(1 - \omega_{水})] \times \rho \times 1000 \tag{8.7-20}$$

式中：ω——试样中总有机挥发物含量（g/L）；

$\qquad \omega_{水}$——水分含量质量分数；

$\qquad \rho$——试样的密度（g/mL）。

8.7.3.3　环境测试舱法（气相色谱法）

环境测试舱法测定游离甲醛及 VOC 释放量的前处理过程相同。此处仅介绍 VOC 采样及分析的步骤。

1）气相色谱法测试条件

色谱柱：聚二甲基硅氧烷毛细管柱，50m × 0.32mm。

进样口温度：250℃。

柱温：程序升温至 50℃保持 10min，然后以 5℃/min 的速度升至 250℃保持 2min。

检测器：FID 检测器，温度 250℃。

载气：氮气，流速 1.0mL/min。

分流比：分流进样，分流比可调。应使用合适的分流比，使检测标准中指定的 VOC 成分能充分分离。

热解吸条件：320℃吹扫 10min，冷阱温度 −15℃，解吸温度 320℃，解吸时间 60s，进样时间 480s。

2）采样步骤

吸附管应有采样气流方向标识，使用前应通氮气加热活化（图 8.7-11）。活化温度应高于解吸温度，活化时间不应少于 30min，活化至无杂质峰为止；当流量为 0.5L/min 时，阻力应在 5～10kPa 之间。

将吸附管与空气采样器入气口垂直连接（气流方向与吸附管标识方向一致），如图 8.7-12 所示。调节流量在 0～0.5L/min 的范围内（应采用流量计校准采样系统的流量），采集约 10L 空气，并记录采样时间、采样流量、温度、相对湿度和大气压。采样后取下吸附管并密封吸附管的两端，做好标识，放入可密封的金属或玻璃容器中，可保存 14d。

3）样品分析

标准吸附管系列制备时，应采用一定浓度的各组分标准气体或标准溶液，定量注入吸附管中，制成各组分含量为 0.05μg、0.10μg、0.40μg、0.80μg、1.20μg、2.00μg 的标准吸附管。

将吸附管置于热解吸直接进样装置中，如图 8.7-13 所示，确保解吸气流方向与标准吸附管制样气流方向相反，经充分解吸后使解吸气体直接由进样阀快速通入气相色谱仪，以保留时间定性、峰面积定量进行色谱分析。

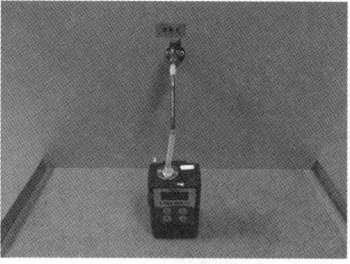

图 8.7-11　吸附管活化　　　　图 8.7-12　VOC 采样　　　　图 8.7-13　吸附管热解吸

样品分析时，每支样品吸附管按与标准吸附管系列相同的热解吸气相色谱分析方法进行分析。对未识别的峰以甲苯计。

所采空气样品中各组分的浓度按式(8.7-21)计算。

$$C_{\mathrm{m}} = \frac{m_i - m_0}{V} \tag{8.7-21}$$

式中：C_{m}——所采空气样品中 i 组分的浓度（mg/m³）；

　　　m_i——样品管中 i 组分的质量（μg）；

　　　m_0——未采样管中 i 组分的质量（ug）；

　　　V——空气采样体积（L）。

空气样品中各组分的浓度按式(8.7-22)换算成标准状态下的浓度。

$$C_{\mathrm{c}} = C_{\mathrm{m}} \times \frac{101.3}{P} \times \frac{t + 273}{273} \tag{8.7-22}$$

式中：C_{c}——标准状态下所采空气样品中 i 组分的浓度（mg/m³）；

　　　P——采样时采样点的大气压力（kPa）；

　　　t——采样时采样点的温度（℃）。

所采空气样品中 VOC 的浓度按式(8.7-23)计算。

$$C_{\mathrm{VOC}} = \sum_{i=1}^{n} C_{\mathrm{c}} \tag{8.7-23}$$

式中：C_{VOC}——标准状态下所采空气样品中 VOC 的浓度（mg/m³）。

注意：①吸附管与环境测试舱采样口的连接管需选择 VOC 污染较小的材质，且长度尽可能小；②当用 Tenax-TA 吸附管与 2,6-对苯基二苯醚多孔聚合物-石墨化炭黑-X 复合吸附管采样的检测结果有争议时，以 Tenax-TA 吸附管的检测结果为准。

8.7.4　苯、甲苯、乙苯、二甲苯

苯系物，为苯及衍生物的总称。装饰装修材料中含有的易挥发的苯系物有苯、甲苯、乙苯和二甲苯等，是装饰装修材料有害物质检测中的重要项目之一。这些苯系物具有较强的挥发性，在常温条件下易挥发到空气中形成挥发性有机气体，造成 VOC 污染。世界卫生组织将苯列为 1 类致癌物。室内苯系物主要来源于涂料、胶粘剂、装饰装修材料、日化用品等。

长期吸入高浓度的苯系物会导致头痛、头晕、睡眠障碍和记忆力减退等症状，严重时还可能引发血液系统疾病和再生障碍性贫血等疾病。因此，必须严格控制装饰装修材料中苯系物的含量，以保障人们的健康。需检测苯系物的材料种类及其使用的检测方法和检评依据如表 8.7-6 所示。

苯系物检测方法及检评依据　　　表 8.7-6

材料种类	检测方法	检测依据	评定标准
涂料、腻子	气相色谱法（内标法）	GB/T 23986	GB 18582
胶粘剂	气相色谱法（外标法）	GB 18583	GB 18583

8.7.4.1　气相色谱法（内标法）

所有试验应进行二次平行测定。

1）试剂

内标物：试验样品中没有，能与色谱图中的其他组分完全分离，对样品组分是惰性的，在测试的温度范围内稳定，且纯度已知，如二乙二醇二甲醚（水性涂料）、正庚烷（溶剂型涂料）。

校准化合物：用于校准的化合物，其纯度至少为 99%（质量分数）或纯度已知。现行国家标准《建筑用墙面涂料中有害物质限量》GB 18582 中规定校准化合物包括苯、甲苯、乙苯、二甲苯。

稀释溶剂：适于稀释样品的有机溶剂，其纯度至少为 99%（质量分数）或纯度已知，且不含有干扰测定结果的任何物质，如乙腈（水性涂料）、乙酸乙酯（溶剂型涂料）。

2）仪器设备

天平：分度值 0.0001g。

气相色谱仪：配备 FID 检测器。

3）气相色谱测试条件

色谱柱：聚二甲基硅氧烷毛细管柱，50m×0.32mm（内径）×0.52μm（膜厚）。

进样口温度：250℃。

柱温：初始温度 50℃保持 5min，然后以 10℃/min 的速度升至 250℃保持 5min。

检测器温度：250℃。

载气流速：1.0mL/min。

分流比：分流进样，分流比可调。

4）分析步骤

取 1.0μL 含苯、甲苯、乙苯和二甲苯的标准溶液注入色谱仪中，记录各被测化合物的保留时间。

取约 1g 的样品用乙腈稀释，取 1.0μL 稀释试样注入色谱仪中，确定是否存在被测物。

称取一定量（精确至 0.1mg）各种校准化合物于样品瓶中，称取的量与待测样品中各组分的含量应在同一数量级。再称取与待测化合物相近质量的内标物置于同一样品瓶中，使用乙腈稀释混合，密封样品瓶并摇匀，然后在与所测试样相同的条件下进行分离和测定，并在相同的色谱条件下优化仪器参数。将适当数量的校准化合物注入气相色谱仪中，记录色谱图（图 8.7-14）。

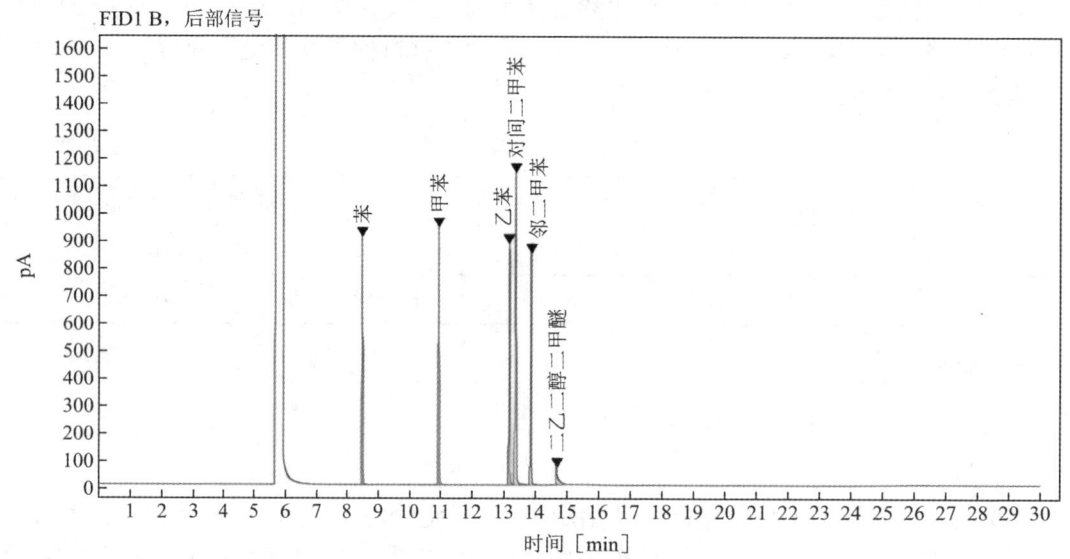

图 8.7-14　苯系物色谱图

相对校正因子按式(8.7-24)计算。

$$R_i = \frac{m_{ci} \cdot A_{is}}{m_{is} \cdot A_i} \tag{8.7-24}$$

式中：R_i——被测化合物i的相对校正因子；

m_{ci}——校准混合物中被测化合物i的质量（g）；

m_{is}——校准混合物中内标物的质量（g）；

A_{is}——内标物的峰面积；

A_i——被测化合物i的峰面积。

结果保留三位有效数字。

称取 1g 试样（精确至 0.1mg）以及与被测物质量近似的内标物于样品瓶中，用适量乙腈稀释试样，密封试样瓶并混匀。按校准时的最优化条件设定仪器参数。

将 1.0μL 试样注入色谱仪中，记录被测物的峰面积，然后按式(8.7-25)计算涂料中被测物的质量分数。

$$\omega_i = \frac{R_i \cdot A_i \cdot m_{is}}{m_s \cdot A_{is}} \times 10^6 \tag{8.7-25}$$

式中：ω_i——试样中苯、甲苯、乙苯和二甲苯的质量分数（mk/kg）；

m_s——测试试样的质量（g）。

8.7.4.2 气相色谱法（外标法）

1）试剂

乙酸乙酯：分析纯。

有证苯系物（苯、甲苯、二甲苯）标准溶液。

2）仪器设备

天平：分度值 0.0001g。

气相色谱仪：配备 FID 检测器。

3）气相色谱测试条件

色谱柱：聚二甲基硅氧烷毛细管柱，50m × 0.32mm（内径）× 0.52μm（膜厚）。

柱温：程序升温，初始温度 35℃保持 25min，然后以 8℃/min 的速度升至 150℃保持 10min。

检测器温度：250℃。

4）分析步骤

称取 0.2～0.3g（精确至 0.1mg）的试样，置于 50mL 的容量瓶中，用乙酸乙酯溶解并稀释至刻度，摇匀，用微量注射器取 1μL 进样，测其峰面积。若试样溶液的峰面积大于标准曲线中最大浓度的峰面积，用移液管准确移取 V 体积的试样溶液于 50mL 容量瓶中，用乙酸乙酯稀释至刻度，摇匀后再测。

分别配制 20μg/mL、40μg/mL、100μg/mL、200μg/mL、400μg/mL、600μg/mL 的苯、甲苯、间二甲苯、对二甲苯、邻二甲苯标准溶液。开启气相色谱仪，对色谱条件进行设定，待基线稳定后，用微量注射器取 1μL 标准溶液进样，测定峰面积，每一标准溶液进样 5 次，取其平均值。以峰面积为纵坐标，相应标准溶液质量浓度为横坐标，即得标准曲线。

直接从标准曲线上读取试样溶液中苯、甲苯或二甲苯的质量浓度。试样中待测组分含量 ω 按式(8.7-26)计算。

$$\omega = \frac{\rho_t \cdot V \cdot f}{1000m} \tag{8.7-26}$$

式中：ω——试样中苯、甲苯或二甲苯含量（g/kg）；

ρ_t——从标准曲线上读取的试样溶液中苯、甲苯或二甲苯的质量浓度（μg/mL）；

V——试样溶液的体积（mL）；

m——试样质量（g）；

f——试样溶液的稀释因子。

8.7.5 游离甲苯二异氰酸酯（TDI）

甲苯二异氰酸酯是一种有刺激性气味的无色或淡黄色液体，是聚氨酯类涂料、胶粘剂的主要成分之一，被世界卫生组织认定为 2B 类致癌物。聚氨酯涂料常用于木器及金属表面保护剂，是室内空气污染物的来源之一。

聚氨酯涂料中未参与反应的游离 TDI 直接影响涂料的性能和储存稳定性，是衡量聚氨酯涂料质量的重要指标。TDI 也是一种毒性较强的吸入性化学物质，因此，准确测定聚氨酯涂料中的游离 TDI 对于保证涂料的质量和安全性，保障施工工人及居民的健康具有重要意义。需检测游离 TDI 的材料种类及其使用的检测方法和检评依据如表 8.7-7 所示。

游离甲苯二异氰酸酯检测方法及检评依据 表 8.7-7

材料种类	检测方法	检测依据	评定标准
聚氨酯涂料、聚氨酯腻子、聚氨酯类胶粘剂	气相色谱法（内标法）	GB/T 18446	GB 18581、GB 18583、GB 30982

1）试剂

乙酸乙酯：无水（用 0.5nm 的分子筛干燥），无乙醇（乙醇含量小于 200×10^{-6}）。

甲苯二异氰酸酯（同分异构体的混合物）：分析纯。

六亚甲基二异氰酸酯：分析纯。

二苯基甲烷二异氰酸酯：分析纯。

2）仪器设备

天平：分度值 0.0001g。

气相色谱仪：配备 FID 检测器。

3）气相色谱测试条件

色谱柱：苯基甲基硅酮树脂石英毛细管柱，15m × 0.32mm（内径）× 0.25μm（膜厚）。

进样口温度：125℃。

柱温：130℃。

检测器温度：250℃。

载气流速：4.0mL/min。

分流比：分流进样。

4）分析步骤

称取一定量（精确至 0.1mg）二异氰酸酯单体和内标于样品瓶中，称取的量与待测样品中各组分的含量应在同一数量级，使用乙酸乙酯稀释混合，密封样品瓶并摇匀，然后在与所测试样相同的条件下进行分离和测定，在相同的色谱条件下优化仪器参数。将 1μL 校准溶液注入气相色谱仪中，至少注入两次，记录色谱图。相对校正因子按式(8.7-27)计算。

$$f = \frac{m_{DI} \cdot A_{st}}{m_{st} \cdot A_{DI}} \tag{8.7-27}$$

式中：f——被测化合物的相对校正因子；

m_{DI}——标准溶液中 TDI 的质量（g）；

m_{st}——内标溶液中内标物的质量（g）；

A_{st}——内标物的峰面积；

A_{DI}——TDI 的峰面积。

试样的称样量取决于预计的二异氰酸酯含量，如表 8.7-8 所示。

预计二异氰酸酯含量对应的试样称样量 表 8.7-8

预计二异氰酸酯含量（质量分数）/%	试样称样量/g
≤0.5	2
>0.5 且 ≤1	1
>1 且 ≤2	0.5
>2 且 ≤4	0.2
>4	0.1

称取试样（精确至 0.1mg），置于锥形瓶中，用移液管移取 10mL 内标溶液，加入约 25mL 乙酸乙酯，密封锥形瓶并充分摇晃使样品溶解。或将称准至 0.1mg 的试样置入配有隔膜密封的 50mL 样品瓶中，加入约 15mg±0.1mg 的内标物，用 40mL 的乙酸乙酯稀释溶解样品。

将 1μL 的试样注入色谱仪中，至少注入两次，记录色谱图（图 8.7-15）。涂料中被测物的质量分数按式(8.7-28)计算。

$$\omega_{DI} = \frac{f \cdot A_2 \cdot m_1}{m_2 \cdot A_1}$$ (8.7-28)

式中：ω_{DI}——TDI 质量分数；

f——被测化合物的相对校正因子；

m_1——试样中内标物的质量（g）；

m_2——试样的质量（g）；

A_1——内标物的峰面积；

A_2——被测化合物的峰面积。

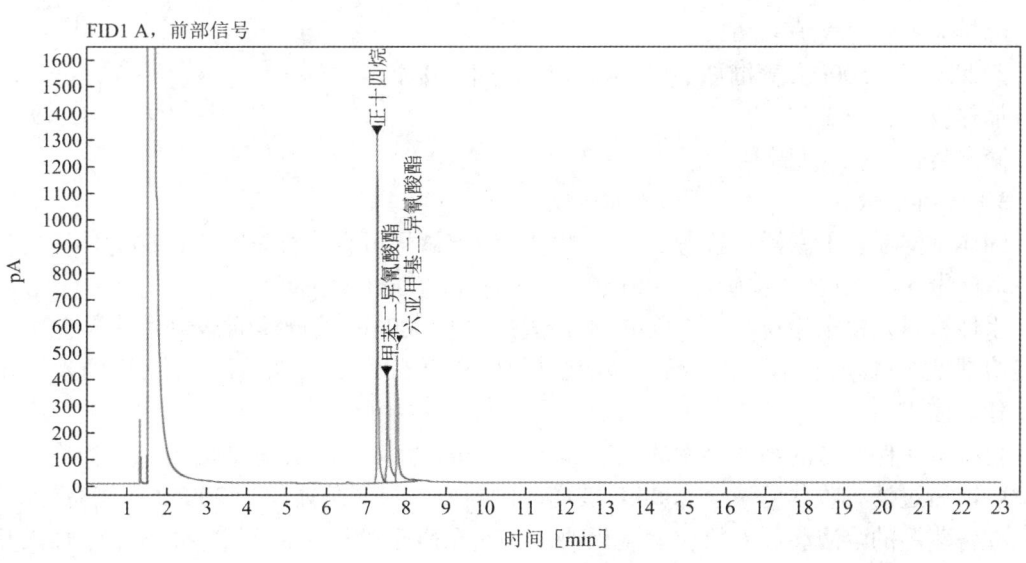

图 8.7-15 TDI 色谱图

8.7.6 氨（NH_3）

氨是一种无色、有刺激性气味的气体，易溶于水、乙醇和乙醚。建筑施工中常使用能挥发氨气的氨水、尿素、硝铵等原料制作混凝土外加剂，如高碱混凝土膨胀剂、含尿素的混凝土防冻剂等，导致建筑物墙体中释放出氨气，造成室内空气污染。此外，为了提高室内建筑装修防火水平，常用织物和木材进行阻燃剂处理，也会导致氨气的释放。

氨气可通过皮肤及呼吸道引起人体中毒，轻微刺激会导致出血和分泌物增多，严重时可能引发肺水肿。长期接触低浓度的氨气，可能会引起喉炎和声音嘶哑等症状，严重时可能导致喉部水肿和喉痉挛，进而引发窒息。此外，还可能出现呼吸困难、肺水肿、昏迷和休克等症状。需检测氨的材料种类及其使用的检测方法和检评依据如表 8.7-9 所示。

氨检测方法及检评依据　　　　　　　　　　　　　　表 8.7-9

材料种类	检测方法	检测依据	评定标准
混凝土外加剂	滴定法	GB 18588	GB 18588、GB 50325、JG/T 415
阻燃剂、防火涂料、水性防水涂料		JG/T 415	

1）试剂

盐酸：1＋1 溶液。

硫酸标准溶液：$c(1/2H_2SO_4) = 0.1mol/L$。

氢氧化钠标准滴定溶液：$c(NaOH) = 0.1mol/L$。

甲基红-亚甲基蓝混合指示液：将 50mL 甲基红乙醇溶液（2g/L）和 50mL 亚甲基蓝乙醇溶液（1g/L）混合。

广范 pH 试纸。

氢氧化钠：分析纯。

2）仪器设备

分析天平：分度值 0.001g。

蒸馏装置：500mL 蒸馏瓶、蛇形冷凝管、馏分接受器。

加热设备：电炉。

滴定装置：碱式滴定管。

3）分析步骤

固体试样需在干燥器中放置 24h 后测定，液体试样可直接称量。将试样搅拌均匀，分别称取两份 5g 的试样（精确至 0.001g），放入两个 300mL 烧杯中。

水性涂料及粉末涂料：用 200mL 水将试样移至 500mL 玻璃蒸馏器中，备蒸馏。

溶剂型涂料：加入 10mL 乙酸乙酯溶解样品，移至 500mL 玻璃蒸馏器中，再加入 200mL水，备蒸馏。

含有可能保留氨的水不溶物的试样：加入 20mL 水和 10mL 盐酸溶液，搅拌均匀，放置 20min 后过滤，收集滤液至 500mL 玻璃蒸馏器中，控制总体积为 200mL，备蒸馏。

在备蒸馏的溶液中加入数粒氢氧化钠，以广泛试纸试验，调整溶液 pH＞12，加入几粒防爆玻璃珠。准确移取 20mL 硫酸标准溶液于 250mL 量筒中，加 3～4 滴甲基红-亚甲基蓝混合指示剂，将蒸馏器馏出液出口玻璃管插入量筒底部硫酸溶液中。收集蒸馏液达 180mL后停止加热，卸下蒸馏瓶，用水冲洗冷凝管，并将洗涤液收集在量筒中。将量筒中溶液移入 300mL 烧杯中，洗涤量筒，将洗涤液并入烧杯。用氢氧化钠标准滴定溶液回滴过量的硫酸标准溶液直至指示剂由亮紫色变为灰绿色。在测定的同时，按同样的分析步骤、试剂和用量，不加试料进行平行操作。

混凝土外加剂样品中释放氨的量以氨（NH_3）质量分数表示，按式(8.7-29)计算。

$$X_{氨} = \frac{(V_2 - V_1)c \times 0.01703}{m} \times 100 \tag{8.7-29}$$

式中：$X_{氨}$——混凝土外加剂中释放氨的量（%）；

c——氢氧化钠标准溶液浓度的准确数值（mol/L）；

V_1——滴定试样溶液消耗氢氧化钠标准溶液体积的数值（mL）；

V_2——空白试验消耗氢氧化钠标准溶液体积的数值（mL）；

0.01703——与 1.00mL 氢氧化钠标准溶液［$c(NaOH) = 1.000mol/L$］相当的以克表示的氮的质量；

m——试样质量（g）。

取两次平行测定结果的算术平均值作为测定结果。当两次平行测定结果的绝对差值大于 0.01%时，需重新测定。

第9章

预制构件及木材

9.1 概述

随着现代建筑技术的飞速发展，预制构件和木结构材料在建筑领域的应用日益广泛。预制混凝土构件以其施工效率高、质量可控和环境友好等特性，在装配式建筑中占据了重要地位。本章将深入探讨预制混凝土构件的关键技术要求，包括其外观质量、尺寸偏差、保护层厚度以及结构性能的检验，确保预制构件在建筑工程中的可靠性和安全性。同时，木结构材料以其可再生、轻质高强和美学价值等优点，在当代建筑中保持着不可替代的地位。本章还将详细介绍木结构材料及其构配件的检验方法，包括木材的含水率、弹性模量、静曲强度等关键参数，以及圆钉的抗弯强度，为木结构设计的精确性和结构的稳定性提供保障。

9.2 预制混凝土构件

装配式建筑因其质量可控、施工速度快以及环境友好等优点，得到了工程界的大力推广与应用。其中，装配式混凝土结构建筑由在工厂预制的梁、板、柱、墙、楼梯等部品部件在施工现场通过可靠的连接形式拼装组成。因此预制混凝土构件的质量在一定程度上决定了装配式建筑的整体质量。本节主要介绍预制混凝土构件的外观质量、尺寸偏差、保护层厚度以及受弯预制构件的结构性能检验。

9.2.1 检测参数及检评依据

本章介绍的预制构件检测参数及检评依据如表 9.2-1 所示。

预制构件检测参数及检评依据　　　　　　　　表 9.2-1

序号	检测参数	检测依据	评定标准
1	结构性能（承载力、挠度、抗裂、裂缝宽度检验）	GB/T 50204	GB/T 40399
2	外观质量	GB/T 40399	
3	尺寸偏差		
4	保护层厚度		

9.2.2 定义与分类

预制混凝土构件是在工厂或现场预先生产制作的混凝土构件，包括预制混凝土柱、预制混凝土梁、预制混凝土楼板、预制混凝土楼梯等，如图 9.2-1 所示。

预制混凝土柱之间一般采用钢筋套筒灌浆的方式进行连接。预制柱中预埋金属套筒，将待连接预制柱的钢筋插入套筒中并在套筒中灌注水泥基灌浆料,灌浆料快速凝结后使上下柱结合成整体。

预制混凝土梁一般为叠合梁,在预制厂制作时预留了待连接的纵筋和箍筋,在施工现场吊装完成后,浇捣上部的混凝土使其与混凝土楼板连成整体。

预制混凝土楼板一般为叠合楼板,即由预制板和现浇钢筋混凝土层叠合而成的装配式楼板,施工时可作为现场浇筑的底模使用。

(a) 预制混凝土柱

(b) 预制混凝土叠合梁

(c) 预制混凝土叠合楼板

(d) 预制混凝土楼梯

图 9.2-1　预制构件种类图示

9.2.3　抽样要求

结构性能检验:同一类型预制构件不超过 1000 个为一检验批,每批随机抽取 1 个构件进行结构性能检验;"同一类型"指同一钢种、同一混凝土强度等级、同一生产工艺和同一结构形式。抽取预制构件时,宜从设计荷载最大、受力最不利或生产数量最多的预制构件中抽取。

外观质量:同类型预制构件不超过 1000 个为一检验批,全数检查。

尺寸偏差:同类型预制构件不超过 1000 个为一检验批,全数检查。

保护层厚度:同类型预制构件不超过 1000 个为一检验批,每批随机抽取 2%,且不应少于 5 件。

9.2.4　受弯预制构件结构性能

受弯预制构件结构性能检验主要包括承载力、挠度、抗裂、裂缝宽度检验。梁板类简支受弯预制构件需要接受结构性能的检验。至于其他类型的预制构件,除非设计中有特殊规定,一般在进场时不需要进行此类检验。对于用于叠合板、叠合梁的梁板类受弯预制构件(叠合底板、底梁),是否需要进行结构性能检验,以及采用何种检验方法,应根据设计要求来决定。

9.2.4.1 技术要求

1）承载力

当按现行国家标准《混凝土结构设计标准》GB/T 50010[73]的规定进行检验时，应满足式(9.2-1)的要求。

$$\gamma_u^0 \geqslant \gamma_0 [\gamma_u] \tag{9.2-1}$$

式中：γ_u^0——构件的承载力检验系数实测值，即试件的荷载实测值与荷载设计值（均包括自重）的比值；

γ_0——结构重要性系数，按设计要求的结构等级确定，当无专门要求时取 1.0；

$[\gamma_u]$——构件的承载力检验系数允许值，按表 9.2-2 取用。

构件的承载力检验系数允许值　　表 9.2-2

受力情况	达到承载能力极限状态的检验标志		$[\gamma_u]$
受弯	受拉主筋处的最大裂缝宽度达到 1.5mm，或挠度达到跨度的 1/50	有屈服点热轧钢筋	1.20
		无屈服点钢筋（钢丝、钢绞线、冷加工钢筋、无屈服点热轧钢筋）	1.35
	受压区混凝土破坏	有屈服点热轧钢筋	1.30
		无屈服点钢筋（钢丝、钢绞线、冷加工钢筋、无屈服点热轧钢筋）	1.50
	受拉主筋拉断		1.50
受弯构件的受剪	腹部斜裂缝达到 1.5mm，或斜裂缝末端受压混凝土剪压破坏		1.40
	沿斜截面混凝土斜压、斜拉破坏；受拉主筋在端部滑脱或其他锚固破坏		1.55
	叠合构件叠合面、接槎处		1.45

2）挠度

（1）当按现行国家标准《混凝土结构设计标准》GB/T 50010 规定的挠度允许值进行检验时，应满足式(9.2-2)的要求。

$$a_s^0 \leqslant [a_s] \tag{9.2-2}$$

当按荷载准永久组合值计算钢筋混凝土受弯构件时：$[a_s] = [a_f]/\theta$

当按荷载标准组合值计算预应力混凝土受弯构件时：$[a_s] = \dfrac{M_k}{M_q(\theta-1)+M_k}[a_f]$

式中：a_s^0——在检验用荷载标准组合值或荷载准永久组合值作用下的构件挠度实测值；

$[a_s]$——挠度检验允许值；

M_k——按荷载标准组合值计算的弯矩值；

M_q——按荷载准永久组合值计算的弯矩值；

θ——考虑荷载长期效应组合对挠度增大的影响系数，按现行国家标准《混凝土结构设计标准》GB/T 50010 确定；

$[a_f]$——受弯构件的挠度限值，按现行国家标准《混凝土结构设计标准》GB/T 50010 确定。

（2）当按构件实配钢筋进行挠度检验或仅检验构件的挠度、抗裂或裂缝宽度时，应满足式(9.2-3)的要求。

$$a_s^0 \leqslant 1.2a_s^c \tag{9.2-3}$$

式中：a_s^c——在检验用荷载标准组合值或荷载准永久组合值作用下，按实配钢筋确定的构件短期挠度计算值，按现行国家标准《混凝土结构设计标准》GB/T 50010确定。

a_s^0应同时满足式(9.2-2)的要求。

3）抗裂检验

抗裂检验应满足式(9.2-4)的要求。

$$\gamma_{cr}^0 \geqslant [\gamma_{cr}] \tag{9.2-4}$$

$$[\gamma_{cr}] = \frac{0.95(\sigma_{pc} + \gamma f_{tk})}{\sigma_{ck}} \tag{9.2-5}$$

式中：γ_{cr}^0——构件的抗裂检验系数实测值，即试件的开裂荷载实测值与检验用荷载标准组合值（均包括自重）的比值；

$\quad\ \ [\gamma_{cr}]$——构件的抗裂检验系数允许值；

$\quad\ \ \sigma_{pc}$——由预加力产生的构件抗拉边缘混凝土法向应力值，按现行国家标准《混凝土结构设计标准》GB/T 50010确定；

$\quad\ \ \gamma$——混凝土构件截面抵抗矩塑性影响系数，按现行国家标准《混凝土结构设计标准》GB/T 50010确定；

$\quad\ \ f_{tk}$——混凝土抗拉强度标准值；

$\quad\ \ \sigma_{ck}$——按荷载标准组合值计算的构件抗拉边缘混凝土法向应力值，按现行国家标准《混凝土结构设计标准》GB/T 50010确定。

4）裂缝宽度检验

裂缝宽度检验应满足式(9.2-6)的要求。

$$\omega_{s,max}^0 \leqslant [\omega_{max}] \tag{9.2-6}$$

式中：$\omega_{s,max}^0$——在检验用荷载标准组合值或荷载准永久组合值作用下，受拉主筋处的最大裂缝宽度实测值；

$\quad\ \ [\omega_{max}]$——构件检验的最大裂缝宽度允许值，按表 9.2-3 取用。

构件检验的最大裂缝宽度允许值（单位：mm）　　　　　　表 9.2-3

设计要求的最大裂缝宽度限值	0.1	0.2	0.3	0.4
$[\omega_{max}]$	0.07	0.15	0.20	0.25

9.2.4.2　试验方法

1）试验条件

进行结构性能检验时的试验条件应符合下列规定：

（1）试验场地的温度应在 0℃以上。

（2）蒸汽养护后的构件应在冷却至常温后进行试验。

（3）预制构件的混凝土强度应达到设计强度的 100%以上。

（4）构件在试验前应量测其实际尺寸，并检查构件表面，所有的缺陷和裂缝应在构件上标出。

（5）试验用的加荷设备及量测仪表应预先进行标定或校准。

2）支承方式

试验预制构件的支撑方式应符合下列规定：

（1）对板、梁和桁架等简支构件，试验时应一端采用铰支承，另一端采用滚动支承。铰支承可采用角钢、半圆型钢或焊于钢板上的圆钢，滚动支承可采用圆钢。

（2）对四边简支或四角简支的双向板，其支承方式应保证支承处构件能自由转动，支承面可相对水平移动。

（3）当试验的构件承受较大集中力或支座反力时，应对支承部分进行局部受压承载力验算。

（4）构件与支承面应紧密接触；钢垫板与构件、钢垫板与支墩间，宜铺砂浆垫平。

（5）构件支承的中心线位置应符合设计要求。

3）安全防护措施

试验时应采用安全防护措施，并应符合下列规定：

（1）试验的加荷设备、支架、支墩等，应有足够的承载力安全储备。

（2）试验屋架等大型构件时，应根据设计要求设置侧向支承；侧向支承应不妨碍构件在其平面内的位移。

（3）试验过程中应采取安全措施保护试验人员和试验设备安全。

4）试验荷载布置与加载方式

荷载布置应符合设计的要求。当荷载布置不能完全与设计的要求相符时，应按荷载效应等效的原则换算，并应计入荷载布置改变后对构件其他部位的不利影响。

加载方式应根据设计加载要求、构件类型及设备等条件选择。当按不同形式荷载组合进行加载试验时，各种荷载应按比例增加，并应符合下列规定：

（1）荷重块加载可用于均布加载试验。荷重块应按区格成垛堆放，垛与垛之间的间隙不宜小于100mm，荷重块的最大边长不宜大于500mm。

（2）千斤顶加载可用于集中加载试验。集中加载可采用分配梁系统实现多点加载。千斤顶的加载值宜采用荷载传感器量测，也可采用油压表量测。

（3）梁或桁架可采用水平对顶加荷方法，此时构件应垫平且不应妨碍构件在水平方向的位移。梁也可采用竖直对顶的加荷方法。

（4）当屋架仅作挠度、抗裂或裂缝宽度检验时，可将两榀屋架并列，安放屋面板后进行加载试验。

加载过程应符合下列规定：

（1）预制构件应分级加载。当荷载小于标准荷载时，每级荷载不应大于标准荷载的20%；当荷载大于标准荷载时，每级荷载不应大于标准荷载的10%；当荷载接近抗裂检验荷载时，每级荷载不应大于标准荷载的5%；当荷载接近承载力检验荷载时，每级荷载不应大于设计荷载的5%。

（2）试验设备重量及预制构件自重应作为第一次加载的一部分。

（3）试验前宜对预制构件进行预压，以检查试验装置的工作是否正常，但应防止构件因预压而开裂。

（4）对仅作挠度、抗裂或裂缝宽度检验的构件应分级卸载。

每级加载完成后，应持续 10～15min；在标准荷载作用下，应持续 30min。在持续时间内，应观察裂缝的出现和开展，以及钢筋有无滑移等。持续时间结束时，应观察并记录各项读数。

进行承载力检验时，应加载至预制构件出现表 9.2-2 所列承载能力极限状态的检验标志之一后结束试验。当在规定的荷载持续时间内出现上述检验标志之一时，应取本级荷载值与前一级荷载值的平均值作为其承载力检验荷载实测值；当在规定的荷载持续时间结束后出现上述检验标志之一时，应取本级荷载值作为其承载力检验荷载实测值。

5）挠度量测

挠度量测应符合下列规定：

（1）挠度可采用百分表、位移传感器、水平仪等进行观测。接近破坏阶段的挠度，可采用水平仪或拉线、直尺等测量。

（2）试验时，应量测构件跨中位移和支座沉陷。对宽度较大的构件，应在每一量测截面的两边或两肋布置测点，并取其量测结果的平均值作为该处的位移。

（3）当试验荷载竖直向下作用时，对水平放置的试件，在各级荷载下的跨中挠度实测值应按下列公式计算：

$$a_t^0 = a_q^0 + a_g^0 \tag{9.2-7}$$

$$a_q^0 = v_m^0 - \frac{1}{2}(v_l^0 + v_r^0) \tag{9.2-8}$$

$$a_g^0 = \frac{M_g}{M_b} a_b^0 \tag{9.2-9}$$

式中：a_t^0——全部荷载作用下构件跨中的挠度实测值（mm）；

a_q^0——外加试验荷载作用下构件跨中的挠度实测值（mm）；

a_g^0——构件自重及加荷设备重产生的跨中挠度值（mm）；

v_m^0——外加试验荷载作用下构件跨中的位移实测值（mm）；

v_l^0、v_r^0——外加试验荷载作用下构件左、右端支座沉陷的实测值（mm）；

M_g——构件自重和加荷设备重产生的跨中弯矩值（kN·m）；

M_b——从外加试验荷载开始至构件出现裂缝的前一级荷载为止的外加荷载产生的跨中弯矩值（kN·m）；

a_b^0——从外加试验荷载开始至构件出现裂缝的前一级荷载为止的外加荷载产生的跨中挠度实测值（mm）。

当采用等效集中力加载模拟均布荷载进行试验时，挠度实测值应乘以修正系数 φ。当采用三分点加载时 φ 可取 0.98；当采用其他形式集中力加载时，φ 应经计算确定。

6）裂缝观测

裂缝观测应符合下列规定：

（1）观察裂缝出现可采用放大镜。试验中未能及时观察到正截面裂缝的出现时，可取荷载-挠度曲线上第一弯转段两端点切线的交点的荷载值作为构件的开裂荷载实测值。

（2）构件抗裂检验，当在规定的荷载持续时间内出现裂缝时，应取本级荷载值与前一级荷载值的平均值作为其开裂荷载实测值；当在规定的荷载持续时间结束后出现裂缝时，应取本级荷载值作为其开裂荷载实测值。

（3）裂缝宽度宜采用精度 0.05mm 的刻度放大镜等仪器进行观测，也可采用满足精度要求的裂缝检验卡进行观测。

（4）对正截面裂缝，应量测受拉主筋处的最大裂缝宽度；对斜截面裂缝，应量测腹部斜裂缝的最大裂缝宽度。当确定受弯构件受拉主筋处的裂缝宽度时，应在构件侧面量测。

9.2.4.3 合格判定

当预制构件结构性能的全部检验结果均满足 9.2.4.1 节全部要求时，该批构件可判为合格；当预制构件的检验结果不满足上述要求，但能满足第二次检验指标要求时，可再抽两个预制构件进行二次检验。第二次检验指标，对承载力及抗裂检验系数的允许值应取"9.2.4.1 技术要求"第 1）条和第 4）条规定的允许值减 0.05；对挠度的允许值应取"9.2.4.1 技术要求"第 2）条规定的挠度检验允许值[a_s]的 1.10 倍；

当进行二次检验时，如第一个检验的预制构件的全部检验结果均满足 9.2.4.1 节全部要求，该批构件可判为合格；如两个预制构件的全部检验结果均满足第二次检验指标的要求，该批构件也可判为合格。

9.2.5 外观质量

9.2.5.1 技术要求

预制构件的外观质量应符合表 9.2-4 的规定。

预制构件外观质量要求　　　　　　　　　　　　表 9.2-4

序号	名称	现象	质量要求
1	露筋	钢筋未被混凝土完全包裹	不应有
2	蜂窝	混凝土表面石子外露	不应有
3	孔洞	混凝土中孔洞深度和长度超过保护层	不应有
4	外形缺陷	缺棱掉角、表面翘曲	清水表面不应有，浑水表面不宜有
5	外表缺陷	表面麻面、起砂、掉皮、污染等	清水表面不应有，浑水表面不宜有 不应有影响结构性能的破损，不影响结构性能和使用功能的破损不宜有
6	连接部位缺陷	连接钢筋、拉结件松动	不应有
7	裂缝	裂缝贯穿保护层到达部品内部	不应有影响结构性能的裂缝，不影响结构性能和使用功能的裂缝不宜有

9.2.5.2 检验方法

外观质量检验以观察、量测为主要方法。

9.2.5.3 合格判定

表 9.2-4 序号 1～6 项目全部符合要求时，判定该件产品合格，否则判定该件产品不合

格并剔除；表9.2-4中序号7项目符合要求时，判定该件产品合格，否则判定该件产品不合格并应修补至合格。

9.2.6　尺寸偏差与保护层厚度

9.2.6.1　技术要求

预制构件的尺寸允许偏差与混凝土保护层厚度应分别符合表9.2-5、表9.2-6的规定。

预制构件尺寸允许偏差

表9.2-5

序号	项目			允许偏差/mm
1	长度	楼板、梁、柱、桁架	＜12m	±5
			≥12m且＜18m	±10
			≥18m	±20
		墙板		±4
2	宽度、高（厚）度	楼板、梁、柱、桁架截面尺寸		±5
		墙板		±5
3	表面平整度	楼板、梁、柱、墙板内表面		≤5
		墙板外表面		≤3
4	侧向弯曲	楼板、梁、柱		≤L/750且≤20
		墙板、桁架		≤L/1000且≤20
5	翘曲	板		≤L/750
		墙板		≤L/1000
6	对角线差	楼板		≤10
		墙板、门窗口		≤5
7	挠度变形	板、梁、桁架设计起拱		±10
		板、梁、桁架下垂		0
8	预留孔	中心线位置		≤5
		孔尺寸		±5
9	预留洞	中心线位置		≤10
		洞口尺寸、深度		±10
10	门窗口	中心线位置		≤5
		宽度、高度		±3
11	预埋件	预埋件锚板中心线位置		≤5
		预埋件锚板与混凝土面平面高差		−5～0
		预埋螺栓中心线位置		≤2
		预埋螺栓外露长度		−5～10

续表

序号	项目		允许偏差/mm
11	预埋件	预埋套筒、螺母中心线位置	≤2
		预埋套筒、螺母与混凝土面平面高差	−5～0
		线管、电盒、木砖、吊环在部品平面的中心线位置偏差	≤20
		线管、电盒、木砖、吊环在部品表面混凝土高差	−10～0
12	预留钢筋	中心线位置	≤3
		外露长度	−5～5
13	键槽	中心线位置	≤5
		长度、宽度、深度	±5

注：L 为模具与混凝土接触面中最长边的尺寸。

预制构件混凝土保护层厚度　　　　　　　　　　表 9.2-6

项目	混凝土保护层厚度/mm
柱、梁	−5～10
楼板、墙板、楼梯、阳台板等	−3～5

9.2.6.2 检验方法

预制构件尺寸偏差与混凝土保护层厚度检验方法如表 9.2-7 所示。

预制构件尺寸偏差与混凝土保护层厚度检验方法　　　　表 9.2-7

序号	项目			检验方法
1	长度	楼板、梁、柱、桁架	<12m	尺量检查
			≥12m 且 <18m	
			≥18m	
		墙板		
2	宽度、高（厚）度	楼板、梁、柱、桁架截面尺寸		钢尺量一端及中部，取其中偏差绝对值较大处
		墙板		
3	表面平整度	楼板、梁、柱、墙板内表面		2m 靠尺和塞尺测量
		墙板外表面		
4	侧向弯曲	楼板、梁、柱		钢尺量最大侧向弯曲处
		墙板、桁架		
5	翘曲	板		调平尺在两端测量
		墙板		
6	对角线差	楼板		钢尺量两个对角线
		墙板、门窗口		

序号	项目		检验方法
7	挠度变形	板、梁、桁架设计起拱	拉线、直尺量测最大侧向弯曲处
		板、梁、桁架下垂	
8	预留孔	中心线位置	尺量检查
		孔尺寸	
9	预留洞	中心线位置	尺量检查
		洞口尺寸、深度	
10	门窗口	中心线位置	尺量检查
		宽度、高度	
11	预埋件	预埋件锚板中心线位置	尺量检查
		预埋件锚板与混凝土面平面高差	
		预埋螺栓中心线位置	
		预埋螺栓外露长度	
		预埋套筒、螺母中心线位置	
		预埋套筒、螺母与混凝土面平面高差	
		线管、电盒、木砖、吊环在部品平面的中心线位置偏差	
		线管、电盒、木砖、吊环在部品表面混凝土高差	
12	预留钢筋	中心线位置	尺量检查
		外露长度	
13	键槽	中心线位置	尺量检查
		长度、宽度、深度	
14	混凝土保护层厚度	柱、梁、楼板、墙板、楼梯、阳台板等	保护层厚度可采用深度游标卡尺，在产品中部同一断面的三处不同部位测量，精确至0.1mm；也可以采用电磁法或雷达法无损检测仪量测。测量方法应符合 JGJ/T 152 的有关规定，精确至1mm

9.2.6.3 合格判定

尺寸允许偏差检验判定：全部符合表9.2-5要求且符合现行国家标准《装配式混凝土建筑用预制部品通用技术条件》GB/T 40399[74]中有关尺寸偏差的规定时，判定该件产品合格，否则判定该件产品不合格并剔除。

混凝土保护层厚度检验判定：合格率不低于90%时，判定该批产品混凝土保护层厚度合格；合格率低于90%但不低于80%时，可再抽取同样数量产品进行检验，两次抽样批总和计算的合格率不低于90%时，判定该批产品混凝土保护层厚度合格，否则应逐件检验并剔除不合格品。

9.3 木材及构配件

木结构建筑在当代建筑领域依然保持着重要的地位，本节主要介绍木材及构配件的检验方法。

9.3.1 检测参数及检评依据

本章所述木材及构配件的检测参数及检评依据如表 9.3-1 所示。

木材及构配件的检测参数及检评依据 表 9.3-1

序号	项目名称	检验参数	检测依据	评定标准
1	木材	含水率	GB/T 1927.4 GB 50206	GB 50206
		弹性模量、静曲强度	GB/T 17657	
2	圆钉	钉抗弯强度	GB 50206	设计文件

9.3.2 定义与分类

（1）方木、原木结构

承重构件由方木（含板材）或原木制作的结构。

（2）胶合木结构

承重构件由层板胶合木制作的结构。

（3）轻型木结构

主要由规格材和木基结构板，并通过钉连接制作的剪力墙与横隔（楼盖、屋盖）所构成的木结构，多用于 1～3 层房屋。

（4）规格材

由原木锯解成截面宽度和高度在一定范围内，尺寸系列化的锯材，并经干燥、刨光、定级和标识后的一种木产品。

（5）原木

伐倒并除去树皮、树枝和树梢的树干，如图 9.3-1（a）所示。

（6）方木

直角锯切、截面为矩形或方形的木材，如图 9.3-1（b）所示。

（7）层板胶合木

以木板层叠胶合而成的木材产品，简称胶合木，也称结构用集成材。按层板种类可分为普通层板胶合木、目测分等和机械分等层板胶合木，如图 9.3-1（c）所示。

（8）木基结构板材

将原木旋切成单板或将木材切削成木片，经胶合热压制成的承重板材，包括结构胶合板和定向木片板，可用于轻型木结构的墙面、楼面和屋面的覆面板，如图 9.3-1（d）所示。

（9）结构复合木材

将原木旋切成单板或切削成木片，施胶加压而成的一类木基结构用材，包括旋切板胶合木、平行木片胶合木、层叠木片胶合木及定向木片胶合木等，如图 9.3-1（e）所示。

（10）钉连接

利用圆钉抗弯、抗剪和钉孔孔壁承压传递构件间作用力的一种销连接形式。

(a) 原木　　　　　　　　　　　　　　　　(b) 方木

(c) 层板胶合木　　　　　　　　　　　　(d) 木基结构板材

(e) 结构复合木材

图 9.3-1　木材分类图示

9.3.3　抽样要求

（1）木材含水率

木材含水率检验的抽样数量应符合表 9.3-2 的要求。原木、方木（含板材）和层板宜采用烘干法（重量法）测定，规格材以及层板胶合木等木构件可采用电测法测定。烘干法测定含水率时，原木、方木（含板材）和层板的每根试材应在距端头 200mm 处沿截面均匀地截取 5 个尺寸为 20mm×20mm×20mm 的试样。电测法测定含水率时，层板胶合木构件或其他木构件应从每根试材距两端 200mm 起，沿长度均匀地取三个截面，对于规格材或其他木构件，每一个截面的四面中部应各测定含水率；对于层板胶合木构件，应在两侧测定每层层板的水率。

含水率检测的抽样数量要求   表 9.3-2

类别	抽样数量
方木、原木结构构件	每一检验批每一树种每一规格木材随机抽取 5 根
胶合木结构层板胶合木构件	每一检验批每一规格胶合木构件随机抽取 5 根
轻型木结构用规格材	每一检验批每一树种每一规格等级规格材随机抽取 5 根

（2）木材静曲强度和静曲弹性模量

木材静曲强度和静曲弹性模量检验的抽样数量应符合表 9.3-3 的要求。

静曲强度和静曲弹性模量检验的抽样数量要求   表 9.3-3

类别	检验参数	抽样数量
方木、原木结构木材	静曲强度	试材应在每检验批每一树种木材中随机抽取 3 株（根）木料，应在每株（根）试材的髓心外切取 3 个无疵弦向静曲强度试件为一组
轻型木结构用木基结构板材	静曲强度和静曲弹性模量	每一检验批每一树种每一规格等级板材随机抽取 3 张

（3）圆顶钉抗弯强度

钉抗弯强度每一检验批每一规格圆钉随机抽取 10 枚。

9.3.4 含水率

9.3.4.1 技术要求

控制木材的含水率，主要是为防止木材干裂和腐朽。原木、方木在干燥过程中，切向收缩最大，径向次之，纵向最小。外层木材会先于内层木材干燥，其干缩变形会受到内层木材的约束而受拉。当横纹拉应力超过木材的抗拉强度时，木材就发生开裂。制作构件时，如果干裂裂缝与齿连接或螺栓连接的受剪面接近或重合，就会影响连接的承载力，甚至发生工程事故。如木材含水率过大，干缩变形很大，会影响木结构节点连接的紧密性；同时，木材的弹性模量降低，结构的变形加大。含水率超过 20% 而又通风不畅时，木材易发生腐朽。因此，无论是构件制作还是进场，都应控制含水率。

各类构件制作及进场时木材的平均含水率应符合表 9.3-4 规定。

木材的平均含水率要求   表 9.3-4

结构种类	类别	技术要求
方木、原木结构	原木或方木	不应大于 25%
	板材及规格材	不应大于 20%
	受拉构件的连接板	不应大于 18%
	处于通风条件不畅环境下的木构件的木材	不应大于 20%
胶合木结构	层板胶合木构件	不应大于 15%
轻型木结构	规格材	不应大于 20%

注：对于层板胶合木构件，同一构件各层板间含水率差别不应大于 5%。

9.3.4.2　检验方法

木材含水率检验方法主要包括三种：烘干法（重量法）、真空干燥法和电测法。

1）烘干法（重量法）

（1）试验设备

①天平：分度值 0.001g。

②烘箱：工作温度 103℃ ± 2℃。

③玻璃干燥器和称量瓶。

（2）试样

试样通常在需要测定含水率的试材、试条上，或在物理力学试验后试样上，按照所对应标准试验方法规定的部位截取。试样尺寸约为 20mm × 20mm × 20mm。附在试样上的木屑、碎片应清除干净。

（3）试验步骤

①取到的试样应先编号，尽快称量，并将结果填入记录表中，精确至 0.001g。

②将同批试验取得的含水率试样，一并放入烘箱内，在 103℃ ± 2℃温度下烘 8h 后，从中选定 2～3 个试样进行一次试称，以后每隔 2h 称量所选试样一次，至最后两次称量之差不超过试样质量的 0.5%时，即认为试样达到全干。

③用干燥的镊子将试件从烘箱中取出，放入装有干燥剂的玻璃干燥器内的称量瓶中，盖好称量瓶和干燥器盖。

④试样冷却至室温后，用干燥的镊子自称量瓶中取出称量。

⑤如试样为含有较多挥发物质（树脂、树胶等）的木材时，为避免用烘干法测定的含水率产生过大误差，宜改用真空干燥法测定。

（4）结果计算

试样的含水率按式(9.3-1)计算，精确至 0.1%。

$$W = \frac{m_1 - m_0}{m_0} \times 100 \qquad (9.3\text{-}1)$$

式中：W——试样含水率（%）；

　　m_1——试样试验时的质量（g）；

　　m_0——试样全干时的质量（g）。

2）真空干燥法

（1）试验设备

①天平：精度 0.001g。

②真空干燥箱：真空度范围 0～101.325kPa，漏气量小于等于 1.333kPa/h，升温范围为室温至 200℃，恒温误差小于等于 2℃。

（2）试样

应将尺寸约为 20mm × 20mm × 20mm 的试样沿纹理制备成约 2mm 厚的薄片。

（3）试验步骤

①将取自同一个试样的薄片，全部放入同一个称量瓶称量，精确至 0.001g。结果填入记录表中。

②称量后，将放试样的称量瓶置于真空干燥箱内，在温度低于 50℃和抽真空的条件下，使试样达全干后称量，精确至 0.001g。检查试样是否达到全干的检查方法按上述烘干法试验步骤②确定。

（4）结果计算

试样的含水率按式(9.3-2)计算，精确至 0.1%。

$$W = \frac{m_2 - m_3}{m_3 - m} \times 100 \tag{9.3-2}$$

式中：W——试样含水率（%）；

m_2——试样和称量瓶试验时的质量（g）；

m_3——试样全干时和称量瓶的质量（g）；

m——称量瓶的质量（g）。

3）电测法

电测仪器应由当地计量行政部门标定认证。测定时应严格按仪表使用要求操作，并应正确选择木材的密度和温度等参数，测定深度不应小于 20mm，并应有将其测量值调整至截面平均含水率的可靠方法。

9.3.4.3　结果评定

烘干法应以每根试材的 5 个试样平均值作为该试材含水率，应以 5 根试材中的含水率最大值作为该批木料的含水率，并符合规定木材含水率的要求。

规格材应以每根试材的 12 个测点的平均值作为每根试材的含水率，5 根试材的最大值应为检验批该树种该规格的含水率代表值。

层板胶合木构件的 3 个截面上各层层板含水率的平均值应为该构件含水率，同一层板的 6 个含水率平均值应作为该层层板的含水率代表值。

9.3.5　静曲强度、弹性模量

9.3.5.1　技术要求

进场方木与原木结构用木材均应进行弦向静曲强度见证检验，其最小强度应符合表 9.3-5 的要求。

方木与原木结构用木材静曲强度要求　　　　　　　表 9.3-5

木材种类	针叶材				阔叶材				
强度等级	TC11	TC13	TC15	TC17	TB11	TB13	TB15	TB17	TB20
最小强度/（N/mm²）	44	51	58	72	58	68	78	88	98

进场轻型木结构用木基结构板材应进行静曲强度和静曲弹性模量见证检验，所测得的平均值不应低于产品说明书的规定。

轻型木结构覆板用胶合板的静曲强度和弹性模量应符合表 9.3-6 的要求。

轻型木结构覆板用胶合板的静曲强度和弹性模量要求　　　　表 9.3-6

检验项目		单位	基本厚度/mm						
			≥5～6	>6～7.5	>7.5～9	>9～12	>12～15	>15～21	>21
静曲强度	顺纹	MPa	38.0	36.0	32.0	28.0	24.0	22.0	24.0
	横纹	MPa	8.0	14.0	12.0	16.0	20.0	20.0	18.0
弹性模量	顺纹	MPa	8500	8000	7000	6500	5500	5000	5500
	横纹	MPa	500	1000	2000	2500	3500	4000	3500

9.3.5.2　试验方法

静曲强度和弹性模量的试验方法主要有两种：三点弯曲法和四点弯曲法。

1）三点弯曲法

（1）试验设备

①万能力学试验机，根据产品要求选择合适的载荷量程范围，测量精度为载荷值的1%。试验机由以下部分组成：

两个平行的圆柱形支承辊（图9.3-2），辊长度应超过试件宽度。当板基本厚度 $t \leqslant 6mm$ 时，支承辊直径为 10mm ± 0.5mm；当板基本厚度 $t > 6mm$ 时，支承辊直径为 15mm ± 0.5mm。支承辊之间的距离应可调节。

圆柱形加载辊（图9.3-2），当板基本厚度 $t \leqslant 6mm$ 时，加载辊直径为10mm ± 0.5mm；当板基本厚度 $t > 6mm$ 时，加载辊直径为 30mm ± 0.5mm。加载辊轴线应与支承辊轴线平行，并与两支承辊之间距离相等。

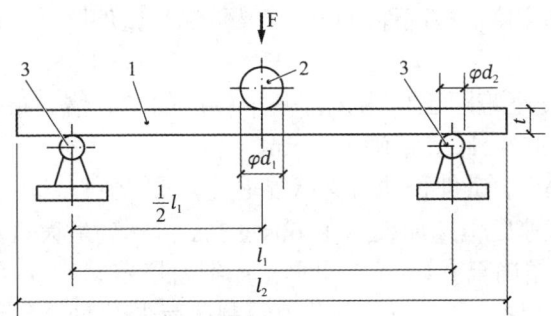

1—试件；2—加载辊；3—支承辊

图 9.3-2　静曲强度和弹性模量测定示意图（三点弯曲法）

注：$l_2 = l_1 + 50$；$l_1 \geqslant 20t$；$t \leqslant 6$时，$\varphi d_1 = \varphi d_2 = (10 \pm 0.5)$；$t > 6$时，$\varphi d_1 = (30 \pm 0.5)$，$\varphi d_2 = (15 \pm 0.5)$。

变形测量仪（如百分表或类似测量工具），置于支承辊中间，测量试件变形，分度值为0.01mm。

测量系统，可测量施加到试件上的载荷，精确度为测量值的1%。

②千分尺，量程 0～25mm、25～50mm、50～75mm，分度值0.01mm。

③游标卡尺，量程0～300mm、0～600mm、0～1500mm，分度值0.05mm或优于0.05mm。

（2）试件

①试件尺寸

通常试件尺寸为长 $l_2 \geqslant 20t + 50mm$（ t 为试件基本厚度），且 $150mm \leqslant l_2 \leqslant 1050mm$；

宽$b = 50mm \pm 1mm$。

对于管孔平行于试件长度的孔状、蜂窝状等空心结构板，试件宽度至少为各管孔截面单元宽度的 2 倍（即 2 倍管径加 2 个壁板厚度），试件应有一对称的横断面，如图 9.3-3 所示。若试件管孔垂直于试件长度，加载辊应位于壁板正上方。

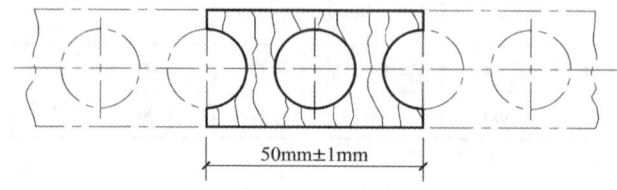

图 9.3-3　空心板的横截面

测定静曲强度时，如果试件挠度变形很大而试件并未破坏，则两支座间距离应减小，但不应小于 100mm。如果发生试件破坏，检测报告中应写明试件破坏时的支座距离，并应重取试件测定。

胶合板类试件应没有明显影响其强度的特征。

② 试件平衡处理

必要时，将试件置于温度 20℃ ± 2℃、相对湿度 65% ± 5%的环境中平衡至质量恒定，即相隔 24h 两次称量结果之差不超过试件最后一次称量质量的 0.1%。

（3）试验步骤

① 根据板的纵横向，取两组试件进行试验。每组试件测试时，一半试件正面向上，一半试件背面向上。

② 测量试件厚度和宽度。在试件对角线交叉点测量试件厚度，在试件边长中部测量试件宽度。

③ 调节试验机两支座跨距至少为试件基本厚度的 20 倍，最小为 100mm，最大为 1000mm。测量支座间的中心距，精确至 1mm。

④ 试件平放在支座上，试件长轴与支承辊垂直，试件中心点在加载辊下方（图 9.3-2）。

⑤ 选择适当的加载速度恒速加载，在 60s ± 30s 内达到最大试验载荷。试验过程中测量试件的挠曲变形量，精确至 0.1mm，同时记录该挠曲变形量对应的试验载荷，精确至测量值的 1%。根据挠曲变形量和对应的载荷值绘制载荷-挠度曲线。如果挠度变形测得的是增量读数，则至少取 6 对载荷-挠度值。

⑥ 记录最大载荷，精确至测量值的 1%。

（4）结果计算

① 试件静曲强度

试件静曲强度按式(9.3-3)计算，精确至 0.1MPa。

$$\sigma_b = \frac{3F_{max} \cdot l_1}{2bt^2} \tag{9.3-3}$$

式中：σ_b——试件静曲强度（MPa）；

F_{max}——试件破坏时最大载荷（N）；

l_1——两支座间距离（mm）；

　　　　b——试件宽度（mm）；

　　　　t——试件厚度（mm）。

　　② 板静曲强度

　　对于纵横向结构有差异的板材，以同一张板、同组内试件静曲强度算术平均值作为板纵向静曲强度或板横向静曲强度，精确至 0.1MPa。

　　对于纵横向结构无明显差异的板材，以同一张板全部试件（纵横向两组试件）静曲强度算术平均值作为板静曲强度，精确至 0.1MPa。

　　③ 试件弹性模量

　　试件弹性模量按式(9.3-4)计算，精确至 10MPa。

$$E_{\mathrm{b}} = \frac{l_1^3}{4bt^3} \times \frac{F_2 - F_1}{a_2 - a_1} \tag{9.3-4}$$

式中：E_{b}——试件弹性模量（MPa）；

　　　　l_1——试件长度（mm）；

　$F_2 - F_1$——在载荷-挠度曲线中直线段内载荷的增加量（图 9.3-4）（N），其中 F_1 值约为最大载荷的 10%，F_2 值约为最大载荷的 40%；

　$a_2 - a_1$——试件中部变形的增加量，即在力 $F_2 - F_1$ 区间试件的变形量（图 9.3-4）（mm）。

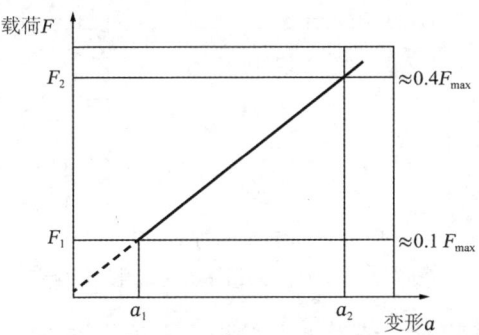

图 9.3-4　弹性变形范围内的载荷-挠度曲线

　　④ 板弹性模量

　　对于纵横向结构有差异的板材，以同一张板、同组内试件弹性模量算术平均值作为板纵向弹性模量或板横向弹性模量，精确至 10MPa。

　　对于纵横向结构无明显差异的板材，以同一张板全部试件（纵横向两组试件）弹性模量算术平均值作为板弹性模量，精确至 10MPa。

　　2）四点弯曲法

　　（1）试验设备

　　① 万能力学试验机，根据产品要求选择合适的载荷量程范围，测量精度为载荷值的 1%。

　　② 千分尺，量程 0～25mm、25～50mm、50～75mm，分度值 0.01mm。

　　③ 游标卡尺，量程 0～300mm、0～600mm，0～1500mm，分度值 0.05mm 或优于 0.05mm。

　　（2）试件

　　① 试件尺寸

　　试件制取两组，一组为垂直加载试件，另一组为平行加载试件。

垂直加载试件（加载方向与胶层垂直）：长 $l_1 = 21t + 50mm$（t 为试件基本厚度），且 $l_1 \geqslant 150mm$；宽 $b = 90mm \pm 1mm$。

平行加载试件（加载方向与胶层平行）：长 $l_1 = 21t + 50mm$（t 为试件基本厚度），且 $l_1 \geqslant 150mm$；宽 $b = tmm \pm 1mm$。

在制取垂直加载试件时，若最外层单板在长度方向有接缝，应使该接缝居中。

② 试件平衡处理

必要时，将试件置于温度 20℃ ± 2℃、相对湿度 65% ± 5% 的环境中平衡至质量恒定，即相隔 24h 两次称量结果之差不超过试件最后一次称量质量的 0.1%。

（3）试验步骤

① 测量试件宽度和厚度。在试件长边中心处测量宽度；在试件长边中心距边 10mm 处测量厚度，每边各测一点，取两测量点厚度的算术平均值为试件厚度。

② 调节试验机两支座跨距为试件基本厚度的 21 倍，两加载辊间距为试件基本厚度的 7 倍，如图 9.3-5 所示，测定试件的静曲强度和弹性模量。加载辊轴线应与支承辊轴线平行，并对称放置；加载辊和支承辊直径为 30mm ± 0.5mm，其长度均应大于试件宽度。

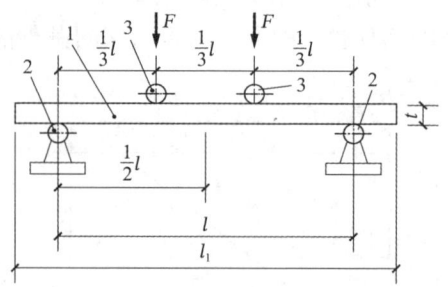

1—试件；2—支承辊；3—加载辊

图 9.3-5　静曲强度和弹性模量测定示意图（四点弯曲法）

③ 在进行垂直加载试验时，若最外层单板在长度方向有接缝，应使接缝位于受拉面一侧。

④ 选择适当的加载速度恒速加载，在 60s ± 30s 内达到最大试验载荷。试验期间，加载辊轴线应与试件长轴中心线垂直。试验过程中测量试件跨距中部挠曲变形量，精确至 0.1mm，同时记录该挠曲变形量对应的试验载荷，精确至测量值的 1%。根据挠曲变形量和对应的载荷值绘制载荷-挠度曲线。

⑤ 记录最大载荷，精确至测量值的 1%。

（4）结果计算

① 试件静曲强度

试件静曲强度按式(9.3-5)计算，精确至 0.1MPa。

$$\sigma_b = \frac{F_{max} \cdot l}{b \cdot t^2} \tag{9.3-5}$$

式中：σ_b——试件静曲强度（MPa）；

　　F_{max}——试件破坏时最大载荷（N）；

　　l——两支座间的距离（mm）；

b——垂直加载试件宽度（平行加载时的试件厚度）（mm）；

t——垂直加载试件厚度（平行加载时的试件宽度）（mm）。

② 板静曲强度

以同一张板、同组内试件静曲强度算术平均值作为板纵向静曲强度或板横向静曲强度，精确至 0.1MPa。

③ 试件弹性模量

试件弹性模量按式(9.3-6)计算，精确至 10MPa。

$$E_b = \frac{23l^3}{108bt^3} \times \frac{F_2 - F_1}{a_2 - a_1} \tag{9.3-6}$$

式中：E_b——试件弹性模量（MPa）；

$F_2 - F_1$——在载荷-挠度曲线中直线段内载荷的增加量（N）；

$a_2 - a_1$——试件中部变形的增加量，即在力 $F_2 - F_1$ 区间试件的变形量（mm）。

④ 板弹性模量

板纵向弹性模量或板横向弹性模量以同一张板、同组内试件弹性模量算术平均值表示，精确至 10MPa。

9.3.5.3 结果判断

（1）针对进场方木与原木结构用木材，当各组试件静曲强度试验结果的平均值中的最小值不低于表 9.3-1 的要求时，应判定为合格。

（2）针对轻型木结构覆板用胶合板，应按以下要求进行判定：

① 横纹和顺纹静曲强度应分别判定。符合静曲强度指标值规定的试件数不小于试件总数的 90%时，该批胶合板的静曲强度判为合格；小于 70%时，则判为不合格。如符合静曲强度指标值要求的试件数不小于试件总数的 70%，但小于 90%时，应进行复检，其结果符合该项性能指标值要求的试件数不小于试件总数的 90%时，判为合格；小于 90%时，则判为不合格。

② 横纹和顺纹弹性模量应分别判定。符合弹性模量指标值规定的试件数不小于试件总数的 90%时，该批胶合板的弹性模量判为合格；小于 70%时，则判为不合格。如符合弹性模量指标值要求的试件数不小于试件总数的 70%，但小于 90%时，应进行复检，其结果符合该项性能指标值要求的试件数不小于试件总数的 90%时，判为合格；小于 90%时，则判为不合格。

9.3.6 圆顶钉抗弯强度

9.3.6.1 技术要求

钉抗弯强度应满足设计文件要求。

9.3.6.2 试验方法

1）基本原理

本书所述试验方法适用于测定木结构连接中钉在静荷载作用下的弯曲屈服强度。钉在跨中受集中荷载弯曲作用（图9.3-6），根据荷载-挠度曲线可确定其弯曲屈服强度。

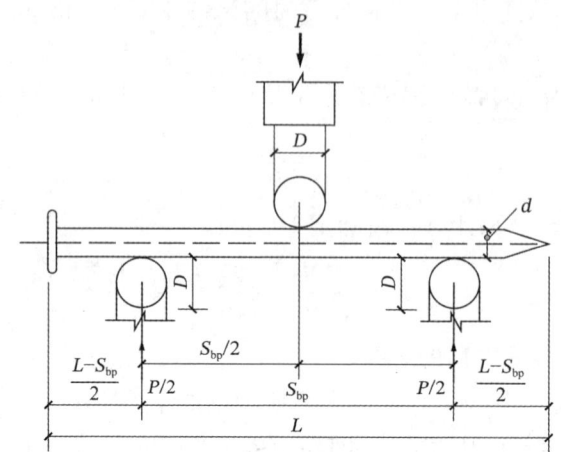

D—滚轴直径；d—钉杆直径；L—钉子长度；S_{bp}—跨度；P—施加的荷载

图9.3-6　跨中加载的钉弯曲试验

2）试验准备

（1）应准备一台压头按等速运行经过标定的试验机，准确度应达到±1%。钢制圆柱形滚轴支座，直径应为9.5mm，当试件变形时滚轴应能转动。钢制圆柱面压头，直径应为9.5mm。挠度测量仪表的最小分度值应不大于0.025mm。

（2）对于杆身光滑的钉，除采用成品钉外，也可采用已经冷拔用以制钉的钢丝作试件；木螺钉、麻花钉等杆身变截面的钉应采用成品钉作试件。钉的直径应在每个钉的长度中点测量，精确度应达到0.025mm。对于钉杆部分变截面的钉，应以无螺纹部分的钉杆直径为准。试件长度不应小于40mm。

3）试验步骤

（1）钉的试验跨度应符合表9.3-7的规定。

钉的试验跨度　　　　　　　　　　　　　　　　表9.3-7

钉的直径d/mm	$d \leqslant 4.0$	$4.0 < d \leqslant 6.5$	$d > 6.5$
试验跨度/mm	40	65	95

（2）试件应放置在支座上，试件两端应与支座等距。

（3）施加荷载时应使圆柱面压头的中心点与每个圆柱形支座的中心点等距。

（4）杆身变截面的钉试验时，应将钉杆光滑部分与变截面部分之间的过渡区段靠近两个支座间的中心点。

（5）加荷速度应不大于6.5mm/min。

（6）挠度应从开始加荷时逐级记录，直至达到最大荷载，并应绘制荷载-挠度曲线。

4）试验结果

对照荷载-挠度曲线的直线段，沿横坐标向右平移5%钉的直径，绘制与其平行的直线（图9.3-7），取该直线与荷载-挠度曲线交点的荷载值作为钉的屈服荷载。如果该直线未与荷载-挠度曲线相交，则应取最大荷载作为钉的屈服荷载。

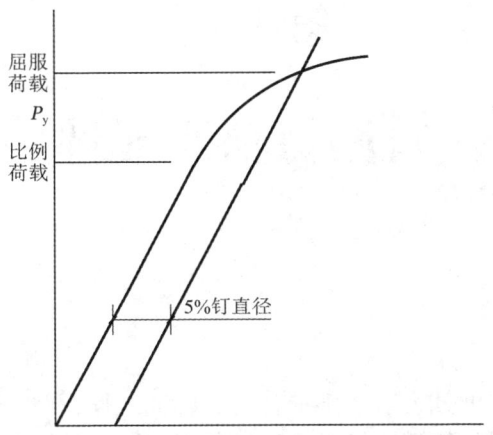

图 9.3-7　钉弯曲试验的荷载-挠度典型曲线

钉的抗弯屈服强度按式(9.3-7)计算。

$$f_y = \frac{3P_y S_{bp}}{2d^3}$$
(9.3-7)

式中：f_y——钉的抗弯屈服强度（MPa）；

　　　d——钉的直径（mm）；

　　　P_y——屈服荷载（N）；

　　　S_{bp}——钉的试验跨度（mm）。

9.3.6.3　结果判断

钉的抗弯屈服强度应取全部试件屈服强度的平均值，且不应低于设计文件的要求。

第 10 章

管网材料及配件

10.1 概述

根据使用功能，管网可分为给水排水管网、燃气工程管网、通信管网、电气工程管网等。不同使用功能的管网所使用的材料及配件各不相同，种类众多。根据管网材料的材质可以分为塑料管材、金属管材与复合管材。本章主要介绍常见的塑料管材（冷热水用聚丙烯管材、排水用硬聚氯乙烯管材、地下通信管道用塑料实壁管）和常见的金属管材（低压流体输送用焊接钢管、直缝电焊钢管），以及预应力混凝土用金属波纹管。

10.2 塑料管材

塑料管材是由高分子材料加工而成的化学建材，而化学建材是继钢材、木材、水泥之后，当代新兴的第四大类新型建筑材料。近些年，化学建材在我国取得了长足进步，发展迅猛，尤其是新型环保塑料管材的广泛使用，掀起了一场替代传统建材的革命。塑料管材因具有水流损失小、节能、节材、保护生态、施工便捷等优点，广泛应用于建筑给水排水、城镇给水排水以及燃气管道等领域，成为新世纪城建管网的主力军。

10.2.1 检测参数及检评依据

本章所述塑料管材的检测参数及检评依据如表 10.2-1 所示。

塑料管材的检测参数及检评依据   表 10.2-1

序号	检测项目	检测参数	检测依据	评定标准
1	冷热水用聚丙烯管材	尺寸	GB/T 8806	GB/T 18742.2
		静液压强度	GB/T 6111	
		简支梁冲击	GB/T 18743.1	
		纵向回缩率	GB/T 6671	
2	排水用硬聚氯乙烯管材	尺寸	GB/T 8806	GB/T 5836.1
		密度	GB/T 1033.1	
		维卡软化温度	GB/T 8802	
		纵向回缩率	GB/T 6671	
		拉伸屈服应力	GB/T 8804.2	
		断裂伸长率	GB/T 8804.2	
		落锤冲击试验	GB/T 14152	

序号	检测项目	检测参数		检测依据	评定标准
3	地下通信管道用塑料实壁管	硬聚氯乙烯（PVC-U）	尺寸	YD/T 841.1	YD/T 841.2
			落锤冲击试验		
			拉伸屈服强度		
			纵向回缩率		
			维卡软化温度		
		聚乙烯（PE）	尺寸	YD/T 841.1	
			落锤冲击试验		
			拉伸屈服强度		
			断裂伸长率		
			纵向回缩率		

10.2.2　分类

根据原料分类，塑料管材可分为聚丙烯（PP）管材、聚氯乙烯（PVC）管材和聚乙烯（PE）管材，其中，聚氯乙烯管材还可分为硬聚氯乙烯（PVC-U）管材、氯化聚氯乙烯（PVC-C）管材和高抗冲聚氯乙烯（PVC-HI）管材。根据用途分类，塑料管材可分为给水管材、排水管材、通信用管材、电工套管、燃气管、预应力混凝土用管等。根据连接方式分类，塑料管材可分为胶粘剂粘结型管材、弹性密封圈连接型管材和电热熔连接型管材。

本章所述常见的塑料管材如图 10.2-1 所示。

(a) 冷热水用聚丙烯管材

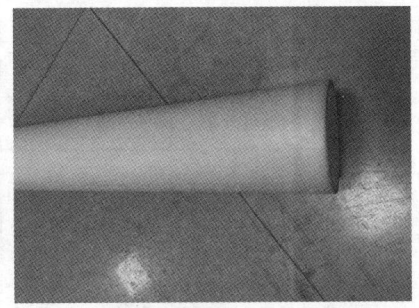

(b) 排水用硬聚氯乙烯管材

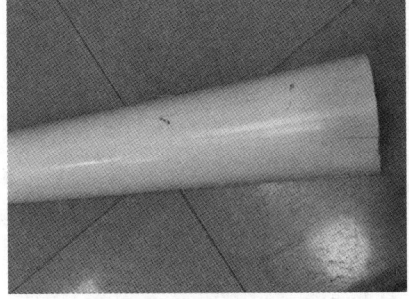

(c) 地下通信管道用硬聚氯乙烯实壁管

(d) 地下通信管道用聚乙烯实壁管

图 10.2-1　常见塑料管材

10.2.3 制样要求

根据现行国家标准《冷热水用聚丙烯管道系统 第 2 部分：管材》GB/T 18742.2[75]、《建筑排水用硬聚氯乙烯（PVC-U）管材》GB/T 5836.1[76]和现行行业标准《地下通信管道用塑料管 第 2 部分：实壁管》YD/T 841.2[77]，制样应符合表 10.2-2 的要求，从管材上沿管材的轴线取样条。

塑料管材的制样要求　　　　　　　　　　　　　　　　表 10.2-2

序号	检测项目		检测参数	检验依据	试样规格	试样数量
1	冷热水用聚丙烯管材		尺寸	GB/T 8806	约 100mm 长管段	1
			静液压强度	GB/T 6111	公称外径 DN ≤ 315mm 时，管段长度为 3DN + 300mm，不小于 600mm	3
			简支梁冲击	GB/T 18743.1	见 GB/T 18743.1—2022 第 6 章无缺口试样	10
			纵向回缩率	GB/T 6671	200mm ± 20mm 管段	3
2	排水用硬聚氯乙烯管材		尺寸	GB/T 8806	约 100mm 长管段	1
			密度	GB/T 1033.1	15mm × 15mm	3
			维卡软化温度	GB/T 8802	沿轴向截取弧形管段：长约 50mm，宽 10～20mm，如壁厚大于 6mm，应使壁厚减至 4mm；如壁厚小于 2.4mm，取两片试样叠放，未压平试样的凹面向上，下面放置压平的试样	2
			纵向回缩率	GB/T 6671	200mm ± 20mm 长管段	3
			拉伸屈服应力	GB/T 8804.2	壁厚 ≤ 12mm 机械加工使用 1 型试样，冲裁使用 2 型试样；壁厚 > 12mm 机械加工使用 1 型试样	3（15 ≤ DN < 75）；5（75 ≤ DN < 450）,
			断裂伸长率	GB/T 8804.2		
			落锤冲击试验	GB/T 14152	200mm ± 10mm 长管段，切割断面应与管段轴线垂直且清洁、无损伤	≥ 25（DN ≤ 40）；≥ 9（40 < DN ≤ 63）；≥ 7（63 < DN ≤ 90）；≥ 5（90 < DN ≤ 125）；≥ 4（125 < DN ≤ 180）；≥ 3（180 < DN ≤ 250）
3	地下通信管道用塑料实壁管	硬聚氯乙烯	尺寸	YD/T 841.1	约 100mm 长管段	1
			落锤冲击试验	YD/T 841.1	200mm ± 10mm 长管段，切割断面应与管段轴线垂直且清洁、无损伤	10
			拉伸屈服强度	YD/T 841.1	壁厚 ≤ 12mm 机械加工使用 1 型试样，冲裁使用 2 型试样；壁厚 > 12mm 机械加工使用 1 型试样	3（15 ≤ DN < 75）；5（75 ≤ DN < 450）
			纵向回缩率	YD/T 841.1	200mm ± 20mm 长管段	3
			维卡软化温度	YD/T 841.1	沿轴向截取弧形管段：长约 50mm，宽 10～20mm，如壁厚大于 6mm，应使壁厚减至 4mm；如壁厚小于 2.4mm，应用两片试样叠在一起	2

序号	检测项目	检测参数	检验依据	试样规格	试样数量
3	地下通信管道用塑料实壁管	聚乙烯	尺寸	YD/T 841.1	约 100mm 长管段	1
			落锤冲击试验	YD/T 841.1	200mm ± 10mm 长管段，切割断面应与管段轴线垂直且清洁、无损伤	10
			拉伸屈服强度	YD/T 841.1	壁厚 ≤ 5mm，裁刀冲裁或机械加工，2 型；	
			断裂伸长率	YD/T 841.1	壁厚 > 5mm 且 ≤ 12mm，裁刀冲裁或机械加工，1 型；壁厚 > 12mm，机械加工，1 型或 3 型	3
			纵向回缩率	YD/T 841.1	200mm ± 20mm 长管段	

10.2.4　技术要求

10.2.4.1　冷热水用聚丙烯管材

冷热水用聚丙烯（PP-R）管材的物理力学性能参数应符合表 10.2-3 的规定，尺寸应符合表 10.2-4 的规定，壁厚允许偏差应符合表 10.2-5 的规定。

冷热水用聚丙烯（PP-R）管材的物理力学性能参数　　　表 10.2-3

项目	试验条件参数	要求
静液压强度	20℃，1h，静液压应力 16.0MPa	无破裂无渗漏
简支梁冲击	0℃ ± 2℃	破损率不大于试样数量的 10%
纵向回缩率/%	135℃ ± 2℃ $e_n \leqslant 8mm$，1h $8 < e_n \leqslant 16mm$，2h $e_n > 16mm$，4h	≤ 2

注：e_n 为公称壁厚。

冷热水用聚丙烯（PP-R）管材尺寸　　　表 10.2-4

公称外径/mm	平均外径/mm		公称壁厚/mm					
	最小平均外径	最大平均外径	管系列					
			S6.3	S5	S4	S3.2	S2.5	S2
16	16.0	16.3	—	—	2.0	2.2	2.7	3.3
20	20.0	20.3	—	2.0	2.3	2.8	3.4	4.1
25	25.0	25.3	2.0	2.3	2.8	3.5	4.2	5.1
32	32.0	32.3	2.4	2.9	3.6	4.4	5.4	6.5
40	40.0	40.4	3.0	3.7	4.5	5.5	6.7	8.1
50	50.0	50.5	3.7	4.6	5.6	6.9	8.3	10.1
63	63.0	63.6	4.7	5.8	7.1	8.6	10.5	12.7
75	75.0	75.7	5.6	6.8	8.4	10.3	12.5	15.1
90	90.0	90.9	6.7	8.2	10.1	12.3	15.0	18.1

续表

公称外径/mm	平均外径/mm		公称壁厚/mm					
	最小平均外径	最大平均外径	管系列					
			S6.3	S5	S4	S3.2	S2.5	S2
110	110.0	111.0	8.1	10.0	12.3	15.1	18.3	22.1
125	125.0	125.2	9.2	11.4	14.0	17.1	20.8	25.1
140	140.0	141.3	10.3	12.7	15.7	19.2	23.3	28.1
160	160.0	161.5	11.8	14.6	17.9	21.9	26.6	32.1
180	180.0	181.7	13.3	16.4	20.1	24.6	29.0	36.1
200	200.0	201.8	14.7	18.2	22.4	27.4	33.2	40.1

冷热水用聚丙烯（PP-R）管材的壁厚允许偏差（单位：mm） 表 10.2-5

公称壁厚e	允许偏差	公称壁厚e	允许偏差	公称壁厚e	允许偏差	公称壁厚e	允许偏差
$1.0 < e \leqslant 2.0$	+0.3 0	$11.0 < e \leqslant 12.0$	+1.3 0	$21.0 < e \leqslant 22.0$	+2.3 0	$31.0 < e \leqslant 32.0$	+3.3 0
$2.0 < e \leqslant 3.0$	+0.4 0	$12.0 < e \leqslant 13.0$	+1.4 0	$22.0 < e \leqslant 23.0$	+2.4 0	$32.0 < e \leqslant 33.0$	+3.4 0
$3.0 < e \leqslant 4.0$	+0.5 0	$13.0 < e \leqslant 14.0$	+1.5 0	$23.0 < e \leqslant 24.0$	+2.5 0	$33.0 < e \leqslant 34.0$	+3.6 0
$4.0 < e \leqslant 5.0$	+0.6 0	$14.0 < e \leqslant 15.0$	+1.6 0	$24.0 < e \leqslant 25.0$	+2.6 0	$34.0 < e \leqslant 35.0$	+3.7 0
$5.0 < e \leqslant 6.0$	+0.7 0	$15.0 < e \leqslant 16.0$	+1.7 0	$25.0 < e \leqslant 26.0$	+2.7 0	$35.0 < e \leqslant 36.0$	+3.8 0
$6.0 < e \leqslant 7.0$	+0.8 0	$16.0 < e \leqslant 17.0$	+1.8 0	$26.0 < e \leqslant 27.0$	+2.8 0	$36.0 < e \leqslant 37.0$	+3.9 0
$7.0 < e \leqslant 8.0$	+0.9 0	$17.0 < e \leqslant 18.0$	+1.9 0	$27.0 < e \leqslant 28.0$	+2.9 0	$37.0 < e \leqslant 38.0$	+4.0 0
$8.0 < e \leqslant 9.0$	+1.0 0	$18.0 < e \leqslant 19.0$	+2.0 0	$28.0 < e \leqslant 29.0$	+3.0 0	$38.0 < e \leqslant 39.0$	+4.1 0
$9.0 < e \leqslant 10.0$	+1.1 0	$19.0 < e \leqslant 20.0$	+2.1 0	$29.0 < e \leqslant 30.0$	+3.1 0	$39.0 < e \leqslant 40.0$	+4.2 0
$10.0 < e \leqslant 11.0$	+1.2 0	$20.0 < e \leqslant 21.0$	+2.2 0	$30.0 < e \leqslant 31.0$	+3.2 0	$40.0 < e \leqslant 41.0$	+4.3 0

10.2.4.2 排水用硬聚氯乙烯管材

排水用硬聚氯乙烯（PVC-U）管材的物理力学性能参数应符合表 10.2-6 的规定，尺寸应符合表 10.2-7 的规定。

硬聚氯乙烯（PVC-U）管材物理力学性能参数 表 10.2-6

项目	要求	项目	要求
密度/（kg/m³）	1350～1550	拉伸屈服应力/MPa	≥40.0
维卡软化温度/℃	≥79	断裂伸长率/%	≥80
纵向回缩率/%	≤5	落锤冲击试验 TIR/%	≤10

硬聚氯乙烯（PVC-U）管材尺寸　　表 10.2-7

公称外径/mm	平均外径/mm		壁厚/mm	
	最小平均外径	最大平均外径	公称壁厚	允许偏差
32	32.0	32.2	2.0	+0.4 0
40	40.0	40.2	2.0	+0.4 0
50	50.0	50.2	2.0	+0.4 0
75	75.0	75.3	2.3	+0.4 0
90	90.0	90.3	3.0	+0.5 0
110	110.0	110.3	3.2	+0.6 0
125	125.0	125.3	3.2	+0.6 0
160	160.0	160.4	4.0	+0.6 0
200	200.0	200.5	4.9	+0.7 0
250	250.0	250.5	6.2	+0.8 0
315	315.0	315.6	7.7	+1.0 0

10.2.4.3　地下通信管道用塑料实壁管

地下通信管道用硬聚氯乙烯（PVC-U）实壁管的物理力学性能参数应符合表 10.2-8 的规定，尺寸应符合表 10.2-9 的规定。

地下通信管道用硬聚氯乙烯（PVC-U）实壁管的物理力学性能参数　　表 10.2-8

项目	要求
落锤冲击试验	0℃±1℃，2h，试样 9/10 及以上不破裂
拉伸屈服强度/MPa	≥30
纵向回缩率/%	150℃±2℃保持 60min，冷却至室温后观察，试样应无分层、开裂或起泡，纵向回缩率≤5%
维卡软化温度/℃	≥79

地下通信管道用硬聚氯乙烯（PVC-U）实壁管尺寸　　表 10.2-9

公称外径/mm	平均外径/mm		壁厚最小值/mm
	标称值	允许误差	
40	40		1.6
50	50		1.6
63	63	0～0.3	1.8
75	75		2.0

续表

公称外径/mm	平均外径/mm		壁厚最小值/mm
	标称值	允许误差	
90	90	0～0.3	2.2
100	100		2.6
110	110	0～0.4	2.8
125	125		3.3
140	140	0～0.5	3.5
160	160		3.8

注：当公称外径规格未列出，平均外径允许正误差应小于或等于下列两值中的较大值：0.3mm，$0.003d_e$。计算结果取至0.1mm，小数点后第二位大于零时进一位。

地下通信管道用聚乙烯（PE）实壁管的物理力学性能参数应符合表 10.2-10 的规定，尺寸应符合表 10.2-11 的规定。

地下通信管道用聚乙烯（PE）实壁管的物理力学性能参数　　　表 10.2-10

项目		要求
落锤冲击试验		0℃±1℃，2h，试样 9/10 及以上不破裂
拉伸强度/MPa		LDPE：≥8；HDPE：≥18
断裂伸长率/%		≥350
纵向回缩率/%	LDPE：100℃±2℃，保持 60min	≤3
	HDPE：110℃±2℃，保持 60min	

地下通信管道用聚乙烯（PE）实壁管尺寸　　　表 10.2-11

公称外径/mm	平均外径/mm		壁厚最小值/mm
	标称值	允许误差	
25	25	0～0.3	1.8
28	28		
32	32		
34	34		
40	40	0～0.4	2.0
50	50	0～0.5	2.1
63	63	0～0.6	2.3
75	75	0～0.7	2.5
90	90	0～0.9	2.8
100	100	0～0.9	3.8
110	110	0～1.0	4.2
		0～1.2	10.0（非开挖用）

续表

公称外径/mm	平均外径/mm		壁厚最小值/mm
	标称值	允许误差	
125	125	0～1.2	4.4
140	140	0～1.3	4.6
160	160	0～1.5	4.8

注：当公称外径规格未列出，平均外径允许正误差应小于或等于下列两值中的较大值：0.3mm，$0.009d_e$。计算结果取至 0.1mm，小数点后第二位大于零时进一位。

10.2.5 试验方法

10.2.5.1 尺寸

为检测产品几何尺寸的符合性，壁厚、直径、长度、角度和垂直度等的测量方法应符合相关规定，测量人员应经过对相关量具和测量步骤的培训。除非其他标准另有规定，否则应保证量具、试样温度和周围温度均在 23℃±2℃或结果可通过计算和经验与相应的 23℃的值相关联。测量前，应检查试样表面是否有影响尺寸测量的现象，如标志、合横线、气泡或杂质。如果存在，在测量时记录这些现象及其影响。塑料管材部件壁厚与直径测量所使用的量具和仪器的推荐精度分别见表 10.2-12 和表 10.2-13。

壁厚的测量   表 10.2-12

壁厚/mm	量具和仪器的精度/mm
≤30	0.01 或 0.02
≥30	≤0.02

直径的测量   表 10.2-13

公称直径/mm	量具和仪器的精度/mm
≤600	0.02
>600～1600	0.05
>1600	≤0.1

10.2.5.2 密度

密度是对特定体积内的质量的度量，密度等于物体的质量除以体积，国际单位制和中国法定计量单位中，密度的单位为千克每立方米，符号是 kg/m^3。密度是物质的特性之一，每种物质都有一定的密度，不同物质的密度一般是不同的。因此我们可以利用密度来鉴别物质。

根据现行国家标准《建筑排水用硬聚氯乙烯（PVC-U）管材》GB/T 5836.1 的规定，选取《塑料 非泡沫塑料密度的测定 第 1 部分：浸渍法、液体比重瓶法和滴定法》GB/T 1033.1—2008 中方法 A，即浸渍法进行密度试验（浸渍法用新鲜的蒸馏水或去离子水）。首先，在空气中称量由一直径不大于 0.5mm 的金属丝悬挂的试样的质量，如试样质量不大于 10g，精确至 0.1mg；如试样质量大于 10g，精确至 1mg，并记录试样质量。然后，将细金属丝悬挂的试样浸入放在固定支架上装满 23℃±2℃浸渍液的烧杯里，用细金属丝除去粘附在试样上的气泡。称量试样在浸渍液中的质量，精确至 0.1mg。如果浸渍液不是水，浸渍液的密度需要用下列方法进行测定：称量空比重瓶质量，然后，在温度 23℃±0.5℃下，充满新鲜蒸馏水或去离子水后再称量。将比重瓶倒空并清洗干燥后，同样在 23℃±0.5℃温度下充满浸渍液并称量。用液浴来调节水或浸渍液以达到合适的温度。

23℃时浸渍液的密度按式(10.2-1)计算。

$$\rho_{IL} = \frac{m_{IL}}{m_W} \times \rho_W \tag{10.2-1}$$

式中：ρ_{IL}——23℃时浸渍液的密度（g/cm³）；

m_{IL}——浸渍液的质量（g）；

m_W——水的质量（g）；

ρ_W——23℃时水的密度（g/cm³）。

23℃时试样的密度按式(10.2-2)计算。

$$\rho_S = \frac{m_{S,A} \times \rho_{IL}}{m_{S,A} - m_{S,IL}} \tag{10.2-2}$$

式中：ρ_S——23℃时试样的密度（g/cm³）；

$m_{S,A}$——试样在空气中的质量（g）；

$m_{S,IL}$——试样在浸渍液中的表观质量（g）；

ρ_{IL}——23℃时浸渍液的密度（g/cm³）。

10.2.5.3 维卡软化温度

维卡软化温度是塑料管材的重要物理性能指标，可用于生产过程中的质量控制。它通过测定材料在特定负载和升温速率下的软化特性，反映管材的短期耐热性能。试样应从管材上沿轴向裁下弧长约 50mm、宽 10～20mm 的管段，若试样壁厚大于 6mm 则采取适宜的方法加工管材，使其厚度减至 4mm。先将加热浴槽温度调低至低于软化温度 50℃并保持恒温，将试样凹面向上放置在压针下，压针定位 5min 后在载荷盘上加所要求的相应质量的砝码，将千分表归零，以每小时 50℃±5℃的速度升温，当压针压入试样内 1mm±0.01mm 时，迅速记录此时的温度，该温度即为试样维卡软化温度（VCT）。取两个试样的算术平均数作为该样品的维卡软化温度（℃），若两个试样温度相差 2℃，应重新取不少于两个试样进行试验。

10.2.5.4 纵向回缩率

纵向回缩率是热塑性塑料管材在标准热条件下产生的轴向长度变化百分比，用于评价材料受热时的尺寸稳定性。该指标通过测定管材加热后不可逆的收缩程度，反映其抵抗热致形变的能力，纵向回缩率越小，表明材料分子链段运动受限程度越高，短期热稳定性越好。有两种测定热塑性塑料管材纵向回缩率的方法：方法 A 液浴法和方法 B 烘箱试验法。

一般采用方法 B 烘箱试验法，其试验方法如下。

取 200mm ± 20mm 长的管段为试样，使用画线器在试样上画出两条相距 100mm 的圆周标线，一根管材需要截取三个试样。先在 23℃ ± 2℃下至少调节 2h，测量标线间距，精确到 0.25mm，将烘箱温度调节至相应材质规定的试验温度，再将试样放入烘箱，使样品不触及烘箱底和壁，放置相应材质对应的时间，该时间应从烘箱温度回升至规定温度开始计算。结束后从烘箱中取出试样，平放于光滑平面，待完全冷却至 23℃ ± 2℃时，测量最大或最小距离，精确至 0.25mm，纵向回缩率 R_{Li}（%）计算式为：

$$R_{Li} = \frac{|L_0 - L_i|}{L_0} \times 100 \tag{10.2-3}$$

式中：L_0——放入烘箱前试样两标线间距离（mm）；

　　　L_i——试验后沿母线测量的两标线间距离（mm）。

选择 L_i 使 $|L_0 - L_i|$ 的值最大。计算三个试样 R_{Li} 的算术平均值，其结果作为管材的纵向回缩率 R_L。

各材料对应的烘箱温度及时间如表 10.2-14 所示。

烘箱试验法测定参数

表 10.2-14

热塑性材料	烘箱温度/℃	放置时间/min	试样长度/mm
硬聚氯乙烯（PVC-U）	150 ± 2	$e \leqslant 8mm$，60 $8mm < e \leqslant 16mm$，120 $e > 16mm$，240	200 ± 20
聚乙烯（PE32/40）	100 ± 2	$e \leqslant 8mm$，60 $8mm < e \leqslant 16mm$，120	
聚乙烯（PE50/63）	110 ± 2		
聚乙烯（PE80/100）			
聚丙烯无规共聚物	135 ± 2	$e \leqslant 8mm$，60 $8mm < e \leqslant 16mm$，120 $e > 16mm$，240	

注：e 为壁厚。

10.2.5.5　拉伸屈服强度（拉伸屈服应力）、断裂伸长率

拉伸性能是塑料管材中重要的物理性能指标，表征了管材的强度与延展性。试验前，需要先沿热塑性塑料管材的纵向裁切或机械加工，制成规定的哑铃件的试样，再通过拉力试验机在规定条件下测量。从管材上取样条时不应加热或压平，应截取长约 150mm 的管段取样条，不同公称外径管段可取的数量不同，如表 10.2-15 所示。

取样数量

表 10.2-15

公称外径 d/mm	$15 \leqslant d < 75$	$75 \leqslant d < 280$	$280 \leqslant d < 450$	$d \geqslant 450$
取样数量	3	5	5	8

根据不同材质的要求，采用冲裁或机械加工从样条中间制取试样，制成的试样应在 23℃ ± 2℃下，根据试样厚度按照标准的要求进行状态调节，再进行试验，先测量记录试样

标距中部的宽度和最小壁厚，精确到 0.01mm，并计算最小截面面积。将试样安装在拉力试验机上，使夹具松紧适宜以防止试样滑脱，将引伸计放置在试样标线上，选定规定的试验速度，记录试样的应力-应变曲线，直至试样断裂，并在此曲线上标出试样达到屈服点时的应力和断裂时标距间的长度。

拉伸屈服应力按式(10.2-4)计算。

$$\sigma = F/A \tag{10.2-4}$$

式中：σ——拉伸屈服应力（MPa）；

$\quad$ F——屈服点拉力（N）；

$\quad$ A——试样的原始截面面积（mm^2）。

断裂伸长率按式(10.2-5)计算。

$$\varepsilon = \frac{L - L_0}{L_0} \times 100 \tag{10.2-5}$$

式中：ε——断裂伸长率（%）；

$\quad$ L——断裂时标线间的长度（mm）；

$\quad$ L_0——标线间的原始长度（mm）。

10.2.5.6　落锤冲击试验

落锤冲击试验是衡量塑料管材低温耐冲击韧性的重要检测方法，通过一定质量的落锤从不同的高度冲击管材规定的部位，以冲击破坏总数除以冲击总数得到真实冲击率（TIR）。TIR 小于或等于 10%时判定为合格。

落锤锤头的尺寸和落锤质量应分别符合表 10.2-16 和表 10.2-17 的要求。锤头应为钢制，最小壁厚为 5mm，锤头的表面不应有凹痕、划伤等影响测试结果的可见缺陷。质量为 0.5kg 和 0.8kg 的落锤应具有 d25 型锤头，质量大于或等于 1kg 的落锤应具有 d90 型锤头，如图 10.2-2 所示。

落锤锤头的尺寸　　　　　　　　　　　　　　　　表 10.2-16

型号	R_s/mm	d/mm	d_s/mm	α/°
d25	50	25 ± 1	任意	任意
d90	50	90 ± 1	任意	任意

推荐落锤质量　　　　　　　　　　　　　　　　表 10.2-17

序号	落锤质量/kg	序号	落锤质量/kg	序号	落锤质量/kg	序号	落锤质量/kg
1	0.5	5	1.6	9	4.0	13	10.0
2	0.8	6	2.0	10	5.0	14	12.5
3	1.0	7	2.5	11	6.3	15	16.0
4	1.25	8	3.2	12	8.0	—	—

注：落锤质量的允许公差为 ±5%。

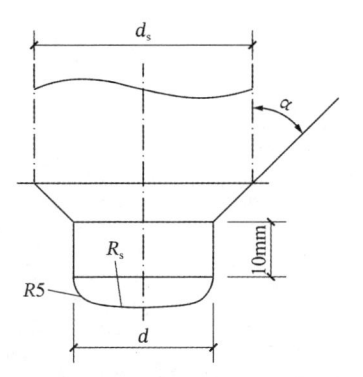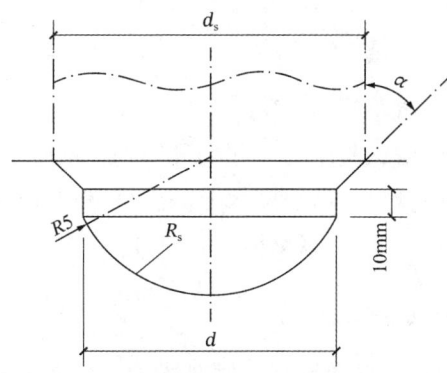

(a) d25 型（质量为 0.5kg 和 0.8kg 的落锤）　　(b) d90 型（质量大于或等于 1kg 的落锤）

图 10.2-2　落锤的锤头

试验样品应从一批或连续的管材中随机抽取切割而成，其切割端面应与管材的轴线垂直，切割端应清洁、无损伤。长度应为 200mm ± 10mm，外径大于 40mm 的试样应沿其长度方向画出等距离标线，并顺序编号。不同外径的管材画线数如表 10.2-18 所示。

落锤管材画线数　　　　　　　　　　　　　　表 10.2-18

公称外径/mm	≤ 40	50	63	75	90	110	125	140
画线数	1	3	3	4	4	6	6	8
公称外径/mm	160	180	200	225	250	280	≥ 315	—
画线数	8	8	12	12	12	16	16	—

试样应在 0℃ ± 1℃ 的水浴或空气浴中进行状态调节。仲裁检验时应使用水浴。调节后，对壁厚小于或等于 8.6mm 的试样，应从空气浴中取出 10s 内或从水浴中取出 20s 内完成试验；对壁厚大于 8.6mm 的试样，应从空气浴中取出 20s 内或从水浴中取出 30s 内完成试验。

10.2.5.7　静液压强度

静液压强度是衡量 PP-R 管材产品质量的重要物理性能指标，也是测试塑料管材的安全性与稳定性的重要方法。静液压管材制样要求如表 10.2-19 所示。

静液压管材制样要求　　　　　　　　　　　　表 10.2-19

外径d	试样自由长度
≤ 315mm	≥ 3d 且不应小于 250mm
> 315mm	≥ 2d

将状态调节后的试样与加压设备连接，排净试样内的空气。根据试验材料、规格尺寸和加压设备情况，在 30s～1h 之内，用尽可能短的时间，均匀平稳施加压力。当达到试验压力时开始计时。

试验压力按式(10.2-6)计算。

$$p = \sigma \frac{2e_n}{d_n - e_n} \qquad (10.2\text{-}6)$$

式中：p——试验压力（MPa）；

σ——由试验压力引起的环应力（MPa）；

e_n——管材自由长度部分的公称壁厚（mm）；

d_n——试样的公称外径（mm）。

10.2.5.8 简支梁冲击

简支梁冲击强度是衡量材料抗冲击性能的重要指标，主要用于测试材料在高速冲击载荷下的断裂韧性。管道材料的试样根据不同的公称外径来选择不同的尺寸进行制样，管材试验一般有三种方法制样：方法 A 无缺口试样，方法 B 单缺口制样，方法 C 双缺口制样。一般采用方法 A。无缺口试样的类型选择如表 10.2-20 所示，尺寸和跨距如表 10.2-21 所示。

无缺口试样的类型选择 表 10.2-20

公称外径	试样类型
$d_n \leqslant 25$	轴向 1
$25 < d_n < 75$	轴向 2 或 3
$75 \leqslant d_n < 160$	轴向 2 或 3 和环向 4
$d_n \geqslant 160$	轴向 3 和环向 5

无缺口试样尺寸和跨距 表 10.2-21

试样类型	取样方向	试样尺寸			跨距L
		长度l	宽度b	厚度h	
1	轴向	100.0 ± 2.0	整个管段		70.0 ± 0.5
2	轴向	50.0 ± 1.0	6.0 ± 0.2	e	40.0 ± 0.5
3	轴向	120.0 ± 2.0	15.0 ± 0.5	e	70.0 ± 0.5
4	环向	50.0 ± 1.0	6.0 ± 0.2	e	40.0 ± 0.5
5	环向	120.0 ± 2.0	15.0 ± 0.5	e	70.0 ± 0.5

注：环向取样时，试样长度为弧形试样的弦长。e 为管材壁厚。

测量记录无缺口试样的尺寸，按规定要求进行状态调节和预处理温度进行试验。冲击完成后记录试样的破坏情况，以试样破坏数占被测样品总数的百分比表示试验结果，保留到个位数。

10.3 金属管材

金属管材的主要功能是输送流体或气体，根据生产工艺和材料的不同，金属管材可分为多种类型，如无缝钢管、镀锌管等。本章主要针对低压流体输送用焊接钢管和直缝电焊钢管进行介绍。

10.3.1　检测参数及检评依据

本章所述金属管材的检测参数及检评依据如表 10.3-1 所示。

金属管材的检测参数及检评依据　　　　　　表 10.3-1

序号	检测项目	检测参数	检测依据	评定标准
1	低压流体输送用焊接钢管	拉伸性能（屈服强度、抗拉强度、伸长率）	GB/T 228.1	GB/T 3091
		截面尺寸	GB/T 3091	
2	直缝电焊钢管	拉伸性能（屈服强度、抗拉强度、伸长率）	GB/T 228.1	GB/T 13793
		截面尺寸	GB/T 13793	

10.3.2　定义与分类

低压流体输送用焊接钢管是指用于输送低压流体（如水、燃气、空气等）的焊接钢管，如图 10.3-1（a）所示。根据焊接工艺分类，可分为直缝焊接钢管和螺旋焊接钢管；根据外径分类，可分为系列 1、系列 2 和系列 3[78]。

直缝电焊钢管是一种常见的钢管，是将钢板通过卷板机卷成管状，再通过电焊技术焊接而成的管材，如图 10.3-1（b）所示。按外径精度等级分为：普通精度（PD.A）、较高精度（PD.B）和高精度（PD.C）；按壁厚精度等级分为：普通精度（PT.A）、较高精度（PT.B）和高精度（PT.C）；按弯曲度精度等级分为：普通精度（PS.A）、较高精度（PS.B）和高精度（PS.C）[79]。

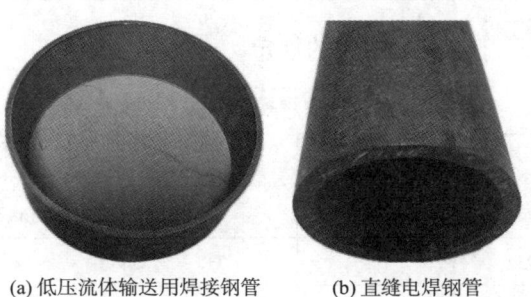

(a) 低压流体输送用焊接钢管　　　　(b) 直缝电焊钢管

图 10.3-1　金属管材

10.3.3　制样要求

10.3.3.1　拉伸性能（屈服强度、抗拉强度、伸长率）检测

（1）钢管外径（D）小于 219.1mm 时：纵向剖开切取 1 根长度不小于 2 倍拉伸夹头长度＋断后伸长率原始标距长度的试样（图 10.3-2）。

图 10.3-2　拉伸试样

（2）钢管外径（D）不小于 219.1mm 时：横向切取 1 根长度不小于 2 倍拉伸夹头长度＋断后伸长率原始标距长度的试样。

（3）焊接接头拉伸试验：横向切取 1 根长度不小于 2 倍拉伸夹头长度＋一定长度的试样。焊缝在试样中间且垂直于试样纵向。

10.3.3.2　截面尺寸检测

切取 1 段长 100mm 的管段（两端截面平整且两个表层不能存在杂质异物）。

10.3.4　技术要求

10.3.4.1　低压流体输送用焊接钢管技术要求

（1）截面尺寸应符合表 10.3-2 的规定。

低压流体输送用焊接钢管外径和壁厚允许偏差　　　　表 10.3-2

外径D/mm	外径允许偏差/mm		壁厚t允许偏差
	管体	管端（距管端100mm 范围内）	
$D \leqslant 48.3$	±0.5	—	±10%t
$48.3 < D \leqslant 273.1$	±1%D	—	±10%t
$273.1 < D \leqslant 508$	±0.75%D	+2.4 −0.8	±10%t
$D > 508$	±1%D或 ±10.0 两者取较小值	+3.2 −0.8	

（2）力学性能参数应符合表 10.3-3 的规定。

低压流体输送用焊接钢管力学性能参数　　　　表 10.3-3

牌号	下屈服强度R_{eL}/MPa ≥		抗拉强度 R_m/MPa ≥	断后伸长率A/% ≥	
	$t \leqslant 16mm$	$t > 16mm$		$D \leqslant 168.3mm$	$D > 168.3mm$
Q195	195	185	315	15	20
Q215A、Q215B	215	205	335	15	20
Q235A、Q235B	235	225	370	15	20
Q275A、Q275B	275	265	410	13	18
Q345A、Q345B	345	325	470	13	18

注：Q195 的屈服强度值仅作为参考，不作为交货条件。

10.3.4.2　直缝电焊钢管技术要求

（1）截面尺寸应符合表 10.3-4 和表 10.3-5 的规定。

直缝电焊钢管外径允许偏差（单位：mm）　　　　表 10.3-4

外径D	普通精度（PD.A）[a]	较高精度（PD.B）	高精度（PD.C）
5～20	±0.30	±0.15	±0.05

续表

外径D	普通精度（PD.A）[a]	较高精度（PD.B）	高精度（PD.C）
>20~35	±0.40	±0.20	±0.10
>35~50	±0.50	±0.25	±0.15
>50~80		±0.35	±0.25
>80~114.3		±0.60	±0.40
>114.3~168.3	±1%D	±0.70	±0.50
>168.3~219.1		±0.80	±0.60
>219.1~711		±0.75%D	±0.5%D

a　不适用于带式输送机托辊用钢管。

直缝电焊钢管壁厚允许偏差（单位：mm）　　　　　表 10.3-5

壁厚t	普通精度（PT.A）[a]	较高精度（PD.B）	高精度（PD.C）	壁厚不均[b]
0.5~0.7	±0.10	±0.04	±0.03	≤7.5%t
>0.7~1.0		±0.05	±0.04	
>1.0~1.5	±0.10	±0.06	±0.05	
>1.5~2.5		±0.12	±0.06	≤7.5%t
>2.5~3.5		±0.16	±0.10	
>3.5~4.5	±1%t	±0.22	±0.18	
>4.5~5.5		±0.26	±0.21	
>5.5		±7.5%t	±5.0%t	

a　不适用于带式输送机托辊用钢管。
b　不适用于普通精度钢管。壁厚不均指同一截面上实测壁厚的最大值与最小值之差。

（2）力学性能参数应符合表 10.3-6 的规定。

直缝电焊钢管力学性能参数　　　　　表 10.3-6

牌号	下屈服强度 R_{eL}/MPa ≥	抗拉强度 R_m/MPa ≥	断后伸长率A/% ≥	
			$D \leqslant 168.3mm$	$D > 168.3mm$
08、10	195	315	22	
15	215	355	20	
20	235	390	19	
Q195	195	315		
Q215A、Q215B	215	335	15	20
Q235A、Q235B、Q235C	235	370		
Q275A、Q275B、Q275C	275	410	13	18

牌号	下屈服强度 R_{eL}/MPa $\geqslant$	抗拉强度 R_m/MPa $\geqslant$	断后伸长率A/% $\geqslant$	
			$D \leqslant 168.3mm$	$D > 168.3mm$
Q345A、Q345B、Q345C	345	470		
Q390A、Q390B、Q390C	390	490	19	
Q420A、Q420B、Q420C	420	520	19	
Q460C、Q460D	460	550	17	

注：1. 当屈服不明显时，可测量$R_{p0.2}$或$R_{p0.5}$代替下屈服强度。其中，$R_{p0.2}$表示规定塑性延伸率为 0.2%时的应力；$R_{p0.5}$表示规定塑性延伸率为 0.5%时的应力。
　　　2. Q195 的屈服强度值仅作为参考，不作为交货条件。

10.3.5　试验方法

10.3.5.1　截面尺寸

1）试验准备

（1）检测仪器：游标卡尺。

（2）检查游标卡尺是否准确可用。

（3）检查试样是否有不符合试样要求的情况，如表层有杂质、内部填充或截面不平整等。需将试样处理至可试验状态。

2）检测步骤

（1）厚度：选择符合精度量程的游标卡尺，先测量钢管试样首端和末端第一个点的壁厚；旋转 90°后，测量钢管试样首端和末端第二个点的壁厚；再旋转 90°，测量钢管试样首端和末端第三个点的壁厚；最后旋转 90°，测量钢管试样首端和末端第四个点的壁厚。记录 4 个点厚度数据，共 8 个数据。

（2）外径：选择符合精度量程的游标卡尺，先测量钢管试样首端的外径，平移游标卡尺至钢管试样中间测量外径，再平移游标卡尺至钢管试样末端测量外径；旋转 90°后，按以上方法再次测量试样首、中、末端的外径。记录 2 个位置的首、中、末端的外径数据，共 6 个数据。

3）结果处理

（1）实测厚度按式(10.3-1)计算，结果精确至 0.01mm。

$$\Delta t = t - t_0 \tag{10.3-1}$$

式中：t——实测厚度（mm）；

　　　t_0——基准厚度（mm）；

　　　Δt——厚度偏差（mm）。

（2）实测外径按式(10.3-2)计算，结果精确至 0.01mm。

$$\Delta D = D - D_0 \tag{10.3-2}$$

式中：D——实测外径（mm）；

　　　D_0——基准外径（mm）；

　　ΔD——外径偏差（mm）。

　　4）试验要点

　　（1）检查试样是否有损伤、表层是否有杂质，以及内部填充或截面平整情况。

　　（2）注意读数的准确和测量误差。

10.3.5.2　拉伸性能（屈服强度、抗拉强度、伸长率）

　　1）试验准备

　　（1）试验温度：10～35℃，对于温度要求严格的试样应为 23℃±5℃。

　　（2）试验仪器：万能试验机、打点间距为 5mm 的打点机、游标卡尺、钢尺。

　　（3）选择合适量程的万能试验机。参考试验标准中的建议和要求，根据试样直径选用尺寸和形状相匹配的夹头，以避免在夹持过程中产生应力集中。查阅万能试验机的操作指南，按照指导顺序打开油泵和试验软件，确保夹头在空载情况下力值清零，以验证万能试验机状态是否良好。

　　（4）试验速率的设置有三种方法，分别为方法 A1、方法 A2 和方法 B。其中，方法 A1 和方法 A2 使用的试验速率是应变速率，而方法 B 使用的是应力速率。相关内容可参见第 5.2.4.3 节。

　　① 方法 A1

　　方法 A1 属于闭环方法。在钢筋拉伸试验中，闭环方法是一种常用的加载控制方式。该方法通过引伸计实时反馈试样的应变，根据反馈信号调整加载速率，以维持设定的应变速率。相比于开环控制，闭环控制更能够即时纠正试样的变形情况，确保加载过程中达到准确的应变速率。这种方法有助于获取精确的应力-应变曲线，提供详尽的材料力学性能数据。在一些标准的材料测试中，尤其是需要应变控制的试验，闭环控制方法通常是被推荐或要求的，以确保试验的准确性和可重复性。

　　② 方法 A2

　　方法 A2 属于开环方法，采用应变速率的方式控制加载速率。应变速率是指材料在拉伸或压缩等受力情况下，单位时间内发生的应变的变化率。在钢筋拉伸试验中，应变速率通过控制加载系统（横梁）的位移速率（V）实现。横梁移动速率可通过 $V = L \cdot eL_e$ 计算得到，其中 L 为平行长度，即上下横梁间的距离；eL_e 为根据试验需求选取的应变速率。

　　试验中各阶段应变速率的选取原则说明如下。

　　在测定上屈服强度（R_{eH}）、规定非比例延伸强度（R_p）、规定总延伸强度（R_t）和规定残余延伸强度（R_t）时，eL_e 应尽可能保持恒定。在测定这些性能时，eL_e 应选取下列两个范围之一。

　　范围 1：$eL_e = 0.00007s^{-1}$，相对偏差 ±20%；

　　范围 2：$eL_e = 0.00025s^{-1}$，相对偏差 ±20%（如果没有其他规定，推荐选取该速率）。

　　当试验施加的压力超过钢筋的上屈服强度之后，在测定下屈服强度（R_{eL}）和屈服点延伸率时，eL_e 应选取下列两个范围之一，并保持直到不连续屈服结束。

　　范围 2：$eL_e = 0.00025s^{-1}$，相对偏差 ±20%（测定 R_{eL} 时推荐该速率）；

　　范围 3：$eL_e = 0.002s^{-1}$，相对偏差 ±20%。

　　在测定屈服强度或塑性延伸强度时，eL_e 应在下列范围中选取。

范围 2：$eL_e = 0.00025s^{-1}$，相对偏差 ±20%；

范围 3：$eL_e = 0.002s^{-1}$，相对偏差 ±20%；

范围 4：$eL_e = 0.0067s^{-1}$，相对偏差 ±20%（$0.4min^{-1}$，相对偏差 ±20%）（如果没有其他规定，推荐选取该速率）。

如果拉伸试验只测定抗拉强度，可选取范围 3 或范围 4 内的 eL_e，并全程保持相同的 eL_e 直到试验结束。

③ 方法 B

方法 B 通过应力速率方式描述加载速率。应力速率是指单位时间内施加在试样上的应力的变化率（MPa/s）。在钢筋拉伸试验的弹性范围和直至上屈服强度之前的阶段，试验机夹头施加的应力速率应处于表 10.3-7 规定的应力速率范围内，并尽可能保持恒定。任何情况下，弹性范围内的应力速率不应超过表 10.3-7 规定的最大速率。

钢筋拉伸试验中在弹性范围阶段应该设置的应力速率 表 10.3-7

材料弹性模量E/MPa	应力速率R/（MPa/s）	
	最小	最大
< 150000	2	20
≥ 150000	6	60

注：弹性模量小于 150000MPa 的典型材料包括锰、铝合金、铜和钛；弹性模量不小于 150000MPa 的典型材料包括铁、钢、钨和镍基合金。

当仅测定下屈服强度时，试样在屈服期间的应变速率应设置在 0.00025～0.0025s^{-1} 的范围内，并尽量维持恒定。如果无法直接调整该应变速率，应通过在屈服即将开始前控制应力速率来进行调整，在屈服完成之前不再调整试验速率。直到达到规定的强度（规定塑性延伸强度、规定总延伸强度和规定残余延伸强度）为止，横梁的位移速率应保持在任何情况下应变速率不超过 0.0025s^{-1}。

（5）试样处理：将准备好的试样用打点机进行打点，确保整根钢筋在纵向上均匀分布且有标记点。

2）检测步骤

（1）使用游标卡尺测量试样的厚度和宽度（弦长）并记录。

（2）将试样放置于万能试验机上下夹头的中央位置，确保夹持端至少在夹具总长度的 2/3 以上。

（3）确认无误后，启动油泵试验，当钢筋发生断裂后，停止万能试验机加载。

（4）记录试验曲线的屈服荷载和极限荷载。

3）结果处理

（1）试样实测横截面面积按下列公式计算。

① 试样被压平为钢板：

$$S_0 = t_{实} \times W \tag{10.3-3}$$

式中： $t_{实}$——实测厚度（mm）；

W——实测宽度（弧长）（mm）；

S_0——实测横截面面积（mm^2）。

② 试样为纵向弧形试样：

$$当 b_0/D_0 < 0.25 \text{ 时} \quad S_0 = a_0 \times b_0 \left[1 + \frac{b_0^2}{6 \times D_0 \times (D_0 - 2a_0)} \right] \tag{10.3-4}$$

$$当 b_0/D_0 < 0.1 \text{ 时} \quad S_0 = a_0 \times b_0 \tag{10.3-5}$$

式中：a_0——管的壁厚（mm）；

　　　b_0——纵向弧形试样的平均宽度（mm），$b_0 < (D - 2a_0)$；

　　　D_0——管的外径（mm）；

　　　S_0——实测横截面面积（mm²）。

③ 试样为管段试样：

$$S_0 = \pi \times a_0 \times (D_0 - a_0) \tag{10.3-6}$$

式中：a_0——管的壁厚（mm）；

　　　D_0——管的外径（mm）；

　　　S_0——实测横截面面积（mm²）。

④ 管段试样、不带头的纵向或横向试样的原始横截面积可以根据测量的试样长度、试样质量和材料密度来计算：

$$S_0 = \frac{1000 \times m}{\rho \times L_t} \tag{10.3-7}$$

式中：m——试样的质量（g）；

　　　ρ——试样的材料密度（g/cm³）；

　　　L_t——试样的总长度（mm）；

　　　S_0——实测横截面面积（mm²）。

（2）抗拉强度按式(10.3-8)计算，结果修约至 1MPa。

$$R_m = F_m/S_0 \tag{10.3-8}$$

式中：R_m——抗拉强度（MPa）；

　　　F_m——极限荷载（N）。

（3）屈服强度按式(10.3-9)计算，结果修约至 1MPa。

$$R_{eL} = F_{eL}/S_0 \tag{10.3-9}$$

式中：R_{eL}——屈服强度（MPa）；

　　　F_{eL}——屈服荷载（N）。

（4）断后伸长率按式(10.3-10)计算，结果修约至 0.5%。

$$A = (L_u - L_0)/L_0 \times 100 \tag{10.3-10}$$

式中：A——断后伸长率（%）；

　　L_u——断后标距（mm）；

　　L_0——原始标距（mm）。$L_0 = 5.65\sqrt{S_0}$，结果修约至 5mm。

上述项目检测不合格时需双倍复检。

4）试验要点

需注意试样原始横截面面积测量的准确性。

10.4 预应力混凝土用金属波纹管

10.4.1 定义与分类

预应力混凝土用波纹管主要用于后张法预应力混凝土结构和构件中预留孔道，以便穿设预应力筋，用于保护和支撑预应力筋，确保其在混凝土中的正确位置和作用，还可以增强预应力混凝土的抗裂性和承载能力，提高结构的耐久性和使用寿命。预应力混凝土用波纹管是建材的重要组成部分，主要分为预应力混凝土用金属波纹管和预应力混凝土用塑料波纹管两种（图10.4-1），前者为金属材质，后者为PE材质。本节仅介绍金属波纹管。

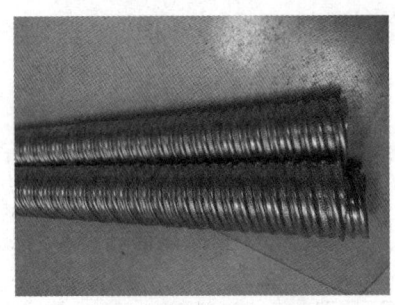 

(a) 预应力混凝土用金属波纹管　　　　(b) 预应力混凝土用塑料波纹管

图 10.4-1　预应力混凝土用波纹管

10.4.2 检测参数及检评依据

本章所述预应力混凝土用金属波纹管的检测参数及检评依据如表10.4-1所示。

预应力混凝土用金属波纹管的检测参数及检评依据　　　表 10.4-1

检测项目	检测参数	检测依据	评定标准
预应力混凝土用金属波纹管	外观	JG/T 225	JG/T 225
	尺寸		
	局部横向荷载		

10.4.3 制样要求

根据现行行业标准《金属波纹管》JG/T 225[80]，制样应符合表10.4-2的要求。

预应力混凝土用金属波纹管制样要求　　　表 10.4-2

检测项目	检测参数	检验依据	试样规格	试样数量
预应力混凝土用金属波纹管	JG/T 225	尺寸	约1m 管段	6
		局部横向荷载	4～6 倍内径或等效公称内径且不小于 300mm 的管段	6

10.4.4 技术要求

根据相应的设计标准，预应力混凝土用金属波纹管应符合表10.4-3～表10.4-7的要求。

预应力混凝土用金属波纹管物理力学性能要求　　　　表 10.4-3

项目	要求
外观	金属波纹管外观应清洁，内外表面应无锈蚀、油污、附着物、孔洞和不规则的褶皱，咬口无开裂和脱扣
局部横向荷载	金属波纹管承受符合表 10.4-8 规定的局部横向荷载时，波纹管不应出现咬口开裂、脱扣等现象，变形量应符合表 10.4-8 的规定

预应力混凝土用金属波纹管圆管对应钢带厚度（单位：mm）　　　　表 10.4-4

公称内径 d		40	45	50	55	60	65	70	75	80	85	90	95	96	102	108	114	120	126	132
钢带厚度	B	0.28		0.30					0.35					0.40						
	Z	0.30		0.35			0.40			0.45		—		0.50						0.60

注：1. 公称内径大于 132mm 的圆管钢带厚度应根据性能要求进行调整。
　　2. 公称内径 95mm 的金属波纹圆管仅用作连接管。

预应力混凝土用金属波纹管扁管对应钢带厚度（单位：mm）　　　　表 10.4-5

适用预应力钢绞线的规格		$\phi12.7$			$\phi15.2$、$\phi15.7$		
公称内短轴		20			22		
公称内长轴		52	67	75	58	74	90
最小钢带厚度	标准型	0.30	0.35	0.40	0.35	0.40	0.45
	增强型	0.35	0.40	0.45	0.40	0.45	0.50

注：表中未列大直径钢绞线用扁管的最小钢带厚度应根据金属波纹管的性能要求确定。

预应力混凝土用金属波纹管圆管尺寸允许偏差（单位：mm）　　　　表 10.4-6

公称内径 d	40	45	50	55	60	65	70	75	80	85	90	95	96	102	108	114	120	126	132
允许偏差	±0.5												±1.0						

注：1. 公称内径大于 132mm 的圆管钢带厚度应根据性能要求进行调整。
　　2. 公称内径 95mm 的金属波纹圆管仅用作连接管。

预应力混凝土用金属波纹管扁管尺寸允许偏差（单位：mm）　　　　表 10.4-7

适用预应力钢绞线的规格	$\phi12.7$		$\phi15.2$、$\phi15.7$		$\phi17.8$		$\phi21.6$、$\phi21.8$		$\phi28.6$	
公称内短轴	20		22		25		30		37	
允许偏差	±1.00		±1.50		±1.70		±2.00		±2.50	
公称内长轴	52	67	75	58	74	90	56	80	104	69	93	116	89	130	167
允许偏差	±1.0			±1.5			±1.7			±2.0			±2.5		

注：标准未列尺寸的规格由供需双方协议确定。

10.4.5　试验方法

10.4.5.1　外观质量和尺寸

用目测和触摸直接检查样品的外观质量，内壁使用光源进行照看。

测量工具：内外径尺寸测量应采用游标卡尺；钢带厚度测量应采用千分尺；长度测量应采用钢卷尺；波纹高度测量应采用深度尺。

测量方法：圆管内径尺寸应分别量取试件两端相互垂直两个方向的内径，取算术平均值；扁管内长轴和内短轴尺寸应分别量取试件两端的内长轴和内短轴尺寸，取算术平均值；钢带厚度及波纹高度应分别在试件两端量取，取算术平均值。测量时应避开波纹和咬口位置。

为检测产品几何尺寸的符合性，壁厚、直径、长度、角度和垂直度等的测量方法应符合相关规定，测量人员应经过对相关量具和测量步骤的培训。除非其他标准另有规定，否则应保证量具、试样温度和周围温度均在 23℃±2℃或结果可通过计算和经验与相应的 23℃的值相关联。测量前，应检查试样表面是否有影响尺寸测量的现象，如标志、合横线、气泡等杂质。如果存在，在测量时记录这些现象及其影响。金属管材部件壁厚与直径测量所使用的量具和仪器的推荐精度同塑料管材（参见表 10.2-12 和表 10.2-13）。

10.4.5.2 局部横向荷载

在预应力混凝土用金属波纹管试件中部波谷位置取一点，用端部直径 10mm、横向长度 150mm 的圆柱顶压头对试件施加局部横向荷载至表 10.4-8 的规定值并持荷。加载速度不得超过 20N/s，记录其持荷状态的变形量，并计算变形比（δ），观察试件是否出现咬口开裂、脱扣或其他破坏现象，测量变形量时持荷时间不得少于 1min。

预应力混凝土用金属波纹管局部横向荷载   表 10.4-8

截面形状		圆形	扁形
局部横向荷载/N	标准型	800	500
	增强型		
δ	标准型	$d \leqslant 75mm$，$\leqslant 0.20$	$\leqslant 0.20$
		$d > 75mm$，$\leqslant 0.15$	
	增强型	$d \leqslant 75mm$，$\leqslant 0.10$	$\leqslant 0.15$
		$d > 75mm$，$\leqslant 0.08$	

变形比按式(10.4-1)计算。

$$\delta = \frac{\Delta D}{d} \text{或} \frac{\Delta H}{h} \tag{10.4-1}$$

式中：δ——变形比；

ΔD——圆管径向变形量（mm）；

ΔH——扁管短轴向变形量（mm）；

d——圆管公称内径（mm）；

h——扁管公称内径短轴（mm）。

第 11 章

减隔震装置

11.1 概述

建筑消能减震与隔震是建筑物抵抗地震影响的有效方法,可以极大地避免建筑物损坏,对建筑物的安全使用具有重要意义。本章介绍建筑消能减震装置与隔震装置的检验方法。建筑结构减震是指在房屋结构中设置消能装置,通过其局部变形提供附加阻尼,以消耗输入上部结构的地震能量,达到预期设防要求。具体方法是将结构中的某些构件(如支撑、剪力墙、连接件等)设计成消能杆件,在小震作用下,这些消能杆件或装置和结构共同工作,使结构处于弹性状态并保持正常的使用功能;在大震作用下,随着建筑的侧向变形增大,消能杆件或设备能够产生较大阻尼,将输入到建筑的动能转化为热能等形式进行消耗,迅速衰减建筑结构的地震反应,避免主体出现危及生命和丧失使用功能的损坏。减震消能部件根据不同形式可分为消能支撑、消能剪力墙、消能节点和消能连接。

隔震建筑是指利用隔震技术,在建筑物的基底部或某个位置设置隔震装置形成隔震层,把上部结构和下部基础隔离开来,以此来消耗地震能量,避免或减少地震能量向上部传输,能够更有效地保障上部结构与内部人员、设备的安全。

11.2 减震装置

阻尼器是减震消能部件的核心单元之一。阻尼器根据不同的耗能机理可分为速度相关型、位移相关型和复合型阻尼器。目前最常见的速度相关型阻尼器为黏滞(流体)阻尼器、黏弹性阻尼器和油阻尼器。黏滞阻尼器如图 11.2-1 所示,其基本原理是,与结构共同工作的黏滞阻尼器的导杆受力后,推动活塞运动,活塞两边的高黏性阻尼介质产生压力差,使阻尼介质通过阻尼孔,产生阻尼力。位移相关型阻尼器的耗能大小与位移有关,常见的有金属屈服型阻尼器和摩擦型阻尼器。金属屈服型阻尼器如图 11.2-2 所示,可以通过累积塑性变形而消耗地震能量,保护主体结构。而复合型阻尼器则具有速度、位移两种阻尼器的特点。

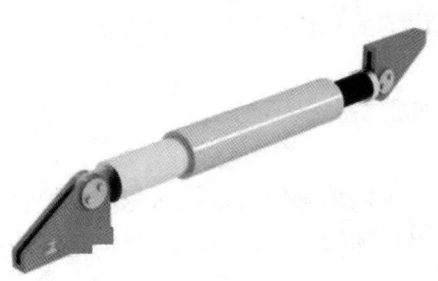

图 11.2-1 黏滞阻尼器(速度相关型)

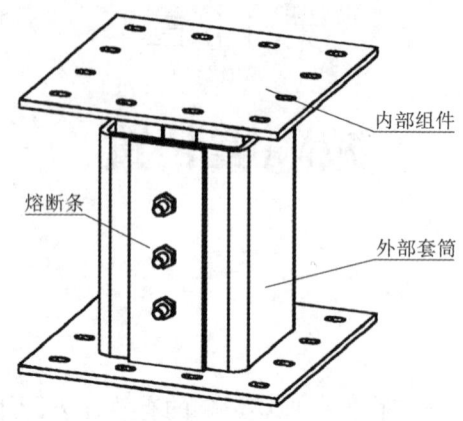

内部组件

熔断条

外部套筒

图 11.2-2 金属屈服型阻尼器（位移相关型）

11.2.1 检测参数及检评依据

常见减震装置的检测参数及检评依据如表 11.2-1 所示。

常见减震装置检测参数及检评依据 表 11.2-1

序号	检测项目	检测参数	检测依据	评定标准
1	黏滞阻尼器	外观质量、极限位移、最大阻尼力、阻尼系数、阻尼指数、滞回曲线、疲劳性能、密封性能、耐火性	JG/T 209	JG/T 209
2	金属屈服型阻尼器	外观质量、屈服承载力、最大承载力、屈服位移、极限位移、弹性刚度、第2刚度、滞回曲线、循环疲劳次数、耐腐蚀性能、耐火性	JG/T 209	JG/T 209

11.2.2 术语与定义

（1）建筑消能阻尼器

安装在建筑物中，用于吸收与耗散由风、地震、移动荷载和动力设备等引起的结构振动能量的装置。

（2）黏滞阻尼器

以黏滞材料为阻尼介质的速度相关型阻尼器，一般由缸体、活塞、阻尼通道、阻尼材料、导杆和密封材料等部分组成，其代号为 VFD。

（3）黏滞阻尼器设计使用年限

黏滞阻尼器在正常使用和维护情况下所具有的不丧失有效使用功能的期限。

（4）阻尼器长度

活塞处于平衡位置时阻尼器的总长。

（5）平衡位置

活塞位于油缸长度中央的位置。

（6）设计容许位移

阻尼器根据设计目标，在罕遇地震作用或风荷载设计值作用条件下，导杆由平衡位置伸出或缩短的位移值，在该值范围内可以保证阻尼器正常工作。

（7）金属屈服型阻尼器

利用金属的塑性变形来耗能的位移相关型阻尼器。制作金属屈服型阻尼器的材料主要为钢材、铅或合金，其代号为 MYD。

（8）金属屈服型阻尼器设计使用年限

金属屈服型阻尼器在正常使用和维护情况下所具有的不丧失有效使用功能的期限。

（9）金属屈服型阻尼器弹性刚度

金属屈服型阻尼器屈服前的刚度。

（10）金属屈服型阻尼器第 2 刚度

金属屈服型阻尼器屈服后的刚度。

（11）金属屈服型阻尼器屈服位移

金属屈服型阻尼器屈服时对应的沿受力方向相对变形值，如阻尼器变形小于此值，阻尼器处于弹性工作状态，达到或超过该值后将产生塑性变形。

（12）金属屈服型阻尼器极限位移

金属屈服型阻尼器正常工作的位移限值，可取为阻尼器承载力下降至最大承载力的85%时的位移值。

11.2.3　抽样要求

建筑消能阻尼器在取样时应符合表 11.2-2 的要求。

建筑消能阻尼器的取样要求　　　　　　　　　　表 11.2-2

检测参数	取样要求
黏弹性阻尼器外观质量	每件必做
黏滞阻尼器外观质量	
金属屈服型阻尼器外观质量	
屈曲约束耗能支撑外观质量	
黏滞阻尼器性能	同一工程、同一类型、同一规格数量，标准设防类取 20%，重点设防类取 50%，特殊设防类取 100%，但不应少于 2 个，检验合格率应为 100%。被检测产品各项检验指标实测值在设计值的 ±10% 以内，判为合格且可用于主体结构
黏弹性阻尼器、金属屈服型阻尼器和屈曲约束耗能支撑产品的性能	同一工程、同一类型、同一规格数量的 3%，当同一类型、同一规格的阻尼器产品数量较少时，可以在同一类型阻尼器中抽检总数量的 3%，但不应少于 2 个，检验合格率应为 100%。被抽检产品检测后不得用于主体结构

11.2.4　技术要求

11.2.4.1　黏滞阻尼器

（1）力学性能

黏滞阻尼器的力学性能应符合表 11.2-3 的要求。

黏滞阻尼器力学性能要求　　　　　　　　　　表 11.2-3

项目	性能指标
极限位移	实测值不应小于黏滞阻尼器设计容许位移的 150%，当最大位移大于或等于 100mm 时实测值不应小于黏滞阻尼器设计容许位移的 120%
最大阻尼力	实测值偏差应在产品设计值的 ±15% 以内，实测值偏差的平均值应在产品设计值的 ±10% 以内

项目	性能指标
阻尼系数	实测值偏差应在产品设计值的 ±15% 以内，实测值偏差的平均值应在产品设计值的 ±10% 以内
阻尼指数	实测值偏差应在产品设计值的 ±15% 以内，实测值偏差的平均值应在产品设计值的 ±10% 以内
滞回曲线	实测滞回曲线应光滑，无异常，在同一测试条件下，任一循环中滞回曲线包络面积实测值偏差应在产品设计值的 ±15% 以内，实测值偏差的平均值应在产品设计值的 ±10% 以内

（2）耐久性

黏滞阻尼器的耐久性应符合表 11.2-4 的要求，同时，阻尼器在试验后应无渗漏、无裂纹。

黏滞阻尼器耐久性要求　　　　　　　　　　　　表 11.2-4

项目		性能指标
疲劳性能	最大阻尼力	变化率不大于 ±15%
	阻尼系数	变化率不大于 ±15%
	阻尼指数	变化率不大于 ±15%
	滞回曲线	光滑，无异常，包络面积变化率不大于 ±15%
密封性能		无渗漏，阻尼力的衰减值不大于 5%

（3）其他相关性能

最大阻尼力的加载频率相关性能和温度相关性能的变化曲线应有规律性。

（4）耐火性

火灾时应具有阻燃性；火灾后应对阻尼器进行力学性能检测，其指标下降超过 15% 时应予以更换。

11.2.4.2　金属屈服型阻尼器

（1）力学性能

金属屈服型阻尼器力学性能应符合表 11.2-5 的要求。

金属屈服型阻尼器力学性能要求　　　　　　　　表 11.2-5

项目	性能指标
屈服承载力	实测值偏差应在产品设计值的 ±15% 以内，实测值偏差的平均值应在产品设计值的 ±10% 以内
最大承载力	实测值偏差应在产品设计值的 ±15% 以内，实测值偏差的平均值应在产品设计值的 ±10% 以内
屈服位移	实测值偏差应在产品设计值的 ±15% 以内，实测值偏差的平均值应在产品设计值的 ±10% 以内
极限位移	实测值不应小于产品设计值的 120%
弹性刚度	实测值偏差应在产品设计值的 ±15% 以内，实测值偏差的平均值应在产品设计值的 ±10% 以内
第 2 刚度	实测值偏差应在产品设计值的 ±15% 以内，实测值偏差的平均值应在产品设计值的 ±10% 以内
滞回曲线	实测滞回曲线应光滑，无异常，在同一测试条件下，任一循环中滞回曲线包络面积实测值偏差应在产品设计值的 ±15% 以内，实测值偏差的平均值应在产品设计值的 ±10% 以内

（2）耐久性

金属屈服型阻尼器的耐久性能应符合表 11.2-6 的要求。

金属屈服型阻尼器耐久性能要求　　　　　表 11.2-6

项目	性能指标
疲劳循环次数N	≥ 30 次
耐腐蚀性能	目测无锈蚀

（3）耐火性

火灾时应具有阻燃性；火灾后应对阻尼器进行力学性能检测，其指标下降超过 15%时应予以更换。

11.2.5　试验方法

阻尼器力学性能试验在伺服加载试验机上进行，试验模拟使用环境。

11.2.5.1　金属屈服型阻尼器

金属屈服型阻尼器力学性能试验应符合表 11.2-7 的规定。

金属屈服型阻尼器力学性能试验方法　　　　　表 11.2-7

项目	试验方法
屈服承载力	
最大承载力	
屈服位移	试验采用力-位移混合控制加载制度。试件屈服前，采用力控制并分级加载，接近屈服荷载前宜减小级差加载，每级荷载反复一次；试件屈服后，采用位移控制，每级位移加载幅值取屈服位移的倍数为级差进行，每级加载可反复三次。
极限位移	
弹性刚度	金属屈服型阻尼器的基本特性应通过滞回曲线的试验结果确定
第 2 刚度	
滞回曲线	

11.2.5.2　黏滞阻尼器

黏滞阻尼器的力学性能试验应符合表 11.2-8 的规定。

黏滞阻尼器力学性能试验方法　　　　　表 11.2-8

项目	试验方法
极限位移	采用静力加载试验，控制试验机的加载系统使阻尼器匀速、缓慢地运动，记录其伸缩运动的极限位移值
最大阻尼力	采用正弦激励法，用按正弦波规律变化的输入位移$u = u_0 \sin(wt)$，对阻尼器施加频率为f_1、位移值为u_0的正弦力，连续进行 5 个循环，记录第 3 个循环所对应的最大阻尼力作为实测值
阻尼系数 阻尼指数 滞回曲线	1. 采用正弦激励法，用按照正弦波规律变化的输入位移$u = u_0 \sin(wt)$来控制试验机的加载系统； 2. 对阻尼器分别施加频率为f_1，输入位移值为 0.1u_0、0.2u_0、0.5u_0、0.7u_0、1.0u_0、1.2u_0，连续进行 5 个循环，每次均绘制阻尼力-位移滞回曲线，并计算各工况下第 3 个循环所对应的阻尼系数、阻尼指数作为实测值

注：$w = 2\pi f_1$，为圆频率；f_1为结构基频；u_0为阻尼器设计位移。

11.2.6　评判规则

本节所述评判检验规则以现行行业标准《建筑消能阻尼器》JG/T 209[81]为参考。

11.2.6.1 检验分类

产品检验分为出厂检验和型式检验。

11.2.6.2 检验项目

1）出厂检验

（1）建筑消能产品的外观质量检验应分别根据现行行业标准《建筑消能阻尼器》JG/T 209 中 6.1.1、6.2.1、6.3.1、6.4.1 条的要求，并分别按 7.1.1、7.2.1、7.3.1、7.4.1 条的规定进行，要求每件必做。

（2）黏滞阻尼器产品的性能应根据现行行业标准《建筑消能阻尼器》JG/T 209 6.2.3 条的要求，按 7.2.3 条的规定进行检验。

（3）黏弹性阻尼器、金属屈服型阻尼器和屈曲约束耗能支撑产品的性能应分别根据 6.1.3、6.3.3 和 6.4.3 条的要求，并分别按 7.1.3、7.3.3 和 7.4.3 条的规定进行检验。

（4）各类消能阻尼器出厂检验项目见表 11.2-9。

消能阻尼器出厂检验项目 表 11.2-9

阻尼器类型	检验项目
黏弹性阻尼器	表观剪应变极限值、最大阻尼力、表观剪切模量、损耗因子、滞回曲线
黏滞阻尼器	极限位移、最大阻尼力、阻尼系数、阻尼指数、滞回曲线
金属屈服型阻尼器	屈服承载力、最大承载力、屈服位移、极限位移、弹性刚度、第 2 刚度、滞回曲线
屈曲约束耗能支撑	屈服承载力、最大承载力、屈服位移、极限位移、弹性刚度、第 2 刚度、滞回曲线

2）型式检验

（1）型式检验项目应为现行行业标准《建筑消能阻尼器》JG/T 209 第 6 章的所有项目。

（2）有下列情况之一时应进行型式检验：

① 新产品的试制定型鉴定。

② 当原料、结构、工艺等有较大改变，有可能对产品质量影响较大时。

③ 正常生产时，每 5 年检验一次。

④ 停产 1 年以上恢复生产时。

⑤ 出厂检验结果与上次型式检验有较大差异时。

⑥ 国家质量监督机构提出型式检验要求时。

（3）抽样

型式检验试件数目不应少于 3 件。

3）判定规则

（1）出厂检验

按现行行业标准《建筑消能阻尼器》JG/T 209 8.2.1 条 a）进行检查时，如有一条不符合标准要求，则该件产品应判为不合格产品；按 8.2.1 条 b）、c）进行抽检时，如有一件抽样的一项性能不符合标准要求，对同批产品按原抽样数加倍抽样，并重新进行所有项目的检测，如仍有一项不合格时，则判该批产品不合格。

（2）型式检验

应由具有检测资质的第三方进行检验。对于原材料和产品，检验结果应全部符合现行行业标准《建筑消能阻尼器》JG/T 209 的相关要求，否则为不合格。型式检验时，f_1 取 1Hz。

11.3 隔震装置

11.3.1 概述

隔震技术的被动控制中最为成熟和应用最广泛的就是基础隔震技术。与传统抗震技术不同，基础隔震技术的设防策略立足于"隔"，采用"拒敌于门外"的防御战术，"以柔克刚"，利用专门的隔震元件，在建筑物和基础之间设置隔震层，将输入地震波中与结构发生共振的频率段过滤掉，以集中发生在隔震层的较大相对位移为代价，阻隔地震能量向上部结构传递，从而大大提高建筑物的可靠性和安全性。可以说，从"抗"到"隔"，是建筑抗震设防策略的一次重大改变和飞跃。

基地隔震结构通过在基础结构和上部结构之间设置隔震层，使上部主体结构与地震动的水平成分隔离。地震作用的破坏力主要来自水平运动，而隔震层能大大减少上部结构受到的水平地震力。隔震层通常由隔震支座、阻尼器和复位装置组成。隔震支座既承担了建筑物的重量，又因其中含有弹簧而使建筑物具有一定的弹性恢复能力；阻尼器能吸收地震作用的能量，减小建筑位移；复位装置能够使结构在微震或风荷载作用下，保持和普通结构相同的安全性。在建筑物遭遇较小的地震时，隔震结构能够有效减少地震对上部建筑的影响，使建筑本身保持在弹性变形范围内，震后建筑物即可恢复到初始状态；在遭遇特大地震时，隔震结构也能有效保护人员的生命安全以及建筑的使用功能。

常用的隔震支座包括叠层橡胶隔震支座（如天然橡胶支座、铅芯橡胶支座、高阻尼橡胶支座等）和摩擦摆隔震支座，如图 11.3-1 和图 11.3-2 所示。其中，天然夹层橡胶支座阻尼较小，不具备足够的耗能能力，需要配合阻尼器使用；铅芯橡胶支座和高阻尼橡胶支座本身具有良好的阻尼效果，对阻尼器的需求相对较小。

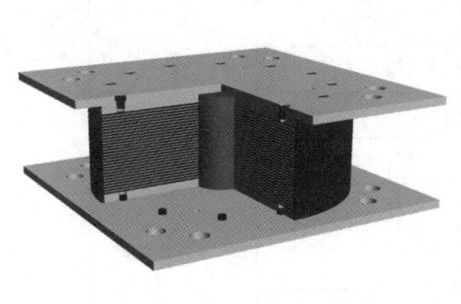

图 11.3-1 叠层橡胶隔震支座

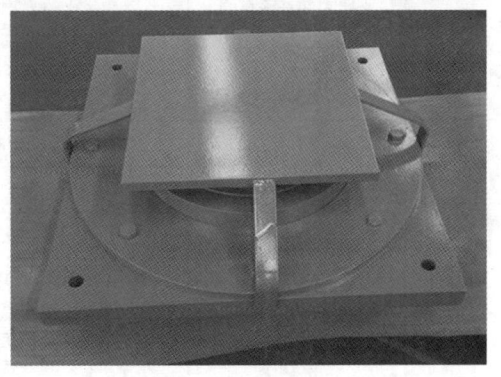

图 11.3-2 建筑摩擦摆隔震支座

11.3.2 检测参数及检评依据

常见隔震装置的检测参数及检评依据如表 11.3-1 所示。

常见隔震装置检测参数及检评依据 表 11.3-1

检测项目	检测参数		检测依据	评定标准
摩擦摆隔震支座	隔震部件的性能		CECS 126	
	压缩性能	竖向压缩刚度	JG/T 118	
		压缩变形性能		
		竖向压缩极限压应力		
		水平位移为支座内部橡胶直径0.55倍状态时的极限压应力		
		侧向不均匀变形		
	拉伸性能	竖向拉伸刚度		
		竖向极限拉应力		
	水平剪切性能	水平等效刚度及剪应变为100%或γ_0		GB/T 37358
		剪应变为250%		
		等效阻尼比		
		屈服后水平刚度（铅芯支座）		
		屈服力（铅芯支座）		
	极限剪切性能	水平极限变形能力		
	外观质量	—	GB/T 37358	
	尺寸偏差	摩擦材料		
		金属摩擦面		
		机加工件		
		整体支座		
	支座力学性能试验	竖向压缩变形		
		竖向承载力		
		剪切性能试验		
		剪切性能相关试验		
		水平极限变形试验		
橡胶隔震支座	竖向性能	竖向刚度	JG 118	JG 118
		竖向变形性能		
		竖向极限压应力		
		当水平位移为支座内部橡胶直径0.55倍状态时的极限压应力		
		竖向极限拉应力		
	水平性能	水平刚度		
		屈服后水平刚度（有芯型）		
		等效阻尼比		
		水平极限变形能力		

检测项目	检测参数		检测依据	评定标准
橡胶隔震支座	老化性能	竖向刚度	JG 118	JG 118
		水平刚度		
		等效阻尼比		
		水平极限变形能力		
		支座外观		
	徐变性能	徐变性能		
	疲劳性能	竖向刚度		
		水平刚度		
		等效阻尼比		
		支座外观		
	竖向应力相关性能	水平刚度		
		等效阻尼比		
	大变形相关性能	水平刚度		
		等效阻尼比		
	加载频率相关性能	水平刚度		
		等效阻尼比		
	湿度相关性能	水平刚度		
		等效阻尼比		

11.3.3　术语与定义

（1）隔震结构

在结构物中设置隔震装置而形成的结构体系。包括上部结构、隔震层、下部结构和基础。

（2）隔震层

设置在被隔震的上部结构与下部结构（或基础）之间的全部隔震装置的总称。包括全部隔震支座、阻尼装置、抗风装置、限位装置以及其他附属装置。

（3）隔震支座

结构为达到隔震要求而设置的支承装置。例如叠层橡胶支座（或称隔震橡胶支座、夹层橡胶垫等）。它是一种水平刚度较小而竖向刚度较大的结构构件，可承受大的水平变形，可作为承重体系的一部分。

（4）阻尼装置

吸收并耗散地震输入能量而使结构振动反应衰减的装置。可以是隔震支座的组成部分，也可以单独设置。

（5）抗负装置

隔震结构中抵抗风荷载的装置。可以是隔震支座的组成部分，也可以单独设置。

（6）限位装置

限制隔震层在最不利状态下产生大位移的部件。

（7）有效阻尼比

隔震结构往复运动时，与隔震层（或隔震支座）所耗散的能量相对应的有效阻尼与临界阻尼的比值。有效阻尼中应包括黏滞阻尼和等效阻尼等。

（8）有效刚度

隔震层（或隔震支座）所承受的荷载与相应位移的比值。其值一般可取荷载-位移曲线在相应位移点的割线刚度。

（9）水平向减震系数

计算隔震结构水平地震作用时引入的折减系数。按多遇地震作用下隔震房屋与非隔震房屋各层最大层间剪力的比值确定。

11.3.4 抽样要求

常见隔震装置的取样应符合表 11.3-2 的要求。

常见隔震装置的取样要求   表 11.3-2

检测参数		试件尺寸	试样数量
隔震部件的性能		—	每种类型和每一规格的抽样数量不应少于 3 个，抽样检测的合格率应为 100%
压缩性能	竖向压缩刚度	足尺	进行出场检验，进行型式检验
	压缩变形性能		进行出场检验，进行型式检验
	竖向压缩极限压应力	足尺或缩尺模型 A	不进行出场检验，进行型式检验
	水平位移为支座内部橡胶直径 0.55 倍状态时的极限压应力		不进行出场检验，进行型式检验
	侧向不均匀变形	足尺或缩尺模型 B	进行出场检验，进行型式检验
拉伸性能	竖向拉伸刚度		可选择进行出场检验，进行型式检验
	竖向极限拉应力		不进行出场检验，进行型式检验
水平剪切性能	水平等效刚度及剪应变为 100%或γ_0		进行出场检验，进行型式检验
	剪应变为 250%		可选择进行出场检验，进行型式检验
	等效阻尼比	足尺	进行出场检验，进行型式检验
	屈服后水平刚度（铅芯支座）		进行出场检验，进行型式检验
	屈服力（铅芯支座）		
极限剪切性能	水平极限变形能力		不进行出场检验，进行型式检验
外观质量	—		进行出场检验，进行型式检验
尺寸偏差	摩擦材料		进行出场检验，进行型式检验
	金属摩擦面	足尺	进行出场检验，进行型式检验
	机加工件		进行出场检验，进行型式检验
	整体支座		进行出场检验，进行型式检验

续表

检测参数		试件尺寸	试样数量
支座力学性能试验	竖向压缩变形	足尺或缩尺	进行出场检验，进行型式检验
	竖向承载力		不进行出场检验，进行型式检验
	剪切性能试验		进行出场检验，进行型式检验
	剪切性能相关试验		可选择进行出场检验，进行型式检验
	水平极限变形试验		可选择进行出场检验，进行型式检验

出厂检验时，原材料检验项目应全部合格后方可出厂。整体支座检验可采用随机抽样的方式确定检测试件。若任一抽样试件的一项性能不合格时，该次抽样检验不合格。不合格产品不得出厂。对于一般建筑，每种产品抽样数量不应少于总数的 20%；若有不合格试件时，应重新抽取总数的 30%，若仍有不合格试件时，则应 100%检测。对于重要建筑，每种产品抽样数量不应少于总数的 50%；若有不合格试件时，应 100%检测。对于特别重要的建筑，产品抽样数量应为总数的 100%。

11.3.5　技术要求

橡胶支座竖向和水平力学性能要求见表 11.3-3。

橡胶支座竖向和水平力学性能要求 表 11.3-3

项目		性能要求
竖向性能（天然橡胶支座、铅芯橡胶支座、高阻尼橡胶支座）	竖向压缩刚度	实测值允许偏差为 +30%，平均值允许偏差为 +20%
	压缩变形性能	荷载-位移曲线应无异常
	竖向极限压应力	当 $3 \leqslant S_2 < 4$ 时，应不小于 60MPa；当 $4 \leqslant S_2 < 5$ 时，应不小于 75MPa；当 $S_2 \geqslant 5$ 时，应不小于 90MPa
	当水平位移为支座内部橡胶直径 0.55 倍状态时的极限压应力	当 $3 \leqslant S_2 < 4$ 时，应不小于 20MPa；当 $4 \leqslant S_2 < 5$ 时，应不小于 25MPa；当 $S_2 \geqslant 5$ 时，皮不小于 30MPa
	竖向极限拉应力	应不小于 1.5MPa
	竖向拉伸刚度	实测值允许偏差为 +30%，平均值允许偏差为 +20%
	侧向不均匀变形	直径或边长不大于 600mm 支座，侧向不均匀变形不大于 3mm；直径或边长不大于 1000mm 支座，侧向不均匀变形不大于 5mm；直径或边长不大于 1500mm 支座，侧向不均匀变形不大于 7mm
天然橡胶支座水平性能	水平等效刚度	水平滞回曲线在正、负向应具有对称性，正、负向最大变形和剪力的差异应不大于 15%；实测值允许偏差为 +15%，平均值允许偏差为 +10%
铅芯橡胶支座水平性能	水平等效刚度	水平滞回曲线在正、负向应具有对称性，正、负向最大变形和剪力的差异应不大于 15%；实测值允许偏差为 +15%，平均值允许偏差为 +10%
	屈服后水平刚度	
	等效阻尼比	实测值允许偏差为 +15%，平均值允许偏差为 +10%
	屈服力	实测值允许偏差为 +15%，平均值允许偏差为 +10%

续表

项目		性能要求
高阻尼橡胶支座水平性能	水平等效刚度	水平滞回曲线在正、负向应具有对称性，正、负向最大变形和剪力的差异应不大于15%；实测值允许偏差为 +15%，平均值允许偏差为 +10%
	屈服后水平刚度	
	等效阻尼比	实测值允许偏差为 +20%，平均值允许偏差为 +15%
	屈服力	实测值允许偏差为 +15%，平均值允许偏差为 +10%
水平极限性能（天然橡胶支座铅芯橡胶支座、高阻尼橡胶支座）	水平极限变形能力	极限剪切变形不应小于橡胶总厚度的400%与0.55D的较大值

注：S_2为第二形状系数；D为内部橡胶直径。

摩擦摆隔震支座力学性能要求见表11.3-4。

摩擦摆隔震支座力学性能要求　　　　　表 11.3-4

项目		性能要求
压缩性能	竖向压缩变形	在基准竖向承载力作用下，竖向压缩变形不大于支座总高度的1%和2mm两者中较大者
	竖向承载力	在竖向压力为2倍基准竖向承载力时支座不应出现破坏，无脱落、破裂、断裂等
剪切性能	静摩擦系数	静摩擦系数不应大于动摩擦系数上限的1.5倍
	动摩擦系数	试验位移取极限位移的1/3；当设计摩擦系数大于0.03时，检测值与设计值的偏差单个试件应在 ±25%以内，一批试件平均偏差应在 ±20%以内；当设计摩擦系数不大于0.03时，检测值与设计值的偏差单个试件应在 ±0.0075以内，一批试件平均偏差应在 ±0.006以内
	屈服后刚度	
剪切性能相关性	反复加载次数相关性	取第3次、第20次摩擦系数进行对比，变化率不应大于20%
	温度相关性	基准温度为23℃，在 −25～+40℃范围内摩擦系数变化率不应大于45%
水平极限变形能力	极限剪切变形	在基准竖向承载力作用下，反复加载一圈至极限位移的0.85倍时，支座不应出现破坏

11.3.6　试验方法

11.3.6.1　叠层橡胶隔震支座

1）竖向压缩刚度

取与轴压应力（1 ± 30%）σ_0相应的竖向荷载（σ_0为产品的设计轴压应力，单位为 MPa），3次往复加载，绘出竖向荷载与竖向位移关系曲线。取第3次往复加载结果，按式(11.3-1)计算竖向刚度。

$$k_0 = \frac{P_1 - P_2}{\delta_1 - \delta_2}$$　　　　　(11.3-1)

式中：k_0——建筑隔震橡胶支座竖向刚度（kN/m）；

　　　　P_1——平均压应力为1.3σ_0时的竖向荷载（kN）；

　　　　P_2——平均压应力为0.7σ_0时的竖向荷载（kN）；

　　　　δ_1——竖向荷载为P_1时的竖向位移（m）；

δ_2——竖向荷载为P_2时的竖向位移（m）。

2）竖向变形性能

取与轴压应力（$1 \pm 30\%$）σ_0相应的竖向荷载，3 次往复加载，绘出竖向荷载与轴向位移关系曲线，荷载-位移曲线应无异常。

3）竖向极限压应力

向支座施加轴向压力，缓慢或分级加载，直至破坏。同时绘出竖向荷载和竖向位移曲线，根据曲线的变形趋势确定破坏时的荷载和压应力。

4）当水平位移为支座内部橡胶直径 0.55 倍状态时的极限压应力

向支座施加设计轴压应力，然后施加水平荷载，使支座处于水平位移为支座内部橡胶直径 0.55 倍的剪切变形状态，再继续缓慢或分级竖向加载，记录竖向荷载和水平刚度，往复循环加载各一次。当支座外观发生明显异常或水平刚度趋于零时，视为破坏。

5）竖向拉伸刚度、竖向极限拉应力

对支座在剪应变为零的条件下，低速施加拉力直到试件发生破坏，绘出拉力和拉伸位移关系曲线，按下列方法求出屈服拉力和拉伸刚度：

（1）通过原点和曲线上与剪切模量（G）对应的拉力作一条直线（G为设计压应力、设计剪应变作用下的剪切模量）。

（2）将上述直线水平偏移 1%的内部橡胶厚度。

（3）偏移线和试验曲线相交点对应的力即为屈服拉力。

（4）10%拉应变对应的割线刚度即为拉伸刚度。

（5）破坏点对应的试件拉应力即为竖向极限拉应力。

6）侧向不均匀变形

在设计竖向压应力下，采用直角尺和塞尺测量支座侧面最大鼓出位置的鼓出量。测量侧向不均匀变形时的竖向压应力，当$S_2 \geqslant 5$时（S_2为第二形状系数），型式检验取 15MPa，出厂检验取设计压应力；当$4 \leqslant S_2 < 5$时，竖向压应力降低 20%；当$3 \leqslant S_2 < 4$时，竖向压应力降低 40%。

7）水平等效刚度

对被试支座在产品的设计压应力作用下，进行剪应变（γ）为 100%和 250%，加载频率（f）不低于 0.02Hz，水平加载波形为正弦波的动力加载试验。以对应于正剪应变和负剪应变（$-\gamma$）的水平位移作为最大水平正位移和负位移，连续绘制出 3 条滞回曲线。用第 3 条滞回曲线，按式 (11.3-2)计算支座的水平等效刚度。

$$k_{\mathrm{h}} = \frac{Q^+ - Q^-}{U^+ - U^-} \tag{11.3-2}$$

式中：k_{h}——水平等效刚度（kN/m）；

U^+——最大水平正位移（mm）；

U^-——最大水平负位移（mm）；

Q^+——与U^+相应的水平剪力（kN）；

Q^-——与U^-相应的水平剪力（kN）。

8）屈服后水平刚度

当试验滞回曲线比较理想，具有明显的最大位移和最大剪力特征点以及与剪力轴的交点时，铅芯橡胶支座和高阻尼橡胶支座的屈服后水平刚度（K_d）。可按下列方法一确定，否则按方法二确定。

（1）方法一

可根据 $\gamma = 100\%$、加载频率 f 不低于 0.02Hz 试验的第 3 条滞回曲线，按式 (11.3-3) 确定。

$$K_d = \frac{1}{2}\left(\frac{Q^+ - Q_y^+}{U^+ - U_y^+} + \left|\frac{Q^- - Q_y^-}{U^- - U_y^-}\right|\right) \tag{11.3-3}$$

式中：K_d——屈服后水平刚度（kN/m）；

$\quad U_y^+$——正方向屈服位移（mm）；

$\quad U_y^-$——负方向屈服位移（mm）；

$\quad Q_y^+$——与 U_y^+ 相应的水平剪力（kN）；

$\quad Q_y^-$——与 U_y^- 相应的水平剪力（kN）。

（2）方法二

可按现行国家标准《橡胶支座 第 1 部分：隔震橡胶支座试验方法》GB/T 20688.1 附录 G 的方法计算。

9）屈服力

当试验滞回曲线比较理想，具有明显的最大位移和最大剪力特征点以及与剪力轴的交点时，铅芯橡胶支座和高阻尼橡胶支座的屈服力（Q_a）可按下列方法一确定，否则按方法二确定。

（1）方法一

可根据 $\gamma = 100\%$、加载频率 f 不低于 0.02Hz 试验的第 3 条滞回曲线，按式 (11.3-4) 确定。

$$Q_d = \frac{Q_y^+ - Q_y^-}{2} \tag{11.3-4}$$

式中：Q_d——屈服力（kN）；

$\quad Q_y^+$——与 U_y^+ 相应的水平剪力（kN）；

$\quad Q_y^-$——与 U_y^- 相应的水平剪力（kN）。

（2）方法二

可按现行国家标准《橡胶支座 第 1 部分：隔震橡胶支座试验方法》GB/T 20688.1 附录 G 的方法计算。

10）等效阻尼比

支座的等效阻尼比按式 (11.3-5) 或式 (11.3-6) 计算。

$$h_{eq} = \frac{W}{2\pi Q^+ U^+} \tag{11.3-5}$$

$$h_{eq} = \frac{W}{2\pi K_h(U^+)^2} \tag{11.3-6}$$

式中：h_{eq}——建筑隔震橡胶支座等效阻尼比；

$\quad W$——滞回曲线所围面积（kN·m）。

11）水平极限变形能力

支座在一定竖向压应力作用下，采用水平向缓慢或分级加载，往复一次，绘出水平荷载和水平位移曲线，同时观察支座四周，当支座外观出现明显异常或试验曲线异常时（如内层橡胶与内层钢板明显撕开，并且试验曲线上荷载和位移没有同时上升），视为破坏。

测量水平极限变形能力的竖向压应力，当$S_2 \geqslant 5$时，型式检验取 15MPa，出厂检验取设计压应力；当$4 \leqslant S_2 < 5$时，竖向压应力降低 20%；当$3 \leqslant S_2 < 4$时，竖向压应力降低 40%。

11.3.6.2　摩擦摆隔震支座

1）竖向承载力试验方法

（1）试验条件

实验室的标准温度为 23℃ ± 5℃。

试验前将试样直接暴露在标准温度下，停放 24h。

（2）试验方法

如图 11.3-3 所示放置试样后，按下列步骤进行支座竖向承载力试验：

① 将试样置于试验机的承载板上，试样中心与承载板中心位置对准，偏差小于 0.01 倍支座直径。检验荷载为支座基准竖向承载力的 2.0 倍。加载至基准竖向承载力的 5%后，核对承载板四边的位移传感器，确认无误后进行预压。

② 预压：将支座基准竖向承载力以连续、均匀的速度加满，反复 3 次。

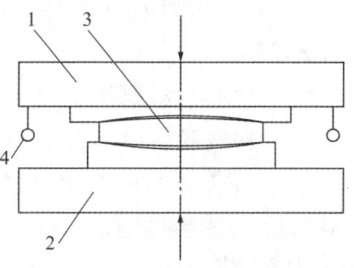

1—上承载板；2—下承载板；3—试样；
4—位移传感器

图 11.3-3　竖向承载力试验示意图

③ 正式加载：将检验荷载由零至试验最大荷载均匀分为 10 级，试验时以基准竖向承载力的 5%作为初始荷载，然后逐级加载。每级荷载稳压 2min 后记录位移传感器数据，直至检验荷载，稳压 3min 后卸载。加载过程连续进行 3 次。

④ 竖向压缩变形分别取 4 个位移传感器读数的算术平均值，绘制荷载-竖向压缩变形曲线。变形曲线应呈线性关系。

⑤ 试样竖向压缩变形应满足相应的力学性能要求。

2）成品支座水平性能试验方法

（1）试样

成品支座的竖向压缩性能、剪切性能试验宜采用足尺支座进行，如受检验设备能力所限，可选用有代表性的缩尺支座进行试验。缩尺支座的竖向设计承载力不宜小于 3000kN，且缩尺比例不宜小于 1/2。

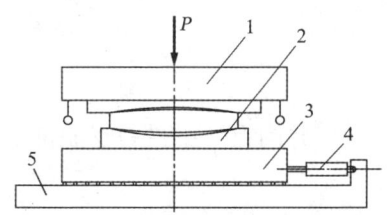

1—上承载板；2—试样；3—下承载板；
4—水平力加载装置；5—框架

图 11.3-4　成品支座水平性能试验示意图

（2）试验方法

成品支座水平性能试验应在单剪试验机上进行，试验装置如图 11.3-4 所示，试验方法应符合下列要求：

① 试验时将支座置于试验机的下承载板上，支座中心与承载板中心位置对准，精度小于 0.01 倍支座底板边长。

② 竖向连续、均匀加载至试验荷载，在整个试验

过程中保持不变。

③ 水平位移按式 (11.3-7) 和式 (11.3-8) 的正弦波进行加载。

$$d(t) = d_x \sin(2\pi f_0 t) \tag{11.3-7}$$

$$f_0 = \frac{v_0}{2\pi d_x} \tag{11.3-8}$$

式中：f_0——加载频率；

v_0——加载峰值速度；

d_x——加载幅值；

t——时间。

④ 测定水平力的大小，记录荷载-位移曲线。

⑤ 按照加载幅值确定试验工况，除特殊说明外，每个工况做 4 个周期循环试验，取第 3 圈试验结果。

（3）试验加载履历

试验加载履历应符合下列要求：

① 静摩擦系数的测定。试验竖向荷载加载至基准竖向承载力后，预压 30min，以不大于 0.1mm/s 的速度施加 1min 的水平位移，然后反向加载，取两个方向峰值绝对值的平均值作为静摩擦力。

② 动摩擦系数的测定。试验荷载取基准竖向承载力，加载幅值（d_x）取极限位移的 1/3。测定动摩擦系数下限值时，加载峰值速度取 4mm/s；测定动摩擦系数上限值时，加载峰值速度取 150mm/s。

③ 反复加载次数相关性试验。试验荷载取基准竖向承载力，加载幅值（d_x）取极限位移的 1/3，加载速度取 150mm/s，做 20 个周期循环试验。

④ 温度相关性试验。试验荷载取基准竖向承载力，加载幅值（d_x）取极限位移的 1/3，加载速度取 150mm/s。环境温度变化范围为 −20～+40℃，每 10℃为一档，根据需要可增加试验温度工况。

⑤ 水平极限变形试验。试验荷载取基准竖向承载力，加载幅值（d_x）取极限位移的 0.85倍。

11.3.7　评判规则

本节下述评判检验规则均以现行国家标准《建筑摩擦摆隔震支座》GB/T 37358[82]为参考。

11.3.7.1　出场检验

支座用材料应按表 11.3-5 规定的检验项目进行出厂检验，并附有每批进料材质证明。成品支座应按表 11.3-6 规定的检验项目进行出厂检验。

11.3.7.2　型式检验

支座用材料和成品支座应分别按表 11.3-5 和表 11.3-6 的规定进行型式检验。

支座用材料的检验项目　　　　　　　　　　表 11.3-5

序号	材料	试验项目	出厂检验	型式检验	检验周期	要求（GB/T 37358）	试验方法（GB/T 37358）
1	摩擦材料	物理机械性能、厚度、外观	✓	✓	每批原料不大于200kg/次	6.1.1 条	7.1.1 条
2	不锈钢板	外观	✓	✓	每批钢板	6.1.2 条	7.1.2 条
3	胶粘剂	滑板与钢板粘结剥离强度	✓	✓	每批	6.1.3 条	7.1.3 条
4	防尘板橡胶	物理机械性能	✓	✓	每批	6.1.4 条	7.1.4 条

注：1. ✓—进行检验；✕—不进行检验。
　　2. 检验周期针对的是出厂检验。

成品支座的检验项目　　　　　　　　　　表 11.3-6

序号	性能	试验项目	出厂检验	型式检验	要求（GB/T 37358）	试验方法（GB/T 37358）	试件
1	外观质量	—	✓	✓	6.2 节	7.2 节	足尺
2	尺寸偏差	摩擦材料	✓	✓	6.3.1 条	7.3 节	足尺
3		金属摩擦面	✓	✓	6.3.2 条	7.3 节	足尺
4		机加工件	✓	✓	6.3.3 条	7.3 节	足尺
5		整体支座	✓	✓	6.3.4 条	7.3 节	足尺
6	支座力学性能试验	竖向压缩变形	✓	✓	6.4 节表 7 第 1 项	7.4.2 条表 10 第 1 项	足尺或缩尺
7		竖向承载力	✕	✓	6.4 节表 7 第 2 项	7.4.2 条表 10 第 2 项	
8		剪切性能试验	✓	✓	6.4 节表 7 第 3～5 项	7.4.2 条表 10 第 3～5 项	
9		剪切性能相关试验	△	✓	6.4 节表 7 第 6、7 项	7.4.2 条表 10 第 6、7 项	
10		水平极限变形试验	△	✓	6.4 节第 8 项	7.4.2 条第 8 项	

注：1. ✓—进行试验；✕—不进行试验；△—可选择进行试验。

11.3.7.3　检验结果的判定

1）出厂检验时，原材料检验项目应全部合格后方可出厂。整体支座检验可采用随机抽样的方式确定检测试件。若任一抽样试件的一项性能不合格时，该次抽样检验不合格。不合格产品不得出厂。

对于一般建筑，每种产品抽样数量不应少于总数的 20%；若有不合格试件时，应重新抽取总数的 30%，若仍有不合格试件时，则应 100%检测。

对于重要建筑，每种产品抽样数量不应少于总数的 50%；若有不合格试件时，应 100%检测。

对于特别重要的建筑，产品抽样数量应为总数的 100%。

2）型式检验应由有相应资质的质量监督检测机构进行。有下列情况之一时，应进行型式检验：

（1）新产品或老产品转厂生产的试制定型鉴定时。

（2）正常生产后，如结构、工艺、材料有较大改变，可能影响产品性能时。

（3）正常生产时，每 5 年定期进行一次。

（4）产品停产超过 1 年，再恢复生产时。

第12章

土

12.1 概述

土是工程中重要的建筑材料或介质。土既可作为建筑地基，在土层上建造建筑物，或作为建筑环境，在土层中修建地下建筑；也可作为建筑材料，用以修筑各种土工建筑物。本章将介绍工程用土的分类，阐述土工试验的相关依据、土的检测参数以及检测步骤和数据处理方法等。

12.2 检测参数及检评依据

土的检测参数及检评依据如表 12.2-1 所示。

土的检测参数及检评依据   表 12.2-1

序号	检测参数	检测依据	评定标准
1	最大干密度、最优含水率	GB/T 50123	—
2	压实系数	GB/T 50123 JGJ 79	GB 50202

12.3 定义和分类

土是由岩石在交错复杂的自然环境中所形成的各类沉积物，其间经历了物理、化学、生物风化作用和剥蚀、搬运、沉积作用等。

工程用土大致可分成一般土和特殊土两大类（图 12.3-1）。

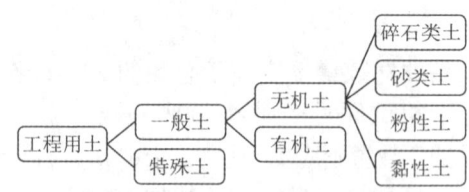

图 12.3-1 工程用土的分类

一般土可按有机质含量分成无机土和有机土，而无机土还可根据颗粒级配或塑性指数细分成以下四类：碎石类土、砂类土、粉性土和黏性土。碎石类土、砂类土分别指当土中巨粒组或粗粒组的含量大于全重 50%的土，这两类土统称为无黏性土，其基本特征表现为透水性大且无黏性，同时砂类土还表现出可液化性。而粉性土和黏性土均属于细粒土，即当土中细粒组的含量大于或等于全重 50%的土，在此基础上当其塑限指数 I_P 大于 10 时，称为黏性土，反之称为粉性土。黏性土表现为透水性小，具有可塑性、涨缩性、湿陷性和冻胀性。粉性土的表现则介于砂类土和黏性土之间，兼有可液化性和可塑性。

特殊土是指具有特殊成分、状态及特征结构，有着一定工程意义或分布区域的一类土，如湿陷性土、软土、红黏土、膨胀土、冻土、填土、污染土、风化岩和残积土等。

12.4　抽样要求

12.4.1　最大干密度、最优含水率

根据现行国家标准《建筑地基基础工程施工质量验收标准》GB 50202[83]的规定，回填料的施工含水率与最佳含水率之差可控制在规定的范围内（−6%～+2%），取样的频率宜为每 5000m³ 取 1 次，或土质发生变化时取样。

12.4.2　压实系数

根据现行国家标准《建筑地基基础工程施工质量验收标准》GB 50202 的规定，回填料每层压实系数应符合设计要求。采用环刀法取样时，基坑和室内回填，每层按 100～500m² 取样 1 组，且每层不少于 1 组；柱基回填，每层抽样柱基总数的 10%，且不少于 5 组；基槽或者管沟回填，每层按长度 20～50m 取样 1 组，且每层不少于 1 组；室外回填，每层按400～900m² 取样 1 组，且每层不少于 1 组，取样部位应在每层压实后的下半部。采用灌砂或灌水法取样时，取样数量可较环刀法适当减少，但每层不少于 1 组。

12.5　最大干密度、最优含水率

12.5.1　试验类型选择

因本试验有轻型击实与重型击实之分，所以试验前需要综合考虑工程要求与试样最大粒径来选择合适的试验类型。试样最大粒径应小于 20mm，且与试样直径的比值应小于 1/5。轻重型的选择应根据现场的施工条件来确定。通常情况下，道路工程和机场跑道多采用重型击实，轻型击实仅适用于低级路面及土基过湿或缺乏重型压实机械（≥12t）的情况。水库、堤防、铁路路基填土工程一般采用轻型击实。

12.5.2　试验设备

在击实试验中，击实仪由击实筒（图 12.5-1）、护筒和击锤（图 12.5-2）组成。其主要技术指标应符合表 12.5-1 中的规定。

击实仪主要技术指标　　　　　　　　　　表 12.5-1

试验方法	锤底直径/mm	锤质量/kg	落高/mm	层数	每层击数	击实筒			护筒高度/mm
						内径/mm	筒高/mm	容积/cm³	
轻型	51	2.5	305	3	25	102	116	947.4	≥50
				3	56	152	116	2103.9	≥50

试验方法	锤底直径/mm	锤质量/kg	落高/mm	层数	每层击数	击实筒			护筒高度/mm
						内径/mm	筒高/mm	容积/cm³	
重型	51	4.5	457	3	42	102	116	947.4	≥50
				3	94	152	116	2103.9	≥50
				5	56				

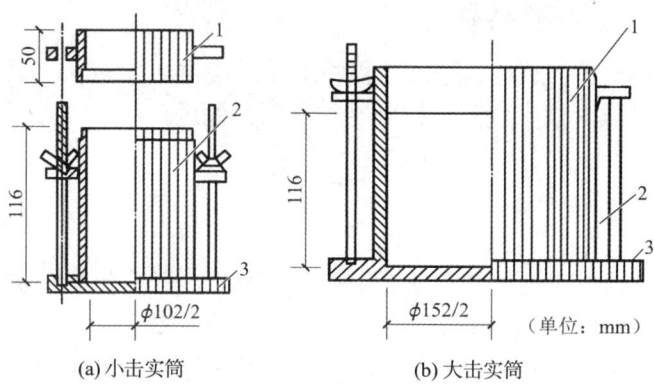

(a) 小击实筒 　　　　　(b) 大击实筒

1—护筒；2—击实筒；3—底板

图 12.5-1　击实筒示意图

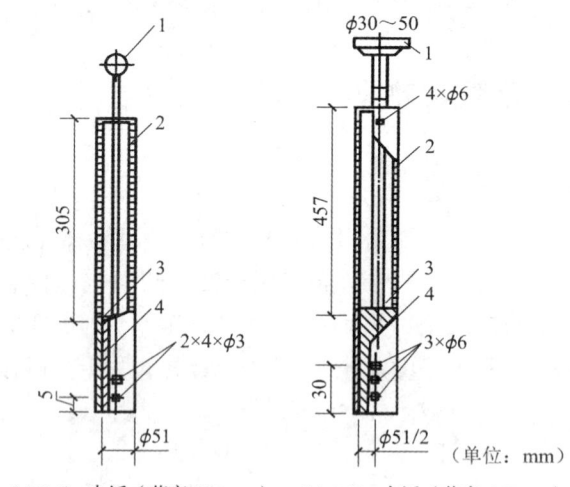

(a) 2.5kg 击锤（落高 305mm）　　(b) 4.5kg 击锤（落高 457mm）

1—提手；2—护筒；3—硬橡胶垫；4—击锤

图 12.5-2　护筒与击锤示意图

12.5.3　试样制备

试样制备方法有干土法与湿土法之分，需根据实际情况选择合适的制备方法。

1）干土法制备试样应符合以下规定：

（1）用四分法取一定量的代表性风干试样并碾散（小筒所需土样约为 20kg，大筒所需土样约为 50kg）。

（2）按要求过筛（轻型过 5mm 或 20mm 筛，重型过 20mm 筛），拌匀筛下土样，并测定其风干含水率；根据土的塑限预估的最优含水率（最优含水率一般在塑限附近，比塑限稍大），制备不少于 5 个不同含水率的一组试样，相邻 2 个试样含水率的差值宜为 2%。将一定量土样平铺于不吸水的盛土盘内，其中小型击实筒所需击实土样约为 2.5kg，大型击实筒所需击实土样约为 5.0kg，按预定含水率用喷水设备往土样上均匀喷洒所需加水量，拌匀并装入塑料袋内或密封于盛土器内静置备用。静置时间分别为：高液限黏土不得少于 24h，低液限黏土可酌情缩短，但不应少于 12h。所需加水量可按式(12.5-1)计算。

$$m'_\mathrm{w} = \frac{m_0}{1 + w_0}(w' - w_0) \tag{12.5-1}$$

式中：m'_w——所需加水量（g）；

　　　　m_0——风干试样质量（g）；

　　　　w_0——风干试样含水率（%）；

　　　　w'——要求达到的含水率（%）。

2）湿土法制备试样时，应取天然含水率的代表性土样并碾散（小筒所需土样约为 20kg，大筒所需土样约为 50kg），按要求过筛，拌匀筛下土样，并测定试样的含水率。分别风干或加水到所要求的含水率，使制备好的试样水分均匀分布。

12.5.4　试验步骤

（1）将击实仪平稳置于刚性基础上，在击实筒内壁和底板涂一薄层润滑油，连接好击实筒与底板，安装好护筒。检查仪器各部件及配套设备的性能是否正常，并做好记录。

（2）从制备好的一份试样中称取一定量土料，分 3 层或 5 层倒入击实筒内并将土面整平，分层击实。手工击实时，应保证击锤自由铅直下落，锤击点必须均匀分布于土面上；机械击实时，可将定数器拨到所需的击数处（击数可按表 12.5-1 确定），按动电钮进行击实。击实后的每层试样高度应大致相等，两层交接面的土面应刨毛（图 12.5-3）。击实完成后，击实面超出击实筒顶的高度应小于 6mm（图 12.5-4）。

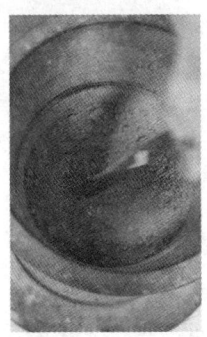 

图 12.5-3　刨毛　　图 12.5-4　击实面超出击实
筒顶高度

（3）用修土刀沿护筒内壁削挖后，扭动并取下护筒，测量超高应取多个测值平均，准确至 0.1mm。沿击实筒顶细心修平试样，拆除底板。试样底面超出筒外时，应修平。擦净筒外壁，称量，准确至 1g。

（4）用推土器从击实筒内推出试样（图12.5-5），从试样中心处取2份土料（图12.5-6），细粒土为15～30g，含粗粒土为50～100g。平行测定土的含水率，称量，准确至0.01g，两个含水率的允许差值应为±1%。

（5）按上述（1）～（4）的规定对其他含水率的试样进行击实。一般不重复使用土样。

图12.5-5　推出试样　　　　　图12.5-6　试样中心取样

12.5.5　结果处理与计算

（1）击实后试样的湿密度按式(12.5-2)计算。

$$\rho = \frac{m_2 - m_1}{V} \tag{12.5-2}$$

式中：ρ——击实后试样的湿密度（g/cm³），精确至0.01g/cm³；

m_2——击实后击实筒和湿试样质量（g）；

m_1——击实筒质量（g）；

V——击实筒容积（cm³）。

（2）击实后各试样的含水率按式(12.5-3)计算。

$$w = \left(\frac{m_0}{m_d} - 1\right) \times 100 \tag{12.5-3}$$

式中：w——含水率（%）；

m_0——湿试样质量（g）；

m_d——干土质量（g）。

（3）击实后试样的干密度按式(12.5-4)计算。

$$\rho_d = \frac{\rho}{1 + 0.01w} \tag{12.5-4}$$

式中：ρ_d——击实后试样的干密度（g/cm³），精确至0.01g/cm³。

（4）土的饱和含水率按式(12.5-5)计算。

$$w_{sat} = \left(\frac{\rho_w}{\rho_d} - \frac{1}{G_s}\right) \times 100 \tag{12.5-5}$$

式中：w_{sat}——饱和含水率（%）；

ρ_w——水的密度（g/cm³）。

以干密度为纵坐标，含水率为横坐标，绘制干密度与含水率的关系曲线。曲线上峰值点的纵、横坐标分别代表土的最大干密度和最优含水率。曲线不能给出峰值点时，应进行补点试验。

12.6　压实系数

12.6.1　技术要求

根据现行国家标准《建筑地基基础工程施工质量验收标准》GB 50202[83]的规定，柱基、基坑、坑槽、管沟、地（路）面基础层填方的分层压实系数应不小于设计值。

12.6.2　试验方法

12.6.2.1　试验设备

压实系数试验采用灌砂法密度试验仪（图 12.6-1），由漏斗、漏斗架、防风筒、套环等组成。

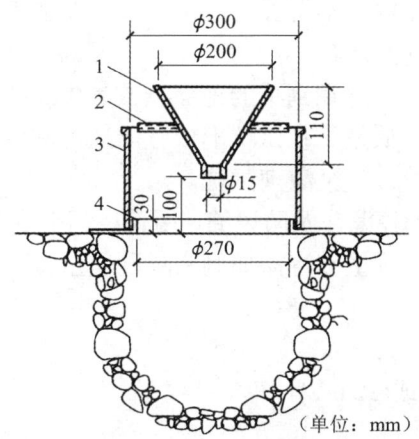

（单位：mm）

1—漏斗；2—漏斗架；3—防风筒；4—套环

图 12.6-1　灌砂法密度试验仪

12.6.2.2　试验步骤

根据试样最大粒径确定试坑尺寸，见表 12.6-1。

表 12.6-1　试坑尺寸与相应的最大粒径

试样最大粒径/mm	试坑尺寸/mm	
	直径	深度
5（20）a	150	200
40	200	250
60	250	300
200	880	1000

a　括号中的 20 代表粒径 20mm 的试样也适用这个试坑尺寸。

1）用套环的灌砂法试验步骤

（1）选定具有代表性的一块面积约 40cm×40cm 的场地并将地面铲平。检查填土压实密度时，应将表面未压实土层清除掉，并将压实土层铲去一部分，其深度视需要而定，使试坑底能达到规定的深度。

（2）称盛量砂的容器加量砂质量。如图 12.6-1 所示，将仪器放在整平的地面上，用固定器将套环固定。开漏斗阀，将量砂经漏斗灌入套环内，待套环灌满后，拿掉漏斗、漏斗架及防风筒（无风时可不用防风筒），用直尺刮平套环上砂面，使其与套环边缘齐平。将刮下的量砂细心倒回量砂容器，不得丢失。称量砂容器加第一次剩余量砂质量。

（3）将套环内的量砂取出，称量，倒回量砂容器内。环内量砂允许有少部分留存。

（4）在套环内挖试坑，其尺寸应符合表 12.6-1 的规定。挖坑时要特别小心，将已松动的试样全部取出，放入盛试样的容器内，加盖，称容器加试样质量，并取代表性试样，测定含水率。

（5）在套环上重新装上防风筒、漏斗架及漏斗。将量砂经漏斗灌入试坑内，量砂下落速度应大致相等，直至灌满套环。

（6）去掉漏斗、漏斗架及防风筒，用直尺刮平套环上的砂面，使其与套环边缘齐平。刮下的量砂全部倒回量砂容器内，不得丢失。称量砂容器加第二次剩余量砂质量。

2）不用套环的灌砂法试验步骤

（1）按规定选择试验地点，并在刮平的地面上按表 12.6-1 的规定挖坑。

（2）称盛量砂容器加量砂质量，在试坑上放置防风筒和漏斗，将量砂经漏斗灌入试坑内，量砂下落速度应大致相等，直至灌满试坑。

（3）试坑灌满量砂后，去掉漏斗及防风筒，用直尺刮平量砂表面，使其与原地面齐平，将多余的量砂倒回量砂容器，称量砂容器加剩余量砂质量。

12.6.2.3 结果处理与计算

（1）湿密度按式(12.6-1)或(12.6-2)计算。

用套环法：

$$\rho = \frac{(m_{y4} - m_{y6}) - [(m_{y1} - m_{y2}) - m_{y3}]}{\dfrac{m_{y2} + m_{y3} - m_{y5}}{\rho_{1s}} - \dfrac{m_{y1} - m_{y2}}{\rho'_{1s}}} \tag{12.6-1}$$

不用套环法：

$$\rho = \frac{m_{y4} - m_{y6}}{\dfrac{m_{y1} - m_{y7}}{\rho_{1s}}} \tag{12.6-2}$$

式中：m_{y1}——量砂容器加原有量砂质量（g）；

m_{y2}——量砂容器加第一次剩余量砂质量（g）；

m_{y3}——从套环中取出的量砂质量（g）；

m_{y4}——试样容器加试样质量（包括少量遗留砂质量）（g）；

m_{y5}——量砂容器加第二次剩余量砂质量（g）；

m_{y6}——试样容器质量（g）；

m_{y7}——量砂容器加剩余量砂质量（g）；

ρ_{1s}——往试坑内灌砂时量砂的平均密度·（g/cm³）；

ρ'_{1s}——挖试坑前，往套环内灌砂时量砂的平均密度（g/cm³），精确至 0.01g/cm³。

（2）干密度按式(12.6-3)计算。

$$\rho_d = \frac{\rho}{1 + 0.01w} \tag{12.6-3}$$

式中：ρ_d——土的干密度（g/cm³），精确至 0.01g/cm³；

w——土的含水率（%）。

（3）压实系数按式(12.6-4)计算。

$$\lambda = \frac{\rho_d}{\rho_{dmax}} \tag{12.6-4}$$

式中：λ——土的压实系数；

ρ_d——土的干密度（g/cm³），精确至 0.01g/cm³；

ρ_{dmax}——对检测对象试样用同种材料进行击实试验得到的最大干密度（g/cm³）。

12.6.3　合格评定

土的压实系数（λ）不小于设计压实系数时评定为合格。

附录

附录1 水泥检验报告

检验检测机构名称（×××公司）

水泥检验报告

委 托 单 位：_____ 报告编号：_____

工 程 名 称：_____

工 程 部 位：_____ 检验类别：_____

监督登记号：_____ 评定依据：_____

见 证 单 位：_____ 见 证 人：_____

委 托 日 期：_____ 检验日期：_____ 报告日期：_____

样品信息							
样品编号	样品名称	强度等级	代号	生产厂家	出厂日期	出厂批号	代表批量

检测结果					
序号	检测项目		检测依据	技术要求	实测值	单项评定
1	凝结时间/min					
2	安定性					
3	强度	抗折/MPa 3d				
		抗折/MPa 28d				
		抗压/MPa 3d				
		抗压/MPa 28d				
4	保水率/%					
5	氯离子含量/%					
6	氧化镁含量/%					
7	碱含量/%					
8	三氧化硫含量/%					

结论	
备注	

注：1. 若对报告有异议，应于收到报告之日起 20 日内，以书面形式向本公司提出，逾期视为对报告无异议；

2. 未经本公司书面批准，不得部分复制检验报告（完整复制除外）；

3. 检验地址：　　　　；电话：　　　　；传真：

批准：　　　　　　　审核：　　　　　　　检验：

附录2 粉煤灰检验报告

检验检测机构名称（×××公司）
粉煤灰检验报告

委 托 单 位：＿＿＿＿＿＿＿＿＿＿＿＿＿＿＿ 报告编号：＿＿＿＿＿＿＿＿＿＿＿＿＿＿＿

工 程 名 称：＿＿＿＿＿＿＿＿＿＿＿＿＿＿＿＿＿＿＿＿＿＿＿＿＿＿＿＿＿＿＿＿＿＿＿＿＿

工 程 部 位：＿＿＿＿＿＿＿＿＿＿＿＿＿＿＿ 检验类别：＿＿＿＿＿＿＿＿＿＿＿＿＿＿＿

监督登记号：＿＿＿＿＿＿＿＿＿＿＿＿＿＿＿ 评定依据：＿＿＿＿＿＿＿＿＿＿＿＿＿＿＿

见 证 单 位：＿＿＿＿＿＿＿＿＿＿＿＿＿＿＿ 见 证 人：＿＿＿＿＿＿＿＿＿＿＿＿＿＿＿

委 托 日 期：＿＿＿＿＿＿＿＿＿ 检验日期：＿＿＿＿＿＿＿＿＿ 报告日期：＿＿＿＿＿＿＿＿＿

样品信息					
样品编号		样品名称		样品类型	
生产厂家		出厂批号		代表批量	
检测结果					
序号	检测项目	检测依据	技术要求	实测值	单项评定
1	细度（45μm 筛余）/%				
2	需水量比/%				
3	烧失量/%				
4	含水量/%				
5	三氧化硫质量分数/%				
6	强度活性指数/%				
7	放射性				
结论					
备注					

注：1. 若对报告有异议，应于收到报告之日起20日内，以书面形式向本公司提出，逾期视为对报告无异议；

2. 未经本公司书面批准，不得部分复制检验报告（完整复制除外）；

3. 检验地址： ；电话： ；传真：

批准： 审核： 检验：

附录3 粒化高炉矿渣粉检验报告

检验检测机构名称（×××公司）
粒化高炉矿渣粉检验报告

委 托 单 位：_____   报告编号：_____

工 程 名 称：_____

工 程 部 位：_____   检验类别：_____

监督登记号：_____   评定依据：_____

见 证 单 位：_____   见 证 人：_____

委 托 日 期：_____ 检验日期：_____ 报告日期：_____

样品信息					
样品编号		样品名称		样品类型	
生产厂家		出厂批号		代表批量	
检测结果					
序号	检测项目	检测依据	技术要求	实测值	单项评定
1	比表面积/（m²/kg）				
2	活性指数/%				
3	流动度比/%				
4	含水量（质量分数）/%				
5	三氧化硫（质量分数）/%				
6	氯离子（质量分数）/%				
7	烧失量（质量分数）/%				
8	放射性				
结论					
备注					

注：1. 若对报告有异议，应于收到报告之日起20日内，以书面形式向本公司提出，逾期视为对报告无异议；

2. 未经本公司书面批准，不得部分复制检验报告（完整复制除外）；

3. 检验地址：　　　；电话：　　　；传真：

批准：　　　　　　　审核：　　　　　　　　　　检验：

附录4 混凝土用砂检验报告

检验检测机构名称（×××公司）

混凝土用砂检验报告

委 托 单 位：_____ 报告编号：_____

工 程 名 称：_____

工 程 部 位：_____ 检验类别：_____

监督登记号：_____ 评定依据：_____

见 证 单 位：_____ 见 证 人：_____

委 托 日 期：_____ 检验日期：_____ 报告日期：_____

样品信息	样品编号		样品名称		代表批量	
	规格型号		样品产地		用途类别	
序号	检测项目		检测依据	技术要求	检测结果	
1	表观密度/（kg/m³）					
2	堆积密度/（kg/m³）					
3	紧密密度/（kg/m³）					
4	含水率/%					
5	吸水率/%					
6	含泥量/%					
7	泥块含量/%					
8	石粉含量/%					
9	坚固性/%					
10	压碎指标值/%					
11	云母含量/%					
12	轻物质含量/%					
13	有机物含量/%					
14	硫化物及硫酸盐含量/%					
15	碱活性	快速法/%				
		砂浆长度法/%				
16	氯离子含量/%					
17	贝壳含量/%					
18	片状颗粒含量/%					

颗粒级配							
公称粒径		5.00mm	2.50mm	1.25mm	630μm	315μm	150μm	细度模数
累计筛余/%	检测结果							
	技术要求							
结论								
备注								

注：1. 若对报告有异议，应于收到报告之日起 20 日内，以书面形式向本公司提出，逾期视为对报告无异议；

2. 未经本公司书面批准，不得部分复制检验报告（完整复制除外）;

3. 检验地址：　　　；电话：　　　　　；传真：

批准：　　　　　　　审核：　　　　　　　检验：

附录 5　混凝土用石检验报告

检验检测机构名称（×××公司）
混凝土用石检验报告

委 托 单 位：_____　报告编号：_____

工 程 名 称：_____

工 程 部 位：_____　检验类别：_____

监督登记号：_____　评定依据：_____

见 证 单 位：_____　见 证 人：_____

委 托 日 期：_____　检验日期：_____　报告日期：_____

样品信息	样品编号		样品名称		代表批量					
	规格型号		产地/厂家		岩石种类					
序号	检测项目		检测依据		技术要求		检测结果			
1	表观密度/（kg/m³）									
2	堆积密度/（kg/m³）									
3	紧密密度/（kg/m³）									
4	含水率/%									
5	吸水率/%									
6	含泥量/%									
7	泥块含量/%									
8	针片状颗粒含量/%									
9	压碎指标值/%									
10	有机物含量/%									
11	坚固性/%									
12	硫化物及硫酸盐含量/%									
13	不规则颗粒含量/%									
14	碱活性	快速法								
		砂浆长度法								
颗粒级配										
公称粒径		80	63	50	40	31.5	25	20	16	10	5	2.5
累计筛余/%	检测结果											
	技术要求											

结论	
备注	

注：1. 若对报告有异议，应于收到报告之日起 20 日内，以书面形式向本公司提出，逾期视为对报告无异议；

2. 未经本公司书面批准，不得部分复制检验报告（完整复制除外）；

3. 检验地址：　　　　；电话：　　　　　　　；传真：

批准：　　　　　　　　审核：　　　　　　　　检验：

附录6 轻集料性能检验报告

检验检测机构名称（×××公司）
轻集料性能检验报告

委 托 单 位：＿＿＿＿＿＿＿＿＿＿＿＿＿＿＿　　报告编号：＿＿＿＿＿＿＿＿＿＿＿＿＿＿＿＿

工 程 名 称：＿＿＿＿＿＿＿＿＿＿＿＿＿＿＿＿＿＿＿＿＿＿＿＿＿＿＿＿＿＿＿＿＿＿＿＿＿＿

工 程 部 位：＿＿＿＿＿＿＿＿＿＿＿＿＿＿＿　　检验类别：＿＿＿＿＿＿＿＿＿＿＿＿＿＿＿＿

监督登记号：＿＿＿＿＿＿＿＿＿＿＿＿＿＿＿　　评定依据：＿＿＿＿＿＿＿＿＿＿＿＿＿＿＿＿

见 证 单 位：＿＿＿＿＿＿＿＿＿＿＿＿＿＿＿　　见 证 人：＿＿＿＿＿＿＿＿＿＿＿＿＿＿＿＿

委 托 日 期：＿＿＿＿＿＿＿＿＿　检验日期：＿＿＿＿＿＿＿＿＿＿＿＿　报告日期：＿＿＿＿＿＿＿＿＿＿

样品信息								
样品编号				样品名称				
生产厂家								
样品规格/mm				密度等级				
出厂日期				代表数量				
检测结果								
检测依据				GB/T 17431.2				
检测项目		技术要求		实测值			单项评定	
堆积密度/（kg/m³）								
1h 吸水率/%								
筒压强度/MPa								
粒型系数								
颗粒级配	筛孔尺寸/mm	31.5	26.5	19.0	16.0	9.5	4.75	2.36	1.18
	累计筛余/%	标准值							
		实测值							
结论								
备注								

注：1. 若对报告有异议，应于收到报告之日起20日内，以书面形式向本公司提出，逾期视为对报告无异议；

　　2. 未经本公司书面批准，不得部分复制检验报告（完整复制除外）；

　　3. 检验地址：　　；电话：　　；传真：

批准：　　　　　　　　审核：　　　　　　　　　　检验：

附录 7 混凝土外加剂检验报告

检验检测机构名称（×××公司）

混凝土外加剂检验报告

委 托 单 位 ：_____　　报告编号：_____

工 程 名 称 ：_____

工 程 部 位 ：_____　　检验类别：_____

监 督 登 记 号 ：_____　　评定依据：_____

见 证 单 位 ：_____　　见 证 人 ：_____

委 托 日 期 ：_____　检验日期：_____　报告日期：_____

样品信息				
样品编号			样品名称	
出厂编号			代表数量	
生产厂家			掺量	
产品类型			品种	

检测结果						
序号	检测项目		检测依据	技术要求	实测值	单项判定
1	匀质性指标	含固量/%				
2		含水率/%				
3		密度/（g/cm³）				
4		细度/%				
5		pH 值				
6		硫酸钠含量/%				
7		氯离子含量/%				
8		总碱量/%				
9		水泥胶砂减水率/%				
10		水泥净浆流动度/mm				
11	掺外加剂混凝土性能指标	减水率/%				
12		泌水率比/%				
13		含气量/%				
14		1h 经时变化量 坍落度/%				
		含气量/%				

15	掺外加剂混凝土性能指标	凝结时间差/min	初凝时间				
			终凝时间				
16	掺外加剂混凝土性能	抗压强度比/%	1d				
			3d				
			7d				
			28d				
17		28d 收缩率比/%					
18		相对耐久性/%					
结论							
备注							

注：1. 若对报告有异议，应于收到报告之日起 20 日内，以书面形式向本公司提出，逾期视为对报告无异议；

2. 未经本公司书面批准，不得部分复制检验报告（完整复制除外）；

3. 检验地址：　　；电话：　　；传真：

批准：　　　　　　审核：　　　　　　检验：

443

附录8 混凝土用水检验报告

检验检测机构名称（×××公司）
混凝土用水检验报告

委托单位：_____ 报告编号：_____

工程名称：_____

工程部位：_____ 检验类别：_____

监督登记号：_____ 评定依据：_____

见证单位：_____ 见 证 人：_____

委托日期：_____ 检验日期：_____ 报告日期：_____

样品信息					
样品编号		混凝土类型		取样地点	
样品名称		水样外观		取水日期	
使用单位				取水部位	

检测结果						
序号	检测项目		检测依据	技术要求	检测结果	单项判定
1	pH 值					
2	不溶物/（mg/L）					
3	可溶物/（mg/L）					
4	氯化物/（mg/L）					
5	硫酸盐/（mg/L）					
6	碱含量/（mg/L）					
7	凝结时间/min	初凝时间				
		终凝时间				
8	凝结时间差/min	初凝时间差				
		终凝时间差				
9	抗压强度比/%	3d				
		28d				
结论						

备注	

注：1. 若对报告有异议，应于收到报告之日起 20 日内，以书面形式向本公司提出，逾期视为对报告无异议；

　　2. 未经本公司书面批准，不得部分复制检验报告（完整复制除外）；

　　3. 检验地址：　　　　；电话：　　　　　　；传真：

批准：　　　　　　　　　　审核：　　　　　　　　　　检验：

附录9 砂浆材料性能检验报告

检验检测机构名称（×××公司）
砂浆材料性能检验报告

委 托 单 位：_____ 报告编号：_____

工 程 名 称：_____

工 程 部 位：_____ 检验类别：_____

监督登记号：_____ 评定依据：_____

见 证 单 位：_____ 见 证 人：_____

委 托 日 期：_____ 检验日期：_____ 报告日期：_____

样品信息					
样品编号			样品名称		
生产日期			产品批号		
代表批量			强度等级		
生产厂家			配比		
检测结果					
检测项目		检测依据	技术要求	实测值	单项评定
抗压强度/MPa	7d	JGJ/T 70—2009			
	28d	JGJ/T 70—2009			
稠度/mm		JGJ/T 70—2009			
保水率/%		JGJ/T 70—2009			
分层度/mm		JGJ/T 70—2009			
凝结时间/min		JGJ/T 70—2009			
28d 抗渗压力/MPa		JGJ/T 70—2009			
结论					
备注					

注：1. 若对报告有异议，应于收到报告之日起20日内，以书面形式向本公司提出，逾期视为对报告无异议；
　　2. 未经本公司书面批准，不得部分复制检验报告（完整复制除外）；
　　3. 检验地址：　　　；电话：　　　；传真：

批准：　　　　　　　审核：　　　　　　　　　　检验：

附录 10 砂浆配合比设计报告

检验检测机构名称（×××公司）
砂浆配合比设计报告

委 托 单 位：_____ 报告编号：_____

工 程 名 称：_____

工 程 部 位：_____ 检验类别：_____

监 督 登 记 号：_____ 设计依据： JGJ/T 98—2010 或 JGJ/T 220—2010

见 证 单 位：_____/_____ 见 证 人：_____/_____

委 托 日 期：_____ 检验日期：_____ 报告日期：_____

配合比设计要求	样品编号			砂浆种类			检测依据		JGJ/T 70—2009	
	强度等级	系数 k	配制强度/MPa	稠度/mm	保水率/%		分层度/mm	抗渗等级	抗冻性要求	

原材料信息	水泥	品种	生产厂家	强度等级	抗压强度/MPa		抗折强度/MPa			
					3d	28d	3d	28d		
	细骨料	产地		品种	细度模数		表观密度/（kg/m³）	堆积密度/（kg/m³）	含泥量/石粉含量/%	
	掺合料	种类	厂家		掺量/%	外加剂	名称	厂家		掺量/%

砂浆配合比	水胶比	配合比（水泥：水：细骨料1：细骨料2：掺合料1：掺合料2：外加剂1：外加剂2）							
	材料用量/（kg/m³）								
	水泥	掺合料①	掺合料②	砂①	砂②	水	外加剂①	外加剂②	

试验结果	表观密度/（kg/m³）	稠度/mm	保水率/%	分层度/mm	抗压强度/MPa		抗渗等级	抗冻等级
					7d	28d		

结论	
备注	

注：1. 若对报告有异议，应于收到报告之日起 20 日内，以书面形式向本公司提出，逾期视为对报告无异议；

2. 未经本公司书面批准，不得部分复制检验报告（完整复制除外）；

3. 检验地址：　　　；电话：　　　　　　；传真：

批准：　　　　　　　　　审核：　　　　　　　　　检验：

附录11 热轧光圆钢筋检验报告

检验检测机构名称（×××公司）
热轧光圆钢筋检验报告

委托单位：_____　　　报告编号：_____

工程名称：_____　　　检验类别：_____

监督登记号：_____　　　评定依据：GB/T 1499.1___

见证单位：_____　　　见证人：_____

委托日期：_____　检验日期：_____　报告日期：_____

样品	样品编号		
	工程部位		
	牌号		
	生产厂家		
	炉号（批号）		
	公称直径/mm		
	代表数量/t		
拉伸试验	检测依据		GB/T 28900
	下屈服强度 R_{el}^0/MPa	实测值	
		技术要求	
	抗拉强度 R_m^0/MPa	实测值	
		技术要求	
	断后伸长率/%	实测值	
		技术要求	
	最大力总延伸率/%	实测值	
		技术要求	
弯曲试验	检测依据		GB/T 28900
	弯曲压头直径/mm		
	弯曲角度/°		
	实测结果		
	技术要求		

重量偏差	检测依据	GB/T 1499.1
	实测结果/%	
	技术要求/%	
结论		
备注		

注：1. 若对报告有异议，应于收到报告之日起 20 日内，以书面形式向本公司提出，逾期视为对报告无异议；

2. 未经本公司书面批准，不得部分复制本检验报告（完全复制除外）；

3. 检验地址： ；电话： ；传真：

批准： 审核： 检验：

附录12 热轧带肋钢筋检验报告

检验检测机构名称（×××公司）

热轧带肋钢筋检验报告

委 托 单 位：_____ 报 告 编 号：_____

工 程 名 称：_____ 检 验 类 别：_____

监督登记号：_____ 评 定 依 据：GB/T 1499.2_____

见 证 单 位：_____ 见 证 人：_____

委 托 日 期：_____ 检 验 日 期：_____ 报 告 日 期：_____

样品	样品编号		
	工程部位		
	牌号		
	生产厂家		
	炉号（批号）		
	公称直径/mm		
	代表数量/t		
拉伸试验	检测依据		GB/T 28900
	下屈服强度 R_{el}^0/MPa	实测值	
		技术要求	
	抗拉强度 R_m^0/MPa	实测值	
		技术要求	
	强屈比R_m^0/R_{el}^0	实测值	
		技术要求	
	超屈比R_{el}^0/R_{el}	实测值	
		技术要求	
	断后伸长率/%	实测值	
		技术要求	
	最大力总延伸率/%	实测值	
		技术要求	
弯曲试验	检测依据		GB/T 28900
	弯曲压头直径/mm		

弯曲试验	弯曲角度/°		
	实测结果		
	技术要求		
反向弯曲试验	检测依据	GB/T 28900	
	弯曲压头直径/mm		
	实测结果	时效条件	
		结果	
	技术要求		
重量偏差	检测依据	GB/T 1499.2	
	实测结果/%		
	技术要求/%		
结论			
备注			

注：1. 若对报告有异议，应于收到报告之日起 20 日内，以书面形式向本公司提出，逾期视为对报告无异议；

2. 未经本公司书面批准，不得部分复制本检验报告（完全复制除外）；

3. 检验地址： ；电话： ；传真：

批准： 审核： 检验：

附录13 钢筋机械连接检验报告

检验检测机构名称（×××公司）

钢筋机械连接检验报告

委 托 单 位：_____ 报告编号：_____

工 程 名 称：_____

监 督 登 记 号：_____ 检验类别：_____

见 证 单 位：_____ 见 证 人：_____

检 评 依 据：JGJ 107_____ 委托日期：_____

检 验 日 期：_____ 报告日期：_____

	样品编号		
	接头类型		
	接头性能等级		
	代表批量/个		
样品信息	公称直径/mm		
	接头生产厂家		
	工程部位		
	母材钢筋等级		
	母材钢筋抗拉强度标准值 f_{stk}/MPa		
接头试件抗拉强度	技术要求 抗拉强度/MPa		
	残余变形/mm		
	实测值 抗拉强度/MPa		
	破坏情况		
	残余变形/mm		
结论			
备注			

注：1. 若对报告有异议，应于收到报告之日起20日内，以书面形式向本公司提出，逾期视为对报告无异议；

2. 未经本公司书面批准，不得部分复制本检验报告（完全复制除外）；

3. 检验地址：　　　；电话：　　　；传真：

批准：　　　　　　　审核：　　　　　　　检验：

附录14　钢筋焊接检验报告

检验检测机构名称（×××公司）
钢筋焊接检验报告

委 托 单 位：＿＿＿＿＿＿＿＿＿＿＿＿＿＿＿　　　报告编号：＿＿＿＿＿＿＿＿＿＿＿＿＿＿＿

工 程 名 称：＿＿＿＿＿＿＿＿＿＿＿＿＿＿＿　　　检验类别：＿＿＿＿＿＿＿＿＿＿＿＿＿＿＿

监督登记号：＿＿＿＿＿＿＿＿＿＿＿＿＿＿＿　　　评定依据：＿＿＿＿＿＿＿＿＿＿＿＿＿＿＿

见 证 单 位：＿＿＿＿＿＿＿＿＿＿＿＿＿＿＿　　　见 证 人：＿＿＿＿＿＿＿＿＿＿＿＿＿＿＿

委 托 日 期：＿＿＿＿＿＿＿＿　检验日期：＿＿＿＿＿＿＿＿　报告日期：＿＿＿＿＿＿＿＿

	样品编号							
	工程部位							
	钢筋类型							
	牌号							
	焊接类别							
样品信息	代表数量/个							
	焊工姓名							
	焊工证号							
	生产厂家							
	检验形式							
	炉号（批号）							
	公称直径/mm							
	检测依据							
拉伸试验	抗拉强度/MPa	实测值						
		技术要求						
	断裂状态	位置						
		特征						
		技术要求						
	结论							
	备注							

注：1. 未经本单位书面批准，不得部分复制本检验报告（完全复制除外）。

　　2. 如对本报告的有效性有异议，请在报告日期20d内以书面形式向本单位提出，逾期不予受理。

　　3. ……（有特殊声明在此表示）。

批准：　　　　　　　审核：　　　　　　　　　检验：

附录15　焊接材料检验报告

检验检测机构名称（×××公司）
焊接材料检验报告

委 托 单 位：_____　　报 告 编 号：_____

工 程 名 称：_____

工 程 部 位：_____　　检 验 类 别：_____

监督登记号：_____　　评 定 依 据：_____

见 证 单 位：_____　　见 　证 　人：_____

委 托 日 期：_____　检 验 日 期：_____　报 告 日 期：_____

样品信息					
样品编号		试样直径		牌号（型号）	
样品名称		产品形式		母材	
生产厂家		批号		代表数量	
检测结果					
检测项目		检测依据	技术要求	实测值	单项评定
拉伸试验	屈服强度/MPa				
	抗拉强度/MPa				
	断后伸长率/%				
	断口形貌				
冲击试验 试验温度 —℃	单个值/J				
	平均值/J				
化学分析	元素1				
	元素2				
	元素3				
	元素4				
	元素5				

结论	
备注	

注：1. 未经本单位书面批准，不得部分复制本检验报告（完全复制除外）。

2. 如对本报告的有效性有异议，请在报告日期 20d 内以书面形式向本单位提出，逾期不予受理。

3. ……（有特殊声明在此表示）。

批准：　　　　　　　　　审核：　　　　　　　　　检验：

附录16 混凝土实心砖检验报告

检验检测机构名称（×××公司）
混凝土实心砖检验报告

委 托 单 位：＿＿＿＿＿＿＿＿＿＿＿＿＿＿＿＿　　报 告 编 号：＿＿＿＿＿＿＿＿＿＿＿＿＿＿＿＿

工 程 名 称：＿＿

工 程 部 位：＿＿＿＿＿＿＿＿＿＿＿＿＿＿＿＿　　检 验 类 别：＿＿＿＿＿＿＿＿＿＿＿＿＿＿＿＿

监督登记号：＿＿＿＿＿＿＿＿＿＿＿＿＿＿＿＿　　评 定 依 据：＿＿＿＿＿＿＿＿＿＿＿＿＿＿＿＿

见 证 单 位：＿＿＿＿＿＿＿＿＿＿＿＿＿＿＿＿　　见 　证 　人：＿＿＿＿＿＿＿＿＿＿＿＿＿＿＿＿

委 托 日 期：＿＿＿＿＿＿＿＿＿＿　检 验 日 期：＿＿＿＿＿＿＿＿＿＿　报 告 日 期：＿＿＿＿＿＿＿＿＿＿

样品信息					
样品编号		样品名称		规格尺寸/mm	
强度等级		密度等级		生产日期	
批号		代表批量/块		生产厂家	
检测结果					
检测项目		检测依据	技术要求	实测值	单项评定
抗压强度/MPa	平均值				
	最小值				
密度/（kg/m³）					
吸水率/%					
抗冻性	质量损失率/% 平均值				
	质量损失率/% 单块最大值				
	强度损失率/% 平均值				
	强度损失率/% 单块最大值				
结论					
备注					

注：1. 若对报告有异议，应于收到报告之日起20日内，以书面形式向本公司提出，逾期视为对报告无异议；

　　2. 未经本公司书面批准，不得部分复制本检验报告（完全复制除外）；

　　3. 本公司地址：

批准：　　　　　　　　审核：　　　　　　　　　　　　检验：

附录17 烧结多孔砖检验报告

检验检测机构名称（×××公司）

烧结多孔砖检验报告

委 托 单 位：_____ 报 告 编 号：_____

工 程 名 称：_____

工 程 部 位：_____ 检 验 类 别：_____

监督登记号：_____ 评 定 依 据：_____

见 证 单 位：_____ 见 证 人：_____

委 托 日 期：_____ 检 验 日 期：_____ 报 告 日 期：_____

样品信息					
样品编号		样品名称		规格/mm	
强度等级		密度等级		种类	
批号		代表批量/块		生产厂家	
检测结果					
检测项目		检测依据	技术要求	实测值	单项评定
强度/MPa	平均值				
	单块最大值				
密度/（kg/m³)					
吸水率/%	平均值				
	单块最大值				
冻融试验					
结论					
备注					

注：1. 若对报告有异议，应于收到报告之日起20日内，以书面形式向本公司提出，逾期视为对报告无异议；

2. 未经本公司书面批准，不得部分复制本检验报告（完全复制除外）；

3. 本公司地址：

批准：   审核：   检验：

附录18　蒸压加气混凝土砌块检验报告

检验检测机构名称（×××公司）

蒸压加气混凝土砌块检验报告

委托单位：_____　　　报告编号：_____

工程名称：_____

工程部位：_____　　　检验类别：_____

监督登记号：_____　　　评定依据：_____

见证单位：_____　　　见　证　人：_____

委托日期：_____检验日期：_____报告日期：_____

样品信息					
样品编号		样品名称		规格尺寸/mm	
抗压强度等级		干密度级别		砌块等级	
批号		代表批量/块		生产厂家	
检测结果					
检测项目		检测依据	技术要求	实测值	单项评定
抗压强度/MPa	平均值				
	最小值				
干密度/（kg/m³）					
抗冻性	冻后质量损失平均值/%				
	冻后强度平均损失率/%				
结论					
备注					

注：1. 若对报告有异议，应于收到报告之日起20日内，以书面形式向本公司提出，逾期视为对报告无异议；

　　2. 未经本公司书面批准，不得部分复制本检验报告（完全复制除外）；

　　3. 本公司地址：

批准：　　　　　　　　审核：　　　　　　　　检验：

附录19 蒸压加气混凝土板检验报告

检验检测机构名称（×××公司）

蒸压加气混凝土板检验报告

委托单位：_____ 报告编号：_____

工程名称：_____

工程部位：_____ 检验类别：_____

监督登记号：_____ 评定依据：_____

见证单位：_____ 见 证 人：_____

委托日期：_____ 检验日期：_____ 报告日期：_____

样品信息					
样品编号		样品名称		规格尺寸/mm	
抗压强度等级		干密度级别		品种	
批号		代表批量/块		生产厂家	
检测结果					
检测项目		检测依据	技术要求	实测值	单项评定
抗压强度/MPa	平均值				
	最小值				
干密度/（kg/m³）					
抗冻性	冻后质量损失平均值/%				
	冻后强度平均损失率/%				
结构性能					
结论					
备注					

注：1. 若对报告有异议，应于收到报告之日起20日内，以书面形式向本公司提出，逾期视为对报告无异议；

2. 未经本公司书面批准，不得部分复制本检验报告（完全复制除外）；

3. 本公司地址：

批准： 审核： 检验：

附录 20　建筑用轻质隔墙条板检验报告

检验检测机构名称（×××公司）

建筑用轻质隔墙条板检验报告

委 托 单 位：_____　　报 告 编 号：_____

工 程 名 称：_____

工 程 部 位：_____　　检 验 类 别：_____

监 督 登 记 号：_____　　评 定 依 据：_____

见 证 单 位：_____　　见 　 证 　 人：_____

委 托 日 期：_____　检 验 日 期：_____　报 告 日 期：_____

样品信息					
样品编号		样品名称		规格尺寸/mm	
材料类型		断面构造		构件类型	
批号		代表批量/块		生产厂家	
检测结果					
检测项目	检测依据		技术要求	实测值	单项评定
抗弯承载（板自重倍数）					
抗冲击性能					
抗压强度/MPa					
吊挂力					
结论					
备注					

注：1. 若对报告有异议，应于收到报告之日起 20 日内，以书面形式向本公司提出，逾期视为对报告无异议；

　　2. 未经本公司书面批准，不得部分复制本检验报告（完全复制除外）；

　　3. 本公司地址：

批准：　　　　　　　　　　审核：　　　　　　　　　　　检验：

附录 21　烧结瓦检验报告

检验检测机构名称（×××公司）

烧结瓦检验报告

委 托 单 位：_____　报 告 编 号：_____

工 程 名 称：_____

工 程 部 位：_____　检 验 类 别：_____

监督登记号：_____　评 定 依 据：_____

见 证 单 位：_____　见 证 人：_____

委 托 日 期：_____　检 验 日 期：_____　报 告 日 期：_____

样品信息					
样品编号		样品名称		规格/mm	
形状分类		等级		按吸水率分类	
批号		代表数量/张		表面状态	
生产厂家					
检测结果					
检测项目	检测依据	技术要求		实测值	单项评定
抗弯曲性能/N					
吸水率/%					
耐急冷急热性					
抗冻性能					
结论					
备注					

注：1. 若对报告有异议，应于收到报告之日起 20 日内，以书面形式向本公司提出，逾期视为对报告无异议；

　　2. 未经本公司书面批准，不得部分复制本检验报告（完全复制除外）；

　　3. 本公司地址：

批准：　　　　　　　　　　审核：　　　　　　　　　　检验：

附录 22 聚氨酯防水涂料检验报告

检验检测机构名称（×××公司）
聚氨酯防水涂料检验报告

委 托 单 位：_____　　报 告 编 号：_____

工 程 名 称：_____

工 程 部 位：_____　　检 验 类 别：_____

监督登记号：_____　　评 定 依 据：_____

见 证 单 位：_____　　见 证 人：_____

委 托 日 期：_____检 验 日 期：_____报 告 日 期：_____

样品信息			
样品编号		生产厂家	
样品名称		规格型号	
组分比例		批号	
样品种类		代表数量	
检测结果				

检测项目	检测依据	技术要求	实测值	单项评定
拉伸强度/MPa				
断裂伸长率/%				
低温弯折性				
撕裂强度/（N/mm）				
固体含量/%				
不透水性				
粘结强度/MPa				
结论				
备注				

注：1. 若对报告有异议，应于收到报告之日起 20 日内，以书面形式向本公司提出，逾期视为对报告无异议；

　　2. 未经本公司书面批准，不得部分复制本检验报告（完全复制除外）；

　　3. 检验地址：　　　；电话：　　　　　　；传真：

批准：　　　　　　　审核：　　　　　　　　　　　检验：

附录 23 聚合物水泥防水涂料检验报告

检验检测机构名称（×××公司）
聚合物水泥防水涂料检验报告

委 托 单 位：_____   报 告 编 号：_____

工 程 名 称：_____

工 程 部 位：_____   检 验 类 别：_____

监 督 登 记 号：_____   评 定 依 据：_____

见 证 单 位：_____   见 证 人：_____

委 托 日 期：_____ 检 验 日 期：_____ 报 告 日 期：_____

样品信息			
样品编号		生产厂家	
样品名称		规格型号	
组分比例		批号	
样品种类		代表数量	
检测结果			
检测项目	检测依据	技术要求	实测值	单项评定
拉伸强度（无处理，MPa）				
拉伸强度（浸水处理，MPa）				
断裂伸长率（无处理，%）				
断裂伸长率（浸水处理，%）				
固体含量/%				
低温柔性				
抗渗性（背水面）/MPa				
结论				
备注				

注：1. 若对报告有异议，应于收到报告之日起 20 日内，以书面形式向本公司提出，逾期视为对报告无异议；
  2. 未经本公司书面批准，不得部分复制本检验报告（完全复制除外）；
  3. 检验地址：　　　；电话：　　　；传真：

批准：　　　　　　　　审核：　　　　　　　　检验：

附录 24　水泥基渗透结晶型防水材料检验报告

检验检测机构名称（×××公司）

水泥基渗透结晶型防水材料检验报告

委 托 单 位：_____　　报 告 编 号：_____

工 程 名 称：_____

工 程 部 位：_____　　检 验 类 别：_____

监 督 登 记 号：_____　　评 定 依 据：_____

见 证 单 位：_____　　见 　证 　人：_____

委 托 日 期：_____　检 验 日 期：_____　报 告 日 期：_____

样品信息			
样品编号		生产厂家	
样品名称		规格型号	
水灰比		批号	
样品种类		代表数量	

检测结果					
检测项目		检测依据	技术要求	实测值	单项评定
施工性	加水搅拌后				
	20min				
抗折强度（28d）/MPa					
抗压强度（28d）/MPa					
砂浆抗渗性能	带涂层的抗渗压力（28d）/MPa				
	带涂层的抗渗压力比（28d）/%				
	去涂层的抗渗压力（28d）/MPa				
	去涂层的抗渗压力比（28d）/%				
混凝土抗渗性能	带涂层的抗渗压力（28d）/MPa				
	带涂层的抗渗压力比（28d）/%				
	去涂层的抗渗压力（28d）/MPa				
	去涂层的抗渗压力比（28d）/%				
结论					

备注	

注：1. 若对报告有异议，应于收到报告之日起 20 日内，以书面形式向本公司提出，逾期视为对报告无异议；

2. 未经本公司书面批准，不得部分复制本检验报告（完全复制除外）；

3. 检验地址：　　　　；电话：　　　　　　　；传真：

批准：　　　　　　　　审核：　　　　　　　　　检验：

附录 25 沥青防水卷材检验报告

检验检测机构名称（×××公司）

沥青防水卷材检验报告

委 托 单 位：_____　报 告 编 号：_____

工 程 名 称：_____

工 程 部 位：_____　检 验 类 别：_____

监 督 登 记 号：_____　评 定 依 据：_____

见 证 单 位：_____　见 证 人：_____

委 托 日 期：_____检 验 日 期：_____报 告 日 期：_____

样品信息					
样品编号			样品名称		
规格			生产厂家		
代表数量/m²		批号		生产日期	
检测结果					
检测项目			检测依据	技术要求	实测值	单项评定
拉伸性能	拉力/（N/50mm）	纵向				
		横向				
	最大拉力时延伸率/%	纵向				
		横向				
不透水性						
剥离强度/（N/mm）	卷材与卷材					
	卷材与铝板					
低温柔性/℃	上表面					
	下表面					
热老化	拉力保持率/%	纵向				
		横向				
	最大拉力时延伸率/%	纵向				
		横向				
	低温柔性/℃	上表面				
		下表面				
	卷材与铝板剥离强度/（N/mm）					

结论	
备注	/

注：1. 若对报告有异议，应于收到报告之日起 20 日内，以书面形式向本公司提出，逾期视为对报告无异议；

2. 未经本公司书面批准，不得部分复制本检验报告（完全复制除外）；

3. 检验地址：　　　；电话：　　　　　　；传真：

批准：　　　　　　　　审核：　　　　　　　　检验：

附录 26 聚氯乙烯防水卷材检验报告

检验检测机构名称（×××公司）
聚氯乙烯防水卷材检验报告

委 托 单 位：_____   报 告 编 号：_____

工 程 名 称：_____

工 程 部 位：_____   检 验 类 别：_____

监督登记号：_____   评 定 依 据：_____

见 证 单 位：_____   见 证 人：_____

委 托 日 期：_____ 检 验 日 期：_____ 报 告 日 期：_____

样品信息					
样品编号			样品名称		
规格		/	生产厂家		
代表批量		批号		样品种类	
检测结果					
检测项目			检测依据	技术要求	实测值	单项评定

检测项目			检测依据	技术要求	实测值	单项评定
拉伸性能	拉伸强度/MPa	纵向				
		横向				
	断裂伸长率/%	纵向				
		横向				
热处理尺寸变化率/%		纵向				
		横向				
低温弯折性						
抗冲击性能						
不透水性						
接缝剥离强度/（N/mm）						
直角撕裂强度/（N/mm）		纵向				
		横向				
结论						

备注	

注：1. 若对报告有异议，应于收到报告之日起 20 日内，以书面形式向本公司提出，逾期视为对报告无异议；

    2. 未经本公司书面批准，不得部分复制本检验报告（完全复制除外）；

    3. 检验地址：　　　；电话：　　　　　　；传真：

批准：　　　　　　　　　审核：　　　　　　　　　检验：

附录 27　橡胶止水带检验报告

检验检测机构名称（×××公司）

橡胶止水带检验报告

委 托 单 位：_____　　报 告 编 号：_____

工 程 名 称：_____

工 程 部 位：_____　　检 验 类 别：_____

监督登记号：_____　　评 定 依 据：_____

见 证 单 位：_____　　见 证 人：_____

委 托 日 期：_____　检 验 日 期：_____　报 告 日 期：_____

样品信息					
样品编号		用途		样品规格/mm	
样品名称		结构		出厂批号	
生产厂家		生产日期		代表数量	
检测结果					
检测项目	检测依据	技术要求		实测值	单项评定
硬度（邵尔 A）/度					
拉伸强度/MPa					
拉断伸长率/%					
压缩永久变形（70℃×24h）/%					
压缩永久变形（23℃×168h）/%					
撕裂强度/（kN/m）					
脆性温度/℃					
结论					
备注					

注：1. 若对报告有异议，应于收到报告之日起 20 日内，以书面形式向本公司提出，逾期视为对报告无异议；

　　2. 未经本公司书面批准，不得部分复制本检验报告（完全复制除外）；

　　3. 检验地址：　　　；电话：　　　；传真：

批准：　　　　　　　　审核：　　　　　　　　　　检验：

附录 28 遇水膨胀橡胶检验报告

检验检测机构名称（×××公司）
遇水膨胀橡胶检验报告

委 托 单 位：_____ 报 告 编 号：_____

工 程 名 称：_____

工 程 部 位：_____ 检 验 类 别：_____

监督登记号：_____ 评 定 依 据：_____

见 证 单 位：_____ 见 证 人：_____

委 托 日 期：_____ 检 验 日 期：_____ 报 告 日 期：_____

样品信息					
样品编号		样品种类		样品规格/mm	
样品名称		规格型号		出厂批号	
生产厂家		生产日期		代表数量	
检测结果					
检测项目	检测依据	技术要求		实测值	单项评定
硬度（邵尔 A）/度					
拉伸强度/MPa					
拉断伸长率/%					
体积膨胀倍率/%					
高温流淌性（80℃，5h）					
低温弯折（−20℃，2h）					
低温试验（−20℃，2h）					
结论					
备注					

注：1. 若对报告有异议，应于收到报告之日起 20 日内，以书面形式向本公司提出，逾期视为对报告无异议；

2. 未经本公司书面批准，不得部分复制本检验报告（完全复制除外）；

3. 检验地址：　　　　；电话：　　　　　；传真：

批准：　　　　　　　　　审核：　　　　　　　　　　　　检验：

附录 29   高分子材料·片材检验报告

检验检测机构名称（×××公司）

高分子材料·片材检验报告

委 托 单 位：_____ 报 告 编 号：_____

工 程 名 称：_____

工 程 部 位：_____ 检 验 类 别：_____

监 督 登 记 号：_____ 评 定 依 据：_____

见 证 单 位：_____ 见 证 人：_____

委 托 日 期：_____ 检 验 日 期：_____ 报 告 日 期：_____

样品信息					
样品编号		样品种类		样品规格/mm	
样品名称		产品标记		出厂批号	
生产厂家		生产日期		代表数量	
检测结果					
检测项目		检测依据	技术要求	实测值	单项评定
拉伸强度/MPa	纵向				
	横向				
拉断伸长率/%	纵向				
	横向				
不透水性（30min）					
低温弯折					
粘结剥离强度/（N/mm）					
粘结剥离强度（浸水保持率）/%					
结论					
备注					

注：1. 若对报告有异议，应于收到报告之日起 20 日内，以书面形式向本公司提出，逾期视为对报告无异议；

2. 未经本公司书面批准，不得部分复制本检验报告（完全复制除外）；

3. 检验地址：   ；电话：   ；传真：

批准：   审核：   检验：

附录 30 膨润土橡胶遇水膨胀止水条检验报告

检验检测机构名称（×××公司）
膨润土橡胶遇水膨胀止水条检验报告

委 托 单 位：＿＿＿＿＿＿＿＿＿＿＿＿＿＿＿＿＿＿　报 告 编 号：＿＿＿＿＿＿＿＿＿＿＿＿＿＿＿＿

工 程 名 称：＿＿＿

工 程 部 位：＿＿＿＿＿＿＿＿＿＿＿＿＿＿＿＿＿＿　检 验 类 别：＿＿＿＿＿＿＿＿＿＿＿＿＿＿＿＿

监 督 登 记 号：＿＿＿＿＿＿＿＿＿＿＿＿＿＿＿＿　评 定 依 据：＿＿＿＿＿＿＿＿＿＿＿＿＿＿＿＿

见 证 单 位：＿＿＿＿＿＿＿＿＿＿＿＿＿＿＿＿＿＿　见 证 人：＿＿＿＿＿＿＿＿＿＿＿＿＿＿＿＿

委 托 日 期：＿＿＿＿＿＿＿＿　检 验 日 期：＿＿＿＿＿＿＿＿　报 告 日 期：＿＿＿＿＿＿＿＿

样品信息					
样品编号		特性代号		样品规格/mm	
样品名称		名称代号		出厂批号	
生产厂家		生产日期		代表数量	
检测结果					
检测项目	检测依据	技术要求		实测值	单项评定
规定时间吸水膨胀倍率/%					
最大吸水膨胀倍率/%					
耐热性					
耐水性					
低温柔性					
结论					
备注					

注：1. 若对报告有异议，应于收到报告之日起 20 日内，以书面形式向本公司提出，逾期视为对报告无异议；

2. 未经本公司书面批准，不得部分复制本检验报告（完全复制除外）；

3. 检验地址：　　　；电话：　　　　　；传真：

批准：　　　　　　　　审核：　　　　　　　　　　检验：

附录 31　密封胶物理力学性能检验报告

检验检测机构名称（×××公司）
密封胶物理力学性能检验报告

委 托 单 位：_____　　报 告 编 号：_____

工 程 名 称：_____

工 程 部 位：_____　　检 验 类 别：_____

监 督 登 记 号：_____　　评 定 依 据：_____

见 证 单 位：_____　　见 证 人：_____

委 托 日 期：_____　检 验 日 期：_____　报 告 日 期：_____

试验条件					
主要检验设备					
检评依据					
生产厂家					
序号	检验项目		检测依据	实测值	单项评定
1	下垂度	垂直放置/mm			
2	表干时间/h				
3	密度/（g/cm³）				
4	定伸粘结性				
5	弹性恢复率/%				
6	拉伸模量/MPa	23℃			
		−20℃			
结论					
备注					

注：1. 若对报告有异议，应于收到报告之日起 20 日内，以书面形式向本公司提出，逾期视为对报告无异议；

　　2. 未经本公司书面批准，不得部分复制本检验报告（完全复制除外）；

　　3. 检验地址：　　　；电话：　　　　　　；传真：

批准：　　　　　　　　　审核：　　　　　　　　　　　　　检验：

附录 32 钠基膨润土防水毯性能检验报告

检验检测机构名称（×××公司）
钠基膨润土防水毯性能检验报告

委 托 单 位：_____ 报 告 编 号：_____

工 程 名 称：_____

工 程 部 位：_____ 检 验 类 别：_____

监督登记号：_____ 评 定 依 据：_____

见 证 单 位：_____ 见 证 人：_____

委 托 日 期：_____ 检 验 日 期：_____ 报 告 日 期：_____

样品编号				
报告编号		样品名称		
样品规格		生产厂家		
生产日期		代表批量		
试验信息				
检测项目	检测依据	技术要求	实测值	单项判定
膨润土防水毯单位面积质量/（g/m²）				
膨润土膨胀指数/（mL/2g）				
渗透系数/（m/s）				
滤失量/mL				
结论				
备注				

注：1. 若对报告有异议，应于收到报告之日起 20 日内，以书面形式向本公司提出，逾期视为对报告无异议；

2. 未经本公司书面批准，不得部分复制本检验报告（完全复制除外）；

3. 检验地址： ；电话： ；传真：

批准： 审核： 检验：

附录 33 陶瓷砖检验报告

检验检测机构名称（×××公司）

陶瓷砖检验报告

委 托 单 位：_____　　检验类别：_____

工 程 名 称：_____

工 程 部 位：_____　　检验类别：_____

监督登记号：_____　　评定依据：_____

见 证 单 位：_____　　见 证 人：_____

委 托 日 期：_____　检验日期：_____　报告日期：_____

样品信息						
样品编号		样品名称		规格尺寸/mm		
种类		表面特征		成型方法		
批号		批量/m²		生产厂家		
检测结果						
检测项目		检测依据	技术要求		实测值	单项评定
尺寸偏差	长度/mm					
	宽度/mm					
	厚度/mm					
表面质量/%						
破坏强度（N）						
断裂模数/（N/mm²）	平均值					
	最小值					
吸水率/%	平均值					
	最大值					
抗冻性						
结论						
备注						

注：1. 若对报告有异议，应于收到报告之日起 20 日内，以书面形式向本公司提出，逾期视为对报告无异议；

2. 未经本公司书面批准，不得部分复制本检验报告（完全复制除外）；

3. 本公司地址：

批准：　　　　　　　　　审核：　　　　　　　　　检验：

附录 34　天然花岗岩建筑板材检验报告

检验检测机构名称（×××公司）

天然花岗岩建筑板材检验报告

委托单位：_____　　报告编号：_____

工程名称：_____

工程部位：_____　　检验类别：_____

监督登记号：_____　　评定依据：_____

见证单位：_____　　见 证 人：_____

委托日期：_____　检验日期：_____　报告日期：_____

样品信息					
样品编号		样品名称		产品规格/mm	
用途		等级		形状	
批号		代表批量		表面加工程度	
生产厂家					
检测结果					
检测项目		检测依据	技术要求	实测值	单项评定
吸水率/%					
体积密度/（g/cm³）					
弯曲强度/MPa	干燥				
	水饱和				
压缩强度/MPa	干燥				
	水饱和				
耐磨性/（1/cm³）					
防滑性（BPN）					
肖氏硬度（HSD）					
放射性					
结论					
备注					

注：1. 若对报告有异议，应于收到报告之日起 20 日内，以书面形式向本公司提出，逾期视为对报告无异议；

　　2. 未经本公司书面批准，不得部分复制本检验报告（完全复制除外）；

　　3. 本公司地址：

批准：　　　　　　　　审核：　　　　　　　　　　检验：

附录 35　人造石检验报告

检验检测机构名称（×××公司）
人造石检验报告

委托单位：_____　　报告编号：_____

工程名称：_____

工程部位：_____　　检验类别：_____

监督登记号：_____　　评定依据：_____

见证单位：_____　　见 证 人：_____

委托日期：_____　检验日期：_____　报告日期：_____

样品信息					
样品编号		样品名称		产品规格/mm	
种类		等级		表面加工质量	
批号		代表批量		生产厂家	
检测结果					
检测项目	检测依据	技术要求		实测值	单项评定
吸水率/%					
体积密度/（g/cm³）					
弯曲强度/MPa					
压缩强度/MPa					
耐磨性/mm³					
莫氏硬度（级）					
结论	。				
备注					

注：1. 若对报告有异议，应于收到报告之日起 20 日内，以书面形式向本公司提出，逾期视为对报告无异议；

　　2. 未经本公司书面批准，不得部分复制本检验报告（完全复制除外）；

　　3. 本公司地址：

批准：　　　　　　　　审核：　　　　　　　　检验：

附录 36 建筑幕墙用铝塑复合板检验报告

检验检测机构名称（×××公司）
建筑幕墙用铝塑复合板检验报告

委 托 单 位：＿＿＿＿＿＿＿＿＿＿＿＿＿＿＿＿＿＿＿　　报告编号：＿＿＿＿＿＿＿＿＿＿＿＿＿＿＿

工 程 名 称：＿＿

工 程 部 位：＿＿＿＿＿＿＿＿＿＿＿＿＿＿＿＿＿＿＿　　检验类别：＿＿＿＿＿＿＿＿＿＿＿＿＿＿＿

监督登记号：＿＿＿＿＿＿＿＿＿＿＿＿＿＿＿＿＿＿＿　　评定依据：＿＿＿＿＿＿＿＿＿＿＿＿＿＿＿

见 证 单 位：＿＿＿＿＿＿＿＿＿＿＿＿＿＿＿＿＿＿＿　　见 证 人：＿＿＿＿＿＿＿＿＿＿＿＿＿＿＿

委 托 日 期：＿＿＿＿＿＿＿＿＿　检验日期：＿＿＿＿＿＿＿＿＿　报告日期：＿＿＿＿＿＿＿＿＿

样品信息					
样品编号		规格/mm		类型	
样品名称		涂层材质		涂层种类	
生产厂家		代表数量		生产批号	

检测结果					
检测项目			检测依据	技术要求	实测值	单项评定

检测项目			检测依据	技术要求	实测值	单项评定
滚筒剥离强度/[(N·mm)/mm]	平均值	正面纵向				合格
		正面横向				
		背面纵向				
		背面横向				
	最小值	正面纵向				
		正面横向				
		背面纵向				
		背面横向				
结论						
备注						

注：1. 未经本单位书面批准，不得部分复制本检验报告（完全复制除外）。
　　2. 如对本报告的有效性有异议，请在报告日期 20d 内以书面形式向本单位提出，逾期不予受理。
　　3. ……（有特殊声明在此表示）。

批准：＿＿＿＿＿＿＿　　　　审核：＿＿＿＿＿＿＿　　　　　　检验：＿＿＿＿＿＿＿

附录 37 结构胶粘剂检验报告

检验检测机构名称（×××公司）

结构胶粘剂检验报告

委托单位：_____   报告编号：_____

工程名称：_____

工程部位：_____   检验类别：_____

监督登记号：_____   评定依据：_____

见证单位：_____   见证人：_____

委托日期：_____   检验日期：_____   报告日期：_____

样品信息			
样品编号		样品名称	
级别		生产厂家	
出厂批号		比例	
检测结果			
检测项目	检测依据	技术要求	实测值	单项评定
与混凝土正拉粘结强度/MPa				
拉伸强度/MPa				
不挥发物含量/%				
拉伸抗剪强度（钢片/钢片）/MPa				
耐湿热老化后钢-钢拉伸抗剪强度降低百分率/%				
结论				
备注				

注：1. 若对报告有异议，应于收到报告之日起 20 日内，以书面形式向本公司提出，逾期视为对报告无异议；

2. 未经本公司书面批准，不得部分复制检验报告（完整复制除外）；

3. 检验地址：   ；电话：   ；传真：

批准：   审核：   检验：

附录 38　碳纤维复合材料适配性检验报告

检验检测机构名称（×××公司）
碳纤维复合材料检检验报告

委 托 单 位：_____　　　报告编号：_____

工 程 名 称：_____

工 程 部 位：_____　　　检验类别：_____

监督登记号：_____　　　评定依据：_____

见 证 单 位：_____　　　见 证 人：_____

委 托 日 期：_____　检验日期：_____　报告日期：_____

样 品 信 息			
样品编号		样品名称	
碳纤维布			
级别		生产厂家	
类别		规格	
碳纤维浸渍胶			
级别		生产厂家	
配比			
检 测 结 果			
检测项目	检测依据	技术要求	实测值	单项评定
抗拉强度/MPa				
受拉弹性模量/MPa				
伸长率/%				
单位面积质量/MPa				
纤维复合材料与基材正拉粘结强度/MPa				
结论				
备注				

注：1. 若对报告有异议，应于收到报告之日起 20 日内，以书面形式向本公司提出，逾期视为对报告无异议；

　　2. 未经本公司书面批准，不得部分复制检验报告（完整复制除外）；

　　3. 检验地址：　　　；电话：　　　　；传真：

批准：　　　　　　　　审核：　　　　　　　　　　　检验：

附录 39　装饰装修材料中有害物质含量检验报告

检验检测机构名称（×××公司）

装饰装修材料中有害物质含量检验报告

委 托 单 位：_____　报告编号：_____

工 程 名 称：_____

工 程 部 位：_____　检验类别：_____

监督登记号：_____　评定依据：_____GB 18582_____

见 证 单 位：_____　见 证 人：_____

委 托 日 期：_____　检验日期：_____　报告日期：_____

样品信息				样品照片	
样品编号		样品名称			
类型		生产厂家			
试验信息								

序号	检测项目	单位	方法标准	限量值			检验结果	单项判定
				内墙涂料	外墙涂料			
					含效应颜料类	其他类		
1	VOC 含量	g/L	GB 18582	≤ 80	≤ 120	≤ 100		
2	甲醛含量	mg/kg	GB/T 23993	≤ 50				
3	苯系物总和含量［限苯、甲苯、二甲苯（含乙苯）］	mg/kg	GB/T 23990	≤ 100				
4	总铅（Pb）含量	mg/kg	GB/T 30647	≤ 90				
5	可溶性镉（Cd）含量	mg/kg	GB/T 23991	≤ 75				
6	可溶性铬（Cr）含量	mg/kg	GB/T 23991	≤ 60				
7	可溶性汞（Hg）含量	mg/kg	GB/T 23991	≤ 60				
结论								
备注								

注：1. 若对报告有异议，应于收到报告之日起 20 日内，以书面形式向本公司提出，逾期视为对报告无异议；

　　2. 未经本公司书面批准，不得部分复制本检验报告（完全复制除外）；

　　3. 检验地址：　　　；电话：　　　　　　；传真：

批准：　　　　　　　　　审核：　　　　　　　　　　　检验：

附录40 装饰装修材料中有害物质释放量检验报告

木板报告

检验检测机构名称（×××公司）
装饰装修材料中有害物质释放量检验报告

委 托 单 位：＿＿＿＿＿＿＿＿＿＿＿＿＿＿＿＿＿　报告编号：＿＿＿＿＿＿＿＿＿＿＿＿＿＿

工 程 名 称：＿＿＿＿＿＿＿＿＿＿＿＿＿＿＿＿＿＿＿＿＿＿＿＿＿＿＿＿＿＿＿＿＿＿＿

工 程 部 位：＿＿＿＿＿＿＿＿＿＿＿＿＿＿＿＿＿　检验类别：＿＿＿＿＿＿＿＿＿＿＿＿＿＿

监督登记号：＿＿＿＿＿＿＿＿＿＿＿＿＿＿＿＿＿　评定依据：＿＿＿＿GB 18580＿＿＿＿

见 证 单 位：＿＿＿＿＿＿＿＿＿＿＿＿＿＿＿＿＿　见 证 人：＿＿＿＿＿＿＿＿＿＿＿＿＿＿

委 托 日 期：＿＿＿＿＿＿＿＿　检验日期：＿＿＿＿＿＿＿　报告日期：＿＿＿＿＿＿＿＿＿＿

样品信息				样品照片
样品编号		样品名称		
类型		生产厂家		
检测结果				
检测项目	检测方法	技术要求/（mg/m³）	检验结果/（mg/m³）	单项判定
甲醛释放量	GB/T 17657 气候箱法	≤0.124		
结论				
备注				

注：1. 若对报告有异议，应于收到报告之日起20日内，以书面形式向本公司提出，逾期视为对报告无异议；

2. 未经本公司书面批准，不得部分复制本检验报告（完全复制除外）；

3. 检验地址：　；电话：　；传真：

批准：　　　　　审核：　　　　　检验：

附录41 建水用硬聚氯乙烯管材检验报告

检验检测机构名称（×××公司）
建筑排水用硬聚氯乙烯管材检验报告

委 托 单 位：_____　　报告编号：_____

工 程 名 称：_____　　检验类别：_____

监督登记号：_____　　评定依据：_____

见 证 单 位：_____　　见 证 人：_____

委 托 日 期：_____　检验日期：_____　报告日期：_____

样品编号				
报告编号		样品名称		
样品规格		连接形式		
生产厂家		代表数量		
试验信息				
检测项目	方法标准	标准要求	实测值	单项判定
外观				
平均外径/mm				
壁厚偏差/mm				
拉伸屈服强度/MPa				
断裂伸长率/%				
落锤冲击试验 TIR/% （0 ± 1）℃				
纵向回缩率/% （150℃$\pm$2℃，60min）				
维卡软化温度/℃				
密度/（kg/m³）				
结论				
备注				

注：1. 若对报告有异议，应于收到报告之日起20日内，以书面形式向本公司提出，逾期视为对报告无异议；

　　2. 未经本公司书面批准，不得部分复制本检验报告（完全复制除外）；

　　3. 检验地址：　　　　；电话：　　　　；传真：

批准：　　　　　　　　审核：　　　　　　　　　　检验：

附录42 地下通信管道用塑料管检验报告

检验检测机构名称（×××公司）
地下通信管道用塑料管检验报告

委托单位：_____ 报告编号：_____

工程名称：_____ 检验类别：_____

监督登记号：_____ 评定依据：_____

见证单位：_____ 见证人：_____

委托日期：_____ 检验日期：_____ 报告日期：_____

样品编号				
报告编号		样品名称		
样品规格		生产厂家		
试验信息				
检测项目	方法标准	标准要求	检测结果	单项判定
外观				
落锤冲击				
纵向回缩率/%				
平均外径/mm				
最小壁厚/mm				
拉伸强度/MPa				
断裂伸长率/%				
维卡软化温度/℃				
结论				
备注				

注：1. 若对报告有异议，应于收到报告之日起20日内，以书面形式向本公司提出，逾期视为对报告无异议；
  2. 未经本公司书面批准，不得部分复制本检验报告（完全复制除外）；
  3. 检验地址：   ；电话：   ；传真：

批准：   审核：   检验：

附录 43　冷热水用聚丙烯管材检验报告

检验检测机构名称（×××公司）
冷热水用聚丙烯管材检验报告

委 托 单 位：_____　　报告编号：_____

工 程 名 称：_____　　检验类别：_____

监督登记号：_____　　评定依据：_____

见 证 单 位：_____　　见 证 人：_____

委 托 日 期：_____　　检验日期：_____　　报告日期：_____

样品编号				
报告编号		样品名称		
样品规格		连接形式		
生产厂家		代表数量		
试验信息				
检测项目	方法标准	标准要求	实测值	单项判定
外观				
平均外径/mm				
壁厚偏差/mm				
纵向回缩率/% （135℃±2℃，60min）				
静液压强度 （20℃水，16.0MPa，1h）				
简支梁冲击试验/% （15J，0℃±2℃）				
结论				
备注				

注：1. 若对报告有异议，应于收到报告之日起 20 日内，以书面形式向本公司提出，逾期视为对报告无异议；

　　2. 未经本公司书面批准，不得部分复制本检验报告（完全复制除外）；

　　3. 检验地址：　　　；电话：　　　　　　；传真：

批准：　　　　　　　审核：　　　　　　　　　　　检验：

附录44 低压流体输送用焊接钢管检验报告

检验检测机构名称（×××公司）
低压流体输送用焊接钢管检验报告

委 托 单 位：＿＿＿＿＿＿＿＿＿＿＿＿＿＿＿　　　报告编号：＿＿＿＿＿＿＿＿＿＿＿＿＿

工 程 名 称：＿＿＿＿＿＿＿＿＿＿＿＿＿＿＿＿＿＿＿＿＿＿＿＿＿＿＿＿＿＿＿＿＿＿＿＿＿

工 程 部 位：＿＿＿＿＿＿＿＿＿＿＿＿＿＿＿　　　检验类别：＿＿＿＿＿＿＿＿＿＿＿＿＿

监督登记号：＿＿＿＿＿＿＿＿＿＿＿＿＿＿＿　　　评定依据：＿＿＿＿＿＿＿＿＿＿＿＿＿

见 证 单 位：＿＿＿＿＿＿＿＿＿＿＿＿＿＿＿　　　见 证 人：＿＿＿＿＿＿＿＿＿＿＿＿＿

委 托 日 期：＿＿＿＿＿＿＿＿＿　检验日期：＿＿＿＿＿＿＿＿＿　报告日期：＿＿＿＿＿＿＿＿＿

样品信息			
样品编号		样品名称	
规格/mm		钢材牌号	
系列号		炉批号	
代表数量/根		生产厂家	
检测结果			
检测项目	检测依据	技术要求	实测值	单项评定
截面尺寸偏差/mm	外径			最大值	
				最小值	
	壁厚			最大值	
				最小值	
拉伸性能	屈服强度/MPa				
	抗拉强度/MPa				
	断后伸长率/%				
结论				
备注				

注：1. 若对报告有异议，应于收到报告之日起20日内，以书面形式向本公司提出，逾期视为对报告无异议；

　　2. 未经本公司书面批准，不得部分复制检验报告（完整复制除外）；

　　3. 检验地址：　　　　；电话：　　　　　；传真：

批准：　　　　　　　　审核：　　　　　　　　　　　检验：

附录 45 直缝电焊钢管检验报告

检验检测机构名称（×××公司）

直缝电焊钢管检验报告

委 托 单 位：＿＿＿＿＿＿＿＿＿＿＿＿＿＿＿＿＿ 报告编号：＿＿＿＿＿＿＿＿＿＿＿＿＿＿＿＿＿

工 程 名 称：＿＿＿

工 程 部 位：＿＿＿＿＿＿＿＿＿＿＿＿＿＿＿＿＿ 检验类别：＿＿＿＿＿＿＿＿＿＿＿＿＿＿＿＿＿

监督登记号：＿＿＿＿＿＿＿＿＿＿＿＿＿＿＿＿＿ 评定依据：＿＿＿＿＿＿＿＿＿＿＿＿＿＿＿＿＿

见 证 单 位：＿＿＿＿＿＿＿＿＿＿＿＿＿＿＿＿＿ 见 证 人：＿＿＿＿＿＿＿＿＿＿＿＿＿＿＿＿＿

委 托 日 期：＿＿＿＿＿＿＿＿＿＿＿ 检验日期：＿＿＿＿＿＿＿＿＿＿＿ 报告日期：＿＿＿＿＿＿＿＿＿＿＿

样品信息						
样品编号				样品名称		
规格/mm				钢材牌号		
代表数量/根				炉批号		
生产厂家						
外径精度代号		壁厚精度代号			弯曲度精度代号	

检测结果						
检测项目		检测依据	技术要求	实测值		单项评定
截面尺寸/mm	外径			最大值		
				最小值		
	壁厚			最大值		
				最小值		
拉伸性能	屈服强度/MPa					
	抗拉强度/MPa					
	断后伸长率/%					
结论						
备注						

注：1. 若对报告有异议，应于收到报告之日起 20 日内，以书面形式向本公司提出，逾期视为对报告无异议；

2. 未经本公司书面批准，不得部分复制检验报告（完整复制除外）；

3. 检验地址：　　　　　；电话：　　　　　；传真：

批准：　　　　　　　审核：　　　　　　　　　　检验：

附录 46 预应混凝土用金属波纹管检验报告

检验检测机构名称（×××公司）
预应力混凝土用金属波纹管检验报告

委托单位：_____ 报告编号：_____

工程名称：_____

工程部位：_____ 检验类别：_____

监督登记号：_____ 评定依据：_____

见证单位：_____ 见证人：_____

委托日期：_____ 检验日期：_____ 报告日期：_____

样品编号				
报告编号		样品名称		
样品规格		生产厂家		
检测结果				
检测项目	方法标准	标准要求	实测值	单项判定
外观				
尺寸/mm 圆管内径				
长轴内径				
短轴内径				
钢带厚度				
局部横向荷载下内径变化比				
结论				
备注				

注：1. 若对报告有异议，应于收到报告之日起 20 日内，以书面形式向本公司提出，逾期视为对报告无异议；

2. 未经本公司书面批准，不得部分复制本检验报告（完全复制除外）；

3. 检验地址：　　　；电话：　　　　　　；传真：

批准：　　　　　　　审核：　　　　　　　　　检验：

附录 47 预应力混凝土桥梁用塑料波纹管检验报告

检验检测机构名称（×××公司）
预应力混凝土桥梁用塑料波纹管检验报告

委 托 单 位：_____ 报告编号：_____

工 程 名 称：_____

工 程 部 位：_____ 检验类别：_____

监督登记号：_____ 评定依据：_____

见 证 单 位：_____ 见 证 人：_____

委 托 日 期：_____ 检验日期：_____ 报告日期：_____

样品编号				
报告编号		样品名称		
样品规格		生产厂家		
检测结果				
检测项目	方法标准	标准要求	实测值	单项判定
外观				
尺寸/mm	平均内径			
	平均外径			
	长轴内径			
	短轴内径			
	平均壁厚			
环刚度/（kN/m²）				
局部横向荷载				
冲击性能				
结论				
备注				

注：1. 若对报告有异议，应于收到报告之日起 20 日内，以书面形式向本公司提出，逾期视为对报告无异议；
　　2. 未经本公司书面批准，不得部分复制本检验报告（完全复制除外）；
　　3. 检验地址：　　　；电话：　　　　；传真：

批准：　　　　　　　审核：　　　　　　　　检验：

附录 48　密度（压实度）试验报告

检验检测机构名称（×××公司）
密度（压实度）试验报告

报　告　编　号：_____　　　试验类别：_____

委　托　单　位：_____　　　工程名称：_____

结构层名称：_____　　　检验方法：_____

最大干密度：_____　　　使用材料：_____

设计要求值：_____　　　试验日期：_____

编号	里程桩号及位置	湿密度/（g/cm³）	含水率/%	干密度/（g/cm³）	压实度/%	编号	里程桩号及位置	湿密度（g/cm³）	含水率/%	干密度/（g/cm³）	压实度/%
试验结论											
备注	1. 试验规程： 2. 评定依据： 3. 见证单位（见证人）： 4. 监督登记号： 5. 标准击实报告：										

注：1. 若对报告有异议，应于收到报告之日起 20 日内，以书面形式向本公司提出，逾期视为对报告无异议；

　　2. 未经本公司书面批准，不得部分复制本检验报告（完全复制除外）；

　　3. 检验地址：　　　；电话：　　　；传真：

批准：　　　　　审核：　　　　　检验：　　　　　报告日期：

参考文献

[1] 王立久，李振荣. 建筑材料学[M]. 北京: 中国水利水电出版社, 1997.

[2] 韩素芳，王安岭. 混凝土质量控制手册[M]. 北京: 化学工业出版社, 2013.

[3] 国家质量监督检验检疫总局. 水泥的命名原则和术语: GB/T 4131—2014[S]. 北京: 中国标准出版社, 2014.

[4] 国家市场监督管理总局. 通用硅酸盐水泥: GB 175—2023[S]. 北京: 中国标准出版社, 2023.

[5] 国家质量监督检验检疫总局. 水泥取样方法: GB/T 12573—2008[S]. 北京: 中国标准出版社, 2008.

[6] 国家质量监督检验检疫总局. 砌筑水泥: GB/T 3183—2017[S]. 北京: 中国标准出版社, 2017.

[7] 国家质量监督检验检疫总局. 水泥标准稠度用水量、凝结时间与安定性检验方法: GB/T 1346—2024[S]. 北京: 中国标准出版社, 2024.

[8] 国家市场监督管理总局. 水泥胶砂强度检验方法（ISO 法）: GB/T 17671—2021[S]. 北京: 中国标准出版社, 2021.

[9] 工业和信息化部. 行星式水泥胶砂搅拌机: JC/T 681—2022[S]. 北京: 中国建材工业出版社, 2022.

[10] 国家质量监督检验检疫总局. 水泥胶砂流动度测定方法: GB/T 2419—2005[S]. 北京: 中国标准出版社, 2005.

[11] 国家质量监督检验检疫总局. 水泥化学分析方法: GB/T 176—2017[S]. 北京: 中国标准出版社, 2017.

[12] 国家质量监督检验检疫总局. 用于水泥和混凝土中的粉煤灰: GB/T 1596—2017[S]. 北京: 中国标准出版社, 2017.

[13] 国家质量监督检验检疫总局. 建筑材料放射性核素限量: GB 6566—2010[S]. 北京: 中国标准出版社, 2010.

[14] 国家质量监督检验检疫总局. 用于水泥、砂浆和混凝土中的粒化高炉矿渣粉: GB/T 18046—2017[S]. 北京: 中国标准出版社, 2017.

[15] 国家市场监督管理总局. 建设用卵石、碎石: GB/T 14685—2022[S]. 北京: 中国标准出版社, 2022.

[16] 国家市场监督管理总局. 建设用砂: GB/T 14684—2022[S]. 北京: 中国标准出版社, 2022.

[17] 国家质量监督检验检疫总局. 轻集料及其试验方法 第 1 部分: 轻集料: GB/T 17431.1—2010[S]. 北京: 中国标准出版社, 2010.

[18] 建设部. 普通混凝土用砂、石质量及检验方法标准: JGJ 52—2006[S]. 北京: 中国建筑工业出版社, 2006.

[19] 国家质量监督检验检疫总局. 混凝土外加剂: GB 8076—2008[S]. 北京: 中国标准出版社, 2008.

[20] 国家质量监督检验检疫总局. 混凝土外加剂匀质性试验方法: GB/T 8077—2023[S]. 北京: 中国标准出版社, 2023.

[21] 住房和城乡建设部. 普通混凝土拌合物性能试验方法标准: GB/T 50080—2016[S]. 北京: 中国建筑工业出版社, 2016.

[22] 住房和城乡建设部. 混凝土长期性能和耐久性能试验方法标准: GB/T 50082—2024[S]. 北京: 中国建筑工业出版社, 2024.

[23] 住房和城乡建设部. 混凝土物理力学性能试验方法标准: GB/T 50081—2019[S]. 北京: 中国建筑工业出版社, 2019.

[24] 住房和城乡建设部. 混凝土结构工程施工质量验收规范: GB 50204—2015[S]. 北京: 中国建筑工业出版社, 2015.

[25] 交通运输部. 水运工程混凝土试验检测技术规范: JTS/T 236—2019[S]. 北京: 人民交通出版社, 2019.

[26] 住房和城乡建设部. 普通混凝土配合比设计规程: JGJ 55—2011[S]. 北京: 中国建筑工业出版社, 2011.

[27] 国家市场监督管理总局. 预拌砂浆: GB/T 25181—2019[S]. 北京: 中国标准出版社, 2019.

[28] 建设部. 试验用砂浆搅拌机: JG/T 3033—1996[S]. 北京: 中国标准出版社, 1996.

[29] 住房和城乡建设部. 建筑砂浆基本性能试验方法标准: JGJ/T 70—2009 [S]. 北京: 中国建筑工业出版社, 2009.

[30] 住房和城乡建设部. 砌筑砂浆配合比设计规程: JGJ/T 98—2010[S]. 北京: 中国建筑工业出版社, 2010.

[31] 住房和城乡建设部. 钢筋机械连接技术规程: JGJ 107—2016[S]. 北京: 中国建筑工业出版社, 2016.

[32] 国家市场监督管理总局. 金属材料 拉伸试验 第1部分: 室温试验方法: GB/T 228.1—2021[S]. 北京: 中国标准出版社, 2021.

[33] 国家市场监督管理总局. 钢筋混凝土用钢 第 1 部分: 热轧光圆钢筋: GB 1499.1—2024[S]. 北京: 中国标准出版社, 2024.

[34] 国家市场监督管理总局. 钢筋混凝土用钢 第 2 部分: 热轧带肋钢筋: GB 1499.2—2024[S]. 北京: 中国标准出版社, 2024.

[35] 国家市场监督管理总局. 钢筋混凝土用钢材试验方法: GB/T 28900—2022[S]. 北京: 中国标准出版社, 2022.

[36] 住房和城乡建设部. 钢筋焊接及验收规程: JGJ 18—2012[S]. 北京: 中国建筑工业出版社, 2012.

[37] 住房和城乡建设部. 钢筋焊接接头试验方法标准: JGJ/T 27—2014[S]. 北京: 中国建筑工业出版社, 2014.

[38] 国家质量监督检验检疫总局. 预应力筋用锚具、夹具和连接器: GB/T 14370—2015[S]. 北京: 中国标准出版社, 2015.

[39] 国家市场监督管理总局. 金属材料 洛氏硬度试验 第1部分: 试验方法: GB/T 230.1—2018[S]. 北京: 中国标准出版社, 2018.

[40] 国家市场监督管理总局. 金属材料 布氏硬度试验 第1部分: 试验方法: GB/T 231.1—2018[S]. 北京: 中国标准出版社, 2018.

[41] 国家市场监督管理总局. 金属材料 夏比摆锤冲击试验方法: GB/T 229—2020[S]. 北京: 中国标准出版社, 2020.

[42] 国家市场监督管理总局. 墙体材料术语: GB/T 18968—2019[S]. 北京: 中国标准出版社, 2019.

[43] 国家质量技术监督局. 建筑石膏 力学性能的测定: GB/T 17669.3—1999[S]. 北京: 中国标准出版社, 1999.

[44] 国家建筑材料工业局. 砌墙砖检验规则: JC 466—1992[S]. 北京: 中国标准出版社, 1992.

[45] 国家质量监督检验检疫总局. 砌墙砖试验方法: GB/T 2542—2012[S]. 北京: 中国标准出版社, 2012.

[46] 国家市场监督管理总局. 蒸压加气混凝土板: GB/T 15762—2020[S]. 北京: 中国标准出版社, 2020.

[47] 国家质量监督检验检疫总局. 砌墙砖抗压强度试验用净浆材料: GB/T 25183—2010[S]. 北京: 中国标准出版社, 2010.

[48] 国家质量监督检验检疫总局. 建筑墙板试验方法: GB/T 30100—2013[S]. 北京: 中国标准出版社, 2013.

[49] 国家市场监督管理总局. 建筑用轻质隔墙条板: GB/T 23451—2023[S]. 北京: 中国标准出版社, 2023: 09-27.

[50] 国家质量监督检验检疫总局. 聚合物水泥防水涂料: GB/T 23445—2009[S]. 北京: 中国标准出版社, 2009.

[51] 国家质量监督检验检疫总局. 水泥基渗透结晶型防水材料: GB 18445—2012[S]. 北京: 中国标准出版社, 2012.

[52] 国家质量监督检验检疫总局. 弹性体改性沥青防水卷材: GB 18242—2008[S]. 北京: 中国标准出版社, 2008.

[53] 国家质量监督检验检疫总局. 塑性体改性沥青防水卷材: GB 18243—2008[S]. 北京: 中国标准出版社, 2008.

[54] 国家质量监督检验检疫总局. 高分子防水材料 第 3 部分: 遇水膨胀橡胶: GB/T 18173.3—2014[S]. 北京: 中国标准出版社, 2014.

[55] 建设部. 膨润土橡胶遇水膨胀止水条: JG/T 141—2001[S]. 北京: 中国标准出版社, 2001.

[56] 国家发展和改革委员会. 耐碱玻璃纤维网布: JC/T 841—2024[S]. 北京: 中国建材工业出版社, 2025.

[57] 国家发展和改革委员会. 砂浆、混凝土防水剂: JC/T 474—2008[S]. 北京: 中国建材工业出版社, 2008.

[58] 国家质量监督检验检疫总局. 建筑防水卷材试验方法 第 9 部分: 高分子防水卷材 拉伸性能: GB/T 328.9—2007[S]. 北京: 中国标准出版社, 2007.

[59] 国家质量监督检验检疫总局. 橡胶物理试验方法试样制备和调节通用程序: GB/T 2941—2006[S]. 北京: 中国标准出版社, 2006.

[60] 国家质量监督检验检疫总局. 建筑密封材料试验方法 第 1 部分: 试验基材的规定: GB/T 13477.1—2002[S]. 北京: 中国标准出版社, 2002.

[61] 国家市场监督管理总局. 电子式万能试验机: GB/T 16491—2022[S]. 北京: 中国标准出版社, 2022.

[62] 建设部. 钠基膨润土防水毯: JG/T 193—2006[S]. 北京: 中国标准出版社, 2006.

[63] 国家质量监督检验检疫总局. 陶瓷砖: GB/T 4100—2015[S]. 北京: 中国标准出版社, 2015.

[64] 国家市场监督管理总局. 天然花岗石建筑板材: GB/T 18601—2024[S]. 北京: 中国标准出版社, 2024.

[65] 工业和信息化部. 人造石: JC/T 908—2013[S]. 北京: 中国建材工业出版社, 2013.

[66] 国家质量监督检验检疫总局. 胶粘剂 拉伸剪切强度的测定（刚性材料对刚性材料）: GB/T 7124—2008, 北京: 中国标准出版社, 2008.

[67] 住房和城乡建设部. 建筑结构加固工程施工质量验收规范: GB 50550—2010[S]. 北京: 中国建筑工业出版社, 2010.

[68] 国家市场监督管理总局. 建筑用墙面涂料中有害物质限量: GB 18582—2020[S]. 北京: 中国标准出版社, 2020.

[69] 国家市场监督管理总局. 人造板及饰面人造板理化性能试验方法: GB/T 17657—2022[S]. 北京: 中国标准出版社, 2022.

[70] 住房和城乡建设部. 民用建筑工程室内环境污染控制标准: GB 50325—2020[S]. 北京: 中国计划出

版社, 2020.

[71] 国家质量监督检验检疫总局. 色漆、清漆和塑料 不挥发物含量的测定: GB/T 1725—2007[S]. 北京: 中国标准出版社, 2007.

[72] 国家技术监督局. 胶粘剂不挥发物含量的测定: GB/T 2793—1995[S]. 北京: 中国标准出版社, 1996.

[73] 住房和城乡建设部. 混凝土结构设计规范: GB/T 50010—2010（2015 年版）[S]. 北京: 中国建筑工业出版社, 2015.

[74] 国家市场监督管理总局. 装配式混凝土建筑用预制部品通用技术条件: GB/T 40399—2021[S]. 北京: 中国标准出版社, 2021.

[75] 国家质量监督检验检疫总局. 冷热水用聚丙烯管道系统 第 2 部分: GB/T 18742.2—2017[S]. 北京: 中国标准出版社, 2017.

[76] 国家市场监督管理总局. 建筑排水用硬聚氯乙烯（PVC-U）管材: GB/T 5836.1—2018[S]. 北京: 中国标准出版社, 2018.

[77] 工业和信息化部. 地下通信管道用塑料管 第2部分: 实壁管: YD/T 841.2—2024[S]. 北京: 人民邮电出版社, 2024.

[78] 国家质量监督检验检疫总局. 低压流体输送用焊接钢管: GB/T 3091—2025[S]. 北京: 中国标准出版社, 2025.

[79] 国家质量监督检验检疫总局. 直缝电焊钢管: GB/T 13793—2016[S]. 北京: 中国标准出版社, 2016.

[80] 住房和城乡建设部. 预应力混凝土用金属波纹管: JG/T 225—2020[S]. 北京: 中国建筑工业出版社, 2020.

[81] 住房和城乡建设部. 建筑消能阻尼器: JG/T 209—2012[S]. 北京: 中国标准出版社, 2012.

[82] 住房和城乡建设部. 建筑摩擦摆隔震支座: GB/T 37358—2019[S]. 北京: 中国标准出版社, 2019.

[83] 住房和城乡建设部. 建筑地基基础工程施工质量验收标准: GB 50202—2018[S]. 北京: 中国计划出版社, 2018.